건축계획론

오승주 · 박경준 · 성기용 · 권영민 공저

光文閣
www.kwangmoonkag.co.kr

건축계획은 건축 목적과 인간의 의식, 행동을 이해하고 그에 필요한 공간기능과 상호작용을 계획하여 설계도서의 작성과 시공에 이르는 건축행위의 시작이며, 시공 현장의 엔지니어에게도 구축해야하는 건축물에 대한 용도, 기능 및 디자인의 전체적인 이해에 도움을 주는 등 건축의 목적에 부합되는 건축물을 만드는데 필수적이고 창의적인 건축의 지적(知的) 분야 중 하나라고 할 수 있다.

저자들은 그동안 대학에서 건축계획과 설계의 강의를 위해 관련된 건축물 선례(先例)를 찾아 사진에 담고, 각종 전문서적, 연구논문, 보고서, 건축법규, 현상설계도서, 건축물 설계설명서, 건축포털의 정보 등을 참고하여 강의 자료와 학생들의 질문에 대한 보조설명 자료를 만들곤 하였다. 그런데 학기의 횟수와 년수가 늘어나면서 강의내용에 설명문구가 하나둘 더해지고 수정되는 과정을 거치면서 내용이 방대해졌고, 순서의 전개와 위계가 혼잡하여짐에 따라 강의 내용과 자료를 정리해야 한다는 필요성에 의해 그동안 만들어진 강의내용과 자료를 보완 · 정리하는 등 본서의 집필을 시작하여 출간하게 되었다.

그동안 강의와 본서 집필에 참고한 문헌과 자료는 오래전 강의 자료로 만들어졌거나 출처를 추적하기 어려운 일부 참고도서를 제외하고 참고문헌 부분에 그 문헌과 자료를 밝혔으니 좀 더 상세한 설명이 필요한 분들은 관련 참고문헌을 찾아보셔도 좋을 것이라 생각한다.

본서의 전체적 구성은 다양한 건축물의 계획과 설계에 있어서 필요한 지식과 자료를 제시하고자 건축계획의 기본적 요소들과 과정을 담은 1편 총론을 비롯하여 인간의 기본생활에 필요한 2편 주거시설과 9편 공장 · 창고 편까지 9개 편(篇) 총 17장에 걸쳐 용도별 건축물을 분류하였고 각 장별 건축계획상의 이론과 참고 도면 및 사례그림 등으로 이루어져 있다.

각 장의 구성은 각 장에서 다루고자 하는 건축물의 개념과 유래 및 발전 등의 전개를 통하여 건축을 이해하는 기본적 시각을 가질 수 있도록 했으며, 건축계획과 설계의 과정에서 필연적 결과물로 나타나는 건축의 배치, 평·입·단면도 및 그와 관련된 세부계획 요소와 관련 용어 및 내용을 정리하고 설명하는 등 용도별 건축계획의 기본적 지식 전달에 충실함으로써 건축을 배우려는 학생들이 혼자서도 쉽게 이해할 수 있도록 하였다.

건축사진과 도면 자료에 도움을 주신 전남도립대학교 장택주 교수님과 archi.com에 감사드리며, 본서의 내용이 건축을 배우는 학생들과 건축계획에 관심 있는 분들께 건축계획을 이해하고 행할 수 있으며 건축실무를 위한 입문서로서 도움이 되기를 바란다. 끝으로 본서 출판을 위해 애써 주신 광문각출판사 박정태 회장님과 임직원 여러분께 감사드립니다.

2022. 2. 15
저자일동

Contents

I. 총론

II. 주거시설

Contents

Contents

Ⅳ. 상업시설

Contents

Contents

Contents

Ⅵ. 의료시설

Contents

Ⅶ. 숙박시설

제13장 호텔(Hotel) ············· 475

VIII. 문화 및 집회시설

Contents

IX. 공장 및 창고시설

Contents

제Ⅰ편 총론

제1장 총론(總論, Introduction)

1 　건축, 토목, 건설의 개요

1.1 건축(建築, Architecture)이란

　건축이란 인간의 여러 가지 생활이나 물품, 기계설비 등을 담기 위해 만들어진 구축물을 총칭하는 말로서 기술, 구조, 재료를 바탕으로 그 목적성(기능)에 적합한 합리적인 형태와 편리성 및 유용성을 지니고 예술성을 더하여 창조적으로 만들어진 공간예술이라 할 수 있다.

■ 한옥마을(전주)

■ 파르테논(아테네, 그리스)

① 동양의 건축은 세울 건(建), 쌓을 축(築) 즉, 나무와 흙을 다지고 쌓아서 세우는 기술과 그 결과물을 의미한다.

② 'Architecture'라는 말의 어원은 라틴어의 아키텍투라(architectura)로서 '최상', '으뜸'이라는 의미를 가진 'archi'와 기술(자)이라는 의미의 'tekton'이라는 두 단어로 구성된 단어로서 예술과 기술이 복합된 최상의 기술, 큰 기술, 으뜸 기술이라는 뜻을 가지고 있다.

■ 도시 빌딩
(맨해튼, 뉴욕, 미국)

■ 피라미드(이집트)

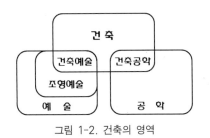

그림 1-2. 건축의 영역

■ 주택

그림 1-1. 건축의 예

③ 주택, 공동주택, 학교, 사무소, 병원, 도서관, 박물관, 미술관, 공장 등 인간 생활을 영위하기 위해 필요한 공간을 구축하기 위한 일련의 과정을 건축이라 하고, 그 결과물을 건축물이라 한다.

1.2 토목(土木, Civil engineering)

■ 댐

■ 교량

그림 1-3. 토목 구조물

① 땅과 물을 대상으로 그것의 기능을 개선, 개발, 발전시키는 일련의 행위이다.

② 농업시대의 농사에 필요한 물을 농지로 공급하고 필요 없는 물을 배수(排水)하기 위해 만들어진 시설, 즉 관개수리시설(灌漑水利施設)을 만들기 위해 흙(土)과 나무(木)로 둑을 쌓고 저수지 등을 만드는 데서 유래하고 있다.

③ 도로, 철도, 항만, 댐, 하천, 공항, 교량, 터널 등이 있다.

> **건축물** 　　　　　건축법 제2조 정의
>
> 토지에 정착하는 공작물 중 지붕과 기둥 또는 벽이 있는 것과 이에 딸린 시설물, 지하나 고가의 공작물에 설치하는 사무소, 공연장, 점포, 차고, 창고, 그 밖에 대통령이 정하는 것

1.3 건설(建設, Construction)

새로운 구조물, 기계, 기구 등 무언가를 만들고 설치하는 것으로 건축, 토목, 설비(設備) 등의 행위를 총칭하는 생산적 의미와 어떤 사업, 조직체 또는 이념적 목표(예 : 아름다운 사회 건설, 경제 건설 등)를 이루는 비생산적 의미로도 사용한다.

2 　건축에서의 공간

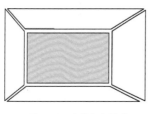
그림 1-4. 일반적인 공간

2.1 일반적 공간

공간(空間, Space)의 일반적 의미는 넓이와 높이가 있고 아무것도 없는 빈 곳으로서 그 곳에 물질과 물체가 존재하거나 존재할 수 있는 상하, 전후, 좌우의 기하학적 3차원 공간을 말한다.

2.2 건축의 공간(Architectural Space)

(1) 건축 공간의 개념

  인간은 원시부터 삶의 필요에 의한 여러 가지 도구(道具, tools)를 만들어 왔으며, 건축도 인간이 만든 다양한 도구 중의 하나라고 할 수 있다. 일반적 도구는 어떤 작업에 쓰이는 단순 연장의 의미를 갖는다. 반면, 건축됨으로 인하여 만들어진 공간은 인간이 삶을 영위(營爲)하고 행동(行動)의 장(場)으로써 인간의 삶과 전적으로 관계되어 사용되는데 목적이 있으며, 인위적으로 둘러싸여진 안정된 환경을 구축(構築)한다는 점과, 개인뿐만 아니라 공동체 전체에도 직
·간접적으로 영향을 미치게 된다는 데 차이가 있다.

건축에서의 공간(Architectural Space)이란, 인간의 생활과 활동을 행(行)하거나, 어떤 사물(물체)이 점(占)하거나 운동할 수 있도록 만들어진 장소로서 인간 개개인과 공동체의 삶에 대한 욕구를 충족하고 유용성(有用性), 효율성(效率性), 질서(秩序) 등을 부여하여 에워싸여지고 둘러싸여진 공간이라고 할 수 있다

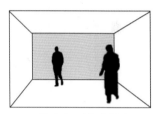

그림 1-5. 건축의 공간

(2) 건축 공간의 안(內)과 밖(外)

  건축의 공간은 구축되어 에워싸여진 내부 공간(內部空間, interior space)과 그 구축된 건축을 다시 둘러싸고 있는 공간으로서 외부 공간(外部空間, exterior space)으로 구분할 수 있다. 결국 건축의 공간은 에워싸여지고(내부) 둘러싸여짐(외부)으로서 그 연계성을 지니며 확장성을 가진다.

① 내부 공간(內部空間, Interior Space)
  구축되어진 건축물로 에워싸여진 안쪽 공간을 말하며, 일반적으로 바닥, 벽, 천장 등에 의해 한정된다.

② 외부 공간(外部空間, Exterior Space)
  단순한 위치적 측면의 바깥 공간이 아닌 대상 건축물과의 관계성을 지니고 있거나 형성됨으로써 영향을 받게 되는 외적공간을 말한다. 건축물을 둘러싸고 있는 대지(site)와 그 대지를 둘러싸고 있는 주변 환경까지 포함한다. 건축물의 용도 및 이용대상에 따라 근린(近隣)지역 및 광역(廣域)지역(도시
·자연환경)까지 관계성이 확장된다.

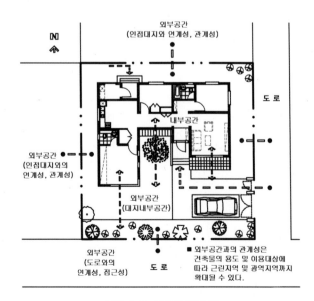

그림 1-6. 공간의 안과 밖

(3) 건축 공간디자인의 구성 원리

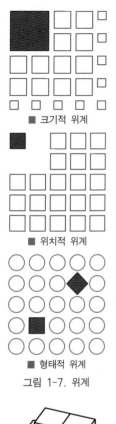

■ 크기적 위계

■ 위치적 위계

■ 형태적 위계

그림 1-7. 위계

그림 1-8. 중합

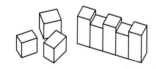

그림 1-9. 분할(좌)과 분절(우)

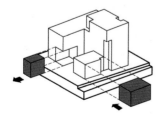

그림 1-10. 삭제와 부가

① 위계(位階, Hierarchy)

사전적 의미로는 위치와 계(등)급 즉, 상하관계를 말한다. 건축에서는 공간을 형성하는 질서의 하나로써 건축을 구성하고 있는 형태 및 공간에 있어서 공간의 중요도(위계) 또는 특정요소를 강조하기 위하여 공간의 크기, 위치, 배치, 모양, 색상, 질적 수준 등의 균형 또는 불균형의 시각적 상대적 강조의 차이를 말한다. 계층(階層)구조라고도 하며, 건축의 전체 속에서 중요하게 여기는 공간이나 부분을 명확하게 실현함으로써 공간의 영역성과 상호관계의 질서 및 미적(美的) 강조를 부여한다.

② 분리(分離), Separation)

기능과 목적이 다른 공간은 분리한다.

③ 중합(重合, Overlap/Add)

형태의 단위가 서로 겹치거나 더해지면서 전체의 패턴(pattern)을 구성한다.

④ 삭제(削除, Erasure)

형태의 일부를 삭제하여 디자인의 단순성과 공간의 근본적 기능을 유지한다.

⑤ 분할(分割, Divide)과 분절(分節, Articulation)

분할은 무엇인가를 작게 나누는(나누어진) 것이며, 분절은 둘 이상의 부분으로 분할되어져 있으나 분할된 그것이 결합되어져 전체(하나)를 이루는 원리이다. 분할된 한 부분 한 부분(마디)은 개별적 대상이면서 전체와의 관련성을 가진다. 즉 어떠한 공간을 작은 공간으로 나누고 나누어진 공간은 집합을 이룸으로써 정리된 하나의 전체적인 공간을 이룰 수 있다.

⑥ 위요(圍繞, Enclosure)

공간을 물리적, 시각적, 심리적, 미적 기능에 맞게 둘러싸거나 개방(開放)한다.

⑦ 전이(轉移, Transition)

하나의 공간으로부터 성격이 다른 공간으로 이동 시 이질적(異質的)공간으로 인해 발생할 수 있는 환경적 심리적 충돌을 완화할 수 있는 매개(媒介)역할을 말한다. 전이공간은 명확한 기능적 목적을 정의할 수는 없으나 공간의 확장성과 연속성을 이끌어낼 수 있다.

⑧ 맥락(脈絡, 컨텍스트 Context)

맥락(Context)은 대지 내 건축물 및 대지에 영향을 미치는 외부 환경요소와의 연속성을 말한다. 건축은 자연환경 또는 이미 구축되어진 건축 및 도시환경에 세워지게 된다. 이러한 환경은 건축을 제한하기도 하고 건축의 디자인(패턴, 질감 색상 등), 재료, 건축물의 배치 등의 결정요소로도 작용한다. 맥락(컨텍스트)은 주변 건물, 도로, 지형 등의 물리적 요소와 지역의 문화, 기후, 사회, 경제, 정치 등의 비물리적 요소로 나눌 수 있다. 맥락은 외부적 질서를 연계함으로써 건축물 및 대지 디자인 결정의 첫 방향을 제공할 수 있다.

그림 1-10. 위요(圍繞)

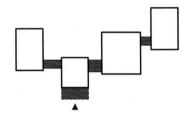

그림 1-11. 전이(轉移)공간

(4) 공간 배치의 유형

① 중심형(中心形)

어떤 하나의 공간을 중심으로 다른 공간이 둘러싸여져 배치된 유형

② 선형(線形)

축(軸)을 따라 형태나 공간 단위가 반복적으로 형성되는 유형

③ 방사형(放射形)

중앙을 기준으로 사방(四方) 또는 부채꼴형으로 선형(線形) 요소가 결합하여 내뻗친 유형. 회전적, 동적 유형

④ 군집형(群集形)

일정 지역(구역)에서 다수의 공간이 한 곳에 모여 하나의 군집을 이루고 이러한 집단이 몇 개의 집단으로 묶이는 유형. 중심형처럼 긴밀하지는 않으나 성장이나 변화에 융통성을 가지는 형태

⑤ 격자형(格子形)

공간을 상하, 좌우로 직각으로 배열한 유형. 일정한 모듈(Module)을 적용할 수 있으며, 서로 다른 크기의 기능적 공간이 규칙성과 연속성을 가질 수 있다.

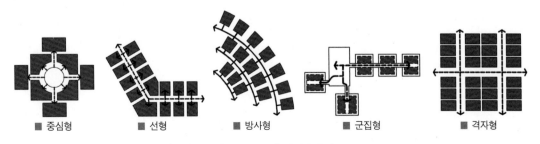

■ 중심형   ■ 선형   ■ 방사형   ■ 군집형   ■ 격자형

그림 1-12. 공간 배치의 유형

(5) 공간 질서의 구성 원칙

건축이란, 필요에 의하여 만들어지는 물리적 공간을 조직화하고 질서(秩序)를 세우는 것이며, 질서는 부분과 부분이 어울려 조화로운 배열과 배치가 창조될 수 있도록 하는 것이다.

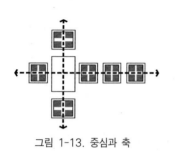

그림 1-13. 중심과 축

① 중심(中心), 축(軸), 대칭(對稱) : 중심은 여러 공간이 모여지는 핵을 이루는 공간으로서 기능을 가지며, 축은 공간내의 두 점으로 성립되고 방향성과 공간을 배열시키는 중심이 되며, 대칭은 축 또는 중심을 기준으로 형태와 공간을 균형 있게 분배한다.

② 위계(位階) : 공간 배치, 배열, 시각적 강조 등을 통하여 공간의 중요도, 우열 및 공간 상호간의 관계와 경계를 부여한다.

③ 연속(連續) : 건축을 구성하는 독립적인 각 공간들이 역동적으로 상호 조합될 수 있도록 각 공간들 사이에 매개공간(전이공간)을 두어 공간의 연속성(확장성)을 확보한다. 공간의 연속성은 연결된 공간의 변화 속에서 지각(知覺)되는 속성(屬性)을 지니며, 이용자는 공간을 따라 움직이면서 다양한 변화를 느낄 수 있다. 공간의 연속성은 공간의 배치 및 동선의 자연스러운 흐름을 주는 동시에 각 공간의 기능을 보호하고 공간과 공간을 이음으로써 공간을 확장시켜 줄 수 있어야 한다.

④ 리듬(Rhythm) : 형태 또는 공간을 연속적이고 반복적인 패턴을 이용하여 질서를 부여할 수 있다.

⑤ 기준(基準, Datum) : 효과적인 질서체계를 만들기 위해서는 요소들을 감싸거나 통합하여 시각적 연속성을 갖도록 배열할 수 있는 기준(선, 면, 입체 등)이 필요하다.

⑥ 변형(變形, Transformation) : 디자인의 원형(原形) 모델을 선택하고 설계의 요구조건 및 컨텍스트에 대응하기 위한 아이디어와 일련의 작업과정을 통해 발전된 형태의 변형을 이끌어 낸다.

3 건축의 3요소

그림 1-14. 건축의 3요소

건축은 그 용도(사용)에 맞게 설계되어 인간 생활에 대응해야 하고, 생활하고 사용하는데 안전해야 하며, 미적 아름다움을 표현해야 한다, 일반적으로 건축의 3대 요소는 기능(function), 구조(structure), 미(aesthetics)로 분류된다. BC 25년경 로마의 건축가 비트루비우스(Marcus Vitruvius Pollio)는 그의 건축십서 (The ten books on architecture)에서 건축의 요소로서 용도(utilitatis), 튼튼함(firmitatis), 아름다움(venustatis)을 말했고, 현대적 의미의 건축의 3요소는 이탈리아 건축구조가 피에르 네르비(Pier Luigi Nervi, 1891~1979)의 기능(function), 구조(structure), 형태(form)고 정의한데서 시작하고 있다.

■ 역사 속 인물들의 건축 정의

- 비트루비우스(Marcus Vitruvius Pollio), BC 1세기, 로마) : 건축은 튼튼하고 사용하기 편하고 아름다운 비례를 가져야 한다.
- 괴테(J.W. Goethe, 1749~1832, 독일) : 건축은 얼어 있는 음악이다.
- 루이스 설리반(Louis H. Sulivan, 1856~1924, 미국) : 건축의 형태는 기능을 따른다.
- 루이스 칸(Louis Kahn, 1901~1974, 미국) : 건축은 영감에서 시작하여 영감으로 끝난다.

그림 1-15. J.W. Goethe

- 프랭크 로이드 라이트(F.R. Wright, 1867~1959, 미국) : 건축은 시대와 시대, 세대와 세대를 이어 내려오는 위대한 삶의 창조적 정신이다.
- 에발트 반스(Ewalt Banse, 1883~1953, 독일, 지리학자) : 순수 과학일수록 분석적이고 순수 예술일수록 구성적이다. 건축은 과학과 예술의 중간 형태이다.
- 미스 반 데 로에(Mies van der Rohe, 1886~1969, 미국) : 건축은 공간 속에서 변화되어 가는 시대의 의지이다.

그림 1-16. F.R. Wright

- 르 코르뷔지에(Le Corbusier, 1887~1965, 프랑스) : 건축은 인간이 살기위한 기계이다.
- 알바 알토(Alver Aalto, 1898~1976, 핀란드) : 건축에 있어서 중요한 것은 무엇보다도 인간적이어야 하며 인간을 위한 건축이지 않으면 안 된다.
- N 페프스너(N. Pevsner, 1902~1983, 영국, 건축역사학자) : 차고(車庫)는 건물이고 대성당(大聖堂)은 건축이다. 사람이 들어가는데 충분한 공간을 갖춘 것은 건물이지만 건축이란 말은 미적 감동을 목표로 설계된 건물에만 사용된다.

3.1 기능(機能, Function)

하나의 건축이 어떤 목적에 의해 설계될 때 목적에 부응하는 기능을 가져야 한다. 건축물의 기능은 과학적이며, 합리적이어야 하고, 능률적이며, 경제적 가치가 있어야 한다.

■ 건축계획에서 검토해야 할 주요 기능을 정리하면 다음과 같다.
 ① 건축물의 용도에 대응하는 기능 : 주택, 학교, 사무소, 판매, 전시, 의료, 공연 등
 ② 사용자 요구에 대응하는 기능 : 연령, 성별, 개인·집단, 임산부·장애인, 이용자·관리자 등
 ③ 규모의 효율적 기능 : 실의 수·넓이, 층고, 천정고 등 공간의 효율적 규모와 경제적 기능

건축계획 시 검토할 주요기능	
1 용도	거주, 교육, 업무, 전시, 음악 등
2 사용자	사용자의 요구에 대응
3 규모	실수, 면적, 충고, 규모, 경제성
4 동선	출입, 홀, 계단, E.V 등의 효율
5 환경	채광, 환기, 냉난방, 위생, 조명
6 재료	구조 및 마감 재료, 경제성
7 안전	방재, 방화, 피난, 방범

그림 1-17. 건축계획 시 검토할 주요 기능

④ 평면·단면적 동선의 효율적 기능 : 출입, 복도, 계단, ELE 등 공간의 목적과 연계성을 고려

⑤ 쾌적한 생활을 위한 환경(설비)적 기능 : 환기, 채광, 냉·난방, 조명, 위생설비 등

⑥ 합리적 구조와 쾌적한 재료의 기능 : 공간의 용도에 따른 바닥, 벽, 기둥, 보 등 합리적 구조방식과 안전하고 쾌적한 재료마감 및 경제적 기능

⑦ 재해(災害)로부터 안전기능 : 방화(防火)구획, 피난, 소화(消火), 방범(防犯) 등 재해안전 기능

3.2 구조(構造, Structure)

건축에서 구조란, 하나의 건축물이 목적과 용도에 적합하고 힘과 외력에 안전한 형태로 만들기 위한 건축물의 뼈대 구조와 부재의 재료 및 조립과 접합 방법 등을 포함한다. 공간의 용도에 따른 바닥, 벽, 기둥, 보 등의 구축에 따른 안전적·과학적 구조와 합리적·효율적 재료의 사용 및 경제적 기능이 요구된다.

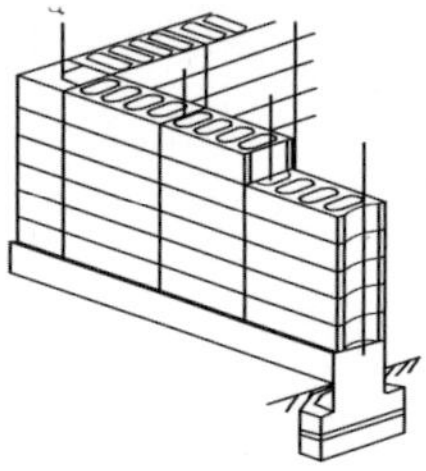

그림 1-18. 목구조 주택

(1) 구조가 갖추어야 할 조건
- 내·외부의 변화(환경, 힘 등)에 대한 안전성
- 건축물의 안전과 사회적 공공성을 위한 관련 건축법령의 충족
- 구현(具顯)의 합리성과 경제성의 충족

그림 1-19. 벽돌구조

(2) 건축구조의 분류
건축구조는 구성 재료, 구성 방식, 시공 방식 및 형식 등으로 분류할 수 있다.

가) 구성 재료에 의한 분류
① 목구조(wooden construction)
가볍고, 가공하기 쉬우며, 외관이 아름다운 반면 큰 부재를 얻기 어렵고 강도와 내구력이 적고 화재에 약하다. 주로 소규모 건물에 주로 사용된다. 최근에는 집성재(集成材, lamination wood)를 이용하여 대형 구조물에도 사용된다.

그림 1-20. 블록구조

② 벽돌구조(brick construction)

시공성과 내구성이 좋다. 균열이 생기기 쉽고 지진, 바람 등 횡력에 약하다.

③ 블록구조(block construction)

가볍고 경제적이다. 횡력에 약하다.

④ 돌구조(stone construction)

외관이 웅장하고 압축에 강하며 내구성, 내화성이 크다. 고가이며 가공이 어렵고 횡력에 약하다.

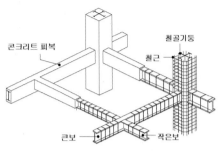

그림 1-21. 철골철근콘크리트구조

⑤ 철근콘크리트구조(reinforced concrete construction)

철근과 콘크리트의 선팽창 계수가 같고 부착력이 우수하여 내구성, 내화성, 내진성이 좋으며, 철근의 인장력과 콘크리트의 압축력이 서로를 보완하여 우수한 구조를 만든다. 자유로운 형상의 설계가 가능하다. 자중이 크고 긴 공기(工期)를 필요로 한다. RC구조라고도 한다.

⑥ 철골구조(steel framed construction)

건축물의 주요 뼈대의 구조재로 강재(鋼材)를 사용하고 리벳, 볼트, 용접 등의 방법으로 조립하는 구조이다. 긴 스팬에 유리하고 내구력, 내진력이 우수하고 시공이 용이하여 공기(工期)를 줄일 수 있다. 단면이 작아 압축재의 경우 좌굴의 위험이 있으며, 화재에 약하다.

⑦ 철골철근콘크리트구조(steel framed reinforced concrete construction)

철골조의 뼈대 주위에 철근을 배근하고 콘크리트를 조합시켜 일체화된 구조로 내진, 내화, 내구적으로 우수하다. SRC구조라고도 한다.

나) 구성 방식에 의한 분류

① 조적식(組積式, masonry structure) 구조

콘크리트 벽돌, 콘크리트 블록, 돌 등을 시멘트 모르타르 및 기타 접착제를 사용하여 겹쳐 쌓아 올린 구조, 벽돌 사이의 모르타르가 노화되어 약화되기 쉽고, 내진성이 약하며 저층 구조에 적합하다.

② 가구식(架構式, framed structure) 구조

목재, 철재, 철골 등의 선형부재(線形部材)를 서로 맞추어 이루어진 구조 형식,

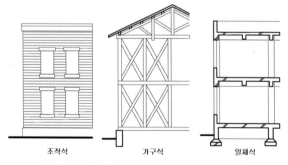

그림 1-22. 건축구조의 구성 방식에 의한 분류

주로 수평부재인 보를 접합시킨다. 기둥 위에 수평부재인 보를 가공하기 편하고, 강성이 크며, 조적식에 비해 개구부(경간, span)을 크게 할 수 있으나 부식, 부패에 약하고, 화재에 약하다.

③ 일체식(一體式, monolithic structure) 구조

그림 1-23. 현수구조

그림 1-24.
돔구조(독일의회, 베를린)

그림 1-25. 돔구조

그림 1-26. 막구조
(뮌헨올림픽 스타디움)

그림 1-27. 막구조
(인제공설운동장)

그림 1-28. 돔-막구조(North
Greenwich Arena, 런던, 영국)

기초, 기둥, 보, 슬래브, 지붕 등 건축물의 중요 구조를 한 덩어리로 구성하는 구조, 철근 또는 철골철근 등에 거푸집을 만들어 대고 여기에 콘크리트를 부어 경화시킨 구조가 대표적이다. 각 부분이 균등한 강도를 낼 수 있고 내진, 내화, 내구성이 강한 반면 자체 무게가 무겁고 물 사용에 따른 수축 발생 및 경화에 일정 기간이 필요하다. 철근콘크리트(RC)구조, 철골철근콘크리트(SRC)구조가 해당된다.

④ 특수(special structure)구조

현수식(suspension)구조, 공기막구조, 입체트러스트(space frame)구조, 쉘(shell, 곡면식)구조, 절판구조, 돔구조, 막구조 등

다) 시공 방식에 의한 분류

① 습식 방식(wet construction)

부재를 만드는 데 물이 필요한 구조, 조적식구조, 철근콘크리트구조, 철골철근콘크리트구조 등

② 건식 방식(dry construction)

부재를 조립하여 만드는 구조, 목구조, 철재구조, 철골구조 등

③ 현장구조(field construction)

부재를 공사현장에서 제작, 가공, 조립, 설치하는 방식

④ 조립구조(prefabricated structure)

부재를 공장에서 제작, 가공한 후 현장에서 조립, 설치하는 방식

라) 형식에 의한 분류

① 벽식(wall)구조

기둥, 보 등이 없이 벽과 바닥으로 이루어진 형식

② 라멘(rahmen)구조

수직 힘을 지탱하는 기둥과 수평 힘을 지탱하는 보로 이루어진 형식

③ 무량판(plat slab)구조

기둥과 연결되어 하중을 지탱하는 보가 없이 하중을 기둥과 바닥판이 부담하는 구조 형식

④ 트러스(truss)구조

목재(木材)나 철재(鐵材)를 3각형으로 조립하여 그물 모양으로 만들어 하중을 지탱하는 형식, 축방향력으로 외력과 평형하여 전단력이 생기지 않는 구조

⑤ 아치(arch)구조

기둥이 없이 벽돌이나 석재를 반원, 타원형, 쐐기형 모양으로 쌓아 개구부를 만들고 면내력으로 지지하는 구조 형식이다.

⑥ 절판(folded plate)구조

슬래브를 수평과 수직으로 합쳐 굴절된(주름진) 평면판 구조 형식, 평면판을 접으면 평면 상태보다 휨모멘트에 대한 내력이 높아지는 원리를 응용한 구조이다. 골과 골 사이의 절판 수에 따라 1절판, 2절판, 3절판, 다절판 등으로 나눈다, 주로 지붕구조에 사용된다.

⑦ 쉘(shell)구조

조개껍데기의 원리를 응용한 곡면판 구조이다. 면에 분포되어 흐르는 하중이 지지점으로 전달되어 면내의 힘만으로 평형 조건이 가능한 형식이다.

⑧ 막(membrane)구조

코팅된 직물에 초기 인장력을 주어 막(membrane) 자체에 인장력으로 힘을 전달할 수 있게 하고, 외부 하중에 안정된 형태를 유지하는 형식이다.

⑨ 현수식(suspension)구조

기둥과 기둥 사이를 강제(鋼製) 케이블로 연결한 다음 지붕 또는 바닥판을 매단 구조로서 인장응력에 의해서 하중을 지탱하는 형식으로 큰 스판이 가능하며 경간이 큰 교량 등에 사용한다.

⑩ 스페이스 프레임(space frame)구조

입체 트러스 구조라고도 한다. 소단위로 분할된 기본 부재를 짜 맞추어 보다 큰 부재를 만든다. 트러스를 종과 횡으로 입체적(3차원)으로 조합한 형식, 경량이며 강성이 크다.

3.3 미(美, aesthetics)

건축이란 그 시대의 기술, 구조, 재료 등을 활용하여 인간의 여러 가지 생활에 대응하도록 기능이 부여된 공간을 만드는 창조적 행위이며, 창조란 디자인적, 미적 본질을 담고 있다고 할 수 있다.

인간은 건축 안에서 건축가의 조형성과 예술적 감흥을 느끼고 심미적(審美的) 욕구가 충족될 때 건축의 실존적 가치가 있다고 할 수 있다는 점에서 인간이 만든 기계나 장치, 토목구조물 등과 다르다고 할 수 있다.

그림 1-29. 쉘구조
(Opera House, Sydney)

그림 1-30. 아치구조

그림 1-31. 입체트러스구조

그림 1-32. 벽식구조

그림 1-33. 라멘구조

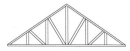

그림 1-34. 트러스구조

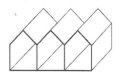

그림 1-35. 절판구조

4 건축구조의 주요 구성 요소

공간(空間)이란 말의 단어적 의미는 비어 있는 사이, 즉 아무것도 없는 빈 곳을 뜻한다. 기하학적으로는 넓이와 높이로 이루어진 빈 곳이라 할 수 있다. 아무것도 없는 빈 곳이란 어떤 물질이나 물체가 존재하지 않는다는 의미이기도 하고, 역(逆)으로 무언가를 채울 수 있는 곳, 채워져야 하는 곳이라고도 할 수 있다. 공간에 무엇인가를 채웠을 때 그 공간은 진정한 의미(휴식 공간, 사적 공간, 주거 공간, 문화 공간, 도시 공간 등)를 가진다고 할 수 있다.

건축에서의 공간을 무엇인가로 채운다는 것은 사용한다는 것이며, 이는 건축공간이 인간 생활의 행태와 요구에 훌륭하게 대응해야 한다는 것이다. 이를 위해 계획되어진 건축공간의 질서가 목적에 맞도록 만들어지고 기능(사용)할 수 있도록 다양한 재료, 치수 및 규모, 비례, 구축기술 등 물리적인 구조물(構造物)의 구성요소와의 조화(調和)를 고려하지 않을 수 없다. 건축물이 인간 생활에 대응하는 기능을 발휘하는 공간을 구성하는데 필요한 주요 구조(構造, 軀體, main frame)와 마감 구조를 정리하면 다음과 같다.

4.1 건축물의 주요 구조(構造) 요소

(1) 기초(Foundation, Footing)

건축물에서 각 층의 하중을 받아 지반에 전달하여 지반 반력에 의해 건축물을 안전하게 지지하도록 설치된 건축물 최하부의 지정(地釘)을 포함한 구조체를 말한다.

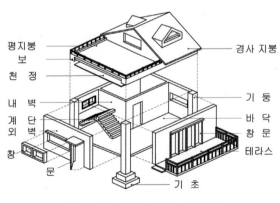

그림 1-36. 주택의 구조적 주요구성

(2) 기둥(Column)

지붕, 바닥, 보 등 상부의 하중을 지탱하고 하부로 전달하는 수직 구조체이다. 기둥이 하중을 부담함으로써 벽은 하중부담(내력벽)에서 자유로울 수 있으며 내부 공간의 자유로운 평면 계획이 가능하다. 벽과 연결된 기둥은 벽면을 분절함과 동시에 벽의 연속성을 확대할 수 있다. 벽면과 연결되지 않은 독립된 일련의 기둥은 평면을 분절하여 시각적으로 새로운 공간을 규정하거나 공간의 연속성, 리듬, 볼륨 등 공간의 디자인적 요소의 기능도 한다. 기둥의 간격에 따라 기초의 위치가 결정되고 보의 깊이(춤)도 달라져 층고에 영향을 준다. 따라서 주차 공간, 책상 및 가구 배치 등과 연관성을 고려하여 계획한다.

(3) 벽(Wall)

벽은 공간을 수직으로 둘러싸거나 나누는 요소이다. 외부와 면하게 설치된 벽을 외벽, 내부에 설치된 벽을 내벽, 칸막이벽으로 설치된 벽을 장막벽, 상부의 하중을 받아 견딜 수 있도록 설치된 벽을 내력벽이라고 하고, 받지 않는 벽을 비내력벽이라 한다. 외벽은 외부로부터의 보호(shelter) 역할과 외부 환경의 차단과 실내 환경의 유지 등이 설계상 고려되어야 하며 건축물의 형태와 디자인(입면, facade)에 영향을 준다. 내벽은 건축 내부공간을 구획하는 구조체로서 칸막이 벽이라고도 한다. 공간의 규모와 기능에 따라 위치와 구조가 결정된다.

(4) 보(Girder/Beam)

바닥과 기둥에 연결되어 바닥의 하중을 지탱하고 기둥에 전달하는 역할을 한다. 지지 방법에 따라 양단 지지의 단순보, 양단을 고정한 고정보, 고정보의 일단을 해방한 캔틸레버보, 중간에 받침점을 만든 연속보, 연속보의 중간을 핀(pin)으로 연결한 게르버 보(Gerber's beam) 등이 있다. 라멘구조의 주요 구성 요소이며, 조적구조에서는 테두리보가 쓰인다.

(5) 바닥(Floor, Slab)

건축의 내부를 수평으로 구획하는 구조체로서 건축의 중요한 설계 요소이다. 바닥은 걷고, 앉는 등의 활동과 물건을 적재하는 곳으로 형태, 크기, 마감재료, 질감 등은 공간 사용에 영향을 미친다. 바닥에 실린 하중은 기둥 또는 내력벽을 전달된다.

(6) 천장(Ceiling)

지붕 또는 상부층 바닥의 밑에 설치하는 구조체로서 열 차단, 음향 방지, 장식을 겸하고 조명, 전기, 공조, 배관 등의 설비를 설치하는 공간으로도 사용된다.

(7) 지붕(roof)

지붕은 건축물의 최상부에 설치되어 외부의 태양, 눈, 비, 바람으로부터 건축의 내부를 보호하고, 바닥, 벽과 더불어 외부로부터 공간을 감싸는 기능을 가진 구조물이며, 외기에 의한 풍화를 가장 많이 받는 부분이다. 지붕의 형태와 재료는 내적으로 공간감(바닥과 지붕, 천정과 지붕 사이)과 천정 설비 방식, 지붕의 활용(옥상정원)으로부터 영향을 받고, 외적으로 기후와 관련하여 경사도, 천창 유무, 벽, 창문, 문과 관련한 내민 길이와 형태 등 건축물의 의장에 영향을 준다.

(8) 계단(階段, stairs)

계단은 높이가 다른 두 바닥면 또는 층과 층을 수직 방향으로 상호 연결하여 이동할 수 있는 통로의 기능적 역할을 한다. 디딤판, 챌판, 난간, 계단참 등을 다양한 형태로 만들 수 있다는 점에서 건축 디자인의 중요 요소이다. 특히 피난계단의 경우 재난 시 상층의 이용자들을 안전하게 피난층 또는 지상으로 이동 대피할 수 있는 기능적 측면은 매우 중요하다. 또한, 계단은 엘리베이터, 화장실, 설비 덕트 등과 연계되어 구조체 역할도 한다.

계단의 설계는 사용자의 편의성, 안전성, 피난성, 장애인을 위한 무장애설계(無障礙設計, Barrier Free) 등이 우선하여 배려되어야 하고 디자인은 2차적으로 고려하는 것이 바람직하다. 또한, 관련 법령에 건축 용도별, 규모별로 설치 기준을 제시하고 있으므로 이를 충족하도록 한다.

(9) 경사로(傾斜路, slope)

휠체어 이용 장애인과 이동 약자들의 편의 증진을 위하여 바닥의 단차가 있는 곳에 계단을 대신하여 설치하거나 계단과 함께 설치하는 것과 주차장(지상, 지하)의 이용을 위하여 설치하는 진출입로 등이 있다. 경사로의 설계는 유효 폭, 기울기, 수평 참, 재질과 마감 등을 관련 법령에서 제시하고 있으므로 이를 충족하도록 한다.

4.2 기타 건축을 구성하는 구조

(1) 창호(窓戶, windows & doors)

벽과 기둥의 사이, 지붕 등의 개구부에 설치되는 각종 창(窓)이나 문(門)을 가리킨다. 벽이 공간을 물리적으로 둘러싸거나 나누어 경계와 분리의 기능이라면 문은 공간으로의 출입을 제공함으로써 공간과 공간을 연결하는 기능을 가지고 있다. 사람이 출입할 수 있는 문과 달리 창은 채광, 환기, 통풍, 조망 등 기능적인 역할과 더불어 그 형태, 구조, 재료, 위치 등에 따라 건축의 디자인 요소로도 중요하다.

(2) 수장(Fixture)

벽, 바닥, 천장의 단열, 방음, 마감 등의 기능과 장식을 목적으로 주요 구조체에 붙여 대어 설치하는 부분을 말한다.

(3) 마무리(Finishing)

본 구조체를 덮어씌워 건물의 내구성을 증대시키고 장식을 목적으로 설치하는 부분을 말한다.

5 　건축디자인의 요소와 원리

5.1 건축디자인의 조건

　디자인이란, '지시하다', '표현하다', '성취하다'의 뜻을
가지고 있는 라틴어의 '데시그나레(designare)'에서 유래
한다. 사물 또는 어떤 시스템을 만들어 내기 위한 제안
(도안, 도면 등)이나 계획서(사업의 프로세스) 등을 만드
는 과정과 실행에 옮겨 나타난 결과를 포함한다. 디자인
이 갖추어야 할 조건으로 합목적성, 심미성, 독창성, 경
제성, 조화성 등 5가지를 들 수 있다.

그림 1-37. 건축디자인의 조건

① 합목적성(合目的性, 실용성)

　디자인의 목적에 부합(符合)되는 성질을 말한다. 건
축계획의 가장 기본적인 지향점(指向點)이라고 할 수 있다.

　건축물의 목적과 그 목적에 합리적이고 적합한 구조와 형태를 지니고 있어야 한다. 건물의 목적
및 기능에 중점을 두는 사상을 기능주의(機能主義, Functionalism)라고 한다.

② 심미성, 조형성(審美性, 造形性)

　디자인의 결과가 '아름답다'는 느낌을 주어야 한다. 시대, 국가, 지역, 민족에 따라 다양하며 그 시대
의 문화나 유행에 따라 다르다. 건축물의 미적 요소와 색채 등 조형성(造形性)을 갖추어야 한다.

③ 독창성(獨創性)

　디자인의 결과가 독특하고 창의적인 성향을 지녀야 한다. 동일한 용도의 건축(제품)이더라도 이
전의 것과 다르게 독창적이고 편리하고 새로워야 한다.

④ 경제성(經濟性)

　최소의 비용으로 목적과 기능을 실현할 수 있어야 한다. 디자인의 전 과정을 통하여 재료의 선택
부터 제품의 완성에 이르기까지 합리적이고 경제적인 효과를 얻을 수 있어야 한다.

⑤ 조화성(造化性)

　합목적성, 경제성의 합리적인 부문과 심미성, 독창성의 비합리적인 부문이 서로 조화를 이루어야 한다.

5.2 디자인 요소(要素)

　디자인 요소는 실체를 구성하는데 쓰이는 점, 선, 면 등의 개념 요소, 형태, 크기, 색채, 질감, 빛, 명암
등의 시각 요소, 디자인을 통하여 특정한 메시지(의미, 목적)를 직관적으로 전달하는 기능의 실제 요소,

이러한 디자인 요소들이 결합하여 느껴지는 질서, 조화, 위치와 방향, 공간감 등이 나타나는 상관 요소 등이 있다.

(1) 개념 요소(Conceptual element)

사물의 다양한 형상 또는 형태를 구성하는 기본적 요소로 쓰임에 따라 다양한 디자인이 만들어진다.

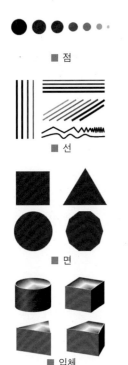

■ 점

■ 선

■ 면

■ 입체

그림 1-38. 디자인 개념 요소

① 점(點, Point)

모든 조형의 최소 단위로 더 이상 나눌 수 없는 요소이다. 위치를 표시하며, 선의 끝과 시작, 선이 만나거나 교차하는 곳에 존재한다. 공간에 한 점을 두면 주목성, 안정감, 집중력이 생긴다. 두 점을 가깝게 놓으면 선의 효과가, 두 점을 멀리 떼어 놓으면 분산 효과가 있다. 점을 2차원적으로 모아 놓으면 면의 효과가 나타난다.

② 선(線, Line)

두 점 사이를 연결함으로써 위치만 있고 폭과 부피는 없고 길이와 방향만을 갖는다. 직선과 곡선으로 나타난다. 이동의 방향 및 길이, 굵기, 형태에 따라 운동감, 속도감을 표현할 수 있다.

③ 면(面, Face)

세 개 이상의 점들을 서로 연결한 삼각형에서부터 면이 성립되어 점의 군집으로 만들어지며, 선의 밀집과 군집으로도 만들어진다. 형(形)과 색(色)을 통하여 조형의 역할을 가지며, 입방체에서 표면과 절단면의 두께를 나타내기도 한다.

④ 입체(立體, Solid)

3차원적으로 면이 이동하거나 모이거나 확장되어 이루어진다. 길이, 폭, 높이, 형태와 공간, 표면, 방위, 위치 등의 특징을 가지며, 구(球), 원통, 육면체 등의 조합으로 이루어진다.

(2) 시각 요소(Visual element)

사람의 눈을 통하여 느껴지는 감각(感覺)적 요소를 말한다.

그림 1-39. 형과 형태

① 형(形, Shape)

점, 선, 면의 연장, 이동, 모임, 확장 등 변화와 발전 속에서 이루어진다. 평면상의 2차원적 형을 형상(形狀, shape)이라 하고, 3차원의 입체적인 형을 형태(形態, form)라고 구분한다.

② 크기(Size)

점, 선, 면, 입체 등 상호 간에 비교되는 넓이, 부피, 양 등의 상대적 측량(測量) 요소이다.

크기의 변화에 따른 형(形)의 느낌은 달라진다.

그림 1-40. 크기

③ 색채(色彩, Color)

광선이 물체에 비추어 반사, 분해, 투과, 굴절, 흡수되어 사람의 눈에 들어오는 것으로 디자인 요소 중에서 가장 감각적인 요소라고 할 수 있다. 기본이 되는 원색(原色, primary color)은 빨강(red), 노랑(yellow), 파랑(blue) 이다.

색은 색상(다른 색이 가감되지 않은 상태), 명도(밝음과 어두움), 채도(색의 선명도)의 3가지 특성을 갖는다.

④ 질감(質感, Texture)

물체가 가지고 있거나 인위적으로 만들어 낸 표면적인 성격이나 특징을 말한다. 시각적 질감과 촉각적 질감이 있다.

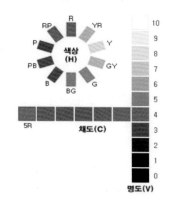

그림 1-41. 먼셀 색체계

⑤ 빛(光, Light)

빛은 사물을 볼 수 있는 근원이다. 인간이 볼 수 있는 광선(光線)을 가시광선이라고 하며, 반사, 흡수, 굴절되어 사물의 표면을 나타나게 한다.

⑥ 명암(明暗, Light & Darkness)

빛의 방향과 거리에 따른 사물의 밝고 어두움을 말한다. 원근감, 부피감, 실제감을 나타내는 디자인 요소이다.

그림 1-42. 질감

⑦ 볼륨(Volume)

어떤 사물의 가로, 세로, 높이의 입체적인 형태에서 느껴지는 공간의 체적이나 용적 등 부피적 풍부함을 말한다.

전체적인 크기에서 부분이 차지하는 느낌이나 배경에서 대상이 차지하는 부피가 큰 경우 볼륨이 크다고 한다.

그림 1-43. 명암

⑧ 메스(Mass)

어떤 사물이 입체적인 덩어리로서 그것을 구성하고 있는 재료와 재질에서 시각적으로 느껴지는 '질량감', '무게감'을 말한다.

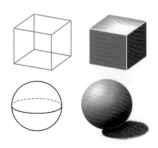

그림 1-44. 볼륨과 메스

(3) 실제 요소

디자인에서 실제적으로 보여(인식되어)지는 디자인요소를 말한다. 실제요소는 디자인의 주제와 목적을 담고 있어야 하며 형태(形態), 소재(素材), 기능(機能)이 디자인의 목적달성에 적합해야 한다.

① 표현 : 사실적, 도식적, 반추상적 등의 표현
② 소재 : 재료와 질감
③ 의미 : 디자인의 의미와 메시지(목적)를 전달
④ 기능 : 디자인의 목적 충족

(4) 상관 요소

각각의 독립적 디자인 요소가 2개 이상(개념요소와 시각요소 등)이 서로 결합되고 연관되어 나타나는 요소를 말한다. 방향, 위치, 공간감, 중량감 등이 있다.

① 방　향 : 수평, 수직, 사선 방향
② 위　치 : 한정된 공간에서의 환경과 그 속에서 표현되는 형태가 각 요소들 간의 관계에 의해 결정된다.
③ 공간감 : 어떤 형태를 디자인할 때 실제적 공간 또는 인위적인 공간의 구성과 이용이 각 요소의 특성을 한층 강화하는 촉매제 역할을 한다.
④ 중량감 : 크기가 크면 무겁게 보이고, 삼각형의 형태는 안정적이나 역삼각형은 불안해 보이는 것은 무게 중심의 분포에 따라 달라진다.
⑤ 시　간 : 입체와 평면의 동시적 개념의 연속이 시간이 된다.

5.3 디자인의 미적(美的) 원리

디자인 요소들 간의 질서, 조화 등 규칙을 이루어 심미성(審美性)을 만드는 원리를 말한다.

게슈탈트 법칙

Gestalt Laws

게슈탈트(Gestalt) 심리학파가 제시한 것으로 인간의 시지각과 관련된 공간적 시간적 근접이나 유사성은 요소들을 하나의 일관된 형태로 조직화하여 지각하게 한다는 법칙을 말한다.

① 근접의 법칙,
② 유사성의 법칙,
③ 폐쇄성의 법칙,
④ 대칭의 법칙,
⑤ 공동 운명의 법칙,
⑥ 연속의 법칙,
⑦ 간결의 법칙이 있다.

---

① 통일성(統一性, unity)과 변화성(變化性, variety)
디자인의 시각적, 형태적인 일관성, 일치성, 조화성, 유사성 등 전체로서 하나의 미적 질서를 나타낼 때 통일성이라고 한다.
이에 반하여 변화(variety)란, 통일의 일부에 변화를 주어 자칫 지나친 통일성의 지루함에 자극을 주고 흥미를 부여한다. 변화가 지나치면 무질서가 된다. 시각적 통일성을 주는 대표적인 이론으로 '게슈탈트 법칙(Gestalt Laws)'이 있다.

② 대조, 대비(對照, 對比, contrast)

두 개 이상의 사물 간의 대소(大小), 장단(長短), 명암(明暗), 형태(形態), 색채(色彩), 톤(tone) 등 비슷한 요소가 아닌 상반된 요소들을 배치하여 디자인 요소의 특징을 강조한다. 서로 이질적인 성격을 대조시켜 표현 효과를 극대화한다.

그림 1-45. 통일과 변화

③ 강조(強調, accent)

강조는 단조로움을 피하기 위하여 일부 요소를 다르게 표현한다.

그림 1-46. 대조

④ 균형(均衡, balance)

인간의 지각(知覺)심리 중 심리적, 환경적으로 중요한 요소로써 시각적인 무게감이나 비중(比重)이 어느 한쪽으로 기울어지지 않는 평형 상태를 통하여 만들어 진다. 균형을 이룬 디자인은 시각적 안정감을 주지만 반대로 균형이 깨진 디자인은 불안감을 준다. 질서와 통일감을 만드는 데 중요한 요소이다. 균형은 대칭(對稱, symmetry)을 통하여 만들 수 있다.

그림 1-47. 강조

두 부분의 크기 또는 무게가 하나의 지점에서 동등하게 분배되어 있거나 중력감 때문에 아랫부분에 더 무게를 두는 삼각형의 구도 등 시각적으로 안정되어 있을 때를 말한다. 균형이 안 맞아서 불안감을 줄 때를 불균형이라고 하고 불균형을 이용하여 주의와 시선을 끌기도 한다.

그림 1-48. 균형

⑤ 리듬(rhythm)

구성 요소들 간의 강한 힘고 약한 힘이 반복(Repetition), 점증(Gradation), 억양(Accentuation) 등 규칙적으로 연속되는 것을 말한다.

시각적 리듬은 똑같거나 유사한 요소들의 반복된 형태나 요소들 간의 강약에 따른 규칙성 또는 주기성을 가지며, 선의 연속과 단절에 의한 간격의 변화로 느껴지는 시각적 운동, 율동감을 말한다. 부드러운 질서, 동적인 느낌과 생명감을 준다.

그림 1-49. 리듬

⑥ 반복(repetition)

이미지, 색상, 형태, 텍스처, 방향, 각도 등 디자인 요소를 지속적으로 반복시킴으로써 전체적으로

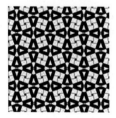

그림 1-50. 반복

유사성을 느끼게 하는 원리이다.

⑦ 조화(造化, harmony)

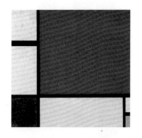

그림 1-51. 조화
(빨강, 파랑, 노랑의 구성,
몬드리안, 1930)

둘 이상의 미적 구성요소들(선, 면, 형태, 재질, 색채 등)이 미적, 질적, 양적으로 모순되지 않고 상호관계가 잘 결합된 디자인을 말한다. 미적 요소를 지나치게 통일시키면 지루함과 싫증을 유발할 수 있다. 따라서 형태가 반복되더라도 크기를 달리하고, 색채가 반복되더라도 명도를 달리하는 등 다양성을 지닌 통일성의 효과적인 원리가 조화이다. 조화는 각 요소가 통일된 전체의 효과를 나타낼 때를 말하며, 조화는 전체적으로 질서를 잡아주며 통일성도 부여한다.

⑧ 대칭(對稱, symmetry)

두 부분의 중앙을 지나는 가상의 선을 축으로 양쪽 면을 접어 완전히 일치되는 것을 대칭이라 한다. 선이 아닌 점을 중심으로 하는 경우 방사대칭, 역대칭 등이 있다. 대칭의 균형을 이루는 경우 안정적이고 위엄이 있으며 고요하게 보인다. 비대칭(asymmetry)은 양쪽이 상대

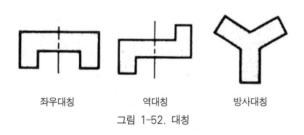

좌우대칭   역대칭   방사대칭
그림 1-52. 대칭

적으로 같지 않으나 비중이 안정된 경우를 말하며, 역동성을 나타내기도 한다.

그림 1-53. 비대칭

ⓐ (좌우)대칭 : 어느 한 축을 기준을 양쪽에 똑같은 무게를 배치하여 균형을 이루는 것. 친숙한 느낌을 주지만 변화가 없어 정적이며, 답답함, 지루함을 줄 수 있다.

ⓑ 역(비)대칭 : 대칭에 비하여 정확한 기준은 없으나 크기, 형태, 무게, 색, 명암 등 감각적으로 맞춰진 균형감을 말한다. 대칭에 비해 흥미롭고 개성 있는 균형미를 만들 수 있다.

ⓒ 방사대칭 : 중심에서 사방으로 뻗어나가며 균형을 이룬다. 간격과 방향의 변화를 통하여 개성있는 균형미를 만들 수 있다.

⑨ 점이(漸移, gradation)

그림 1-54. 점이

유사한 일련의 흐름과 점진적인 변화를 뜻하며 컬러, 명도, 형태의 크기 등을 단계적으로 표현하여 그러데이션을 표현할 수 있다.

그러데이션으로 만들어진 흐름은 자연스러운 시각적 운동과 리듬, 공간감이 만들어지기도 한다.

⑩ 비례(比例, proportion)

비례는 모든 사물의 상대적인 크기, 즉 전체와 부분, 부분과 부분 사이의 상대적 크기의 비율을 말한다. 비례를 통하여 조화와 안정감을 효과적으로 나타낼 수 있다. 고대 그리스인들은 가장 이상적인 비례로 황금비율(1 : 1.618)을 적용하였다.

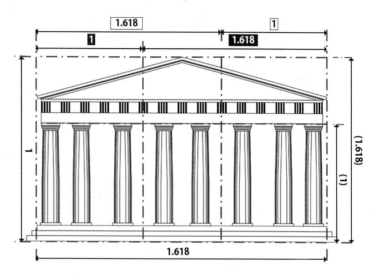

그림 1-55. 비례(파르테논 신전)

6 건축계획의 방향과 규정 요소

6.1 건축계획의 방향

인간의 삶을 영위하기 위해 만들어지는 건축은 그 목적과 기능에 적합하고, 인간 중심적이어야 하며, 위생적이고, 안전한 가운데 경제성을 지니며, 공공의 사회성과 심미성을 갖출 수 있도록 계획한다.

① 합목적성(合目的性)

건축의 목적에 부합(符合)되도록 계획한다. 건축계획의 가장 기본적인 지향점(指向點)이라고 할 수 있다. 건축물의 목적과 그 목적에 합리적이고 적합한 구조와 형태를 지니고 있어야 한다. 건물의 목적 및 기능에 중점을 두는 사상을 기능주의(機能主義, Functionalism)라고 한다.

② 인간 중심(人間中心)

인간이 생활을 영위(營爲)하도록 만들어진 건축의 바탕은 인간 중심의 휴머니즘(humanism)에 있다.

③ 보건성(保健性)

건축은 외부의 물리적, 환경적, 화학적 환경에 대항하여 위생적이고 쾌적한 환경을 갖추어야 한다.

④ 안전성(安全性)

건축은 비, 바람, 지진, 진동, 충격 등 외력(外力)으로부터 안전을 확보할 수 있는 구조적(構造的) 안전이 확보되어야 한다.

⑤ 경제성(經濟性)

건축은 최소의 비용으로 목적과 기능을 실현할 수 있어야 하며, 건축 후 최소의 비용으로 유지·관리(running cost)될 수 있도록 한다.

⑥ 사회성(社會性)

건축은 도시를 구성하는 기본 요소로서 주변의 도시환경과 조화되도록 하고 대규모 건축의 경우 충분한 공개 공지, 교통 처리 등 공익적, 커뮤니티(community)적 측면을 고려한다.

⑦ 심미성(審美性)

건축은 시대, 국가, 지역, 문화, 유행 등에 조화되는 디자인, 색상 등 외관의 미적 기능을 가지도록 한다.

6.2 건축의 규정 요소

건축의 형태, 규모, 구조 등을 규정하는 요소로는 기후·풍토, 사회·문화적 배경, 정치·종교적 성향, 재료·기술적 요소 등을 들 수 있다.

① 기후·풍토적 요소 : 강수량, 적설량, 온습도, 바람, 지형, 지질 등의 자연적 요소
② 사회·문화적 요소 : 이념, 제도, 문화적 관습, 국민성, 세계관 등
③ 정치·종교적 요소 : 정치적 성향·이슈, 종교적 특성 등
④ 재료·기술적 요소 : 사용 재료의 종류와 특성, 구축(構築)의 방법과 기술 수준 등
⑤ 기타 : 경제적 요소, 건축가의 미적 개성과 성향 등

7	건축의 과정

7.1 건축 행위의 주요 과정

건축물이 만들어지고 사용되는 과정을 이해하는 것은 건축주의 측면에서 건축의 의도와 가능성을 검토하고 명확히 하며 단계별 건축가(기술자)의 역할을 이해할 수 있으며, 준공 후 건축의 운영과 관리를 예측할 수 있는 장점이 있다. 건축적 측면에서도 정보의 수집과 분석, 의사결정, 피드백, 평가, 디자인 결정, 시공, 운영 등의 건축과정에서 발생할 수 있는 잘못(error)과 실수(miss)를 줄여 목표 달성을 이루는 데 중요하다.

■ 건축의 과정을 주요 행위별로 정리하면 다음과 같다.
기획 – 조건 파악 – 조건 분석 – 기본 계획 – 기본 설계 – 실시 설계 – 시공 – 시험 운전 – 준공 – 유지관리

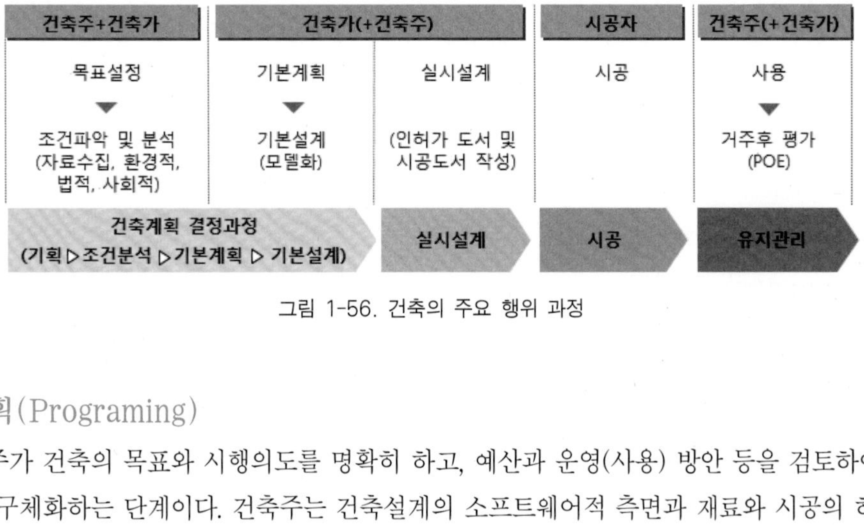

그림 1-56. 건축의 주요 행위 과정

(1) 기획(Programing)

건축주가 건축의 목표와 시행의도를 명확히 하고, 예산과 운영(사용) 방안 등을 검토하여 건축 가능성을 구체화하는 단계이다. 건축주는 건축설계의 소프트웨어적 측면과 재료와 시공의 하드웨어적 측면, 운영 방식의 경제적 측면 등의 의사결정에 어려움이 있는 경우 관련 건축가(전문가)와 협의하여 건축 의도와 목표를 명확히 하고 건축에 대한 요구사항, 예산과 운영방안, 건축 과정에서 예상되는 문제점 등을 정리하여 건축가와 협의한다.

(2) 조건파악 및 분석(Survey & Analysis)

건축주가 건축의 의도와 운영 방안, 예산 등을 명확히 한 후, 건축가는 건축의 목표 달성을 위한 설계에 앞서 건축주 요구사항, 이용자 요구사항, 인근 주민 또는 지역적 영향과 나아가 예산의 가능성, 대지의 조건, 지반 상태, 건축 관련 법령, 준공 후 운영 및 유지관리 효율성 등 제약사항 등을

세밀하게 파악하고 분석한다. 분석된 조건은 건축 규모(높이, 층수, 1층 면적, 연면적, 용적률, 주차 조건, 지반 조건에 따른 지하층 규모 등), 디자인 방향(고·저차 활용, 동수, 대지 활용, 입·단면 계획 등), 구조 방식, 설비 방식, 예산의 적정성 등 건축의 의도와 기능적 요구사항을 충족하는 건축설계에 활용된다. 건축주의 의도와 건축의 목표를 달성하는데 어려움이 예상되는 경우 도출된 문제점을 건축주, 관련 전문가 등과 협의하여 수정한다.

■ 조건 파악 및 분석 과정
① 건축주 요구사항, 건축의 목적, 건축물의 용도 및 기능 파악
② 이용자 특성 파악
③ 건축을 위한 관련 법령 파악 : 지역, 지구, 도시계획 등 저촉되는 관련 법령
④ 대지 및 지반 조건 분석 : 대지 형태, 경사 및 단차, 차량 및 보행 접근성, 향, 조망, 소음, 자연 요소, 인접 건축물과의 관계성, 성·절토 유무, 지층 및 토질의 상태, 사선 제한, 건축 가능 영역 등을 분석한다.
⑤ 토지 이용계획 수립 : 대지 및 지반 조건 분석을 바탕으로 건축 가능 영역, 주진입로, 주차공간 등 개략적인 토지 이용영역을 설정한다.

(3) 기본계획(Schematic Design)

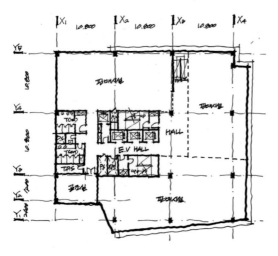

그림 1-57. 기본계획 예_(000금고 00지역본부 2F)

조건 분석을 통하여 결정된 설계조건을 바탕으로 만들어 초기 설계(안)이다. 실시설계도서에서 나타나게 되는 각 실의 위치, 마감재료, 구조, 치수, 건축의 형태 등은 조건 분석이 끝났다고 해서 바로 나타낼 수는 없다. 건축 의도와 목표를 달성할 수 있는 최적·최상의 건축을 완성하기 위해서는 다양한 공간형태의 계획안을 도출하고 기획 의도와 건축 조건 등과 비교하여 각 계획안 별로 취사선택하거나 수정하는 작업이 필요한데 이러한 설계의 초기 과정을 기본계획과정이라 한다.

이 과정에서는 건축의 컨셉에 맞추어 부문별 컨셉, 디자인 스케치 등의 작업을 진행하며, 소요 공간의 리스트와 각각의 단위공간 및 건축의 적정 면적을 산출하고, 단위 공간의 기능, 위치, 크기 및 연계성 등을 바탕으로 다이어그램(Bubble·Block Diagram) 등의 작업을 진행한다. 이를 통하여 수평·수직별 실의 배치, 입·단면 등의 기본 형태 등을 만드는 과정이다. 개념 설계라고도 한다.

건축계획 대지에 다수의 건축물을 설계하는데 있어서 대지가 지니고 있는 물리적, 광역적, 지역적, 지엽적 환경 분석을 통하여 대지 내 건물 및 외부 공간의 배치, 규모, 동선 등의 기본 방향을 수립하기 위한 설계기법으로 기본 설계 이전(以前)의 전제(前提) 과정이다.

설계도서 종류

■ 배치도
대지 및 건축물의 향(向), 대지 내 건축물의 위치, 대지의 고저차, 도로와의 관계, 주출입구, 주차, 조경 및 외부 공간의 활용 등을 나타내며, 대지 주변의 현황을 포함하기도 한다.

■ 평면도
건축물의 각 층을 수평면으로 절단하여 수평 투사한 도면으로, 각 층의 실 배치와 실의 크기, 출입구 및 창의 위치를 나타내며, 가구류, 기구, 설비 등의 평면적인 크기를 나타낸다.

■ 입면도
건축물의 외부 면을 2차원적으로 표현한 도면으로서 건축물이 완성된 후의 외부 이미지를 표현한다. 보는 위치에 따라 정면도, 좌·우측면도, 배면도로 나누고, 방위에 따라 남, 동, 서, 북측 입면도 등으로 나누기도 한다.

■ 단면도
건축물을 수직으로 절단하여 투사한 도면으로, 지상·하 각 층 및 실의 천장 높이와 건축물의 전체 높이, 건축물의 구조재와 내·외부 마감재의 구성을 나타낸다. 평면도의 세로축을 절단한 종단면도와 가로축을 절단한 횡단면도로 나뉜다. 주요 실, 계단실, 화장실, 지반과의 관계 등 중요한 부분을 절단하여 나타낸다.

■ 상세도
평·입·단면도의 일반적인 축척 1/50, 1/100, 1/300 등 축척의 제한으로 재료, 구조, 치수 등 세부적인 사항을 표현하기 어려울 때 1/30, 1/20, 1/10 등의 축척으로 나타낸다.

■ 창호도
평·입·단면도에 표현된 창호에 대하여 창호 종류별 기호를 붙인 후 개수, 개폐 방법, 구조, 재료, 높이, 너비, 두께 등을 나타낸 도면이다.

■ 재료 마감표
건축물의 외벽, 실내의 바닥, 벽, 천장 등 실내·외의 치장재 및 마감재를 알기 쉽게 일목요연하게 작성한 표로서, 마감재의 종류, 이름, 규격 등을 나타낸다.

■ 투시도
건축물의 외관 또는 실내를 3차원적으로 나타낸 도면이다. 조감도는 투시도의 한 종류로서 시점 위치가 높은 공중에서 건축물을 바라본 것을 나타낸 도면이다.

(4) 기본설계(Design Development)

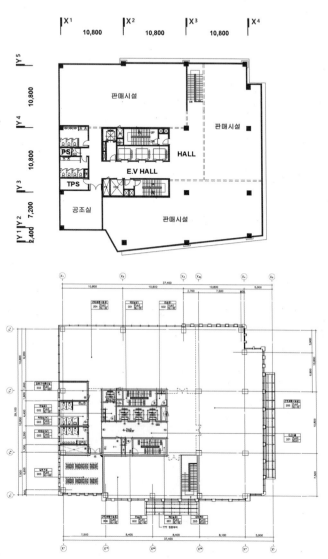

그림 1-58. 초기 기본설계(上)와 디자인을 발전과정을 거친 기본설계(중간설계)도(下) 예_(000금고 00지역본부 2F)

조건 분석과 기본계획 과정을 거치면서 도출된 초기계획안을 가지고 건축물의 평면, 입면, 단면과 대지 내 건축물의 배치계획 등을 좀 더 구체적으로 발전시켜 나가는 작업을 하는데 이를 기본설계라 한다. 이 단계에서는 대지 내 건축물의 위치, 향(向), 동선, 주차 등의 관계와 각

실의 크기, 창호의 여닫는 방식, 평면의 형태와 층별 실의 배치, 입면계획, 단면계획 등을 설계자와 건축주가 협의 통하여 1차적으로 결정한 후 구조, 전기, 기계설비 등 엔지니어링 분야의 검토와 도면 수정을 거쳐 치수와 재료를 도출하고 개략적 공사비의 산출도 가능하도록 도면 작업을 한다.

(5) 실시설계(Working Design)

기본설계단계의 디자인 발전과정을 통하여 층별 평면, 입면, 단면의 형태, 크기, 재료 및 구조 방식, 설비 방식 등의 최종안이 결정되면 건축공사에서 필요로 하는 배치도, 평면도, 입면도, 단면도, 상세도, 구조도, 전기, 설비, 토목, 조경 등의 건축물과 대지를 구축하는데 필요한 모든 도면에 세부 치수, 규격, 마감 재료 및 공사 시방서, 내역서까지 작성하게 되는데 이를 실시설계도서라 한다.

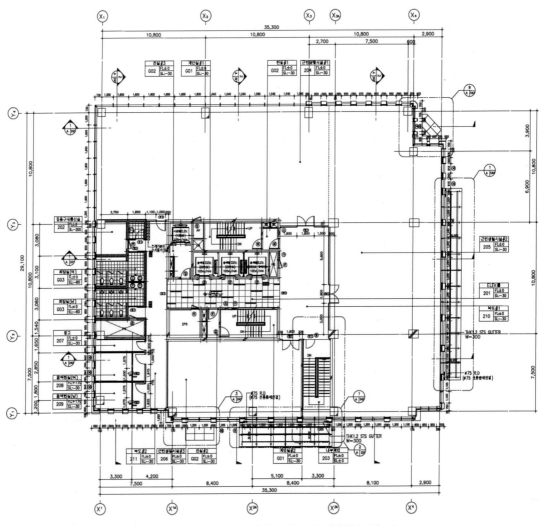

그림 1-59. 실시설계도 예_(000금고 00지역본부 2F)

① 실시설계도서 : 배치도, 평면도, 입면도, 단면도외 각종 상세도, 구조설계도, 급·배수위생, 냉·난
방, 공기조화 설비도, 전기기계설비 설계도, 옥외시설, 조경설계도 등을 포함한다.
② 계산서 : 구조계산서, 냉난방부하 계산서, 전압강하 계산서, 조명조도 계산서 등
③ 시방서 : 시공자에 대한 지시사항으로서 설계도면에 표시할 수 없는 각종 건축, 기계, 전기, 설비,
기타 사항 등을 글이나 도표로 나타낸 것
④ 공사비계산서(내역서) : 표준이 되는 공사비로서 설계자가 산출하여 나타낸 것.

구 분		작성도서	표 기 사 항
설계 설명서		건축계획서	- 건축계획의 내용 및 방침
		분야별 계획서	- 구조, 전기, 통신, 기계, 소방, 조경 등 분야별 계획 내용
		지반 및 기초	- 설계의 지반 및 기초 등에 관한 사항 및 보완
공사비계산서			- 자재비, 인건비, 운반비 등 공사비계산서 작성
공사시방서			- 시공 개요(공사시방서 개요 포함)
구조계획서			- 구조계획, 설계근거기준, 구조재료 규격 및 설계기준 강도, 제반하중 조건의 분석 적용, 구조 형식의 선정근거, 각부 구조계획, 골조의 평면, 간사이, 층고, 바닥판구조, 지붕구조, 기타 주요 구조부재의 개략 단면산정계산서, 내진구조계획 개요(해당 건물), 토질개황, 토질조사 및 토질주산도
설 계 도 면	목록	도면 목록표	- 설계도서철에 담고 있는 도면의 목록
	개요	건축 개요	- 건축명, 대지 위치, 면적, 용도, 규모, 구조, 주차 대수 등 건축 개요
		배치도	- 축척 및 방위 - 건축선 및 대지 경계선으로부터 건축물까지의 거리 - 건축선, 대지 경계선 및 대지와 도로와의 접한 길이 및 폭 - 허가신청에 관계되는 건축물과 기존 건축물과의 구별 - 대지의 고저차 - 조경계획 - 대지의 종, 횡단면도
		주차계획도	- 법정 주차면적 대비 주차공간계산표, 옥외 및 지하주차장 도면, 주차배치도
	안내도	부근 안내도	- 방위, 도로 및 목표가 되는 지물 등
	투시도		- 건축물을 공중에서 수직으로 본 것처럼 표현, 입체감과 원근감의 표현
	실내외 마감 재료 표		- 바닥, 천정, 내벽, 외벽, 측벽, 지붕부위의 마감
	평면도	각층 평면도	- 1층 및 기준층 평면도 - 기둥, 벽, 창문 등의 위치 - 방화구획 및 방화문의 위치 - 복도, 계단, 승강기의 위치 - 내외 주요 벽체의 중심선 표시 - 공법상, 구조상 특징 있는 주요치수(구조이음, 신축이음) 등의 위치
	입면도	입면도(정면도, 배면도, 좌우 측면도)	- 2면 이상의 입면계획 - 외부마감재료 - 주요 내외벽, 중심선 또는 마감선 치수 기재 - 문, 창의 위치 표시(바닥 높이와의 상관관계 표시)
	단면도	종, 횡단면도	- 건축물의 높이, 각층이 높이 및 반자높이 - 구조 전체를 설명, 파악할 수 있도록 작성하며, 층고 및 천정 내 배관을 위한 공간, 계단 등의 관계를 나타냄.
	상세도		- 평면상세도, 입면상세도, 단면상세도(1/30, 1/20, 1/10 등)
	창호도		- 창호별 개수, 재료, 높이, 너비, 두께, 개폐방법 등
	천정도		- 전기등 위치도 - 소방, 화재 등의 안전설계 배선도, 내장 인테리어 설계기준
	구조도	구조개요도	- 구조계산서 일반사항 요약, 건물 규모 및 층수, 구조방식, 철근 및 콘크리트 강도, 설계근거 및 해석방법, 지내력
		구조계획도	- 구조평면, 단면계획 및 주요 부재계획

표 1-1. 실시설계도서의 일반적 표기사항

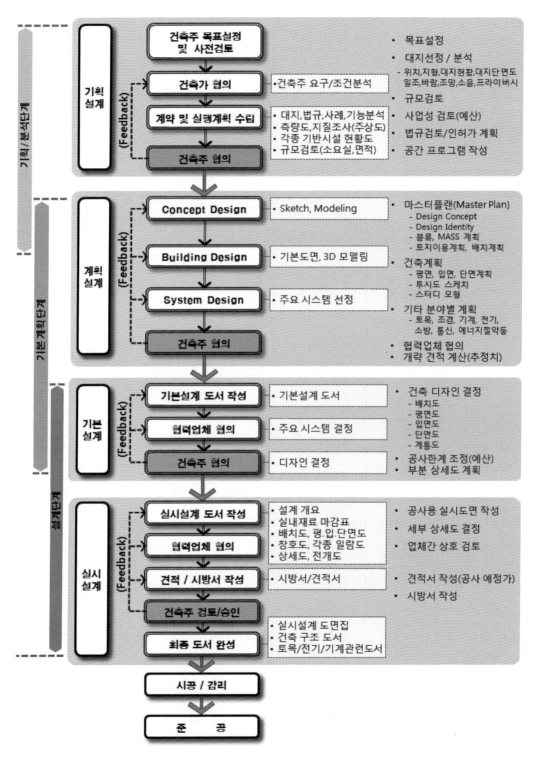

그림 1-60. 건축행위의 프로세스와 내용

(6) 시공(Construction)

건축실시설계도에 나타난 건축물을 대지 위에 구현하여 건축물을 완성하는 작업으로 건설시공사에 의해 진행된다. 이 단계에서는 건축가는 건축의 의도와 건축도면에 나타난 품질을 달성하도록 시공되는 지를 관리·감독(감리)하기도 한다. 건축시공은 실시설계도서만으로 건축공사의 완벽을 기할 수 없으며, 시공과정에서 필요에 따라 여러 가지 상세설계도(시공도, shop-drawing)가 만들어져 사용된다.

(7) 시험운전(Testing)

건축의 의도와 목표에 부합된 건축물이 완성되었는지에 대한 시험 가동(운영)하는 과정으로 완공된 건축물의 품질점검, 예비 사용 및 운전, 각종 설치 검사 및 성능검사, 안전도 성능평가, 성과품 제출 등이 행해진다.

(8) 준공(Completion)

단어적인 의미는 '공사를 마치다'라는 뜻으로서 건축공사를 완료한 후 행해지며, 건축의 기획부터 설계, 시공에 이르는 전 과정이 완료되었음을 말한다. 준공이 되면 건축물을 사용할 수 있게 된다.

(9) 유지관리(Management & Maintenance)

완공된 건축물의 기능을 보전하고 지속적으로 이용자의 편의와 안전을 유지하도록 건축물을 점검·정비하며 개·보수가 필요한 부분을 원상복구하는 등 건축물의 성능유지, 개량, 보수, 보강 등이 행해진다.

7.2 거주 후 평가(P.O.E : Post Occupancy Evaluation)

건축물이 완공된 후 사용 중인 건축물이 본래의 기능을 제대로 수행하고 있는지 여부를 파악하여 새로운 디자인의 분석단계에 정보를 주기 위하여 현지답사, 인터뷰, 관찰 및 기타 방법들을 이용하여 거주 후 사용자들의 반응을 진단, 연구하는 행위를 말한다. 거주 후 평가 시 건축법규에 대한 적합성은 고려하지 않는다.

(1) 목적

① 건축기획·계획의 의도대로 건축물이 사용되고 있는지를 파악하여 차후(此後) 유사(類似) 건물의 건축계획에 대한 직접적인 지침을 제공할 수 있다.
② 앞으로의 건축계획 및 평가에 필요한 이론을 발전시킬 수 있다.

(2) 평가 분야

① 기술적 평가 ② 기능적 평가 ③ 행태적 평가 ④ 경제적 평가 ⑤ 가치적 평가

(3) 평가(POE) 요소

① 환경 장치(Setting) : 평가의 직접적인 대상이 되는 물리적 환경으로서 사용자의 행동 배경
② 사용자(User) : 사용자의 나이, 성별, 직업 등 사용자 정의
③ 주변환경(Proximate Environmental Context) : 기후, 교통, 공기오염도, 하수도, 문화시설 등
④ 디자인 활동(Design Activity) : 설계자, 건축주, 사용자 등 각각의 그룹에 참여를 통한 그들의 가치, 태도, 선호도 등을 평가에 반영하여 디자인 분석
⑤ 평가계획 과정

⑥ POE의 구분 : 기본적 POE, 조사적 POE, 진단적 POE

8 공간계획 · 설계 수법(Architectural planning methodology)

건축을 완성하는 과정에 있어서 공간계획 · 설계는 필수적인 요소이다. 공간계획 · 설계수법은 건축의 용도와 기능에 맞고, 이용자의 요구를 충족하며, 현재와 미래의 사용 편의성에 대응해야 하는 등 건축물의 설계에 있어서 그 과정의 효율적 · 효과적인 측면뿐만 아니라 건축 후 미래의 공간변화요구에도 합리적으로 대응할 수 있도록 한다는데 의의가 있다.

8.1 공간규모계획

공간규모계획이란, 설계하려는 건축물의 용도 및 이용자 특성, 소요실 및 수, 실별 수용인원, 실별 가구 및 설비 조건, 기타 특수조건 등을 파악하여 소요실과 공간의 면적을 구하고 이에 따른 건축면적과 체적(바다면적, 연면적, 층수, 높이 등)을 산정하는 작업이다.

■ 공간규모계획 방법

① 건축물의 용도, 이용자의 특성(이용자 수, 연령, 계층, 생활 행위 등) 및 요구조건을 파악한다.

② 소요실 및 실 수 등 소요공간을 산출한다.(스페이스 프로그래밍)

③ 설계경험, 자료, 조건 분석을 바탕으로 1인당 소요면적과 실별 적정면적 및 체적을 산출한다.

④ 실별 가구, 장치, 설비 등 특수 조건을 파악하고 실별 특수 조건에서 요구되는 면적과 실별 적정 면적 및 체적을 고려하여 소요면적을 산출한다.

⑤ 소요 주차 대수와 주차 방식을 계획하고 면적을 산출한다.

⑥ 영역별 조닝, 구조, 심미성, 경제성과 건폐율, 용적률 및 건축 관련 법령 등을 고려하여 층별 규모 와 층수를 산정한다.

⑦ 각 실별 면적, 공용 공간, 서비스 공간, 주차장 등의 면적을 합하여 전체 건축 규모를 산정한다.

8.2 공간의 치수계획

(1) 치수계획 시 고려사항

건축공간의 치수(Scale)계획은 길이, 깊이(폭), 높이이라는 상대적 크기에 따라 결정되며, 그 기준 은 인간 중심이 되어야 한다. 인간 중심의 치수계획 시 고려사항은 크게 물리적 스케일, 생리적 스케 일, 심리적 스케일로 나누어 볼 수 있다.

① 물리적 스케일

인체 및 사물의 크기와 작동 등에 맞는 천정고, 출입구, 계단 등 정지(停止) 시와 동작(動作) 시의 인체 상태를 기준한 치수

② 생리적 스케일

쾌적한 공간사용을 위해 필요한 채광량, 환기량 등에 따른 창문의 크기 결정

③ 심리적 스케일

공간의 기능과 성격(개방, 폐쇄, 분리, 동적, 정적 등)에 따른 인간의 활동성, 심리적 여유감, 안정 감을 갖기 위한 수평, 수직적 공간의 크기

(2) 치수계획에 이용되는 수학 이론

① 정수비(正數比, Constant ratio)

1:2, 1:3, 1:4 … 와 같은 간단한 정수비로 비례를 이루는 방식, 건축물의 반복되는 형태, 재료 등에서 적용 가능하며 균형적 조화를 이룰 수 있다.

② 황금비(黃金比, Golden ratio)

황금비는 그리스의 수학자 피타고라스(BC583~497)가 정오각형 모양의 별에서 발견한 이상적인

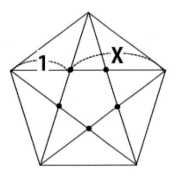

비율로서, 정오각형 꼭지점을 연결하면 내부에 정오각형의 별이 만들어지는데, 이 때 별의 꼭지점을 연결한 대각선이 교차하면서 각 선분을 두 부분으로 나누게 되고, 나누어진 선분의 비율이 5 : 8, 즉 짧은 부분(x)을 1로 두고 긴 선분(X) 길이를 1 : X 로 산정하면 '황금비 1 : 1.618'이 된다는 것을 발견하였다.

그림 1-61. 정오각형의 황금비

$$1 : X = X : (1 + X),\ X^2 - X - 1 = 0,\ X = \frac{1 + \sqrt{5}}{2} = 1.618033989 \cdots (\because X > 1)$$

또는 $x : X = x + X : X$ 즉, 작은 부분과 큰 부분의 비가 전체와 큰 부분의 비와 같은 것을 황금분할(Golden Section)이라고 하며, 그 비를 황금비(Gold ratio)라 한다.

③ 피보나치 수열(Fibonacci Series)

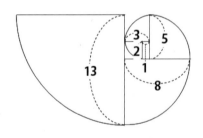

피보나치 수열이란 앞의 두 수의 합이 뒤의 수가 되는 수의 배열을 말한다. 12세기 말 이탈리아 천재 수학자 레오나르도 피보나치(1170~1250가 제안했다.

한 쌍의 토끼가 계속 새끼를 낳을 경우 몇 마리로 불어나는가를 숫자로 나타낸 것이 이 수열이다. 이 숫자는 1, 1, 2, 3, 5, 8, 13, 21, 34, 55, 89, 144, 233…가 된다. 모든 숫자가 앞선 두 숫자의 합이라는 것을 알 수 있다.

그림 1-62. 앵무조개와 피보나치 수열

8.3 스페이스 프로그램(Space Program)

건축설계를 위한 조건 파악 이후 건축가는 여러 가지 설계조건을 건축의 의도와 목표에 대응시켜 기능, 구조, 미를 체계적이고 효율적으로 공간화할 수 있는 방안을 고민하게 된다. 스페이스 프로그램은 건축설계작업에 앞서 건축의도와 목표에 대응하도록 소요실, 실수, 실별 면적 등 소요 공간의 규모계획 분석과 실별 연계성을 고려하여 층별 배치를 정하는 등 소요실(공간)별 요구사항을 기능적 논리적으로 정리하는 작업이다.

이를 통하여 소요실과 공간을 전용공간, 공용공간, 부속공간, 기타 공간 등으로 분류하고 면적을 집계할 수 있으며, 평면계획에 필요한 기준면적(모듈면적)의 도출과 실별 관계를 나타내는 Diagram을 만드는 데 활용한다.

■ 스페이스 프로그램의 내용

① 소요실 명, 실의 수, 실별 면적

② 실별 연계성 및 위치를 고려(수평·수직 조닝)

③ 공용 및 서비스 공간(출입구, 복도, 화장실, 홀, 계단 등)의 소요면적

④ 층별 면적, 연면적

⑤ 실별 특이사항(환경, 설비, 장치 등)

8.4 모듈계획(Modular Planning)

척도조정(Module Coordination)이라고도 하는 모듈계획은 규모계획과 space program을 통하여 도출된 면적을 바탕으로 1개의 단위공간을 구성하는데 적정한 공통적인 치수단위 또는 치수체계를 만들고 이를 기본모듈(1M)로 정한 후, 만들어진 모듈을 조합하여 공간의 집합을 이룸으로써 수평·수직의 전체적인 공간을 만든다. 모듈계획은 다양하고 복잡한 건축계획 과정에서 공간의 크기를 단순화함으로써 합리적·효율적인 설계를 할 수 있다는 장점이 있으며, 건축의 생산 수단으로서 기준 치수의 집성이라 할 수 있다.

(1) 모듈계획의 방향

• 모듈을 적용한 평면계획은 기둥 간격 치수의 배수가 되도록 계획한다.

• 모듈의 치수는 기둥 간격, 주차장 치수, 가구 배치 등 평면적 요구를 만족하는 치수로 계획한다.

• 모듈계획은 칸막이벽의 변경 등 공간의 이용 변화가 가능할 수 있도록 조명, 환기, 스프링클러, 전기 및 전화 콘센트, 스위치 등의 설비를 모듈 단위별로의 계획을 고려한다.

(2) 모듈계획의 장단점

① 장점

- 설계작업을 단순화, 간편화할 수 있다.

- 합리적인 공간 규모와 기둥 간격을 계획할 수 있다.

- 작업시간(공기)을 단축할 수 있다.

건폐율, 건축면적, 용적률, 연면적

■ 건폐율(建蔽率, Building coverage ratio)
대지면적에 대한 건축면적의 비율을 말한다. 건폐율의 목적은 최소한의 공지를 확보하여 쾌적한 거주환경을 조성하는 데 있다.

■ 건축면적(建築面積, Building area)
건축물의 외벽 또는 기둥의 중심선으로 둘러싸인 부분의 수평투영면적으로, 일반적으로 1층의 바닥면적을 말하나 처마나 차양이 돌출되어 있는 경우 그 끝에서 1m 후퇴한 선까지의 면적을 말하고, 2층의 외벽이 1층의 외벽보다 바깥쪽으로 나와 있는 경우 그 수평투영면적을 포함한다. 일반적으로 건축물의 가장 넓은 층의 바닥면적을 말한다.

■ 용적률(容積率, Floor area ratio)
지하층, 부속용도의 주차장시설, 공동주택의 주민공동시설을 제외한 건물 각 층 바닥면적의 합이 대지면적에 차지하는 비율을 말한다. 일반적으로 건축물의 층수가 높아질수록 커지며, 토지의 효율적 이용과 도시의 건축환경 및 미관을 유지하기 위하여 용적률의 제한을 두고 있다.

■ 연면적(延面積, Gross area)
대지에 들어선 건축물의 지상층, 지하층, 주차장시설 등 각 층 바닥면적의 합계를 말한다.

- 창호, 가구, 조명 등 공간 구성재의 규격화 및 대량생산이 가능하다.
- 건축생산의 합리화와 비용을 낮출 수 있다.
- 제품의 수송과 취급이 용이하다.
- 국제적인 MC를 사용하면 건축 구성재의 국제 교역이 용이하다.

② 단점
- 평면 및 입면계획이 단순화, 획일화될 수 있다.
- 자유로운 계획을 구속할 수 있다.
- 동일한 형태가 집단을 이루는 경향이 있음으로 배색(配色)에 신중할 필요가 있다.

(3) 르 꼬르뷔지에(Le Corbusier, 1887~1965)의 모듈러

건축가 르 꼬르뷔지에는 1930년대에 인체의 비례관계를 고대 그리스의 황금비를 기준으로 연구하여 ø(=1.618) 수열 및 피보나치 수열을 바탕으로 한 디자인용 척도를 고안하여 자신의 비례체계인 Modular를 발전시켰다. 신장 183cm(6 Feet)의 배꼽 높이인 113cm를 기준으로 하여 이것의 2배를 한 손을 위로 높이 든 위치로 하고 여기에 5를 곱하거나 5로 나눔으로써 일련의 수학적 치수가 구성된다. 그는 모듈을 통하여 건축디자인에 합리적이고 심미적인 치수를 부여하고, 건축생산의 근대화(공업생산을 통한 경제성)를 이루고자 하였다.

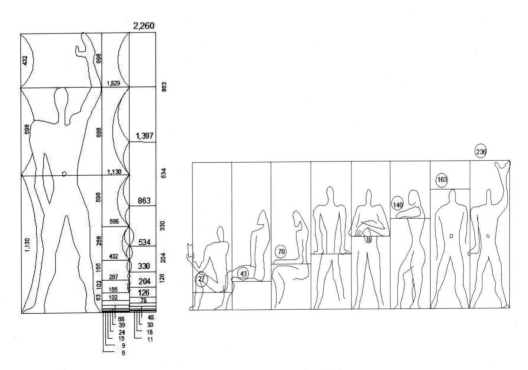

그림 1-63. Le Corbusier의 모듈러

(4) 치수와 모듈계획

① 기본 단위를 10cm로 하며 이것을 1M으로 표시하여 치수의 기준으로 삼는다.

② 모든 치수는 1M의 배수를 사용한다.

③ 수직 방향은 2M(20cm)을 기준하고 그 배수(20cm, 40cm, 60cm, ···)를 사용한다.

④ 수평 방향은 3M(30cm)를 기준하고 그 배수(30cm, 60cm, 90cm, ···)를 사용한다.

⑤ 모듈치수는 공칭(公稱)치수(줄눈과 줄눈 간의 중심 길이)로 한다.

   (제품치수 = 공칭치수 - 줄눈 두께)

⑥ 조립식 부재치수는 각 부재의 줄눈 중심 간의 거리가 모듈치수와 일치하도록 한다.

⑦ 창호치수는 문틀과 벽 사이의 줄눈 중심 간의 거리가 모듈치수에 일치하도록 한다.

공칭(公稱)치수

시공하면서 적용하는 실제 치수를 부르기가 어려울 때 편의상 쉽게 부르는 치수.
ex) 50.5mm → 50mm,
    101.5mm → 100mm

---

(5) 건축 모듈러 플랜(Modular Plan)의 적용

가구(책상, 진열장 등), 각종 설비(조명, 스프링클러, 공조 등), 주차 및 기둥의 구조적 간격 등을 고려하여 단위공간(1 Module)을 규격화하고 모듈의 배수(倍數)에 맞춰 간벽을 배치하는 수법이다.

Span (m)	6.0	6.3	6.6	6.9	7.2	7.5	7.8	8.1	8.4	8.7	9.0
6.0	36.0	37.8	39.6	41.4	43.2	45.0	46.8	48.6	50.4	52.2	54.0
6.3	37.8	39.7	41.6	43.5	45.4	47.3	49.1	51.0	52.9	54.8	56.7
6.6	39.6	41.6	43.6	45.5	47.5	49.5	51.5	53.5	55.5	57.4	59.4
6.9	41.4	43.5	45.5	47.6	49.7	51.8	53.8	55.9	58.0	60.0	62.1
7.2	43.2	45.4	47.5	49.7	51.8	54.0	56.2	58.3	60.5	62.6	64.8
7.5	45.0	47.3	49.5	51.8	54.0	56.3	58.5	60.8	63.0	65.3	67.5
7.8	46.8	49.1	51.5	53.8	56.2	58.5	60.8	63.2	65.5	67.9	70.2
8.1	48.6	51.0	53.5	55.9	58.3	60.8	63.2	65.6	68.0	70.5	72.9
8.4	50.4	52.9	55.5	58.0	60.5	63.0	65.5	68.0	70.6	73.1	75.6
8.7	52.2	54.8	57.4	60.0	62.6	65.3	67.9	70.5	73.1	75.7	78.3
9.0	54.4	56.7	59.4	62.1	64.8	67.5	70.2	72.9	75.6	78.3	81.0

■ : 약 50㎡의 단위면적을 갖는 모듈의 Span 계획

그림 1-64. 단위 면적에 따른 기준모듈 예

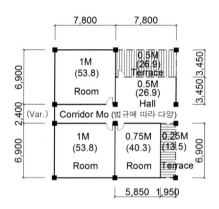 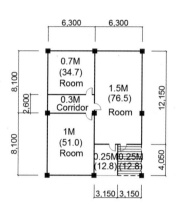

그림 1-65. 건축계획 모듈설정과 공간 분할계획 예

① 각 실의 면적기준에 공통적으로 적용할 수 있는 기준모듈(1M)을 정한다.② 라멘구조 건물은 층 높이, 기둥 중심 간 거리가 모듈치수에 일치하도록 한다.

기준모듈에는 가로와 세로 치수에 따라 정형모듈, 변형모듈로 나눌 수 있다.

③ 정형모듈 : 모듈의 가로, 세로 치수가 동일한 모듈

- 7.8 × 7.8 = 60.84㎡ ≒ 60㎡ → 1M

④ 변형모듈 : 기준모듈(7.8×7.8)의 배수가 아닌 가로, 세로의 치수가 변형된 모듈

- 7.8 × 5.85 = 45.63㎡ → 0.75M
- 7.8 × 9.75 = 76.05㎡ → 1.25M
- 7.8 × 11.7 = 91.26㎡ → 1.5M
- 7.8 × 13.65 = 106.47㎡ → 1.75M

기준모듈을 정형모듈로 사용할 경우도 부분적으로 이형모듈을 계획할 수 있고 그 역으로도 계획 할 수 있다.

예) 소요실은 기준모듈을 적용하고 홀, 로비, 계단실 등은 이형모듈 또는 변형모듈을 사용하여 계 획할 수 있다.

⑤ 규모계획에서 산출된 전체 면적을 설계하고자 하는 층수로 나누어 층별 면적을 산정한다.
⑥ 층별 면적을 기준모듈 면적으로 나누어 층별 모듈 수를 산정한다.
⑦ 층별 모듈 수(면적)는 대지의 크기와 형태 및 토지이용계획, 층수의 확장 가능성, 입·단면 계획 등을 고려하여 층별로 달리할 수 있다

8.5 다이어그램(Diagram) 계획

다이어그램 계획이란, 설계에 앞서 Space program 과정에서 얻어진 소요실별 연관성, 면적, 수직 배치 등을 실별 공간별 기능과 연관성을 고려하여 평면상에 그 위치를 조합하는 형식으로써 버블 (bubble) 다이어그램이라고도 한다. 다이어그램의 형태로는 원형과 블록형이 있다.

(1) 원형 다이어그램 계획

다이어그램 계획은 설계 초기 단계에서 주로 사용되며, 실별 조건에 따른 인접, 이격, 동선 등 관계 설정과 조망, 차폐, 소음 등 실별 특성을 표현할 수 있다. 원형 다이어그램의 작도 축척은 명확할 필요는 없으나 가급적 실별 공간별 면적에 비례하여 버블을 작성한다. 버블 간의 연관성은 그 중요도와 비중에 따라 선 굵기, 컬러 등으로 달리 표현하고, 버블 내에 실명, 면적 및 기타 특이사항을 기입하여 다이어그램으로 계획된 내용을 한눈에 알아볼 수 있도록 한다.

(2) 블록 다이어그램 계획

원형 다이어그램을 가지고 좀 더 평면 형태에 가깝고 실별 면적 비례가 구체화된 블록형 다이어그램을 작성한다. 일반적으로 블록 다이어그램은 축척이 적용된 그리드 용지를 사용하여 작도하는데 이는 블록의 Scale 감을 구체화하고 평면 형태의 예측, 실배치 및 기능적 조닝, 주출입 및 내부동선, 수직동선, 외부공간과의 연계성, 구조계획, 토지이용계획에 따른 건축범위 등의 체크와 분석이 용이하게 해준다. 블록 다이어그램 단계에서 문제점이 발견되면 피드백(feedback)하여 재조정 작업을 거쳐야 되며, 이 과정 속에서 결정된 계획안이 후속 작업인 기본계획도를 그리는 기준이 된다.

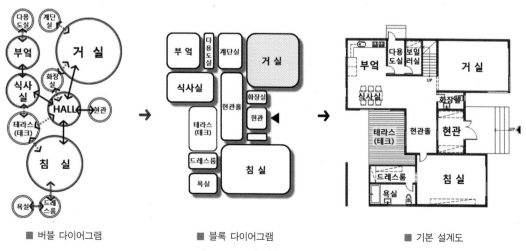

■ 버블 다이어그램   ■ 블록 다이어그램   ■ 기본 설계도

그림 1-66. 건축계획 Process 예

8.6 기타 계획수법

건축계획의 대표적인 수법인 모듈(Module)계획법과 다이어그램(Diagram)계획법 외에 공간의 크기나 형태의 변화가 요구될 시에 가변(可變)적, 탄력(彈力)적으로 대응이 용이할 수 있는 융통적·가변적(Flexibility)계획법이 있다.

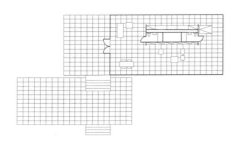

그림 1-67. 그리드 플랜 계획 예

① 그리드 플랜(Grid Plan) 계획

기준이 되는 치수의 격자를 만들고 격자에 맞추어 건물 또는 벽을 평면적으로 배치하는 수법이다. 건물이나 벽의 위치를 그리드에 맞추어 효율적으로 계획할 수 있다. 단점으로는 공간이 균질적으로 나누어져 단순하고 지루한 느낌이 될 수 있다.

② 유니버셜 스페이스(Universal Space) 계획

공간의 용도 및 기능의 경계를 한정하지 않으며 어떤 용도로도 사용이 가능할 수 있도록 계획하는 간단하고 직관적인 수법이다. 내부공간의 구획은 주로 가동가구(可動家具)로 자유로이 분할한다. 공간의 다목적 이용이 가능하나 이용자의 프라이버시 확보가 어려울 수 있다. 미스 반 데어 로에(Mies van der Rphe, 1886~1969)의 설계이론이기도 하다.

③ 코어 시스템(Core System) 계획

건축에서 요구되는 공간으로부터 공용 공간, 서비스 공간 및 설비부분을 각 층의 일정부분에 수평적으로 군집(群集)하여 배치함으로써 수직적 연계성을 부여하고, 구조적 측면에서 중심적 뼈대역할을 할 수 있도록 하는 등 공간배치의 효과와 효율을 높이는 계획의 수법이다.

9 | 건축물의 용도 분류

건축물은 그 사용 목적과 기능, 규모 등에 따라 수많은 종류와 형태로 건축되어 진다. 이러한 다양한 건축물을 유사한 구조(structure), 이용 목적(purpose of use), 쓰이는 방법과 형태(style) 등을 고려하여 일정한 용도로 분류하고 건축의 목적에 맞는 구조적 안전과 쾌적한 환경 등의 건축기준을 제시함으로써 건축물의 유지·관리 효율을 기할 수 있도록 건축물을 묶어서 분류한 것을 건축물의 용도분류(用途分類)라고 한다.

우리나라의 경우 건축물의 용도(use a building)를 29개의 대분류로 분류하고 그 종류(중분류)와 건축 기준을 구분하고 있다.(건축법시행령 별표 1. 용도별 건축물의 종류)

용도 구분	기본 개념	종 류
1. 단독주택	한 건물에 한 세대만 사는 주택, 공동주택과 반대의 개념	단독주택 다중주택 다가구주택 공관
3. 제1종 근린생활 시설	주택가와 인접해 있어서 주민들의 생활에 필수적인 편의를 도울 수 있는 시설로서 근린생활시설 중 우선하여 필요한 시설	소매점 휴게음식점 제과점 이용원 미용원 목욕장 세탁소 의원 치과의원 한의원 침술원 접골원 조산원 안마원 탁구장 체육도장 지역자치센터 파출소 지구대 소방서 우체국 방송국 보건소 공공도서관 지역건강보험조합 마을회관 마을 공동작업소 마을 공동구판장 변전소 양수장 정수장 대피소 공중화장실

용도 구분	기본 개념	종 류
2. 공동주택	하나의 건물에 여러 가구와 여러 세대가 사는 주택	아파트 연립주택 다세대주택 기숙사
4. 제2종 근린생활 시설	주민들의 생활편의 시설로서 꼭 필요하지는 않지만 없으면 불편할 수 있는 시설	지역아동센터 가스배관시설 일반음식점 기원 휴게음식점 제과점 서점 테니스장 체력단련장 에어로빅장 볼링장 당구장 실내낚시터 골프연습장 물놀이형 시설 공연장 종교집회장 금융업소 사무소 부동산중개사무소 소개업소 출판사 제조업소 수리점 세탁소 청소년게임제공업의 시설 복합유통게임제공업의 시설 인터넷컴퓨터게임시설제공업의 시설 사진관 표구점 학원 직업훈련소 장의사 동물병원 독서실 총포판매사 단란주점 의약품 판매소 의료기기 판매소 자동차영업소 안마시술소 노래연습장 고시원

용도 구분	기본 개념	종 류	용도 구분	기본 개념	종 류
5. 문화 및 집회시설	공연, 전시, 문화 보급 및 전수 등의 활동에 지속적으로 이용되는 시설	공연장 집회장 관람장 전시장 동·식물원	6. 종교시설	종교집회시설	교회, 성당, 기도 원, 수도원 및 종 교집회장에 설치하 는 봉안당
7. 판매시설	소형 상업시설인 근린생활시설에 비 해 규모가 큰 대형 상업시설	도매시장 소매시장 상점	8. 운수시설	사람 또는 화물의 상·하차에 초점을 둔 시설	여객자동차터미널 철도시설 공항시설 항만시설
9. 의료시설	근린생활시설의 의 원 등과 구분되는 대규모 시설	병원 격리병원	10, 교육연구 시설	교육과 연구에 관 련된 시설로서 제2 종 근린생활시설에 해당하는 것은 제외	학교 교육원 직업훈련소 학원 연구소 도서관
11. 노유자 시설	노인복지시설, 아 동복지시설, 사회복 지시설 등	아동 관련 시설 노인복지시설 사회복지시설 근로복지시설	12. 수련시설	청소년의 건전한 정서함양을 위한 시 설	청소년수련관 청소년문화의 집 청소년특화시설 청소년수련원 청소년야영장 유스호스텔
13. 운동시설	운동할 수 있는 시설	탁구장 체육도장 테니스장 체력단련장 에어로빅장 볼링장 당구장 실내낚시터 골프연습장 물놀이형 시설 체육관 운동장	14. 업무시설	사무실로 사용하는 바닥면적의 합계가 $500m^2$ 이상인 시 설	청사 외국공관 금융업소 사무소 신문사 오피스텔
15. 숙박시설	사람이 잠을 자고 머물 수 있는 시설	일반숙박시설 생활숙박시설(취사 가능) 관광호텔 수상관광호텔 한국전통호텔 가족호텔 휴양 콘도미니엄	16. 위락시설	유흥을 즐길 수 있 는 시설	단란주점 유흥주점 유원시설업의 시설 무도장 무도학원 카지노영업소
17, 공장	물품의 제조·가공 또는 수리에 계속적 으로 이용되는 건축 물	제1종 근린생활시 설, 제2종 근린생 활시설, 위험물저 장 및 처리시설, 자동차 관련 시설, 분뇨 및 쓰레기처 리시설 등으로 분 류되지 아니한 것	18. 창고시설	물품저장시설	창고 하역장 물류터미널 집배송 시설

용도 구분	기본 개념	종 류	용도 구분	기본 개념	종 류
19. 위험물 저장 및 처리시설	석유, 도시가스, 고압가스, 액화석유 가스, 총포·도검· 화약류,유해화확물 질 관련법의 설치 또는 영업허가를 받 아야하는 건축물	주유소 석유 판매소 액화석유가스 충 전, 판매, 저장소 위험물 제조, 저 장, 취급소 액화가스 취급, 판 매소 유독물 보관, 저 장, 판매시설 고압가스 충전, 판 매, 저장소 도료류 판매소 도시가스 제조시설 화약류 저장소	20. 자동차 관련 시설	자동차의 주차 또 는 주기장(보관 주 차)용도로 사용하는 건축물	주차장 세차장 폐차장 검사장 매매장 정비공장 운전학원 정비학원 차고 주기장
21. 동물 및 식물 관련 시설	가축의 사육 및 도 축 또는 식물을 재 배하는 시설	축사 가축시설 도축장 도계장 작물 재배사 종묘배양시설 화초 및 분재 등의 온실	22. 자원순환 관련시설	폐기물의 양을 줄 이거나 활용하여 순 환자원으로 생산, 가공, 조립, 정비하 는 시설	하수 등 처리시설 고물상 폐기물재활용시설 폐기물처리시설 폐기물감량화시설
23. 교정 및 군사시설	구치소, 교도소, 보호소 및 군사시설	교정시설 갱생보호소 소년원 소년분류심사원 국방·군사시설	24. 방송통신 시설	방송프로그램의 제 작 및 송수신 중계 시설	방송국 전신전화국 촬영소 통신용 시설
25. 발전시설	다양한 에너지를 전기에너지로 바꾸 는 시설	발전소	26. 묘지 관련 시설	화장 및 봉안시설	화장시설 동물화장시설 봉안당 묘지와 자연장지에 부수되는 건축물
27. 관광 휴게 시설	관광지를 찾은 관 광객의 편의와 휴식 을 위한 시설	야외음악당 야외극장 어린이회관 관망탑 휴게소	28. 장례시설	장례의식을 행하고 서비스를 제공하는 제공하는 시설	장례식장 동물전용 장례식 장
29. 야영장 시설	야영에 적합한 시 설 및 설비 등을 갖 추고 야영 편의를 제공하는 시설	야영장			

제Ⅱ편 주거시설

제2장 단독주택(單獨住宅, Housing)

1 주택 개론

1.1 주택(住宅)과 주거(住居)의 정의

(1) 주택(住宅)

주택(住宅)이란 사람이 살 수 있도록 물리적으로 만들어진 건축물을 의미하고 집이라고도 한다. 따라서 주택은 사람이 살 수 있는 생활공간 제공을 목적으로 한다.

그림 2-1. 주택

여기에서 생활공간이란 인간의 식사, 배설, 수면 등 생리적 욕구와 휴식, 안정, 쾌적, 편안함 등 심리적 욕구를 충족시키고 비, 바람, 더위, 추위 등의 자연적 위험 요소로부터의 보호기능과 사람의 행위, 프라이버시, 휴식 등 외부 간섭으로부터 사회적 보호기능을 제공하기 위해 인위적으로 만들어진 건축 공간이라고 할 수 있다. 주택법에서는 주택을 독립된 주거생활을 할 수 있는 구조로 된 건축물의 전부 또는 일부 및 그 부속 토지로 정의하고 있다.

> ─ **주택법의 주택 정의** ─
> 제2조 정의
> "주택"이란 세대(世帶)의 구성원이 장기간 독립된 주거생활을 할 수 있는 구조로 된 건축물의 전부 또는 일부 및 그 부속 토지를 말하며, 이를 단독주택과 공동주택으로 구분한다.

■ 주택의 기능

① 생리적 기능 : 식사, 배설, 수면 등의 생리적 요구 충족
② 심리적 기능 : 휴식, 안정, 쾌적, 편안함 등의 심리적 안정 충족
③ 자연적 보호 기능 : 위험요소로부터 보호받으며, 안식처로서의 기능
④ 사회적 보호 기능 : 이웃으로부터 가족 및 가족 내(內)에서의 개개인의 사생활(Privacy)을 간섭으로부터 보호

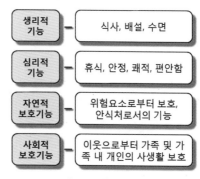

그림 2-2. 주택의 기능

(2) 주거(住居)

주거(住居)란, 사람이 생활을 영위하는 장소와 그곳에서 행해지는 생활까지를 총칭하는 의미를 가지고 있다. 일반적으로 주택이라는 건축물과 그 안에서 생활하는 거주자의 삶의 방식과 생활환경 등 문화와 수준이 포함된 개념으로서 주택보다는 좀 더 광범위하고 큰 의미를 가진다고 할 수 있다.

1.2 주택의 분류

주택의 분류는 구조, 이용 목적 및 형태 등에 의한 용도 분류, 기능의 병(겸)용에 의한 분류, 생활 방식, 평면형식 등 주거 양식에 의한 분류, 지역에 의한 분류 등으로 나눌 수 있다.

(1) 용도에 의한 주택의 분류

주택은 그 용도에 따라서 단독주택과 공동주택으로 분류하고 있다.

① 단독주택

하나의 대지와 주택에 한 세대가 단독으로 생활할 수 있는 규모와 공간 구조를 갖춘 주택을 의미한다. 건축법의 단독주택 범위는 단독주택, 다중주택, 다가구주택, 공관을 포함하고 소유권은 1인만 가능하다.

건축물의 용도 분류
건축법 제2조

건축물의 용도 분류란, 건축물의 건축 목적과 기능에 따라 분류하는 것을 말한다.
건축물의 용도 분류를 통하여 지역, 지구별 건축할 수 있는 건축물과 건축할 수 없는 건축물을 규정하고 건축물의 용도에 따라 규모, 구조, 설비, 주차장 등을 각기 달리 정함으로써 건축의 목적과 기능 나아가 도시의 기능을 온전하고 쾌적하고 안전하게 유지한다.
'건축법'에서 건축물의 구조의 유사성, 이용 목적 및 형태별로 29종류로 용도를 분류하여 각각의 용도에 따른 건축 기준을 제시하고 있다.

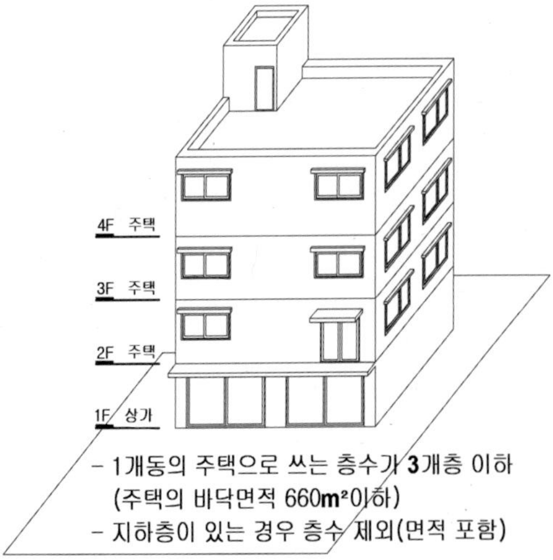

건축법시행령 3의4 〈별표1〉

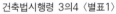

4F 주택
3F 주택
2F 주택
1F 상가

- 1개동의 주택으로 쓰는 층수가 3개층 이하
  (주택의 바닥면적 660m²이하)
- 지하층이 있는 경우 층수 제외(면적 포함)

그림 2-3. 다중주택의 기준

구분	시설기준	비 고
단독 주택	–	일반적 단독주택
다중 주택	① 학생, 직장인 등 다수인이 장기간 거주할 수 있는 구조 ② 독립된 주거의 형태가 아닐 것 ③ 주택으로 쓰는 층수가 3층 이하(바닥면적 660㎡ 이하)	- 각 실별 욕실 설치 가능 - 취사시설 불가능(공동사용 가능)
다가구 주택	① 주택으로 쓰이는 층수(지하층 제외)가 3개 층 이하 ② 1개동의 주택으로 쓰이는 바닥면적(부설주차장 면적 제외)의 합계가 660㎡ 이하 ③ 19세대(동별 세대합) 이하가 거주	1층의 1/2 이상이 필로티구조의 주차장이고, 나머지 부분이 주택 외 용도인 경우 층수 제외
공관	공적(公的)으로 사용하는 주택	

표 2-1. 단독주택의 범위와 기준

② 공동주택

'공동주택'이란 하나의 건축물 안에서 여러 세대가 각각 독립된 주거생활을 할 수 있는 공간구조로 된 주택으로서 건축물의 벽, 복도, 계단이나 그 밖의 설비 등의 전부 또는 일부를 공동으로 사용할 수 있는 주택을 말한다. 단독주택은 단독 소유인 반면 공동주택은 세대별로 분양이 가능하고 구분 소유가 가능하다.

표 2-2. 공동주택의 분류와 기준

건축법시행령 3의4 〈별표1〉

구분	시설기준	비 고
아파트	주택으로 쓰이는 층수가 5개 층 이상인 주택	
연립주택	주택으로 쓰이는 1개 동의 바닥면적(지하주차장 면적을 제외한다)의 합계가 660㎡를 초과하고, 층수가 4개 층 이하인 주택	2개 이상의 동을 지하주차장으로 연결하는 경우 각각의 동으로 본다.
다세대주택	주택으로 쓰이는 1개 동의 바닥면적(지하주차장 면적을 제외한다)의 합계가 660㎡ 이하이고, 층수가 4개 층 이하인 주택	
기숙사	학교 또는 공장 등의 학생 또는 종업원 등을 위하여 사용되는 것으로서 공동취사 등을 할 수 있는 구조이되 독립된 주거의 형태를 갖추지 아니한 것	

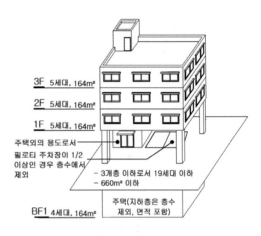

그림 2-4. 다가구주택의 기준

(2) 주거의 유형에 의한 분류

산업의 발달과 경제활동의 변화 및 발전은 농촌 인구의 도시 유입과 집중화를 유도하였고, 이에 부응하여 도시의 근대화, 현대화에 이르는 과정에서 도시의 발달과 건축의 양적 확대가 나타나게 된다. 이러한 변화는 주거의 유형에 있어서도 생활방식의 변화에 효율적으로 대응하고 도시주택의 안정적인 공급을 위해 "주택 외의 건축물과 그 부속토지로서 주거시설로 이용이 가능"한 '준주택(주택법 제2조)'과 '도시형 생활주택"이라는 개념이 나타나게 된다.

① 준주택은 '건축법'의 용도 분류상 주택은 아니지만 근린생활시설, 노유자시설, 업무시설 등 주거로 이용할 수 있는 건축물을 분류한 것이라고 할 수 있다

② 도시형 생활주택은 서민과 1~2인 가구의 주거 안정을 위하여 저렴하게 주택을 공급할 수 있도록 어린이 놀이터, 관리사무소, 조경 등 주택건설 기준과 부대시설 등의 기준을 적용하지 않거나 완화한 주택정책(2009년 5월 시행)에서 발생한 유형이다. 도시지역에서만 건축이 가능하며 비도시지역은 불가하다. 규모는 1세대당 주거 전용면적 85㎡ 이하의 국민주택 규모로서 300세대 미만이다.

유형 구분	분 류	세 분 류	비 고
주택	단독주택	단독주택, 다중주택, 다가구주택, 공관	각 세대가 하나의 건축물 안에서 각각 독립된 주거생활
	공동주택	아파트, 연립주택, 다세대주택, 기숙사	
준주택	제2종 근린생활시설	고시원, 숙박시설 등 다중생활시설	주택 외의 건축물과 그 부속토지로서 주거시설로 이용 가능한 시설
	노유자시설	노인주거복지시설, 재가노인복지시설 등	
	업무시설	오피스텔	
도시형 생활주택	단지형 연립주택	• 세대당 주거전용 면적 85㎡ 이하 • 4층 이하, 연면적 660㎡ 초과(건축심의 통과 시 5층까지 가능) • 건축물의 용도는 연립주택에 해당	1~2인 가구와 서민의 주거 안정을 위하고, 저렴하게 주택을 공급할 수 있도록 주택건설 기준과 부대시설 등의 설치 기준을 적용하지 않거나 완화한 주택
	단지형 다세대주택	• 세대당 주거전용 면적 85㎡ 이하 • 4층 이하, 연면적 660㎡ 이하(건축심의 통과 시 5층까지 가능 • 건축물의 용도는 다세대주택에 해당	
	원룸형 주택	• 세대별 독립된 주거가 가능하도록 욕실, 부엌을 설치 • 주거전용 면적이 30㎡ 미만인 경우 욕실 및 보일러실을 제외한 부분을 하나의 공간으로 구성 • 세대별 주거전용 면적은 14㎡ 이상 50㎡ 이하 • 각 세대는 지하층에 설치할 수 없다.	

표 2-3. 주거의 유형에 의한 주택 분류

(3) 기능 병용에 의한 분류

① 전용주택

주거생활 이외의 다른 목적과 기능(상점, 사무소 등)을 포함하지 않은 주택을 말한다.

② 병(겸)용주택

하나의 건축물 안에 주거생활을 위한 공간 외에 다른 목적과 기능(상점, 사무소 등)을 가진 공간이 병존하는 주택으로 대지의 활용률을 높이고 건축비를 절약할 수 있는 이점이 있다.

(4) 주거양식에 의한 분류

주거양식에 의한 분류로는 생활방식 및 평면구성과 그에 따른 공간 특성에 따라 한식주택과 양식주택으로 분류할 수 있다.

(5) 지역에 의한 분류

① 도시주택

도시생활에 맞게 건축된 주택으로 도심과 도시 근교에 세워진 주택이 해당된다.

② 농촌주택

도시지역 외의 지역에 건축되는 주택으로서 주거 기능 외에 농업활동 및 작업을 위한 작업 공간(마당), 수납을 위한 창고, 가축 사육을 위한 축사 등 농업의 특성에 맞는 공간이 요구된다. 주거시설과 부속시설의 분리와 연계를 고려해야 한다.

구 분	한식주택	양식주택
생활방식	- 좌식생활 : 바닥	- 입식생활 : 침대, 의자
구조방식	- 목조가구식, 내화성, 내구성이 적다 - 심벽구조(心壁, 기웅과 기둥사이에 벽을 만 든 벽구조, 기둥이 보임)로 강도가 약하다 - 바닥이 높고 개구부가 많다.	- 조적조 또는 철근콘크리트조 - 대벽(大壁)구조, 강도가 크며 내구성이 좋다. - 바닥이 낮고 개구부가 적다.
평면구성	- 조합적, 융통성이 있다. - 위치(안방, 건너방)에 따라 호칭한다. - 각 실 연결은 마루를 이용한다.	- 분화적, 기능적이다. - 침실, 거실, 식사실 등 기능에 따라 호칭한다. - 각 실 연결은 거실이나 홀을 이용한다.

공간특성	- 기능의 혼용으로 융통성이 높다.
	- 각 실의 전용(專用)성과 독립성이 낮아 프
	  라이버시가 결여될 수 있다.
		- 기능의 독립으로 전용성이 높은
		  반면 융통성이 낮다.
		- 각 실의 프라이버시 확보가 좋다

가구설치	- 실의 기능과 관련이 낮다. - 부차적 요인이다.	- 실의 기능과 관련이 높다. - 실의 기능에 따라 가구가 결정되며 실의 주요 내용물이다.
난방방식	- 방마다 개별 설치한다. - 바닥 복사난방 방식	- 한 곳에서 난방(열원)한다. - 대류식 난방방식

표 2-4. 한식주택과 양식주택의 특징 비교

1.3 주생활을 위한 1인당 거주면적

주택계획에서 주생활 수준의 기준은 1인당 거주면적으로 산출한다. 거주면적은 연면적에서 공용면적을 제외한 순수 거주면적을 의미한다. 일반적으로 연면적의 50~60%(평균 55%)을 차지하고 있다.

① 설계 표준면적 : 16.5㎡
② 설계 최소면적 : 10㎡
③ 세계가족단체협회(UIOP)의 콜로느(Cologne) 기준 : 16㎡/인
④ 송바르 드 로브(Chombard de lawve, 프랑스 사회학자, 1950) 기준
• 표준기준 : 16㎡/인(적정 거주면적)
• 한계기준 : 14㎡/인(거주의 융통성이 결여됨)
• 병리기준 : 8㎡/인 이하(신체·정신적 건강에 영향을 미치는 기준)

구 분	기준면적	
표준 주거기준	16.5㎡/인	
최소 주거기준	10㎡/인	
세계가족단체협회의 Cologne 기준	16㎡/인	
송바르 드 로우 기준	표준기준 : 16㎡/인	
	한계기준 : 14㎡/인	
	병리기준 : 8㎡/인	
프랑크푸르트 암 마인의 국제주거회의 기준	16㎡/인	
국토부	14㎡/인	

표 2-5. 주거면적 기준의 비교

⑤ 프랑크푸르트 암 마인(Frankfurt am main)의 국제주거회의(1929년) 기준 : 15㎡/인
⑥ 대한민국 국토교통부 기준

우리나라는 주택법(제5조)의 규정에 의하여 국민이 쾌적하고 살기 좋은 생활을 영위하기 위하여 필요한 최저주거기준을 설정하도록 되어 있다. 이에 따라 2000년 이후 국토교통부는 우리나라의 가구 구성별 최소 주거면적 및 용도별 방의 개수를 제시하고 있다.

2   단독주택 계획

2.1 단독주택 계획의 방향

가구원 수 (인)	표준 가구 구성	실(방) 구성	주거면적(m^2)
1	1인 가구	1 K	14
2	부부	1 DK	26
3	부부+자녀1	2 DK	36
4	부부+자녀2	3 DK	43
5	부부+자녀3	3 DK	46
6	노부모+부부+자녀2	4 DK	55

※ 주) K: 부엌, DK: 식사실 겸 부엌, 숫자는 침실(거실겸용 포함)

표 2-6. 국토교통부의 가구 구성별 최소 주거면적(2011.05 기준)

주택은 주거생활에 대응하도록 만들어진 공간으로서 개인생활과 가족생활이 이루어지는 곳이며, 외부로부터 거주자를 보호하고 생리현상의 해소와 정신적 피로를 풀며, 휴식을 통하여 에너지를 재충전하는 장소이며 공간이다.

이를 위해 주택계획 시 생활의 기능성과 쾌적성 추구, 개인생활 공간과 프라이버시 확보, 가족 전체의 단란을 중요시하는 가족 본위의 공간, 가사노동을 경감할 수 있는 적정면적, 편의시설 및 설비계획 등 필요 공간을 적절히 구성하고 상호 기능적 관계를 고려한 공간계획이 될 수 있도록 계획한다.

■ 단독주택 계획의 방향
① 생활의 기능성 충족 : 취식, 배설, 휴식, 취침 등 육체적 욕구와 유희, 단란, 공부, 사색 등 정신적 욕구의 충족
② 생활의 쾌적성 증대 : 온·습도, 채광, 조명, 통풍·환기 등 생리적 쾌적성과 면적, 높이, 빛, 색, 재질 등 심리적 쾌적성 고려
③ 개인 프라이버시 확보 : 개인 생활공간 존중

④ 가족 본위의 공간계획 : 가족 구성원의 단란 및 가족 중심의 생활
⑤ 가사노동 경감계획 : 가사 공간(부엌, 다용도실, 욕실 등)에 좋은 시설과 설비를 배려하여 생활의 편리함을 추구하고, 실의 적정면적과 동선계획을 통하여 청소, 유지관리 등 노동력 및 비용 경감
⑥ 공간구성의 기능적 연관배치 : 필요 공간을 적절히 구성하고 공간의 기능과 성격에 따라 조닝

2.2 단독주택 공간계획 요소

(1) 생활행위와 공간

주택에서의 주생활은 크게 단란, 취침, 조리, 위생 등 4가지로 나눌 수가 있다. 이러한 주생활은 개인생활, 공동생활, 가사생활을 포함하며 그에 따라 공간이 구성되고 구분되는 것이 합리적일 것이며, 공간의 구분은 그 기준을 명확히 할 필요가 있다.

이를 위해 행위상, 기능상, 시간상의 특성에 따라 행위와 요구조건을 명확히 분석하여 상호관계가 기능적이고 편리하도록 계획하여야 한다.

그림 2-5. 주생활 행위의 분류

가) 주생활 공간 분리의 원칙

① 식침(食寢) 분리 : 식사하는 곳과 잠자는 곳을 분리한다.
② 주야(晝夜) 분리 : 주간과 야간에 사용하는 곳을 분리한다.
③ 동정(動靜) 분리 : 동적 공간과 정적 공간을 분리한다.

그림 2-6. 주생활 공간의 분리 원칙

나) 생활에 따른 분류

① 개인생활 공간 : 가족 개인의 생활공간으로 침실, 욕실(세면, 화장실 포함), 서재 등, 독립성, 프라이버시 확보가 필요하다.
② 공동생활 공간 : 가족 모두가 공동으로 생활하는 공간으로 거실, 식당, 현관 등, 휴식, 사교, 가족 단란 등 친교 및 사회성 배려가 필요하다.
③ 가사생활 공간 : 세탁, 조리, 재봉, 다림질 등의 가사작업을 하는 공간으로 다용도실, 부엌, 창고, 가사실, 서비스공간 등 작업의 효율성, 동선, 설비 등 배려가 필요하다.

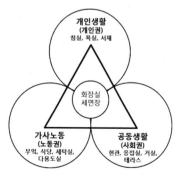

그림 2-7. 주거공간의 생활상 분류

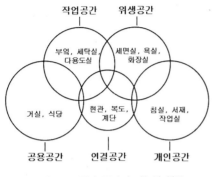

그림 2-8. 주거 공간의 기능상 분류

다) 행위상 분류

① 동적 행위 공간 : 거실, 부엌, 식당, 현관, 다용도실, 복도, 계단 등으로 활동이 편하고 능률적이어야 하며, 독립성보다는 개방성과 접근성이 중요하다.

② 정적 행위 공간 : 침실, 서재, 욕실(독립성 측면) 등으로 시각적, 청각적 프라이버시 확보가 중요하다.

라) 기능상 분류

① 개인(독립)공간 : 침실, 서재, 작업실 등
② 공용(개방)공간 : 거실, 식당, 현관 등
③ 연결공간 : 현관, 테라스, 복도, 계단 등
④ 작업공간 : 부엌, 세탁실, 다용도실, 재봉·다림실, 창고 등
⑤ 위생공간 : 세면실, 욕실, 화장실 등

마) 주요 사용 시간상 분류

① 주간 사용 공간 : 노인 침실, 아동 침실, 거실, 서재, 작업실 등 주간에 이용자가 거주 하는 공간으로서 방위에 따른 채광, 조망 계획이 필요
② 야간 사용 공간 : 침실, 화장실, 욕실 등 야간 또는 특정 시간대 이용자가 거주하는 공간
③ 주·야간 사용 공간 : 거실, 부엌, 식당 등 공동생활 공간 또는 주부 생활공간

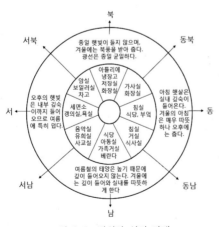

그림 2-9. 방위와 실의 관계

(2) 방위와 공간

가) 방위(方位)의 특성

공간의 배치에 있어서 방위는 매우 중요하다. 실의 배치 방향에 따라서 일사량, 난방 효과뿐만 아니라 밝기에 따른 실내 분위기도 좌우된다. 방위에 따른 실의 특성을 정리하면 다음과 같다.

① 남쪽 : 여름에는 태양의 고도가 높아 실내 깊이 태양이 들어오지 않고, 겨울에는 고도가 낮아 실내 깊이 태양이 유입되어 따뜻하다.

② 서쪽 : 오후에 실내 깊숙이 태양이 들어와 여름철에는 매우 덥다.

③ 동쪽 : 오전에 태양이 실내 깊숙이 들어온다. 겨울철의 경우 아침은 따뜻하지만 오후에는 태양이 들어오지 않아 춥다

④ 북쪽 : 온종일 태양이 들어오지 않는다. 따라서 온종일 빛의 양이 일정하다. 겨울철에는 난방에 불리하다.

나) 방위에 따른 실 배치 계획

실 배치에 있어서 모든 실을 남향으로 배치하기는 대지의 형태, 주변과의 관계, 법적 제약 등 대지 조건에 따라 어려움이 있다. 따라서 실의 배치는 주어진 조건과 실의 기능을 고려하여 계획한다.

- 모든 실을 남향으로 배치하는 것이 현실적으로 어려울 경우, 실의 기능과 중요도가 높은 것부터 남향으로 배치하도록 한다.
- 실의 배치 방위는 동쪽으로 18° 이내, 서쪽으로 16° 이내가 좋다.
- 실의 기능과 중요도에 따른 방위 우선순위는 ① 남쪽, ② 동남쪽, ③ 서남쪽, ④ 동쪽, ⑤ 서쪽, ⑥ 북쪽 순으로 적용한다.

(3) 동선(動線, Traffic line)

가) 동선의 개념

동선(動線, traffic line)이란, 건축계획의 공간과 실의 배치는 각 공간과 실을 이용하는 데 필요한 복도나 기타 공간이 만들어지게 되는데 그러한 건축공간에서 사람이나 물건이 움직이는 자취나 흐름을 나타낸 궤적(軌跡)이다. 동선계획은(動線計劃)은 건축물의 공간의 구성, 이용의 편리함, 공간의 절약 등 배치계획과 평면계획에 있어서 중요한 요소이다. 동선은 짧고 단순하며 직선적이고, 다른 계통의 동선과는 분리되는 것이 좋다.

나) 동선의 3요소

동선의 3요소란, 속도(速度), 빈도(頻度), 하중(荷重)을 의미한다. 속도는 동선의 길이와 관련이 있으므로 동선이 짧을수록 좋고, 빈도는 동선 이용도의 높고 낮음을, 하중은 움직이는 양(量)으로써 동선의 물리적·공간적 두께를 의미한다.

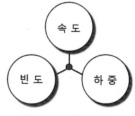

그림 2-10. 동선의 3요소

① 속도 : 동선은 빠른 속도와 신속한 이동을 요한다. 동선은 짧고 직선이 유리하다.
② 빈도 : 통행량의 정도, 이용이 많은 주 출입구와 복도의 동선은 넓게, 이용이 많지 않은 부 출입구와 복도는 상대적으로 좁게 한다.
③ 하중 : 통행 또는 이동하는 사람 또는 사물의 무게감, 즉 실이 한쪽에만 배치된 복도(편복도)와 실이 양쪽에 배치된 복도(중복도), 차량의 이동을 위한 도로와 사람이 보행하는 도로의 하중은 다르다.

다) 주택 동선계획의 원칙

동선계획은 이용의 편리함, 독립성, 동선 간의 연결 등을 종합적으로 고려하여 계획한다. 동선계획의 원칙을 정리하면 다음과 같다.

- 동선은 가능한 짧게 계획한다.
- 동선의 형태는 단순하고 독립적으로 계획한다. 하나의 실이나 공간이 통과 동선이 되지 않도록 한다.
- 동선이 각 실의 프라이버시를 침해하지 않도록 한다.
- 상이한 계통의 동선은 교차를 지양한다. 교차가 불가피할 경우 두께를 크게 한다.
- 주간과 야간의 동선은 분리한다.

2.3 소요 공간 및 규모계획 방법

(1) 소요 공간계획 방법

소요 공간계획은 주택건축의 목적에서 요구하는 각종 실과 공간의 목록과 각각의 기능을 결정하는 작업이다.

① 건축주의 주택건축의 목적을 명확히 한다.

② 가족 구성원의 특성과 요구를 파악하고, 소요실과 공간 목록을 작성한다.

③ 소요실과 공간을 개인, 공동, 가사생활에 따른 분류 및 기능상으로 분류한다.

④ 동적 공간, 정적 공간, 주·야 공간 등 조닝으로 분류한다.

⑤ 실과 공간을 수평, 수직 배치한다.

⑥ 이질적 공간은 분리 배치하며 공간 사이에 완충 공간을 계획한다.

(2) 규모계획 방법

주택 규모계획은 주택에 필요한 모든 실 또는 공간별 크기를 결정하는 작업이다. 주택 규모의 결정 요인에는 건축목적, 가족 구성원의 특성, 대지조건, 경제성, 생활양식 등 많은 요인이 있다.

① 주택 건축의 목적과 가족 구성원에 대응하는 소요 공간 목록을 작성한다.

② 공간규모 산출 기준을 파악한다.(법적 건폐율 및 용적율, 실별 계획이론 및 설계 사례조사)

③ 실별 이용자 수를 산정한다.

④ 실별, 공간별 1인당 소요면적을 산출한다.

⑤ 실별, 공간별 사용되는 가구, 설비조건 등을 파악하고 계획에 반영한다.

⑥ 실별, 공간별 면적 소계와 총면적을 산출한다.

⑦ 도표화 한다. (스페이스 프로그램)

2.4 대지 분석 및 배치계획

(1) 토지와 대지의 개념

① 토지(土地)

토지는 지구를 덮고 있는 지표와 그 밑의 지하를 지칭한다. 자연적 자원이며 생산의 요소로서 토지는 농업, 임업, 도로, 하천, 학교, 철도, 건축 등 쓰이는 용도가 다양하다.

우리나라의 「공간정보의 구축 및 관리 등에 관한 법률」은 토지를 28개 종류의 지목(地目, 용도)으로 분류하고 있다.

> **대(垈)의 법률상 정의**
>
> 공간정보의 구축 및 관리 등에 관한 법률 제67조
>
> ① 영구적 건축물 중 주거·사무실·점포와 박물관·극장·미술관 등 문화시설과 이에 접속된 정원 및 부속시설물의 부지
> ② 「국토의 계획 및 이용에 관한 법률」 등 관계 법령에 따른 택지조성공사가 준공된 토지

② 대지(垈地)

대지(垈地)란 건축법(제2조 정의)에서 "「공간정보의 구축 및 관리 등에 관한 법률」에 따라 각 필지(筆地)로 나눈 토지를 말한다."고 정의하고 있다.

「공간정보의 구축 및 관리 등에 관한 법률」에서는 토지를 28개의 지목(용도)으로 나누고, 영구적 건축물 중 주거 등에 접속된 정원 및 부속시설물의 부지와 택지조성공사가 준공된 토지를 "대(垈)"라는 지목으로 분류하고 있다.

따라서 건축법상의 "대지(垈地))"와 지적법상의 "대(垈))"의 개념은 구별된다고 할 수 있으나 두 개념을 종합하여 볼 때 대지란 건축물이 있거나 부지와 택지조성이 완료되어 건축행위가 가능한 필지로 나누어진 토지라고 할 수 있다.

(2) 필지, 택지, 부지

① 필지(筆地)

> **지목(地目)이란?**
>
> 일단(一團)의 토지위에 경계를 만든 후 사용목적에 따라 그 용도를 구분하고 토지대장 또는 임야대장에 등록하여 부르는 명칭
> cf. 전, 답, 임야, 대, 공장용지, 학교용지, 도로, 하천 등

- 하나의 지번(地番)을 부여받은 개별 토지 단위, 면적과 상관없다.

② 택지(宅地)

- 일반적 의미 : 건축물이 세워져 있거나 세울 수 있는 토지로서 주거용, 상업용 등 건축물을 건축하기에 적합한 토지를 말한다. 일반적으로 부지보다는 작은 개념이다.
- 법률상 의미 : 「택지개발촉진법」에 의해 개발 공급되는 주택건설용지와 공공시설용지를 가리키는 말로서 주택건설뿐만 아니라 도로, 철도, 광장, 공원, 하천, 유수지(遊水池) 화장시설, 공동묘지, 하수도, 폐기물처리시설과 판매시설, 업무시설, 의료시설, 교육연구시설 등을 설치할 수 있는 토지까지 포함한다.

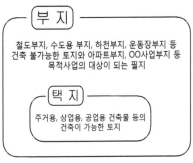

그림 2-11. 부지와 택지

③ 부지(敷地) : ○○사업부지, 아파트부지 등 한 개 이상의 필지를 하나의 목적사업으로 사용하기 위해 대상이 되는 필지와 철도부지, 도로부지, 하천부지, 운동장부지 등 건축이 불가능한 토지를 포함하여 총칭하는 말로서 대지와 택지의 일반적 의미보다 넓은 의미라 할 수 있다.

(3) 대지 분석

건축물이란 토지에 정착된 구조물이라는 전제조건에서 볼 때 토지는 주택건축에서도 중요한 요소가 된다. 주택건축을 위한 대지는 주택용지로서 이미 조성되어 있거나 건축주의 요구에 의해 건축가가 적합한 대지를 선정하기도 한다. 전자이든 후자이든 건축을 위한 대지가 지니고 있는 조건은 중요하다. 즉 대지의 위치, 형태, 교통, 경관, 소음, 경사도, 기후조건, 자연요소, 주변과의 관계, 법적 조건 등은 건축물의 형태와 공간구조에 영향을 미친다.

대지 분석은 토지이용계획과 배치계획에 우선하여 행해지지만 기본적으로 건축행위(설계와 시공) 전반에 영향을 미치는 만큼 중요하다. 대지 분석의 주요소를 정리하면 다음과 같다.

① 기후(氣候, Climate)조건

• 기온, 강수량(降水量), 적설량(積雪量), 바람, 일조, 습도, 기압(氣壓) 등 건축의 공간과 구조 및 설비시스템 등에 영향을 미칠 수 있는 기후조건을 파악한다.

• 대지의 주변환경과 기후에 대한 분석을 통하여 건물의 배치, 향의 결정 및 냉난방 부하의 영향요소로서 건축물 난방부하 등 유지관리 비용의 절감 등을 위하여 중·소 기후뿐만 아니라 미기후(微氣候)까지도 고려한다.

② 위치와 주변경관(환경)

• 대중교통(버스, 지하철 등)의 시간, 거리 등 편리성 분석

• 도로의 폭, 인접 및 대지로의 진입조건 분석 : 1면 도로보다 2면 도로가 유리(거주자 및 차량의 진입 및 동선계획 유리)

• 도로, 상하수도, 전기, 통신, 도시가스 등 기반시설

• 공공시설(학교, 관공서, 공원, 시장 등) 근접성, 관련성 및 향후 발전성

─── 기후(氣候)의 구분 ───

기후는 대상 지역의 규모를 기준할 경우 대기후, 중기후, 소기후, 미기후로 구분할 수 있다.

■ 대기후(大氣候, Macro climate)) :
대륙, 국가, 지역 등 지리적으로 넓은 지역에서 대규모로 나타나는 기후. 열대기후, 건조기후, 온대기후, 냉대기후, 한대기후 등

■ 중기후(中氣候, Mesoclimate) :
일개(一個)의 도시, 분지 등 중간 정도의 지역 범위에서 나타나는 기후

■ 소기후(小氣候, Local climate) :
도시의 좁은 지역 내에서의 기후로서 하천, 호수, 삼림 등의 영향을 받는다.

■ 미기후(微氣候, Microclimate) :
대지가 위치한 장소의 지형, 토질 및 주변 건축물 등의 환경에 따라 대지와 접한 대기(大氣) 중에 발생하는 일조, 바람, 습도, 온도변화 등의 아주 작은 기후

- 주변의 산, 강, 하천 등 경관
- 환경오염 및 공해(소음, 매연, 악취, 진동, 위험시설 등) 분석

③ 대지 형태

- 대지의 형태는 직사각형이나 정사각형도 무난하나 가로와 세로의 비가 3 : 2 정도의 정남향이 좋다.

- 부정형의 대지는 실 배치계획에 어려움이 있으나, 실의 배치와 동선을 효율적으로 계획하여 보완한다.

- 규모는 건축면적의 3~5배 정도가 바람직하다. (일조, 통풍, 프라이버시, 여유 공지 확보에 유리하다.)

- 일반적으로 남북 방향보다는 동서 방향으로 긴 대지가 실의 남향 배치에 좋지만 대지의 폭이 너무 좁은 경우 (10m 이하) 마당이나 여유 공지 확보가 어려울 수 있다.

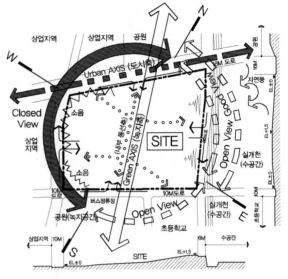

그림 2-12. 대지분석 예

- 소규모일 경우 동서 방향으로, 대규모일 경우 남북으로 긴 대지가 일조, 통풍에 유리하다.

④ 지형 및 경사도

- 배수가 좋고 지반이 견고한지를 조사한다.
- 일조, 통풍, 전망 등이 좋은 지형과 주변의 경관적 요소를 조사한다.
- 대지의 높낮이, 형상, 표고 등을 분석하고 대지단면도(x축, y축) 작성
- 대지 경사 및 인접한 도로의 경사 정도, 방향 등을 분석하여 건축가능 영역 설정(경사 구배는 1/10 이하가 좋고, 북쪽이 기울어진 대지는 일조가 불리하고 겨울철 북풍의 영향을 받는다.)
- 주변 지형과의 시각적 연계성 분석, 지역 및 도시축 설정

⑤ 대지 내 자연요소

- 대지 내의 수종과 크기 분석, 보존여부 결정
- 지상 및 지하 암반 및 특이사항 유무
- 샘[井] 또는 작은 물길 등의 보존과 대응, 유기적 계획 여부

⑥ 법규

- 도시계획법 : 지역, 지구 등의 지정, 구획정리, 지목, 건폐율, 용적률
- 건축법 : 도로 사선 제한, 건축물 높이 제한, 일조권, 대지경계선과의 이격거리, 정북 방향 이격거리, 도로(4m, 교차도로 등)와의 관계, 주차대수

(4) 배치계획

배치계획은 도로에서 대지로의 접근 동선, 대문의 위치, 대문에서 현관에 이르는 동선, 대지 내에 건축물, 조경, 주차장 등의 위치와 관계뿐만 아니라 대지와 인접한 또 다른 대지와의 관계, 주변환경과의 조화 등 외부 공간과의 관계 등을 결정하는 작업이다. 배치계획 시 주요 고려사항을 정리하면 다음과 같다.

① 대지 내 건축 가능영역(대지 경계선 이격거리, 정북방향 일조권, 건폐율 등)

② 주택 각 실의 일조(동지 때 최소 4시간 이상), 통풍, 방위

③ 접근도로와 주출입구(현관 및 대지 내 건축물과의 관계)

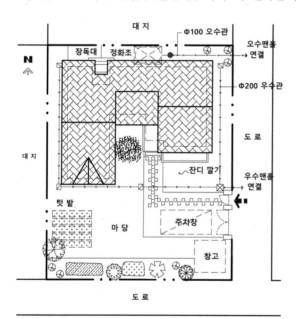

④ 주차장의 위치와 방식

⑤ 인접 건축물로부터의 일조권과 프라이버시 확보

⑥ 대지 주변 환경과의 조망, 소음 관계

⑦ 건축 형태, 규모 등 미적 요소

⑧ 건축물이 2동 이상인 경우 상호 관계설정

⑨ 옥외공간의 조경 및 각종 시설 설치 유무

⑩ 경사대지의 경우 경사지 이용 및 절·성토 여부

⑪ 지질, 지반의 상태와 대지활용

⑫ 급수 및 도시가스 설비 계획

⑬ 우천시 집수설비 및 우수, 오·배수 설비

⑭ 향후 증축 가능성

그림 2-13. 주택 배치계획 예

2.5 평면계획

주택의 평면계획은 주택 각층 각 실의 크기와 위치, 실 간의 상호관계, 각 실 출입구 위치와 구조 및 그에 따른 동선, 창의 위치, 구조, 크기, 채광, 통풍 등 공간의 형태와 기능을 결정하여 주거생활공간을 만드는 기술적 작업이다.

(1) 평면계획의 기본 방향

주택은 가족 구성원의 신체적, 정신적 휴식 그리고 주생활(住生活)이 이루어져야 되며, 그 공간은 기능적이고 쾌적하고, 사용하는데 경제적이고 효율적이어야 한다. 평면계획의 기본 방향을 정리하면 다음과 같다.

① 가족 구성원 특성(연령, 직업, 행위, 취미 등)을 반영한다.

② 가족 본위와 단란(실의 독립성, 가족화목 등)이 이루어지도록 한다.

③ 생활양식(좌식, 입식, 생활패턴)을 반영한다.

④ 생활의 쾌적성(온습도, 일조, 환기, 소음, 조망 등)을 반영한다.

⑤ 주거설비의 현대화를 반영한다.

⑥ 가사노동이 경감(적정 면적, 가사공간, 주부동선 등)되도록 한다.

⑦ 대지에 순응하도록 계획한다.

⑧ 건축의 경제적 측면(예산)을 고려한다.

⑨ 건축 후 유지·관리의 효율성과 비용 경감을 고려한다.

(2) 평면계획 구성의 일반적 이론

가) 적정면적 결정 시 고려사항

주택의 적정 크기와 면적은 경제적(예산) 측면을 제외하더라도 가족 구성원의 수, 생활방식, 사용 가구, 요구 실의 종류, 실별 기능, 여유 공간 등을 고려하여 결정되어야 하므로 원칙을 정하기는 어렵다.

① 중·대규모 주택 면적계획
- 스페이스 프로그램을 통하여 소요실 및 각 실 적정면적을 구한다.
- 소요실의 층별 기능분리(기능도, 버블다이어그램)의 적절성을 고려하여 수직·수평 배치한다.
- 각 실 면적과 복도, 계단 등 동선 공간이 표현된 블록다이어그램을 계획한다.
- 계획된 평면의 면적이 허용면적(스페이스 프로그램상의 적정면적, 예산적, 법적) 내에 있는지 검토한다.
- 허용범위를 벗어난 경우 공간의 기능, 이용률 등이 낮은 순으로 면적을 조정한다.

② 소규모 주택 면적계획
- 소요실을 도출한다.
- 화장실, 욕실, 부엌/식당, 현관 등 단위공간의 구성요소가 비교적 명확한 공간의 최적면적을 도출한다.
- 생활방식의 요구에 따른 침실과 거실 면적을 도출한다.
- 버블다이어그램과 블록다이어그램을 계획하고 허용면적 내에 있는 경우 서비스 공간과 여유 공간을 배려한다.
- 허용범위를 벗어난 경우 공간의 기능, 중요도 등이 낮은 순으로 면적을 조정한다.

일반적으로 화장실, 욕실, 부엌/식당, 계단실, 현관 등 단위공간의 구성요소가 비교적 명확한 공간의 크기를 우선하여 구하고, 생활방식의 요구에 따른 침실과 거실 그리고 서비스 공간과 여유 공간의 크기를 구하는 순으로 전체 면적을 구한다.

나) 환기 기적(氣積)을 통한 공간면적 산정

공간의 면적을 구하는 데 있어서 성인 1인당 적정 공기 소요량을 기준으로 면적을 산정하는 방식이다. 환기란 냄새, 열, 습기, 가스 등의 오염된 공기와 더불어 실내에 거주하는 사람의 호흡에 의하여 탄산가스 농도가 증가됨에 따라 산소량이 감소되는 것을 방지하기 위하여 실내의 공기를 외부의 공기와 교환하는 것을 말한다. 따라서 환기 기적은 실내에 거주하는 사람의 수와 공간의 체적을 고려해야 한다. 일반적으로 성인의 경우 침실은 $50m^3/h$, 기타 주거공간은 $30m^3/h$을 기준하여 소요면적을 구한다. 즉 어떤 주택의 천정 높이를 2.5m로 계획하는 경우, 각 실의 환기 회수를 2/hr로 한다면 침실은 1인당 $10m^2$의 면적이 요구되고, 거실은 $6m^2$의 면적이 필요하다.

다) 공간의 인접과 분리

실의 기능과 성격이 상호 간 연관이 있는 실은 인접시키고, 연관이 없거나 이질적인 실은 분리한다.
① 인접 가능 공간
- 거실 – 식사실 – 주방 – 다용도실
- 부엌 – 다용도실 – 서비스 공간
- 현관 – 홀 – 복도 – 계단
- 현관 – 응접실 – 객실
- 세면실 - 욕실 - 화장실 등
② 분리가 바람직한 공간
- 침실 – 식사실
- 거실 – 서재
- 부엌 – 화장실

라) 동선계획
- 불필요한 동선을 줄이기 위한 공간배치를 고려해야 한다.
- 동선은 단순하며 가능한 짧고 직선적이며 효율적이고 합리적 공간이 되도록 한다.
- 각 실의 기능 연결에 필요한 홀과 복도를 최소한으로 계획한다.
- 통과 동선이 발생하지 않도록 하고 동선의 교차를 피한다.
- 빈도가 높고 하중이 큰 동선은 짧게 한다.

(3) 주택 평면의 유형

주택을 구성하는 실의 종류와 배치는 거주자의 다양성만큼이나 일정한 평면 형식을 갖추기 어려움이 있으나 복도, 홀 등에 의한 실의 연결방식과 계단, 화장실 등 기능적 설비적 특징을 지니고 있는 공간의 집약방식 등에 따라 다음과 같은 유형으로 분류할 수 있다.

① 편복도식(片複道式, Corridor)
- 각 실을 1열로 배치하고 한 면에 복도를 접하여 두는 형식으로 각 실은 모두 같은 방향으로 면하게 되어 일조, 통풍 등에 유리하다.
- 동선이 직선이고 단순한 반면 실이 많을 경우 길어지고 복도면적의 비율도 커진다. 각 방의 프라이버시 확보를 위한 칸막이벽에 신경을 써야 한다.

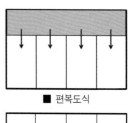
■ 편복도식

② 중복도식(中複道式, Double-loaded Corridor)
- 복도의 양측에 면하여 실을 배치하는 방식, 편복도식에 비해 동선의 길이가 단축되고 복도면적 비율도 감소한다.
- 복도를 중심으로 실의 위치에 따라 환경이 동일하지 않고, 복도의 채광이나 환기가 불리하다.

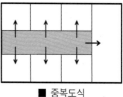
■ 중복도식

③ 회랑식(回廊式)
- 여러 실의 외부에 복도를 환상(環狀)형으로 배치한 형식으로 복도가 면한 모든 방향에서 출입이 가능한 반면 독립성이 결여될 수 있다.
- 실의 위치에 따라 각 실의 환경이 동일하지 않다.
- 복도가 실과 외기 사이에 있으므로 여름 직사광선의 실내 입사 깊이를 줄일 수 있고 겨울 추운 공기가 실내에 직접 미치지 않는다.

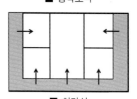
■ 회랑식

④ 홀(hall)식
- 복도를 두지 않고 홀에서 각 실로 출입하는 형식으로 현관홀에서 각 실로 직접 출입하는 현관홀식과 거실에서 출입하는 중앙홀식이 있다.
- 현관홀식은 각 실로의 동선 면적을 적게 하여 조밀한 평면을 만들 수 있으므로 유효 면적률을 높일 수 있다.
- 각 실로의 동선이 홀을 통하여서만 가능하므로 사용상 불편함이 있고, 홀면적을 적게 하면 실 수나 실의 크기에 제한을 받게 되어 실 수가 많은 주택에는 홀이 커져 불합리하여 중소 규모에 적합하다.
- 중앙홀식은 거실이 홀 역할을 하여 유효면적률을 높일 수 있으나 거실이 통과 동선이 됨으로써 거실의 기능을 상실할 수 있고, 각 실이 홀을 둘러싸고 있는 관계로 실의 위치에 따라 일조, 통풍 등 환경조건이 달라질 수 있다.

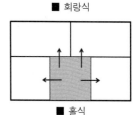
■ 홀식

⑤ 중정식(中庭式)
- 각 실이 중정을 둘러싸는 형식 또는 주택 내부에 중정을 배치한 형식으로 각 실이 중정을 향해 배치되므로 외부 공간으로부터 폐쇄적일 수 있다.

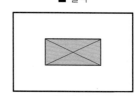
■ 중정식

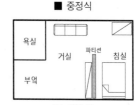
■ 원룸식

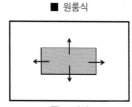
■ 코어식

그림 2-14. 주택평면의 유형

- 대지 규모가 작은 주택에서 독자적인 외부 공간을 구성할 수 있다.

⑥ 원룸식(one room, studio)

- 다이닝키친(Dining Kitchen)과 리빙키친(Living Kitchen)의 공간구조를 확대하여 침실을 하나의 공간에 두고 화장실(욕실)만 칸막이벽으로 분리한 구조이다.
- 1인 또는 소가족 구성의 주생활 단순화에 따른 공간구조를 단일화하고 건축비를 경감할 수 있다.
- 행위별 공간의 독립성 확보는 부적합한 형식이다.

⑦ 코어식(Core)

- 사무소 건축의 유효면적의 효율을 방법으로 사용되어 주택건축에 응용되었다.
- 건축 평면계획에서 기능적 또는 설비적인 일부 공간을 평면의 일부분에 수평·수직적으로 집약하여 계획하는 형식이다.
- 평면적, 구조적, 설비적 코어로 분류할 수 있으며 각각의 시스템은 복합적으로 코어 기능의 성격을 지닌다.

ⓐ 평면적 코어 : 계단, 홀 등을 평면의 일부분에 집약하여 유효면적률을 높인 형식

ⓑ 구조적 코어 : 계단, 홀, 엘리베이터 등을 평면적으로 집약하여 배치하고 수직적으로도 동일 위치에 두며 그 구조를 내력벽으로 계획하여 건축물의 구조적 힘을 집중시키는 방식이다.

코어 외의 공간은 비 내력벽 구조가 가능하여 개방적인 공간계획이 가능하다.

ⓒ 설비적 코어 : 부엌, 화장실, 욕실, 배관 공간 등의 설비 부분을 건물의 일부에 집약하여 설비 관계의 효율성과 공사비를 절약할 수 있다.

그림 2-15. 입면계획을 위한 디자인 요소

2.6 입면계획

(1) 입면계획 시 고려사항

주택의 입면계획은 평면의 형태, 창호와 출입구, 건축물의 층고, 테라스와 발코니, 지붕 형태와 벽면의 요철 등의 디자인뿐만 아니라 대지의 경사, 재료와 색채 등 다양한 요소가 영향을 미치게 된다.

■ 입면계획 시 고려할 요소들은 다음과 같다.
- 평면계획 시 : 평면계획의 요소가 입면계획에 반영됨을 고려한다.

- 단조로운 입면을 탈피하고 비례, 조화 등 디자인 요소가 반영되도록 한다.
- 창호는 수평·수직으로 규칙, 비규칙적인 정렬과 크기, 비례, 조화가 이루어지도록 한다.
- 테라스, 발코니 등의 디자인을 통하여 공간감을 부여한다.
- 현관, 주/부출입구 등은 출입 동선의 시인성과 Facade를 결정짓는 입면 디자인 요소로써 중요하다.
- 주변환경(건축물, 지형)과 건축물의 종축, 횡축의 비례와 지붕형태 등이 조화를 이루도록 한다.
- 경사지의 경우 스킵플로어와 필로티(piloti) 구조를 디자인 요소로 활용한다.
- 창호, 벽면, 지붕 등의 재료 질감, 색채 등이 건축물의 전체 디자인과 조화가 되도록 한다.

창문의 면적 — 건축물의 피난·방화구조 등의 기준에 관한 규칙 제17조

채광을 위하여 거실에 설치하는 창문 등의 면적은 그 거실의 바닥면적의 10분의 1 이상이어야 한다.

(2) 입면구성의 유형

① 단층형 : 건축물의 층수가 1개 층인 경우에 해당한다.
② 중층형 : 건축물의 층수가 2개 층 이상인 경우 해당한다.
③ 스킵플로어형(Skip floor) : 지형이 경사지인 경우, 일부는 단층, 일부는 중층인 공간구조 형식이다.
④ 필로티형(piloti) : 지면과 접한 부분은 기둥만을 두고 2층 이상에 실을 배치하는 공간구조 형식이다.
⑤ 보이드형(void) : 동일한 건축물에서 일부는 중층, 일부는 단층인 공간구조 형식이다.

그림 2-16. 스킵플로어의 바닥 단면개념 예

구 분	특 성	공간구조
단층형	건축물이 1개 층으로 만들어진 형식.	
중층형	건축물의 층 수가 2개 층 이상인 형식	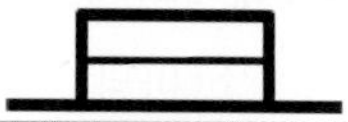
필로티형 (Piloty)	지상부의 전부 또는 일부에 기둥만을 두고 개방적인 공간을 구성하는 형식	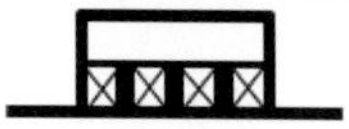
스킵 플로어형 (Skip floor)	경사지인 대지를 이용한 방식으로 일부는 중층으로, 일부는 단층의 구조 형식.	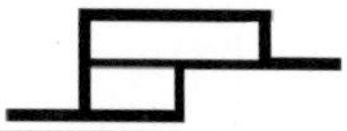
보이드형 (Void)	상층과 하층의 슬래브를 개방하여 일부는 단층, 일부는 중층의 구조 형식	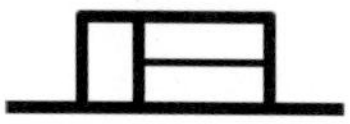

그림 2-17. 입면구성의 유형

2.7 단면계획

단면이란 건축물을 수직으로 잘랐을 때 그 잘라진 면을 말한다. 평면계획이 공간의 수평적 배치와 구조를 나타낸다면 단면계획은 수직적 공간구조 계획을 통하여 3차원적 공간을 감싸는 물리적, 디자인적 계획이다.

(1) 단면계획의 요소

—— **거실의 반자높이**
건축물의 피난 · 방화구조 등의
기준에 관한 규칙 제16조

건축법시행령 제50조에 의하여 설치하는 거실의 반자(반자가 없는 경우에는 보 또는 바로 위 층의 바닥판의 밑면)는 그 높이를 2.1미터 이상으로 하여야 한다.

단면계획의 주요 요소로는 기초, 바닥, 벽, 기둥, 천장, 계단, 지붕 등의 내부적 요소와 인접도로와의 높이 차, 지형 등 외부적 요소로 나눌 수 있다.
① 내부적 요소 : 기초, 바닥, 층고, 벽, 기둥, 천장(고), 계단, 지붕
② 외부적 요소 : 도로와의 높이 차, 지형(평지, 경사지)

(2) 단면계획 시 고려사항

단면계획 시 주요 고려사항을 정리하면 다음과 같다.
- 실별, 공간별 기능을 충족하고 공간감을 가질 수 있도록 적정 천정고를 계획한다.
- 상하부 공간이 원활이 연결되도록 한다.
- 상하부 공간의 소음이 차단되도록 한다.
- 건축물 내부에서 외부로의 조망과 채광이 효율적이도록 한다.
- 건축물 내부에서 내부로의 시각적 연결(개방 공간)과 차단(프라이버시)이 이루어지도록 한다.
- 통풍과 공기순환이 효율적으로 이루어지도록 한다.
- 단면의 높이, 상부층의 오픈 등에 따라 냉 · 난방 효율성과 경제성의 영향을 고려한다.
- 지붕의 형태와 구조가 입면계획과 조화를 이루도록 하고, 옥상 층의 활용을 고려한다.
- 인접도로 및 대지의 레벨 차에 따른 관계를 고려한다.
- 단면의 구성요소(바닥, 벽, 기둥, 보 등)가 구조적으로 안전하도록 한다.

(3) 층고계획

건축법령에서는 거실의 반자높이를 2.1m 이상으로 규정하고 있다. 일반적으로 주택의 침실 천장높이는 2.3m, 거실은 2.4m로 실의 기능과 면적에 따라 높이가 조절되기도 한다.
층고를 낮추거나 상하층을 오픈(연결)시킴으로써 각 공간의 기능과 특성에 맞는 적정 층고를 계획하여 각 공간의 기능에 적합한 심리적 공간감을 느낄 수 있는 계획도 필요하다.

■ 일반적 단면고(斷面高)

- 층고 : 2.6~3.0m
- 천장고 : 일반적으로 2.3~2.6m
- 1층 바닥높이 : G.L보다 300~500mm 높게 계획(수분침투, 해충피해 방지), G.L에서 2~3개 계단 정도

2.8 공간별 세부계획

(1) 거실(Living Room)

거실은 가족 단란의 중심이 되는 곳으로 공간적 비중과 중요도가 크다. 거실은 휴식, 오락 등 정서생활과 손님 접견 등의 다목적 기능이 요구되고, 주택에서 가장 큰 바닥면적과 창면적을 가진 공간이다. 따라서 그 위치는 각 실로의 동선과 외부 공간과의 연결을 고려하여 배치하고, 공간 내에서 무엇을 하고, 어떻게 사용할지를 검토해야 한다.

그림 2-18. 거실 이미지

가) 거실계획 시 고려사항

① 일조와 전망이 좋은 곳을 선택하고 소음이 나는 곳, 도로 방향은 피한다.
② 거실을 거쳐 각 실로 연결되는 통로(통과동선)가 되지 않도록 계획한다.
③ 일조, 통풍이 좋은 남쪽 또는 동남쪽이 좋다.
④ 외부 공간과의 연결을 고려한 테라스, 발코니 등을 계획한다.
⑤ 주택의 층수가 2층 이상인 경우 상부층을 개방시켜 개방감과 공간감을 부여할 수 있다. 단, 냉·난방의 효율성은 저하됨을 고려한다.
⑥ 생활방식의 변화(좌식, 입식)에 대응할 수 있는 융통성을 부여하도록 계획한다.
⑦ 거실의 위치에 따른 공간적 특성을 고려하여 계획한다.
　ⓐ 중앙배치 :
　　일반적 배치방법, 소규모 주택에 접합, 각 실의 연결 통로가 될 경우 거실의 독립성과 안정성이 결여될 수 있다.

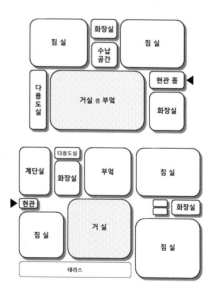

그림 2-19. 거실 중앙배치 계획(안)

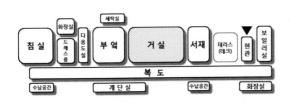

그림 2-20. 거실 중앙배치 계획(안)

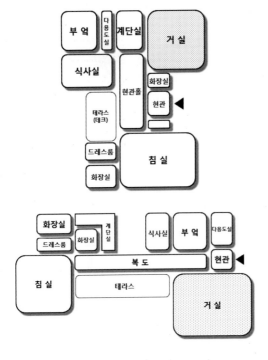

그림 2-21. 거실 편심배치 계획(안)

ⓑ 측면(편심)배치 :
정적 공간(침실)과 동적 공간(거실)의 분리
배치가 가능, 각 실로부터 동선계획이 어렵
고 통로 면적이 증가할 수 있다. 주택 내 통
풍 계획에 유의한다.

ⓒ 층 분리배치 :
정적 공간과 동적 공간의 층별 분리배치 시
유리한 계획, 실의 기능에 충실할 수 있다.
소규모 주택의 경우 적용하기 어렵다.

⑧ 생활방식과 규모에 따라 부엌, 식사실과의
연계를 통한 다목적 기능을 부여하여 공간
의 효율성을 높인다.

나) 크기 및 형태

① 크기 결정 요소 :
가족 수 및 구성원 특성, 주택규모, 주생활
방식, 배치가구의 종류와 특징, 다른 실(공
간)과의 연관성, 거실의 위치

② 1인당 소요면적 : 4~6㎡

③ 적정 바닥면적 : 생활방식에 따라 4인 가족
기준 16.5(좌식)~26.5㎡(입식), 주택 전체
면적의 20~30%

④ 천정고 : 2.1m 이상

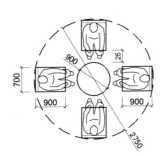

그림 2-22. 위요(圍繞)형 거실의
공간 범위

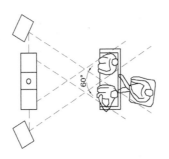

그림 2-23. 스테레오 감상을 위한
최적 범위

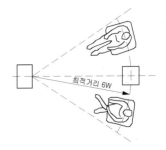

그림 2-24. TV 및 8mm 영화를
볼 수 있는 범위

⑤ 형태
- 장식, 가구, 벽난로 등을 고려하여 ㄱ자형 또는 ㄷ자형 벽면 구성이 공간 활용에 유리하다.
- 거실의 바닥 레벨을 기준 바닥면보다 1단 계단이나 2단 계단 정도 내려서 공간감을 부여할 수 있다. (이 경우 접근과 동선에 유의, 소규모 거실은 적용하기 어렵다)

화면크기	시청거리 (≒)	비 고
32인치	2.0 m	- 화면비율 16:9 기준
46인치	2.9 m	
63인치	4.0 m	
80인치	5.0 m	
96인치	6.0 m	- 크기(인치) × 6.3
112인치	7.0 m	

표 2-7. 화면크기와 시청 거리

(2) 침실(Bad Room)

주택에서의 침실은 주택의 여러 가지 기능 중 휴식의 대표적인 공간이다. 인간의 하루 적정 수면시간을 8시간으로 볼 때 하루의 1/3을 침실에서 보낸다고 할 수 있으며, 가족 구성원의 특징에 따라 실의 수가 결정되는 등 주택의 다른 어떤 실보다도 단위 공간 및 배치계획, 다른 실과의 연관성에서 매우 중요하다.

유 형	크기(길이 × 폭)
싱글(Single)	2,000 × 970
슈퍼싱글(Super Single)	2,000 × 1,100
세미더불(Semi double)	2,000 × 1,200
더불(Double)	2,000 × 1,350
퀸(Queen)	2,000 × 1,500
킹(King)	2,000 × 1,600
슈퍼 킹(Super King)	2,000 × 1,800

표 2-8. 침대 유형 및 크기

가) 침실계획 시 고려사항

① 침실의 기능과 특징에 맞도록 계획한다. (휴식·취침, 정적 공간, 독립성, 안정성 등)
② 위치는 남쪽, 동남쪽, 남서쪽이 양호하다.
③ 식침(食寢) 분리를 원칙으로 하고 도로와 소음이 많은 방향은 피한다.
④ 실 별 가구, 붙박이장, 침대 등의 크기와 배치를 고려하여 벽면 및 창을 계획한다.
⑤ 부부침실
- 독립성, 프라이버시, 안정성을 우선 배려하고, 주부의 가사노동(동선)과도 연계한다.
- 주택의 규모에 따라 부속된 화장실, 세면실을 계획한다.
⑥ 아동침실
- 동적 생활(놀이, 학습)과 정적 생활(휴식, 취침)이 이루어질 수 있도록 한다.
- 자유롭고 독립적인 분위기와 더불어 부모의 관찰과 보호를 받을 수 있는 위치에 계획한다.

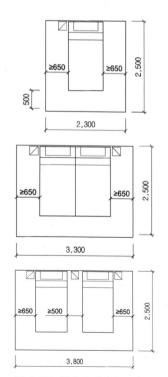

그림 2-25. 침대의 배치와 공간 치수

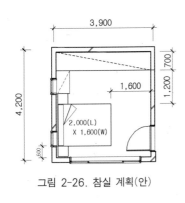

그림 2-26. 참실 계획(안)

⑦ 노인침실
- 프라이버시 확보와 독립된 생활을 할 수 있는 공간으로 계획한다.
- 일조, 채광, 통풍이 양호하고 전망이 좋은 곳에 계획한다.
- 일반적으로 1층에 배치하고 2층 이상에 배치할 경우 동선과 안전(계단) 을 고려한다.
- 화장실, 세면실 등에 가깝게 계획한다.
- 고령자의 경우 휠체어 사용과 비상시 호출(침대, 욕조, 변기 등) 시스템을 계획한다.

나) 침실 규모

① 침대의 배치
- 침대의 머리 부분은 외기의 온도, 환기, 안정감 등을 고려하여 창측에 면하기보다는 벽면에 면하도록 계획한다.
- 침실 문이 열릴 때 침대가 직접 보이지 않도록 한다.
- 더블 침대의 경우 한쪽 면이 벽체에서 500mm 이상 이격하여 배치한다.
- 침대 양측에 통로를 두는 경우 한쪽은 750mm 이상 확보하도록 한다.
- 침대 아래쪽(통로)은 900mm 이상의 확보가 바람직하다.
- 붙박이장은 침실의 10~15%, 깊이는 600~800mm로 계획한다.

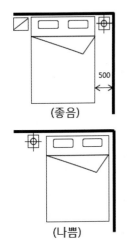

그림 2-27. 벽면과 침대 배치

(3) 부엌(주방)

부엌은 식품 보관, 음식 조리, 식기 세척 및 보관하는 곳이며 주택의 다른 공간에 비해 급수, 배수, 가스, 환기 등 많은 설비가 요구되고, 싱크대라는 가구뿐만 아니라 레인지, 냉장고, 오븐, 식기세척기, 정수기 등 다양한 기구와 가전(家電)이 요구되는 공간이기도 하다. 주거생활 측면에서는 주부의 주된 가사노동 공간이며 다른 공간과의 연계성과 동선이 중요시되는 공간이다.

전통적인 한옥의 부엌은 안방에서 이어져 부뚜막과 무쇠 솥으로 구성되어 주택의 난방 역할도 병행했었다. 전통적인 부엌이 조리의 공간이었고 식사는 대부분 안방에서 이루어졌다면 현대에 이르러서는 부엌+식사(DK), 부엌+식사+거실(LDK) 등 그 기능이 병행되고 있고 식침(食寢) 분리와 공간의 융통성이 계획에 반영되고 있다.

최근의 부엌은 시스템 키친과 다양한 조리 및 주방기구 등의 발달로 더욱 아름답고 현대화되어 가고 있는 등 주생활의 변화와 주택의 서구화 경향에 따라 변화된 주택 공간 가운데 그 변화가 가장 많은 곳 중 하나다.

가) 부엌계획 시 고려사항

① 주부의 주된 가사노동 공간으로서 밝고 쾌적하고, 환기가 좋은 곳에 계획한다.

② 식품의 반입, 쓰레기 반출 등을 고려하여 대문, 현관, 차고, 서비스 야드 등에서 가깝게 배치하거나 별도의 출입구를 계획한다.

③ 식사실과 거실에서 멀지 않도록 계획한다.

④ 식사실 및 거실과 연계(LDK형)할 경우 공간 개방에 시각적 독립성, 수납공간을 배려하고 연기, 냄새 등의 차단을 고려한다.

⑤ 화장실, 욕실, 가사실과 가깝게 계획하되 시각적 독립성을 계획한다.

⑥ 방위는 음식의 보관을 위하여 빛의 입사가 작은 동쪽, 남쪽이 유리하고, 서쪽은 피한다.

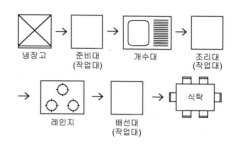

그림 2-28. 부엌의 작업순서

나) 부엌의 작업순서와 유형

① 부엌의 작업순서

냉장고 → 준비대 → 개수대 → 조리대 → 레인지 → 배선대 → 식탁

② 작업대의 유형

ⓐ 일자형(一) : 직선형, 좁은 부엌에 적합, 동선이 길어질 우려가 있다. 한쪽 벽면만을 사용하여 수납공간이 부족할 수 있다.

ⓑ ㄱ자형 : 일자형보다 동선이 짧아 작업능률이 효율적이다. 꺾어진 부분의 공간 활용을 고민해야 한다.

ⓒ ㄷ자형 : 작업공간이 중앙에 있어 동선이 짧고 면적 효율이 좋다. 벽면이 삼면에 있어 수납공간 확보가 유리하다. 면적이 적을 경우 여러 사람이 일하기에 좁고 불편하여 대규모 부엌에 주로 사용한다.

ⓓ 병렬형 : 작업대가 마주보고 있는 방식, 작업대 사이가 너무 넓거나 좁으면 불편하다. 사이 간격은 1,000~1,200 정도가 적당하다.

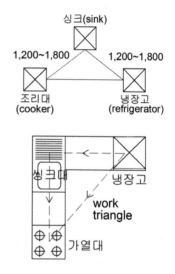

• 삼각형의 세 변의 길이 합이 짧을수록 좋다.
• 세 변의 길이 합이 3,600~6,600, 사이가 적당

그림 2-29. 부엌의 work triangle 배치

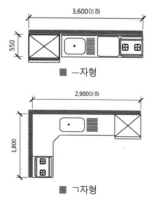

그림 2-30. 부엌 작업대의 유형

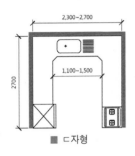

■ ㄷ자형

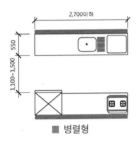

■ 병렬형

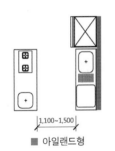

■ 아일랜드형

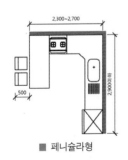

■ 페니슐라형

그림 2-31. 부엌 작업대의 유형

ⓔ 아일랜드(Island)형 : 분리형이라고도 한다. 가열대 또는 작업대를 따로 배치하는 형식이다. 작업대를 식탁 또는 테이블로 활용할 수 있다.

ⓕ 페니슐라(Peninsula)형 : 부엌과 거실 또는 식당 사이에 식탁을 놓아 공간을 구분 짓는 형식

③ 작업대의 높이 : 820~850mm, 폭 500~600mm

④ 작업대의 배치 : 부엌의 작업은 냉장고, 개수대, 가열대의 각 지점이 연결된 삼각형의 동선 길이가 3.6~6.6m가 적당하며 삼각형의 각 변의 길이가 균형을 이루도록 한다.

다) 부엌의 크기

부엌의 크기는 가족 수, 식생활 방식, 경제수준 등에 따라 다르다. 일반적으로 주택 연면적의 8~12%, 소규모 주택의 경우 약 5~8㎡가 적당하다.

(4) 식사실

식사실은 부엌과 이어지는 가사작업의 장소이며, 식사의 기능과 더불어 식사 중 또는 식사 후에 가족 간 대화를 통한 단란의 장소이기도 하다.

가) 식사실 계획 시 고려사항

① 부엌, 거실과의 관계를 고려한다. 식사 전후 가사노동의 경감, 동선을 짧게 하고 가족적 공간으로서 기능을 고려한다.

② 통풍, 채광 등이 좋고 정원과 마당 등 전망이 좋은 곳을 고려한다. (창, 문 계획 시 크기, 형태와 구조를 기능적으로 계획한다.)

③ 소규모 주택의 경우 부엌과 직접 연결하여 배치하고, 대규모 주택의 경우 팬트리(pantry, 배선대)를 통해 연결한다.

④ 식탁 사용의 융통성(사각, 타원, 원형 등)을 고려한다.

⑤ 위치는 남향, 남동향, 동향이 좋다.

■ 一자형

■ ㄱ자형

■ ㄷ자형

■ 병렬형

■ 아일랜드형

■ 페니슐라형

그림 2-32. 부엌 작업대의 예

나) 식사실의 크기

식사실의 크기는 가족 수, 식탁의 크기, 식탁 주변 통로와 여유공간 등에 따라 달라질 수 있다. 일반적으로 4인 가족의 경우 7.5㎡로 계획한다.

구 분	3인	4인	6인
가족 구성	부모 +자녀 1	부모 +자녀 2	조부모 +부모+자녀 2
식사실 크기	5.5㎡ (1.5평)	7.5㎡ (2.25평)	10㎡ (3평)

표 2-9. 식사실의 크기

다) 식사실 배치의 유형

식사실은 그 기능과 관련된 부엌, 거실을 연계하여 생활 방식에 따라 겸용하여 계획할 수 있다. 부엌, 거실과의 겸용은 공간의 활용성을 높일 수 있으며, 칸막이벽으로 인한 공간 손실을 줄여 공사비를 절약할 수 있다.

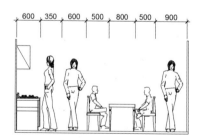
600 350 600 500 800 500 900

그림 2-33. 식사실의 규모

① 독립형(D형, Dining)

* 부엌, 식당, 거실을 각각 독립시킨 형식
* 부엌의 음식, 기구 등이 시각적으로 차단되어 식사실이 쾌적하다.
* 식사 소음, 음식 냄새로부터 거실의 독립성을 확보할 수 있다.
* 부엌과 주방의 동선이 길어질 우려가 있다.
* 소규모 주택에서 채용하기 어렵다

그림 2-34. 주방 식당 분리형 이미지

그림 2-35. 조리실과 식사실

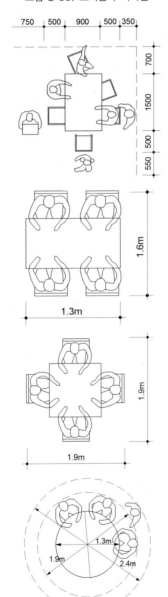

그림 3-36. 식사 테이블과 공간

② 다이닝 키친(DK, dining kitechen)
- 부엌의 일부에 식사실을 두는 형식, 거실은 분리한다.
- 주부의 동선을 줄여 가사노동을 경감할 수 있다.
- 부엌이 시각적으로 노출되고, 음식 냄새 등 식사실의 독립성이 결여될 수 있다. 환기, 배기계획 등에 주의한다.

③ 리빙 다이닝(LD, living dining)
- 다이닝 알코브(DA, dining alcove)라고도 한다.
- 거실의 일부에 식사실 공간을 두는 형식, 부엌은 분리한다.
- 거실의 가구를 공동으로 활용할 수 있고, 거실의 분위기를 식사 분위기로 연결할 수 있다.
- 거실과 식사실의 독립성은 결여된다.
- 부엌과의 동선이 길어질 우려가 있다.

④ 리빙 다이닝 키친(LDK, Living dining kitchen)
- 리빙 키친(living kitchen)이라고도 한다.
- 거실, 식당, 부엌을 하나의 공간에 두는 형식
- 공간의 이용률을 높일 수 있다.
- 주부 동선을 줄일 수 있어 가사노동이 경감된다.
- 음식 조리 및 냄새로 인한 환기설비를 고민해야 한다.
- 부엌, 식사실의 행위와 조리기구, 음식 등이 시각적으로 노출되는 등 각 공간의 독립성이 결여된다.
- 소규모 주택에 적합하다.

⑤ 다이닝 포치, 다이닝 테라스(dining porch, dining terrace)
- 포치나 테라스에서 식사할 수 있도록 하는 형식
- 외부 환경과 연계되어 식사 분위기를 새롭게 할 수 있다.
- 부엌과의 동선이 길 경우 음식 배선에 어려움이 있을 수 있다. 식사실의 일부에 두는 것이 좋다.
- 기후(비, 바람. 눈, 기온 등)의 영향을 받는다.

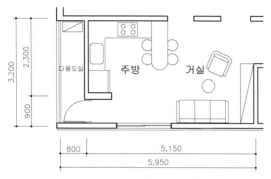

그림 3-37, 리빙 다이닝 키친 계획(안) 및 이미지

유형	공간의 개념	특징
DK	침 · L DK DK : 7~9㎡	- 식사 D와 취침은 분리한다. - 단란 L은 취침과 같이한다. - 소규모 주택의 경우 각 실을 분리하면 각 실의 적정 공간을 확보할 수 없기 때문에 일반적으로 부엌 겸 식당(DK)과 거실 겸 침실을 개방적으로 연결하는 유형이다. - 거실 겸 침실은 좌식(온돌방)으로 하는 경우가 많고, 입식의 경우 침대 겸 소파 등 다용도 가변형 가구를 사용한다.
LDK	LDK	- 최소한의 넓이로 공용실(부엌, 식사 및 거실)과 취침을 분리한다. - LDK가 일체가 되므로 안정된 거실의 확보가 어렵다 - LDK의 면적이 클 경우 가변형 칸막이로 K와 D를 분리할 수 있다.
LD+K	LD — K LD : 13~15㎡, K : 5~6㎡	- L과 D를 동일 실로 하고,K는 분리한다. - 식사실을 중심으로 단란한 생활에 적합하다.
L+DK	L — DK L : 12~13, DK : 9~10	- DK를 동일 실로 하고, L를 분리한다. - DK는 부엌일을 하면서 식사 등 단란하게 모이는 생활에 편리하다. - DK를 식사와 함께 가족이 모이는 장소로 사용하면 효과적이다.
L+D+K	L — D — K L : 12~13, D : 7~8, K : 5~6	- L, D, K를 각각 분리한다. - 각 실을 각각의 용도에 맞게 충실하게 사용할 수 있다. - 각 실의 적정면적이 확보되지 못한 경우 공간 이용이 불편하다.
S	S — (L · D · K)	- L, D, K 공간 이외에 특별한 용도의 공간을 만든다. - α룸, 전객실, 플레이 룸 등

※ 숫자는 최소 소요면적

표 2-10. 거실, 식당, 부엌의 구성 유형과 특징

(5) 화장실(욕실)

화장실은 용변, 세면, 샤워, 입욕, 탈의 등이 행해지는 공간이며, 세면 및 입욕 용품 등의 수납공간이 필요하다. 화장실은 가족 모두가 사용하는 공용 공간이면서 개인의 프라이버시가 확보되어야 하는 공간이다.

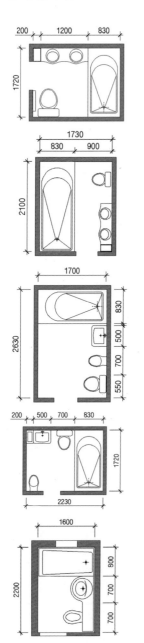

가) 화장실 계획 시 고려사항

① 가족 구성원이 사용하기 쉬운 곳(거실, 침실에 가까운 위치)에 배치한다.

② 급·배수설비가 필요한 부엌, 세탁실 등과 가까이 배치하고, 2층 이상의 주택인 경우 수직적 위치가 동일하게 계획한다.

③ 부엌에서 화장실의 내부가 보이지 않도록 계획한다.

④ 사용자 범위에 따라 공간 규모를 달리한다. [세면기, 변기, 욕조(가족 전체), 세면기, 변기(부부용) 등]

⑤ 환기가 잘되도록 한다.

⑥ 창을 둘 경우 프라이버시가 침해되지 않도록 하고 열손실이 없고 기밀성이 확보되는 구조로 한다.

⑦ 큰 거울을 설치하여 시각적 공간감이 확대되도록 한다.

나) 화장실의 규모 및 크기

화장실의 규모는 세면대, 변기, 욕조, 샤워부스 등 설비의 범위와 각각의 크기 및 형태 등에 따라 다르다.

① 천장고 : 2.1m 이상

② 도어는 안여닫이로 계획하고 출입구의 폭은 70~80cm, 바닥 레벨은 10cm 정도 낮춘다. (물의 사용, 실내화 사용 등 고려)

③ 세면기 높이 : 70~75cm

④ 수납장 깊이 : 15~20cm

⑤ 적정 크기
- 세면대+변기+욕조 : 1.7×2.4m
- 세면대+변기 : 1.6×1.4m
- 샤워부스 : 1.0×0.9m

그림 3-38. 화장실계획(안)

(6) 현관

현관은 주택으로의 주출입구이며 외부공간과 내부공간을 연결하는 곳이다. 현관의 위치는 대지의 형태, 방위, 접근도로와의 관계, 평면의 각실 배치 등에 따라 결정된다. 현관은 외부에서의 인지(認知)성이 좋고 내부로의 동선 처리가 좋은 곳으로 계획한다.

가) 현관계획 시 고려사항

① 주택의 측면, 후면보다는 전면에, 평면의 단부보다는 중앙 배치를 고려한다.
② 2층 이상인 주택의 경우 계단실과 가깝게 배치하여 동선을 짧게 한다.
③ 신발, 우산 보관 등을 위한 수납장을 계획한다.
④ 포치(porch)를 두어 방문객과 우천 시 대기공간을 배려한다.
⑤ 방풍실을 두어 외기 환경(바람, 온도 등)을 차단한다.

나) 현관의 크기

① 최소규모 : 너비 1.2m, 깊이 0.9m 이상
② 현관문의 크기 : 1,000mm 이상(가구 및 생활용품 운반 고려), 1,000mm 초과 시 크기가 다른 양여닫이문으로 계획
③ 현관 바닥과 실내 바닥의 높이차는 10~20cm 정도로 계획한다.
④ 수납장의 깊이 : 30cm 이상

복도의 너비	건축물의 피난·방화구조 등의 기준에 관한 규칙 제15조	
구 분	양옆에 거실이 있는 복도	기타 복도
유치원, 초등학교, 중학교, 고등학교	2.4m 이상	1.8m 이상
공동주택, 오피스텔	1.8m 이상	1.2m 이상
당해 층 거실의 바닥면적 합계가 200㎡ 이상인 경우	1.5m 이상 (의료시설 1.8m 이상)	1.2m 이상

(7) 복도

복도는 동선 공간으로서 주택 각 실의 적정면적 확보에 제한을 받는 소규모 주택(50㎡ 이하)에서는 비경제적이다. 최소 폭은 90cm 이상, 일반적으로 120cm 이상이 바람직하다. 복도에 면한 실의 문은 안여닫이로 계획한다. 연면적에 대한 복도의 면적 비율은 10% 정도가 적당하다.

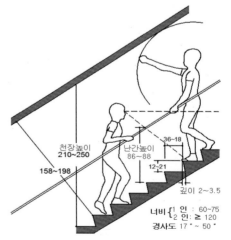

천장높이 210~250
난간높이 86~88
36~18
12~21
158~198
깊이 2~3.5
너비 { 1 인 : 60~75
2 인 : ≥ 120
경사도 17°~50°

그림 2-39. 계단계획 시 고려할 치수

(8) 계단

계단은 수직 공간을 연결하는 동선으로서 각 실의 연결상 동선의 효율이 가장 좋고 이용자의 편의를 고려한 크기와 형태를 갖도록 해야 한다. 계단의 구성요소인 디딤판, 챌판, 난간과 다양한 형태와 재료는 건축 디자인의 중요한 요소이기도 하다. 계단의 구조상 발생하는 챌판과 계단 하부 공간을 수납장으로 활용하는 등의 계획을 고려한다.

건축물의 피난구조 등의 기준에 관한 규칙 제15조

종 류	설치대상	설치기준
계단참	높이 3m 넘는 계단	3m 이내마다 너비 1.2m 설치
난간	높이 1m 넘는 계단 및 계단참의 양옆	
중간난간	너비가 3m 넘는 계단	3m 이내마다 계단 중간에 설치(단 높이가 15cm 이하, 단 너비가 30cm 이상인 경우 제외)
계단의 유효높이	계단의 바닥 마감면부터 상부 구조체의 하부 마감면까지의 연직방향 높이는 2.1m 이상	

표 2-11. 일반적 계단 설치기준

건축물의 피난구조 등의 기준에 관한 규칙 제15조

구 분	계단 및 계단참 너비	단 높이	단 너비
초등학교	150cm 이상	16cm 이하	26cm 이상
중 · 고등학교	150cm 이상	18cm 이하	26cm 이상
문화 및 집회시설, 판매시설, 기타 유사한 용도	120cm 이상	-	-
위층의 거실 바닥면적의 합계가 $200\,m^2$ 이상이거나 거실의 바닥면적의 합계가 $100\,m^2$ 이상인 지하층의 계단	120cm 이상	-	-
기타	60cm 이상	-	-

표 2-12. 계단의 구조기준

제Ⅱ편 주거시설

제3장 공동주택(共同住宅, Apartment Housing)

1 공동주택 개론

1.1 공동주택의 개념

한 필지의 토지에 주거의 용도로 건축된 건축물로서 여러 세대가 토지 및 세대별 소유권을 나누어 갖고, 각각 독립된 주거생활을 할 수 있는 공간구조이면서 건축물의 벽, 복도, 계단이나 그 밖의 설비 등의 전부 또는 일부를 공동으로 사용할 수 있는 2세대 이상의 집합주택을 말한다.

그림 3-1. 연립주택(상)과 아파트(하)

1.2 공동주택의 대두

공동주택은 오래전부터 있었다. 로마제국은 부유층의 개인주택인 도무스(domus)와 인구의 도시 과밀현상에 의해 나타난 여러 층(2~4층)으로 구성된 집합주택 인슐라(insula)가 있었다. 인슐라(insula)는 복도를 중앙에 두고 방을 양쪽으로 배치하는 구조였다.

이후 18세기 중반 영국의 산업혁명은 도시에 수많은 공장을 만들었으며, 사람들이 공장이 많이 있는 도시로 몰리면서 도시화에 따른 주택 문제가 대두되었고 도시 인구를 수용하기 위한 기숙사가 있었으며, 여기에서 발전된 연립주택이 생겨났다.

우리의 경우 1932년 서울 충정로의 풍전아파트(→유림아파트→현, 충정아파트, 지하 1층 지상 5층)를 시작으로 1956년 행촌아파트(3층, 48세대), 1958년 종암아파트(4층, 3동, 152세대), 1959년 개명아파트 등이 건립되었으며, 이후 아파트를 양산할 수 있는 건축술의 발전, 1960년대 경제개발계획, 1970년대 근대화 및 산업화정책

그림 3-2. 충정아파트 (서울 서대문구)

에 맞물려 1964년 마포아파트(6층 10개동, 642가구, 단지형APT), 정동아파트(1965년), 1967년 문화촌아파트, 1971년 여의도 시범아파트(13층 24개동, 1584가구) 등이 건립됐다.

1980년대 이후 공동주택은 경제성장과 인구의 도시 집중화가 급속히 증가하는 현상 속에서 주택공급의 효율성을 높여야 한다는 사회적 요구에 부응하여 지속적인 출현과 발전을 이루게 된다. 이는 도시공간의 한정(限定)이라는 제약(制約)속에서 주택건축의 수평적 확산의 한계를 해결하기 위한 대안의 하나로써 토지 이용률과 주택공급의 효율성 제고(提高)에 효과적 이었다. 산업발전과 경제성

장에 따른 농업에서 공업으로의 산업구조 변화, 가족 구성의 변화, 주생활양식의 서구화 및 현대화, 건축재료, 공법(工法)의 발달 등은 공동주택 건설이 활발하게 이루어지는 또 다른 배경이 되었다.

■ 공동주택의 발달 요인
 - 산업발달에 따른 인구의 도시 집중화
 - 가족 구성의 변화
 - 주생활양식의 서구화
 - 건축재료 및 공법의 발달
 - 토지의 이용률과 주택공급의 효율성 제고
 - 도시 공간의 한정과 주택의 수평적 확산의 한계에 대한 대안

법적·제도적으로도 1963년 공영주택법, 1972년 주택건설촉진법, 2003년 주택법 등을 제정·개정하여 공동주택의 건설, 공급, 관리 등에 효율성을 기하고 공동주택 문화의 발전과 변화를 뒷받침하였다.

1.3 공동주택의 분류와 기준

공동주택은 층수와 바닥면적의 기준에 의한 아파트, 연립주택, 다세대주택과 학교 또는 공장 등의 기숙사를 포함한다.

건축법시행령 3의4 〈별표1〉

구 분	건축기준	비 고
아파트	주택으로 쓰이는 층수가 5개 층 이상인 주택	
연립주택	주택으로 쓰이는 1개 동의 바닥면적(지하주차장 면적은 제외)의 합계가 660㎡를 초과하고, 층수가 4개 층 이하인 주택	2개 이상의 동을 지하주차장으로 연결하는 경우 각각의 동으로 본다.
다세대주택	주택으로 쓰이는 1개 동의 바닥면적(지하주차장 면적을 제외한다)의 합계가 660㎡ 이하이고, 층수가 4개 층 이하인 주택	
기숙사	학교, 공장 등의 학생 또는 종업원 등을 위하여 사용되는 것으로써 공동취사 등을 할 수 있는 구조이되, 독립된 주거의 형태를 갖추지 아니한 것	

표 3-1. 공동주택의 분류와 기준

건축법

구 분	단독주택				공동주택			
	단독	다중	다가구	공관	아파트	연립	다세대	기숙사
층 수	-	3층 이하		-	5층 이상	4층 이하		-
연면적	-	동당 660㎡ 이하		-	-	동당 660㎡ 초과 이하		
세대수	-	-	19세대 이하	-	-	-	-	-
비 고	-	각 실별 취사시설 불가	-	-	-	-	-	각 실별 취사시설 불가

표 3-2. 단독주택과 공동주택의 기준 비교

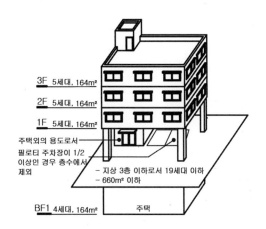

그림 3-3. 다가구주택의 건축기준

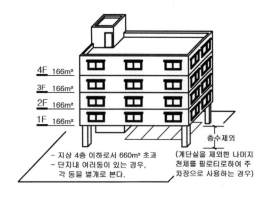

그림 3-4. 연립주택의 건축기준

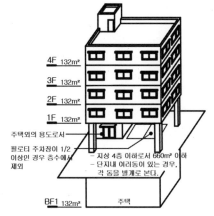

그림 3-5. 다세대주택의 건축기준

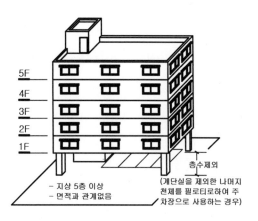

그림 3-6. 아파트의 건축기준

1.4 공동주택의 장단점

(1) 공동주택의 장점

① 단독주택에 비해 1호당 대지의 점유면적을 절감(토지이용 극대화)할 수 있다.
② 설비시설(전기, 공기조화, 급배수, 정화조 등)을 집중화 및 간략화가 가능하여 건축비와 유지관리비를 절감시킬 수 있다.
③ 공공용지(소공원, 놀이터, 녹지공간, 광장 등)의 조성이 유리하다.
④ 대규모 단지 조성 시 교육시설(유치원, 초·중·고등학교), 근린생활시설, 공공시설(주민센터, 회관, 도로, 공원) 등 도시계획과 연계가 가능하다.

(2) 공동주택의 단점

① 각 주호가 옥외와 직접 면하기 어렵다.
② 각 주호의 프라이버시가 침해될 수 있다.
③ 획일적 형태일 경우 세대별 독자성이 결여된다.
④ 고층화, 설비의 고도화, 지하주차장, 공공용지 등에 따라 건축비가 상승될 수 있다.
⑤ 설비의 개별적 조절이 어려울 수 있다.
⑥ 화재 시 피난의 문제가 발생할 수 있다.

2 │ 공동주택의 건축계획적 분류

공동주택은 단위세대(Unit)를 집합(Block)한 것으로 계단, 복도 등을 통한 접근방식과 단위세대의 조합방식에 따라 Block Plan의 형식을 분류할 수 있다.

2.1 Block Plan의 형식에 의한 분류

(1) 접근 형식에 의한 분류

① 계단실형 : 세대를 그룹(2~3호)으로 묶고 계단실에서 직접 각 세대로 접근하는 유형
  • 세대의 프라이버시가 양호하다.
  • 채광, 통풍이 양호하다.
  • 저층, 중층에 많이 사용한다.
  • 계단실에 엘리베이터를 설치할 수 있으며, 이 경우 건축비가 상승한다.

② 편복도형 : 한쪽에 복도를 두고 여기에서 각 세대로 접근하는 유형
- 각 세대의 방위가 균질하여 주거 환경을 균질하게 할 수 있다.
- 복도가 길어질 수 있다.
- 각 세대가 복도에 면한 관계로 프라이버시가 침해 될 수 있다.
- 복도에 면한 부분의 개구부 계획 시 통풍, 일조권 및 프라이버시를 확보할 수 있는 계획이 필요하다.
- 고층의 경우 1대의 엘리베이터에 대한 이용 가능한 세대수가 많아 설비비를 절감할 수 있다.

③ 중복도형 : 복도를 중심으로 양측에 각 세대가 배치 되어 접근하는 유형, 속복도형이라고도 한다.
- 단위세대수를 많이 두어 대지의 이용률과 밀도를 높일 수 있다.
- 복도를 중심으로 세대 위치에 따라 환경이 균질하지 않다. 북측에 면한 세대는 채광이 불리하다.
- 복도의 통풍, 채광, 프라이버시 등이 불량하다.
- 각 세대가 중앙 복도에서 접근해야 하므로 복도의 면적이 증가한다.

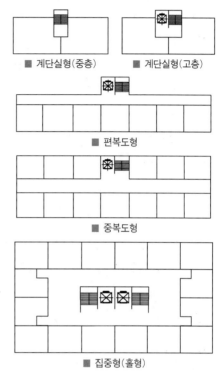

■ 계단실형(중층)　　■ 계단실형(고층)

■ 편복도형

■ 중복도형

■ 집중형(홀형)

그림 3-7. 접근 형식에 의한 평면유형 분류

④ 집중형(홀형) : 계단실, 엘리베이터를 중앙 홀에 배치하고 그 주변으로 각 세대를 집중 배치하고 중앙 홀에서 각 세대로 접근하는 유형
- 중복도형과 같이 대지의 이용률을 높일 수 있다.
- 중앙에 계단, 엘리베이터 등을 집중하는 형식으로 평면적, 구조적 Core 계획에 유리하다.
- 단위세대를 많이 둘 경우 홀의 면적이 증가하고 이중 복도를 두어야 하며 통풍, 재광, 프라이버시의 확보가 불리하다.
- 복도, 홀의 채광, 통풍, 환기를 위한 설비가 필요하다.
- 각 세대의 채광, 통풍 등은 위치에 따라 달라진다.

(2) 단위세대 조합 형태에 의한 분류

① 판상형(板狀型)

단위세대(Unit)의 평면이 "ㅡ" 형태의 형식으로 1동의 주호가 동일한 방향을 향해 배치된 형식이다.

- "ㅡ" 형태를 조합한 "ㄱ"자형, "ㄷ"자형 등이 있다.
- 각 세대가 동일한 환경조건을 가질 수 있다.
- 인동 간격을 고려한 배치계획이 유리하다.
- 각 세대의 일조, 통풍에 유리하다.
- 한 방향 배치에 따른 조망의 선택권이 무시된다.
- 탑상형에 비해 서비스 면적이 크다.
- 단지 내 배치가 단조롭고, 통풍이 불리하며, 녹지공원의 확보가 어렵다.
- 용적률을 모두 사용하기 어렵다.

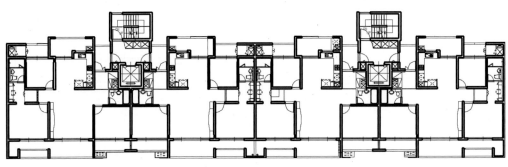

그림 3-8. 판상형 Block Plan 예

② 탑상(타워)형(塔狀型) :

탑상형 아파트란, 주거동을 수평 투영하였을 때 평면상 최단길이의 비례가 1/1.5 이하인 아파트를 말한다. 일반적으로 계단실, 엘리베이터를 중심으로 단위세대가 배치된다.

- "Y"자형, "╋"자형, "O"형 등이 있다.
- 비교적 좁은 대지와 부정형의 대지에서도 배치가 가능하다.
- 공동주택 입면의 획일성을 탈피하여 4면의 입면 디자인을 달리할 수 있다.
- 각 세대의 조망, 경관계획을 달리할 수 있다.
- 판상형에 비해 건폐율이 낮아 다양한 배치가 가능하여 단지 내 조경과 동선을 자유롭게 할 수 있다.
- 외기에 접하는 부분이 많고 서비스 면적을 판상형에 비해 증가시킬 수 있다.
- 단지 내 통풍이 판상형보다 유리하다.
- 단지 및 도심의 랜드마크(Land Mark) 역할을 할 수 있다.

- 용적률 사용이 판상형보다 유리하다.
- 고층으로 할 경우 판상형에 비해 공사비가 증가할 수 있다.
- 전면 발코니와 후면 발코니의 대칭과 부엌의 환기 창이 외기에 직접 면하는 계획에 어려움이 있는 등 환기가 불리하다.
- 계단, 엘리베이터 홀의 창문 계획 및 환기에 어려움이 있다.
- 자유로운 배치로 인하여 단지 내 동선이 복잡해질 우려가 있다.
- 각 세대의 환경조건을 동일하게 계획하기 어렵다.

③ 복합형 : 판상형을 변형(분절)하거나 판상형과 탑상형이 복합된 형식이다.
- 판상형의 단부에 탑상형을 배치하는 형식으로 "─<"형이 대표적이다.

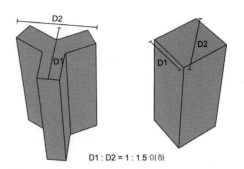

D1 : D2 = 1 : 1.5 이하

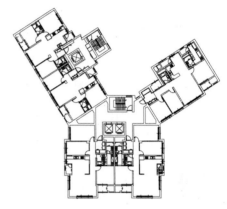

그림 3-9. 탑상형 Block Plan 예

구분	판상형	탑상형
장점	• 각 세대가 동일 환경 가능 (전 가구 남향 배치 가능, 일조 유리) • 남북으로 창을 계획하여 통풍에 유리 • 일반적으로 타워형에 비해 건축비 저렴 • 외기에 접하는 부분이 많음 • 탑상형에 비해 서비스면적이 크다	• 좁은 대지와 부정형의 대지에서도 배치 가능 • 독특한 평면계획 가능 • 입면의 획일성 탈피, 미관성 우수 • 방위와 관계없이 다양한 배치 가능 • 단지 내 조경과 동선이 자유롭다. • 용적률 사용이 판상형보다 유리
단점	• 단조로운 건물 외관 • 한 방향 배치에 따른 조망권 선택이 어렵다. • 일조권 확보를 위해 동간 이격 거리 확보 필요 • 외기에 면하는 부분이 많아서 단지 내 소음에 불리 • 용적률을 모두 사용하기 어렵다.	• 전 주호를 남향으로 배치하기 어렵다. • 각 세대의 환경조건을 동일하게 계획하기 어렵다. • 전후면 발코니 설치가 어려워 환기계획에 불리 • 고층으로 할 경우 판상형에 비해 공사비 증가 • 단지 내 동선이 자유로운 반면 복잡해질 우려가 있다.

표 3-3. 단위세대 조합 형태에 따른 장단점

2.2 접지 형식에 의한 분류

집합주택의 각 세대가 대지에서의 접근 형식, 전용 뜰의 유무에 따라 접지형, 준접지형, 비접지형
으로 구분할 수 있다.

① 접 지 형 : 각 호가 대지에 직접 접해 있어 직접 접근이 가능하고, 각 호가 전용의 뜰을 가질 수
있다. 단독주택과 횡적 연속주택에서 볼 수 있다.
② 준접지형 : 1층의 세대는 접지형을 취하고 2층 이상의 세대는 비접지형인 대신에 아래층의 지붕
을 테라스로 두는 형식이다. 일반적으로 2~4층의 중규모 집합주택에서 볼 수 있다.
접근방식은 직접 접근과 계단 접근을 취한다.
③ 비접지형 : 1층을 제외한 대부분의 세대가 지면에 접하지 않는다. 지면의 뜰은 공용 뜰로 사용된
다. 4층 이상의 중·고층 규모에서 나타나는 유형이다. 접근방식은 계단 접근과 엘리
베이터 접근의 방식을 취한다.

	접 지 형	준 접 지 형	비 접 지 형
특 징	○ 각호가 대지에 접해있다. ○ 각호가 전용뜰을 가지고 있다.	○ 접지형과 비접지형으로 구성 된다 ○ 비접지 주호는 뜰 대신에 테라스를 둔다.	○ 대부분의 주호는 지면에 접하지 않는다. ○ 지상은 대개 공동 뜰로 사용 된다.
건축물의 규모	저층(대개1~2층)	저 · 중층(2~4층)	중·고층(대개3~5층 이상)
주호의 집합방식	독립주택 횡적 연속주택	종적, 횡적 연속주택	종적, 횡적 연속주택
접근방식 (Access)	직접 접근 (지상에서 직접 각호의 입구로 접근한다.)	직접 접근 계단 접근 (계단을 전용으로하여 접지형과 유사하게 구성할 수 있으며, 입면 구성을 다양하게 할 수 있 다.)	계단접근 (저·중층은 공용복도, 계단을 지나 각호에 접근한다.) 엘리베이터 접근 (중·고층은 엘리베이터, 공용통로을 지나 각호에 이른다.)
설계형태	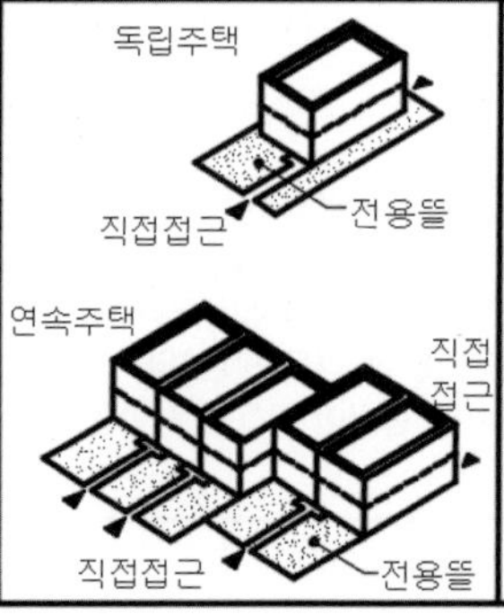	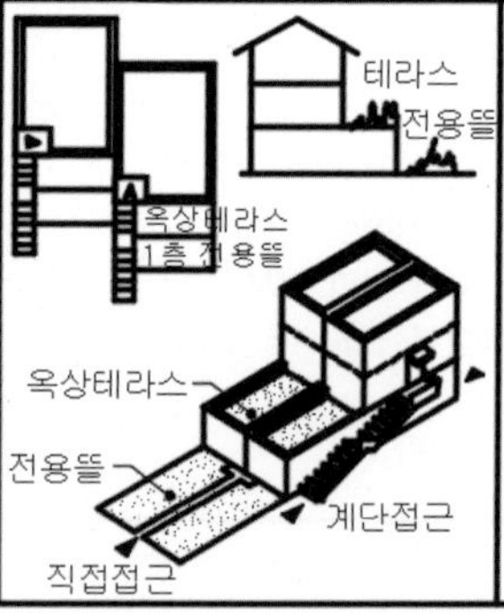	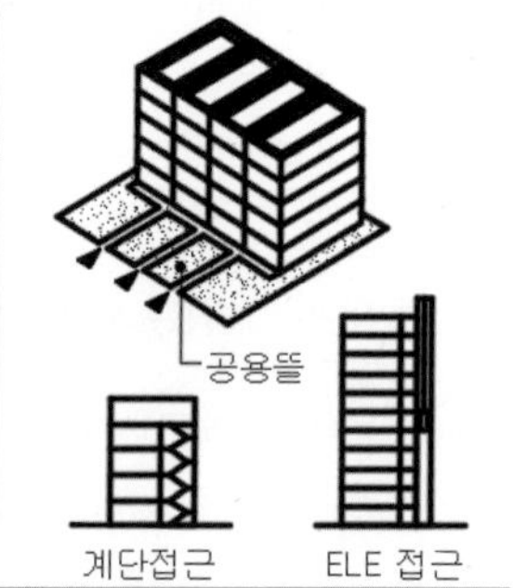

그림 3-10. 접지 형식에 의한 분류

2.3 단면 형식에 의한 분류

세대별 층수와 복도 및 엘리베이터의 위치 등의 단면 형식에 따라 분류할 수 있다.

① 플랫형(flat type, 단층형) : 1세대가 1층만으로 구성되는 유형이다.
- 복도, 엘리베이터를 각 층에 둔다.
- 평면구성의 제약이 적어 소규모 평면계획도 가능하다.
- 단위세대의 규모가 클 경우 복도가 길어져 공용면적이 증가된다.
- 공용면적이 증가할 경우 각 세대의 전용면적이 감소된다.
- 각 세대가 인접하여 프라이버시를 침해받을 수 있다.

② 스킵플로어형(skip floor type) : 복도를 각 층마다 두지 않고 2층 또는 3층마다 설치하여 평면 및 단면계획에 변화를 줄 수 있는 유형
- 두 면이 외부에 접할 수 있는 계단실형과 엘리베이터의 이용률이 높은 편복도형의 장점을 조합한 형태이다.
- 엘리베이터는 복도 층에만 정지하고 복도와 계단을 통해 각 세대로 접근한다. (엘리베이터 운영의 효율성이 좋다)
- 복도 및 공용면적이 적어 전용면적이 증가한다.
- 복도나 엘리베이터가 없는 층은 평면 형태의 변화가 가능하며 프라이버시가 좋다.
- 층별 세대의 평면계획을 달리할 수 있으며, 다양한 입면 및 단면계획이 가능하다.
- 엘리베이터에서 복도와 계단을 거쳐 각 세대로 접근하는 관계로 동선이 길어지는 단점이 있다.
- 복도와 엘리베이터 정지 층이 각 층마다 있지 않음으로 동선이 복잡하고 피난에 불리하다.

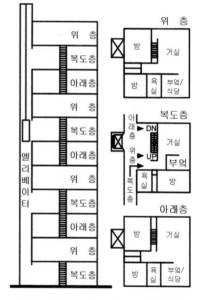

그림 3-11. Skip floor Type의 공간개념도

③ 메조네트형(Maisonet type) : 복층형(duplex type)이라고도 하며, 하나의 세대가 2층으로 구성된 유형이다.
- 단위세대 규모가 큰 평면에 적합한 주거 형태로서 복도와 엘리베이터는 2~3층마다 설치된다.
- 복도면적이 감소하고 전용면적이 증가한다.
- 복도가 없는 층은 남북 면이 외부에 면할 수 있는 평면계획이 가능하고 통풍, 채광, 프라이버시 확보가 좋다.

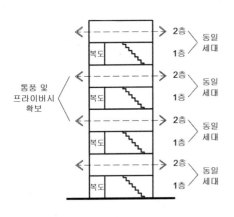

그림 3-12. Masonet Type의 공간개념도

- 각 세대가 2층으로 구성되어 있어 설비와 구조계획에 어려움이 있다.
- 중(中)복도형일 경우 소음처리가 불리하다.
- 소규모 주택에서는 비경제적이다.
- 복도가 없는 층은 피난에 어려움이 있다.

④ 트리플렉스형(triplex type) : 하나의 세대가 3층에 걸쳐 구성된 형식이다.
- 통로 면적의 감소가 메조네트형보다 유리하고 프라이버시 확보율이 좋다.
- 각 세대의 단위면적이 큰 경우에 유리하고 소규모인 경우 계단 및 동선의 면적이 증가되고 피난계획에 어려움이 있다.

2.4 배치 형식에 의한 분류

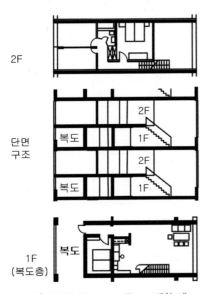

그림 3-13. Masonet Type 계획 예

① 평형 배치
- 판상형의 주거동을 평행 배치하는 형식
- 각 세대에 균등한 환경조건을 줄 수 있다.
- 인동 간격이 좁을 경우 조망, 프라이버시, 일조 등의 확보에 어려움이 있다.
- 배치가 단조롭고 획일적이다.

② 직각 배치
- 주거동을 상호 직각으로 배치하는 형식
- 대지의 개방과 폐쇄를 통한 외부공간의 변화를 줄 수 있다.
- 대지의 활용도를 높일 수 있다.
- 주거동별 배치 형식에 따라 환경조건이 균등하지 않다.

③ 사행 배치

- 주거동을 사행으로 배치하는 형식
- 비정형 대지의 배치계획에 유리
- 주거동별 배치 형식에 따라 환경조건이 균등하지 않다.
- 인동 간격, 단지 내 동선계획에 유의해야 한다.

④ 복합 배치

- 평행, 직각, 사행 배치 등을 복합적으로 계획하는 형식
- 주거동의 크기와 배치에 다양성과 변화를 줄 수 있다.
- 동별 인동 간격, 향(向)에 따른 채광, 조망 등의 계획에 유의한다.
- 단지 내 동선이 복잡해질 수 있다.

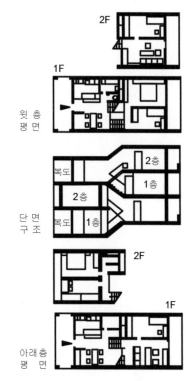

그림 3-14. Skip Maisonet Type 계획 예

배치형식	기 본 형	변 형
평형배치	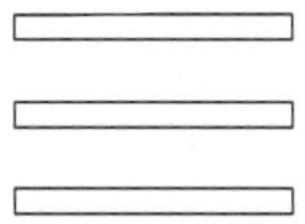	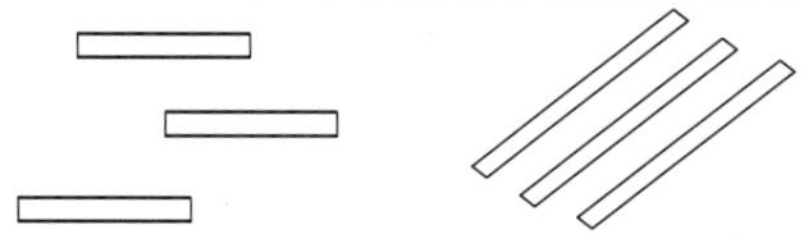
직각배치	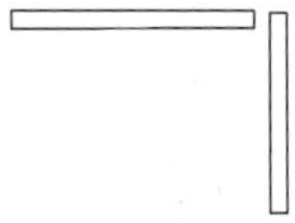	
사행배치	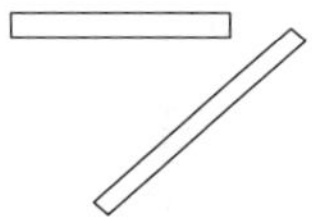	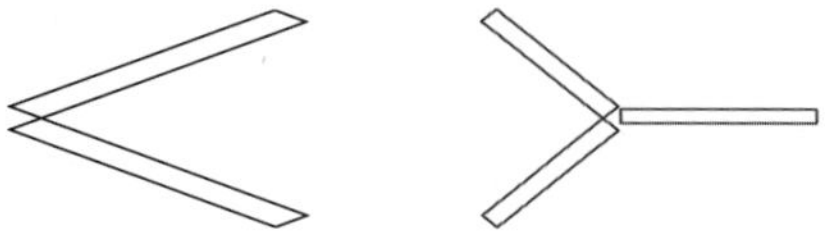
복합배치	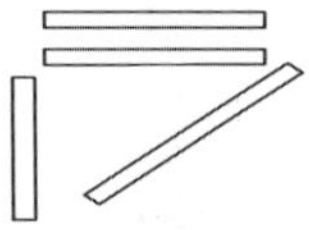	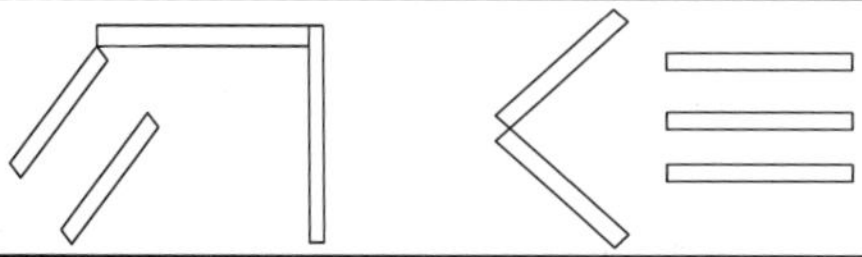

그림 3-15. 주동 배치 형식에 의한 유형

3 공동주택의 유형별 특징

3.1 아파트

아파트먼트 하우스(apartment house)의 준말, 하나 이상의 방으로 이루어진 주호 여러 채를 수평으로 연결하고 상하층으로 겹쳐 놓은 형태로서 5층 이상의 한 건물 안에 여러 세대가 모여 독립된 주거생활을 영위하면서 건물의 입구, 계단, 복도, 엘리베이터 등을 공용하는 주거 형태를 일컫는다. 각 세대를 아파트먼트라 하고, 영국에서는 플랫(flat)이라고 한다.

(1) 아파트의 특징

- 대지 이용의 효율성을 높이고 건축 공사비를 절약할 수 있다.
- 도시 주택의 수요를 충족하면서 평면적 확장을 방지할 수 있다.
- 단독주택에 비해 건축비가 저렴하고 관리비용도 저렴하다.
- 큰 규모의 단지로 건축할 경우 외부환경을 좋게 할 수 있으며, 편익시설, 근린생활시설, 공공시설 등을 연계하여 개발할 수 있다.
- 충분한 외부 공간 및 주차 공간의 확보가 필요하고, 2동 이상 건축 시 배치 형식, 인동 간격, 일조권, 조망 등을 좋게 하고 소음이 적도록 한다.
- 공동생활에 의한 프라이버시 확보가 어려울 수 있다.
- 세대별 생활양식, 습관 등을 반영한 건축계획이 어렵다
- 화재 시 피난이 어려울 수 있다.

(2) 공동주택의 공간 구분과 구성

공동주택은 주거전용공간, 주거공용공간, 서비스공간, 기타 공용공간으로 구성된다.

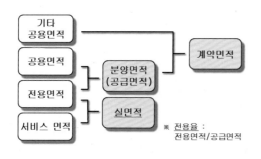

그림 3-16. 공동주택의 면적 구분

① 주거전용공간

공동주택의 바닥면적 중 실제 주거에 사용되는 공간으로, 외벽의 내부선을 기준으로 세대별 방, 거실, 주방, 화장실 등 각 세대의 전용생활공간을 말한다. 다만, 발코니는 전용면적 계산에서 제외된다. 건축물의 바닥면적에서 주거공용공간과 기타공용공간을 제외한 공간을 말한다.

■ 입면

■ 필로티

■ 옥상 수영장

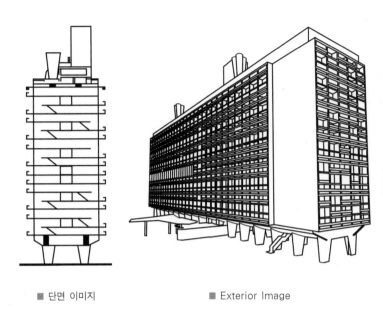

■ 단면 이미지　　　　　■ Exterior Image

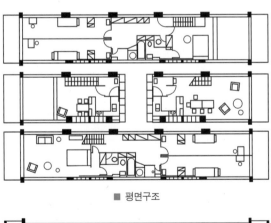

■ 평면구조

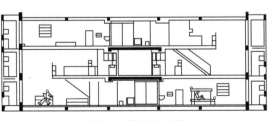

■ 기준형 단위주거의 단면구조

- 건축명 : 유니테 다비타시옹(Unite d'Habitation)
- 설계 : 르 코르뷔지에
  (Le Corbusir, 1887.10.6.~1965.8.27.)
- 위치 : 프랑스 마르세이유
- 준공기간 : 1947~1952년
- 구조 : 철근콘트리트 구조(공장제작 현장조립)
- 규모
  - 17층(길이 137, 너비 20m, 높이 56m)
  - 세대수 : 337세대
- 특징
  - 독신자부터 8명의 가족이 거주할 수 있는
    23개의 다양한 평면으로 구성
  - 1층 필로티, 옥상정원 및 수영장 계획
  - 한 세대가 2개 층에 거주하는 메조네트 형식
  - 식료품 상점, 호텔, 사우나, 약국, 임대상가 등
    주상복합시설로 계획
  - 고층 집합주택으로서 현대적 아파트의 효시
  - 발코니 측벽에 다양한 색상을 미학적으로 계획
  - 모듈러 이론을 적용한 설계

그림 3-17. Maisonet Type 설계사례(Unite d'Habitation, Le Corbusir, 마르세이유, 프랑스)

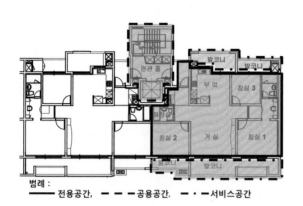

범례 :
———— 전용공간, — — — 공용공간, — · — 서비스공간

그림 3-18. 공동주택의 공간 구분과 구성

② 주거공용공간

다른 세대(2세대 이상)와 공동으로 사용하는 공간으로서 아파트의 지상층에 있는 1층 현관, 복도, 계단실, 엘리베이터 실 등의 공용 부분을 말하며, 공용 부분의 면적을 세대별로 배분한 면적인 주거공용면적이다.

③ 서비스공간

아파트 사업자가 제공하는 공간으로서 외부와 접하는 앞뒤 발코니 공간을 말한다.

전용면적, 공용면적, 분양면적, 계약면적, 용적률 등에 포함되지 않아 서비스면적이라고도 한다.

④ 기타 공용공간

지하층, 지하주차장, 전기실, 기계실, 관리사무소, 경비실, 노인정 등 주거와 관계없이 단지 내에서 사용되는 공간을 말한다.

등기면적, 분양면적, 계약면적

■ 등기면적 : 공용면적을 제외한 세대별 주거전용면적
■ 분양면적(공급면적) : 주거전용면적과 주거공용면적을 합한 면적
■ 계약면적 : 분양면적 + 기타공용면적
■ 전용율 : 전용면적 / 공급면적

구 분	시설기준	비 고
전용공간	세대별 방, 거실, 주방, 화장실 등 각 세대의 전용 생활공간	등기부등본상의 면적
주거 공용공간	1층 현관, 복도, 계단실, 엘리베이터 실 등	다른 세대와 공동으로 사용
서비스공간	발코니, 베란다 등	전용면적, 분양면적, 계약면적, 용적률 등에 포함되지 않음
기타 공용공간	지하층, 지하주차장, 전기실, 기계실, 관리사무소, 경로당, 주민운동시설(실내) 등	주민편의시설

표 3-4. 공동주택의 공간 구분

3.2 연립주택(Row house)

　2호 이상의 주택이 연속으로 집합된 4층 이하, 연면적 660㎡를 초과하는 공동주택으로서 주택의 한 면 이상이 이웃과 접하면서 세대마다 전용의 출입구와 뜰을 가진다.
단독주택과 아파트의 장단점을 절충한 집합주택의 한 유형이라 할 수 있다.

(1) 연립주택의 장단점
① 장점
- 토지의 이용률이 높으며 세대마다 전용의 뜰을 가질 수 있다.
- 단독주택보다 밀도가 높다.
- 아파트에 비해 단지의 규모가 작아 경사지와 소규모 대지의 이용이 가능하다.
- 여러 세대가 건축됨에 따라 재료를 절감하고 공기를 단축할 수 있다.
- 상하수도, 전기, 정화조 등 공동시설을 집약할 수 있고, 관리비를 절약할 수 있다.

② 단점
- 주택의 한 면 이상이 이웃한 주택과 공유됨에 따라 일조, 통풍, 프라이버시를 확보하는데 제약을 받을 수 있다.

(2) 연립주택의 유형
① 2호 연립하우스(Semi-Detached House)
　2개의 주택을 연립시켜 대칭으로 설계하여 하나의 단독 주택으로 보이기도 한다. 단독주택에 비해 대지의 효율적 이용(대지면적 절약)이 가능하며, 일조가 양호하고 다른 유형에 비하여 비교적 자유로운 설계가 가능하다. 비례와 통일감이 필요하다.

② 로우하우스(Row house, 병렬주택)
　2층의 주택이 벽을 공유하면서 옆으로 연립된 형태이다.
- 공동의 주차장이 단지 내부에 있으며 보행로를 통하여 각 세대로 연결된다.
- 단독주택보다 높은 밀도가 가능하여 토지의 효율적 이용과 공사비 및 유지관리비를 절약할 수 있다.
- 단지 규모에 따라 공동시설을 적절히 배치할 수 있다.

③ 타운하우스(Town house)
　주로 2~4층 규모의 전 층을 사용하는 다수의 단독주택을 연속으로 붙여 지은(벽 또는 담을 공유) 형태로 단독주택과 아파트의 장점을 결합한 주택양식이다. 정원(common space)을 공유하기도 한다.
- 한 가구가 수직 공간 모두를 독점함으로써 가구별 독립성이 아파트에 비해 우수하다(층간소음,

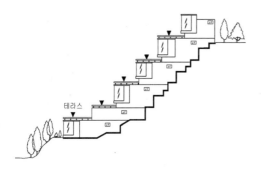

그림 3-19. 테라스하우스 입면 형태

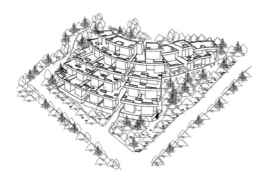

그림 3-20. 테라스하우스 계획 예(경사지 이용)

■ 산운마을 월든힐스_(성남 분당구)

■ 망미 주공아파트_(부산 연제구)

그림 3-21. 테라스하우스

화장실 배수 소음에 자유롭고, 가구별 주차가 용이하고, 클러스터로 계획할 경우 하우스 입구에 공동주차도 가능하다.)

- 일반적으로 1층은 거실, 부엌, 식당 등 공용공간과 생활공간, 2층은 침실, 서재 등 개인공간과 휴식공간, 3층은 특화된 공간을 계획한다.
- 다락방, 테라스, 텃밭, 개인 정원 등 단독주택의 장점을 살린 계획이 가능하다.
- 도심의 가까운 곳에 계획하는 시티형(city type)과 도시 외곽이나 관공지 등에 계획하는 레저형(leisure type)이 있다.
- 프라이버시, 방범, 방재 등의 효율성이 높다.
- 가구수의 규모가 적을 경우 관리비의 경제적 부담이 클 수 있다.

④ 테라스하우스(Terrace house)

각 단위주거가 수평으로 연결되어 있으나 각 주호에서 직접 정원으로 나올 수 있는 형식의 주택이다. 경사지를 이용하여 주택을 계단식으로 쌓아 올린 형식으로써 아래층 세대의 지붕이 위층 세대의 정원(terrace)으로 활용된다.

- 고층 주택계획에서 소유가 불가능한 정원 또는 마당을 각 주호가 독립적으로 가질 수 있으므로 집합주택의 형태를 가지면서 단독주택의 이점을 지니는 것이 장점이다.
- 각 세대마다 개별적인 옥외공간이 주어짐에 따라 조망, 일조권을 확보할 수 있다.
- 테라스에 화단을 꾸미고 나무를 심어 단독주택의 정원처럼 사용할 수 있다.
- 경사지를 이용할 경우 뒤쪽이 막혀 있어 환기에 어려움이 있으며 일조량도 적을 수 있다.
- 위층 테라스에서 아래층 테라스가 바로 보여 프라이버시 확보가 어려울 수 있다.

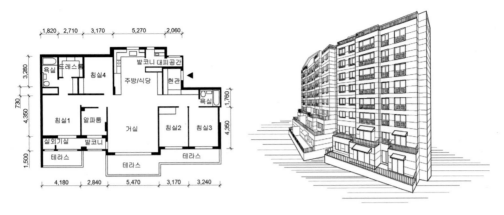

그림 3-22. 테라스형 아파트의 평면 및 입면계획 예

⑤ 중정형 하우스(Patio house, atrium house)

가로에 면하여 주호를 블록으로 만들고 내부에 중정 공간을 만드는 형식이다. 중정을 중심으로 주택의 주요 공간을 배치한다. 중정을 통하여 가족 구성원 간 커뮤니티를 형성할 수 있다.

- "ㄷ"자형, "ㅁ"자형 등이 있다.
- 토지의 효율적 이용이 좋으나 주거밀도가 높다.
- 도로에 면해 중정을 두고 중정에서 각 주호의 입구로 접근하도록 한다.
- 중정 공간에 대한 공적, 사적 개념이 명확하지 않을 수 있다.

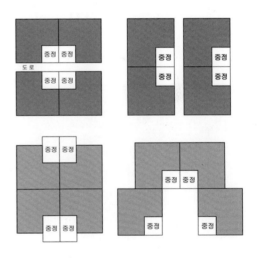

그림 3-23. 중정형 하우스의 배치계획

- 프라이버시 확보에 주의한다. (주호와 주호가 면한 부분, 보행자에 의한 가로에 면한 부분, 중정에 면한 부분의 프라이버시 침해 등 창호계획에 주의한다.)
- 획일적이고 단순한 형태가 될 수 있다. (돌출과 후퇴(set-back)의 다양한 평면, 입면을 계획하여 단조로운 형태를 피한다.)
- 방위에 따라 일조, 통풍 등의 환경이 균등하지 않을 수 있다.

3.3 다세대주택

한 건물 안에 다수의 세대가 독립된 거주를 할 수 있도록 주거공간이 분리되어진 4층 이하, 연면적 660㎡ 이하의 주택이다.

① 세대별 독립된 현관, 화장실, 부엌 등을 갖추고 있다.

② 1층 바닥면적의 1/2 이상을 필로티 구조로 하여 주차장으로 사용하고 나머지 부분을 주택 외의 용도로 사용할 경우 주택의 층수에서 제외된다.

③ 각 세대마다 구분 소유권을 가지며, 세대별 매매가 가능하다.

④ 주거밀도의 고밀화에 따른 세대 간 프라이버시(방음, 동선 등) 확보에 주의한다.

⑤ 세대 위치에 따른 주거환경이 균등하지 않을 수 있다.

4 공동주택의 배치계획

그림 3-24. 공동주택의 배치계획 예
(광명 철산 주공아파트_토문엔지니어링)

공동주택의 배치계획은 인간과 건물, 건물과 건물의 관련을 효과적으로 배려하는 계획이다. 공동주택은 고밀도 주거를 전제로 하기 때문에 개별 세대가 전유하는 부분이 적고 타인과의 공유와 접촉의 기회가 많은 특징을 가지고 있다. 따라서 외부공간의 배치 및 조화는 단지계획에 영향을 미치는 요소이자, 단지 내 커뮤니티 형성에도 영향을 주는 중요한 요소이다.

4.1 배치계획 시 고려사항

공동주택의 배치계획 시 고려해야 할 요소로는 대지의 조건, 주거동 배치, 보행자 및 차량 동선, 주차, 녹지, Open space, 편익시설 등을 들 수 있다.

(1) 일반적 고려사항

① 부지의 규모와 형상, 조망, 향, 기후, 부지 주변의 환경(주택지, 도로, 하천 등) 등의 자연적 조건을 고려한다.

② 부지의 경사, 소음, 채광, 방범, 방화 등 제약조건

고려한다.

③ 인접한 공공시설, 근린생활시설, 도로 및 교통체계와의 관계를 고려한다.

④ 주변의 문화 및 역사적 요인과의 관계를 고려한다.

⑤ 도시 및 도로 발전계획과의 관계를 고려한다.

⑥ 쾌적한 단지조성에 필요한 외부공간을 확보하고 단지 내의 경관을 고려한다.

⑦ 방위와 일조, 인동 간격을 고려한다.

⑧ 단지 내 적정한 주거밀도를 고려한 층수 및 평면형을 고려한다.

⑨ 외부 공간은 Community 장소인 동시에 Privacy를 확보할 수 있도록 한다.

⑩ 단지 내의 각 동과 세대로의 접근성이 단순하고 편리하도록 계획한다.

⑪ 차량 동선과 보행자 동선을 분리하고 교차로의 안전을 고려한다.

⑫ 거주자 및 방문객의 주차 편의성을 제공할 수 있도록 한다.

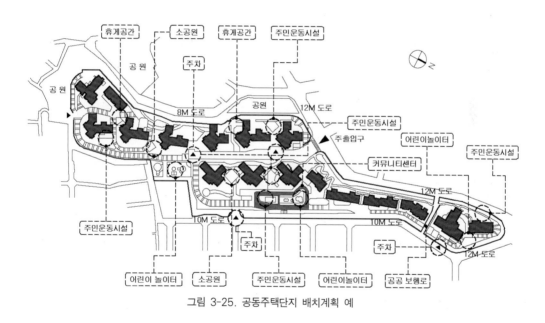

그림 3-25. 공동주택단지 배치계획 예

(2) 대지의 조건 파악

공동주택의 배치계획을 위한 대지의 조건으로는 환경적 조건, 지역적 조건, 자연적 조건 등이 있다.

① 도시 환경적 조건

- 해당 지역 및 도시의 공공·편익(의) 시설의 현황
- 교통 및 간선도로 체계
- 주변 토지의 이용 현황 및 시설물
- 단지 내 주거생활에 영향을 미칠 수 있는 주변환경 요소

② 지역적 조건
  • 간선도로의 연결 및 도로의 접근성, 도로구배
  • 상·하수시설, 가스, 전기, 통신 등 공익시설의 현황
  • 소음과 진동
  • 지역의 문화적 요인
③ 자연적 조건
  • 대지의 지형, 지세, 방위, 수목(樹木), 조망, 통풍, 소음, 지하수 등 자연환경 요소
  • 온도, 습도 등 미기후(微氣候), 일조와 기후

(3) 외부 공간감을 위한 고려사항

① 위요성(圍繞性) : 높은 건축물이 전면 또는 둘러싸고 있을 때의 심리적 공간감, 공간 및 시각적
    연속성 등을 고려한다.
② 개방감 : 배치의 형태, 건물 사이의 공지 등에 따른 심리적 개방감 등을 고려한다.
③ 독창성 : 거주자들의 가치, 주생활방식, 취향, 요구 등을 반영하여 계획한다. 수목, 물공간, 잔디 등
    의 자연적 요소와 벤치, 담장, 조명, 계단, 휴게시설 등 인공적 요소 등의 계획을 고려한다.
④ Community : 거주자의 이웃 간 동질감과 공동체(Community) 형성을 위한 교류의 공간을 고려한다.
⑤ 심미적 만족감 : 아름다운 외부 공간 배치를 통한 주거환경의 만족감을 주도록 한다.

(4) 도로의 체계

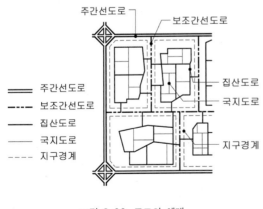

주간선도로
보조간선도로
집산도로
국지도로
지구경계

주간선도로
보조간선도로
집산도로
국지도로
지구경계

그림 3-26. 도로의 체계

공동주택 단지로의 진입은 대지의 조건 및 도로 조건에 따라 달라진다. 도로의 체계는 광로(주간선도로), 대로(보조간선도로), 중로(집산도로), 소로(국지도로) 등으로 구분할 수 있다.

① 주간선도로(광로, Major Arterial)
   도로 폭 40m 이상 50m 미만인 도로, 도시계획에 의해 사전에 결정된다. 시·군내 주요 지역을 연결하거나 시·군 간을 연결하여 대량 통과교통을 처리하는 도로
② 보조간선도로(대로, Minor Arterial)
   도로 폭 25m 이상 40m 미만인 도로, 주간선

도로를 집산도로(集散道路)로 연결하여 교통이 집산 기능을 하는 도로로서 근린주거구역의 외곽을 형성하는 도로이다.

구분	주간선도로	보조간선도로	집산도로	국지도로
도로 분류	광로, 대로	대로, 중로	중로	소로
도로의 폭	40m 이상	25~40m	12~25m	12m 이하

표 3-5. 도로의 체계

③ 집산도로(중로, Collector Road)

도로 폭 12m 이상 25m 미만인 도로, 근린주거구역의 내부를 구획하는 주구 내의 간선도로로서 주거지나 각 지구 내 주요 시설물로의 접근 기능을 수행하고 근린주거구역의 교통을 보조간선도로에 연결한다. 집산 도로 또는 지선도로라고도 한다. 단지 내의 경우 2개의 간선도로를 곡선으로 계획하여 차량의 속도를 감속시켜 차량 및 보행자의 안전과 편의를 도모한다.

④ 국지도로(소로, Local Road)

도로 폭 4m 이상 12m 미만인 도로, 국지도로 또는 접근도로라고도 하며, 주로 집산도로와 연결되어 각 건축물 또는 장소로 직접 연결시키는 기능을 수행한다. 도로로 둘러싸인 일단의 지역을 구획하는 도로이다. 이면도로라고도 한다.

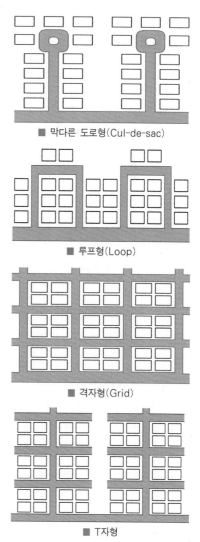

■ 막다른 도로형(Cul-de-sac)

■ 루프형(Loop)

■ 격자형(Grid)

■ T자형

그림 3-27. 접근도로의 유형

(5) 단지 내 접근도로의 유형

단지 내 접근도로(Access road)란 배치계획상 출입도로나 보행자도로 등의 기본적 요소로서 일반도로에서 대지나 단지 내로 들어가 각 세대 및 주호에 접근할 수 있도록 하는 기능을 수행한다. 접근도로의 체계는 막다른 도로형, 루프형, 격자형, T자형 등으로 구분할 수 있다.

① 막다른 도로형(Cul-de-sac)

통과도로가 없는 막다른 도로의 유형으로써 통과교통이 차단되어 보행자의 안전성은 좋으나 개별획지로의 접근성과 이용성이 낮고 우회로가 없어 방재상 불리하다.

② 루프형(Loop)

고리형 이라고도 한다. 막다른 도로형의 단점이 개선된

유형으로서 우회도로를 두어 단지 내 통과교통의 진입을 방지하여 안전성이 좋다. 도로의 길이가 길어져 도로율이 높아지며, 사람과 차량의 동선이 교차되는 단점이 있다.

③ 격자형(Grid)

통과교통으로 인하여 안전성이 좋지 않은 단점이 있다.

④ T자형

격자형을 개선한 형태로서 통과교통을 줄이고 차량의 속도를 낮추어 안전성을 확보할 수 있으나 국지도로의 빈번한 교차가 발생하여 접근로의 형태가 복잡해지며 방향성이 불분명한 단점이 있다.

4.2 동선 및 주차계획

단지 내 동선은 보행 및 차량의 이동에 따라 발생하며, 이동의 교통량에 따라 이동수단과 도로 형태가 달라진다. 따라서 대상 단지와 지역과의 연계성, 단지 내 연계성 등을 고려하고 자동차, 자전거, 보행자의 동선을 상호 연결 또는 분리하는 등 체계적으로 계획하여 동선의 효율성과 이용자의 만족도를 높이도록 계획한다.

(1) 보행자 동선

보행자 동선을 차량 동선보다 우선하여 계획한다. 목적 동선과 여가 동선을 구분하고, 동선의 연계 대상에 따라 이동성, 안전성, 접근성, 쾌적성, 상징성 등 나타나게 한다. 또한, 커뮤니티 형성을 위한 매개체 역할을 할 수 있도록 계획한다.

① 목적 동선(학교, 놀이터, 유치원 등과의 연계, 단지 내 근린생활시설로의 연계, 대중교통과의 연계 등)은 효율성을 우선하여 최단거리로 계획하며 오르내림이 없도록 계획한다.

② 여가 동선(휴식공간, 단지 내 공원 및 산책로, 녹지공간 등의 연계)은 쾌적한 동선이 되도록 한다.

③ 물리적 거리와 함께 심리적 거리를 고려하여 계획한다.

④ 동선 연계의 대상에 따른 특성을 고려하여 계획한다.

- 대중교통과의 연계 동선 : 이동성, 신속성
- 학교, 유치원 등과의 연계 동선 : 안정성
- 단지 내 근린생활시설, 생활가로 등과의 연계 동선 : 접근성, 유인성
- 공원, 녹지공간, 휴식공간 등과의 연계 동선 : 쾌적성, 장소성
- 단지 내 생활가로 연계 동선 : 상징성, 문화성

⑤ 동선의 폭은 충분한 너비를 확보한다.

⑥ 대지 주변부의 보행자 동선과 연결한다.

⑦ 단지 내 근린생활시설, 놀이터, 공원 등의 Community 시설은 보행자 동선에 인접하여 설치한다.

⑧ 주거 동의 필로티(piloti), street furniture, 도로의 텍스처(texture), 식재, 무장애 계획 등 섬세한 배려를 통한 보행자 동선을 쾌적하고 안전하게 계획한다.

(2) 차량 동선

차량 동선은 가능한 직선거리와 짧은 거리가 되도록 하고 입구 공간과 주차공간과의 유기적 관계 등을 고려하여 계획한다.

① 동선이 짧고 알기 쉬우며 효과적인 차량 동선이 되도록 계획한다.

② 도로의 폭을 9m(버스), 6m(소로), 4m(주거동 진입로) 등 도로 위계를 구분하여 계획한다.

③ 주자창계획과 합리적인 연결이 될 수 있도록 한다.

④ 서비스 차량과 긴급차량의 동선을 확보한다.

⑤ 차량 동선과 보행 동선을 분리한다.

⑥ 쓰레기 수집방식은 차량 동선과 연계하여 계획한다.

⑦ 차량의 소음 및 공해방지를 고려한다.

⑧ 횡단물매, 종단물매, 곡선반경, 건축선 등을 고려하여 계획한다.

(3) 주차계획

주차계획이란, 차량이 목표물로의 효율적 접근성이 중요하다. 주차 동선은 차량 진출입구의 위치, 도로의 위계, 통행 방향, 횡단보도, 대지의 경사도, 도로설비 등이 영향을 미친다. 보행 동선과 차량 동선의 최우선적인 조건은 이동의 안전성과 단순하고 명쾌한 동선계획에 있다.

가) 주차계획 시 고려사항

• 주차장의 위치를 알기 쉬운 곳에 계획한다.

• 보행자의 이동성을 방해하지 않도록 계획한다.

• 주차장에서 목적지까지의 거리가 멀지 않은 곳에 계획한다.

• 가능한 순환차로로 계획하되 막힌 차로로 계획 시 회차 공간을 계획한다.

• 장애인용 주차장의 경우 건물 입구에 설치하며 차로를 건너지 않도록 계획한다.

• 장애인용 외부 경사로 또는 엘리베이터에 가깝게 계획한다.

• 지상주차장과 지하주차장이 연속성을 갖도록 계획한다.

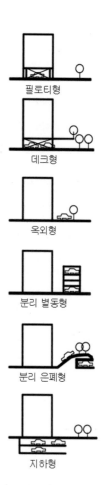

필로티형

데크형

옥외형

분리 별동형

분리 은폐형

지하형

그림 3-28. 주차장의 유형

나) 주차장의 구조 및 설비기준

① 출입구 가각전제

출구와 입구에서 자동차의 회전을 쉽게 하기 위하여 필요한 경우에는 차로와 도로가 접하는 부분을 곡선형으로 하여야 한다.

② 출구 부근의 구조

해당 출구로부터 2m를 후퇴한 노외주차장의 차로의 중심선상 1.4m의 높이에서 도로의 중심선에 직각으로 향한 왼쪽·오른쪽 각각 60도의 범위에서 해당 도로를 통행하는 자를 확인할 수 있도록 하여야 한다.

분류	종류	비 고
설치위치	노상주차장	도로 및 교통광장 위에 주차 구획된 주차장
	노외주차장	도로가 아닌 공터 등에 만들어진 주차장
	부설주차장	건축물 또는 시설에 부대하여 건축물 내 또는 그 부지에 설치된 주차장
이동방식	자주식주차장	운전자가 직접 차를 운전하여 주차
	기계식주차장	기계의 구동에 의하여 차를 주차

표 3-6. 주차장의 종류

구 분	너비(m)	길이(m)	비 고
경차형	1.7 이상	4.5 이상	청색 실선
일반 차량형	2.0 이상	6.0 이상	백색 실선
보도와 차도의 구분이 없는 주거지역의 도로	2.0 이상	5.0 이상	
이륜자동차 전용	1.0 이상	2.3 이상	

표 3-7. 평행 주차 형식의 주차 구획

구 분	너비(m)	길이(m)	비 고
경차형	2.0 이상	3.6 이상	청색 실선
일반 차량형	2.5 이상	5.0 이상	백색 실선
확장형	2.6 이상	5.2 이상	
장애인 전용	3.3 이상	5.0 이상	
이륜자동차 전용	1.0 이상	2.3 이상	

표 3-8. 평행 주차 형식 이외의 주차 구획

③ 차로의 구조 기준

- 주차구획선의 긴 변과 짧은 변 중 한 변 이상이 차로에 접하여야 한다.
- 차로의 너비는 주차 형식 및 출입구(지하식 또는 건축물식 주차장의 출입구를 포함한다.)

④ 출입구 폭

출입구 너비는 3.5m 이상으로 하여야 하며, 주차대수 규모가 50대 이상인 경우에는 출구와 입구를 분리하거나 너비 5.5m 이상의 출입구를 설치

⑤ 지하 또는 건축물 주차장의 차로 기준

- 높이 : 주차 바닥 면으로부터 2.3m 이상
- 곡선 부분은 자동차가 6m(같은 경사로를 이용하는 주차장의 총주차대수가 50대 이하인 경우에는 5m) 이상의 내변 반경으로 회전할 수 있도록 하여야 한다.
- 경사로의 차로 너비는 직선형인 경우에는 3.3m 이상(2차로의 경우에는 6m 이상)으로 하고, 곡선형인 경우에는 3.6m 이상(2차로의 경우에는 6.5m 이상)으로 한다.
- 경사로의 양쪽 벽면으로부터 30cm 이상의 지점에 높이 10cm 이상 15cm 미만의 연석(沿石)을 설치하여야 한다. 이 경우 연석 부분은 차로의 너비에 포함되는 것으로 본다.

- 경사로의 종단경사도는 직선 부분에서는 17%를 초과하여서는 아니 되며, 곡선 부분에서는 14%를 초과하여서는 아니 된다.
- 경사로의 노면은 거친 면으로 하여야 한다.
- 주차대수 규모가 50대 이상인 경우의 경사로는 너비 6m 이상인 2차로를 확보하거나 진입차로와 진출차로를 분리하여야 한다.
- 주차 부분 높이 : 주차바닥 면으로부터 2.1m 이상으로 한다.

주차형식	차로의 너비(m)	
	출입구 2개 이상	출입구 1개
평행주차	3.3	5.0
직각주차	6.0	6.0
60° 주차	4.5	5.5
45° 주차	3.5	5.0
교차주차	3.5	5.0

표 3-9. 주차 형식별 차로의 너비

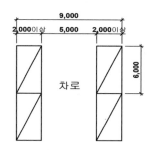

그림 3-29. 평행주차

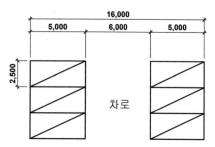

그림 3-30. 직각주차 최소 소요면적

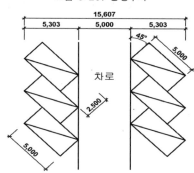

그림 3-31. 45° 주차 최소 소요면적

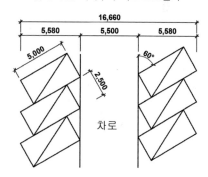

그림 3-32. 60°주차 최소 소요면적

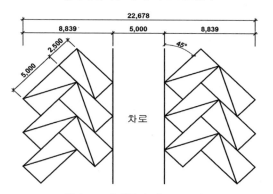

그림 3-33. 혼합주차 최소 소요면적

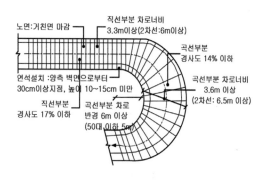

그림 3-34. 주차장의 차로계획 기준

4.3 주(거)동 배치계획

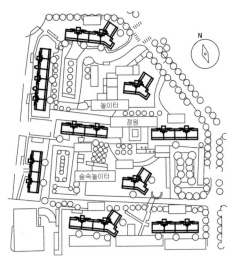

그림 3-35. 공동주택의 주동 배치계획 예

(1) 주(거)동 배치계획의 일반적 고려사항

공동주택의 주거동(住居棟)이란, 주거생활이 가능한 여러 세대를 수평·수직으로 결합하여 하나의 건축적 형태로 건립된 각각의 건축물을 말한다. 주거동은 공동주택 단지 내의 배치계획 및 공간 구성의 중요한 요소로서 그 형태와 배치에 따라 건축물의 밀도 구성, 접근성, 향 등의 배치요소와 외부공간의 구성에 영향을 미친다. 주거동의 배치계획 시 고려할 사항을 정리하면 다음과 같다.

① 동지(冬至)일 때 9시부터 15시 사이의 일조시간이 계속하여 2시간 이상 확보(건축법 시행령 86조)되거나, 8시부터 16시까지 최소 4시간 이상의 일조(서울고법 판례 1996년)를 받을 수 있는 남북의 인동간격과 주거동 간의 privacy를 확보한다.

② 주거동으로의 접근성 및 교통의 편리성과 보행자, 노약자의 안전성을 고려한다.

③ 다양한 외부공간을 조성하고 소음, 방범 등의 환경적 안전성을 고려한다.

④ 대지의 지형, 지세, 방위 등의 자연적 환경 요인을 효과적으로 계획에 반영한다.

⑤ 관련 법령, 조례, 규정 등의 조경면적을 확보한다.

⑥ 건폐율, 용적률, 높이 제한, 도로 및 일조권 사선 제한 등을 충족하는 계획이 되도록 한다.

⑦ 인접한 대지, 건물, 도로 등의 일조권 및 privacy를 침해하지 않도록 계획한다.

⑧ 주동과 주동 사이에 옥외공간을 배치한다.

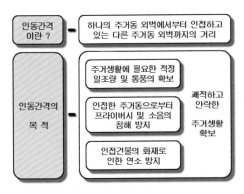

그림 3-36. 인동 간격의 목적

(2) 인동 간격(隣棟間隔)계획

인동 간격이란 공동주택 또는 집합주택을 건립할 때 건축물과 건축물 간의 거리, 즉 단지 내 하나의 주거동 외벽에서 인접하고 있는 다른 주거동의 외벽까지의 거리를 말하며, '동간 거리'라고도 한다.

인동 간격의 목적은 쾌적하고 안락한 주거생활에 필요한 적정 일조량 및 통풍을 확보하고, 인접한 주거동으로부터의 개인 사생활이나 프라이버시 및 소음의 침해와 화재로 인한 연소를 방지하는데 있다.

구 분	정북 방향 인접대지 경계선 이격 거리	창문이 있는 벽면에서 인접대지 경계선 이격 거리 (채광)	동간 거리

	• 높이 9m 이하 : 1.5m 이상
	• 높이 9m 초과 :
	   높이의 1/2 이상
		• 벽면에서 직각방향으로 건물높
		  이의 1/2이상
		  (근린상업 및 준주거지역은
		  1/4 이상 이격)
			• 창문 등이 있는 벽면 직각방향으
			  로 각 부분 높이의 0.5배 이상
			  (도시형생활주택 0.25배 이상)
			• 건축조례로 정하는 거리 이상

대상건축물	모든 건축물	공동주택 (기숙사 제외)	
전용주거지역 일반주거지역	○ (기타 지역 제외)	○ (일반·중심상업지역 제외)	
비 고	• 동간거리 : 남측에 낮은 건축물이 있는 경우, 높은 건축물의 0.4배 이상, 낮은 건축물의 0.5배 이 상 & 건축조례로 정하는 거리 이상 • 채광창($0.5m^2$ 이상) 없는 벽면과 측벽 사이 : 8m 이상 • 측벽과 측벽 사이 : 4m(측벽 중 하나에 채광창이 없는 경우 $3m^2$이하 발코니 설치 가능)		

표 3-10. 인동간격 관련 건축법의 내용(시행령 제86조)

5 | 공동주택의 평면계획

　공동주택은 여러 세대가 거주하는 주택이 집합된 형태로서, 집합된 각 단위 세대를 주호(住戶, Unit Plan)라 하고 주호가 집합하여 주거동(住居棟, Block)이 되며, 주거동이 모여서 주구(住區, Neighbourhood Unit)를 이루게 된다.

5.1 단위세대 평면계획

　단위세대 평면계획이란, 공동주택 각 단위세대의 실과 공간의 평면상 구성계획을 말하며, 단위세대 평면 또는 주호별 평면이라고도 한다. 단위세대 평면의 형태와 규모는 주거동 평면에 영향을 미치며, 나아가 단지 내 배치계획에도 영향을 미친다.

평면유형	실의 구성
DK	침실＋식당겸 주방
D＋K	침실＋식당＋주방
LDK	침실＋거실겸 식당겸 주방
L＋DK	침실＋거실＋식당겸 주방
L＋D＋K	침실＋거실＋식당＋주방

표 3-11. 거실, 식당, 주방의 평면 유형

(1) 단위세대 평면계획 방향
① 단위세대의 소요실과 규모에 따른 기능분석을 통하여 합리적인 평면을 계획한다.
② 거실과 침실은 현관에서 다른 실을 거치지 않고 직접 출입이 가능하도록 한다.
③ 부엌은 식당 및 유틸리티(Utility room)와 직접 연결되도록 한다.

그림 3-37. LDK형 평면계획 예

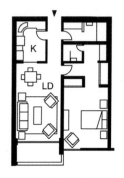

그림 3-38. LD+K형 평면계획 예

그림 3-39. L+DK형 평면계획 예

그림 3-40. L+D+K형 평면계획 예

④ 동선을 단순하게 하고 각 실이 통과 동선이 되지 않도록 한다.

⑤ 소규모 세대의 평면이라도 취침은 분리한다.

⑥ 욕실, 화장실, 주방 등의 설비를 집중하고 설비공간의 규칙적 배치 등을 통하여 시공/관리비가 절감될 수 있도록 한다.

⑦ 평면상의 깊이는 채광과 통풍에 지장이 없는 한 깊이 있게 계획한다.

⑧ 세대별 주거 특성에 따라 평면 변화를 줄 수 있는 가변형 구조를 고려한다.

(2) 거실, 식당, 주방의 구성에 의한 평면계획 유형

① DK형 : 식사(주방과 식당 공용)와 취침(거실과 공용)은 분리하며, 단란은 취침과 겸하는 방식이다.

② LDK형 : 거실, 식당, 주방을 공용하고 침실은 분리한다. 최소한으로 공용실과 개인실을 분리하여 소규모 주호에 사용된다. 안정된 거실의 확보가 어렵다.

③ LD+K형 : 거실, 식당은 동일 실로 하고 주방은 분리한다. 식사실 중심의 단란 생활에 적합하다.

④ L+DK형 : 식당과 주방을 동일 실로 하여 가사의 편리함이 좋고, 거실을 독립시킴으로써 거실 중심의 단란한 생활에 적합하다.

⑤ L+D+K형 : 거실, 식당, 주방을 각각 분리한다. 실의 용도와 기능에 충실할 수 있다. 대규모의 평면계획에 적용 가능하다.

(3) 펜트하우스(Penthouse)

펜트하우스 아파트먼트(Penthouse Apartment)의 준말이다. 일반적으로 아파트, 호텔 등의 최상층에 위치한 고급스러운 주거공간으로서 '옥상주택'이라고도 한다.

• 최상층이라는 이점으로 인해 가장 좋은 전망을 보유할 수 있다.

• 최상층에 위치함으로써 다른 층에 비해 프라이버시가 양호하다.

• 기준층과 다른 타입의 평면계획이 가능하고, 복층형 계획에도 유리하다.

- 층고와 천장고를 기준층보다 높게 할 수 있다.
- 옥상을 테라스, 발코니 등을 다른 층보다 더 넓게 이용 가능하다.
- 호텔 등 숙박시설의 장기 투숙자들을 위한 고급스런 주거공간을 지칭하기도 한다.

구 분	기준층	최상층 (펜트하우스)
세대배치	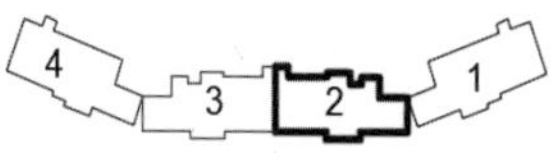	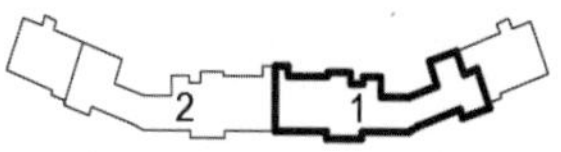
단위평면		

그림 3-41. 펜트하우스 계획 예

(4) 단위평면 세부계획

① 침실

- 휴식을 위한 채광, 환기, 방음 등 생활의 쾌적함을 고려하여 계획한다.
- 부부침실의 경우 privacy를 고려한다.
- 중규모 주호 이상의 부부침실의 경우 침실, 드레스룸, 부부 욕실 등을 유니트(unit)화하여 계획한다.
- 1면 이상이 외기에 접하도록 계획한다.
- 붙박이장의 배치를 계획하고, 붙박이장을 두지 않을 경우 수납장을 설치할 수 있는 벽면(창호의 위치와 크기에 주의)을 계획한다.
- 자녀실의 경우 공부와 놀이 행위에 필요한 책상, 의자, 책장, 수납장 등의 적정 면적과 배치를 고려한다.

② 거실

- 가족의 단란을 위한 채광, 환기 등 생활의 쾌적함을 고려하여 계획한다.
- 거실의 배치는 자연적 환경이 좋은 남향을 고려한다.
- 발코니와의 연계를 고려한다.

그림 3-42. 아파트_거실(上), 주방(中),
주방에서 본 거실(下)

③ 주방, 식당
- 취침공간과 분리하여 배치한다.
- 소규모 주호의 경우 DK, LDK형으로 계획하고, 부엌과 식당을 분리하는 계획은 중규모 이상에 적합하다.
- 외기와 접하여 음식 냄새 환기가 원활하도록 계획한다.
- 중규모 주호 이상의 경우 주방과 연계하여 가까운 곳에 팬트리실(pantry, 식료품(주방용품) 저장실)을 계획한다.
- 팬트리실은 환기창 또는 환기설비를 배려하고 식료품의 변질을 방지할 수 있도록 직사광선이 들지 않게 계획한다.
- 다용도실, 식당 등과의 동선을 고려하고 가사노동을 줄일 수 있도록 계획한다.
- 규모와 공간 구조에 따른 효율적인 작업대 배치를 계획한다.

④ 화장실, 욕실
- 주부의 동선을 고려하여 부엌과 근접하여 배치하는 것이 유리하다.
- 중규모 이상의 경우 내부의 소음이 외부로 전달되지 않도록 전실(dress room)을 계획한다.
- 외기에 접하여 배치하며, 외기에 면하지 않을 경우 내부의 냄새가 외부로 전달되지 않도록 환기를 고려한다.
- 중규모 이상의 경우 부부용 화장실을 별도로 계획한다.
- 바닥은 거실의 바닥보다 낮게 한다.

⑤ 발코니

발코니는 건축물의 외벽에서 바깥으로 연장시킨 부가적 공간으로서, 발코니를 둘러싸고 있는 벽면의 1/2 이상이 개방된 공간을 말한다. 발코니의 접한 부분에서 바깥으로 연장시킨 1.5m까지는 바닥면적에서 제외되나, 건축면적에는 포함된다.
- 각 실과 거실에 접하여 발코니를 계획한다.
- 각 실에 발코니를 적용하여 입체적인 조망권과 개방감, 원활한 통풍을 통한 쾌적성 및 실내환경을 향상시킬 수 있다.

그림 3-43. 연립주택의 발코니

- 각 실의 경우 수납, 전망 또는 휴식공간으로의 활용을 고려하고, 거실의 경우 전망과 휴식공간 외에 소규모 정원, 화분 진열, 세탁물 건조 등 다용도로 활용될 수 있도록 계획한다.
- 세대별 주거 성향에 따라 실을 발코니까지 확장하는 공간 변화에 대응할 수 있는 계획을 고려한다.

포치, 테라스, 캐노피, 발코니, 베란다

- 포치(Porch) :
현관 출입 시 눈, 비를 막고 그늘지게 한 공간으로서 벽이나 기둥으로 지지된 지붕

- 캐노피(Canopy) :
창이나 개구부 상부에 설치되어 비를 막고 햇볕을 가리기 위해 수평으로 내민 구조물

- 발코니(Balcony) :
건물 외벽에서 바닥을 바깥으로 연장시킨 부가적 공간, 위층의 발코니 바닥이 아래층 지붕이 된다.

- 베란다(Veranda) :
상층의 면적이 아래층보다 적을 경우 면적 차이로 생겨난 아래층의 지붕 부분을 활용한 공간

- 테라스(Terrace) :
1층의 거실이나 주방 등 건물 외벽에서 연결되어 대지 위에 전용 정원의 형태로 만들어진 지붕이 없는 공간으로서 실내의 생활을 옥외로 연장하거나, 마당으로 직접 나갈 수 있는 공간

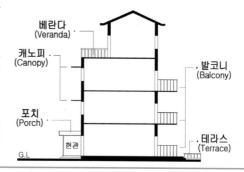

⑥ 대피공간

공동주택 중 아파트로서 4층 이상인 경우 거실, 방 등에 접해 있는 모든 발코니를 확장할 경우, 일정 면적($2m^2$, 인접 세대와 공동 사용의 경우 $3m^2$) 이상의 면적과 내화구조를 가지며 외기에 접하는 대피공간을 계획한다. (건축법 참조)

⑦ 알파룸(α-space)

주거공간의 설계 과정에서 주방과 거실, 방과 거실, 방과 방 등의 사이에서 발생하는 자투리 공간을 가족실, 서재, 드레스룸, 수납공간 등 거주자의 요구에 맞게 다양한 형태와 용도로 사용할 수 있는 공간을 말한다.

그림 3-44. 알파룸이 적용된 계획 예

⑧ 현관

- 계단, 복도와의 원활한 연결을 고려하고 현관 밖에서 거실 등의 내부가 보이지 않도록 계획한다.

- 현관문은 밖여닫이로 하고 현관 홀과 실내 사이에 미서기문을 두거나 중규모 이상의 경우 전실을 두어 외기로부터 냉난방을 보호할 수 있는 계획을 고려한다.
- 신발장, 우산걸이 공간, 수납장 등의 공간을 배려한다.
- 현관 홀 스페이스를 800 × 800mm 이상 계획한다.

⑨ 복도
- 편복도의 경우 통풍, 채광, 피난 등에 유리하다.
- 고층일 경우 상층부의 바람에 대한 영향을 고려한다.
- 편복도의 유효 폭은 120cm 이상, 중복도일 경우 160cm 이상으로 계획한다.

⑩ 계단
- 각 세대로의 접근방식, 단위세대 조합방식 및 단면 형식, 주거동의 배치 형식 등의 특성을 고려하여 계획한다.
- 단 높이는 18cm 이하, 단 너비는 26cm 이상, 물매는 30° 이하가 되도록 계획한다.
- 방범 및 피난을 고려하여 계획한다.
- 화재 시 연도의 기능을 하지 않도록 하고 환기를 고려하여 창을 최소한으로 개방하는 구조로 한다.
- 5층 이상인 경우 피난계단을 설치하고 16층 이상인 경우 건축법에 의한 특별피난계단을 계획한다.

┌─ 엘리베이터 대수 산정 ─┐

(조건) 20층인 공동주택 엘리베이터의 정원을 12명, peak time 엘리베이터의 5분간 최대 이용자 수는 120명, 1대의 왕복시간이 2분인 경우의 엘리베이터 산정 대수(N)는?

⇒ 5분간 1대가 운반하는 인원수(S) =
  5 × 60 × 12 / 120 = 30명
⇒ 필요대수(N) = 120명 / 30명 = 4대

---

⑪ 엘리베이터
- 복도형일 경우 각 세대에서 40m 이내에 설치되도록 계획한다.
- 계단실, 홀 등과 연계하여 설치한다.
- 2층 이상의 거주자 30%를 15분 동안에 1방향으로 수송할 수 있도록 계획한다.
- 주행속도는 전 속도의 80%, 수송인원은 정원의 80%로 계획한다.

- 대기시간은 1개 층에서 10초, 승강하는 시간은 문의 개폐를 포함하여 6초로 한다.
- 필요 대수 산정기준
  - 필요 대수(N) = 5분간 운반해야 할 인원수 / S
  - 5분간 1대가 운반하는 인원수(S) = 5 × 60 × P / T
    P : ELE. 정원, T : ELE. 왕복시간(초)

5.2 주거동 평면계획(Block plan)

단위세대의 평면을 수평적으로 연결하고 수직적으로 집합하여 주거동 평면(Block plan)을 구성하게 된다. 주거동의 평면계획의 다양성은 입면계획과 더불어 주동의 형태와 배치에 변화를 주는 대표적인 방법 중 하나이다.

(1) 주거동 평면계획의 고려사항

① 주호의 단순한 집합에서 벗어나 다양한 주거동 평면이 될 수 있도록 주호의 혼합 배치, 분절화 등을 고려한다.(매스분절과 중첩)

② 획일화된 평면계획에서 벗어나 단위 주거동의 크기(수평·수직적)를 변화를 통하여 주동의 형태를 다양화한다.

③ 외관(출입구, 창문, 발코니, 저층부 테라스형 구조, 지붕 등) 형태의 변화를 통하여 단조로운 형태를 피하도록 한다.

④ 주출입구, 코어(Core : 계단, 엘리베이터, 덕트 등), 최상층 등의 위치와 구조에 따라 형태의 다양화를 고려한다.

⑤ 최신 트렌드를 반영한 단위세대의 합리적인 평면조합(block plan)을 고려한다.

⑥ 고층의 주거건물 특성을 살릴 수 있는 형태계획이 되도록 계획한다.

⑦ 주거성능 향상을 고려한다.(채광, 일조, 소음, 통풍, 단열, 소음, 피난, 방범, 방화 등)

⑧ 동일한 주거동을 반복 배치할 경우 개별 주거동의 독립성을 확보할 수 있는 외부디자인(부분적 강조, 장식구조물 등)을 고려한다.

⑨ 공간활용성, 융통성, 가변성, 경제성, 안정성 등을 최적화하기 위한 구조시스템의 계획공법을 고려하고 세대내부 계획에서 주거동 계획으로 이어질 수 있도록 계획한다.

⑩ 주변환경과 조화되고 리듬감있는 단지경관을 형성할 수 있는 지붕 및 스카이라인이 되도록 계획한다.

(2) 주거동 계획(Block plan)을 위한 단위세대 평면의 결정 조건

① 각 세대 단위평면(Unit plan)이 2면 이상 외기에 접하도록 한다.

② 안방, 거실 등 주요실을 모퉁이에 배치하지 않도록 한다.

③ 안방, 거실 등 주요실의 채광, 환기 등 환경조건이 균등하도록 한다.

④ 복도의 모퉁이에서 다른 주거가 들여다보이지 않도록 한다.

⑤ 현관이 계단, ELE. 에서 가깝도록 한다.

6 공동주택의 입 · 단면계획

공동주택은 동일한 단위세대의 평면과 단면을 수평, 수직으로 집합화한 관계로 각 세대나 주거동의 입면이 단순하고 획일화될 수 있으며 내력벽, 기동, 엘리베이터, 배관, 덕트 등의 수직적 계획을 고려해야 한다.

6.1 입면계획

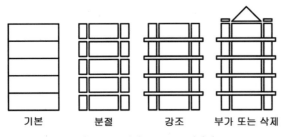

그림 3-45. 입면Concept 디자인

주동의 입면은 형태의 입체감, 패턴의 반복과 변화, 재료 질감과 색채 등이 휴먼 스케일에 적합하고, 단지 내 전체적인 주동 배치 및 조경과 조화되도록 계획한다. 다양한 입면계획을 위한 고려사항을 정리하면 다음과 같다.

- 시각적 안전성, 미래지향적 디자인, 심미적 디자인을 통한 주동 입면을 계획한다.
- 각 세대단위(Unit plan)나 주거동(Block plan)을 셋백(set back), 요철 등 다양한 변화를 계획한다.
- 외벽의 패턴(선, 면, 창호, 메스 등)을 다양하게 적용한다.
- 발코니를 세대별, 층별 형태를 변화하여 계획한다.
- 주거동별, 세대별 벽체의 문양, 색채 등을 달리하여 계획한다.
- 주거동별 주동의 출입구, 계단실, 엘리베이터 홀 등의 공간구조와 배치를 변화시켜 입체감 있는 입면을 구성한다.

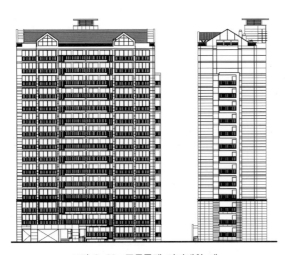

그림 3-46. 공동주택 입면계획 예

- 인동 간격, 용적률 등을 고려하여 동일 주거동 내의 층수를 달리하여 입면의 변화를 준다.
- 주거동별 지붕(판상형-박공, 탑상형-평지붕 등), 상부 구조물 및 옥탑의 형태계획을 달리한다.
- 주동출입구, 저층부, 상층부, 지붕 및 옥탑층의 재료마감 기준을 다양화한다.
- 입면의 다양성만을 강조할 경우 디자인의 통일성이 결여될 우려가 있으므로 주의한다.

6.2 단면계획

공동주택의 단면계획(천장고)은 세대 내 개방감, 일조량, 환기량 등에 영향을 미치는 중요한 요인이다. 높은 천장고는 개방감을 느낄 수 있으며, 실제 면적보다 넓어 보이고 거실 창의 크기가 커져 채광과 통풍이 용이할 뿐만 아니라 가구 배치도 쉬워 수납공간이 넓어지는 효과가 있다. 공동주택 단면계획 시 고려사항은 다음과 같다.

① 기준층의 천장고 2,300mm 이상(침실 2.3m, 거실 2.4m, 화장실 2.1m 이상), 층고 2,800mm 이상이 되도록 계획하고 최상층의 경우 방한, 방서를 고려하여 천장고를 기준층보다 높게(10~20cm) 계획한다.

② 층간 소음을 최소화할 수 있도록 적정한 슬라브 두께를 확보할 수 있도록 계획한다. (법정 기준은 210mm 이상, 일반적 라멘구조는 150mm 이상, 무량판구조 180mm 이상)

③ 화장실의 배관을 아래층 천장에 배관할 경우 물 사용 소음이 아래층으로 전달될 가능성이 크다. 따라서 해당 층의 바닥 슬라브에 배관하여 층간 소음을 줄이고

단위 : mm

구 분	일반적 아파트	층고	고(高) 천장 아파트	층고
바닥마감 두께	110		140	
슬라브 두께	210	2,900	210	3,300
천장 속 설비공간	230		250	
천장고	2,350		2,700	

표 3-12. 공동주택의 단면 공간 구조

화장실의 천장고를 보다 높게 확보하여 공간감을 가질 수 있는 계획을 고려한다.

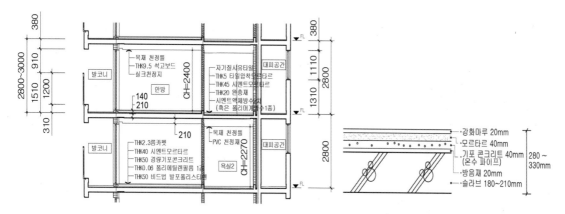

그림 3-47. 공동주택 주요실의 단면(좌) 및 바닥구조(우) 예

■ 전용면적 45㎡

■ 전용면적 59㎡

■ 전용면적 59㎡

■ 전용면적 72㎡

■ 전용면적 74㎡형

■ 전용면적 80㎡형

그림 3-48. 아파트 평면계획 예_중소형

■ 전용면적 84㎡형

■ 전용면적 113㎡형

■ 전용면적 115㎡

■ 전용면적 121㎡형(테라스)형

■ 전용면적 162㎡ 형

그림 3-49. 아파트 평면계획 예_중대형

7 | 단지계획

단지계획(site layout planning)은 일정한 토지구역 내에서 요구되는 각종 시설물(주거, 상업, 업무, 문화 등의 건축물, 주차장, 공원, 부속시설)과 조경, 도로 및 소음, 통풍, 프라이버시 등의 환경요소 등을 집단적으로 계획하는 것으로써 간선도로에 의해 구획되어진 소규모 블록(구역)에서부터 신도시 급의 대규모 계획까지 포함한다. 일반적으로 건축에서는 공동주택단지 배치계획 또는 주거단지계획이라는 의미로 사용되고 있으나 계획의 목적에 따라 업무단지, 상업단지, 산업단지 등 종류가 다양하며 단지 내 각종 시설물과 인간의 거주 및 생활환경이 합리적 효율적으로 작용할 수 있도록 건설하기 위한 집단적·종합적인 계획이라고 할 수 있다.

배치계획과 단지계획

■ 배치계획 : 일정한 대지 내에 건축물 및 시설물의 위치, 외부공간(개방 및 조경) 등의 건폐부분과 비건폐부분, 지반의 경사(등고선), 수목(樹木), 동선(주출입, 부출입, 자동차 출입, 대지내 보행/차량 동선), 인접대지 및 건축물 등을 표현함으로써 대지 내 시설물, 향(방위)과 일조, 내부공간과 외부공간과의 유기적 관계성, 대지와 인접한 환경(도로, 건축물, 자연/물리적환경)의 관계성 등 대지이용의 현황과 효율성을 파악할 수 있도록 표현한 건축적 그림
■ 단지계획 : 단지계획은 도시와 건축의 중간적 위치의 개념이라고 할 수 있으며, 일단의 개발에 사용되는 부지(敷地)에 시설배치 및 용도배분, 토목, 조경, 주거단지 등을 포함하는 도시적, 사회적, 기능적, 경제적 측면의 목표를 지향하는 계획과 그 표현이라 할 수 있다.

7.1 단지계획의 범위와 방향

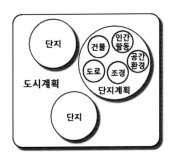

그림 3-50. 단지와 도시

(1) 단지계획의 범위

단지계획은 용도별 면적 배분(비율)을 위한 토지이용계획, 적정 인구 및 주거건축계획, 주동배치와 외부공간계획, 생활편의시설의 계획, 자동차 및 보행자 동선계획, 상하수도, 전기, 가스 등 공급 및 처리시설계획 등을 포함한다.

• 토지이용계획 : 용도별 면적 배분
• 적정 인구 및 주거건축 계획 : 인구밀도, 호수밀도, 적정한 단위규모 설정
• 주동배치와 외부공간계획 : 용적률, 건폐율, 다양한 주택 및 건물배치, 외부공간의 개방성 확보
• 생활권계획 : 생활편의시설
• 동선계획 : 자동차, 보행자, 자전거
• 공급 및 처리시설계획 : 상하수도, 전기, 가스

(2) 단지계획의 방향

단지계획 방향은 일정한 지역 내에서 다양한 생활편익, 편의시설 및 외부공간의 공유, 생활기반시설의 효율적 활용, 경관의 조화, 조망, 소음, 통풍 등 환경요소의 질적 향상, 주민 상호간의 공동생활을 통한 공동체의식 형성 등 개인 및 거주민의 이익을 추구할 수 있도록 한다.

(3) 주거단지의 구성요소

주거단지란, 주택과 그 부대시설 및 복리시설(福利施設)을 조성하거나 조성되어 있는 일단(一團)의 토지를 말하며, 주거단지의 구성요소로는 환경, 토지이용, 주동배치, 가로망, 녹지, 놀이공간, 부대 복리시설, 공급처리시설 등을 들 수 있다.

편의시설, 편익시설

- 편의(便宜)시설
  - 광의(廣義) : 주민들의 생활편의를 도울 수 있은 시설로 건축법의 제1종 근린생활시설과 제2종 근린생활시설로 분류되며, 편익시설을 포함한다.
  - 협의(狹義) : 시설로의 접근과 이용하는 데 편리를 도모하는 시설, 경사로, 엘리베이터, 주차장, 화장실 등
- 편익(便益)시설 : 주거생활에 편리하고 유익한 시설, 상가, 공원, 놀이터, 마을회관, 노인정, 유치원, 운동시설, 주민교육시설, 우체국, 보육시설 등

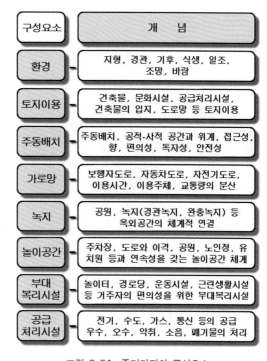

구성요소	개 념
환경	지형, 경관, 기후, 식생, 일조, 조망, 바람
토지이용	건축물, 문화시설, 공급처리시설, 건축물의 입지, 도로망 등 토지이용
주동배치	주동배치, 공적·사적 공간과 위계, 접근성, 향, 편의성, 독자성, 안전성
가로망	보행자도로, 자동차도로, 자전거도로, 이용시간, 이용주체, 교통량의 분산
녹지	공원, 녹지(경관녹지, 완충녹지) 등 옥외공간의 체계적 연결
놀이공간	주차장, 도로와 이격, 공원, 노인정, 유치원 등과 연속성을 갖는 놀이공간 체계
부대복리시설	놀이터, 경로당, 운동시설, 근린생활시설 등 거주자의 편의성을 위한 부대복리시설
공급처리시설	전기, 수도, 가스, 통신 등의 공급 우수, 오수, 악취, 소음, 폐기물의 처리

그림 3-51. 주거단지의 구성요소

① 환　　경 : 지형, 지질, 토양, 기후, 식생, 일조, 조망 등 자연환경 요소
② 토지이용 : 지형을 고려한 건축물, 문화시설, 옥외 녹지공간, 공급처리시설, 도로망 등의 토지이용의 조화
③ 주동배치 : 주동의 배치, 간격, 단지 출입구, 공·사적 공간의 위계, 향, 독자성, 프라이버시 확보, 편의성, 접근성, 안전성 등
④ 가 로 망 : 보행자도로, 자동차도로, 자전거도로의 구분과 가로망 구성, 이용 시간대, 이용 주체, 교통량의 분산 등
⑤ 녹　　지 : 공원, 경관녹지, 완충녹지 등 옥외공간의 체계적 연결, 방재적 측면의 역할 등
⑥ 놀이 공간 : 놀이 공간은 주차장 및 도로와는 이격, 보차분리를 통한 위험요소을 배제하고 공원, 유치원, 노인정, 주택과는 인접하는 등 연속성을 갖는 놀이공간 체계 구성
⑦ 부대복리시설 : 어린이 놀이터, 근린생활시설, 유치원, 운동시설, 경로당 등 거주자의 특성과 편의성을 고려한 부대복리시설의 설치와 적정 규모
⑧ 공급처리시설 : 전기, 수도, 가스, 통신 등의 공급, 우수, 오수, 악취, 소음, 폐기물의 원활한 처리

7.2 주거단지 이론

주거단지계획은 주거환경의 질서를 부여하고, 쾌적하고 건강하며 풍요로운 환경을 조성하여 인간의 정주환경을 형성하기 위한 방법의 하나로써 일정한 토지 위에 주택의 집단적 건설과 도로, 공원, 학교, 상점 등의 근린생활시설을 포함한 종합적인 환경계획이라고 할 수 있다.

(1) 커뮤니티(Community)

일정한 지역에 거주하면서 함께 생활하고 공통의 감정과 상부상조를 가지며 다른 지역과 구별되는 주민집단 또는 지역사회를 일컫는다.

(2) 근린주구 이론(Neighbourhood Unit)

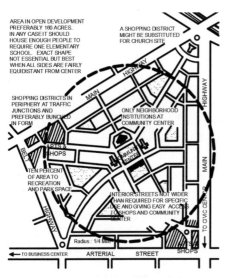

그림 3-52. 페리의 근린주구 개념도

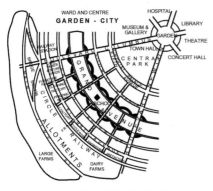

그림 3-53. 전원도시 개념도

① 페리(C.A. Perry)의 이론

1929년 미국의 페리(Clarence Arther Perry)가 제안한 주거단지계획을 위한 개념으로서 생활의 편리성, 쾌적성, 주민들 간의 교류 증진 등을 목적으로 하고 있다.

- 규모 : 하나의 초등학교를 운영할 수 있는 인구 규모(8,000~10,000명)를 가지며, 어린이들이 위험한 도로를 건너지 않고 통학할 수 있는 반경 400m의 단지 규모

- 주구의 경계 : 차량을 우회시킬 수 있는 충분한 넓이의 간선도로를 구획하여 주구 내 통과교통 방지

- 오픈스페이스 : 주민을 위한 소규모 공원이나 레크레이션 용지를 계획(전체 면적의 10%)

- 공공시설 : 센터에 학교, 도서관, 교회 등 공공시설은 주구의 중심부에 배치(800m 이내에 초등학교 배치)

- 상업시설 : 인접한 주구 외곽(경계지역)의 교차점에 2~3개의 소매점 배치

- 내부도로체계 : 주구의 외곽은 간선도로로 계획하고, 단지 내부의 교통체계는 쿨데삭(cul-de-sac)과 루프형(loop system) 집분산 도로로 계획

② 하워드(E. Howard)의 이론

내일의 전원도시(Garden Cities of Tomorrow), 산업혁명 이후 도시권의 급격한 경제성장으로 인한 환경 악화 문제와 농촌의 쾌적한 환경과 경제적 침체라는 문제를 해결하고자 1898년 영국의 하워드(Ebenerzer Howard)가 제창한 도시의 장점과 농촌의 장점을 통합하는 개념의 도시 이론이다.

- 도시의 물리적 확장의 억제, 경제적 자족성을 위한 공장 유치 및 식량의 자급자족, 도시 내 충분한 오픈스페이스의 확보, 토지는 도시 경영 주체가 소유하고 개인은 임대 사용하는 토지 공유화, 개발이익의 사회 환원 등을 조건으로 도시와 전원적 환경의 조화를 주장한 도시계획 이론

- 규모 : 2,400ha(도심 400ha, 농촌 및 그린벨트 2,000ha, 약 2,400만㎡)

A 쇼핑센터
B 아파트
C 학교
D 공동정원

- 인구 : 32,000명(도심 30,000명, 농촌 및 그린벨트 2,000명)

- 도시 패턴 : 58,000명 정도의 모도시를 기본으로 32,000명의 전원도시를 6개의 방사형으로 배치
  - 중심에 시청, 광장, 병원 등 공공시설물 배치
  - 중간지대에 주택, 학교, 교회 등 배치
  - 외곽부에 창고, 공장, 철도 등 배치
  - 최외곽부에 농업지대 배치

- 교통 : 도시 연결은 도시권 철도와 고속도로로 연결

- 적용사례 : 레치워스(Letchworth, 1903년) 전원도시, 웰윈(Welwyn, 1920년)전원도시

③ 뉴저지의 레드번(Radburn) 계획

1928년 헨리 라이트(Henry Wright)와 크라렌스 스타인(C. S. Stein)에 의해 계획된 미국 뉴저지의 신도시 레드번의 근린주거 개발계획으로써 420ha의 택지를 12~20ha의 슈퍼 블럭으로 구획하고 통과 교통이 다니지 않도록

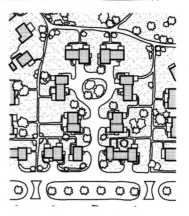

그림 3-54. 래드번 계획 개념도

보차분리를 계획하는 등 차량으로부터 침해받지 않는 근린주거를 계획했다.

- 택지를 12~20ha의 슈퍼블럭으로 구성하고 자동차 통과교통을 배제

- 보도와 차도의 입체분리(Underpass)
  - 주거지에서 쇼핑시설, 위락시설, 학교, 타운센터, 공원 등을 보도로 연결
  - 학교 접근로에 녹지공원이 연계되어 아동들이 자동차와 교차 없이 등교

- 주택은 독립주택을 주로 하고 인입로와 막다른 골목(Cul-de-sac)으로 계획하여 골목 주변에 주

거를 배치함으로써 자연스럽게 집합주택을 형성
- 단지 중앙에 대공원 설치
- 주택단지 어디로나 통할 수 있는 공동의 Open space 조성

(3) 주거단지의 구성단위

주거단지란, 주택을 집중시키고 주택의 부대시설과 복리시설을 건설하기 위해 구획되고 조성된 대지와 일련의 시설을 말한다. 주거단지의 조성은 의도적인 주민생활 복지의 증진이라는 관점에서 주거환경의 조직적, 체계적인 단위계획이 요구되고 이를 위해 일정한 단위주구를 설정하여 발전시킬 필요가 있다. 이러한 단위주구 계획의 개념으로 인보구, 근린분구, 근린주구 계획이 있다.

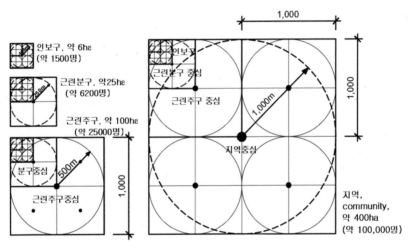

그림 3-55. 근린지구의 구성 단계별 규모

① 인보구(隣保區)
- 반경 100m, 면적 약 6ha, 주택규모 100~200호, 인구규모 1,000~1,500명
- 계획단위는 50호 내외의 규모를 1개 단위로 하여 2~4개의 단위로 구성
- 집산도로, 국지도로로 구획
- 유아 놀이터가 중심이 되는 단위이다. 근린생활시설로서 소매점이 있다.

② 근린분구(近隣分區, branch unit of neighbourhood)
- 반경 150~250m, 면적 약 25ha, 주택규모 1,000~1,500호, 인구규모 4,000~6,000명
- 100~200호 내외 규모의 인보구를 1개 단위로 하여 4~6개 단위로 구성
- 일상생활에 필요한 공동시설의 운영이 가능한 소비시설을 갖추며 유치원, 어린이 공원(2,000㎡) 등과 목욕탕, 약국 등 상가를 분산하여 설치한다.
- 보조간선도로, 집산도로로 구획된다.

③ 근린주구(近隣住區, residential neighborhood)
- 반경 400~500m, 면적 약 100ha, 주택규모 5,000~6,000호(근린분구 4~5개의 집합), 인구규모 약 25,000명
- 영역의 반경은 중심에서 500m 이내에 위치하고, 초등학교 하나를 중심으로 하는 규모의 단위로서 아동의 생활권에 적합한 규모로 구성된다.
- 근린생활의 시설로는 점포, 집회실, 체육관, 유치원, 초등학교, 어린이 놀이터, 운동장, 우체국, 소방서, 동사무소, 진료소, 파출소, 목욕탕 등을 설치한다.
- 간선도로와 공원녹지로 구획된다.
④ 근린지구(近隣地區, 근린지역, 소도시, Community)
- 반경 1,000m, 면적 약 250~400ha, 근린주구 4~5개의 집합, 인구규모 약 80,000~100,000명
- 일상생활권의 기본적인 단위
- 중·고등학교를 두고, 도시생활을 위한 대부분의 시설계획에 적합한 규모이다.

(4) 주거밀도

주거단지계획에 있어서 주거 유형, 배치 형식, 단위주거의 특성 등 계획 전반에 영향을 미치는 요인으로 거주밀도와 건축밀도가 있다.
① 거주밀도
단위 토지면적에 대한 인구밀도와 호수밀도를 말한다.
- 인구밀도 : 거주 인구를 토지면적으로 나눈 단위 토지면적에 대한 거주 인구수를 표시한 비율, km^2당 사람 수(인/km^2) 또는 ha당 사람 수(인/ha)로 나타낸다.
- 호수밀도 : 주택의 수를 단위 토지 면적으로 나눈 것으로, 단위면적당 건설된 주택의 호수로 표시한 비율, ha당 세대수(호/ha)로 나타낸다. 호수밀도에 1호당 평균 거주 인원을 곱하면 인구밀도가 된다.
② 건축밀도
- 건폐율 : 일정한 대지 면적이 건축물에 의해 점유되거나 남는 공지 공간의 비율을 나타낸 2차원적인 지표로서, 대지면적에 대한 건축면적의 비율(%)로 나타낸다.

> **건폐율 = 건축물로 덮인 면적(건축면적) / 대지면적 × 100**

- 용적률 : 일정한 대지 내의 건축 밀도(볼륨)를 나타내는 3차원적 지표로서, 건축물에 의한 토지이용도를 나타내는 척도이기도 하다.
대지면적에 대한 건축물 각 층 바닥면적의 합계(연면적) 비율(%)로 나타낸다. 단, 지하층과 부속용도의 지상 주차장 면적은 용적률에서 제외된다.

> **용적률 = 각 층 바닥면적의 합계(연면적) / 대지면적 × 100**

제 III 편 업무시설

제4장 사무소(事務所, Office Building)

1 사무소 건축 개요

1.1 사무소 건축이란

사무소 건축이란, 업무시설(공공, 일반)과 근린생활시설 중 그 주요 용도가 사무(정보의 수집, 기록, 정리, 분류 및 전달 등)작업을 주로 행하는 건축물을 말한다.

1.2 사무소 건축의 발생과 발전

사무소 건축은 인류가 물물교환을 시작한 이후 생산과 소비의 상거래 행위에 따른 계산 및 기록 등의 기초적인업무가 나타난 시대와 그 장소에서부터 시작되었다고 볼 수 있다. 서구(西歐)의 경우 지중해를 중심으로 상업적 교역이 활발히 이루어진 그리스와 로마시대의 상업 발달은 상인들로 하여금 점차 매매(賣買), 거래 및 그에 따른 업무공간의 중심 장소가 필요하

그림 4-1. 사무소 빌딩(퍼시스 서울사옥)

게 된다. 이러한 요구에 의해 나타난 대표적인 사례가 고대 아고라(Ancient Agora)이며, 훗날 오늘날의 상업센터(commercial center)와 같은 역할을 했던 로만 아고라(Roman Agora, Athens, BC 11~1년)로 이어졌다. 고대 아고라는 정치적, 경제적, 문화적 모임의 장소로서 고대 아테네인의 생활중심이며 도시의 중심이 되는 곳이었다. 로만아고라는 로마가 아테네를 점령한 이후(BC 146년) 고대 아고라에 신전과 제단이 세워지고 상인들의 영역이 점점 좁아지게 되면서 상인들이 고대 아고라에서 가까운 곳에 새롭게 모여들면서 만들어진 상업적 건축이며 업무시설이라고 할 수 있다.

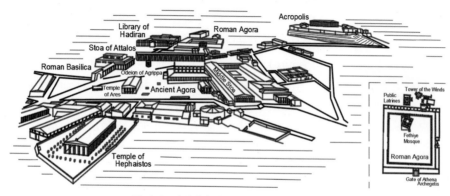

그림 4-2. 아테네의 아고라(Agora) 배치이미지

그림 4-3. Empire State Building (맨해튼, 뉴욕)

그림 4-4. 맨해튼의 사무소 빌딩

■ 평면도 : 3~13F

이후 18세기 산업혁명이 산업생산의 대량화, 전문화, 분업화를 가져오면서 사무의 행위는 초기의 기록 위주에서 생산 활동의 능률향상을 위해 계획적, 관리적 비중이 커지게 되었다. 각종 데이터의 수집, 기록, 분류, 정리, 계산, 분석을 통하여 각종

정보를 작성하여 전달하는 등 사무의 중심은 경영자와 관리자에게 정보를 제공하는 관리 사무로 변하게 되었고, 그에 따른 사무공간도 전문화된 장소와 시설로서의 요구에 맞추어 발전하게 된다.

이후 근대 건축재료의 3요소로 불리는 시멘트, 철강, 유리의 실용적이 사용법이 점차 발달하면서 산업혁명 이후 발전된 대표적 근대 건축의 하나로 발전해 나간다.

20세기 들어 사무소 건축은 엘리베이터와 철골 건축의 발전과 기업의 이미지를 위한 Design이 중요시되면서 고층화, 다기능화, 거대화, 복합화의 경향을 나타나게 되는데 Empire State Building(1931, 맨해튼, 뉴욕) 같은 초고층 빌딩이 탄생하게 된다.

우리나라의 경우 1970년 서울 종로구 관철동(청계천로)에 지상 31층(지하 2층), 높이 114m(연면적 3,6000여 m²)의 삼일빌딩(31빌딩)이 준공되면서 국내 최초의 마천루이자 커튼월(curtain wall)구조를 가진 고층 업무시설이 출현한다.

현대에 이르러 업무시설은 사무기기, 정보통신, 기계, 설비, 가구, OA 등의 발전과 사무업무의 높은 지적(知的) 작업과 그에 따른 능률적 시스템의 요구, 조직적 경영 시스템, 생산성 향상 등 고도의 기술과 능력을 수용할 수 있는 효율적 전문적 자동화된 빌딩(IB, Intelligent Building)으로 나타나게 된다.

미래의 사무소는 발달된 컴퓨터, IT정보통신, 자동화 시스템 기술 등을 바탕으로 기능성, 효율성, 생산성 등의 하드웨어적 측면을 충족하고, 나아가 업무를 행하는 주체인 인간의 존엄성을 중시하여 업무와 사고의 커뮤니케이션, 인간중심 친환경성, 편의성 및 아이덴터티(identity) 디자인 등을 더욱 배려하고, 집단 업무공간에서 개인 업무공간(SOHO)으로의 형태 변화, 쉐어 오피스(share office) 등 미래의 다양한 라이프 스타일(Life Style) 변화를 수용할 수 있는 업무생활 공간으로서의 복합적 사무공간으로 발전이 예상된다.

• 18세기 이전 : 계산, 거래 등 단순 업무를 보는 장소
• 19세기 : 설비(기계, 통신, 사무기기 등)의 집적화, 고도화를 통한 경제성, 기능성, 생산성을 중시

■ 준공 : 1970년
■ 지상 31층(지하 2층), 114m, 우리나라 최초의 커튼월 구조, 마천루의 시초
■ 설계 : 김중업

그림 4-5. 삼일빌딩(서울 종로구)

- 20세기 : 사무 공간 내에서 인간과 인간, 인간과 환경의 관계를 중시하여 인간, 가구, 설비, 공간 등이 유기적으로 어우러진 쾌적한 사무환경 조성 요구가 대두
- 미　래 : 스마트한 기술, 인간의 존엄성과 시대의 라이프 스타일 변화를 반영하고 수용할 수 있는 생활장소로서의 사무 공간으로 발전

1.3 사무소 건축의 분류

(1) 건축법의 용도상 분류

건축물의 용도를 29개로 나누고 있는 건축법에서는 사무소를 근린생활시설(1, 2종)과 업무시설(공공, 일반)로 세분하고 있다.

─ 근린생활시설 ──────────

- 제1종 : 국민의 편리한 생활을 위하여 꼭 필요한 필수적인 시설
- 제2종 : 국민이 생활하는데 있어서 유용한 시설

(2) 사용(관리)상 분류

사용의 전용, 비전용에 따라 전용사무소, 준 전용사무소, 준 임대사무소, 임대사무소, 복합사무소, 오피스텔로 나눌 수 있다.

① 전용사무소 : 완전한 자기 전용사무소로서 단독 기업이 사용
② 준 전용사무소 : 몇 개의 회사가 모여서 하나의 사무소를 건설하여 공동 소유하며 분할하여 사용
③ 준 임대사무소 : 건물의 주요 부분을 전용 사무소로 사용하고, 나머지를 임대하여 사용
④ 임대사무소 : 건물의 전부 또는 대부분을 임대 주어 사용
⑤ 복합사무소 : 건물의 일부는 호텔, 백화점 등의 용도로, 일부는 사무소로 사용
⑥ 오피스텔 : 업무를 주로 하는 건축물로서 분양 또는 임대된 공간에서 숙식을 할 수 도 있다.

─ 업무시설 ──────────

- 공공업무시설 : 국가 또는 지방자치단체의 청사와 외국공관의 건축물로서 제1종 근린생활시설에 해당하지 아니하는 것
- 일반업무시설 : 금융업소, 사무소, 신문사, 오피스텔 그 밖에 유사한 것으로서 제2종 근린생활시설에 해당하지 아니하는 것

1.4 임대비율과 수용인원

(1) 렌터블 비(rentable ratio, 유효율)

사무소 렌터블 비(유효율)란? 연면적에 대한 임대 면적의 비율을 말한다. 렌터블 비가 높다는 것은 유효면적이 크다는 의미이며 이는 건물의 임대수익을 높일 수 있다는 의미이기도 하다.

$$\text{렌터블 비} = \frac{\text{대실면적(수익 부분 면적)}}{\text{연면적}} \times 100$$

- 연면적 대비 : 65 ~ 75%(평균 70%)
- 기준층 대비 ; 75 ~ 85%(평균 80%)

(2) 임대단위 구분

- 기둥 간격 단위로 임대하는 형식
- 블록(Block) 단위로 임대하는 형식
- 층별 단위로 임대하는 형식
- 전층을 임대하는 형식

(3) 수용인원과 면적

사무소 건축의 면적 계획에 있어서 기본이 되는 요소는 수용인원이다.
- 1인당 소요 바닥(연)면적 : 8 ～ 11㎡
- 1인당 소요 대여면적 : 6.5 ～ 8㎡
실제로 사무를 보는 순수 사무실 대여면적 : 5.5 ～ 6.5㎡/인

1.5 사무소의 공간 구분

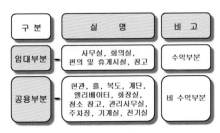

그림 4-6. 사무소의 공간 구분

사무소는 임대 부분(수익 부분)과 공용 부분(비수익 부분)으로 나눌 수 있다. 임대 부분은 임대된 사무실, 회의실, 편의·휴게시설, 창고 등이며, 공용 부분은 현관, 홀, 복도, 계단, 엘리베이터, 화장실, 청소 창고, 관리사무실, 주차장, 기계실, 전기실 등으로 나눌 수 있다.

(1) 수익 부분(임대 부분)

사무실, 회의실, 점포, 편의·휴게시설, 창고, 유료 주차장

(2) 비수익 부분

가) 공용부
① 동선 및 교통시설 : 현관, 홀, 복도, 계단, ELE 등
② 서비스 시설 : 화장실, 급탕실, 청소도구실 등

나) 비공용부
① 관리시설 : 관리실, 숙직실, 종업원실, 창고, 관재실 등
② 설비시설 : 기계실, 전기실, 공조실, 샤프트 및 슈트 등

2 | 대지의 조건과 배치계획

2.1 입지 조건

사무소의 입지 조건으로는 도시지역과 비도시지역의 건축 가능 용도지역과 교통, 도시기반시설, 주변 현황 등 도시적 조건 및 대지 형상, 대지에 면한 도로 수, 전면도로의 길이, 주변 환경 등 대지 조건으로 나눌 수 있다.

(1) 건축가능 용도지역

구 분	세부 지역	내 용
도시지역	- 주거지역 - 상업지역 - 공업지역 - 녹지지역	- 중심상업지역과 일반상업지역에서 업무시설 건축 가능 - 일반주거지역, 준주거지역, 근린상업지역, 유통상업지역, 준공업지역의 경우 조례에서 건축가능
비도시지역	- 관리지역 - 농림지역 - 자연환경보전지역 - 기타(자연취락지구, 개발진흥지구, 수자원보호구역, 공원보호구역, 농공단지, 국가지방산업단지 등)	- 일정 규모 이상의 업무시설은 개발 불가능

표 4-1. 업무시설 건축이 가능한 용도지역

(2) 대지 조건

① 교통과 이용자의 접근이 편리한 곳

② C.B.D(Central Business District, 중심업무지구)에 근접된 곳

③ 관련 직종, 기관 등이 모여 있는 곳

④ 도시기반시설(상하수도, 전기, 통신, 가스 등)이 정비된 곳

⑤ 도로의 접근성과 도로에서의 정면성 강조가 용이한 곳

⑥ 도로에 2면 이상에 접한 곳(보행자와 차량의 출입구 분리)

⑦ 대지에 면한 도로의 폭이 최소 4m 이상인 곳(20m 이상이 바람직)

⑧ 일조, 소음, 국지풍 등 주변 환경의 영향이 적은 곳

⑨ 이용자 편익시설(주차장 및 상점 등 근린생활시설)의 확보되어 있는 곳

⑩ 대지의 지형이 직사각형인 곳

2.2 배치계획

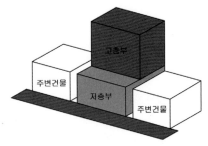

그림 4-7. 가로의 연속성을 고려한 배치계획

건물의 용도와 경제성을 고려하여 건폐율, 용적률을 계획하고, 인접한 도로와의 관계 분석을 통한 주출입구, 부출입구, 보차 분리, 옥외주차장, 도로 폭에 의한 건축물 사선 제한, 대지나 피난 및 소화에 필요한 통로 등을 계획하고 향, 조망, 소음, 조경계획 등이 유리하도록 계획한다.

① 대지는 도로에 접한 면이 길고, 직사각형이 유리하다.
② 건축물 요구 조건, 대지 조건, 법규 등을 분석하여 건축 부분과 옥외공간(주차장, 휴식공간, 조경 및 공개공지(연면적 5,000㎡ 이상 건축물 공간 등)부분 등 토지이용계획 및 동선(출입구) 계획 수립
③ 2면에 접한 대지일 경우 폭원이 큰 도로에 전면과 보행 출입구를 면하도록 하고, 차량 출입구를 부도로에 배치
④ 지하주차장은 옥외주차장과 연계(통과하여) 진입하도록 배치
⑤ 건물과 공개 공지, 옥외주차장 사이에 보행로와 주차 블록을 두어 안전 확보
⑥ 보차 분리 및 서비스 동선 등 기능별 동선 분리
⑦ 남향 배치(에너지 절약)가 유리하며, 동서향 배치는 지양
⑧ 조망, 소음, 바람의 영향을 고려한 식재계획 수립
⑨ 고층 건축물이 경우 보행자가 느끼는 위압감을 줄일 수 있도록 고층부의 건축선을 후퇴하는 설계를 고려한다.
⑩ 도로 또는 공지로 통하는 유효너비 3m 이상의 피난 및 소화에 필요한 통로를 계획한다. (통로 너비가 35m 이상인 경우, 유효너비 6m 이상이 바람직)
⑪ 상하수도, 도시가스, 전기, 우수로, 정화조 등의 도시기반시설과의 연결계획, 조형물의 위치, 주변 소음원으로부터 차음 및 차면 식수를 계획한다.
⑫ 지하층의 채광 효과와 특색 있는 외부공간의 창출을 위한 선큰가든(sunken garden)계획 시 보차 동선에 지장이 없는 계획이 되도록 주의한다.

3 평면계획

3.1 평면계획의 방향

사무소 건축은 수익을 목적으로 하는 대표적 상업 건축물이다. 목적에 맞춰 업무공간을 중심으로 사무능률을 올릴 수 있도록 업무 변화에 대응한 융통성 있는 공간계획, 구성원 및 그룹 간 프라이버시와 커뮤니케이션 효율을 도모하고, 에너지 절약에 유리한 평면 구성을 통한 경제성 및 방재와 피난 등의 안전성이 확보되도록 계획한다.

■ 평면계획의 방향

- 업무 변화에 대응한 공간계획의 융통성 부여
- 프라이버시와 커뮤니케이션 효율 도모
- 에너지 절약 및 유지관리에 최적화된 계획을 통한 경제성 추구
- 방재와 피난의 안전성 부여

3.2 평면계획 시 주요 검토사항

사무소 평면계획(office layout)은 업무내용과 형태, 사람 및 정보의 흐름, 지적 업무 등의 창조성, 회의, 접대, 편의시설 등의 작업 효율성 및 편리성과 더불어 생리적, 심리적 안정성 등이 종합적으로 검토되어 계획되어야 한다. 평면계획 시 주요 검토사항으로는 다음과 같다

- 주층(main floor), 대실층, 지하층의 업종과 기능에 따른 공간 구조
- 기계실의 배치(지하층-상향식, 최상층-하향식)
- 사무공간의 독립성, 쾌적성
- 업무내용의 변화에 대응한 공간의 융통성
- 작업능률과 사무환경 제고
- 사무공간의 방위, 크기, 구획 방법, 출입구 및 창호의 위치와 크기
- 현관, 홀, 복도, 계단, ELE 등 공용부의 크기 및 배치 방식
- 화장실, 급탕실, 잡용실 등 서비스 공간

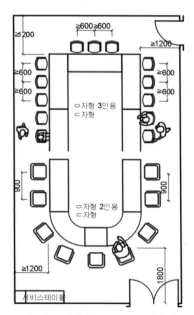

그림 4-8. 회의실 Lay-out을 위한 가구 배치 스케일

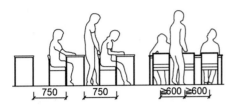

그림 4-9. 사무실 책상의 간격

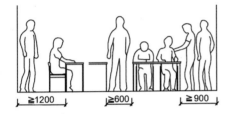

그림 4-10. 사무실 책상과 통로 간격

- 적정 유효율(rentable ratio, 65~75%)
- 모듈 계획 : 작업단위, 구조계획, 주차방식, 기둥 간격, 채광, 동선 등
- 코어 계획 : 내력벽, 계단실, ELE, 비상시설 등
- ELE 수송시설 용량, 대수, 운행방식
- 주차장의 규모, 배치, 형식, 기둥 간격
- 공조 방식, DS, PS의 위치, 크기, 설비 시스템 특성 및 한계
- 피난 거리, 피난계단, 비상출입구, 조명 한계, 소화설비 시스템 등 방재 및 방화 구획
- 기업 이미지와 도시경관 등을 고려한 평면디자인과 조형미

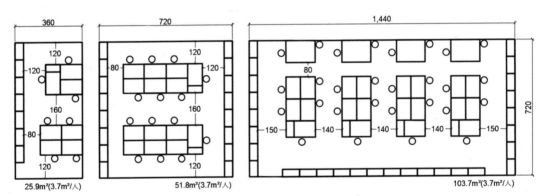

그림 4-11. 사무실 책상 Lay-out에 따른 소요 스케일

3.3 사무실 평면 형식별 특징

사무공간은 사무라는 업무를 하는 공간으로서 정보가 만들어지고 교환하며 보관하는 기능을 갖는다.

(1) 사무실계획(Office Planning)의 과정

사무공간의 설계 과정(Process)은 크게 기획, 조사·분석, 계획, 설계과정으로 이루어진다고 할 수 있으며, 이를 오피스 플래닝(Office Planning)이라고 한다.

구분	기획	조사 · 분석	계획	설계
내용	• 회사개황(概況), 조직, 인력, 발전 계획 등 특성파악 • 건축의 목적 및 개념 정립 • 건축 스케줄 및 예산 파악 • 개략적 이미지 구상	• 업무의 특성, 업무 및 커 뮤니케에션의 흐름, 정보 의 저장시스템, 각 실의 사용현황, 소요 가구 및 설비 시스템 등의 현황 조사 및 분석 • 조사 · 분석을 통한 문제점 도출 및 대안 개념 작성 • 사례조사 • 소요실 및 면적 산출	• 소요실, 실별 면적, 층별 사용 계획 • 수평, 수직 조닝계획 • 수평, 수직 동선계획 • 문서, 커뮤니케이션 흐름계획 • 정보 보관 및 저장계획 • 각종 설비시스템과 운영계획 • 레이아웃 플랜 작성 • 건축물의 결정 및 예산 작성	• 레이아웃 실시설계 • 내 · 외부 디자인 • 가구 • 각종 설비시스템 • 운영 매뉴얼 및 유지관리 방안

표 4-2. 오피스 플래닝(Office Planning)의 과정

(2) 오피스 레이아웃(Office layout)

사무실 계획에 있어서 업무의 내용, 사람 및 정보의 이동, 회의, 접대, 탈의 등 업무의 운용 측면을 종합적으로 검토 · 분석하여 효율적인 공간의 형태와 칸막이의 형태 및 유무를 정하는데, 이를 오피스 레이아웃(Office layout)이라 한다.

오피스 레이아웃의 형태는 복도의 형태 및 칸막이의 형태와 유무 등에 따라 크게 복도형(개실형, Corridor Type), 반개방형(Semi-Open type), 개방형(Open Type), 오피스 랜드 스케이프형(Office Landscape)으로 구분할 수 있다.

1) 복도형(corridor type, 개실형)

개실형 평면은 복도를 통하여 각 실로 출입하는 공간 형태를 말하며 폐쇄형이라고도 한다. 비교적 소규모 사무공간에 적합하며, 사무실의 길이는 변화를 줄 수 있으나 깊이는 변화를 줄 수 없는 단점이 있다.

가) 장점
• 독립성과 쾌적성이 좋다.
• 임대가 용이하다. (불경기 시)
• 소규모 사무실에 적합하다.
• 주위환경의 영향을 덜 받는다.

나) 단점
• 공사비가 비교적 높다.
• 면적당 임대료가 높이 책정된다.
• 사무실의 길이에 변화를 줄 수 있으나, 연속된 복도 때문에 방 깊이는 변화를 줄 수 없다.
• 커뮤니케이션이 불리하다.

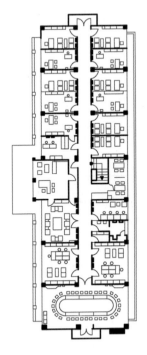

그림 4-12. 개실형 평면계획 예

복도형은 단일 지역 배치(single zone layout, 편복도식), 2중 지역 배치(double zone layout, 중복도식), 3중 지역 배치(triple zone layout, 중복도+코어) 형태로 분류할 수 있다.

① 단일 지역 배치형(single zone layout, 편복도식)
　편복도식의 단일 지역 배치는 채광, 통풍 등이 양호하고 각 실의 독립성과 쾌적성이 좋으나 임대료가 비싸다.

② 2중 지역 배치형(double zone layout, 중복도식)
　중복도식의 2중 지역 배치는 중규모의 사무실 건축에 적합하다. 사무실의 위치에 따라 환경의 차이가 있다. 북측에 면한 사무실은 환경이 열악하다.

③ 3중 지역 배치형(triple zone layout, 중복도 + 코어)
　중복도 형식과 코어 시스템을 접목한 3중 지역 배치형은 사무실과 수직 교통시설의 복잡한 동선을 해결할 수 있으며, 고층의 대규모 사무실에 적합하고, 경제적이며 미적, 구조적 측면에서 유리한 장점이 있다.

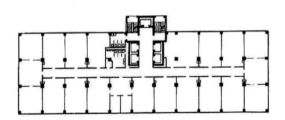
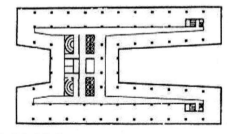

그림 4-13. 2중 지역 배치 계획 예

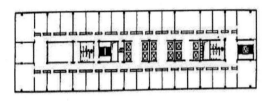

그림 4-14. 3중 지역 배치 계획 예

　반면, 인공조명과 기계 환기 시스템이 필요하고 교통시설(계단실, ELE 등)과 위생설비가 중심부에 배치되지 않으면 동선이 길어지고 공용 공간과 서비스 면적이 늘어나는 등 저층의 사무실일 경우 중앙부의 면적이 넓어 불합리하다.

2) 반개방형(Semi-Open Type)

개방형과 개실형을 혼용하는 형식으로써, 큰 사무실을 일부는 칸막이, 일부는 파티션(partition)으로 공간을 나누는 방식이다. 관리직급의 개실 공간이 존재한다.

3) 개방형(open plan type)

개방형 평면은 사무실 간의 칸막이벽을 두지 않으며, 업무의 내용과 사람 및 정보의 흐름에 알맞게 책상을 몇 개의 그룹으로 나누어 배치하고, 각각의 그룹은 낮은(low) 파티션, 캐비넷(cabinet), 수납가구, 식물 등으로 구분하는 등 프라이버시를 적정히 확보하면서 커뮤니케이션의 효율을 도모한다. 칸막이벽이 없으므로 개실 시스템보다 공사비가 저렴하다.

가) 장점

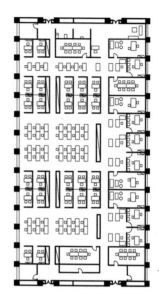

- 칸막이가 없어 공사비가 낮다. (초기 투자비가 낮다)
- 면적당 임대료가 낮다.
- 전면적을 유료화할 수 있으며 공간을 절약할 수 있다.
- 유지관리비가 적게 든다.
- 중역들을 위한 방의 길이나 깊이에 변화를 줄 수 있다.
- 내부 개조가 용이하여 전면적을 유용하게 활용할 수 있다.

나) 단점

- 소음의 영향이 크고 독립성(중역실, 회의실 등)이 떨어진다.
- 주위환경에 대한 통제가 어렵다.
- 불경기에 임대하기 어렵다.
- 자연채광과 인공조명 계획에 유의한다.

그림 4-15. 반개방형 평면계획 예

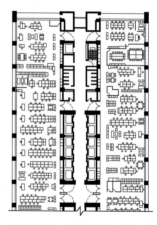

그림 4-16. 개방형 평면 타입 예

4) 오피스 랜드스케이핑(Office Landscaping)

개방형 배치에서 좀 더 발전시킨 형식으로 Office Landscaping 은 복도와 사무실 간의 칸막이를 두지 않고 계단실, 홀, 엘리베이터 등에서 직접 사무실로 출입하는 공간 형태의 특징을 가지고 있다. 사무기능의 질과 효율을 높임과 동시에 쾌적한 사무환경을 마련하기 위하여 사무공간의 실내를 이동식의 낮은 파티션, 시스템가구, 식물 등의 배치를 통하여 프라이버시를 적정히 유지하면서 커뮤니케이션의 효율을 도모한다. 조직 및 그룹의 변화에 대응하여 다양한 배치를 할 수 있으며, 이에 필요한 가구, 통신배선, 조명 등의 시스템화 계획이 필요하다.

그림 4-17. 개방형 사무실 이미지

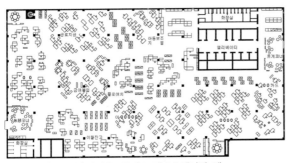

그림 4-18. 오피스 랜드스케이핑 예

① 계획 시 고려사항

• 작업 흐름(work flow)과 의사전달 및 정보교환(communication)에 따라 책상을 배치한다.

• 사무실 내 주통로는 2m, 부통로는 1m, 책상과 책상 사이는 0.7m, 책상과 외벽 간 거리는 0.75m 이상이 되도록 계획한다.

그림 4-19. 개방형 사무공간의 칸막이 높이와 시각

110 : 앉아서 주위를 볼 수 있다.
120 : 앉은 눈높이와 비슷하고 일어서면 주위를 볼 수 있다.
150 : 서 있을 때의 눈높이와 비슷하고 주위를 볼 수 있으며 압박감이 적다.
160 : 앉은 위치에서 벽면이나 수납선반에 손이 닿을 수 있다.
180 이상 : 사람의 움직임을 시각적으로 가릴 수 있으며, 외부의 시선을 의식할 필요가 없고 프라이버시가 높다.

• 사무공간의 획일성에서 탈피하여 유연성(flexibility)있는 공간 배치와 업무단위 그룹핑(grouping)이 자유롭도록 한다.

• 복도나 출입구에서 각 개인의 업무공간이 보이지 않도록 한다.

• 타인에게 방해되지 않고 업무공간으로 이동하거나 복도로 나갈 수 있도록 한다.

• 고정식 칸막이 대신 이동식 칸막이(낮은 칸막이)를 사용한다.

• 휴식 장소는 30m 이내에 둔다.

• 소음원을 격리하고, 소음 방지를 위해 마감재와 가구계획을 고려한다.

② 특징

가. 장점

• 작업능률을 향상시킬 수 있다.

• 업무단위를 자유롭게 그룹핑 할 수 있다.

• 개방식으로써 공간의 절약과 이용률이 높고 내부 개조가 용이하다.

• 칸막이 벽이 없음으로 공사비를 절약할 수 있다.

나. 단점

• 칸막이가 없음으로 소음의 영향이 크고 독립성이 떨어진다.

• 실내 소음방지을 위한 카펫, 벽 및 천장의 흡음재 사용 등이 필요하다.

• 계획이 합리적이지 않을 경우 국부적인 혼란이 있다.

4 | 코어(Core) 계획

    코어(Core) 계획이란, 건축물의 유효면적을 높이기 위해 각 층의 공용 또는 서비스 부분을 주요 공간으로부터 분리시켜 한 곳에 집중시키는 계획을 말한다. 코어 계획을 통하여 유효면적을 증대하고 구조적, 설비적 계획과 수직 동선의 효율성을 높일 수 있다. 대규모, 초고층 건축물일 경우 한 곳에 집중시키기 보다는 방재와 피난을 고려한 2방향 피난을 위하여 중앙 코어보다는 양단부 코어 또는 복합형 코어를 계획하도록 한다.

- 서비스 부분을 집약적으로 배치시킨 계획
- 유효면적(임대면적)을 높일 수 있다.
- 평면적, 구조적, 설비적 효율성 증대
- 코어 배치 방식에 따라 건축물 외관의 변화를 줄 수 있다.

(1) 코어(core)의 역할

① 평면적 역할

    서비스 부분을 사무공간에서 분리(중앙, 한쪽 옆, 외부 등)하여 집약함으로써 유효면적을 높이고, 계단과의 거리를 짧게 할 수 있으며, 자유로운 공간을 확보할 수 있다.

② 구조적 역할

    코어 부분이 내력 구조체로서 내진벽 역할과 건축물의 하중을 부담하여 장스팬이 가능하고 구조적 안정을 확보할 수 있다.

③ 설비적 역할

    설비시설을 집약하여 설비 계통 거리의 단축 및 중추기능의 집중화와 로비, 계단(피나계단 제외), ELE 등 수평, 수직 교통을 집중화할 수 있다.

(2) 코어(core) 계획의 원칙

- 승강기, 화장실, 계단실(피난계단 제외)은 근접시킨다.
  - 피난계단은 코어 부분에서 법정 거리 이상 이격되어야 하므로 코어 시스템과 피난계획은 별계이다.
- 잡용실, 급탕실, 공조실은 근접시킨다. (shaft, duct, chute 등)
- 승강기 홀과 주출입구 간격은 굴뚝 효과 방지를 위해 이격시킨다.
- 코어와 사무실 간의 동선을 단순화시킨다.
- 코어는 각 층마다 같은 위치에 배치한다.
- ELE 홀은 가급적 중앙에 배치한다.
- 코어 구조는 내력 구조체로 한다.

(3) 코어(core)의 종류

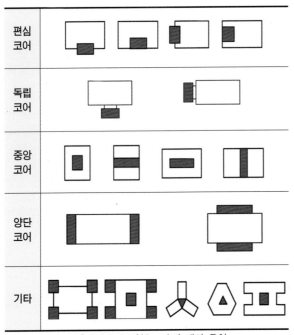

그림 4-20. 코어(Core)의 배치 유형

① 편심코어

코어를 전·후·좌·우 등의 하나의 단부에 계획하는 형식으로 바닥면적이 크지 않은 소규모 사무실인 경우에 많이 사용한다.

바닥면적이 큰 경우 코어 이외에 별도의 피난시설과 샤프트 등이 필요하다. 화재 시 코어가 오염되면 전체가 오염되어 피난과 설비계획 등이 불리하다.

② 독립코어

코어를 본 건물과 별도로 배치하여 연계한 형식으로 코어의 영향을 받지 않고 자유로운 사무공간을 확보할 수 있다. 내진구조상 불리하고, 피난시설과 설비 설치 등이 불리하며, 부코어가 필요하다.

③ 중앙코어

구조코어로서 바람직한 유형이다. 바닥면적이 큰 대규모 및 고층에 적합하다.

④ 양단코어

분리형 코어라고도 한다. 사무실의 전후, 좌우 양측에 코어를 분리하여 배치하는 형식으로써 대규모 공간 확보를 필요로 하는 전용사무실에 적합하다.

방재와 피난(2방향 피난)에 유리하다. 양단코어를 잇는 복도를 둘 경우 유효율이 떨어진다.

5 입면계획

5.1 입면계획 시 고려사항

사무소 건축의 입면디자인과 지붕(옥상층) 및 저층부의 캐노피 디자인은 사무소의 랜드마크적 기능에서 중요하다. 사무소의 입면계획 시 형태 및 재료, 저층부 디자인, 색채, 지붕 및 옥상, 야간조명, 기타 설비시설물 등을 중점으로 다음 사항을 고려하여 계획한다.

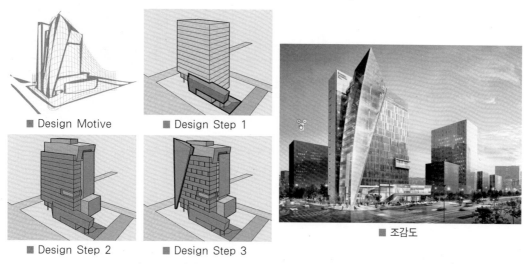

■ Design Motive　　■ Design Step 1

■ Design Step 2　　■ Design Step 3　　■ 조감도

그림 4-21. 입면 디자인 전개 예(광주보험회관, ㈜종합건축사사무소 일감)

- 도시적 이미지와 사무소 건축물로의 특징이 형태와 입면에 나타나도록 계획한다.
- 외벽면의 투시형 벽면과 비투시형 벽면의 특성을 고려하여 계획한다.
- 가로에 면한 입면은 주변 가로경관을 고려하여 1층의 층고, 외장재, 색채 등을 고려하여 가로의 연속성이 유지되도록 계획한다.
- 1층 바닥 높이는 대지 내 공지 또는 보도와의 단차가 같거나 높지 않도록 계획한다. (15cm 이하가 바람직)
- 저층부의 경우 독창적이며 시각적으로 주변과 차별화된 캐노피 디자인이 되도록 계획한다.
- 주변과 조화되며 시각적으로 안정된 색채를 사용하고, 창문, 문 또는 벽면의 일부 색채를 부분적으로 강조할 수 있도록 한다.
- 건축물의 외장 재료와 색채는 업무시설의 상징성에 부합되도록 하며, 도시 이미지 창출을 위해 형태적 특징이 나타날 수 있는 야간 경관을 고려하여 계획한다.
- 건축재료가 지닌 재질감의 특성을 살리면서 주변과 조화를 이루도록 계획한다.

- 입면에 홍보간판 또는 옥외광고물의 설치를 고려하여 계획한다.
- 지붕과 옥상층은 조형적 디자인이 되도록 계획하되 급수시설, 환기시설, 통신설비 등 건축물의 유지관리에 필요한 시설과 녹지 및 조경공간으로 활용 등을 고려한다.

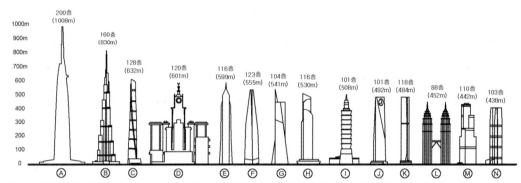

주) Ⓐ 제다(킹덤)타워(사우디, 2019년 예정), Ⓑ 부르즈칼리파(두바이, 2010), Ⓒ 상하이타워(상하이, 2015),
Ⓓ 메카로얄클락타워(사우디, 2012), Ⓔ 핑안국제금융센터(중국 선전, 2017), Ⓕ 롯데월드타워(한국 서울, 2016),
Ⓖ WTC(뉴욕, 2014), Ⓗ CTF금융센터(중국 광저우, 2016), Ⓘ 타이베이101(대만, 2004)
Ⓙ 상하이 세계금융센터(상하이, 2007), Ⓚ 인터내셔널 커머스센터(홍콩, 2010), Ⓛ 페트로나스타워(쿠알라룸푸르, 1988),
Ⓜ 시어스타워(시카고, 1974), Ⓝ 광저우 웨스트타워(광저우, 2010)

그림 4-22. 세계의 고층빌딩과 입면 디자인

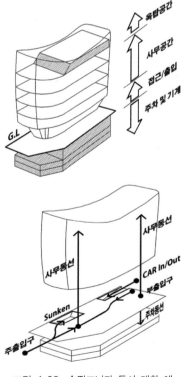

그림 4-23. 수직조닝과 동선 계획 예

- 건축물의 옥상 및 지붕 위에 설치되는 물탱크, 환기설비, 냉각탑, 환기구 등 옥상 구조물이 전면도로의 반대편에서 보이지 않도록 하는 차폐시설은 디자인이 조화되도록 계획한다.
- 기능에 따라 Mass를 분절하고, 상이한 기능이 만나는 곳은 완충적 Mass로 연결되도록 계획한다.
- Mass의 일부를 첨가, 삭제, Set back 등의 변화를 주되 질서와 통일성을 유지한다.
- 저층부의 경우 친근감 있는 재료를 사용하고 홍보 및 전시라운지 등을 설치하여 차별화된 디자인이 되도록 계획한다.
- 중층부의 경우 리듬감과 통일감이 있는 디자인이 되도록 계획한다.
- 상층부의 경우 건축물의 인지성이 부각될 수 있도록 계획한다.

5.2 입면창의 형태에 따른 특성

사무소 건축의 외벽 디자인 요소는 크게 벽체부와 개구부로 구분할 수 있다. 벽체부는 벽(Wall), 기둥, 보 등의 구조체와 커튼월(Curtain Wall)과 같은 전면(全面)창, 수평/수직의 연속 또는 단속 창으로 나누어지며, 개구부는 출입구와 캐노피(Canopy) 등으로 나눌 수 있다.

사무소의 입면창은 전면창 여부, 수직/수평의 방향과 연속성, 창의 좁고, 넓음 등에 따른 면 분할에 의하여 입면 디자인 이미지는 많은 영향을 받는다.

(1) 수평창

• 단속(斷續) 수평창과 연속(連續) 수평창으로 구분할 수 있다.
• 폭이 높은 연속 수평창의 경우 개방성 확보와 채광에 유리하다.
• 폭이 낮은 연속 수평창의 경우 외부에서 내부로는 쉽게 보이지 않아 프라이버시에 유리하나, 채광에 불리하다.

(2) 수직창

• 수직창은 건축물을 종(縱)적으로 크게 보이는 효과가 있다.
• 단속 수직창과 연속 수직창으로 구분할 수 있다.
• 연속 수직창의 경우 실 깊이가 깊은 사무실의 채광에 유리하다.
• 폭이 좁은 단속 수직창의 경우 창을 감싸고 있는 벽 또는 창틀에 의한 음영(陰影)의 영향을 받는다.
• 수직창이 수평창보다 주광률(晝光率) 상승에 유리하다.

(3) 커튼월(Curtain Wall, 장막벽) 계획

기본적 의미는 하중을 받지 않는 벽체(장막벽, 帳幕壁)를 의미한다. 일반적으로 비 구조재로서의 외벽을 유리로 마감하는 의미로 사용되고 있다. 유리의 특성에 따른 경량감을 강조할 수 있고, 디자인의 다양성을 줄 수 있다. 커튼월 계획의 외벽 구성 방식에 따른 입면 디자인은 다음의 4가지의 방식에 의해 영향을 받는다.

① 피복 방식(Sheath Type)

• 구조체가 외부에 노출되지 않도록 은폐시키고, 새시(sash)를 패널(panel) 안에 끼우는 방식이다.

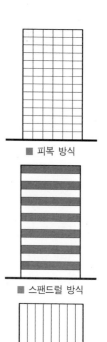

■ 피복 방식

■ 스팬드럴 방식

■ 멀리언 방식

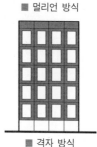

■ 격자 방식

그림 4-24. 커튼월의 방식과 입면 디자인

② 스팬드럴 방식(Spandrel Type)
• Spandrel : 천장이 시작되는 부분에서 상부층의 창이 시작되는 부분까지 뒤판을 설치하고 장막벽
(帳幕壁)을 만든 부분
• 수평을 강조하는 창과 스팬드럴이 조합된 방식
③ 멀리언 방식(Mullion Type)
• Mullion : 층 단위로 구성되어 풍압을 견디는 수직 주 구조부재
• 수직부재(기둥)를 노출시키고 그 사이에 유리창 또는 스팬드럴 패널을 끼우는 방식, 샛기둥방식
이라고도 한다.
④ 격자 방식(Grid Type)
• 수평과 수직의 격자형 분할 방식

6 세부계획

6.1 천정고와 층고

사무실 빌딩의 천정 높이는 실의 넓이, 유리창의 크기, 인체치수의 개인차 등에 따른 느낌에 따라
높이의 공간감을 달라질 수 있다. 중고층 사무소의 천정 높이는 2.6m 이상이 바람직하나 사무실 공
간의 기능과 목적, 양호한 환경(채광), 경제성(층고에 따른 층수의 변화) 등에 알맞도록 충분한 높이
를 확보한다.

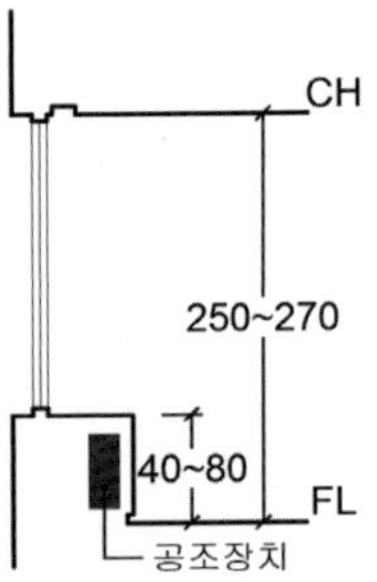

그림 4-25. 사무실
창대 및 천장 높이

(1) 층고 결정요소
• 층 높이는 천정 높이와 천정 안쪽의 필요 치수(보의 높이, 보 밑을 지나는
덕트의 치수 등)에 의하여 결정되며, 스프링클러, 배연, 방연 등 법적인 요구
를 고려한다.
• 사무실 깊이는 천정고의 2~2.5배가 적절

(2) 1층
소규모 사무실의 경우 4m, 은행 4.5~5m, 중 2층의 경우 5.5~6m로 계획한다.
• 소규모 : 4m
• 은행 등 : 4.5~5m(천정고 3.6 + 설비 0.8~1.4)
• 중 2층 : 5.5~6m

(3) 기준층

- 3.4~4m(천정고 2.7~3.0 + 보 높이 0.6 + 덕트 등 설비 0.6)

(4) 최상층

옥상으로부터 단열과 슬래브 물매를 고려하여 기준층보다 30cm 높게 계획

- 스카이라운지, 연회장 : 4~5m
- 옥탑 및 ELE 기계실 : 4m 내외

(5) 지하층

- 일반적 : 3.5~3.8m
- 주차장 : 3~3.3m
- 판매시설 : 3.4~4.2m(천정고 2.7~3.0 + 설비 0.8~1.2)
- 냉난방 공조기계 및 설비 : 소규모 건물 4.0~4.5m, 대규모 건물 5~6.5m
- 기계실 : 6m 내외

6.2 기둥 간격

사무실의 기둥 간격(span)의 결정 요소로는 사무실의 작업 단위(책상 배열단위), 지하주차장의 주차단위, 구조적 허용응력의 한계 등을 고려하여 계획한다.

(1) 구조별 일반적 기둥 간격

- 철근 con'c조 : 5.0~6.0m
- 철골철근 con'c조 : 6.0~7.0m
- 철골조 : 7.0~9.0m

(2) 사무실 책상 배열을 고려한 기둥 간격

- 책상 배열의 기본 모듈인 1.5m~1.6m를 적용 시 철근콘크리트조(RC조)는 6.6~7m, 철골조는 4.5~6m(단변) × 9~12m(장변)를 고려하여 계획한다.

(3) 지하주차장의 주차 연접대수를 고려한 기둥 간격

① 주차대수를 3대 또는 4대로 연접하여 배치를 고려한다.
② 주차 3대인 경우 : 6.9m+기둥 크기(600 or 900)+마감(충돌방지 보호대, 인테리어 등)=7.5~ 7.8m+마감
③ 주차 4대인 경우 : 9.2m + 기둥 간격(600 or 900) + 마감(충돌방지 보호대, 인테리어 등) = 9.8 ~ 10.1m + 마감

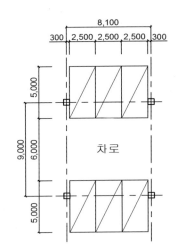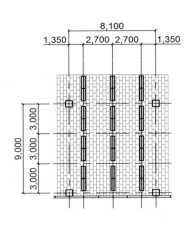

그림 4-26. 기둥 간격에 의한 주차 및 사무실 천정 조명계획 사례

(4) 기둥 간격의 치수조정 검토(Modular Coordinations)

사무소의 기본 모듈(module)를 결정하고 그 모듈 크기를 기준으로 다른 부분의 치수를 결정한다. 기본적으로 해당 사무소 건축물에서 사용하는 가장 작은 단위 실 또는 가장 많이 사용되는 실의 크기를 기준으로 할 수 있다.

① 인간 활동(업무용도, 사무실, 오피스텔, 호텔 등 복합용도 여부 등)
② 조명설비의 치수 : 흡음 천장재의 폭 300 or 600mm를 고려
- 보통 2.7m, 3.0m를 사용한다. 2.7m를 기본 모듈로 사용하면 기둥 간격은 8.1m, 3.0m를 사용하면 기둥 간격은 9.0m가 된다.
③ 스프링클러, 감지기, 비상조명의 간격
④ 공조설비 치수
⑤ 주차배치 치수

6.3 승강기 계획

사무소 건축물의 이용자와 방문객의 편의를 위해서 승강기 설치를 계획한다. 승강기의 배치 형태는 승객의 수송 효율 및 편리성과 승강기의 기능 및 조형미를 고려하여 계획한다.

(1) 승강기 계획 시 고려사항

승강기는 이용자의 중심에서 최단거리에 배치되어야 하고 대기하는 이용자와 출입문과의 거리를 최소화하는 반면 승강기 하차하는 이용자와 승강기로 접근하려는 이용자의 간섭을 최소화하는 승강장 폭과 보행공간을 계획해야 한다. 승강기 계획 시 고려할 사항은 다음과 같다.

- 주출입구에서 승강기 로비를 쉽게 찾을 수 있도록 계획한다.
- 이용자의 중심에서 최단거리에 배치되도록 한다. 2대 이상 설치 시 이용자와 출입문과의 거리를 최소화한다.
- 승강기에서 하차자와 이용 접근자의 간섭을 최소화하도록 승강장 홀 폭을 최소 1.6m 이상 확보 하도록 계획한다.
- 대기 이용자는 승강기 로비 중심에서 모든 승강기의 출입문을 관찰할 수 있도록 계획한다.

(2) 승강기 배치계획

　승강기의 배치는 1대가 설치되는 단독 배치, 2대 이상이 횡열로 배치되는 직선 배치, 서로 마주보는 대면 배치, 원형 배치 등으로 구분할 수 있다.

가) 배치계획 시 고려사항

① 일반적으로 한 곳에 집중 배치가 유리
- 승강기 직선 적정 배치 대수 : 적정 3대 이하, 최대 4대 이하
- 6대 이상 시 : 홀을 사이에 두고 양측에 설치
- 주출입구에서 승강기 홀을 찾기가 쉬운 곳에 배치한다.

구 분	승강기 대수						
	1	2	3	4	4	6	8
배치형식	단일	직선 병렬	직선 병렬	직선 병렬	대면	대면	대면
깊이 (Car깊이×)	1.5	1.5	1.5 ~2	1.5 ~2	2	2	2
승강장 홀 최소 폭(m)	1.6	1.8	1.8	2.4	2.4	3	3

표 4-3. 승강장 홀 폭

② 1개소에 집중 배치 시
- 승강기 홀의 승객 1인당 점유면적 0.5~0.8m²/인 이상
- 접근 승객과 대기 승객의 간섭을 최소화할 수 있는 승강장 홀을 확보한다.
  (승강기 2대를 직선 병렬로 배치할 경우 최소 1.8m 이상 확보)
- 승강기 기계실 : 바닥면적은 샤프트 면적의 2.5배 이상

나) 배치 형식

① 직선 병렬 배치
- 승강기 홀에 면하여 1개 측면에 승강기를 병렬로 배치하여 출입구와 신호장치가 배치되어 있는 형식
- 탑승 대기자가 1개 측면만을 확인하면 되므로 승강기 이용 및 운행 상태의 식별이 용이하다.
- 1개 직선 병렬 배치는 동선의 길이와 신호장치의 배치를 고려하여 4대 이하가 적정하다.
- 직선 병렬 배치는 탑승 대기자가 운행 상태의 확인, 신호장치의 배치 및 동선의 길이를 고려할 때 3대가 적정하며, 최대 4대 이하가 되도록 계획한다.
- 4대의 직선 병렬 배치의 경우 신호장치의 식별 및 승강기 운행 상황을 확인하고 출입구로 접근하는 시간이 부족할 수 있으므로 승강기 홀의 폭을 크게 해야 할 필요가 있으며, 이 경우 공간 활용

의 단점이 발생한다.

- 4대의 승강기를 직선 병렬 배치로 계획할 경우 홀의 양측은 개방되고 접근이 가능하도록 계획한다. 승강기 홀의 접근로가 1개일 경우 홀은 매우 혼잡하고 접근로 반대편의 대기자는 탑승시간 지연 등 이용에 불편할 수 있다.
- 2대 이상의 직선 병렬 배치는 전망용 또는 대형 홀의 공간 구조에서 의장적 조형성을 강조하는데 유리하다.

② 대면 배치

- 승강기 홀을 중심으로 2개 측면에 승강기를 배치하는 형식
- 양측 승강기 승객이 동일한 승강기 홀을 사용함으로 공간 이용 효율이 좋다.
- 대면 배치된 승강기 중 한쪽만을 확인할 수 있으며, 대기 중인 승강기의 반대 측 승강기가 도착 시 몸을 회전하여 탑승해야 하는 불편함과 탑승시간이 지연될 우려가 있다.
- 승강기 호출 버튼이 양측에 설치되어 사용에 혼란과 불편의 우려가 있다.
- 2대 대면 배치(각 측에 1대)의 경우 시각적으로 회전하여 연속 확인해야 하는 단점이 있으나 승강기 홀 공간을 최대한 이용할 수 있는 장점이 있다.
- 4대 대면 배치(각 측에 2대)의 경우 고층빌딩 배치에 유리하다. 8대 대면 배치(각 측에 4대)의 경우 초고층 빌딩에 적합하고, 고속의 대형 승강기가 설치되는 경우가 많아 승강로가 차지하는 면적과 홀의 면적이 많이 필요하다.

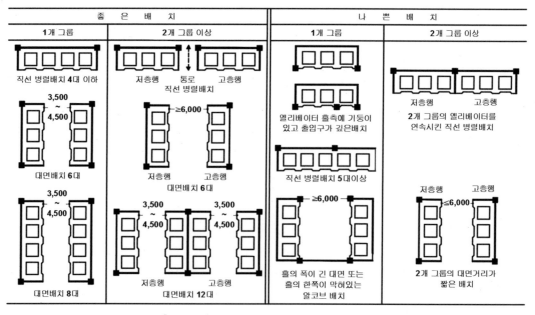

그림 4-27. 승강기 평면배치 형식

③ 반원형 배치

- 반원형 배치는 승강기를 4대 이상 배치 시 시각적 편의성과 동선 길이의 단점을 보완하는 장점이 있다.
- 출근 시간 또는 많은 승객이 일시에 집중되는 업무용 건축물에서는 혼잡을 피할 수 없는 관계로 사용에 적합하지 않으며, 승객의 집중이 크지 않은 호텔이나 백화점 등에서 사용되나 많이 사용되지는 않는다.
- 최대 6대 이하의 배치가 적정하다.

반원형배치

승객의 집중도가 낮은
호텔이나 백화점에서
승객편의성 형상을 위해
적합한 배치다.

그림 4-28. Elevator 반원형 배치계획

(3) 승강기 조닝계획

가) 목적 : 경제성, 수송시간 단축, 임대비 면적증가

나) 방식

① 조닝(Zoning) 방식

담당 층수를 저층과 고층용으로 분리하여 운행한다.

② 더블데크(Double Deck) 방식

두 개(Double Deck Elevator) 또는 3개의 승강기가 연결되어 복층형으로 운행하는 승강기, 1931년 뉴욕의 Cities Service Building에 처음 설치되었다. 사옥에서 주로 채택, 대수 절약 효과

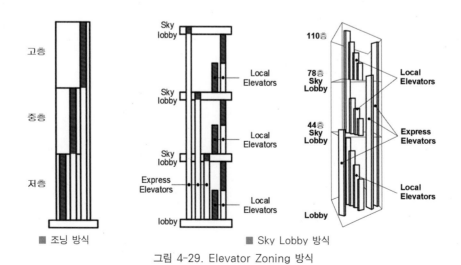

그림 4-29. Elevator Zoning 방식

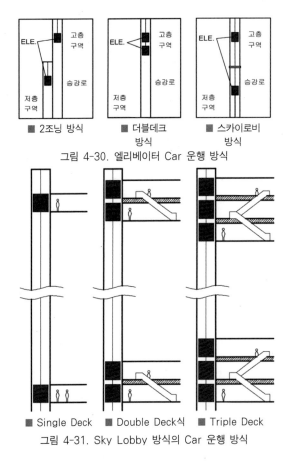

■ 2조닝 방식   ■ 더블데크 방식   ■ 스카이로비 방식

그림 4-30. 엘리베이터 Car 운행 방식

■ Single Deck   ■ Double Deck식   ■ Triple Deck

그림 4-31. Sky Lobby 방식의 Car 운행 방식

③ 스카이로비(Sky Lobby) 방식

초고층 건물에서 수십 층 간격으로 스카이 로비를 설정한 후 기준층부터 스카이 로비 층까지 또는 스카이 로비 층과 스카이 로비 층까지를 논스톱(Non stop)으로 운행하는 고속 엘리베이터(Express or Shuttle Elevator라고도 함)를 설치하는 방식이다.

각각의 스카이 로비 층 사이의 층을 이용할 시에는 스카이 로비 층 사이에 있는 로컬 엘리베이터(Local Elevator)를 이용하여 원하는 층까지 이동한다. 로비 층 사이의 로컬 엘리베이터는 저층, 중층, 고층 등으로 다시 조닝(zoning)되어 운행 층이 나누어질 수 있으며, 이러한 조닝 그룹을 Bank라고 한다.

스카이 로비 방식은 초고층 건물에 적합하며, 승강기의 점유면적은 줄일 수 있으나 갈아타는 불편함이 있다.

Burj Khalifa(110층, 두바이), Willis Tower(110층, 시카고), John Hancock Center(110층, 시카고) 등에서 사용되고 있다.

다) 승강기 대수 산정 방식

① 2층 이상 거주자의 30%를 5분간 운반
② 1인이 승강하는데 필요한 문 개폐 시간 : 6초
③ 1층에 대기하는 시간 : 10초
④ 실제 주행속도는 전 속도의 80% 가정
⑤ 정원의 80%로 타는 것으로 산정

$$\text{엘리베이터 대수}(N) = \frac{T \times 5\text{분간 실제 운반해야 할 인원}}{1\text{대가 5분간 운반할 수 있는 인원}}$$

$$= \frac{T \times 5\text{분간 실제 운반해야 할 인원}}{60 \times 5 \times \text{정원}}$$

T : 엘리베이터 왕복 시간(초)

• 예) 지상 15층 사무소 건축물에서 아침 출근 시간에 엘리베이터 이용자의 6분간 최대인원수가 150명이고 1대의 왕복 시간이 5분이라고 할 때 정원 19인승 엘리베이터의 필요 대수는? (단

엘리베이터 1대의 평균 수송인원은 18명으로 한다.)

☞ ① 5분간 운반해야할 인원 : 150 × (5/6) = 125명

② $\dfrac{5 \times 60 \times 125}{60 \times 5 \times 18} = 6.9 ≒ 7$대

- {(출근 시 5분간 최대이용자 수) × (1주 시간 : 초)} / (300 × 1대당 정원수)
- 약식 계산 : 1대/2000m²(대실면적), 1대/3000m²(연면적)

(4) 관련 법령에 의한 승강기 설치기준

가) 승용 승강기

건축법 제64조에서는 "6층 이상으로서 연면적이 2,000m² 이상인 건축물"은 승강기를 설치하도록 되어 있고, 화재 시의 피난, 구조, 소화 활동 등을 위해 높이 31m를 초과하는 건축물은 비상용 승강기를 추가로 설치하도록 되어 있다.

나) 비상용 승강기 설치기준

높이 31m를 넘는 건축물의 승강기를 비상용 승강기의 구조로 하지 않을 경우 다음의 설치기준에 의하여 비상용 승강기 설치를 계획한다.

건축물의 용도	6층 이상의 거실면적의 합계(A)	3,000㎡ 이하	3,000㎡ 초과
1	가. 문화 및 집회시설(공연장·집회장 및 관람장) 나. 판매시설 다. 의료시설	2대	2대+(A-3,000㎡/2,000㎡)
2	가. 문화 및 집회시설(전시장 및 동·식물원) 나. 업무시설 다. 숙박시설 라. 위락시설	1대	1대+(A-3,000㎡/2,000㎡)
3	가. 공동주택 나. 교육연구시설 다. 노유자시설 라. 그 밖의 시설	1대	1대+(A-3,000㎡/3,000㎡)

주) 승강기의 대수를 계산할 때 8인승 이상 15인승 이하의 승강기는 1대의 승강기로 보고, 16인승 이상의 승강기는 2대의 승강기로 본다.

표 4-4. 승용승강기의 설치기준(건축물의 설비기준 등에 관한 규칙 제5조)

① 높이 31m를 넘는 각 층의 바닥면적 중 최대 바닥면적이 1,500m² 이하인 건축물은 1대 이상
② 높이 31m를 넘는 각 층의 바닥면적 중 최대 바닥면적이 1,500m²를 넘는 건축물인 경우 1대에 1,500m²를 넘는 3,000m² 이내마다 1대씩 더한 대수 이상

비상용 승강기 대수 = 1대 + (31m를 넘는 각 층의 바닥면적 중 최대바닥면적

- 1,500m² / 3,000m²)

③ 2대 이상의 비상용 승강기를 설치하는 경우에는 화재 시 소화에 지장이 없도록 일정한 간격 이상을 두고 설치되도록 계획한다.

다) 장애인용 승강기 설치기준

장애인 등이 이용하는 시설이 1층에만 있지 않은 경우, 장애인등이 건축물의 1개 층에서 다른 층으로 편리하게 이동할 수 있도록 그 이용에 편리한 구조로 계단을 설치하거나 장애인용 승강기, 장애인용 에스컬레이터, 휠체어리프트 또는 경사로를 1대 또는 1곳 이상 설치하도록 계획한다. 승강기의 폭은 1.6m 이상, 깊이 1.35m 이상으로 계획한다.

6.4 계단, 피난계단, 직통계단, 특별피난계단 등의 계획

계단은 평상시 건축물의 상하층을 연결시켜 주는 통로(동선)로서의 기능과 재난 시 피난의 역할을 고려하여 설치기준과 피난을 위한 보행거리 등 안전이 확보될 수 있도록 계획한다.

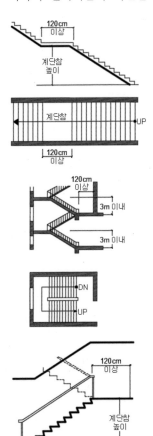

그림 4-32. 계단의 구조

(1) 계단(건축물의 피난방화구조등의 기준에 관한 규정 제15조)

① 계단참의 설치 : 계단의 높이 3m(주택은 2m*) 이내마다 설치
② 계단참의 폭 : 유효폭 1.2m 이상(옥외계단 90cm 이상*)
③ 단 높이 : 15~20cm(공동계단 18cm 이하, 옥외 20cm 이하*)
④ 단 너비 : 25~30cm(공동계단 26cm 이상, 옥외 24cm 이상*)
※ "*": 주택건설기준등에 관한 규정 제16조

(2) 피난계단 설치 대상

5층 이상의 층의 바닥면적 합계가 200㎡ 이하 또는 5층 이상의 층의 바닥면적을 200㎡ 이내로 방화구획한 경우를 제외하고 아래의 경우 피난계단을 설치한다.
① 5층 이상의 층으로부터 피난층 또는 지상으로 통하는 직통계단
② 지하 2층 이하의 층으로부터 피난층 또는 지상으로 통하는 직통계단
※ 설치 대상 중 용도가 판매시설인 경우에는 1개소 이상을 반드시 특별피난계단으로 설치한다.(참조: 건축법시행령 제35조)

(3) 직통계단 설치 대상(건축법시행령 제34조)

최상층에서 지상 또는 피난층까지 복도와 다른 실을 통하지 않고 계단과 계단참을 이용하여 오르내릴 수 있게 되어 있는 계단

이나 경사로를 말한다. 건축물의 용도와 일정 이상의 규모(층수 및 면적)인 건축물은 직통계단을 2개소 이상 설치해야한다.

(4) 특별피난계단 설치 대상(건축법시행령 제35조)

갓복도식 공동주택과 바닥면적이 400㎡ 미만인 지하 3층 이하의 층을 제외하고 아래의 경우 특별피난계단을 설치한다.

① 11층(공동주택은 16층) 이상의 층으로부터 피난층 또는 지상으로 통하는 직통계단

② 지하 3층 이하의 층으로부터 피난층 또는 지상으로 통하는 직통계단

(5) 옥외피난계단 설치 대상(건축법시행령 제36조)

건축물의 3층 이상의 층(피난층 제외)으로서 다음 용도에 쓰이는 층의 경우에는 직통계단 외에 그 층으로부터 지상으로 통하는 옥외피난계단을 따로 설치한다.

① 당해 층의 거실의 바닥면적의 합계가 300m2 이상인 근린생활시설(공연장에 한함), 문화 및 집회시설(공영잔에 한함)과 위락시설(주점영업용도에 한함)

② 당해 층의 거실의 바닥면적의 합계가 1,000m2 이상인 문화 및 집회시설(집회장에 한한다)

6.5 복도 폭

복도는 평상시 각 실을 연결해 주는 통로이다. 복도의 면적과 길이는 가능한 작고 짧게 계획하는 것이 합리적이나 재난 시 피난의 역할도 하므로 원활한 동선 처리에 지장을 주지 않고, 안전하며, 혼잡을 일으키지 않도록 충분한 유효너비를 확보하도록 계획한다.(건축물의 피난방화구조등의 기준에 관한 규정 제16조)

구 분	양옆에 거실이 있는 복도	기타 복도
유치원·초·중·고등학교	2.4m 이상	1.8m 이상
공동주택·오피스텔	1.8m 이상	1.2m 이상
층 거실의 바닥면적 합계가 200㎡ 이상인 경우	1.5m(의료시설 1.8m) 이상	1.2m 이상

표 4-5. 복도의 폭

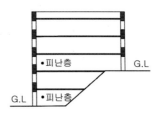

그림 4-33. 피난층 개념도

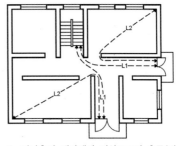

1. 피난층의 계단에서 지상으로의 출구(가장 가까운 출구)까지의 보행 거리(L1)
   ① 주요구조부가 내화구조 또는 불연 재료가 아닌 건축물 : 30m 이하
   ② 주요구조부가 내화구조 또는 불연 재료인 건축물 : 50m 이하
   ③ 주요구조부가 내화구조 또는 불연 재료이고 16층 이상인 공동주택 : 40m 이하
2. 피난층의 각 거실에서 지상으로의 출구까지의 보행거리(L2)
   ① 주요구조부가 내화구조 또는 불연 재료가 아닌 건축물 : 60m 이하
   ② 주요구조부가 내화구조 또는 불연 재료인 건축물 : 100m 이하
   ③ 주요구조부가 내화구조 또는 불연 재료이고 16층 이상인 공동주택 : 80m 이하

그림 4-34. 피난층에서 지상 출구까지의 거리

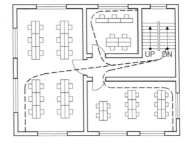

■ 각 실의 가장 먼 곳에서부터 보행하는 데 장애가 되는 시설물이 있는 경우 당해 시설물을 돌아서 출입구를 통해 계단까지 걸어가는 거리

그림 4-35. 피난계단까지의 보행거리

6.6 화장실

① 계단실 및 엘리베이터 홀에 근접하여 계획
② 1개소 또는 2개소로 집중시켜 계획
③ 각 층의 위치를 일치시켜 배치
④ 외기에 접하여 배치하고, 접하지 못할 경우 환기장치를 설치
⑤ 남녀 구분하여 계획

6.7 주차계획

　주차계획은 소요 주차대수의 산정, 지상, 옥내, 지하주차장 등의 주차 대수 결정, 주차장의 진입방법(램프식, 리프트식 등)과 출입위치, 차량동선 등의 기능성과 효율성을 검토하여 계획한다. 옥내, 지하주차장의 경우 소방 및 환기설비 등을 감안하여 주차장의 유효높이를 계획한다.

(1) 대당 주차 소요면적
① 일반형 2.5m×5.0m(12.5㎡),　확장형 2.6m×5.2m(13㎡),　장애인용 3.3m×5.0m(16.5㎡)
② 옥내 35~50㎡/대(차도 포함)　　③ 주차형식별 소요면적

(2) 주차로의 폭 및 구배계획
① 직선형 : 폭 3.3m 이상(왕복도로 : 6.0m이상), 구배 17%(1/6)이하
② 곡선형 : 폭 3.6m 이상(왕복도로 : 6.5m이상), 구배 14%(1/7)이하
③ 굴곡부 : 폭 6.0m 이상(내측 회전반경), 구배 8%(1/12)이하(총 주차대수가 50대 이하인 경우에는 5m 이상, 주차장법 시행규칙 제6조)

(3) 주차장 출입구(건축법시행규칙 제5조, 제6조)
① 주차대수 400대 초과할 경우 : 각각 3.5m 이상의 출구와 입구를 설치한다.(출입구의 너비 합이 5.5m 이상으로서 출구와 입구가 차선 등으로 분리되는 경우 함께 설치할 수 있다.)
② 주차대수 50대 이상일 경우 : 출입구의 폭을 5.5m 이상으로 하거나 출구와 입구를 분리 설치한다.
③ 출구는 도로에서 2m 이상 떨어진 곳으로 차도 중심에서 좌우 60° 범위가 보이는 곳에 설치한다.
④ 유아원, 유치원, 초등학교, 특수학교, 노인복지시설, 장애인복지시설 및 아동전용시설 등의 출입구로부터 20m 이내와 횡단보도, 교차로의 가장자리나 모퉁이로부터 5m 이내, 건널목의 가장자리, 너비 4m 미만의 도로(주차대수 200대 이상인 경우 너비 6m 미만 도로)와 종단 기울기가 10%를 초과하는 도로에는 주차장 출입구를 설치할 수 없다.
⑤ 반자주식 주차인 경우 전면공지 또는 방향전환 설비를 확보 한다.
　(반자주식 : 소규모 건물에 적합, 자주식 : 대규모 건물에 적합)

(4) 천정높이 및 층고

① 천정높이 : 차로는 보 밑 2.3m, 주차부분은 2.1m 이상

② 층고 : 2.3m(차로) + 0.25m(스프링클러) + 보의 춤 + 슬라브 두께

6.8 설비계획

설비계획 중 공조방식에 따른 공조기계실 및 전기설비와 관련된 기기의 설치장소는 건축설계에 많은 영향을 미친다. 또한 빌딩의 유지관리 차원에서도 건물이 준공된 후 빌딩 운영에 중요한 기능을 담당하므로 건축계획 초기단계에서부터 열원의 종류, 지역 냉난방의 사용 유무, 관련 기기의 하중, 소음, 진동 등에 대한 고려와 장래계획 등을 충분히 조사 후 결정한다.

구 분	고려사항
공조설비	냉동기 용량
	보일러 사용출력
	공조용 전풍량
	기계실 면적
전기설비	전기설비 부하용량
	조명 부하용량
	동력 부하용량
	계약 전력
	전기실 면적

표 4-6. 설비계획 시 고려사항

(1) 공조기계실의 배치 유형

공조기계실의 배치 유형은 빌딩의 규모에 따라 중소규모 빌딩과 고층빌딩의 배치 유형으로 분류할 수 있다.

가) 소규모빌딩 공조기계실의 배치 유형

소규모빌딩의 공조기계실 배치 유형은 지하실형, 옥상 및 지하실형, 옥상형, 각층 기계실형, 각층 유니트형으로 분류할 수 있다.

① 지하실형 : 가장 일반적으로 많이 사용된다. 5,000㎡ 이하의 소규모 빌딩에 적합하다.

② 옥상형 : 지하실형과 반대로 공조기를 모두 옥상에 설치한다. 지하에 주차장, 상가 등을 두는 경우에 사용된다.

③ 옥상 및 지하실형 : 공조기를 옥상과 지하실에 상하로 분리·배치하여 덕트(induct)를 작게할 수 있다. 특히 상·하층의 층별 이용시간이 다른 경우에 적합하다.

④ 각층 기계실형 : 각 층에 기계실을 분산 배치하는 유형이다. 층마다 제어가 가능한 장점이 있으나 대실면적은 감소한다. 열원 기기만 지하나 옥상에 배치하는 경우도 있다.

⑤ 각층 유니트형 : 기계실을 두지 않고 각 층에 공조 유니트를 분산 배치하는 유형이다.

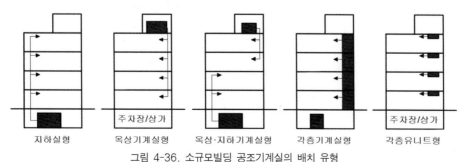

지하실형   옥상기계실형   옥상·지하기계실형   각층기계실형   각층유니트형

그림 4-36. 소규모빌딩 공조기계실의 배치 유형

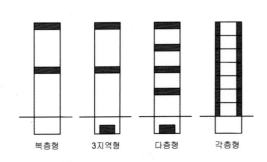

복층형   3지역형   다층형   각층형

그림 4-37. 고층빌딩의 공조기계실 배치 유형

나) 고층빌딩의 공조기계실 배치 유형

고층빌딩의 공조기계실 배치 유형은 일반적으로 지상 복층형, 3지역형, 다층형, 각층형으로 분류할 수 있다.

① 지상 복층형 : 지하에 주차장, 상가 등을 두는 경우에 사용된다.

② 3지역형 : 지상 복층형에 지하실에 기계실을 추가한 유형이다.

③ 다층형 : 40층 이상의 고층 빌딩에서 층을 그룹지어 여러 층에 배치하는 유형이다.

④ 각층형 : 기준층 면적이 클경우에 사용되는 유형이다.

(2) 공기조화방식의 유형

냉·난방부하를 줄이기 위해 천정 높이는 낮게 계획한다. 공기조화방식은 각 층에 P.S(pipe shaft), D.S(duct shaft) 공간이 필요함을 고려하여 계획한다.

① 공기방식 : 단일덕트 방식, 이중덕트 방식, 멀티죤 방식

② 공기,물 방식 : 각층 유닛방식, 유인 유닛방식

③ 물방식 : F.C.U 방식, 복사패널 방식

(3) 세부 설비계획

가) 급탕실

엘리베이터 홀, 계단, 화장실 등에 가깝게 설치한다

① 크기 : 6~9m²   ② 급탕량 : 10ℓ/1인(1일 기준)

나) 공조용 기계실 및 설비실 면적

기계실 및 설비실의 바닥면적은 연면적의 5 ~ 8% 정도로 한다.

① 공조용 기계실 : 연면적의 5% 이하   ② 설비실 : 연면적의 2~3% 이하

다) 더스트 슈트(dust chute)

① 위치 : 잡용실 내부의 편리한 장소   ② 크기 : 최소 75cm × 75cm

라) 메일 슈트(mail chute)

① 위치 : 엘리베이터 홀 가까이에 설치   ② 구조 : W(50cm) × D(30cm) × H(80cm)

마) 스모크 타워(S.T, smoke tower)

창이 없는 계단실에 화재 시 연기가 침입하면 피난에 어려움이 발생하는 것을 대비하여 연기를 흡입, 배출하기 위한 샤프트를 계획한다.

① 피난계획과 배연시설로서의 전실을 둔다.

② 피난계단 전실에 화재 시 침입 연기를 샤프트로 빼기위해 설치한다.

③ 화재 시 계단실의 굴뚝역할을 방지한다.

④ 배연덕트는 복도 쪽에 설치하고, 급기 덕트는 계단 쪽에 설치한다.

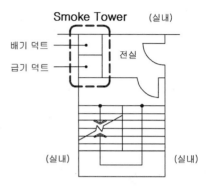

그림 4-38. 스모크타워 개념도

바) HVAC(Heating Ventilation and Air Conditioning) 시스템

사무실 실내 공간에 있어서 공기의 온도, 습도, 기류, 환기, 청정도 등을 제어하여 쾌적한 사무환경을 만들기 위한 시스템이다. 열원설비, 열수송설비, 공기조화설비, 자동제어설비로 구성된다.

① 열원설비 : 보일러, 냉동기

② 열수송설비 : 송풍기, 냉온수 펌프, 덕트, 배관 등

③ 공기조화설비 : 공조기(가열, 냉각, 가습, 공기여과 등)

④ 자동제어설비 : 운전, 감시 등의 제어설비, 중앙관세설비 등

6.9 아트리움(Atrium, Sky-lighted area) 계획

아트리움은 건축물 내부에 존재하면서 옥외공간의 분위기를 연출할 수 있도록 만들어진 공간으로서 건물 내 사용자에게 쾌적한 환경을 제공하고, 사람을 모이게 하며, 건물의 이미지를 제고(提高)하여 건물의 가치를 높이는 효과가 있다.

로마의 주택 건축과 초기 기독교 바실리카식 교회당의 안뜰, 사원의 회랑 등의 연속적 구조물인 아케이드(arcade) 또는 콜로네이드(colonnade)로 둘러 감싸진 개방된 공간에서 유래하여 오늘날 건축물에서는 내부의 오픈스페이스, 실내 정원 또는 라운지, 전시공간 등 다양한 목적의 융통성 있는 중정(covered courtyard)공간으로 활용되고 있다.

현대 사무소 건축에서 아트리움은 사무공간 내에 자연채광을 도입하고 식물을 배치함으로써 자연환경의 유입,

아케이드, 콜로네이드

- 아케이드(arcade)
  열주 위에 아치 또는 반원형 천장 등의 구조물을 연속적으로 두어(일련의 아치) 만들어진 개방된 보행 공간. 엔타블레이쳐가 없다.

- 콜로네이드(colonnade)
  지붕의 처마, 아치 등의 엔타블레이쳐를 일정한 간격으로 세워진 기둥(열주, 列柱)으로 떠받쳐 만들어진 복도. 로마 성베드로 대성당 콜로네이드가 대표적이다.

- 엔타블레이쳐(entablature)
  지붕 또는 아치를 받치고 있는 기둥에 있어서 기둥위에 받쳐지고 있는 장식부분

사무소 근무자간의 정보교환과 교류의 장소, 방문객과 사무소 근무자 및 지역인들의 교류장소로서의 의미를 갖으며, 나아가 에너지 절약의 효용성에서도 중요한 역할을 한다.

(1) 아트리움(Atrium)의 유형

① 개방형(Open Type)

광장을 내부로 연결하여 천장과 후면은 벽, 전면은 개방되거나 유리로 구성된 유형.

② 저층형(Low Level Type)

저층의 부분에 위치하며 1면을 제외한 모든 면이 유리로 구성된 유형

③ 에워싸인 형(Enclosed Type)

천장(유리)을 제외한 모든 면을 건물로 둘러싸여진 유형

(2) 계획의 방향

① 자연광을 아트리움 내부로 충분히 유입될 수 있도록 투과율(透過率)이 높은 유리를 계획한다.

② 여름철 직사광선으로 인한 실내온도 상승을 방지할 수 있는 공간구조와 냉각 및 공기조화 설비 등을 계획한다.(가동식 차양장치 및 유도환기 이용)

③ 가동식 차양장치는 겨울철 또는 야간에 열손실을 방지할 수 있도록 계획한다.

④ Atrium의 난방설비는 복사난방이 유리하도록 계획한다.

⑤ 내부 표면의 흡음률이 높은 재료 또는 수목(樹木)을 사용하여 공간의 잔향시간을 줄이고 흡음효과를 높인다.

⑥ 건축물 내부의 통과 동선일 경우 교통의 중심적 기능이 되도록 계획한다.

⑦ 휴식, 만남, 정보교환의 장소로서 계획한다.

⑧ 쾌적한 환경을 조성하고 온실효과와 같은 실내 기후조절의 기능을 가지도록 계획한다.

⑨ 건축물의 부가가치를 높여 임대율을 높이고 유지관리의 경제성을 계획한다.

⑩ 건축물의 이미지와 부합되도록 디자인 한다.

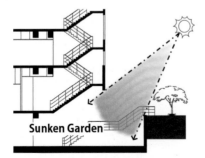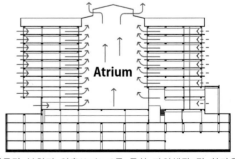

■ 외부공간과의 입체적 연계(Sunken Garden) 또는 옥외공간 분위기 연출(Atrium)를 통한 자연채광 및 환기유도

그림 4-39. SunKen Garden(좌)과 Atrium(우) 계획 이미지

(3) 아트리움의 기능

아트리움은 건축물 내에서 공간의 중간매개로서의 Open Space, 건축물의 디자인 구성, 온실효과 등 건축디자인, 환경, 설비적 측면 등의 긍정적인 효과가 있으며, 활용에 따라 사무소 건축의 수익성에도 영향을 미친다. 아트리움의 기능을 요약하면 다음과 같다.

① 쉘터적(shelter) 기능

덮개(천창)가 있는 개방된 공간으로서 비, 바람, 태양열 등을 차단 또는 조절 할 수 있다.

② 다목적(multi-function, 수용적) 기능

쾌적한 환경조성을 통하여 통로, 휴식 공간, 레스토랑, 옥내 정원, 라운지, 전시, 공연장소 등 다양한 목적으로 이용할 수 있다.

③ 문화적(culture) 기능

건축물 내부에 존재하면서 옥외광장과 같은 분위기를 만들어 사람을 모이게 할 수 있으며, 건축물 내에서 인간의 감성에 정서적 자극을 주며, 자연 친화적인 친근감이 있는 건축공간을 구현할 수 있다.

④ 경제적(economic) 기능

아트리움이 있는 건축물은 자연채광을 건물 내부로 끌어들임으로써 채광을 위한 건물 높이와 표면적을 낮추어 공사비를 낮출 수 있다.

또한 효율적인 평면계획, 태양에너지의 활용과 에너지의 절약, 쾌적하고 우수한 환경 조성 등을 통한 이용자의 선호도가 좋아 임대율 상승에 따른 임대수입에 기여할 수 있다.

(4) 아트리움의 특징

가) 장점

① 천창을 통한 시각적 개방감을 줄 수 있다.

② 비, 바람, 추위 등으로부터 보호되어 외부공간보다 쾌적한 온열 환경을 제공할 수 있다.

③ 시각별, 계절별, 기상상태 등의 변화를 수용함으로써 시각적, 심리적으로 상쾌한 자극제로서의 역할을 할 수 있다.

④ 온실효과와 같은 실내 기후 조절이 가능하다.

⑤ 휴식공간, 라운지, 실내정원, 전시, 공연 등 다양한 기능적 공간으로 활용할 수 있다.

⑥ 건축물의 부가가치 상승에 따른 임대수익을 높일 수 있다.

⑦ 채광을 위한 건물 높이와 표면적을 낮추어 공사비를 절약할 수 있다.

⑧ 태양에너지를 활용함으로써 에너지를 절약할 수 있다.

⑨ 특색 있고 효율적인 평면계획이 가능하다.

나) 단점

① 여름철 직사광선의 과다한 유입으로 냉방부하가 증가할 수 있다.

② 직사광선이 유입으로 눈부심 현상이 발생할 수 있다.

③ 천창, 유리면 등을 통한 열손실이 발생할 수 있다.

④ 화재 등 재난 방재에 취약할 수 있다.

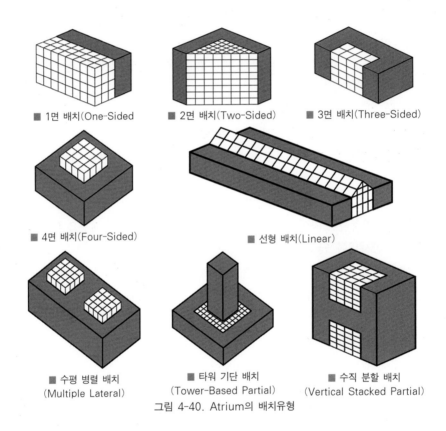

■ 1면 배치(One-Sided   ■ 2면 배치(Two-Sided)   ■ 3면 배치(Three-Sided)

■ 4면 배치(Four-Sided)   ■ 선형 배치(Linear)

■ 수평 병렬 배치   ■ 타워 기단 배치   ■ 수직 분할 배치
(Multiple Lateral)   (Tower-Based Partial)   (Vertical Stacked Partial)

그림 4-40. Atrium의 배치유형

7 | Intelligent Building

(1) 인텔리전트 빌딩(IB, Intelligent Building)의 정의

인텔리전트 빌딩이란 첨단의 각종 정보통신설비, 빌딩자동설비, 사무자동화, 건축환경 등이 유기적으로 통합·구축되어 고도의 사무자동화, 건물자동화, 빌딩관리, 에너지 절약, 보안 시스템 등을 제공함으로써 빌딩의 지적 생산성과 업무효율성을 최적화·극대화할 수 있는 시스템을 갖추어 건축물의 부가가치(added value)를 높인 건축물이라고 할 수 있다.

인텔리전트 빌딩(Intelligent Building)이라는 말은 직역(直譯)하면 "똑똑한 두뇌를 가진 빌딩"이라고 할 수 있는데, 미국의 UTBS(United Technologies Building System)사가 1984년 1월 코네티컷주 하트포드에 건설하여 완성한 City Place에서 처음 사용한 것으로 전해진다.

최근에는 이용자의 편의성, 무장애계획(B/F), 실내 환경의 쾌적성, 정보수집과 생산의 효율성, 커뮤니케이션의 효율성, 친환경적 지속가능성 및 IoT(Internet of Things)등을 적용하고 발전시키는 경향으로 가고 있으며, 스마트빌딩(Smart Building)이라고도 한다.

(2) 인텔리전트 빌딩의 목적

① 이용자의 업무능률 향상
② 쾌적하고 편리한 환경 조성
③ 창조적 업무 및 지적 생산성 향상
④ 자동화 시스템에 의한 빌딩관리로 건물수명 연장, 인건비, 에너지 비용 등의 효율적 유지관리
⑤ 초고속 정보통신, IoT기반 통합관리망, OA 시스템 등을 통한 효율적인 운영관리
⑥ 저탄소 신재생에너지, 에너지절감 및 녹색건축을 통한 자연친화적 환경구현
⑦ 운영특성에 최적화된 공조시스템, 통합 방범시스템, 안전한 방재설비 및 자동 주차운영관리
⑧ 빌딩의 부가가치 향상

(3) Intelligent Building System의 구성 요소

가) 정보통신 시스템(WC : Wireless Communication)

정보교환, 음성 및 영상회의, Data 저장 및 전송 등 초고속 정보통신시스템을 갖추어 회사 및 빌딩 내를 네트워크화함은 물론 인터넷을 기반으로 모든 사물을 연결하여 상호 정보교환과 소통이 실시간 인터넷으로 가능하도록 한다. TC(Telecommunication)이라고도 한다.

그림 4-41. Intelligent Building System의 구성요소

나) 빌딩자동화 시스템(BA : Building Automation)

빌딩자동화 시스템은 크게 빌딩관리시스템, 보안(Security)시스템 및 에너지절약시스템으로 구분할 수 있으며, 정보통신시스템과 통합 운용함으로서 고도의 환경제어에 의한 쾌적화, 빌딩 운영관리의 경제화, 효율화를 추구한다.

① 빌딩 관리시스템

공조, 전력, 엘리베이터 등의 원격 제어 및 관리, 컴퓨터에 의한 관리, 유지, 보수 등 운영의 최적화를 이룬다. , 에너지, 조명, 보안, 방재, 주차 등 빌딩관리 및 안전의 자동제어 시스템

② 보안 및 방재 시스템

방범, 방화, 방재 등의 감시 및 제어, CCTV 및 각종 센서를 이용하여 자동 감지와 경보 등 빌딩의 안전성을 확보한다.

③ 에너지절약 시스템

빌딩의 냉·난방, 조명, 엘리베이터 등의 운전을 필요에 따라 또는 시스템적으로 전체 제어가 아닌 부분적(층, 실, 조닝 단위)으로 제어함으로써 에너지관리에 효율성을 기한다.

다) 사무자동화 시스템(OA : Office Automation)

디지털, 정보통신, LAN 등 정보통신 Network를 통합운영 함으로써 전자메일, 전자결재 등, 사무지원, 사무관리, 정보관리 등 기본적인 문서처리, 물자관리와 더불어 의사결정지원, 스케줄관리, 내방객 관리 등 다양한 서비스를 제공한다.

라) 건축공간의 쾌적성(BE : Building Ergonomics)

저탄소 신재생에너지의 고효율 친환경시스템, 쾌적한 공조환경으로 업무환경 조성 등의 설비계획과 자연친화적 환경구현 등 녹색건축계획을 통하여 다양화, 복잡화, 초고속 정보화에 따른 OA기기의 소음, 발열 및 외부와 접할 수 없는 사무공간의 밀폐와 사무환경의 악화로 인한 업무능률의 저하를 방지하기 위한 환경(Environment)적, 인체공학(Ergonomics)적 쾌적성을 제공한다. 이와 더불어 아트리움(Atrium), 식당, Tea lounge, 휴식 공간, 실내 정원, 외부공간과의 연계(테라스) 및 실내 친환경 인테리어 등을 통하여 쾌적성을 구축한다.

(4) 인텔리전트 빌딩이 갖추어야할 특성

인테리전트 빌딩은 고도(高度) 정보사회의 업무에 적합하도록 쾌적하면서 미래 업무의 개선이나 설비 변경에 대응할 수 있도록 합리적으로 유연성 있는 공간 제공이 요구된다.

① 생산성(Productivity)

초고속 정보통신시스템, IoT과 OA의 결합을 통한 각종 업무의 자동화, 전산화를 통하여 24시간 업무가 가능하도록 하고, 사람과 기계가 공존하는 효율적 공간계획을 통하여 지적(知的)생산성을 갖추어야 한다.

② 융통성(Flexibility)운

미래 정보통신기술의 진화, 새로운 시스템 기기의 설치, 기업의 조직 또는 업무 체계의 변화, 사무공간의 변경 등에 따라 운영 유지될 수 있도록 인텔리전트 빌딩의 각 시스템이 융통성을 갖추어야 한다.

③ 경제성(Economic)

일반 빌딩에 비하여 인텔리전트 빌딩은 인텔리전트 수준에 따라 초기 투자비용이 15~50% 정도 초기투자비가 증가한다. 그러나 일반 빌딩에 비해 냉·난방, 전기, 수도 등 에너지 부문에서 약 20% 절감, BA시설의 운용 및 유지관리원 약 20%를 절감할 수 있는 반면 사무생산성은 20~30% 향상되는 것으로 나타남에 따라

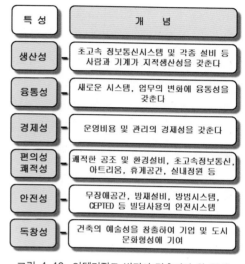

그림 4-42. 인텔리전트 빌딩이 갖추어야 할 특성

초기투자 비용을 운용비용에서 절감할 수 있는 운영관리의 경제성을 갖추어야 한다.

④ 편의성, 쾌적성(Convenience, Amenity)

업무수행의 피로, 스트레스를 해소하고 쾌적하고 편안한 분위기 속에서 자유롭고 창조적인 업무를 할 수 있도록 쾌적한 공조환경 설비와 초고속정보통신 및 IoT 기반을 갖추어 이용자의 편의성을 고려하고, 아트리움, 선큰가든, 휴게공간, 실내정원 등 쾌적한 기류를 갖추도록 한다.

⑤ 안전성(Safety)

무장애 공간, 정보통신의 통합관리 인프라 구축, 통합 방범시스템, 종합 방재설비, 주차관제시스템의 자동화, 범죄없는 생활환경(CPTED, Crime Prevention Through Environmental Design)등 빌딩사용의 안전시스템 및 수단을 갖춘다.

⑥ 독창성(Originality)

오피스 빌딩은 기업의 이미지와 도시문화형성에 지대한 영향을 미친다. 따라서 기업문화의 표현, 업무공간으로서의 역할 뿐만 아니라 독창적인 건축 예술성을 창출하여 도시문화형성에 기여하도록 한다.

(5) 인텔리전트 빌딩계획 시 고려사항

건축적 측면에서의 인간공학에 기초하여 창조적이고 쾌적한 업무환경 속에서 고도 정보화 사회의 업무 변화와 기술발달에 적용 가능한 공간이 되도록 계획하고 배선, 공조, 조명, 문서반송, 정보교환 등의 인텔리전트 시스템이 구축되도록 계획한다.

① 인텔리전트 빌딩의 구성 요소와 시스템을 결정한다.

② 정보통신, OA, 자동화설비, 공조설비 등의 확대와 변화에 대응할 수 있도록 칸막이, 천장고, 덕트 공간, 층고 등 공간의 융통성을 고려한다.

③ OA, 통신기기의 크기와 설치 특성을 이해하고 사용자의 인간공학을 고려한다.

④ 전력, 전화, 통신, 제어선 등 각종 배선을 짧고 단순하고 변화에 융통성 있게 대응할 수 있는 배선 방식과 Shaft 계획을 고려한다.

⑤ 기기에 의한 소음, 발생 열 등으로부터 쾌적한 환경계획과 에너지 절약을 고려한다.

⑥ 통신 및 전자 장해, 화재, 방재, 내진설계 등 안전대책을 고려한다.

⑦ 사람, 정보, 설비의 3요소가 쾌적한 환경 속에서 조화롭고 원활한 커뮤니케이션이 이루어져 생산성 향상으로 이어지도록 한다.

⑧ 유지 및 보수 등 관리운영상 효율적인 계획이 되도록 한다.

제III편 업무시설

제5장 은행(銀行, Bank)

1 은행 개요

1.1 건축물로서의 은행

은행은 예금, 자금의 공급, 금융거래 및 중재, 환전 등 다양한 금융 서비스를 제공하는 시설로서 건축물의 용도별 분류 측면에서 근린생활시설과 업무시설의 범주에 속한다.

1.2 은행의 역사

BC 17세기 바빌로니아의 함무라비 법전에는 금전의 기탁과 그에 따른 보상 또는 이자에 대한 규정을 두고 있음에 따라 오늘날의 은행 구조는 아니더라도 신전이나 사원의 풍부한 자금을 바탕으로 오늘날 은행의 기초적인 기능을 하였을 것으로 추측된다.

그림 5-1. 한국은행 본점

중세(A.D 5년)에 이르러서는 유럽의 상업 발달로 인한 상인들의 지역 간 이동을 촉진시켰으나 활발한 상거래에 비해 화폐의 이동은 어려움이 있었는데, 그 해결을 각 지역에 있었던 수도원에서 찾았다고 한다. 상인들은 수도원에 금(화폐)을 맡기고 증서를 받았으며 다른 지역으로 이동하여 그 지역의 수도원에서 금을 찾아 상거래에 사용하였다고 한다.

오늘날의 은행과 같은 기능은 이슬람제국과 유럽의 무역이 성행 (A.D 8년)하여 그 중개(仲介)가 이루어진 베네치아와 피렌체 등을 중심으로 한 이탈리아라 할 수 있다. 이 당시 부를 축적한 상인계급들이 길거리의 벤치에서 금융거래를 하였으며, 벤치를 이탈리아어로 방카 (Banca)라고 하는데서 유래하여 오늘날의 뱅크(Bank)가 되었다고 전해진다.

■ 상하이

동양의 경우 기원전 인도 베다시대(B.C 1000년경)에 부채(負債)에 대한 기록이 있다고 전해지고, 마우리아 왕조(B.C 321 ～ B.C 184년) 시대에는 환어음이 있었으며, 중국의 경우 당(唐, 9세기 초) 시대에 종이 어음이 사용되는 등 은행업이 이루어졌음을 알 수 있다. 우리가 사용하는 은행(銀行)이라는 단어는 당(唐) 시대에 상인들의 주요 거래 수단이 금이 아닌 은을 취급하였던 것에서 유래되었다고 할 수 있다.

우리나라의 경우 삼국시대부터 돈이나 곡식에 대한 원금과 이자가 존재하였으며, 고려 경종(980년) 때에는 나라에서 이자를 규정하는 등

■ 홍콩(설계 : I. M. Pei)

그림 5-2. Bank of China

금융거래가 이루어지고 있었다. 조선시대에는 포구나 항구에서 상거래를 중개하고 수수료를 받는 중간 상인 이었던 객주(客主)가 있었는데, 객주는 위탁판매, 숙박, 운송, 창고업뿐만 아니라 돈을 빌려주거나 환전과 어음의 업무도 병행했던 것으로 보아 은행의 기능도 함께 했던 것으로 보인다.

우리나라의 근대적 은행제도의 도입은 1878년 일본 제일은행의 '제일은행 부산지점'이며, 최초의 근대적 국내 민간자본 은행은 구(舊) 조흥은행의 전신으로 1897년 2월 설립된 '한성은행'이다. 중앙은행으로서의 한국은행은 1909년 처음 세워졌다.

1.3 은행의 종류

은행의 종류로는 화폐의 발행과 통화량을 조절하는 중앙은행, 예금과 통화를 공급하는 일반은행(상업은행), 특수한 목적으로 만들어진 농업협동조합, 중소기업은행 등 특수은행으로 구분할 수 있다.

구 분	업무 특성	시설적 특성
출장소	• 예금관계 업무외의 은행업무에 제한이 있을 수 있다. • 자동화 점포인 경우가 많다.	• 로비, 영업실 중심의 소규모 • 행원수는 4~10명 이하 • 로비, 영업실 외에 자동금융거래단말기를 설치한다. • 장래 확장을 고려한다.
지 점	• 은행 영업의 중심적 역할을 하며 점포수가 가장 많다. • 은행업무의 대부분을 다룬다. • 입지조건 및 대상 고객층(개인, 기업 등)에 따라 업무내용에 특색이 있다.	• 소규모 지점부터 대규모 지점까지 규모의 차이가 크다. • 영업장과 객장 계획에 충실을 기하고, 고객서비스 측면에서 회의실, 대여금고 등을 계획한다. • 자동금융거래단말기(ATM)을 객장과 구분하여 설치한다. • 행원수는 20~80명 정도이다.
본 점	• 은행으로서의 업무 외에 조직으로서의 본부 기능을 갖는다. • 국내외의 모든 고객을 대상으로 모든 서비스를 제공할 수 있다. • 다양하고 복잡한 사무처리가 집중되어 사무·행정센터로서의 역할을 한다.	• 본부로서의 사무실, 회의실, 강당, 행원실, 자료실, 응접실 등의 공간이 필요하다. • 로비, 영업장, 수납시설 등 장래의 변화에 대응하는 여유가 필요하다. • 중앙 전산처리실을 설치하고 컴퓨터 업무와 관련한 시설의 갱신 및 확충을 고려한다. • 사회성과 공공성 측면에서 중정, 회의실을 개방하고 전시홀 등을 계획한다.

표 5-1. 은행시설의 분류

1.4 은행의 기능과 역할

은행의 기능과 역할로는 예금의 수입(수신업무), 예금의 보호, 예금된 재원의 자금공급(여신업무), 신용장 대체(對替) 및 자금의 중개, 통화 공급과 유통, 환전(換錢), 금융자료의 공급과 배분을 들 수 있다.

	건축적 용도	은행의 기능	은행의 구분
내 용	• 근린생활시설 • 업무시설	• 수신업무 : 예금, 채권발행 등 • 여신업무 : 대출, 할부금융 등 • 부수업무 : 대금징수, 지급보증 　　　　　증권업무, 환전 등	• 중앙은행 • 일반은행(상업은행) • 특수은행

표 5-2. 은행의 기능과 구분

2 　계획의 기본 방향

2.1 은행이 갖추어야 할 특성

은행은 국민의 경제와 일반 대중과의 관련성이 깊음에 따라 공공적, 사회적 성격과 운영자적 측면에서 경영의 효율성이 요구되며, 이용자 측면에서 신속하고 정확하며 능률적인 업무수행과 더불어 고객 서비스 향상을 위한 접근과 이용의 편리성, 친근감, 신뢰감, 쾌적감 등을 줄 수 있어야 한다. 관리적 측면에서 유지관리가 용이하고 재난에 대한 안전과 충분한 내구성을 갖추어야 한다. 은행이 갖추어야 할 특성을 정리하면 다음과 같다.

- 능률성 : 신속하고 정확한 업무처리, 업무동선 단순화, 영업시간 외 고객서비스 고려 등을 위한 사무자동화 및 기계설비 배려
- 쾌적성 : 채광, 조명, 냉난방, 쾌적한 업무 및 고객 대기 공간 조성
- 안전성 : 도난으로부터의 경비의 안전, 유지 · 관리의 효율, 화재 및 재해의 안전 및 재난 방지
- 상징성 : 현대적 이미지와 은행의 독자적 상징성 부여, 외관의 안정감, 친근감, 눈에 잘 띄는 입지
- 융통성 : 업무 변화 및 고객 공간 변화에 대응, 장래 확장 및 증축 고려
- 접근성 : 자전거, 자동차의 접근과 주차, 은행원과 고객의 출입구, 지역주민과의 친근한 유대관계 형성

2.2 은행계획의 요점

은행이 갖추어야 할 특성에 따라 은행건축 계획 시 고려할 요점을 정리하면 다음과 같다.

- 일상의 경비, 유지관리 및 재해에 안전을 갖추도록 계획한다.
- 주변 건축물과 조화를 이루며, 출입이 편리하며, 밝고, 친근한 분위기와 함께 품위를 갖추도록 계획한다.
- 업무능률의 향상을 위하여 동선을 단축하고 관련 설비를 충실히 계획한다.
- 고객을 위한 로비, 객장 등 고객 서비스 공간과 행원(行員)의 업무 영역의 특성에 맞는 쾌적한 환경을 계획한다.
- 은행 자체가 홍보의 매체로서 동일 은행의 통일성을 갖추도록 계획하고 쇼윈도우, 다양한 디스플레이, 야간조명 등을 계획한다.
- 이용객의 증가, 자동화 설비의 발달 등 변화에 유연하게 대응할 수 있도록 계획한다.
- 사회적, 공공적 특성을 고려하여 지역사회에 개방할 수 있는 광장, 주차장, 회의실 등을 배려하는 계획이 바람직하다.
- 고객 서비스를 위한 자동금융거래단말기(ATM, Automatic Teller's Machine) 설치 공간을 계획하고, 영업시간, 영업 외 시간, 휴일 등에 운영되는 특성을 고려하여 영업장 및 객장과 구분한다.

3 입지 및 평면계획

3.1 입지 조건

은행의 입지 조건으로는 교통이 편리하고 번화가, 상점가, C.B.D 등 장래에 발전성이 있으며, 고객이 밀집되어 있는 곳으로 사람의 눈에 잘 띄는 곳이 좋다. 대지는 전면도로가 넓고 사각형으로 남쪽, 동쪽 도로에 면한 모퉁이 등 사람의 눈에 잘 띄는 곳이 좋으며, 인접 대지와 일조, 채광, 도난, 화재 등에 지장이 없는 곳이 좋다.

- 교통이 편리한 곳
- 번화가, 상점가, C.B.D 등 장래 발전성이 있는 곳
- 고객이 밀집되어 있고 사람의 눈에 잘 띄는 곳
- 대지의 형태는 보안을 고려하여 직사각형이 적당하며 남쪽, 동쪽 도로에 면한 모퉁이가 좋다
- 인접 대지와 일조, 채광, 도난, 화재 등에 지장이 없는 곳

3.2 평면계획

(1) 평면계획 시 고려사항
① 고객 공간의 동선을 짧게 한다.
② 출입구가 많지 않도록 한다.
③ 카운터 데스크 후면 영업장의 작업이 정체되지 않도록 하고 시각적으로 개방하되 고객이 업무를 알 수 없도록 계획한다.
④ 현금의 운송은 특별 동선으로 계획한다.

(2) 평면계획의 유형
은행의 규모, 업무 및 고객 동선, 영업장 및 객장의 크기 등을 고려하여 계획한다. 영업장과 객장의 평면적 유형은 그 형태에 따라 크게 직선형, 꺾임형, 만입(灣入)형, 돌출(突出)형, 위요(圍繞)형 등으로 분류할 수 있다.

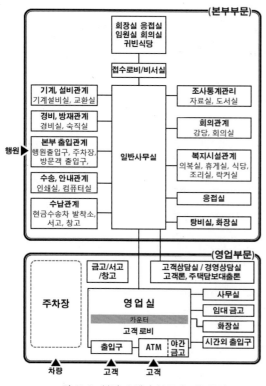

그림 5-3. 본점 은행의 부문별 기능구성도

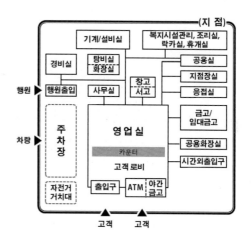

그림 5-4. 지점 은행의 기능 구성도

직선형	꺾임형	만입형	돌출형	위요형
 영업장 객장	 영업장 객장	 영업장 객장	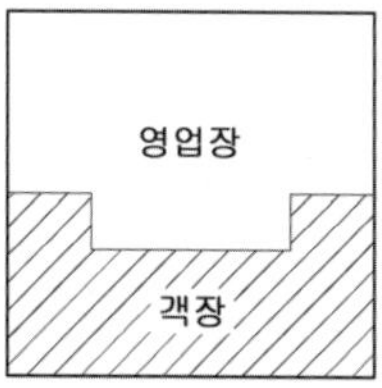 영업장 객장	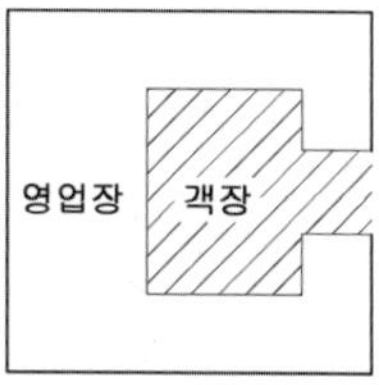 영업장 객장
• 동선이 명확하다. • 영업장 창구 전체를 파악하기 쉽다. • 객장 동선이 짧은 소규모에 적합하다.	• 객장과 영업장 대면 길이를 크게 할 수 있으나, 객장에서 영업장 창구 전체를 파악하기 어렵다.	• 고객본위의 객장 배치이다. • 만입의 깊이가 깊으면 동선이 복잡하고 창구 전체를 파악하기 어렵다.	• 영업장 업무를 중심으로 배치한 유형 • 접객 및 고객 동선이 길어진다. • 객장이 길어질 경우 창구 전체를 파악하기 어렵다. • 대규모 은행에 적합하다.	• 대규모 은행에 적합하다. • 영업장이 객장을 둘러싸고 있는 형태이다. • 영업장의 고객 접객 위치에 따라 객장의 대기 공간 배치에 유의한다. • 객장의 공간이 좁을 경우 혼란스러울 수 있다.

그림 5-5. 객장의 배치 유형과 특징

(3) 은행 규모 결정 시 고려사항

은행의 평면계획은 영업장(행원 수), 객장(고객 수), 금고실, 회의실, 고객 서비스 시설, 현관 등의 규모와 형식, 장래 확장성 등을 고려하여 계획한다.

- 직원의 인원 수 및 고객의 수
- 고객 서비스를 위한 시설의 종류와 규모
- 장래 증축계획
- 연면적은 16~26㎡/행원 1인 또는 영업장과 객장면적 합(合)의 1.5 ~ 3배의 규모를 고려한다.

부 문		소 요 실
영 업	객 장	출입구, 접객로비, 대기 공간, 전시 및 홍보 스페이스
	영업장	카운터 창구, 일반사무 공간, 응접실,
	자동화코너(ATM)	자동금융거래단말기, 홀,
영업부속	지점 영업부속실	지점장실, 회의실, 직원실, 탕비실, 경비실
	본점 영업부속실	행장실, 회의실, 직원실, 연수실, 강당, 경비실
사 무		행원 출입구, 자료실, 문서고, 일반 사무실, 예비 사무실
후 생		휴게실, 식당, 조리실, 탈의실
수 납		금고실, 대여금고실, 야간금고실, 서고, 창고, 현금수송차량 대기소
설 비		공조기계실, 전기실, 방재센터
기 타		복도, 계단, 엘리베이터 홀, 에스컬레이터, 화장실

표 5-3. 은행의 부문별 구성

시설명	면적산정 기준	비 고
영업실	행원 수 × 4~5㎡	• 사무 OA기기나 원활한 사무응대가 필요한 경우 ≥ 5㎡
객용로비	1일 평균 고객 수 × 0.13~0.2㎡	• 소규모 지점의 경우 0.12㎡정도가 필요
자동화코너	자동화 기계 대수 × 2~6㎡	• 기계실 면적 미포함
금고	15~50㎡	• 소규모 지점에서는 이동금고를 사용할 수도 있음 • 일반적으로 30㎡ 전후가 표준
서 고	20~55㎡	• 일반적으로 30㎡ 전후가 표준
대여금고	보호예금 상자수 × 0.02~0.03㎡	• 개인거래 지점은 0.02㎡ • 회사거래 지점은 0.03㎡
회의실	수용인원 × 1.4~1.7㎡	• 수용능력 60~100명 기준

표 5-4. 은행 주요시설의 면적 산정

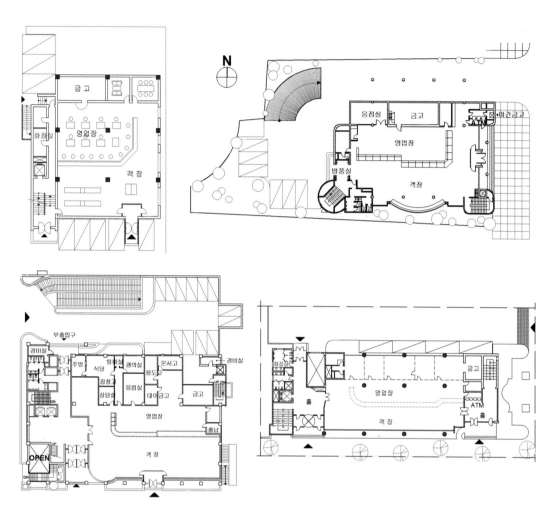

그림 5-6. 소규모 빌딩에서의 은행건축 평면계획 예

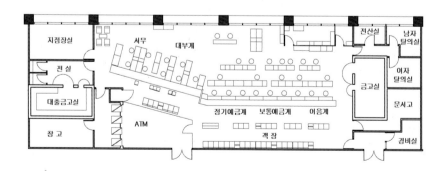

그림 5-7. 대규모 빌딩의 일부로서 은행건축 평면계획 예

3.3 세부계획

은행은 이용자의 측면에서 고객의 대기 및 객장 공간과 직원 및 행원의 영업 공간으로 구분할 수 있으며, 세부적으로는 현관, 대기 공간, 객장, 카운터, 영업 및 관리 공간으로 구분할 수 있다.

(1) 영업장

영업장은 카운터를 사이에 두고 객장과 고객에 접하는 공간으로서 영업장 전반을 한눈에 볼 수 있도록 계획하고, 비상출입구를 설치한다. 영업장의 규모는 은행원 수를 고려하여 결정한다.

- 업무처리의 효율과 혼잡을 피하기 위해 창구의 직원 외에는 고객과의 접촉을 피할 수 있도록 계획한다.
- 평면계획 시 내부 기둥을 최소화하여 시각적으로 개방된 공간이 되도록 계획한다.
- 영업장과 객장(고객 대기실)의 비율은 일반적으로 7 : 3, 큰 규모 은행 계획에서 고객의 대기 공간을 중요시할 경우 5 : 5의 비율을 고려한다.
- 영업장은 은행원의 수에 따라 4~6㎡/행원 1인의 규모를 고려한다.
- 천정고는 일반적으로 3.3~4.2m, 큰 규모인 경우 5~7m를 고려하고, 소요 조도는 300~400lx를 확보하고 조도가 균일하도록 한다.

그림 5-8. 영업장과 객장 이미지

(2) 영업 카운터

영업 카운터는 은행원과 고객이 접하는 매개 시설로서 높이, 폭, 길이 및 장래 변화성 등을 고려하여 계획한다.

- 카운터 높이 : 객장 측에서 100~110cm(영업장 측에서는 90~95cm)
- 폭 60~80cm, 카운터 길이는 10cm/영업장 면적 1㎡당, 창구 1개당 길이는 150~170cm를 고려한다.

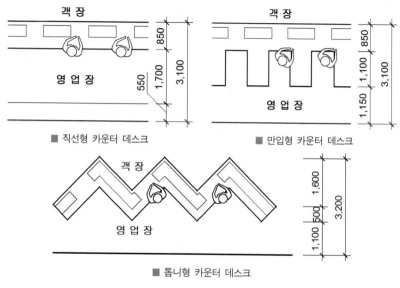

그림 5-9. 카운터 데스크의 유형과 공간

(3) 객장

객장은 출입문에서 고객이 원하는 창구로 쉽게 접근할 수 있도록 계획한다. 최소 3.2m 이상의 폭을 확보하고 장래의 변화에 대응할 수 있는 가변성을 배려하며 쾌적한 공간이 되도록 계획한다.

- 객장의 면적은 소규모인 경우 1일 평균 고객 1인당 0.13~0.2㎡, 대규모인 경우 0.3㎡의 규모를 고려한다.
- 자동입출금기 코너는 기계 1대당 2~6㎡(기계실 면적 제외)를 고려한다.
- 고객이 창구직원과의 상담 및 업무 대기를 할 수 있는 충분한 대기 공간을 계획한다.
- 대기 공간은 고객 동선의 흐름에 방해가 되지 않도록 하고, 이중문이나 회전문 근처는 피하여 계획한다.

- 고객용 로비(고객 1인당 01.~0.13㎡, 소규모인 경우 0.2㎡)를 계획한다.
- 자동입출금기 코너는 기계 1대당 2~6㎡(기계실 면적 제외)를 고려한다.
- 고객이 창구직원과의 상담 및 업무 대기를 할 수 있는 충분한 대기 공간을 계획한다.
- 대기 공간은 고객 동선의 흐름에 방해가 되지 않도록 하고, 이중문이나 회전문 근처는 피하여 계획한다.
- 고객용 로비(고객 1인당 01.~0.13㎡, 소규모인 경우 0.2㎡)를 계획한다.

(4) 금고실

금고실은 외부에 접하지 않고, 도난과 방재에 안전하고 영업장에서 사용하기에 편리한 위치에 계획한다.

- 금고실의 구조는 RC조 이중벽으로 일반적 두께 30~40㎝, 큰 규모인 경우 60㎝ 이상으로 한다.
- 방습과 환기설비를 계획한다.
- 금고실은 15~50㎡/개(평균 30㎡ 정도)를 고려한다.
- 금고실은 도난방지의 안전 측면에서 고객 동선과 떨어진 곳, 화재 및 지진 등의 재난에 대비할 경우 지하층이 유리하며, 영업 공간과 연결이 용이한 위치가 되도록 계획한다.
- 임대 금고는 전실, 비밀실, 임대 금고실 등으로 구성하고 위치는 일반 금고와 달리 고객의 출입이 자유로운 곳에 계획한다.

(5) 주 출입구

주 출입구는 은행의 신뢰감을 줄 수 있도록 계획하고 전실(방풍실)을 두거나 방풍을 위한 칸막이를 설치한다. 안쪽 문은 도난 방지상 안여닫이 형식으로 계획한다. 전실을 두는 경우 바깥문은 밖여닫이 또는 자재문으로 계획한다.

- 고객의 출입구는 한 곳으로 한다.
- 도난 방지상 안여닫이로 계획한다.
- 전실을 두는 경우 바깥문은 밖여닫이 또는 자재문, 안쪽문은 안여닫이로 계획한다.

(6) 기타

- 회의실(1.4~1.7㎡/인), 갱의실, 휴게실, 숙직실 등을 계획한다.

4 Drive-in Bank

고객이 자동차를 주차장에 주차한 후 은행 객장에 들어가 업무를 보는 불편함을 해소하기 위하여 자동차를 탄 채로 은행 업무를 볼 수 있는 은행 시스템이다.

은행 창구는 운전석 왼편에 설치되어 있고 고객은 차량의 창문을 내리고 은행 직원을 통하여 예금의 입출금 등 은행 업무를 신속하게 본 후 전용 출구를 통하여 빠져나간다.

Drive-in Bank는 주차 후 은행 창구로의 접근 및 대기하는 불편을 원칙적으로 해소했다는 점에서 시간에 쫓기는 이용 고객과 장애인들에게 편리함을 제공할 수 있다.

(1) 계획 시 고려사항

- 드라이브 인 창구로의 자동차의 접근이 쉽게 하고 창구는 운전석 측에 만든다.
- 비나 바람을 막을 수 있는 지붕 또는 차양시설을 설치한다.
- 영업장과 연락을 취할 수 있는 시설을 계획한다.
- 차량 1대의 소요시간은 1분 내외로 계획한다.
- 은행 창구로의 자동차 주차는 교차되거나 평행이 되도록 계획한다.
- 드라이브 인 뱅크로의 입구에는 차단물이 없도록 계획한다.

(2) 세부계획

- 1차선일 경우 차선 통로의 폭은 3.5m, 2차선은 7m 이상으로 계획한다.
- 겨울철 동결을 대비하여 해빙 설비를 계획한다.

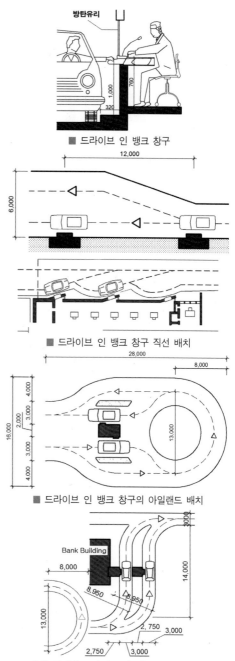

■ 드라이브 인 뱅크 창구

■ 드라이브 인 뱅크 창구 직선 배치

■ 드라이브 인 뱅크 창구의 아일랜드 배치

■ 은행 빌딩에 드라이브 인 뱅크 통합 배치 운영
그림 5-10. 드라이브 인 뱅크 계획 예

(3) 평면 유형

① 외측 주변형 : 은행 건물의 외측부 한 면에 드라이브 인 창구를 두는 형식

② 돌출형 : 은행 건물의 일부 돌출된 부분에 드라이브 인 창구은 두는 형식

③ 아일랜드형 : 은행 본건물로부터 떨어져서 별도의 드라이브 인 창구를 두는 형식

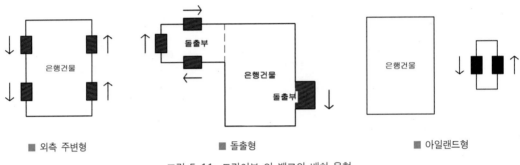

■ 외측 주변형   ■ 돌출형   ■ 아일랜드형

그림 5-11. 드라이브 인 뱅크의 배치 유형

제 IV편 상업시설

제6장 상점(商店, Store)

1 상점 개요

1.1 상점 건축이란

상점(商店)이란, 상인이 영업하는 장소로서의 시설(점포)을 말하며, 이들이 밀집되어 있는 거리나 지역을 상가(商街, shopping street)라고 한다. 좁은 뜻에서의 상점은 백화점, 대형 소매점, 할인 마트 등을 제외한 상품 매매활동을 행하는 중소 소매상의 점포를 말하는 것으로서 건축물의 용도 분류적 측면에서는 근린생활시설과 판매시설물 중의 하나이다.

그림 6-1. 상점

1.2 우리나라의 상점 건축

상점은 원시시대의 물물교환이 행해졌던 장소에서부터 오늘날의 상품 매매와 금전거래가 이루어지는 상점 건축에 이르기까지 생산과 소비를 연결하는 매개체로서 존재하여 왔다. 삼국시대에는 성읍이나 도시에 일상 생활용품을 공급하는 상설 점포인 시전(市廛)이 있었으며, 통일신라 이후 지방에는 여각(旅閣)과 객주(客商主人)가 물품의 매매와 중개업을 담당하였다.

조선시대(1412년, 태종 12년)에는 나라에서 현재의 종로구 일대에 시전을 세워 상인들에게 임대하고 그 대가로 세금을 받았으며 시전을 감독하는 경시감(京市監)을 두었다. 후에 시전 중 규모가 크고 국역(國役)을 가장 많이 부담하는 시전이 육의전(六矣廛)이 된다.

시전의 발전과 더불어 17세기 후반에 이르러서는 조선의 화폐경제와 상품의 유통이 급속히 발달하였고, 18세기에는 점포 상업이 발달하게 되는데, 고기를 매달아 팔았다는 데서 유래한 현방(懸房), 약(藥)을 지어 판매하면서 모임의 장소이기도 한 약국(藥局) 등과 더불어 음식점, 주점 등 점포 상업이 성행하였다. 이후 개화기 외국의 자본과 문물에 대한 개방은 종전(從前) 시전이 가지고 있었던 도고(都賈, 독점)상업 특권이 폐지되어 그 체제가 해체되는 하나의 원인이 되었다.

이러한 변화로 인하여 상업의 자유로운 진입이 가능해지면서 주요 지방 도시에도 상점 개설이 확산되었고, 외국 상인의 국내 상업 진입도 확대되었다. 일제강점기에는 일본의 자본에 의한 '미츠코시 백화점 경성 지점(1929년)'과 민족 자본의 근대식 백화점인 '화신상회(和信商會, 1931년) 등이 건립되면서 규모의 확대와 질적 변화를 이룬다.

1.3 상점의 분류

(1) 판매 특성에 의한 상점의 분류

분 류		특 징
쇼핑센터		여러 상점이 하나의 건물이나 부지 내에 계획적으로 집중되어 형성
백 화 점		한 건물 안에서 의·식·주에 관련된 여러 가지 상품을 상품별, 고객별 등 부문별로 조직하여 대규모로 판매
도 매 점		사무실을 두고 상품보관, 대량판매 등을 하는 점포
소매점	전 문 점	전문적인 상품을 취급
	일반점포	상기 이외의 소규모 점포

표 6-1. 판매특성에 의한 상점 분류

판매 특성별로 상점을 분류하여 보면 잡화, 한정 품종 등을 판매하는 소매상점으로서 일반 점포와 전문적 상품을 취급하는 전문점이 있고, 사무실과 소품종 대량의 상품 및 보관 창고 등을 두고 대량 판매의 기능을 수행하는 도매점이 있으며 일반적으로 개별 점포로 이루어진다.

반면 한 건물 안에서 의·식·주에 관련된 여러 가지 다양한 상품을 상품 종류별 판매 코너를 갖추고 고객 부문, 상품 부문, 판매 부분 등 부문별로 조직하여 대규모로 판매하는 백화점과 여러 상점이 하나의 건물이나 부지 내에 계획적으로 집중되어 형성된 쇼핑센터 등으로 분류할 수 있다.

(2) 지역 범위에 따른 상점 분류

지역 범위	특 징
근린형 상점	• 도보권 중심 • 소규모 상점, 슈퍼마켓, 편의점, 잡화점 등 • 일용품 위주
커뮤니티형 상점	• 중규모 슈퍼마켓, 소형 백화점 등 • 실용품 위주
지역형 상점	• 대규모 잡화점, 종합슈퍼마켓, 백화점 등 대규모 상점 • 다양한 서비스 기능 • 레저, 스포츠 시설 등을 갖추고 있다.

표 6-2. 지역범위에 따른 성점 분류

지역 내에서 상점은 상점의 규모에 따라 소규모 상점, 슈퍼마켓, 편의점, 잡화점 등 소규모의 근린형 상점이 있고, 중규모의 슈퍼마켓, 소형 백화점 등 커뮤니티형 상점이 있으며, 대규모 잡화점, 종합슈퍼마켓, 백화점 등 대규모의 지역형 상점 등으로 구분할 수 있다.

2 상점계획 시 고려사항

2.1 상품 특성에 맞는 디자인과 전시

상점 건축 계획 시 판매 상품의 특성과 전시 조건 및 그에 따른 외관 디자인을 고려하고, 새로운 사회 경향(trends) 등을 반영하여 계획한다.

① 상품의 전시 조건 및 외관 디자인
- 주요 상품의 특성
- 시각적 요소에 따른 연출 및 배치
- 상품, 내부 및 외관 분위기 연출
- 천장면의 연출

② 새로운 경향
- 휴식 공간, 서비스 시설 등 제공
- 색채, 형태, 조명, 간판 등

2.2 입지 조건과 접근성

상점은 고객이 접근하기 좋은 위치와 주변에 재화(財貨)와 서비스를 제공하는 배후 지역이 있는 곳이 유리하며, 다음과 같은 내용을 고려한다.

① 입지 조건 결정요인
- 인구수 및 내객 범위
- 교통기관(시설)과의 관련
- 인근 상업시설 및 배후 지역과의 관계
  - ⓐ 집심성(集心性) 상점 : 도심 상권의 중심지에 위치해야 할 상점, 도매점, 백화점, 보석점, 의류점, 고급음식점 등
  - ⓑ 집재성(集在性) 상점 : 동일 업종의 점포들이 모여 있는 곳이 좋은 상점, 서점, 기계부품점, 공구점, 가구점, 전자제품점, 여성의류점, 보석점 등
  - ⓒ 산재성(散在性) 상점 : 분산(分散) 입지해야 좋은 상점, 편의점(잡화점), 슈퍼마켓, 이발소, 세탁소, 공중목욕탕, 생활필수품점 등 동종 소매점포
  - ⓓ 국부적(局部的) 상점 : 읍(邑)의 경우처럼 도심의 중심지가 아닌 2차적 중심지에 입지해야 좋은 상점, 농기구점, 비료상점, 종묘점, 어구점 등
- 고객유치 시설

② 접근성
- 대지의 모양, 형태 등의 지형(地形) 및 크기
- 개구부의 위치, 형태 및 크기
- 접근로(도로)와 상점 바닥면

2.3 상점의 Facade와 AIDMA

그림 6-2. 상점 Facade
(위: 프렝땅 백화점, 파리, 프랑스
아래: 비벌리힐즈 상점, 캘리포니
아, 미국)

그림 6-3. 상가의 네온사인과
조명

파사드(Facade)란, 건축물의 입면 중 가장 중요한 디자인 면(面)으로서 일반적으로 출입구로 이용되는 부분을 앞에서 똑바로 마주 본 정면(正面)을 의미한다.

건축물의 벽, 문, 창, 기둥, 지붕 등 입면 요소의 평면적 디자인을 통해 그 건축물의 고유 느낌과 이미지를 표현하는 건축물 외부 의장(意匠)에 있어서 가장 중요한 입면이라 할 수 있다.

파사드(Facade)는 도로나 광장에 면하여 건축물의 일면(一面)을 통해 존재감을 인식시키고 흥미와 관심을 유발시켜 건축물을 기억하게 하는 이미지로서 중요한 역할을 한다.

상점가(商店街, Shopping street)의 상점 파사드(Facade)는 각 상점 건축물이 추구하는 스타일과 목적의 이미지(image)적 의미에서 한발 더 나아가 거리와 도시의 풍경과 상징으로 인식되기도 한다.

최근 상점 건축은 입면의 디자인적 요소에 조명, 영상, IT 기술을 더하여 외벽에 LED의 설치, 조명 또는 영상을 투사하는 등 Digital Display를 이용하여 다양한 광고 효과와 Media 정보를 전달 등 Digital Signage로써 건물의 외벽을 매개 역할로 사용하는 이른바 미디어 파사드(Media Facade) 기법도 중요한 요소로서 대두되고 있다. 건축물에서 고객의 호기심과 매장으로의 유도 및 구매 욕구를 유발하기 위한 정면 Facade 구성 방법으로 AIDMA 법칙이 있다.

A	Attention 주의, 호기심	광고, 매장 등을 통해 고객으로 하여금 상품에 주목하게 한다.
I	Interest 흥미, 관심	차별화를 통한 흥미와 관심을 유발하게 한다.
D	Desire 욕구, 욕망	상품의 구매 욕구를 유발하게 한다.
M	Memory 기억	상점과 상품에 대한 이미지를 기억하게 한다.
A	Action 행동, 구매	고객의 접근과 구매가 편리하게 한다.

표 6-3. Facade의 AIDMA 법칙

2.4 상점 내(內) 면(面)의 구성과 디자인

상점의 바닥은 주출입구에서 상점 내부로 자연스럽게 유도될 수 있도록 평탄하고, 미끄러지거나 요철, 단차, 소음 등이 없도록 한다. 벽면은 상품의 진열장 및 쇼 케이스 설치에 구조적(기둥, 벽면 요철 등) 장애물이 없도록 하고 상품의 종류, 진열 방식, 쇼윈도우, 채광, 현휘 등을 고려하여 창호를 계획한다. 천장은 2.7~3.0m 정도로 하고 상품과 공간의 특성에 따라서 2층 높이도 고려한다.

바닥과 천장은 상품의 특성에 맞는 재료와 색채를 고려하고, 천장의 경우 천장의 형태, 조명의 방식과 밝기를 고려하는 등 상품의 특성에 맞는 분위기와 시각적 호소력이 연출되도록 계획한다.

① 바닥면
- 상점 내부로 자연스럽게 유도될 수 있도록 평탄하게 한다.
- 미끄러지거나 요철, 단차, 소음 등이 없도록 한다.
- 상품의 특성에 맞는 재료와 색채를 고려한다.

② 벽면
- 구조적 장애물(기둥, 벽면 요철 등)이 없도록 한다.
- 상품의 종류, 진열 방식, 쇼윈도우, 채광, 현휘 등을 고려하여 창호를 계획한다.

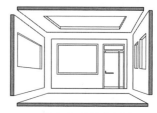

그림 6-4. 공간의 구성
(바닥, 벽, 천장면)

③ 천장면
- 2.7~3.0m, 상품과 공간 특성에 따라 2층 높이도 고려한다.
- 상점의 특성에 맞는 천장의 형태, 조명 방식 및 밝기 등을 고려한다.

2.5 판매 형식별 특징

상점의 판매 형식은 대면 판매와 측면 판매로 구분할 수 있으며, 각각의 특징은 다음과 같다.

(1) 대면 판매

고객과 점원이 진열장(show case)를 사이에 두고 상담 또는 판매 하는 형식으로 시계, 귀금속, 카메라, 화장품, 제과점 등에 적합하다.

가) 장점
① 상품의 설명과 포장이 편리하다.
② 점원의 정위치를 정하기가 편리하다.

그림 6-5. 대면 판매 형식

나) 단점
① 점원의 통로가 필요하므로 진열면적이 감소한다.
② 진열장이 많아지면 상점 분위기가 딱딱해질 우려가 있다.

(2) 측면 판매

그림 6-6. 측면 판매 형식

진열 상품을 고객과 점원이 같은 방향을 보며 판매하는 형식으로 고객이 상품을 직접 고르고 선택할 수 있어서 상품에 대한 친근감을 부여할 수 있으며, 충동적 구매를 유도할 수 있다. 점원의 통로 면적이 필요하지 않은 관계로 여유 있는 진열면적의 확보가 가능하다. 반면, 점원의 위치를 정하기 어려우며, 상품의 설명이 어려우며 포장은 별도의 포장대(包裝臺)에서 해야 한다. 양복점, 양장점, 서점, 운동구점 등에 적합하다.

가) 장점
① 선택이 용이하여 충동구매를 할 수 있다.
② 진열면적이 커진다.
③ 상품에 대한 친근감이 있다.

나) 단점
① 점원의 정위치를 정하기 어렵다.
② 상품의 설명, 포장 등이 불편하다.

3 상점의 공간 기능 분류

상점 공간은 기능상 크게 판매 부문과 부대 및 관리 부문으로 구분할 수 있다. 판매 부문은 고객 부분과 판매 부문으로 세분할 수 있으며, 부대(附帶) 및 관리 부문은 상품 부분, 종업원 부분, 사무 및 관리 부분으로 나눌 수 있다.

(1) 고객 및 판매 부문
① 고객 부분
고객 부분은 고객을 상점 내로 유도하는 쇼윈도우, 고객을 맞이하는 주출입구 및 부출입구, 매장 내의 고객 동선(통로, 계단, 엘리베이터, 에스컬레이터) 및 고객을 매장 내 장시간 머물 수 있도록 휴게실, 화장실, 식당, 고객 주차장 등의 편의시설을 계획하고 판매 부문과 조화가 이루어지도록 한다.

② 판매 부분

판매 부분은 각종 상품을 진열하고 판매하는 곳으로서 고객의 측면에서는 쾌적하고 구매가 편리하며, 점원 측면에서는 능률적이어야 하며, 상품 측면에서는 효율적인 진열과 전시가 되도록 계획한다.

(2) 부대 및 관리 부문

부대 및 관리 부문은 상품의 보관, 분류 및 보급 등이 행해지는 상품 부분, 종업원의 출·퇴근, 동선, 후생시설 등의 종업원 부분과 사무, 관리 및 기계설비 제실 등의 사무 및 관리 부분으로 구성된다.

① 상품 부분

상품 부분은 화물용 주차, 상품의 수납과 검수, 상품의 보관, 분류 및 보급, 상점 내로의 상품 운반, 상품의 배달과 발송, 폐기물처리 등이 행해지는 곳으로서 능률적이고 효율적으로 이루어지도록 계획한다.

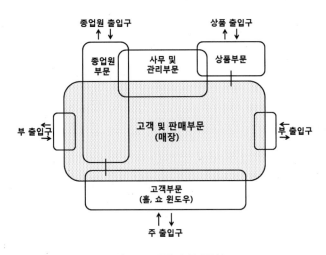

그림 6-7. 상점의 공간구성

② 종업원 부분

종업원 부분은 종업원 주차장, 종업원의 출퇴근 관리실, 종업원 출입구, 통로, 계단, 엘리베이터 등의 동선과 더불어 화장실, 휴게실, 식당, 의무실 등 후생시설을 능률적이고 편리하도록 계획한다.

③ 사무 및 관리 부분

사무 및 관리 부분은 사무 및 관리제실, 응접실, 회의실, 교육실과 기계, 전기 등 설비관리제실, 방재 및 안전관리시설 등을 계획한다.

상점 공간은 판매 부분과 관리 부분으로 분류할 수 있으며, 판매 부분은 홍보, 진열 및 판매, 판매 보조 부분으로 나뉘고, 관리 부분은 영업관리, 직원복지, 피난 및 안전 부분으로 나눌 수 있다.

4 　배치계획

4.1 대지 선정 조건

상점 건축의 대지 선정은 도시적 조건과 입지적 조건의 타당성을 검토 후 선정할 필요성이 있다.

(1) 도시적 조건

도시적 조건으로는 교통이 편리하고 사람의 통행이 잦은 곳으로서 눈에 잘 띄는 곳, 주변 및 도시, 인접 도시의 규모와 환경이 좋은 곳, 주변에 동일 성격의 상점이 모여 있고 번화한 곳, 상권의 규모 등이 좋은 곳 등을 조건으로 꼽을 수 있다. .
① 교통이 편리한 곳
② 사람의 통행이 많은 곳으로 눈에 잘 띄는 곳
③ 동일 성격의 상점이 모여 있고 번화한 곳
④ 주변 및 도시, 인접 도시의 규모와 환경이 좋은 곳
⑤ 상권의 규모가 좋은 곳

(2) 대지 조건

대지의 형태는 규칙적이고 도로에 면한 곳(가능하면 2면 이상 도로에 면한 곳), 전면도로에서 상점으로의 접근성과 출입이 양호한 곳, 인접 건물과의 관계(규모, 일조, 채광) 등이 좋은 곳을 선정한다.
① 부지의 형태가 규칙적인 곳
② 도로에 면한 곳(가능하면 2면 이상 도로에 면한 곳)
③ 전면도로에서 상점으로의 접근성과 출입이 양호한 곳
④ 인접 건물과의 관계(규모, 일조, 채광 등)가 좋은 곳
⑤ 대지의 형태는 장단변비가 2:1의 직사각형이 유리하다.

(3) 대지의 전면 폭과 안 깊이

대지의 전면 폭과 안 깊이는 1 : 2의 직사각형의 대지가 배치 시 유리하지만 고객의 상품 선택 시간, 체류 시간, 상품의 특성 등을 고려하여 전면 폭과 안 깊이의 조건을 설정한다.
- 대지의 전면 폭이 안 깊이보다 큰 경우 : 고객의 체류 시간과 선택 시간이 비교적 짧고 특정 시간대 고객이 집중하는 식료품점, 일용잡화점 등에 유리하다.
- 대지의 안 깊이가 전면 폭보다 큰 경우 : 고객의 체류 시간과 선택 시간이 비교적 길고 특정 시간대 고객이 집중되지 않는 양복점, 장식품, 귀금속점 등에 유리하다.

4.2 상점의 방위

상점은 업종에 따라 상품의 특성이 다르며 향과 일조에 의해 상품의 진열과 전시에 영향을 미친다. 상점 및 업종에 따른 적합한 방위 조건을 정리하면 다음과 같다.

① 부인용품점 : 오후에 그늘이 지지 않는 방향이 좋다.

② 식료품점 : 강한 석양은 상품을 변색·변질시킬 수 있으므로 피한다.

③ 양복검, 가구점, 서점 : 일사에 의한 퇴색·변색, 변형 등의 방지를 위하여 도로의 서쪽이 좋다.

④ 음식점 : 도로의 남쪽이 좋고, 넓은 도로보다는 좁은 도로에 면하는 것이 좋다.

⑤ 여름용품점 : 도로의 북측에 위치하여 남측 광선을 받도록 한다.

⑥ 겨울용품점 : 도로의 남측에 위치하여 북측 광선을 받도록 한다.

⑦ 귀금속점 : 태양의 직사광선이 유입되지 않는 방향으로 한다.

5 　평면계획

5.1 동선계획

(1) 동선계획의 기본 방향

상점 내의 동선은 고객의 흐름을 의도적으로 유도할 수 있는 평면계획으로서 단순한 이동 통로라는 차원에서 벗어나 상점의 특성과 진열장의 배치를 고려하여 상점 내의 고객 동선을 길고 원활하게 하며, 매장 전체의 상품이 잘 보이도록 효율적으로 연결되도록 하고, 2층 이상을 사용하는 매장의 경우 입체적 연결을 고려하여 계획한다. 규칙적인 동선의 경우 고객을 원하는 방향으로 유도하기 쉽고 흐름을 원활하게 할 수 있는 장점이 있으나 단조롭고 상점 내 머무는 시간이 짧다. 불규칙적인 동선의 경우 고객의 상점 내 머무는 시간을 길게 할 수 있고 시각적 변화와 흥미를 줄 수 있으나 계획이 세밀하지 않은 경우 오히려 혼잡을 줄 수 있다.

동선 유형	형식	비고
직선형	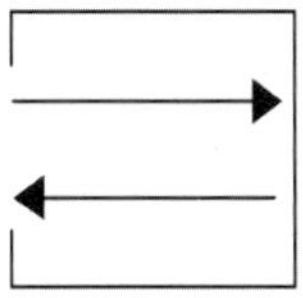	전 면 보 다 안쪽 깊이 가 긴 상점
원형	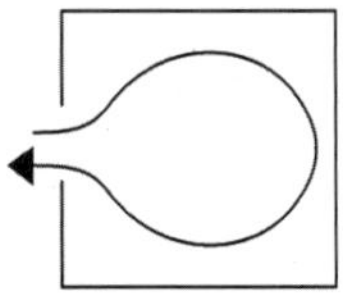	안쪽 깊이 보다 전면 이 넓은 상 점
지그재그형	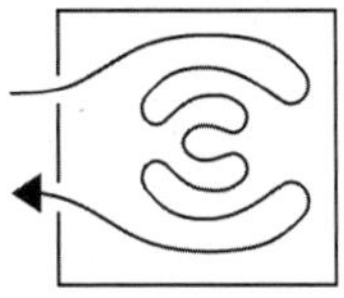	진 열 장 이 벽면 배치, 환상 배치, 아 일 랜 드 배치 등이 혼합된 큰 상점

그림 6-8. 상점 동선의 유형

- 고객의 흐름을 의도적으로 유도한다.
- 상점의 특성과 진열장의 배치를 고려하여 동선을 길고 원활하게 한다.
- 매장 전체의 상품이 잘 보이도록 효율적으로 연결한다.
- 2층 이상의 경우 입체적 연결을 고려한다.
- 고객 동선은 길게 종업원 동선은 되도록 짧을수록 효율이 좋게 되는 서로 역의 관계가 되도록 한다.

(2) 동선의 분류와 계획

상점의 동선은 고객 동선, 종업원 동선, 상품 동선으로 분류할 수 있으며, 각각의 특징을 정리하면 다음과 같다.

① 고객 동선
- 고객의 동선은 길게 한다.
- 고객 동선은 종업원 및 상품의 동선과 교차되지 않도록 한다.
- 도로와 출입구에서 상점 안으로 유도될 수 있도록 한다.
- 상점 내의 매대 및 장식장 사이를 편안하게 이동하면서 상품을 선택할 수 있도록 한다.
- 고객 동선과 직원 동선이 만나는 곳에 Counter를 배치한다.
- 화재나 재난 시 원활한 피난 동선이 되도록 한다.

② 종업원 동선
- 되도록 짧게 하여 업무 피로를 줄인다.
- 고객 동선과 교차되지 않도록 한다.
- 적은 종업원으로 능률적인 상품 상담과 판매가 될 수 있도록 한다.

③ 상품 동선
- 상품의 반입, 보관, 포장, 발송하는 장소 및 동선으로서 고객 쪽에서 보이지 않도록 계획한다.
- 고객 동선과 교차되지 않도록 한다.

5.2 진열장(Show Case) 배치와 유형

(1) 진열장 배치 시 고려사항

매장의 진열장 및 가구의 배치는 그 배치 형식에 따라 고객과 종업원의 동선, 상품의 효율적 배치, 고객과 종업원의 대면 방식과 효과 등에 영향을 미치고, 평면계획에 있어서도 중요한 결정 요인이라고 할 수 있다. 진열장 배치 시 고려사항을 정리하면 다음과 같다.
- 고객 입장에서 상품이 효율적으로 보이도록 한다.
- 고객을 감시하기가 용이한 반면 고객에게 감시한다는 인상을 주지 않도록 진열장을 배치한다.
- 고객과 종업원의 동선이 원활하게 하고 소수의 종업원이 다수의 고객에 대한 상담 및 판매가 능

률적이 되도록 한다.

- 매장에 들어오는 고객과 종업원의 시선이 직접 마주치지 않도록 진열장 및 Counter를 배치한다.
- 진열장의 규격은 통일시키도록 한다. (폭 50~60cm, 높이 0.9~1.1m)

(2) 진열장 배치의 평면 유형

매장의 진열장 배치 유형은 굴절형, 직선형, 환상형, 복합형으로 구분할 수 있으며, 각각의 특성을 정리하면 다음과 같다.

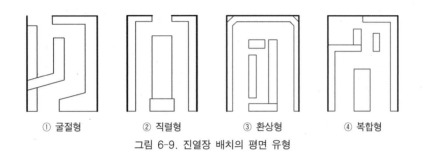

① 굴절형   ② 직렬형   ③ 환상형   ④ 복합형

그림 6-9. 진열장 배치의 평면 유형

① 굴절형
- 진열장 배치와 고객의 동선이 굴절 또는 곡선의 형태로 배치한 형식
- 판매 형식은 대면 판매와 측면 판매의 조합으로 구성된다.
- 양품점, 문구점, 모자점, 안경점 등의 상점에 적합한 형식이다.

② 직선형
- 진열장을 일직선으로 배치한 형식
- 상점 입구에서 상점 안까지 통로가 직선으로 구성되어 있으므로 고객의 흐름이 빠르다.
- 부분별 상품 진열과 대량 판매가 가능하고 협소한 매장에도 적합하다.
- 침구점, 의복점, 가정용 전자/전기점, 서점, 식기점 등의 상점에 적합한 형식이다.

③ 환상형
- 상점 중앙에 진열장을 사각형 또는 원형 등의 환상형 형태로 배치한 형식
- 환상형 내부에 Counter, 포장대 등을 배치
- 환상형 부분에 소형 상품 및 고가의 상품을 진열하여 대면 판매하고, 대형 상품은 측면(벽면)에 진열한다.
- 수예점, 민예품점, 귀금속점 등에 적합하다.

④ 복합형
- 굴절형, 직선형, 환상형이 조합된 형식
- 대면 판매와 측면 판매가 가능하고 매장의 뒷부분에 Counter와 접객 공간을 설치할 수 있다.
- 서점, 부인복점, 피혁제품점, 양장점 등에 적합하다.

6 | 입면계획

상점의 입면은 상점 전체의 인상을 단적으로 보여주는 것으로 교통량과 사람의 통행이 많은 주요 도로에 면하는 상점 건축의 특성상 주출입구가 있는 정면(Facade) 및 진열창(Show window)의 형태와 단면 형식 등에 의하여 직접적인 영향을 받는다고 할 수 있다.

특히 진열창은 Facade 구성의 가장 중요한 요소이면서 상점과 상품의 이미지와 특성을 전달하는 등 상점 입면과 정면 디자인의 중심이 된다.

6.1 Facade(정면) 계획

상점의 Facade는 상점의 종류와 특성 등이 고객에게 1차로 전달되는 중요한 디자인 요소로서 고객을 상점으로 유입하는 매개 역할을 할 수 있도록 계획할 필요가 있다.

그림 6-10. 상점의 점두

(1) 점두(Shop Front) 계획

상점의 Facade는 상점 전면의 쇼윈도(Show window), 출입구, 간판 등 점두(店頭, Shop Front)의 디자인과 형태에 따라 그 효과가 달라진다.

점두(Shop Front) 계획 시 고려사항을 정리하면 다음과 같다.

- 상점의 업종 및 상품의 특징이 쉽게 인식되도록 할 것
- 상점의 Identity를 표현하고 개성적이며 인상적일 것
- 고객의 관심과 흥미를 유발하고 대중성이 있을 것
- 광고 효과를 내면서 주변환경과 조화가 이루어질 것.
- 출입구는 고객이 상점 안으로 유도되는데 장애물, 단차 등이 없도록 할 것
- 상점 특성에 따른 외부에서 상점 내로의 시각적 개방과 차단을 적절히 고려할 것
- 간판, 광고판, 출입구 등의 변경에 융통성이 있을 것
- 경제성을 고려할 것

(2) 점두(Shop Front)의 유형

점두의 유형으로는 평형(平形)과 만입형(灣入形) 개방형, 폐쇄형, 혼합형 등 3가지 유형으로 분류할 수 있으며 그 특징을 정리하면 다음과 같다.

가) 개방형(Open or Arcade type)

상점의 전면이 모두 개방되어 출입구 기능이 함께 이루어지는 형태이다. 고객에게 상점 내부를 즉시 전달하여 매장을 가깝게 느끼도록 해준다.

- Facade의 점두(Shop Front)가 진열창, 유리 등의 경계 없이 도로에 개방된 형태이다.
- 고객의 입장에서 상점의 특성과 상품을 한눈에 알 수 있다.
- 고객의 출입이 많으나 구매 소요시간이 짧고 잠시 머무는 상점에 적합하다.
- 잡화점, 일용품점, 서점, 철물점, 지물포, 어물점 등에 적합하다.

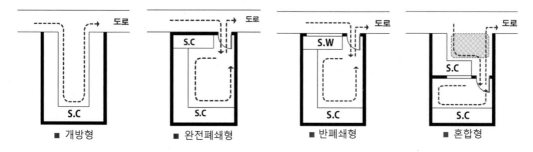

그림 6-11. 점두의 유형

나) 폐쇄형(Closed type or Straight type)

상점의 출입구 부분을 제외한 전면(全面)이 벽으로 계획된 완전폐쇄형과 전면(前面)에 진열창 또는 유리 등을 계획한 반(半)폐쇄형이 있다. 진열창은 상점과 접한 보도와 평행한다.

- 벽, 장식장, 유리 등으로 외부와 상점을 차단하고 출입구만 개방한다.
- 고객의 출입이 적으며 상점 내 머무는 시간이 긴 경우에 적합하다.
- 상점 내부로의 시선이 차단되어 상점의 특성 전달에 어려움이 있을 수 있으므로 전면의 일부를 유리 또는 장식장 등(반 폐쇄형)을 두거나 간판, 출입구의 디자인을 상점 특성에 맞도록 유의하여 계획한다.
- 이발소, 미용원, 귀금속점, 카메라, 음식점 등에 적합하다.

다) 혼합형(Mixed type)

혼합형은 개방형과 폐쇄형을 혼합한 형태로서 상점 전면(前面)에 개방된 홀(hall)과 진열장(show case)을 두는 등 점두에 변화를 줄 수 있다. 전면(前面)의 홀(hall)과 show case는 보행인의 흥미와 주목을 끌며 고객을 상점 내부로 유도하는 역할을 하는 장점이 있는 반면 출입구 전면 홀의 진열장의 관리에 세심한 배려가 필요하다.

6.2 Show Window(진열창, 陳列窓) 계획

진열창은 상점의 Facade를 구성하고 상품의 이미지와 특성을 고객에게 전달하며 고객을 상점 내로 유도하는 매개체로서의 성격을 가지고 있다. 진열창은 점두(Shop Front)의 유형에 의하여 그 디자인과 형태가 시작되며, 도로와의 관계(보도 폭, 교통량, 전면의 길이), 대지의 조건, 인접 건물과의 관계, 상점의 종류, 상품의 특성, 진열 방법, 출입구 등 복합적인 요인이 결정에 영향을 미친다.

진열창 계획 시 고려사항으로는 진열창의 창대 높이, 유리 높이 등의 치수와 의장, 유리면의 눈부심, 먼지 및 흐림 방지, 조명 방식 등을 들 수 있다.

■ 진열창 계획 결정 요소
- 도로와의 관계(도로 폭, 교통량, 전면의 길이)
- 대지의 조건
- 인접 건물과의 관계
- 상점의 종류, 특성, 진열 방법
- 상점의 출입구

■ 계획 시 고려사항
- 진열창의 치수(창대 높이, 유리 높이)와 의장
- 유리면의 눈부심과 먼지의 방지
- 유리면의 흐림 방지
- 조명 방식

진열창의 평면 유형을 구분하면 크게 평형, 돌출형, 만입형, 홀형, 중층형 등으로 분류할 수 있다.

(1) 진열창의 평면 유형

① 평(平)형

점두의 전면(前面)에 전면(全面)이 유리로 된 진열창 또는 바닥에서 110~150cm 높이에 진열창을 두고 일부에 출입구를 낸 형식이다.
- 보편적으로 사용하는 형식, 일반적으로 대지와 도로의 경계선에 Shop Front를 설치한다.
- 진열창 내부의 디자인과 조명 등을 통하여 상품을 강조할 수 있으며, 고객은 도로에서 진열창 내부의 상품을 볼 수 있다.
- 전면 또는 진열창이 유리인 관계로 자연 채광에 가장 유리한 유형이다.
- 쇼윈도우의 진열 상품이 상점 내에 충분히 진열되어 있는 경우 대표적인 몇 가지를 진열창에 진열하는 경우에 적합하다. 양품점이나 양장점에 많이 사용한다.

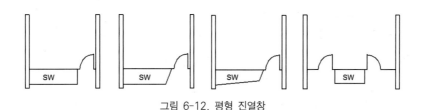

그림 6-12. 평형 진열창

② 돌출(突出)형

　Show Window를 출입구보다 돌출시켜 강조시킨 유형으로 동적이며 적극적인 이미지를 주며 Show Window의 전면과 측면에서 진열창의 상품을 볼 수 있는 형식으로 점두 부분을 최대한 활용하여 많은 상품을 보여줌으로써 고객을 유도하는 효과를 극대화하는 유형이다. 직각형과 경사형 등이 있다.

- Show Window를 출입구보다 돌출시킨 형태로 Show Window를 강조시킬 수 있다.
- 전면과 측면에서 Show Window 내의 상품을 볼 수 있다.
- 매장의 내부 면적이 감소할 수 있다.
- 특수 도매상, 의상점, 음식점 등에 적합하다.
- 보석점, 시계점, 구두점 등에 유리하다.

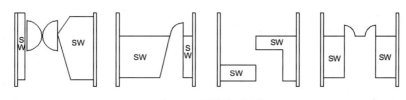

그림 6-13. 돌출형 진열창

③ 만입(灣入)형

　상점 전면(前面) 양측에 Show Window를 진열하고 출입구는 상점 내부의 방향으로 후퇴(set back) 또는 만입시킨 유형이다.

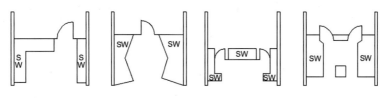

그림 6-14. 만입형 진열창

- Show Window가 대지 경계선 안으로 또는 건물의 상점 내부 방향으로 들어와 있으므로 고객이 혼잡한 도로를 피하여 편안하게 Show Window 상품을 볼 수 있다.
- Show Window로 들어선 고객을 상점 내부로 유도하는데 유리하다.
- Show Window 면적을 증대할 수 있다.
- 매장 내부의 면적이 감소할 수 있다.
- 만입의 깊이에 따라 자연 채광의 유입이 불리할 수 있다.

④ 홀(hall)형

만입형은 출입구 전면에 Show Window를 둘러쌓아 만입 부분을 넓게 하거나 홀(Hall) 형식의 공간을 만든 유형이다. 홀형의 특징은 만입형과 유사한 특징을 갖는다.

(2) 진열창(Show Window)의 단면 크기

진열창의 단면 크기는 진열창과 도로와의 조건, 상점 전면의 길이, 상점의 종류, 상품의 크기, 출입구, 진열 방법, 점두의 유형 등과 상점 전면의 디자인적 조건을 고려하여 결정하도록 한다.

- 바닥 높이 : 진열창의 바닥 높이는 고객의 눈높이보다 낮게 하고, 상품의 특성에 따라 높이를 고려한다. 상품의 주목할 부분은 눈높이에서 0.2~0.5m 정도 낮게 한다.
- 창대 높이 : 0.3~1.2m가 적당하며, 보통 0.6~0.9m를 많이 사용한다.
- 유리의 크기 : 상품의 종류에 따라 결정되며 일반적으로 도로면에서 2.5~3.5m가 적당하며, 그 이상의 경우 진열 효과가 없을 수 있으므로 주의한다.

규모	상품	H1 (mm)	H2 (mm)	D (mm)	단면 개념도
대규모 상품	가구점	100~300	2,400~3,100	1,500~7,100	
	피아노점	0~500	1,800~2,700	1,800~3,000	
	자동차점	0~300	2,400~3,100	2,100~3,000	
중규모 상품	양장점	300~700	1,800~2,700	900~1,200	
	모피점			900~2,100	
	운동구점			900~1,800	
소규모 상품	신발점	300~800			
	잡화점				
	카메라점	600~900	1,500~2,100	600~900	
	문구점		1,200~1,800	600~1,200	

표 6-4. 상품 규모별 진영창의 단면 크기

양장, 모피, 카메라, 잡화점

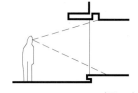

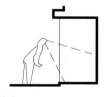
가구, 피아노, 자동차점

그림 6-15. 상품별 진열창 단면

(3) 진열창(Show Window)의 단면 형태

진열창의 단면 형태는 수직형, 경사형, 곡선형, 다각형, 원형, 다층형, 중2층형 등으로 구분할 수 있다.

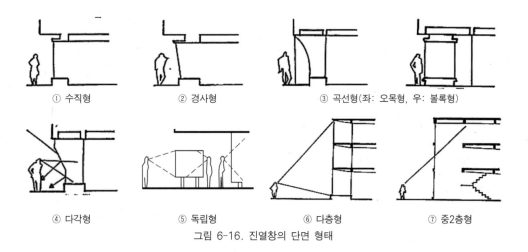
① 수직형　② 경사형　③ 곡선형(좌: 오목형, 우: 볼록형)
④ 다각형　⑤ 독립형　⑥ 다층형　⑦ 중2층형
그림 6-16. 진열창의 단면 형태

① 수직(垂直)형

　가장 일반적인 형태로 쇼윈도우가 수직으로 구성되어 있으며 도로와 평행을 이룬다. 폐쇄형, 개방형, 반개반형 등으로 세분할 수 있으며, 쇼윈도 내부를 외부보다 밝게하거나 햇빛 가림막을 설치하여 현휘현상을 방지한다.

② 경사(傾斜)형

　진열창의 유리면을 경사지게 하여 현휘현상과 반사현상을 방지하기 위해 사용된다.

③ 곡선(曲線)형

　곡면 유리를 사용하여 쇼윈도우 형태에 변화를 준 형식이다. 곡선의 조형요소가 점두의 분위기를 신선하고 다른 유형과 차이를 줄 수 있다.

④ 다각(多角)형

　수직형과 곡선형을 응용하여 다양한 각도로 굴절을 준 유형으로 절도 있는 느낌을 줄 수 있다.

⑤ 독립(獨立)형

점두(front)의 전면을 개방형 또는 홀형 등에 있어서 이동할 수 있는 진열장을 독립하여 설치하는 유형으로 자유로운 진열장을 설치할 수 있다.

⑥ 다층(多層)형

2층 이상의 규모를 갖는 상점에서 여러 층에 걸쳐서 Show Window을 구성하는 유형이다. 대형 상점에 적합하다.

- Show Window를 입체적으로 구성함으로써 Shop Front를 강조할 수 있다.
- 1층에 평형, 돌출형, 만입형, 홀형 등 다양한 유형의 공간을 구성할 수 있다.
- 계단, 엘리베이터, 에스컬레이터 등 2층으로의 수직 동선을 Shop Front와 연계하여 이미지를 부각시킬 수 있다.

⑦ 중2층형(中二層, Mezzanine Floor)

1개 층(상점에서는 주로 1층)의 층고를 다른 층에 비해 높게 하거나, 층과 층 사이의 전면 부분을 수직으로 공간 처리(void)하고 후면 부분을 발코니 타입의 바닥을 형성하여 만들어진 공간 구조로서 상점 정면의 다양성을 연출할 수 있고 규모가 큰 상품의 전시가 가능하며 상점 공간을 재미있게 구성할 수 있다.

- Show Window를 입체적으로 구성함으로써 Shop Front를 강조할 수 있다.
- 1층과 오픈된 공간에 규모가 큰 상품을 전시할 수 있다.
- 중2층을 매장과 사무공간으로도 사용할 수 있다.
- 층고가 높아져 초기 비용이 많이 들고, 동선계획에 유의해야 한다.

(4) 진열창의 현휘(眩輝) 방지 계획

내부가 어둡고 외부가 밝을 때 유리면이 거울과 같이 비추어져 내부의 상품이 보이지 않는 현휘(眩輝, glare) 현상은 진열창의 내부를 외부보다 밝게 하고, 차양을 설치하여 유리면에 태양 광선이 직사되지 않도록 하고, 유리면을 경사지게 설치하거나 곡면 유리를 사용하여 빛의 각도를 변화시킴으로써 예방할 수 있다. 또한, 가로수를 이용하여 반대편 건물의 반사와 사물이 비치는 것을 방지할 수 있다.

■ 현휘현상 방지 계획

- 진열창의 밝기를 외부보다 밝게 한다,
- 필요한 경우 국부 조명을 설치한다.
- 차양을 설치하여 태양광선이 직사되지 않도록 한다.
- 유리면을 경사지거나 곡면으로 하여 빛의 각도를 변화시킨다.
- 가로수를 이용하여 반대편 건물의 반사와 사물이 비치는 것을 방지한다.
- 광원을 감추고 눈에 입사(入射)하는 광속(光束)을 적게 한다. (야간)
- 바닥면의 조도는 150lx 이상이 되도록 한다.

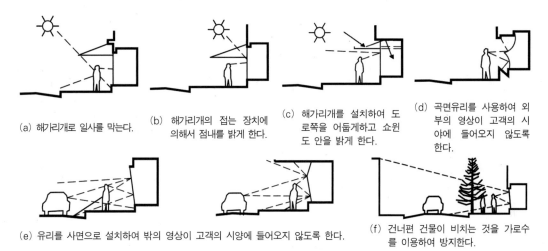

(a) 해가리개로 일사를 막는다.

(b) 해가리개의 접는 장치에 의해서 점내를 밝게 한다.

(c) 해가리개를 설치하여 도로쪽을 어둡게 하고 쇼윈도 안을 밝게 한다.

(d) 곡면유리를 사용하여 외부의 영상이 고객의 시야에 들어오지 않도록 한다.

(e) 유리를 사면으로 설치하여 밖의 영상이 고객의 시양에 들어오지 않도록 한다.

(f) 건너편 건물이 비치는 것을 가로수를 이용하여 방지한다.

그림 6-17. Show window 유리면의 반사방지 방법

(5) 진열창의 흐림 방지 계획

진열창 내에 환기설비 또는 냉·난방설비를 갖추어 실내·외의 온도차를 작게 한다. 설비는 진열창의 웃인방 윗벽이나 창대 밑에 설치하여 외부에서 보이지 않도록 한다.

7 세부계획

(1) 출입구

출입구의 크기는 상점의 가장 혼잡할 때의 고객 수, 점포 면적, 점두(Shop Front)의 의장 등을 고려하여 결정한다. 문짝이 하나인 경우 800~900mm 이상의 넓이로 하고 전면이 넓은 경우 1.5~2.0m의 자재문 또는 자동문을 설치한다.

- 외여닫이인 경우 800~900mm로 계획
- 쌍여닫이인 경우 1,500~2,000mm로 계획
- 개폐 형식은 자재문 또는 자동문을 설치

(2) 조명

조명은 평범한 공간을 의미가 부여된 특별한 느낌의 공간으로 만드는 효과가 있다. 따라서 상점 내의 조명은 상품과 매장의 분위기를 의도적으로 연출하여 고객의 흥미와 구매 욕구를 유도하는 효과를 높이는 데 목적이 있다.

가) 조명의 영향

광원의 종류와 특징

- **백열등** : 효율보다는 분위기를 연출하는 데 있어서 물체를 돋보이게 하는 장점이 있다. 악센트라이트로 사용. 천장 매립형을 다운라이트(down light)라 하고 많이 사용된다.

- **형광등** : 백열등에 비해 효율이 좋고, 전력소비는 1/3 정도이다. 높은 조도를 얻을 수 있는 것에 비하여 발열량이 적고 수명이 길어 활동이 많은 장소에 적합하다. 천장 매립형은 공장, 사무실, 교실 등 고조도가 필요한 경우 개방식으로 하고 병원 등 눈부심의 방지가 필요한 경우 합성수지판 등을 장치하여 사용하는 등 기능적이면서 천장면의 디자인을 상쾌하게 할 수 있다.

- **메탈할라이드등** : 효율과 연색성이 좋고, 소형램프의 형태로 상업시설의 다운라이트, 스포트라이트등에 적합하다.

- **네온사인** : 저압 가스의 글로방전을 이용한 방전등의 하나이다. 주로 광고 장식에 많이 사용된다. 내부에 봉립하는 가스색 또는 관벽의 착색에 따라 다양한 색채를 낼수 있으며, 직선외에 곡선으로도 사용가능하여 글씨나 모양을 만들기에 효과적이다.

- **LED등** : 백열등과 형광등에 비하여 밝기와 에너지 효율이 좋고 수명이 오래간다.

광원의 성질은 상품의 외견과 느낌에 변화를 일으킨다. 우리가 일반적으로 사용하는 백열전구는 광원에 주황색이 많이 포함되어 있는 관계로 따뜻한 난색계(暖色系)의 상품을 선명하게 보이며 효과가 있고, 형광등은 청색이 많으므로 차가운 한색계(寒色係)나 흰색계의 상품이 선명해 보인다.

조명의 방향과 강·약은 상품의 입체감과 형태감에 영향을 주며, 빛의 분포와 확산은 질감과 촉감에 영향을 주며, 광원의 색은 상품의 색채감(연색성)에 영향을 미친다. 따라서 조명계획 시 상점과 상품의 종류와 특성에 맞는 광원과 조명 방식의 선정에 주의하여야 한다.

- 조명의 영향
- 방향과 강·약 : 상품의 입체감과 형태감
- 빛의 분포와 확산 : 질감과 촉감
- 빛의 색 : 상품의 색채감(연색성)
- 빛의 이동, 변화 : 상품의 생동감

나) 건축화 조명

건축화 조명이란, 건축물이 완공된 후 천장이나 벽에 조명을 부착하는 방식과는 달리 공간감과 인테리어 디자인의 효과를 높이기 위해 건축단계에서 천장, 벽, 기둥, 바닥 등에 조명을 삽입해 광원을 숨기면서 실내를 비추는 조명 방식을 말한다.

다) 조명계획 시 고려할 사항

조명 계획 시 고려할 사항을 정리하면 다음과 같다

- 고객의 흥미와 구매 욕구를 유도하도록 분위기를 연출한다.
- 어느 방향에서도 상품이 명료하게 인지되도록 한다.
- Show Window, Show Case 등의 유리에 현휘(glare)현상이 나타나지 않도록 한다.
- 바닥, 벽, 유리면으로부터 반사되지 않도록 한다.

- 조명의 광원이 눈에 들어오지 않도록 한다.
- 광원의 과다한 열 발생으로 인한 상품과 주변 시설에 영향이 없어야 한다.

라) 조명설계 조건의 파악

조명설계는 실내의 용도, 실의 크기, 조도의 수준, 광원의 종류 등 다음의 조건을 충분히 검토 후 설계하도록 한다.

① 실내의 용도 : 매장, 사무실, 설계실, 교실 등
② 실내의 넓이 : 실내의 안목 치수
③ 실내의 높이 : 천정의 높이, 작업면 또는 전시장의 높이, 천정 높이 등 설치 높이
④ 구조 : 건축구조, 공간구조, 천정의 형태, 창의 위치 및 크기, 가구 및 기기 등의 배치
⑤ 마감 색 : 바닥, 벽, 천정, 가구 및 기기 등의 색, 반사율
⑥ 조명 대상 : 상품, 가구, 기기, 작업의 내용
⑦ 조도 : 밝기의 정도
⑧ 조명의 질 : 조도의 균질, 눈부심(glare), 연색성
⑨ 광원 : 백열전구, 형광등, 메탈등, 수은등, 나트륨등 등
⑩ 조명 방식 : 직접, 간접, 매입, 매달림, 벽부착 등
⑪ 전력한도 : 사용 가능한 전력 한도
⑫ 예산 : 가용예산

마) 조명의 연출 기법

① 강조 기법 : 특정 부분(상품)을 강조하거나 주위 시선을 집중시키는 기법으로 주위의 밝기보다 밝게 한다.
② 광선 기법(Beam play) : 광선의 특성을 이용한 기법으로 다양한 액세서리를 활용하여 광선과 그림자를 만들고 이를 통해 온화함과 생동감 등을 연출한다.
③ 벽면 활용 기법(Wall washing) : 벽면에 빛을 비추어 시선을 집중시키고 공간의 확대되는 느낌을 주며 방향성을 연출한다.
④ 그림자 기법(Shadow play) : 빛과 그림자를 이용하여 시각적 효과를 연출한다.
⑤ 실루엣 기법(Silhouette) : 물체의 상세한 묘사를 숨기고 윤곽과 형상만 강조하는 연출 기법이다.
⑥ 그레이징(graxing) 기법 : 빛의 각도와 확산을 이용하여 물체의 재질감을 강조하는 연출 기법이다. 벽돌, 콘크리트, 나무, 벽면 등의 면에 평행하게 빛을 비추어 시각적으로 강조한다.
⑦ 업 라이팅(Up lighting) : 빛을 상향으로 비추어 윗부분을 강조하면서 낭만적이면서 은은한 분위기를 연출한다.
⑧ 스파클(Sparkle) 기법 : 광원의 반짝임(sparkle)을 이용하여 공간과 물체의 경계를 강조하거나 형태의 장식을 연출한다. 눈에 피로감과 불쾌감을 줄 수 있다.

바) 조명 방식과 특징

조명 방식은 전체와 일부(一部)라는 측면에서 전반조명(균일조명)과 국부조명으로 분류할 수 있다. 균일조명은 실내 전체를 균등한 밝기로 하는 방식으로 실내 어느 곳에서나 균등한 조도를 얻을 수 있으나 균일한 조도를 위하여 많은 광원이 필요하다. 직접조명보다는 간접조명이 많이 사용된다.

국부조명은 어느 한 부분만을 조명하는 방식으로 의도된 방향과 장소에만 조명의 효과를 낼 수 있다. 조명률이 높아 전력비가 적게 드는 반면 밝은 부분과 어두운 부분이 뚜렷하여 작업의 변화에 따라 조명시설을 바꿔야 된다.

조명 방식은 직접조명, 반직접조명, 간접조명, 반간접조명, 전반확산조명으로 나누어 볼 수 있으며 각 조명방식의 특징을 살펴보면 아래와 같다.

① 직 접 조 명 : 광원으로부터의 빛이 대상 면에 직접 비춰지는 것으로 주로 반사 갓을 사용한다. 다운라이트(down light) 또는 천장을 발광 면으로 한다. 입체 효과, 연속 조광(照光), 조명 효율은 좋으나 조명도가 높아서 불쾌감을 줄 수 있다.

② 반직접조명 : 광원의 빛이 대부분 대상면에 직접 비춰지면서 천장 방향으로도 어느 정도 비춰지는 방식이다. 연속 조광이 좋고 경제적이나 입체 효과가 약하다.

③ 간 접 조 명 : 광원의 빛을 천장 면에 비추어 반사된 빛으로 조명하는 방식으로 효율은 나쁘지만 그늘이 없고 차분한 분위기를 연출할 수 있다. 코브(cove)나 천장 내에 기구를 설치하는 건축화 조명방식의 하나다. 눈부심이 적다. 입체 효과, 연속 조광, 부착의 다양성, 집합적 사용 효과가 약하다.

④ 반간접조명 : 광원의 빛이 대부분 천장면에 비춰지면서 아랫방향으로도 어느 정도 빛이 비춰지는 방식이다. 광선의 부드러운 느낌이 양호하고 그림자를 만들지 않는 반면에 진열 상품을 강조하는데 어려움이 있다. 눈부심이 적으나 연속 조광, 경제성, 입체 효과가 약하다.

⑤ 전반확산조명 : 직접조명과 간접조명의 중간 방식으로 직접광과 반사에 의한 확산광에 의해서 입체감을 줄 수 있다. 광원을 유리나 합성수지 등으로 감싼 형태로 샹들리에가 대표적이다. 경제성이 우수한 반면 집합적 사용 효과와 입체 효과가 약하다.

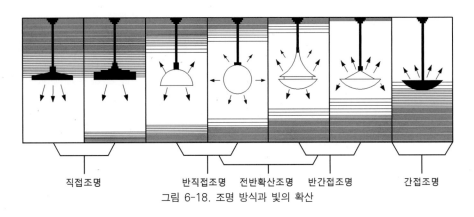

직접조명   반직접조명 전반확산조명 반간접조명   간접조명

그림 6-18. 조명 방식과 빛의 확산

조명 방식	특징	조명 방식	특징
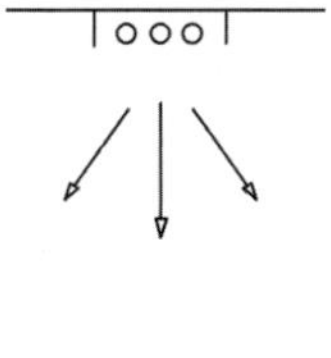 베이스 라이트 (Base Light)	기본조명 방식으로써 실내 전체에 광선을 균일하게 확산시켜 그림자를 줄이는 조명방식	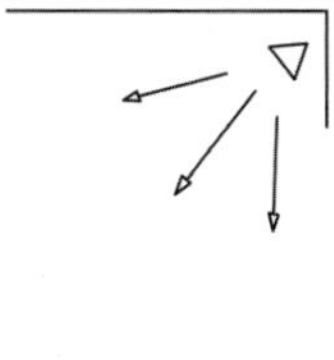 스팟 라이트 (Spot Light)	특정 부분에 집중적으로 빛을 비추어 강조의 효과를 나타낼 수 있도록 조명기구를 설치하는 방식
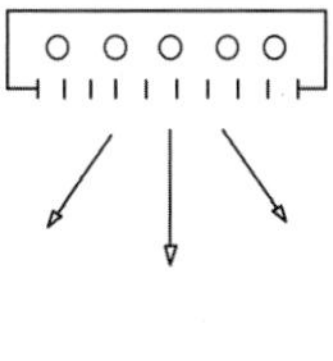 루버 라이트 (Louver Light)	천장에 루버를 설치하고 그 안에 조명을 설치, 조명(광원)이 직접 보이지 않아 깔끔하고 디자인 효과가 좋다.	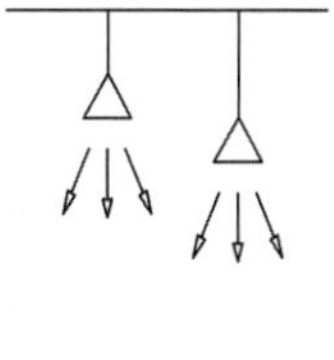 액센트 라이트 (Accent Light)	대상물에 강한 빛을 비춤으로써 강조하는 효과가 있으며 공간 내에서 시선집중을 유도한다.
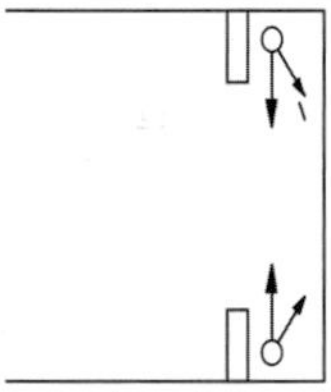 코니스 라이트 (Cornice Light)	천정 또는 바닥의 경계 벽에 턱을 만들어 가리고 그 내부에 조명기구를 설치하여 빛을 벽에 반사시키는 조명방식	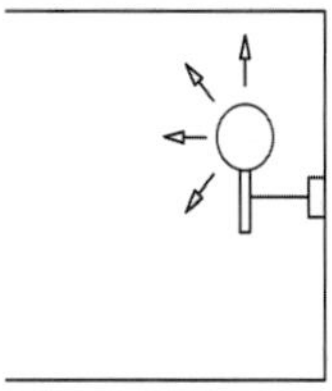 브라켓 라이트 (bracket Light)	종이, 천, 유리, 프라스틱 등의 가리개로 광원을 덮고 벽, 기둥 등에 붙이는 방식의 조명
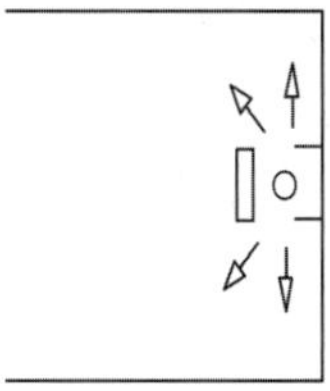 밸런스 라이트 (Valance Light)	커튼의 상부에 부설하거나 벽에 나무나 금속판을 달아내고 내부에 광원을 설치하여 상하로 빛을 발산하는 방식	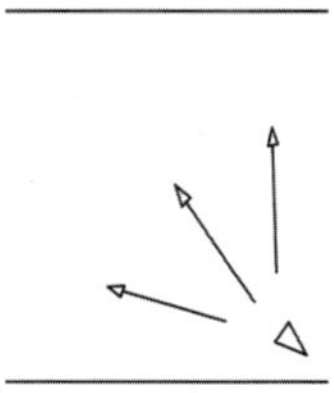 푸트 라이트 (Foot Light)	발아래에서 빛을 비추도록 조명기구를 설치. 주로 무대조명에서 사용되는 경우 무대 바닥에 숨기기도 한다.
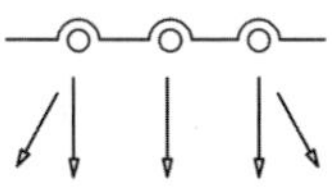 다운 라이트 (Down Light)	천장에 작은 구멍을 내고 그 안에 조명을 매입한 방식. 작은 조명을 핀홀(Pinhole Light), 반원구의 크기를 코퍼(Coffer Light)라고 한다.	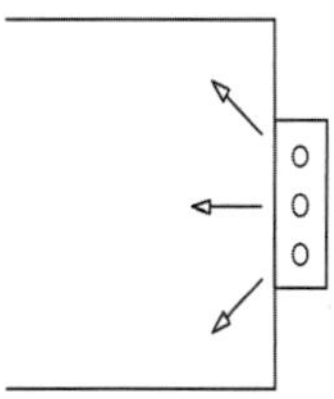 백 라이트 (Back Light)	벽체 안에 조명 설치하여 피사체의 후면에서 빛을 비추는 방식, 피사체의 윤곽과 입체감을 부각시키고 실루엣 효과에 좋다.

그림 6-19. 조명 방식과 특징

■ 액센트 라이트
■ 브라켓 라이트 
■ 루버 라이트 
■ 밸런스 라이트 
■ 다운 라이트 

그림 6-20. 조명 사례

사) 조명기구 설치 형태에 의한 특징

조명기구는 요구되는 조명의 기능을 충족시키고 광원의 교환과 관리가 쉬워야 한다. 조명기구의 형태는 크게 매입형, 직부형, 펜던트형을 분류할 수 있으며, 각각의 형태 특성을 정리하면 다음과 같다.

① 매 입 형 : 광원을 천장에 매입하는 조명기구이다. 전반조명일 경우 균일한 조도를 위해 배치에 유의해야 한다. 개방형일 경우 조명의 효율이 좋고 합성수지 등의 커버를 설치하면 눈부심을 줄일 수 있는 등 천장의 디자인 요소로도 활용할 수 있다.

② 직 부 형 : 광원을 천장에 부착하는 방식으로 노출형이라고도 한다.

③ 벽 부 형 : 광원을 벽에 부착하는 방식으로 주로 보조조명으로 사용한다.

④ 스탠드형 : 조명을 바닥에 세우는 국부조명으로서 장식적인 성격이 강하다.

⑤ 펜던트형 : 특정한 부분 또는 공간의 일부에 포인트를 주는 조명

(3) 계단

상점이 중2층 또는 2층 이상의 규모로 사용되는 경우 계단은 필수적이며 설치 위치, 형태, 경사도 등은 매장 평면의 계획적인 면에서나 장식적인 면에서도 중요한 요소가 된다.

상점의 계단을 계획할 경우 고려사항을 정리하면 다음과 같다.

• 계단의 경사는 매장 면적에 직접적 영향을 미치므로 적합한 경사도를 계획한다.
  – 경사가 낮을 경우 올라가기는 쉬우나 계단의 면적이 늘어나 매장 면적을 감소시킨다.
• 계단을 노출시키거나 오픈형 난간, 단과 단 사이의 개방 등 계획적인 배려를 통하여 개방감을 주고 계단으로 인하여 매장 내 상품의 진열과 전시가 시각적으로 단절되지 않도록 한다.
• 계단참의 하부 부분을 수납공간 또는 Counter 등의 공간 및 의장적인 공간으로의 활용을 검토한다.
• 계단을 이용하는 고객이 Show Case와 매장 전체를 볼 수 있고 지루하지 않도록 한다.
• 1층의 출입구에 가까이 계단을 설치하는 경우 1층 이용자와 2층 이용자의 동선에 지장이 없도록 계획한다.

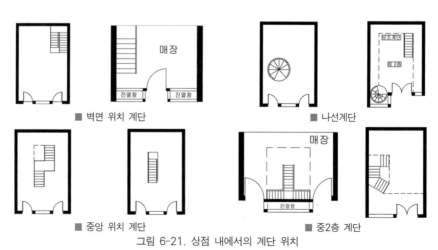

■ 벽면 위치 계단　　　　　　　■ 나선계단

■ 중앙 위치 계단　　　　　　　■ 중2층 계단

그림 6-21. 상점 내에서의 계단 위치

(4) 진열장(陳列欌, Display case) 계획

진열장은 상품을 진열해 놓은 가구와 장소로서의 성격을 가지며 고객이 상품을 판단할 수 있도록 보기 쉽고, 만지기 쉽고, 선택하기 쉬어야 한다. 또한, 상품의 관리가 용이하고, 파손 및 도난에 대한 감시가 용이하며, 고객의 동선과 판매원의 동선이 교차되지 않도록 계획한다. 매대(賣臺)라고도 한다.

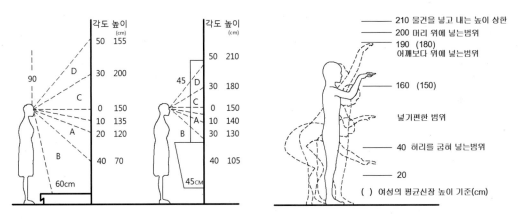

그림 6-22. 진열의 범위를 위한 Human Scale

① 유효 진열 범위

유효 진열 범위란, 상품의 진열을 통하여 상품 판매의 유효성을 높일 수 있는 범위를 말하는 것으로, 상품을 보다 효과적으로 보이도록 하고, 고객이 상품을 구매하기 쉬운 위치를 말한다. 일반적 유효 진열 범위는 눈높이에서 20°가 내려간 부분으로써 바닥으로부터 60cm에서 150cm 사이에 해당된다.

② 진열장의 배치와 높이

상점 내 진열장의 배치는 위치에 따라 통로 측 배치, 벽면 측 배치 및 통로와 벽면의 중간 배치로 나눌 수 있다.

통로 측 배치는 진열장 높이 1,200mm 이하로서 소량의 중점 상품을 진열하며, 중간 배치는 진열장 높이 1,200~1,350mm 정도로 상품량을 풍부하게 보유할

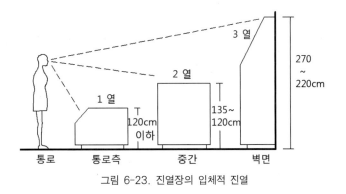

그림 6-23. 진열장의 입체적 진열

수 있도록 한다. 벽면측 배치는 진열장 높이 2,200~2,700mm 정도로 다양한 상품을 진열하며 수납공간으로도 사용할 수 있도록 한다.

제 Ⅳ편 상업시설

제7장 백화점(百貨店, Department Store)

1 백화점 개요

1.1 백화점이란

백화점(百貨店, Department Store)이란? 단일 건물에서 다수의 매장으로 구획된 판매시설을 갖추고 여러 종류의 상품을 진열하고 판매하는 곳으로서 규모가 크고 현대화된 종합 소매점이라고 할 수 있다.

1.2 백화점의 역사와 발전

19세기 프랑스 파리에는 우천 등의 기후로부터 보행자를 보호하고 쾌적한 보행공간을 제공하기 위하여 건물과 건물 사이의 통로에 유리를 덮은 아케이드(Arcade)를 설치하였는데, 이 아케이드를 따라 '마가젱 드 누보테(Magasin De Nouveautes)'라는 상점들이 생겨났다. 1852년 여러 개의 마가젱 드 누보테를 한 건물에 모아 최초의 백화점이라 불리는 '봉 마르세(Le Bon Marche)'가 만들어진다. 이후 1865년 '쁘렝탕(Printemps)' 백화점과 미국(메이시, Macy, 맨해튼, 1858), 영국(휘틀리, Whiteley, 1863), 독일(베르트하임, Wertheim, 1870) 등에서 백화점의 형태가 계속 나타나면서 보편화한다.

우리나라의 경우 일본 최초의 백화점 '미츠코시(三越, Mitsukoshi, 1904)'가 충무로에 개소한 '미츠코시 경성 출장원 대기소(1906)'와 출장소(1916)를 거쳐 1929년에 지하 1층, 지상 4층, 연면적 약 7,300㎡의 규모로 설립한 '미츠코시 경성지점'이 최초의 백화점이라고 할 수 있다.

한국인이 설립한 백화점으로는 1916년 '김윤배(金潤培)'가 종로에 설립한 '김윤백화점(金潤百貨店)'이 있으나 도자기와 철물류를 주로 판매하는데 머물렀다. 최초의 근대식 백화점의 격(格)을 갖춘 것은 '박홍식(朴興植)'에 의해 종로 2가 보신각(普信閣) 건너편에 설립된 '화신상회(和信商會, 1931)'가 화재(1935년) 후 1937년 재건축된 지하 1층, 지상 6층, 연면적 약 6,700㎡의 규모와 엘리베이터와 에스컬레이터를 갖추고 르네상스 양식으로 지워진 '화신백화점(和信百貨店)'이라고 할 수 있다.

미츠코시 경성지점은 이후 '동방백화점(1945)'과 '신세계백화점(1963)'으로 그 명칭이 변하였고, 화신백화점은 1987년까지 그 명맥을 유지하다 영업과 경영상의 이유로 헐리게 된다. 이후 우리나라는 1970년대 생활수준의 향상과 1980년대 산업과 경제가 활황을 띠면서 백화점에 대한 소비자의 인식 변화를 가져왔고, 백화점은 도시 중심가의 대형 소매점으로 자리잡으면서 발전과 성장을 거듭하고 있다.

그림 7-1. 미츠코시 경성점

1.3 대형마트(Hypermarket), 복합쇼핑몰(Mega Shopping Complexes)

① 대형마트란?, 백화점과 슈퍼마켓의 기능이 결합된 형태의 매장면적 3,000㎡ 이상의 대형판매점으로서 취급 상품은 식료품의 비중이 높으나 의류, 가구, 가전제품, 잡화 등의 다양한 공산품을 시중보다 저렴한 가격으로 판매하는 시설을 말한다. 대형마트의 시작은 1963년 프랑스 에손(Essonne) 지역에서 개점(開店)한 까르푸(Carrefour)와 우리나라의 경우 1993년 11월 문을 연 이마트(E-Mart) 창동점이 시초(始初)로 알려져 있다.

② 복합쇼핑몰이란?, 대형판매점의 하나로서 쇼핑과 여가를 동일시하는 트랜드(trend)가 반영된 쇼핑몰이다. 쇼핑과 더불어 즐기고 놀 수 있는, 또는 놀러갔다가 필요한 것을 쇼핑할 수 있는, 판매와 여가(餘暇)가 복합된, 즉 "쇼핑이 여가다"라는 생활의 변화를 반영하여 쇼핑부터 외식 · 문화생활 등 온종일 시간을 보낼 수 있는 시설을 표방한다. 공간적 특징으로는 큰 규모이면서도 쾌적한 쇼핑환경, 넓은 주차공간의 제공, 입점 브랜드별 독립된 공간제공, 크고 작은 광장, 스트리트(street)형 내부구조, 공원화(公園化)된 실내 휴식공간 등 다양한 공간적 콘텐츠를 지니고 있다.

그림 7-2. 복합쇼핑몰(스타필드 고양)

1.4 백화점의 기준과 유사시설 분류

구 분	매장면적	특 징
백 화 점	3,000㎡ 이상	• 다양한 상품을 구매 가능 • 현대적 판매시설과 소비자 편익시설 설치
대형마트		• 식품, 가전 및 생활용품 중심 • 점원의 도움 없이 소비자에게 소매
전 문 점		• 의류, 가전 또는 가정용품 등 특정품목
쇼핑센터		• 다수의 대규모점포 또는 소매점포와 각종 편의시설이 일체적으로 설치
복합쇼핑몰		• 쇼핑, 오락, 업무기능 등이 한 곳에 집적 • 문화, 관광시설로서의 역할 • 1개의 업체가 개발, 관리 및 운영
기 타		• 위의 규정에 해당하지 않는 점포의 집단

표 7-1. 대규모 점포의 종류와 특징

건축물의 용도분류 측면에서 백화점은 판매시설의 소매시장에 해당하고 유통산업 측면에서는 대규모 점포에 속한다. '유통산업발전법'에서의 백화점은 매장면적의 합계가 3,000㎡ 이상인 점포로서 다양한 상품을 구매할 수 있는 현대적 판매시설과 소비자 편익시설이 설치된 점포집단이라고 규정하고 있다. 이와 유사한 시설로는 매장면적의 합계가 3,000㎡ 이상인 대형마트, 전문점, 쇼핑센터, 복합쇼핑몰과 그 밖의 점포 집단으로 분류하고 있다.

1.5 입지별 분류

입지별 분류는 백화점이 건축된 장소와 환경에 따른 분류로서 이에 대한 유형으로는 크게 도심형, 터미널형, 교외형 등으로 분류할 수 있다.

① 도심형

주로 도시의 중심 또는 상업지역에 위치한 백화점으로서 도심지 번화가의 지가가 높은 지역에 건축됨에 따라 면적 효율상 고층이 되는 경

구 분	특 징
도심형	• 주로 도시의 중심 또는 상업지역에 위치한 백화점 • 도심지 번화가에 건축됨에 따라 도시환경과 조화를 이루고 외관이 지역의 Land Mark 역할 • 다양한 종류와 많은 상품을 취급하며 유통과 판매 기능의 비중이 크다
터미널형	• 버스, 철도 및 항공 터미널과 연계하여 건축된 백화점 • 대중교통을 연계함으로써 접근성 향상
교외형	• 도심과 떨어져 교외의 교통 중심지에 건축된 것으로 넓은 주차장의 확보가 용이하다.

표 7-2. 입지별 구분과 특징

우가 많고 주차공간도 집약적이며 외관이 지역의 Land Mark 역할을 한다. 다양한 종류와 많은 상품을 취급하며 유통과 판매 기능의 비중이 크다.

② 터미널형

버스, 철도 및 항공 터미널과 연계하여 건축된 백화점으로서 대중교통과 연계함으로써 접근성이 좋다.

③ 교외형

도심과 떨어져 교외의 교통 중심지에 비교적 저층으로 건축된 것으로 넓은 주차장의 확보가 용이하다.

---

2 계획의 방향

백화점은 도시의 대형 소매점으로서 주목적이 상품 판매라는 특성을 고려할 때 부문별 기능의 파악과 분석을 통하여 효율적 기능 분화에 중점을 두고 계획한다. 평면계획에 있어서 고객, 종업원 및 상품 동선의 효율적인 계획, 진열장 배치, 평면 layout 및 지하주차 방식을 고려한 모듈계획, 에스컬레이터의 방식과 위치계획, 엘리베이터, 계단 및 화장실 등의 코어 계획, 화재 및 재난 시의 피난계획과 각종 설비 공간을 계획한다.

입면계획에 있어서는 무창(無窓)계획에 따른 입면의 단순성을 탈피하고 도시 및 주변 환경과 조화되면서 백화점의 신선한 이미지를 전달하고 인지도를 높일 수 있는 조형성을 갖추도록 계획한다.

단면계획에 있어서는 상품 진열과 냉난방, 환기 등의 설비 시스템을 고려한 적정 층고를 확보하고, 판매장 전체가 눈에 들어올 수 있는 개방적 공간감과 매장의 밝기가 적정하고 쾌적한 환경을 갖추도록

계획한다.

　외부공간계획에 있어서는 보행자와 차량의 접근성이 높도록 하고 개방적 외부공간을 계획하여 고객 유입 효과를 높이고 백화점의 다양한 Event 행사 등을 할 수 있도록 계획한다.

① 계획의 중점 : 상품 판매에 목적을 두고 효율적인 기능 분화가 되도록 한다.

② 평면계획의 방향

- 백화점에 요구되는 기능과 편의시설의 평면계획이 효율적 계획이 되도록 한다.
- 고객, 종업원, 상품 동선 등이 기능적으로 분리되면서 효율적이도록 계획한다.
- 고객의 동선이 매장 전체로 자연스럽게 이동될 수 있도록 계획한다.
- 비슷한 기능은 같은 구역에 그룹핑 한다.
- 진열장 배치, 평면 layout 및 지하주차 방식을 고려한 모듈계획이 되도록 한다.
- 매장 layout의 변화가 자유롭고 융통성이 있도록 한다.
- 에스컬레이터의 방식과 위치의 효율성을 고려한다.
- 엘리베이터, 계단, 화장실 등의 코어를 계획한다.
- 화재, 재난 등 비상시의 피난시설과 재해에 대비한 시설을 계획한다.
- 각종 설비 공간의 평면적 계획을 고려한다.

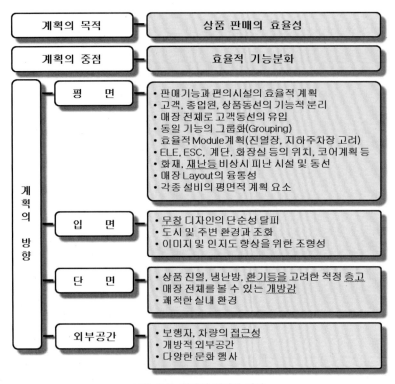

그림 7-3. 백화점 계획의 방향

③ 입면계획의 방향
- 무창 디자인의 단순성을 탈피하는 입면 디자인을 계획한다.
- 도시 및 주변 환경과 조화되게 계획한다.
- 백화점 이미지 전달과 인지도를 높일 수 있는 조형성이 있도록 계획한다.

④ 단면계획의 방향
- 상품 진열과 냉난방, 환기 등의 설비 시스템에 적합한 적정 층고를 계획한다.
- 매장 전체가 눈에 들어올 수 있는 개방적 공간을 계획한다.
- 매장의 밝기가 적정하고 쾌적한 환경을 갖도록 계획한다.

⑤ 외부공간계획의 방향
- 보행자와 차량의 접근성이 높도록 계획한다.
- 개방적 외부공간을 계획하여 고객 유입 효과를 높이고 백화점의 다양한 Event 행사 등을 할 수 있도록 계획한다.

3 | 백화점의 부문별 기능과 계획 요소

백화점이 판매시설 중의 하나라는 것은 상점 건축계획과 유사하나 상점에 비해 다양하고 많은 매장이 모여 있고 대규모 시설이라는 특성을 고려할 때 백화점의 공간계획을 부문별로 구분하고 각 부문이 건축물의 목적에 맞도록 그 기능과 건축적 요소를 이해하는 데서 건축계획을 시작할 필요가 있다. 백화점의 공간적 영역은 크게 고객부문, 상품부문, 종업원부문, 판매부문, 관리부문 등 5개 부문으로 구분할 수 있다. 5개 부문의 특징과 건축적 요소를 정리하면 다음과 같다.

① 고객 부문
고객 부문은 고객이 백화점으로의 출입과 매장 내 쇼핑, 휴식 등을 위한 영역으로서 고객의 출입과 동선을 편리하게 하고 진열 상품이 보기 쉬우며 상품의 구매만이 아니라 고객용 휴게실, 식당 등 서비스 영역 등을 배려하도록 계획한다. 고객 부문은 고객이 상품을 구매하는 데 불편함이 없이 종업원을 접할 수 있도록 매장의 판매 부문과 결합한다.

② 상품 부문
상품 부문은 상품의 매입, 검수, 보관, 보급, 배달 등을 위한 영역으로서 판매 부문과는 접하고 고객 부문과는 분리하도록 한다.

③ 종업원 부문
종업원 부문은 직원들을 위한 공간으로서 직원용 출입구, 통로, 계단, 사무실, 휴게실, 식당 등과 더불어 매장 내에서 상품 부문과 접하도록 하고 고객 부문과 독립시킨다.

④ 판매 부문

판매 부문은 백화점 내의 상품전시, 설명, 판매 및 포장을 하는 장소로서 가장 중요한 부문이다. 백화점의 매출은 판매 부문(매장면적)과 비례하므로 고객이 매장 내 오래 머물면서 편안한 동선이 되도록 한다.

⑤ 관리 부문

관리 부문은 백화점의 경영, 운영 및 관리하는 데 필요한 부문으로서 사무공간, 임원실, 회의실, 후생시설 등을 구성한다. 종업원 부문, 상품 부문 및 판매 부문과 접하도록 한다.

4 대지 및 배치계획

백화점의 대지 및 배치계획은 입지 조건 및 접근성 분석, 토지 이용 분석을 통하여 결정할 수 있다.

4.1 입지 조건

백화점의 입지 조건은 예상 고객 인원수, 주변 교통상황과 여건, 인근 상업시설 및 도시환경, 대지 규모와 형상, 주변 도로와의 관계 등을 고려하여 결정한다.

① 예상 고객 인원수 : 고객의 범위(반경 3~5km 이내 60~70만 명의 배후 인구), 성향, 계층, 구매력, 예상 인원수(1일 고객 수 180~200명/100㎡ 이상이 바람직) 등

② 주변 교통상황과 여건 : 대중교통의 연계성이 좋고 버스, 전철 등 수송 수단이 다양하고 교통축 발달한 곳이 좋다.

③ 인근 상업시설 및 환경 : 인근 상업시설이 활성화되어 있어 유통업체 간 집적(集積) 효과를 통 상권이 크게 형성되어 집객(集客) 효과가 큰 곳이 좋으며, 주변 지역의 배후 인구가 늘어날 가능성이 큰 곳이 좋다.

④ 대지 규모와 형상 : 대지의 형태는 정사각형에 가까운 직사각형의 모양이 좋으며 주도로에 대지의 긴 면이 접하는 것이 좋다. 백화점의 건축규모(최소 매장면적 3,000㎡ 이상)와 외부 공간의 확보하는 데 필요한 건폐율, 용적률 등이 가능한 대지 규모를 가지며 경사도가 없는 평지가 좋다.

⑤ 주변 도로와의 관계 : 대지는 2면 이상이 도로에 접한 곳이 좋으며, 사람의 통행량과 교통량이 많으나 혼잡하지 않고 원활한 곳이 좋다.

4.2 대지와 도로와의 관계

백화점의 대지의 크기, 형상 및 도로와의 관계 등은 백화점의 평면형 변화 등 전반적인 계획에 중

요하게 영향을 미친다. 백화점 계획에 있어서 대지와 도로와의 관계를 정리하면 다음과 같다.

① 1면 도로
- 대지가 도로에 1면만 접하여 있는 경우
- 고객, 종업원 및 상품 반입과 발송을 위한 서비스용 출입구가 동일한 도로에 배치되는 관계로 각각의 출입구가 교차되거나 충돌되지 않도록 세밀한 계획이 필요

② 전후 2면 도로
- 도로가 대지의 전후면에 접한 경우
- 사람의 통행량이 많은 도로에 고객용 출구를 두고, 적은 도로에 종업원과 서비스 출구와 부출입구 등을 배치한다.

③ 모서리 2면 도로
- 대지가 가로(街路)의 모서리에 위치하면서 2면 도로에 접한 경우
- 사람의 통행량이 많은 도로에 고객용 출구를 두고, 적은 도로에 종업원과 서비스 출구와 부출입구 등을 배치한다.
- 정면성과 함께 측면성을 강조할 수 있고 배치 및 평면의 기능적 계획이 가능하다.

④ 3면 도로
- 대지가 3면의 도로에 접한 경우
- 고객, 종업원 및 상품 반입과 발송을 위한 서비스용 출입구를 명확하게 구분할 수 있으므로 동선계획에 효율적이다.
- 정면성과 함께 측면성을 강조할 수 있고 배치 및 평면계획의 다양성과 기능성이 다른 유형에 비해 높다.

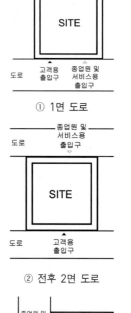

① 1면 도로

② 전후 2면 도로

③ 모서리 2면 도로

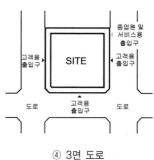

④ 3면 도로

그림 7-4. 대지와 도로와의 관계

4.3 대지의 규모

백화점의 대지 규모는 매장면적(연면적 대비), 층수(용적률 대비), 대지 안의 공지(공개공지, 조경, 통로, 이격거리 등)면적, Event Plaza, 옥외주차장 여부 등과 연관하여 적정 대지 규모를 산정하도록 한다.

백화점을 개점하기 위한 최소 적정면적은 약 33,300㎡ 이상이 필요하다. 규모별 일반적 대지면적은 다음과 같다.

- 소규모 : 1,000~2,500㎡
- 중규모 : 2,500~4,000㎡
- 대규모 : 4,000~10,000㎡

4.4 배치계획

대지 내 백화점의 배치는 고객의 접근성과 출입구 위치, 인근 상업시설과의 관계, Mass감, 인접한 도로에서의 접근성, 옥외 주차장 및 공개공지 확보, 이벤트 광장, 조경, 보차 분리 등을 고려하여 주변 시설 및 환경과 조화를 이루고 고객의 유입과 구매력을 높일 수 있도록 한다.

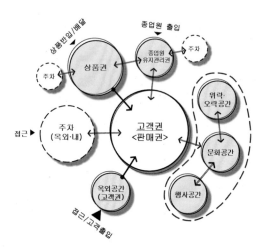

그림 7-5. 백화점 배치 Diagram 계획 예

- 접근의 편리성과 공간감을 주도록 계획한다.
- 효율적 분석을 통하여 차량 및 보행자 접근이 안전하고 편리하도록 접근로를 결정한다.
- 2면 도로에 접하는 경우 주도로 방향으로 보행자 출입구를 두고, 부도로 방향으로 차량 출입구 및 종업원 출입구를 둔다.
- 보차 분리, 고객, 종업원, 서비스 동선을 분리한다.
- 대지분석 및 토지이용계획에 따라 건물의 배치, 옥외주차장, 옥외 휴식공간, 이벤트 광장, 조경 등을 구분한다.
- 주거지역(전용 및 일반)이 아닌 경우 상업 건축

물은 인접 건물과의 일조권 확보를 위한 이격 거리가 필요하지 않다. 따라서 방위는 중요한 요인이 아니므로 정면성을 부여하고 정면은 교통량이 많은 쪽에 둔다.

이외에도 건축물의 배치와 관련하여 건축법규의 건폐율, 용적률, 건축선, 대지 안의 공지(건축선 및 인접 대지경계선으로부터 이격거리), 바닥면적에 따른 공개 공지(대지면적의 10%) 확보, 대지 안의 조경 및 미술품 설치, 건축물 높이 제한, 대지 안의 통로, 주차대수 등을 검토하고 조건에 충족하도록 한다.

5 | 평면계획

5.1 평면계획의 방향

백화점은 도시의 대형 소매점으로서 주목적이 상품 판매라는 특성을 고려할 때 부문별 특징의 파악과 분석을 통하여 효율적 기능 분화에 중점을 두고 계획한다. 평면계획에 있어서 고객, 종업원 및 상품 동선의 효율적인 계획이라는 측면에서 진열장 배치, 평면 layout 및 지하주차 방식 등을 고려한 모듈계획, 에스컬레이터의 방식과 위치계획, 엘리베이터, 계단 및 화장실 등의 코어계획, 화재 및 재난 시의 피난계획과 각종 설비공간을 계획한다.

■ 평면계획의 방향
- 백화점에서 요구되는 기능과 편의시설의 효율성을 고려한 평면계획이 되도록 한다.
- 고객, 종업원, 상품 동선 등이 기능적으로 분리되면서 효율적이도록 계획한다.
- 고객의 동선이 매장 전체로 자연스럽게 이동될 수 있도록 계획한다.
- 비슷한 기능은 같은 구역에 그룹핑 한다.
- 진열장 배치, 평면 layout 및 지하주차 방식을 고려한 모듈계획이 되도록 한다.
- 매장 layout(진열장, 취급 상품, 매장의 위치와 면적 등의 매장 구성)의 변화가 자유롭고 융통성이 있도록 한다.
- 에스컬레이터의 방식과 위치의 효율성을 고려한다.
- 엘리베이터, 계단, 화장실 등의 코어를 계획한다.
- 화재, 재난 등 비상시의 피난시설과 재해에 대비한 시설을 계획한다.
- 각종 설비공간의 평면적 계획을 고려한다.

5.2 매장계획

(1) 매장계획의 방향

매장계획의 출발점은 수평, 수직 동선의 원활한 흐름과 계단, 엘리베이터, 에스컬레이터 등 교통계통 시설의 정리와 효율적인 계획에서 시작된다고 할 수 있다. 효율적인 매장계획이란 고객이 매장 전체를 인지하는데 시야(視野)에 방해가 없으며 진열장과 점포의 변경에 대한 공간의 융통성이 있으며 이를 통해 고객을 매장 내(內)로 유도하고 매장의 구석 전체까지 고객의 동선이 연결되어 백화점의 매출을 높일 수 있도록 계획하는 것이다.
매장 계획 시 고려사항을 정리하면 다음과 같다.
- 수평, 수직 동선의 원활한 흐름과 효율성을 고려한다.
- 고객의 움직임이 백화점 전체에 고르게 이어지도록 계단, 엘리베이터, 에스컬레이터 등 기능적 교통 계통 시설의 효율성을 고려한다.
- 고객의 시야(視野)에 방해가 없도록 하여 매장 전체를 인지할 수 있도록 한다.
- 고객을 매장 내(內) 구석까지 유도할 수 있도록 계획한다.
- 특수 매장을 계획하는 경우 매장의 가운데 배치를 고려한다.
- 동일 층에서 바닥의 높이 차를 두지 않도록 하고 돌출되거나 모난 부분이 없도록 계획한다.

(2) 매장 디스플레이(Display)를 위한 고려사항

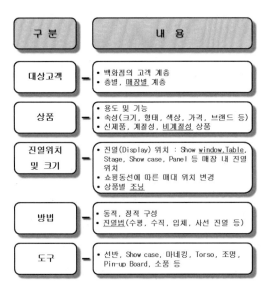

구 분	내 용
대상고객	• 백화점의 고객 계층 • 층별, 매장별 계층
상품	• 용도 및 기능 • 속성(크기, 형태, 색상, 가격, 브랜드 등) • 신제품, 계절성, 비계절성 상품
진열위치 및 크기	• 진열(Display) 위치 : Show window,Table, Stage, Show case, Panel 등 매장 내 진열 위치 • 쇼핑동선에 따른 매대 위치 변경 • 상품별 조닝
방법	• 동적, 정적 구성 • 진열법(수평, 수직, 입체, 사선 진열 등)
도구	• 선반, Show case, 마네킹, Torso, 조명, Pin-up Board, 소품 등

그림 7-6. 매장 Display를 위한 고려사항

백화점의 매장은 상품의 전시를 통하여 고객에게 구매 욕구를 자극하고 판매가 이루어지도록 하는데 그 기능이 있으며, 이를 위한 매장의 Display는 중요한 역할을 한다.

매장의 Display는 판매의 대상이 되는 고객과 상품, 진열 장소, 진열 방법, 도구 및 표현 등을 고려하여 계획한다.

(3) 매장 Layout 계획

매장의 Layout은 매장별 품목과 상품의 특성, 고객의 계층과 특성 등을 고려하여 평·단면상으로 구분하고 공간을 조닝 하는 등 고객의 시선을 주목시키고 동선과 구매 욕구를 유도함으로써 판매를 증가시키는데 그 목적이 있다. Layout의 평면상 유형으로 직각 배치, 사행 배치, 방사형 배치, 자유형 배치가 있으며, 단면상으로 샤워 효과와 분수 효과를 고려한 배치 방법 등이 있다.

그림 7-7. 매장 Display 예

가) 평면상 배치 유형

판매를 촉진하기 위한 매장 내 중요한 요소로 매장 구성과 판매를 위한 디스플레이(display) 및 동선이 있다. 매장별 컨셉과 브랜드에 맞춰 상품을 전시하고 매장을 꾸미는 VMD(Visual Merchandising)을 고려하여 계획한다. 동선은 객 동선과 판매 동선(점원 동선)으로 구분할 수 있다.

일반적으로 객 동선이 길면 고객이 상품품과 접하는 기회가 많아져 구매율이 높아지지만 고객에게 피로감과 저항을 줄 수 있으므로 주의해야 하며, 판매 동선(점원 동선)은 짧을수록 능률이 좋아진다. 동선계획은 평면분할계획과 직접적인 연관을 가진다.

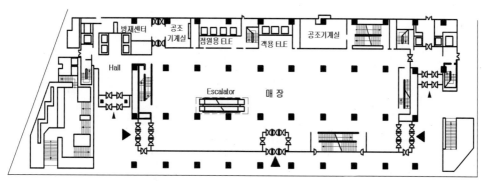

■ Hakata Daimaru 백화점(후쿠오카, 일본)

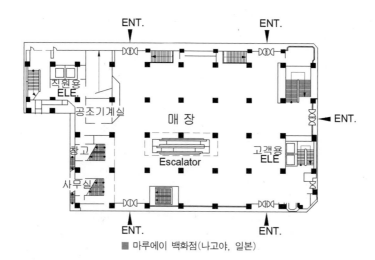

■ 마루에이 백화점(나고야, 일본)

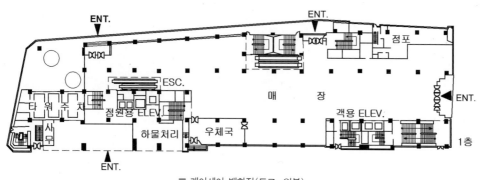

■ 케이세이 백화점(도쿄, 일본)

그림 7-8. 백화점 평면계획 예

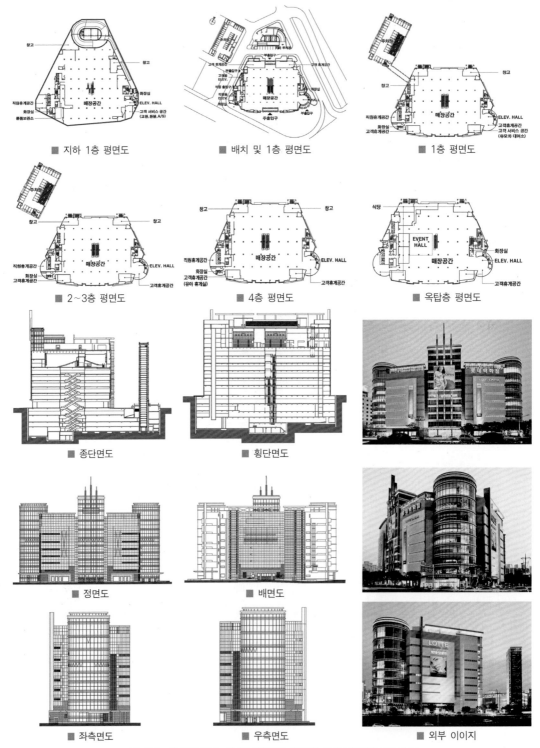

그림 7-9. 백화점 건축 예(롯데백화점 전주점_서한종합건축사사무소)

매장 배치의 일반적 유형은 직각 배치, 사행 배치, 방사 배치, 자유 배치로 나누어 볼 수 있다.

① 직각 배치(Rectangular System)

진열장을 직각 배치하여 직교하는 통로를 만드는 형식으로 보편적으로 많이 사용되는 배치 형식이며 매장의 면적을 최대로 이용할 수 있다. 직각 배치의 특징을 정리하면 다음과 같다.

- 보편적으로 많이 사용하는 배치 형식이다.
- 매장의 면적을 최대로 이용할 수 있다. (매장 면적의 이용률이 높다)
- Show Case의 규격화가 가능하다.
- 획일적인 Show Case의 배치로 매장이 단조롭고 동선이 지루해질 수 있다.
- 고객의 통행량에 통로 폭을 조절하기 어려워 부분적으로 혼란을 일으킬 수 있다.

② 사행 배치(Inclined System)

주 통로는 직각으로 배치하고, 부 통로를 주 통로에 45° 정도 경사지게 배치하는 유형이다. 사행 배치의 특징을 정리하면 다음과 같다.

- Show Case를 경사지게 배치함으로써 동선 이용의 변화를 줄 수 있고 동선을 길게 할 수 있다.
- 고객의 동선을 매장 구석까지 유도하는데 효율적이다.
- 주 통로에서 부 통로를 이용하여 원하는 곳으로 빠르게 이동할 수 있다.
- 부 통로의 Show Case가 경사(傾斜)로 배치되어 있으므로 주 통로에서 부 통로의 상품이 잘 보인다.
- 서로 다른 크기와 형태의 Show Case가 필요하며 설치비용이 증가할 수 있다.

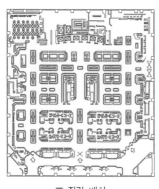
■ 직각 배치

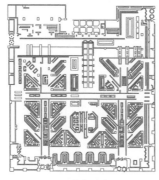
■ 사행 배치

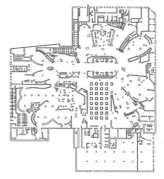
■ 자유 배치

그림 7-10. 매장 배치계획(Layout) 사례

그림 7-11. 매장 배치 예(직각 배치)

③ 방사형 배치(Radiated System)

매장의 Show Case와 동선이 매장의 에스컬레이터, 출입구 등 특정한 장소를 중심으로 겹겹의 원형(圓形) 모양처럼 사방으로 배치되고 연결된 유형이다.

• 방사형 배치를 계획하는 경우 계획 초기부터 특성을 반영하여 계획하여야 하는 등 일반적으로 적용하기 어렵다.
• 매장의 중심을 기점으로 Show Case와 점포가 동선을 따라 배치된다.
• 동선의 흐름에 따라 매장 중심으로의 집중성이 강하여 많은 고객이 동시에 이용할 경우 혼잡을 가져올 수 있다.

④ 자유형 배치(Free Flow System)

상품의 성격, 고객 동선의 유도 방향, 통행량 등에 따라 여러 개의 Show Case 또는 점포가 자유롭게 배치된 유형이다.

• 매장의 획일적인 배치에서 벗어날 수 있고 독특한 형태의 Show Case를 배치할 수 있다.
• 매장의 변경과 Show Case 등의 이동에 어려움이 있다.
• Show Case나 매대(賣臺) 등이 특수한 형을 사용함으로 시설비가 많이 든다.
• 매장 공간의 유연성이 좋으나 동선계획이 세밀하지 못할 경우 혼란이 뺄생할 수 있다.

나) 통로계획

매장의 통로 크기는 매장 종류, 상하 교통 관계, 주 통로와 부 통로의 위계(位階), 매대(賣臺)의 배치 형태, 통행 가능한 고객 수 등을 고려하여 계획한다. 일반적으로 매대 또는 Show Case를 통로 양쪽에 배치하고 두 명 이상의 고객의 통행을 고려할 경우 최소 1.8m 이상이 적정하다.

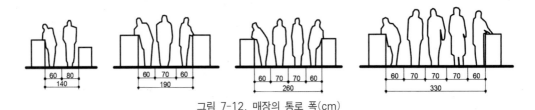

그림 7-12. 매장의 통로 폭(cm)

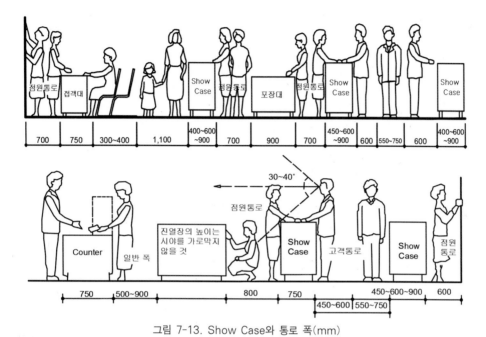

점원통로	접객대			Show Case	점원통로	포장대	점원통로	Show Case				Show Case
700	750	300~400	1,100	400~600 ~900	700	900	700	450~600 ~900	600	550~750	600	400~600 ~900

30~40°

점원통로

진열장의 높이는 시야를 가로막지 않을 것

Counter	일반 폭				Show Case	고객통로	Show Case	점원통로
750	500~900		800	750		450~600~900	600

450~600   550~750

그림 7-13. Show Case와 통로 폭(mm)

- 매장의 종류, 상하 교통 관계, 주 통로와 부 통로의 위계, 매대의 배치 형태, 통행 가능한 고객 수 등을 고려하여 계획한다.
- 주 통로, 로비, 계단, Elevator, Escalator, 주 출입구와 연결되는 통로는 2.7~3.0m로 계획한다.
- 1층의 경우 통행량이 많으므로 다른 층보다 넓게 계획하도록 한다.
- 통로의 폭은 Show Case 앞에서 상품을 볼 경우 0.6m, 상품을 보는 고객의 뒤로 통행하는 경우 0.7~0.8m의 공간이 요구되며 양쪽에 Show Case가 있는 경우 1.9m 이상으로 계획한다.

다) Void(Atrium)계획

매장의 위층 또는 아래층 바닥의 일부를 뚫거나 지붕의 일부에 천창을 두는 Void 또는 Atrium 계획은 평면에 변화를 주고 공간감을 크게 하여 개방적 공간감과 쾌적한 동선을 제공하는 등 고객의 여유로운 쇼핑을 배려한다는 장점이 있다. 단점으로는 매장의 면적을 감소시키고 동선계획에 어려움이 있으며 Escalator의 배치 등에 제약을 주는 단점이 있다. Void계획의 특징을 정리하면 다음과 같다.

- 평면 및 단면계획에 변화를 줄 수 있다.
- 공간감을 크게 할 수 있다.
- 조형물을 설치하거나 중정(中庭)을 두어 공간적・형태적 구심성 (求心性)을 강조할 수 있다.

그림 7-14. 백화점의 Void

- 쾌적한 동선을 제공하여 고객의 여유로운 쇼핑을 유도하고 매출을 높이는 효과를 가져올 수 있다.
- 매장의 면적이 감소된다.
- 바닥이 뚫린 층에서는 Void 주변을 돌아서 가야 하는 등 동선계획에 어려움이 있다.
- 방화구획 설정에 지장을 줄 수 있다.
- 설비덕트, 전기설비, 각종 배관 등의 설치가 어렵다.
- Escalator의 배치계획에 제약을 줄 수 있다.

(4) 층별 배치계획
가) 층별 배치계획의 고려사항

구 분	특 징	상품류	배치 유형
저관여 상품	– 빠르고 손쉽게 구매결정 구매 리스크가 작다 – 고객 유인효과 크다	화장품, 악세서리, 잡화, 일상생활용품, 식품 등	1층
고관여 상품	– 구매 목적성 뚜렷 의사결정에 시간이 필요 – 구매주기가 길다. 구매 리스크가 크다(고가)	가전제품, 가구, 카메라, 자동차 등 고가품	고층부

표 7-3. 저·고관여 상품의 특징

백화점의 단면상 Layout의 목적은 마케팅 전략을 바탕으로 품목별 또는 상품 부문별로 층별 배치와 구성을 통하여 고객을 위층과 아래층으로 유도하고 구매를 유발하도록 하는 데 있다. 백화점의 층별 구성은 상권이나 주변환경, 백화점 건물의 건축적 특성 등 환경적인 요소와 라이프스타일의 변화에 따른 시대적인 변화와 흐름도 영향을 미친다. 단면 배치 시 고려할 사항을 정리하면 다음과 같다.

- 고객 동선의 원활한 수직 순화 체계가 될 수 있도록 계획한다.
- 주요 편의시설을 효율적으로 분산 배치하여 고객 동선이 전(全) 층에 걸쳐 이어지도록 계획한다.
- 계단, Elevator, Escalator 등 수직 동선 계통을 층별로 분산 배치하여 혼잡을 피하고 동선과 머무는 시간을 길게 한다.
- 매장의 수직 배치는 지하층, 저층, 중간층, 상층부 등으로 구분하고 층별 브랜드 및 상품의 차별화에 따른 특성을 고려하여 계획한다.
- 고관여(高關與) 상품(고가 또는 구매 리스크가 큰 상품)과 저관여(低關與) 상품(일상생활용품, 식품류 등)이 매장별, 층별 조화를 이루어 마케팅과 연계되도록 계획한다.
- 상권이나 주변환경, 백화점 건물의 건축적 특성 등 환경적인 요소를 반영하여 계획한다. 대표적인 사례로 역사(驛舍)와 연결된 터미널형 백화점이 있다.

구 분		구 성
지상	9층	식당
	8층	이불, 가구
	7층	가전제품, 가정용품
	6층	아웃도어, 아동
	5층	레저, 스포츠 용품
	4층	남성의류
	3층	여성의류
	2층	
	1층	화장품, 여성잡화
지하	1층	식품
	2층	주차장

표 7-4. 단면 배치 구성(안)

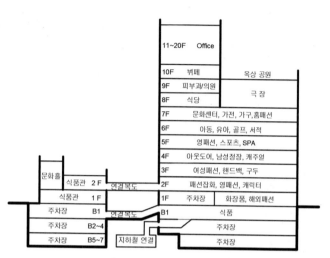

표 7-5. 층별 배치계획 예(L백화점 평촌점)

건축명		주변환경과 연계	계획적 특징
신세계 백화점	의정부점	의정부역사와 백화점 3층 연결	역사와 연결된 3층에 화장품 매장 배치
	영등포점	지하상가와 연계	지하 2층에 영캐주얼 브랜드 배치
롯데 백화점	영등포점	지하1층 지하철 연계 지상 3층 철도 연계	지하 1층 : 푸드코트, 이벤트 홀 지상 3층 : 영캐주얼, 이벤트홀, 문화센터
	잠실점	잠실역과 연계	지하 1층: 영캐주얼, 브랜드 배치
현대백화점 압구정점		압구정역과 연계	지하 2층: 여성의류, 잡화 배치

표 7-6. 백화점과 주변 시설과의 연결 예

나) 상품 중심과 고객 중심 매장계획의 특징

층별 매장계획의 유형은 층별로 주제를 설정하고 상품을 배치하는 '상품 중심' 배치계획과 계층과
소비 성향이 비슷한 브랜드나 상품을 같은 층에 배치하는 '고객 중심' 배치계획으로 분류할 수 있다.
각 유형별 특징을 정리하면 다음과 같다.

① 상품 중심 매장계획
- 상품 중심 매장계획은 층별로 주제를 설정하고 상품을 배치하는 층별 배치 형식이다.
- 대부분의 백화점에서 일반적으로 사용하는 배치 방식이다.
- 층별 주제와 상품 종류가 명확하여 층별 상품 특성을 파악하기 쉽다.
- 고객의 동선을 다른 층의 매장으로 유도하여 동선이 길어지는 장점이 있다.

- 종류가 다른 상품의 구매를 위해서 상·하층으로 이동해야 하는 불편함을 줄일 수 있도록 동선의 편리성과 고객 편의시설 등의 적절한 배치가 요구된다.

② 고객 중심 매장계획
- 종류가 다르지만 고객의 계층과 소비 성향이 비슷한 브랜드나 상품을 같은 층에 연관 배치하고 고객의 편의성을 강조한 배치 형식이다.
- 동일 층에 '화장품점 + 제과점', 여성복점 + 남성복점', '남성복점 + 구두점 + 시계점' 또는 모든 층에 카페나 제과점 등을 구성하는 등 일반적으로 소비자층이 비슷한 브랜드를 같은 층에 배치하여 동일 층에서 다른 종류의 상품을 구매할 수 있는 층별 배치 형식이다.
- 옷을 구매한 뒤 다른 층으로 이동하지 않고 동일 층의 옆 매장에서 구두나 시계를 구매하는 '연관 구매' 효과를 높일 수 있다.
- 각 층 매장에 카페나 제과점 등을 배치하여 별도의 고객 편의시설이 없어도 고객의 휴식공간을 확보하고 매장 내 체류 시간을 증대시킬 수 있으며 구매 욕구를 유도할 수 있다.
- 고객의 구매 편의성과 쇼핑의 즐거움을 증대시킬 수 있다.
- 고객의 취향과 라이프 스타일 등의 변화에 대응하여 매장을 변경할 수 있는 융통성 있는 계획이 필요하다.
- 계층별 소비 성향과 상품의 연관성에 대한 분석이 세밀하지 않을 경우 상품별 특성을 침해할 수 있다.
- 층별 상품의 주제와 매장 특성 계획에 혼란을 줄 수 있다.

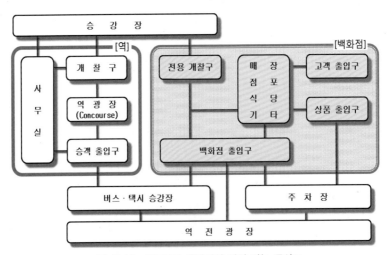

그림 7-15. 철도역과 백화점의 연계 기능 구성도

다) 샤워 효과와 분수 효과

일반적으로 고객의 동선을 백화점의 상·하층으로 유인하는 방식에 따라 샤워 효과(Shower Effect)기법과 분수 효과(Fountain Effect) 기법으로 나눌 수 있다. 이러한 기법은 백화점 내에서 고객의 통과 동선과 머무는 시간을 길게 함으로써 구매 욕구를 증대시키기 위해 주로 활용하는 마케팅 기법이며 단면 배치계획 시에도 고려할 필요가 있다.

① 샤워 효과(Shower Effect) 기법

샤워 효과는 다수의 고객이 자주 이용하는 매장(영화관, 식당, 이벤트 행사장, 휴식공간 등)을 백화점의 최상층에 배치하여 고객을 유인한 후 고객이 아래층으로 내려가면서 다른 매장의 상품 구매 욕구를 자극하는 배치 방법이다.

② 분수 효과(Fountain Effect) 기법

분수 효과는 샤워 효과와 반대의 배치 개념으로 아래층(주로 지하)에 고객을 유인할 수 있는 매장(식품 매장, 식당, 이벤트 행사장 등)을 배치하여 고객을 유인한 후 고객을 위층의 매장으로 유도하면서 다른 매장의 상품 구매 욕구를 자극하는 배치 방법이다.

(5) 매장면적 구성비

매장면적이란, 고객을 대상으로 상품의 판매에 사용되는 장소의 면적과 용역의 제공에 직접 사용되는 장소의 면적(공유면적)을 합한 면적을 말하는 것으로서 백화점에서 영업에 대한 효율을 산정하는 데 있어서 중요하며, 연면적에 대한 매장면적의 비율은 백화점의 매출과 비례하다는 측면에서 설계 측면에서도 매우 중요하다. 영업장 면적은 매장면적과 공동사용시설면적을 합한 면적을 말한다.

> **매장면적, 영업장면적**
>
> ■ 매장면적 : 상품의 판매에 이용되는 장소의 면적과 용역의 제공에 직접 사용되는 장소의 면적을 합한 면적
>
> ■ 영업장면적 : 매장면적 + 공동사용시설면적
>
> ■ 공동사용시설면적 : 계단, 승강기, 연결통로, 관리사무실, 소비자 피해보상센터, 문화센터, 고객 휴게실 등 매장의 이용과 직접 관련된 층의 시설

여기서의 매장면적은 순매장 면적으로서 고객에게 상품 판매와 관련하여 직접적으로 사용되는 면적(매장, 매장 내 통로, 매장 내 상품창고 등)을 말하며, 공동사용 시설면적은 상품 판매에 직접 관련된 층의 시설로써 제품창고, 고객 편의시설, 고객 휴게시설, 매장 내 사무실, 쇼 윈도우, 수선실, 애프터서비스실, 작업실, 계단, 승강기, 연결통로, 소비자 피해보상센터, 문화센터 등을 말한다. 이에 반하여 상품 판매에 직접 관련되지 않은 층의 시설면적 또는 고객에게 상품 판매를 할 수 없는 면적을 비매장면적이라고 한다.

비매장면적은 사무실, 검수장, 화장실, 직원 휴게실 및 식당, 주차장, 경비실, 안내데스크, 전기 및 기계실, 계단, 엘리베이터, 에스컬레이터, 비상통로 등 직원 관련 시설, 매장 운영 관련 시설 및 설비시설 등을 포함한다.

면적 구성비는 백화점의 바닥면적 합계인 연면적에서 영업에 사용되는 영업면적의 구성비를 말한다. 매장의 면적비는 연면적에 대해 60~70%(소규모는 80%)로 하고, 순매장 면적비는 연면적에 대해 45~65%, 가구 배치에 소요되는 면적비는 순매장 면적의 50~70%, 순매장에 대한 통로면적 비율은 30~50% 정도로 구성된다.

구 분		내 용
영업장 면적	매장면적	• 상품 판매와 관련하여 직접적으로 사용되는 면적 • 매장, 매장 내 통로, 매장 내 상품창고 등
	공동사용 시설면적	• 상품판매에 직접관련된 층의 시설로서 간접적으로 사용되는 면적 • 제품창고, 고객편의시설, 매장 내 사무실, 쇼 윈도우, 고객휴게실, 수선실, 아프터서비스실, 작업실 등
비매장 면적		• 상품판매를 할 수 없는 면적 • 사무실, 검수장, 화장실, 직원휴게실 및 식당, 주차장, 경비실, 전기 및 기계실, 계단, 엘리베이터, 에스컬레이터, 비상통로 등

표 7-7. 백화점의 매장 구분

백화점 명(위치)	개점년도 (리뉴얼년도)	규모		
		층수	연면적(m^2)	영업면적(m^2)
롯데백화점 잠실점 (서울 송파구)	1988(1996)	지상: 12, 지하: 1	392,700	73,000
신세계 센텀시티 (부산 우동)	2009	지상: 9, 지하: 2	293,900	140,560
신세계 강남점 (서울 반포1동)	2000(2016)	지상: 11, 지하: 1	267,050	86,500
현대백화점 판교점 (성남시 백현동)	2015	지상: 10, 지하: 6	237,035	92,578
현대백화점 목동점 (서울 목동)	2000(2009)	지상: 7, 지하: 6	161,950	61,050
신세계 죽전점 (경기 용인)	2007	지상: 10, 지하: 2	160,670	52,890
롯데백화점 부산점 (부산 부전동)	1995	지상: 11, 지하: 5	157,910	50,890
신세계 의정부점 (의정부시 의정부동)	2012	지상: 10, 지하:	150,340	49,860
신세계 인천점 (인천)	1997(2011)	지상: 6, 지하: 1	136,400	66,000
신세계 광주점 (광주광역시 광천동)	1995	지상: 8, 지하: 3	130,000	43,400
신세계 충청점 (충남 천안)	2010	지상: 6, 지하: 1	127,000	81,000
디큐브 현대백화점 (서울 신도림동)	2011	지상: 6, 지하: 3	116,390	52,570
현대백화점 무역센터점 (서울 삼성동)	1988(2013)	지상: 11, 지하: 4	98,140	52,890
신세계 본점 (서울 소공동)	1930(2006)	지상: 14, 지하: 1	91,860	56,530

표 7-8. 국내 백화점별 규모

■ 백화점의 면적 구분
- 연면적에 대한 매장 비율 : 60~75% (대규모 백화점 60~65%, 중소규모 70~80%)
- 연면적에 대한 순매장 비율 : 45~65%
- 순매장에 대한 가구 배치 면적 비율 : 50~70%
- 순매장에 대한 통로면적 비율 : 30~50%

■ 매장면적을 통한 연면적과 대지면적의 추산(推算)

예) 백화점의 매장면적을 10,000㎡로 계획할 경우 소요 연면적과 대지면적은?
① 연면적 추산 : 매장 비율은 연면적에 60~70% ≒ 65%
$$10,000㎡ \times (100 \div 65) = 15,385㎡$$
② 층당 평균면적 추산 : 지하 2층, 지상 8층의 규모로 계획할 경우
$$15,385㎡ \div 10 = 1,538㎡$$
③ 대지면적 추산 : 일반 상업지역(건폐율 80% 이하)인 경우
$$1,538㎡ \times (100 \div 80) ≒ 1,923㎡ + 대지 안의 공지 등$$

5.3 동선계획

백화점에는 다양한 계층의 다수의 고객을 상대로 상품을 상담하고 판매하는 종업원이 있으며, 상품의 반출입(搬出入)이 이루어지는 등 영업시간 내내 사람과 물건의 움직임이 일어난다. 백화점은 고객이 한 곳에서 필요한 물품을 구매할 수 있는 대규모 상점이라는 특성상 가족 또는 지인들과 함께 오는 경우가 많으며, 장시간 백화점 내에서 체류하는 특징이 있다. 따라서 백화점의 동선계획은 동선을 통한 마케팅이라는 측면에서 고객 동선, 종업원 동선, 상품 동선 등 기능적으로 분리하여 계획할 필요가 있다.

고객 동선은 백화점의 현관에 들어온 고객을 점내 구석까지 자연스럽고 편안한 유도가 중요하다. 종업원 동선은 되도록 짧게 하여 업무 피로를 줄이고 적은 종업원으로도 상품 상담과 판매가 능률적이 되도록 하고, 상품 동선은 상품의 반입, 보관, 포장, 발송 등이 고객 쪽에서 보이지 않도록 계획한다. 종업원 동선과 상품 동선은 고객 동선과 교차되지 않도록 한다.

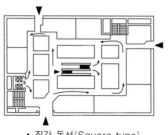

- 직각 동선(Square type)

목적지향(目的指向)에 적합

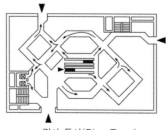

- 경사 동선(Bias Type)

30~45°로 구성, 상품과 벽면 연출을
중시한 동선

그림 7-16. 백화점 동선계획의 유형

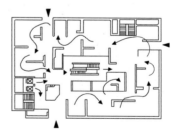

- 부스 타입(Booth Type)

목적지향과 회유성(回遊性)에 변화를 줄
수 있다.

(1) 수평 동선계획

수평 동선계획은 매장의 Layout에 따라 결정되지만 동선상 혼잡이 없고 고객이 매장 전체를 인지하고 장시간 체류하더라도 지루함이 없고 편리하고 편안한 쇼핑이 되도록 서비스 시설과 동선을 연계하여 계획한다. 수평 동선계획의 고려사항을 정리하면 다음과 같다.

* 동선상 혼잡이 없고 고객이 매장 전체를 인지할 수 있도록 한다.
* 장시간 체류하더라도 지루함이 없도록 고객용 서비스 시설과 연계를 고려한다.
* 고객을 매장의 구석까지 자연스럽게 유도할 수 있도록 계획한다.
* 상품 배치와 진열의 변경에 대응할 수 있도록 융통성 있는 계획을 고려한다.
* 화재, 재난, 비상시 등 고객의 피난에 안전하도록 계획한다.
* 매장 내 주 동선(주 통로)과 보조 동선(보조 통로)과의 기능과 관계를 원활하게 계획한다.
* 통로의 방식(편측, 양측 통로)에 따른 적정 통로 폭을 계획한다.
* 계단, 엘리베이터, 에스컬레이터 등 수직 동선과의 연계를 계획한다.
* 계단은 출입구의 맞은편에 두어 동선을 길게 한다.
* 에스컬레이터는 매장과 통로의 코어(core)로서 그 배치는 고객의 흐름에 중요한 역할을 하므로 매장의 중앙에 두도록 하고 고객이 오르내리면서 매장의 Layout을 살필 수 있도록 계획한다.

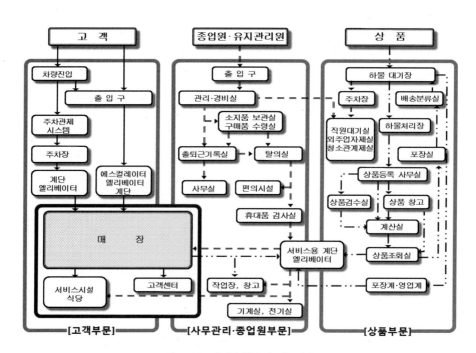

그림 7-17. 백화점 부문별 기능연계도

(2) 수직 동선계획

백화점은 다양하고 많은 상품을 전시하고 판매하는 특성에 따라 상품을 지하층, 지상층 등에 층별 부문별로 분류하고 점포를 배치한다. 백화점의 동선계획은 수평적으로 매장의 깊은 곳까지, 수직적으로도 상하층의 매장까지 자연스럽게 유도할 수 있는 계획이 중요하다. 수직 동선의 계획 요소로는 계단, 엘리베이터, 에스컬레이터가 있다. 수직 동선계획의 고려사항을 정리하면 다음과 같다.

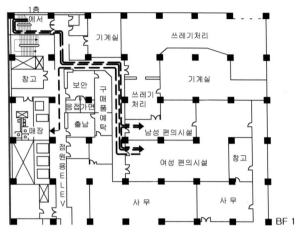

그림 7-18. 종업원 출퇴근 관계제실 계획(안)

- 계단은 엘리베이터와 에스컬레이터의 보조적 사용 수단으로써 기능과 역할을 할 수 있도록 하고 재난 또는 비상시의 피난계단을 계획한다.
- 엘리베이터는 고객용, 업무용, 화물용으로 구분하여 계획한다.
- 에스컬레이터는 수송량에 비해 점유 면적이 작아 수직 동선 중 가장 효율적인 수송수단으로써 매장의 중앙에 배치하여 효율을 높이도록 계획한다.

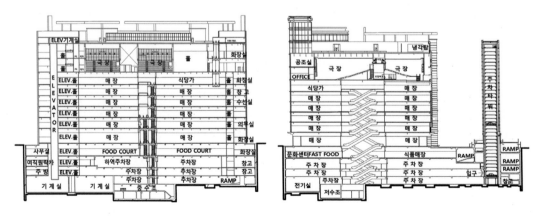

그림 7-19. 백화점의 단면과 수직 동선 사례(L벡화점 전주점, 서한종합건축사사무소)

가) 계단계획

그림 7-20. 계단 이미지

계단은 주 출입구와 맞은편에 배치하여 고객 동선을 최대한 길게 계획하고 평상시 건축물의 상하층을 연결하는 통로(동선)로서의 기능 외에 재난이나 비상시 피난의 역할을 고려하여 법규적인 측면의 안전과 설치 기준이 확보될 수 있도록 계획한다. 계단계획 시 고려할 사항은 다음과 같다.

- 주 출입구의 맞은편에 배치하여 고객 동선을 길게 한다.
- 백화점의 규모와 구조에 따른 피난계단, 직통계단, 특별피난계단 등의 설치 개수와 계단 구조를 충족하도록 계획한다.
- 계단 및 계단 참의 폭은 1.2m 이상(적정 1.4m 이상)으로 계획한다.
- 단 너비 26cm 이상, 단 높이 18cm 이하로 계획한다.
- 계단 높이 3m 이내마다 계단참을 설치한다.

나) 엘리베이터(Elevator) 계획

백화점 고객의 대부분(75~80%)은 매장의 수직 이동 시 에스컬레이터(Escalator)를 이용하고 엘리베이터는 주로 2개 층 이상을 빠르게 이동 시 이용한다. 엘리베이터는 점유면적이 작고 다수의 층을 고속으로 오르고 내릴 수 있는 장점이 있는 반면 에스컬레이터(Escalator)에 비해 수송량이 적다. 따라서 엘리베이터는 이용자와 목적에 따라 고객용, 종업원용, 화물용을 구분하여 배치하도록 한다. 엘리베이터 계획 시 고려할 사항은 다음과 같다.

- 점유면적이 작고 고층을 고속으로 오르내릴 수 있는 특성을 고려하여 계획한다.
- 수송량은 에스컬레이터에 비해 적다.
- 고객용, 화물용, 종업원용을 구분하여 배치한다.
- 엘리베이터의 위치는 출입구 반대쪽에 배치하여 동선의 흐름과 이용적 측면의 효율성은 높이도록 한다.
- 엘리베이터를 매장의 중앙부에 배치할 경우 벽과 카(Car)를 투시형(누드형)으로 계획하여 이동 시 매장의 시야를 확보하고 매장 내 조형성을 계획한다.
- 승강기 설치 대수는 6층 이상 3,000㎡ 이하인 경우 2대를 기준으로 3,000㎡를 초과하는 2,000㎡이내마다 1대를 추가하는 등 관련 법규를 충족하여 설치한다.
- 엘리베이터의 규격은 출입문 800~1,100mm, 카(Car)의 승강로는 일반적으로 넓이 1,750~2,500mm, 깊이 1,450~2,500mm 정도에서 인원수에 따라 규모를 정한다.
- 엘리베이터의 속도는 이동 층수, 용도 및 기능과 저속 45m 이하/min, 중속 60~105m/min, 고속 110~180m/min(20층~30층), 초고속 200m 이상/min(30층 이상) 등을 고려하여 계획한다.
- 다수의 인원을 운반할 경우 대수보다 1대의 규격과 정원을 크게 하여 경제성을 고려한다.

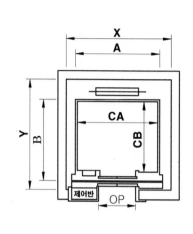

카(CAR) (mm)				승강로 (mm)			
승객 (명)	적정 무게 (kg)	출입문	내부	1대 단독		2대 병렬	
			A×B	X	Y	X	Y
6	450	800	1400×850	1750	1450	3600	1450
8	550	800	1400×1030	1800	1630	3650	1630
9	600	800	1400×1100	1800	1700	3650	1700
10	680	800	1400×1250	1800	1830	3650	1830
11	750	800	1400×1350	1800	1930	3650	1930
13	900	900	1600×1350	2050	2000	4350	2000
15	1000	900	1600×1500	2050	2150	4200	2150
17	1150	1000	1800×1500	2300	2250	4700	2250
20	1350	1000	1800×1700	2300	2450	4700	2450
24	1600	1100	2000×1750	2500	2500	5100	2500

표 7-9. 엘리베이터 CAR와 승강로 규모 예

다) 에스컬레이터(Escalator)

에스컬레이터는 백화점에 있어서 가장 적합한 수송설비로써 고객이 기다리지 않고 이용할 수 있으며 대량의 고객을 연속적으로 수송하는데 편리하여 엘리베이터에 비해 10배 이상의 수송량을 높일 수 있다. 상하행이 교차하는 에스컬레이터는 효율적 측면에서 백화점 중앙부에 위치하는 것이 일반적이며 매장 내의 통로, 진열장, 점포는 에스컬레이터를 중심으로 겹겹이 구성된다고 할 수 있다. 일반적으로 에스컬레이터와 근접한 곳에는 아일랜드형 매장을 설치하여 에스컬레이터 주변을 시각적으로 개방하고 매장 벽면 쪽에는 박스형 점포를 설치하여 이용객의 시선을 매장 구석까지 유도한다. 에스컬레이터의 특징 및 계획 시 고려할 사항을 정리하면 다음과 같다.

① 에스컬레이터 특징
- 대량의 고객을 연속적으로 수송하는데 편리하고 엘리베이터에 비해 10배 이상의 수송 능력을 가진다.
- 수송량에 비해 점유면적이 작다.
- 고객이 이용을 위한 대기 시간이 필요 없으며, 이용 중 매장의 상품 파악이 가능하다.
- 연면적에 대한 점유율이 크며, 설치비용이 많이 소요된다.
- 비상 또는 피난계단으로 사용할 수 없다.

② 계획 시 고려사항

• 이용과 동선의 효율성 측면에서 일반적으로 매장의 중앙에 배치한다.

• 통로, 진열장, 점포를 동선의 흐름, 매장의 개방감을 고려하여 에스컬레이터를 중심으로 구성한다.

• 에스컬레이터와 근접한 곳에는 아일랜드형 매장을 설치하여 에스컬레이터 주변을 시각적으로 개방하고 매장 벽면 쪽에는 박스형 점포를 설치하여 이용객의 시선을 매장 구석까지 유도한다.

• 폭은 시간당 이용자 수를 고려하여 결정하고 하부 승강장과 상부 승강장의 통로 공간을 확보한다.

• 평면상의 길이와 경사도가 매장의 층 높이 및 보 간격(6,000mm 이상)에 영향을 받으므로 단면 및 구조계획의 세밀한 검토가 필요하다.

• 디딤판 40cm, 단폭 60~110cm 이하(일반적으로 80cm, 단폭이 1m가 넘을 경우 성인 2명이 이용 가능), 경사도 30° 이하(높이가 6m 이하이고 공칭 속도가 0.5m/s 이하인 경우 35°까지 가능)를 고려하여 계획한다.

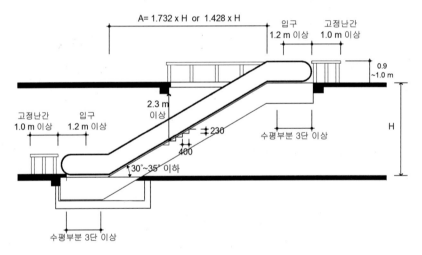

그림 7-21. Escalator의 단면 구성 예

• 평면상의 길이 산정

30° 경사인 경우 : 1.732(삼각비의 값) × 층 높이

35° 경사인 경우 : 1.428(삼각비의 값) × 층 높이

예) 층 높이 4.5m의 매장에서 경사도 30°의 에스컬레이터를 설치하는 경우 평면상의 길이는 1.732 × 4.5 ≒ 7.80m + 상·하부 승강장 공간

라) 에스컬레이터 배치의 유형

에스컬레이터의 배치 유형으로는 크게 직렬 배치, 병렬 단층 배치, 병렬 연속 배치, 교차 배치 유형으로 분류할 수 있으며, 각가의 특징을 정리하면 다음과 같다.

① 직렬 배치

- 고객의 시야가 다른 유형에 비해 넓고 크다.
- 고객의 시선이 한 방향으로만 한정되는 단점이 있다.
- 상행과 하행을 양행(兩行)하여 배치하지 않을 경우 1방향으로만 수송이 가능하다.
- 점유면적이 넓다.

② 병렬 단층 배치

- 저층 백화점에 적합하다.
- 고객의 시선이 한 방향으로만 한정되는 단점이 있다.
- 상행과 하행을 양행(兩行)하여 배치하지 않을 경우 1방향으로만 수송이 가능하다.
- 연속적으로 오르고 내리기가 불가능하다.
- 승강(昇降)하기 위해서는 반대쪽으로 이동하여 에스컬레이터를 이용해야 하는 단점이 있다.

③ 병렬 연속 배치

- 고객의 시선이 양방향으로 양호하다.
- 연속적으로 오르고 내리기가 가능하다.
- 상행과 하행을 양행(兩行)하여 배치하지 않을 경우 1방향으로만 수송이 가능하고, 양행하여 배치할 경우 4개의 승강로가 배치되어 점유면적이 커진다.

④ 교차 배치

- 점유면적이 다른 유형에 비해 적다.
- 연속적으로 오르거나 내리기가 가능하다.
- 오르고 내리는 위치가 서로 반대편에 위치하여 이용에 불편함을 줄 수 있다.
- 에스컬레이터의 교차에 의해 이용 고객이 매장으로의 시야(視野)를 방해받을 수 있다.
- 교차하는 측면이 시각적으로 혼잡하고 매장의 개방감을 방해할 수 있다.

그림 7-22. 병렬 단층식
에스컬레이터

그림 7-23. 병렬 연속식
에스컬레이터

그림 7-24. 교차식 에스컬레이터

유형		입단면 구조	특징
병렬식	단층 배치	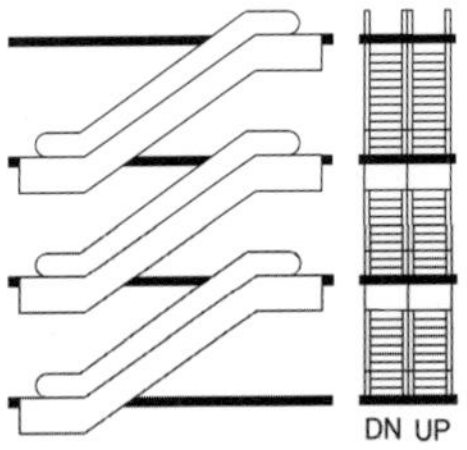	• 저층 규모에 적합 • 고객의 시야 양호 • 고객의 시선이 1방향으로 한정된다. • 연속적으로 승강할 수 없다.
	연속 배치	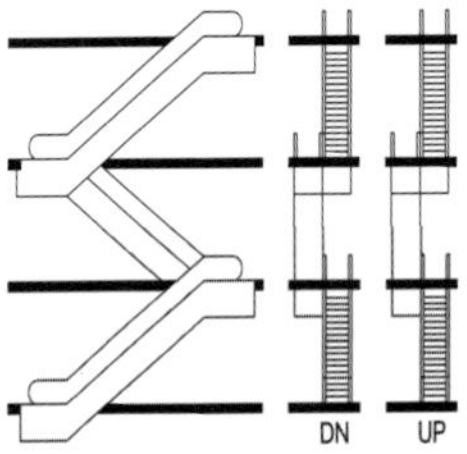	• 고객의 시선이 양방향으로 양호하다. • 연속적 오르고 내리기가 가능하다. • 점유면적이 커진다.
교차식 배치		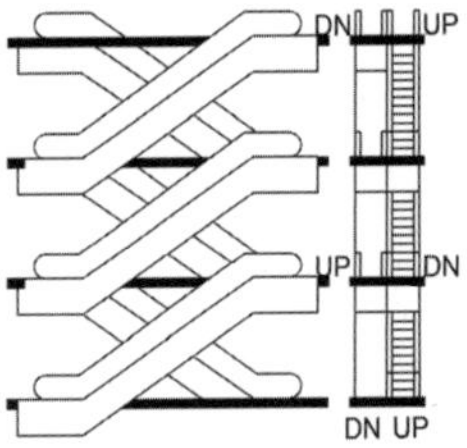	• 점유면적이 다른 유형에 비하여 적다. • 연속적으로 오르거나 내리기가 가능하다. • 매장으로의 시야를 방해할 수 있다. • 측면이 상대적으로 혼잡하다.
직렬식 배치		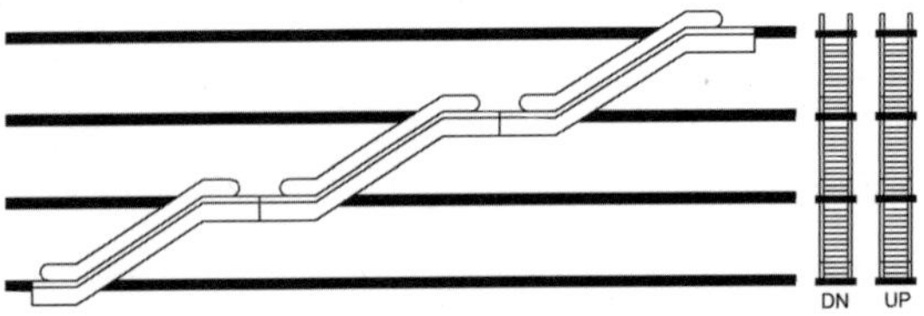	• 고객이 시야가 다른 유형에 비해 넓고 크다. • 고객의 시선이 1방향으로 한정된다. • 점유면적이 넓다.

그림 7-25. Escalator의 배치 유형 및 특징

6 | 입면계획

  백화점은 상품의 진열 공간 확보와 역광(逆光) 유입의 차단 등을 위하여 일반적으로 창(窓)을 두
지 않는 무창(無窓)계획을 입면 디자인에 적용한다. 단순한 무창 계획은 입면의 단조로움을 가져올
수 있으므로 세심한 계획이 필요하다. 무창 계획의 특징과 계획 시 고려사항을 정리하면 다음과 같
다.

(1) 무창계획의 특징

① 창을 두지 않으므로 벽면의 진열 공간을 확보하고 매장 공간을 효율적으로 활용할 수 있다.
② 창에 의한 역광을 차단하여 상품의 진열에 유리하다.
③ 매장의 공기 조화 및 냉난방 설비와 조절에 유리하다.
④ 매장의 조도를 균일하게 유지할 수 있다.
⑤ 외부의 매연, 소음 등을 차단할 수 있다.

(2) 무창계획 시 고려사항

① 무창의 단조로운 입면을 탈피할 수 있는 재료, 기둥, color, 형태 등 의장적으로 특색 있는 계획을
   고려한다.
② Front Facade의 입면성을 강조한다.
③ 광고물, Sign 등을 부착할 수 있는 입면을 구성한다.
④ 주 출입구, 부 출입구 및 Show Window의 세련된 디자인을 강조한다.
⑤ Cantilever와 Canopy 등을 활용한 입면 디자인에 변화를 계획한다.
⑥ 백화점의 입면을 장식 면으로서의 전체적인 효과와 상징성 및 인지도를 높일 수 있도록 계획한다.

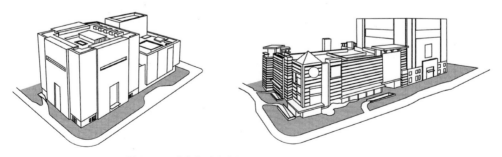

그림 7-26. 백화점 입면계획 예(H백화점 판교(좌), 일산(우)

7 세부계획

7.1 Span 계획

(1) Span 계획의 고려 요소

기둥 간격을 결정하는 Span 계획은 건축물의 구조 안전과 층 높이를 충족한다는 전제 아래서 크게 매장 Show Case의 진열방식과 지하주차장 계획 등을 고려하여 계획한다. 세부적으로는 Show Case 의 크기, 통로 폭, Elevator 및 Escalator의 배치 방식, 매장 내 시각적 개방성 등을 고려하여 계획하고 백화점의 연면적과는 무관하다.

그림 7-27. 기둥과 진열장 배치 예

■ Span 결정 요인
- Show Case의 진열 방식과 지하주차장 계획
- Show Case의 크기
- 통로 폭, 계단실, Elevator 및 Escalator의 배치 방식
- Core 계획과의 연관성
- 매장 내 시각적 개방성

(2) Span의 규모

Span의 간격은 일반적으로 R.C 구조의 경우 6~8m, S.R.C 구조의 경우 7~10m 정도가 많이 사용된다. 지하주차장의 주차 방식 중 3대가 가능한 주차 폭을 고려할 경우 6.9~7.5m의 주차 폭이 필요하고 기둥의 크기를 더하여 약 8.1~8.4m의 기둥 Span이 필요하다.

- R.C 구조의 경우 6~8m, S.R.C 구조의 경우 7~10m 정도가 많이 사용한다.
- 일반적 간격 6~7m, 이상적 간격 9~10m,
- 대형 Elevator 2대와 홀, Escalator의 배치를 고려 시 8~9m의 스판이 필요
- 지하주차장 1 Span에 3대를 주차할 경우 6.9~7.5m의 주차 폭이 필요하고 기둥의 크기를 더하여 약 7.5~8.4 × 9.0m의 기둥 Span이 필요

7.2 층고 계획

(1) 층고 결정 요인

백화점의 층고는 크게 지하층, 1층, 기준층으로 구분하여 계획할 수 있다. 일반적으로 1층은 도로에서 매장 내로의 진입 시 심리적 안정감 부여, 매장 공간의 개방감과 공간감, 입면계획의 의장적 효과를 높이기 위해 기준층보다 높게 계획한다. 기준층은 층별 구조적, 기능적 조건과

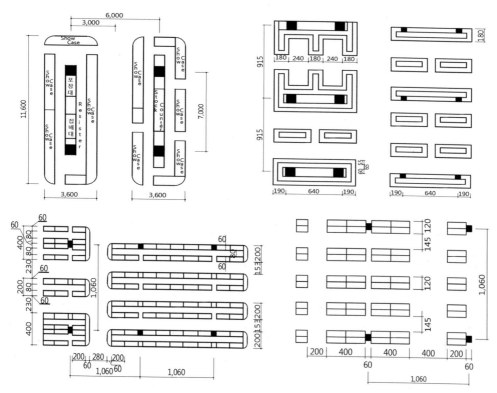

그림 7-28. 기둥 간격과 Show case의 배열

심리적 조건을 충족하는 범위 내에서 설비 공조 계통, 배관의 기울기 및 전기 계통의 소요 공간, 에너지 절약, 조명의 효율성, 건축비의 절감 등을 고려하여 층고를 최소한으로 계획한다. 지하층의 경우 주차장의 차로 높이, 기계실, 전기실, 공조실 등의 크기 및 기타 공간의 용도 등에 의하여 달라진다.

■ 층고 결정 요인
① 건축물의 성격, 1층 및 기준층에 따라 천정고 설정
② 구조설계에 의한 보 및 슬래브 두께 반영
③ 설비 덕트 공간 반영(각종 배관의 기울기 등을 고려한 높이 포함)
④ 전기 시설(천정 등박스 및 배선, 바닥 Acess Floor 등) 소요 높이 반영
⑤ 소방시설(스프링쿨러, 배관) 등 기타 소요 높이 반영

(2) 각 층의 높이

각 층의 높이는 층별 소요 천정고보다 60~80cm 정도 높게 설정한다. 백화점의 일반적 층고 높이를 정리하면 다음과 같다.

- 지하 2층 이하 : 주차장, 기계실 등. 주차장 층고 일반적 3,300~3,800mm, 공조 및 기계설비 층 배치 시 소규모 4,000~4,500mm, 대규모 5,000~6,500mm 정도로 계획한다.
- 지하 1층 : 식당, 식품점, 창고 등. 층고 4,000~5,000mm, 지하층이 대규모 기계설비실 배치로 인하여 층고가 높아진 경우 중2층(MB1, MB2 등)을 계획하여 공간의 활용도를 높인다.
- 지상 1층 : 주 출입구, 홀, 매장. 층고 4,500~6,000mm
- 2층 이상 : 매장. 층고 3.5000~4,500mm
- 최상층 : 연회장, 문화공간 등. 층고 4,500~6,000mm. 단열 및 사용 용도에 따라 기준층보다 높게 계획한다.
- 옥탑층 : 옥탑, Elevator 기계실 등. 층고 3.000~3,500mm

그림 7-29. 출입구 예(전주 L백화점)

7.3 출입구 계획

출입구는 도로와의 관계, 교통상황, 고객의 통행량, 출입의 편리성 등을 고려하여 위치를 결정하고 일반적으로 도로에 면하여 30m마다 1개소를 설치하도록 한다.

7.4 진열장(Show Case) 계획

- 높이 1m, 폭 60~75cm, 길이 1.8m 정도, 상부는 접객 Counter로도 활용한다.
- 포장대 높이는 75cm, 폭 60~75cm 정도로 계획한다.

7.5 화장실

고객의 이용이 많은 시설로서 일반적으로 각 층의 주계단, Elevator, Lobby 부근에 배치한다. 백화점의 마케팅 전략과 층별 매장의 특성에 따라 특정한 층(매장 내 고객의 동선을 유도하기 위해 1층에는 두지 않는 경우 등)에는 배치하지 않거나 화장품, 액세서리, 명품 제품 등의 고가 상품을 전시하는 층에서는 상품의 이미지를 위하여 화장실을 의도적으로 가려지게 배치하는 경우도 있다.

단위 화장실은 고객용과 종업원용을 구분하고 남녀를 구분하여 두며, 입구에 전실을 배려하여 시각적 프라이버시의 확보와 매장으로의 냄새를 방지하도록 한다.

- 고객용 : 남성용 대변기와 세면기는 매장면적 1,000㎡당 1개, 소변기는 700㎡당 1개를 기준하여 산정한다. 여성용 대변기와 세면기는 매장면적 500㎡당 1개를 기준하여 산정한다.

- 종업원용 : 남성용 대변기와 세면기는 50명당 1개, 소변기는 40명당 1개를 기준으로 설치한다. 여성용 대변기와 세면기는 30명당 1개를 기준으로 설치한다.

고객용	남성용	대변기, 세면기	매장면적 1,000㎡ 당 1개
		소변기	매정면적 700㎡ 당 1개
	여성용	대변기, 세면기	매장면적 500㎡ 당 1개
종업원용	남성용	대변기, 세면기	50명당 1개
		소변기	40명당 1개
	여성용	대변기, 세면기	30명당 1개

표 7-10. 백화점의 화장실

7.6 직원 시설

백화점의 직원 시설로는 사무 시설, 교통 시설, 서비스 시설로 구분할 수 있다. 각각의 공간적 특징을 정리하면 다음과 같다.

① 사무 시설

일반사무실, 임원실, 비서실, 회의실, 고객상담실, 교육실 등이 해당되며 업무적 기능과 판매시설로서의 백화점 특성을 고려하여 계획한다.

② 교통 시설

직원용 교통 시설로는 직원용 출입구, 계단, 전용 Elevator 등이 해당된다. 직원용 출입구는 고객의 출입구, 상품의 반입 및 반출 출입구와는 구분하는 계획이 바람직하다. 사무용 Elevator 는 화물용과 구분하여 설치한다.

③ 서비스 시설

직원 서비스 시설로는 직원 식당, 휴게실, 회의실, 접객실, 갱의실, 의무실 등이 있으며, 서비스 시설의 규모 산정을 위한 직원의 수는 매장면적 20~25㎡당 1인, 남녀의 비율은 4 : 6 정도로 계획한다.

실 명	계획 방향
Time Recorder실	• 카드실을 레코드실의 전후에 설치하고 card case를 벽면에 설치한다. • 타임 레코드 1대당 300~500명으로 산정한다.
갱의실	• 사물함(Locker)는 폭 330~370mm, 깊이 450mm 정도로 계획한다. • 넓이는 1인당 0.45~0.6㎡ • 실내의 통로 폭은 1.2m 정도로 계획한다.
휴대품 검사소	• 통로의 양쪽에 폭 360mm의 Counter를 둔 실을 설치한다.
직원 식당	• 식사시간 내에 전 직원이 교대로 식사할 수 있는 규모로 계획한다. • 수용인원 1인당 0.7~0.9㎡ 정도로 계획한다. • 주방은 식당의 1/3 정도로 계획한다.
의무실	• 직원 1명당 0.15~0.2㎡로 계획한다.
기타	• 휴게실, 면회실, 도서실, 교육실 등을 계획한다.

표 7-11. 직원 시설의 계획 방향

- 직원 식당은 주어진 식사 시간 내에 전 직원이 교대로 식사할 수 있는 규모를 고려한다.
- 식당의 규모는 일반적으로 수용 인원 1인당 0.7~0.9㎡로 산정하며 주방의 규모는 식당의 1/3로 산정한다.
- 의무실의 규모는 직원 1인당 0.15~0.2㎡ 정도로 계획한다.

7.7 조명계획

판매 시설의 조명계획은 상품의 전시 효과와 고객의 구매 욕구를 증가시키는 데 중요한 역할을 하므로 매장의 특성과 상품에 부합하는 계획이 되도록 한다. 전체적인 조명계획은 상점 건축의 조명 방식과 특성 등을 기준하여 계획한다.

① 옥내 조명

무창(無窓)계획의 백화점은 매장 내 자연채광의 유입이 어렵다.
조명계획의 대상은 매장 전체, Show Window, Show Case 등 대상별로 구분하여 계획을 고려한다.

- 매장 전체적으로는 일정한 밝기를 유지하도록 한다.
- 직접조명은 효율은 좋으나 눈부심의 불쾌감을 줄 수 있으므로 부드러운 느낌의 간접조명과 반간접조명을 계획한다.
- 간접조명은 광선이 부드럽고 그림자가 생기지 않는 반면 상품의 강조성이 약하므로 국부조명(Spot Light)을 적절히 조합하여 사용한다.
- Show Window의 조명은 광원을 감추고, 현휘현상과 배경으로부터의 반사를 방지할 수 있으며, 발생하는 열이 적은 조명을 계획한다.
- Show Case의 조명은 매장 밝기의 1.5~2배의 조도가 되도록 계획한다.
- 1층의 경우 1,000Lux 이상의 밝기를 계획하여 외부에서 들어오는 고객에게 매장이 밝고 활기찬 느낌을 가질 수 있도록 한다.

② 옥외조명

옥외조명은 고객의 시선과 백화점 이미지의 연상을 유도하는 데 중요한 입면적 요인 중 하나이다. 옥외조명의 효과를 높일 수 있는 건축화 조명(Architectural Lighting) 방식과 조명기구 등을 계획에 고려한다.

대표적인 조명 방식으로서 네온사인(neon sign)은 소비전력이 적어 경제적이며, 휘도가 강하고, 비, 먼지 및 안개 등에 있어서도 투과율이 높은 장점을 가지고 있다.

7.8 주차계획

주차대수는 건축법, 주차장법 및 지방자치조례 등 관련 법령과 기준에 충조되게 계획할 필요가 있다. 일반적으로 판매시설인 백화점의 경우 시설면적 100㎡당 1대를 산정하여 계획한다. 주차는 설치 장소에 따라 백화점의 지하층 또는 지상층에 설치하는 백화점 내 주차장과 백화점과는 별도로 전용 주차타워를 두는 유형으로 분류할 수 있다. 주차의 방식으로는 자주식 주차 방식과 기계식 주차 방식이 있다.
주차의 유형과 방식별 특징을 정리하면 다음과 같다.

① 백화점 내 주차장
- 일반적으로 지상 또는 지하층에 설치하며 옥상층에 설치하는 경우도 있다.
- 주차장에서 매장으로의 접근과 동선 유도에 적합하다.
- 매장 면적이 감소하고 장래 백화점 확장에 지장을 준다.
② 전용 주차빌딩
- 백화점과 별도의 빌딩에 주차시설을 건축하는 유형이다.
- 백화점 전 층을 매장으로 활용할 수 있다.
- 백화점 및 주차빌딩의 장래 확장이 가능하다.
- 주차빌딩과의 동선 연결에 세심한 계획이 필요하다.
- 동일 대지가 아닌 인접 또는 근접 대지에 건축하는 경우 대지면적 추가로 소요되고 지하 또는 지상의 연결 다리가 필요하는 등 건축비용이 증가한다.
③ 자주식 주차 방식
- 운전자가 자동차를 직접 운전하여 주차하는 방식이다.
- 입·출차 하는 시간이 적고 설치비 및 유지관리비가 저렴하다.
- 주차 면적이 증가할수록 매장 면적이 감소할 수 있다.
- 주차 동선과 통로계획이 필요하다.
- 지하 또는 옥탑층에 설치하는 경우 초기 건축비가 증가한다.
④ 기계식 주차장
- 기계를 작동하여 자동차를 주차(입·출고)하는 방식이다.
- 지정된 장소에서만 주차(입·출고)할 수 있는 관계로 차량의 대기 장소와 차량이 많을 경우 대기 시간(자주식 대비 3배 이상)이 필요하다.
- 좁은 공간에 많은 차량의 주차가 가능하고 도난의 위험이 적고 관리가 유리하다.
- 유지관리와 보수비용이 많이 들고 기계 고장 시 사용할 수 없다.

7.9 방화구획

방화구획은 화재 시 연소의 확대를 차단하여 연소 방지, 배연, 피난 경로의 안전성 등을 확보하여 재실자에게 미치는 영향과 물적 손실을 최소화하는 데 목적이 있다. 방화구획은 건축물의 용도, 규모, 구조 등에 따라 적절한 구획과 배치가 되도록 계획한다. 또한, 방화구획을 구성하는 벽, 바닥, 방화문, 방화 셔터 등의 구조와 재료가 관계 법령의 내화 성능을 충족할 수 있도록 계획되어야 한다.

구획의 구분		기 준
면적 단위	10층 이하의 층	• 바닥면적 1,000㎡(3,000㎡) 이내마다
	11층 이상의 층	• 바닥면적 200㎡(600㎡) 이내마다 • 벽 및 반자의 실내에 접하는 부분의 마감을 불연재료로 한 경우 500㎡(1,500㎡)
층 단위	3층 이상의 층	• 연면적이 1,000㎡를 넘는 건축물일 경우 층마다 구획
	지하층	

( )안은 스프링클러, 기타 이와 유사한 자동식 소화설비를 설치한 경우

표 7-12. 방화구획의 기준

방화구획의 대상 건축물은 주요 구조부가 내화구조 또는 불연재료로 된 건축물로서 연면적 1,000㎡를 넘는 건축물이 해당된다. 가장 효과적인 방화구획은 각 실이나 점포별로 구획하는 것이나, 경제성과 공간의 효용성을 고려하여 층별, 면적별로 계획한다.

구 분		설치기준
방화벽		• 내화구조
바닥		
개구부		• 갑종 방화문 및 자동 방화 셔터
방화구획 관통부분	급수관, 배전관 그 밖의 관에 의한 관통	• 아래 재료로 틈을 메운다. ① KS 내화충전성능 재료 ② 한국건설기술연구원장이 내화충전성능을 인정한 재료
	환기, 냉난방시설의 풍도에 의한 관통	• 화재가 발생 시 자동적으로 닫히는 댐퍼(철재로서 철판의 두께가 1.5mm 이상) 설치

표 7-13. 방화구획의 설치 기준

7.10 기계설비 및 공기 조화설비

실내환경을 쾌적하게 유지하기 위한 냉방, 난방, 환기설비(HVAC system, Heating, Ventilation and Air Conditioning system) 및 이를 효율적으로 자동제어하는 공기 조화설비는 공조 방식과 열원 방식, 기계실의 위치와 규모, 덕트, 배관 샤프트의 위치와 크기 등에 대한 세부적인 검토와 계획이 필요하다. 공기 조화설비 계획 시 고려할 사항을 정리하면 다음과 같다.

- 주 기계실은 장비의 하중, 진동과 소음 등을 고려할 때 지하층 배차가 유리하다.
- 기계실 면적은 대략 연면적의 5%, 전기실은 3% 정도의 규모로 산정한다.
- 공기 조화 기계실의 적정 위치는 부하(負荷) 중심, 외기 급·배기구 인접된 곳에 설치한다.
- 백화점 내를 몇 개의 구역으로 나누어 각기 요구되는 환경 조건이 되도록 하는 공기조화설비의 구역 방식(zoning)은 운전비를 절약하고 건축물의 공조를 더 정밀하게 할 수 있다.
- 공조 기계실의 적정면적은 AHU(Air Handling Unit, 공기조화기) + RF + 코일 교환 공간 + 배관 공간 및 덕트 공간을 고려하여 계획한다.
- 공조 기계실의 적정 높이는 소요 덕트 공간을 고려하여 최소 4m 이상의 높이로 계획한다.

제 IV편 상업시설

제8장 쇼핑센터(Shopping Center)

1 쇼핑센터의 개요

1.1 쇼핑센터(Shopping Center)란?

쇼핑센터란 백화점, 전문점, 소매점, 할인점, 식당, 은행, 전시홀, 휴식 및 서비스 시설, 주차시설 등 다수의 점포와 각종 편의시설이 일체적으로 집합을 이루어 고객에게 다양한 경험을 제공하고 합리적 구매가 가능한 원스톱(one stop) 쇼핑으로의 입지, 규모, 형태 등을 계획하여 만들어진 대규모 상업시설 중의 하나이며 복합 쇼핑몰(Shopping Mall)이라고도 한다.

년도	복합 쇼핑센터 명	시설 특징
1989	롯데월드(서울 송파 잠실동)	• 연면적 581,684㎡ • 백화점, 마트, 호텔, 쇼핑몰, 놀이공원, 테마파크, 스포츠(아이스링크), 민속박물관, 극장 등 쇼핑, 문화, 레저, 오락시설을 한 공간에 개장 • 지하철과 동선 연계 • 각 시설간의 동선(mall) 연결 부족
2000	센트럴시티(서울 서초 반포동), 코엑스 몰(서울 강남 삼성동)	• 연면적 430,000㎡ • 백화점, 호텔, 대형 서점, 푸드코트 등 복합문화공간 구성 • 각 시설간 동선(mall)연결 계획 • 지하철 및 고속터미널과 동선 연계
2003	라페스타(경기 고양 일산)	• street mall 적용
2006	아이파크 몰(서울 용산)	• 민자 역사 리뉴얼(renewal) • 연면적 276, 688㎡ • 백화점, 대형할인점, 멀티플렉스, 디지털 전문점, 식당, 대형 서점, 문화공간 등 개장 • 몰(mall) 마케팅 도입
2007	비트플렉스(서울 성동구 왕십리)	
2009	타임스퀘어(서울 영등포) 센텀시티(부산 해운대구)	• 대형 아트리움(atrium) 또는 보이드(void) 공간계획 • 동선의 폭을 넓히고 쾌적성 제공 • 타임스퀘어의 경우 양단부에 대형 서점과 백화점 등 대형 매장을 배치하고 그 사이에 트랙(track)형 동선 몰(mall)을 계획하여 작은 매장을 배치
2010	롯데 청량리역사몰(서울 동대문) 레이킨스 몰(경기 고양 일산)	• 국제 전시장, 국제회의장, 아쿠아리움, 백화점, 극장, 대형 마트 등이 어우러진 복합문화공간(일산 레이킨스 몰)
2011	디큐브시티(서울 구로 신도림) 메타폴리스(경기 화성 동단) IFC몰(서울 영등포 여의도동)	
2012	알파돔 시티(성남시 분당구)	

표 8-1. 연도별 대표적 복합 쇼핑센터

쇼핑센터는 개인소득의 증대 및 자동차 수의 증가에 따른 차량 이용 고객이 증가하고 상품의 구매, 식사, 휴식까지 한 곳에서 해결하고자 하는 새로운 쇼핑 개념의 대두에 따라 백화점을 중심으로 다양한 부대시설을 융합하여 복합적 대형 쇼핑·생활공간으로 나타나게 되었으며, 여기에 문화적 엔터테인먼트의 기능이 더하여져 커뮤니티(community)의 개념도 강조되고 있다.

다수의 상점과 대규모라는 점에서 백화점과 혼용(混用)되고도 있으나, 중심 상점(핵점포)과 각 전문점으로의 이동, 고객이 머물 수 있는 공간, 문화행사의 장소 등 긴 동선에 의한 보행 공간의 확보가 건축계획의 중요 요소 중의 하나라는 점이 차이가 있다.

쇼핑센터는 판매(쇼핑) 중심의 독립형, 역사(驛舍)나 터미널, 공항과 연계된 복합형, 문화시설, 위락시설(慰樂施設), 호텔, 콘도, 레저 등과 연계된 테마파크형 등 기능을 집합하여 복합적 형태의 커뮤니티시설로서의 기능도 가진다.

1.2 쇼핑센터의 유형

쇼핑센터는 구성 형태, 지리적 위치, 상권의 크기에 따라 유형을 구분할 수 있다. 구성 형태에 있어서는 쇼핑센터만의 단독 독립형, 터미널, 역사, 공항 등 교통시설과 연계된 터미널 복합형, 테마파크 또는 위락시설 등과 연계된 테마 복합형으로 구분할 수 있으며, 지리적 위치에 따라 도심지형과 교외형으로 구분할 수 있다.

상권의 크기별 유형으로는 대규모 교외형(郊外型)으로서의 지역 쇼핑센터, 중규모 준교외형(準郊外型)으로서의 커뮤니티 쇼핑센터, 소규모 근린형(近隣型)으로서의 근린 쇼핑센터로 구분할 수 있다.

① 구성 형태에 의한 분류
- 단독형 : 독립된 단독 건축물에 쇼핑센터를 구성한 형태를 말한다.
- 교통시설 연계 복합형 : 터미널, 역사, 공항 등 교통시설과 연계하거나 도심 상업지역의 지하상가와 연계하여 구성한 형태를 말한다.
- 테마 복합형 : 테마파크, 위락시설 등과 연계하여 구성한 형태를 말한다.

② 지리적 위치에 의한 분류
- 도심지형 : 도심의 중심부에 건축된 쇼핑센터를 말한다.
- 교외형 : 도심을 벗어나 교외의 간선도로와 연계하여 건축된 쇼핑센터를 말한다.

③ 규모별 분류
- 지역(郊外型, Regional) 쇼핑센터 : 대규모 교외형 쇼핑센터로서 백화점, 대형 슈퍼마켓, 다수의 상점 및 휴게시설과 위락시설 등을 갖추고 있다.

- 커뮤니티(準郊外型, Community) 쇼핑센터 : 중규모의 준교외형 쇼핑센터로서 슈퍼마켓, 소형 백화점 등이 해당된다.
- 근린(近隣型, Neighborhood) 쇼핑센터 : 소규모 근린형 쇼핑센터로서 보도로 접근이 가능한 슈퍼마켓, 일용품 상점 등이 해당된다.

분 류			특 징	비 고
구성 형태	• 단독형		• 독립된 단독 건축물에 쇼핑센터를 구성	• 도시 중심 또는 상업지구에 위치 • 문화시설, 사회시설 등을 포함한다. • 도시재개발에 수반하여 계획 • 핵점포를 갖지 않고 특정 전문점이 집합을 이루 기도 한다.(패션, 악세사리 등)
	• 복합형	교통시설 연계형	• 터미널, 역사, 공항 등 교통시설과 연계 • 도심지역 지하상가와 연계	• 교외 및 시내 교통기관과 연계하여 위치 • 비교적 중·대규모가 많다 • 도심 지하도의 고도이용에 효율적이다.
		위락시설 연계형	• 테마파크, 위락시설 등과 연계	• 판매업, 음식업, 서비스업, 위락시설 등 집단적 시설을 운영하면서 도시시설의 일부로서 커뮤니 티 기능을 담당 •••
지리적 위치	• 도심지형		• 도심의 중심부에 건축	• 도시중심 또는 상업지구에 위치 • 비교적 중소규모가 많다. ••
	• 교외형		• 도심을 벗어나 교외의 간 선도로와 연계하여 건축	• 교외의 간선도로에 면하여 위치 • 대규모 주차장을 갖추고 있다. • 비교적 대규모가 많다. •
규모별	• 지역형 (Regional)		• 대규모 교외형 • 백화점, 대형 슈퍼마켓, 다수의 상점으로 구성 • 휴게시설과 위락시설 등 을 함께 구성	• 연면적 19,000㎡ 이상 • 핵점포 수 3개 이상 • 주차대수 500~5,000 대 • 레저 및 스포츠시설
	• 커뮤니티형 (Community)		• 중규모의 준교외형 • 소형 백화점, 슈퍼마켓, 생활용품점 등의 규모	• 연면적 13,000㎡ 이상 • 핵점포 수 2~3개 • 주차대수 100~500 대 •
	• 근린형 (Neighborhood)		• 소규모 근린형 • 도보로 접근 가능 • 중소형 슈퍼마켓, 일용품 점 등의 규모	• 연면적 5,000㎡ 이상 • 핵점포 수 1~2,개 • 주차대수 50~100 대 •

표 8-2. Shopping Center의 분류와 특징

2 │ 쇼핑센터의 입지 및 부지 조건

2.1 입지 조건

Shopping Center의 입지 조건으로서 가장 중요한 것은 교통(자동차의 접근, 대중교통)이 편리하고 유동인구의 유입이 많아 고객 유치에 효과적인 지리적 위치와 장소라고 할 수 있으며, 일반적으로 역(驛)이나 터미널 등이 유리하고, 많은 차량을 주차할 수 있는 주차장의 확보가 입지의 중요한 요소이다.

Shopping Center의 입지 조건을 요약하면 다음과 같다.

- 자동차가 주요한 교통수단이 되어가고 있으므로 간선도로에 접하여 대규모 건축면적과 주차장 조성이 가능한 대형 부지를 확보할 수 있는 곳
- 인근 상권과 동반 성장을 통한 시너지(Synergy)효과가 발생할 수 있는 곳
- 백화점, 호텔, 영화관, 레스토랑, 공연문화시설 등 사람들을 유입할 수 있는 주변 도시환경이 좋은 곳
- 터미널, 지하철, 공항, 도심 지하상가 등 교통의 요충지로서 유동인구가 많은 곳

2.2 부지 조건

부지의 조건에서는 지역적 · 지리적 특성, 버스, 전철 등 교통기관과의 연계성, 인접한 도로와의 관계, 자연환경, 대지의 형태, 대규모 주차공간의 확보 가능성 등을 들 수 있다.

- 자연환경, 지역성, 부지의 경사 및 형상 등 지역적 · 지리적 특성
- 교통기관과의 연계성
- 주변의 도로 상황 및 인접한 도로와의 관계
- 대규모 주차공간의 확보 가능성

3 ┃ 공간 구성과 계획의 방향

3.1 주요 공간 구성 및 기능

Shopping Center의 공간을 구성하는 요소로는 크게 상점, Mall과 Court, 관리시설, 주차장 등으로 구분할 수 있다. 주요 공간 구성 요소의 특징을 정리하면 다음과 같다.

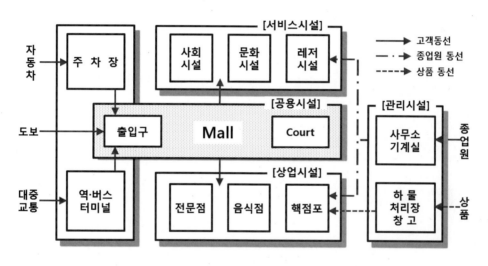

그림 8-1. 쇼핑센터 기능 구성도

(1) 상점

상점은 핵점포(Key Tenant, Magnet Store)와 전문점(Retail Store)으로 구분된다. 핵점포란 Shopping Center 내에서 가장 중심이 되는 점포로서 규모가 크고 브랜드 인지도가 높아 쇼핑센터로 고객을 유도하는 기능을 가지는 점포로서 약 50%의 면적비율을 가진다. 일반적으로 백화점이나 대형 매장 등이 이에 해당한다.

전문점은 단일 종류의 상점 또는 전문점 및 음식점 등의 서비스 상점 등이 해당되며 약 25%의 면적비율을 가진다.

① 핵점포(Magnet Store)

핵점포는 쇼핑센터의 핵으로서 고객을 끌어들이는 역할을 한다. 일반적으로 백화점이나 대형 슈퍼, 대형 전문점 등이 된다.

그림 8-2. mall과 전문점

그림 8-3. Court

- Shopping Center 내에서 가장 중심이 되는 점포
- 규모가 크고 브랜드 인지도가 높아 고객을 매장으로 유도하는 점포로서 백화점이나 대형 매장 등이 해당
- 고객을 쇼핑센터로 유도하는 기능
- 전체 면적의 약 50%를 차지한다.

② 전문점(Retail Store)

쇼핑센터가 다른 판매시설과의 차이점에는 핵점포와 전문점 사이, 전문점과 전문점 사이에서 상품을 비교 구매할 수 있다는 데 있다. 전문점의 배치는 고객에게 쇼핑의 즐거움을 주고, 고객의 흐름이 원활하며, 쇼핑센터의 특색을 살릴 수 있도록 핵점포, 전문점, 음식점 등의 종류와 수준, 규모를 결정하여 계획한다.

- 단일 품목의 상점, 전문점, 음식점 등의 서비스 상점 등이 해당
- 전체 면적의 약 25%를 차지한다.
- 고객이 머무는 시간이 길도록 긴 동선에 면하여 계획한다.
- 다층일 경우 층별로 점포의 업종을 다르게 배치하며, Mall과 Plaza 등도 특징을 달리하여 계획한다.
- 음식점의 경우 지하층 또는 최상층에 배치하는 게 일반적이나 출입구 부근에 페스트프드점을 배치하여 고객을 유도할 수도 있다.

(2) Mall

Mall은 Shopping Center 내(內) 고객의 주요 동선을 말한다. 본래 의미는 '나무 그늘이 있는 산책로'를 가리키나 상업건축 용어로서의 Mall은 Shopping Center 전체의 매장을 배치하면서 구성되는 핵점포와 전문점의 연결, 동선의 방향성, 공간의 식별성 등을 제공한다.

Mall의 구성 요소로는 점포와 점포를 연결하고 고객의 방향성과 동선을 유도하는 Pedestrian Mall과 고객의 휴식과 Event 등을 위한 Court(Event을 위한 공간은 Plaza라고도 함)로 구분할 수 있으며 약 10%의 면적비율을 가진다. Mall은 코트, 플라자 등과 함께 쇼핑센터 내에서 고객의 휴식 장소로의 역할을 한다.

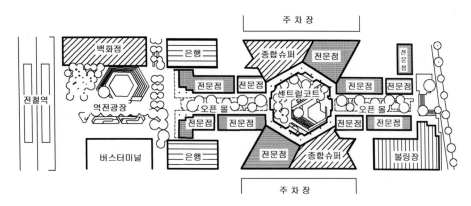

그림 8-4. 쇼핑센터 계획 사례(Kuzuha Mall, 오사카, 일본)

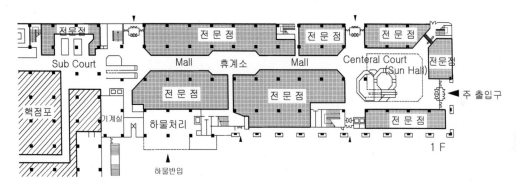

그림 8-5. 쇼핑센터 계획 사례(Sunroad, 아오모리, 일본)

Mall은 옥내외의 위치에 따라 기후가 온화한 지역에서 옥외 공간에 계획된 Open Mall과 옥내에 계획하는 폐쇄형 몰(Enclosed Mall)로 나눌 수 있으며, Enclosed Mall의 경우 공조(空調, air conditioning))가 병행하여 계획된다.

Mall의 길이는 일반적으로 20~30m가 적당하지만 그 이상의 경우 일정 길이 단위로 변화를 주어 단조로움과 지루함을 파하도록 계획한다. Mall의 폭은 6~9m가 가장 많이 계획되며 3.5~12m까지 폭이 큰 경우도 있다.

- Shopping Center 내 주요 보행 동선이다.
- 보행 고객의 쾌적성을 중시하여 머무는 시간을 증대시킨다.
- 핵점포와 전문점을 연결하고 출입이 이루어지며 동선의 방향성, 공간의 식별성 등을 제공한다.
- 핵점포와 각 전문점의 주 출입구는 Mall에 면하여 계획한다.
- 동선의 변화와 다양성, 흥미를 유발하여 쇼핑이 지루하지 않도록 유도한다.

- 자연채광의 유입, 옥내 녹지나 분수 등 외부 공간의 성격을 가지도록 계획하며, 공간의 형태와 구성의 변화 등 시각적 다양성을 부여한다.
- 전체 면적의 약 10%를 차지한다.
- Mall의 형태에 따라 실내 공간(지붕이 있는 보행 공간)으로 형성된 폐쇄형(Enclosed) Mall과 옥외 개방 공간으로 형성된 개방형(Open) Mall로 나눌 수 있다.
- Mall의 폭과 길이는 점포의 배치와 수에 따라 결정한다. 일반적으로 폭 6~12m, 핵점포 간 길이는 240m를 넘지 않는 게 좋으며 20~30m마다 알코브 등 변화를 주어 단조로움을 피한다.

(3) Court

Mall의 중간 중간에 고객이 머물 수 있는 공간이 마련된 곳을 Court라 한다. Court에는 벤치, 수목, 분수, 전화박스 등이 마련되어 고객의 휴식처가 되는 동시에 쇼핑센터의 정보를 제공함으로써 쇼핑센터의 이미지를 인상(印象)지을 수 있는 연출 장소로서도 중요한 기능을 한다.

- Mall 내에 고객이 머무를 수 있는 비교적 넓은 공간을 말하며, 여러 곳에 계획한다.
- 벤치, 식수, 분수 등을 계획하고 식사, 휴식 등이 이루어진다.
- 쇼핑센터 내 Community 공간으로서 기능을 한다.
- 중심적 기능을 하는 Central Court와 부수적 기능의 Sub Court로 구분된다.
- 문화행사(무대) 및 Event 장소(Plaza)로도 활용된다.
- 쇼핑센터의 중심적인 역할을 하는 Centeral Court에는 stage 등이 마련되고 쇼핑센터의 기획 행사, 이벤트 등이 행해진다.

(4) 주차장

고객용 주차장은 쇼핑센터 계획의 중요한 요소이다. 주차장의 위치와 주차 방식 등 레이아웃은 쇼핑센터의 지리적 위치, 규모 및 다른 교통기관(역, 터미널 등)과의 관계를 고려하여 계획한다. 쇼핑센터 건축 이전(以前)에 주변도로의 교통량과 건축 후(後) 증가될 교통량의 변화를 예측하여 approach 도로에서 주차장으로의 진입이 원활하여 주변도로 또는 부지 내에서 교통체증이 일어나지 않도록 계획한다.

주차장의 규모계획 시 고려사항을 정리하면 다음과 같다.

① 쇼핑센터의 규모와 타입
② 핵점포의 구성
③ 고객의 자동차 및 교통기관 이용 성향
④ 대중교통 기관과의 입지 연계
⑤ 상권의 특성

⑥ 계절별 특징과 세일 행사 기간

⑦ 부지의 규모와 형상

⑧ 부지의 비용과 유지비용

(5) 사회 · 문화시설

• 레저시설, 은행, 우체국, 미술관, 전시관, 각종 회의실 등 문화시설

3.2 규모계획 시 고려사항

쇼핑센터 계획 시 우선적으로 고려할 사항은 규모와 부지 조건이라고 할 수 있다. 쇼핑센터의 전체 규모는 설정된 상권과 고객 수에 의해 결정되며 세부적으로 핵점포의 수와 면적, 전문점의 수와 면적, Mall과 Court 등 커뮤니티 시설 종류와 면적, 주차대수·방식 및 면적 등에 영향을 받는다.

① 규모계획 시 고려사항

• 설정된 상권과 고객 수

• 핵점포의 수와 면적

• 전문점의 수와 면적

• Mall, Court 및 커뮤니티 시설의 종류와 면적

• 주차대수·방식 및 면적

② 면적 구성

면적 구성은 규모, 핵점포, 전문점 및 Mall, Court의 공유 스페이스 등에 따라 달라지나 일반적으로 핵점포가 전체의 50%, 전문점 25%, Mall, Court 등 공유 스페이스가 10%, 사무실, 기계실, 하물처리장, 창고 등 관리시설이 15%의 규모로 구성된다. 기타 소요면적으로는 은행, 우체국, 전시실, 공연장, 극장 등 커뮤니티 시설과 엔터테인먼트 시설을 포함하는 경우 그 면적의 비율을 고려한다.

③ 기둥 간 거리(Span), 천정 높이, 층 높이

기둥 간 거리, 천정 높이, 층 높이는 서로가 연관되며, 쇼핑센터의 성격, 점포의 넓이, 핵점포의 타입, 설비방식, 건축비용 등과 관련하여 결정된다. 기둥 간 거리(span)는 핵점포와 전문점들의 성격에 따라 달라지는데 일반적으로 9m 전후의 기둥 간격이 주로 사용된다. 천장의 높이는 지하층 2.7~3.0m, 1층 3.0~3.3m, 기준층 2.7~3.0m, 천장에서 위층 슬래브까지의 깊이 0.8~1.1m가 적당하다.

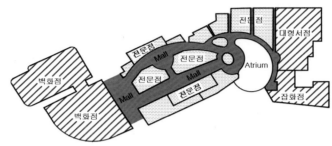

■ Times Square, 영등포, 서울

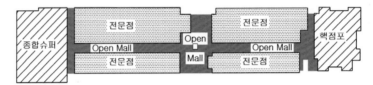

■ Ala Moana, Hawaii, USA

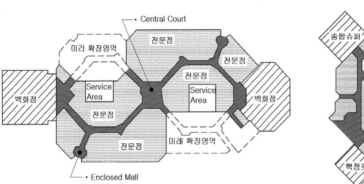

■ Sherway Garden, Toronto, Canada

■ Town East Mall, Texas, USA

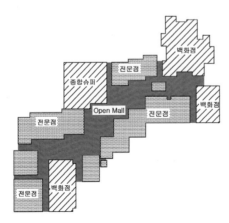

■ Fashion Island, Hawaii, USA

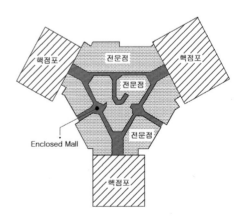

■ Square 1, Toronto, Canada

그림 8-6. 쇼핑센터 공간 구성 계획 사례

3.3 공간계획 시 고려사항

쇼핑센터는 핵점포와 다수의 전문점, 핵점포와 전문점을 연결하는 Mall, 고객의 휴게 공간, 위락시설 등 다양한 점포와 기능적 공간의 합리적이고 효율적인 배치계획과 더불어 고객이 핵점포와 전문점, 전문점과 전문점 등을 오가며 상품을 비교하여 구매할 수 있는 대규모 판매시설임을 고려하여 고객의 흐름이 원활하고 고객에게 쇼핑의 즐거움을 줄 수 있는 계획이 필요하다. 쇼핑센터의 공간계획 시 고려할 사항을 정리하면 다음과 같다.

- 대량 교통기관(역, 터미널 등)과의 보행 접근 연계와 주차장에 출입구를 연계하여 계획한다.
- 고객의 회유성(回遊性)과 고객 동선의 편리성을 중요하게 고려한다.
- 핵점포, 전문점, Mall, 고객의 휴게 공간, 위락시설 등 다양한 점포와 기능적 공간의 합리적이고 효율적인 배치가 되도록 계획한다.
- 핵점포와 핵점포를 Mall로 연결하고, Mall의 양측에 전문점을 두도록 계획한다.
- 쇼핑센터의 특색에 맞는 핵점포, 전문점 및 Court의 종류와 규모를 결정한다.
- 고객의 흐름이 원활하고 쇼핑의 즐거움을 줄 수 있도록 계획한다.
- 다층일 경우 층별로 점포의 종류를 바꾸고 특색을 달리하여 계획한다.
- Mall의 시작, 중간, 끝 지점과 Court 주변에 고객을 유도할 수 있는 편의시설 또는 휴게시설을 배치한다.
- 교통기관(터미널, 전철 등) 및 주차장과의 연계와 고객의 흐름을 고려하여 출입구와 동선을 계획한다.
- 핵점포의 점포 수와 위치는 전문점과의 관계를 고려한다.
- 핵점포가 1개일 경우 고객의 주 출입구 반대쪽에 핵점포를 배치하고 그 사이를 Mall을 축으로 양쪽에 전문점을 배치하여 동선이 연결될 수 있도록 계획한다.
- 핵점포가 수가 많아지거나 면적이 커진 경우 고객의 보행거리 단축을 위해 Mall이 2층 이상의 다층으로 구성되는 경우 공간의 단조로움을 피하고 Court, Plaza 등을 복잡하지 않게 계획한다.
- 고객의 흐름을 고려한 동선 및 주차장과의 연계를 고려한다.
- Mall과 Court를 다양하고 특화된 콘셉트로 구성하여 차별화한다.
- 편의시설 등 이용의 편리성을 제공한다.

제 V 편 교육시설

제9장 학교(學校, School)

1 학교건축 개요

1.1 학교란

학교(學校)란 교사(敎師)의 교수(敎授)활동과 학생의 학습(學習)활동 등 가르치고 배우는 직·간접적인 행위가 이루어지는 곳으로서 이러한 활동에 필요한 일정한 공간과 시설 및 교수·학습활동의 효과를 극대화할 수 있는 여건을 갖춘 건축물이라고 할 수 있다.

우리나라의 교육기본법(제9조 학교교육)에서는 "유아교육, 초등교육, 중등교육 및 고등교육을 하기 위하여 학교를 둔다."라고 학교의 목적을 명확히 하고 있으며, 그 역할에 대해서는 "학교는 공공성을 가지며, 학생의 교육 외에 학술 및 문화적 전통의 유지·발전과 주민의 평생교육을 위하여 노력하여야 한다."라고 명시하고 있다.

- 유 치 원 : 취학 전기 어린이를 위한 유아교육 기관
- 초등학교 : 국민생활에 필요한 기초적인 초등교육을 목적으로 설립
- 중 학 교 : 초등학교에서 받은 교육의 기초 위에 중등교육을 목적으로 설립
- 고등학교 : 중학교에서 받은 교육의 기초 위에 중등교육 및 기초적인 전문교육을 목적으로 설립
- 대 학 교 : 인격을 도야(陶冶)하고, 학술 이론과 그 응용 방법을 가르치고 연구하며, 전문적인 기술을 가르치고 연구·연마하여 국가와 인류사회 발전에 이바지할 목적으로 설립

1.2 학교의 어원

영어의 'school', 독일어의 'Schule', 프랑스어의 'école'의 어원인 라틴어의 'schola' 및 그리스어의 'scholē'는 '한가(閑暇)하다', '삶을 즐기다'란 뜻의 말로서, 고대 유럽의 학교가 상류층의 자녀들이 시간을 유용하게 즐기기 위해 교양이나 학문에 관하여 이야기를 나누며 토론하는 장소로서 시작하였다고 전해지고 있다.

위와 같은 토론이 점차적으로 교수(敎授)와 학습(學習)의 형태로 발달하는데, 플라톤의 아카데미아(Academia)와 아리스토텔레스의 류케이온(Lukeion) 등은 가르치는 자와 배우는 자, 즉 교육의 주체와 객체 간의 직접적 접촉을 통하여 교육이 행해진 장소였으며, 오늘날 학교에 있어서 교수·학습의 일반적인 운영 형태의 시작이었다고 할 수 있다.

학교(學校)를 한자(漢字)의 갑골문자적인 측면에서 본다면 나무(木)로 된 책을 쌓아 놓은 형태에서 '乂'자를 생각할 수 있으며, 쌓아 놓은 책을 사람이 양손으로 펼치(臼)는 모양과 스승이 가르치면 학생이 배운다는 의미의 '子'와 합하여 학(學)이라고 해석해 볼 수 있다.

건물의 형태인 '宀' 아래서 학생이 정강이를 '乂'자형으로 교차하고 앉아서 공부하는 모양에서 교(校)자로 구성되었다고 본다면, 학교란 가르치고 배우는 장소 또는 건축물이라고 해석해 볼 수 있다.

2 │ 외국과 우리나라의 교육 변천

2.1 서양

근대 유럽 문명의 원천은 정신적으로는 1789년의 프랑스 혁명(French Revolution)을 기반으로 하며, 물질적으로는 제임스 와트의 증기기관 발명(1769년)으로 인한 산업혁명(Industrial Revolution)이라고 할 수 있다. 전자(前者)가 개인의 자유, 인간 평등, 주권재민, 민족주의, 애국사상의 발현이었다면, 후자(後者)는 18세기 후반부터 19세기 전반에 걸쳐 일어난 기술 발전에 따라 농업 중심 사회에서 공업 중심 사회로의 변화 속에서 기술의 비약적인 발전과 노동, 생산, 생활방식이 바뀌었으며, 교육과 문화의 대상에 있어서도 귀족과 왕족이라는 특수층에서 대중으로 확대(공장법, 영국, 1833년)되는 등 사회 전반에 걸쳐 유럽의 문화와 문명에 본질적 변화를 가져왔다.

━━ 산업혁명 시기의 자선학교 ━━

■ 일요학교
레이크스(Raikes)에 의해 창시, 주간(週間)에는 노동하는 공장 노동자의 자제들에 대한 교육대책으로 일요일에 한해 나이에 관계없이 공부하는 학교

■ 조교제학교
17세기말 시작된 자선학교에서 발전하여 산업혁명 이후 빈민 자녀의 수가 급증하자 이들을 교육하기위해 벨(Andrew)과 란카스터(Joseph Lancaster)에 의해 고안된 교수법으로, 성적이 우수한 상급생의 아동을 조교로 임명하여 하급생을 지도하도록 함으로써 한 사람의 교사가 많은 아동을 담당할 수 있고 일제수업과 대량교육에 효과적인 교육방식으로써 유럽과 미국의 보편적 교육과, 공교육제도의 발전에 기여 하였다.

■ 유아학교
오웬(Robert Owen)의 유아교육운동의 일환으로서 연령상 공장에 취업하지 못하고 조교제학교에 입학하지도 못한 6세 이하의 유아들을 공장 근로자인 부모를 대신하여 보육을 담당한 학교

산업혁명 이전의 학교건축은 그 시대의 건축양식을 띠고 있었으나 산업혁명 이후의 학교건축은 서민층의 아동을 대상으로 하는 일요학교, 조교제학교, 유아학교 등 대중을 위한 교육시설로서 상자 모양의 근대건축의 형태로 나타나는데 이러한 교육 대상의 변화와 학교건축의 새로운 모습을 제1차 교육혁명이라 할 수 있다.

제2차 세계대전 이후의 사회 변화는 교육 내용의 다양함과 수준의 향상을 위한 학교시설의 변화 필요성이 요구되면서 교육환경 조건의 개선이라는 학교건축의 질적 변화가 영국을 중심으로 나타나게 된다. 주된 변화는 교육 내용에 적합한 공간의 대응 및 아동의 생활공간 확보라는 합리적이고 기능적인 학교건축으로 나타나게 된다. 이 시기를 제2차 교육혁명이라 할 수 있다. 이 시기 학교의 모습은 근대 학교건축의 형태를 유지하고 있다. 학교건축의 질적 개선 움직임은 미국의 학교건축에도 많은 영향을 미친다.

제3차 교육혁명은 'Open Education'으로 일컬어진다. 1970년대 오일쇼크(Oil Shock)이후 세계가 정치, 경제, 사회적으로 안정기에 들어서면서 선진국을 중심으로 이전까지의 획일적인 학교교육에서 벗어나 개인의 능력에 따라 차별화된 교육과 교육의 다양성 및 지역과의 관련 등을 중요시하는 학교교육의 새로운 변화 움직임이 그것이다. Open Education이란 열린 교육으로서 넓은 의미에서의 평생교육과 좁은 의미에서의 개인 능력에 맞는 교육방법에 이르기까지 그 범위가 매우 넓다. 이러한 제3차 교육혁명이라 일컬을 수 있는 Open Education의 개념에 의하여 나타난 학교가 바로 'Open School'이다.

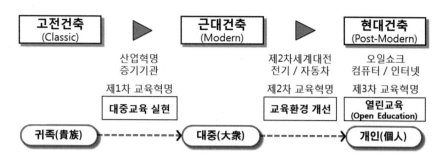

그림 9-1. 시대적 흐름과 학교의 변화

2.2 우리나라

(1) 근대 이전

① 고구려

우리나라 최초의 교육기관은 삼국시대 고구려의 '태학(太學, 372년-소수림왕 2년)'을 들 수 있다. 수도(首都) 국내성(國內城)에 설립된 태학은 귀족의 자제만을 입학시켜 경학(經學)·문학·무예 등을 가르치는 국립 교육기관이며, 고등교육기관이었다. 고구려의 사립 교육기관으로는 장수왕 때 세워진 걸로 알려진 '경당(扃堂)'이 있었다. 경당은 부분적으로 초등교육기관의 역할을 수행하기도 하였으나, 주로 중등교육이 그 중심이었다. 경당은 후에 서당(書堂)의 발전에 영향을 준다.

② 백제

백제의 교육제도는 역사적 자료가 전무하여 교육제도가 어떠했는지는 알 수 없으나 근초고왕 시절 박사 고흥(高興)에 의한 '서기(書記)'의 편찬과 오경박사, 의학·역학박사 등의 박사제도와 왕인 박사가 고대 일본 아스카 문화 형성에 크게 영향을 준 점 등을 미루어 보아 교육문화의 수준이 높았고 고구려와 유사한 형태의 교육기관이 있었을 것으로 추측할 수 있다.

③ 신라

신라의 교육은 통일신라 이전과 이후로 나누어 볼 수 있는데, 통일신라 이전에는 민간적 촌락 공동체적 조직체로서 화랑도가 있었다. 통일신라 이후 682년(신문왕 2년) 설치된 '국학(國學)'이 국립 고등교육기관으로서 귀족의 자제를 대상으로 유학사상의 보급과 관리를 양성하였다. 국학은 경덕왕(제35대 왕) 시절 '태학감(太學監)'으로 그 명칭을 변경하였다가 혜공왕(제36대 왕) 시절 다시 국학으로 고쳤다.

④ 고려

고려시대는 본격적으로 학교교육제도의 정착이 시작된 시대로 볼 수 있다. 태조 때부터 개경학

(開京學)과 서경학(西京學)을 두었다고 전해지고 있으나, 교육기관으로의 본격적인 정비는 성종 때 유교를 정치 이념으로 중앙에 설치한 국자감(國子監, 992년, 성종 11년)을 들 수 있다.

국자감은 박사(博士)와 조교(助敎)를 두고 유학교육과 기술교육을 실시하여 관료를 양성하는 고등교육기관이었다. 이후 국자감은 국학(國學, 1275년, 충렬왕 1년), 성균감(成均監, 1298년, 충렬왕 24년), 성균관(成均館, 1308년, 충선왕 즉위)으로 개칭되었고, 1356년 공민왕 5년 다시 국자감으로 환원되었다가 1362년에는 또다시 성균관으로 고쳐져 조선시대까지 이어진다.

중등교육기관으로는 국자감에 입학하지 못한 사람들의 교육을 위해 중앙에 설치된 학당(學堂)과 지방에 설치되어 지방민의 교육을 담당하는 향교(鄕校)로 나누어진다. 이 중 향교는 공자에게 제사(祭祀)를 지내는 문묘(文廟)를 두었고, 이를 중심으로 강론을 하는 명륜당(明倫堂)을 두었는데, 이는 조선시대의 향교로 이어진다.

고려의 사학으로는 십이도(十二徒)와 서당(書堂)이 있었다. 십이도란? 문종 7년(국자감 설치 후 약 70년)에 최충이 후진 양성을 위해 사숙(私塾)을 세웠는데, 이를 최공도(崔公徒, 文憲公徒)라고 하고, 이후 최공도의 교육적·정치적 영향력이 커지자 이를 학자들이 모방하여 홍문공도, 광헌공도, 남산도, 서원도, 문충공도, 양신공도, 정경공도, 충평공도, 정헌공도, 서시랑도, 구산도 등의 사학을 세우게 되는데, 이들을 일컬어 십이도(十二徒)라고 한다. 십이도는 고려말 공민왕(恭愍王, 1330~1374) 때까지 이어진다.

고려시대의 또 다른 사학인 서당(書堂)은 본격적인 초등교육기관의 의의를 지니고 있으며, 조선 후기에 이르러서는 보편적인 초등교육기관으로서 자리 잡게 된다.

⑤ 조선

조선시대는 고려 말의 교육제도를 그대로 계승했다고 볼 수 있다. 국립으로 중앙에 성균관(成均館)과 학당(學堂)을 두었고, 지방에는 향교(鄕校)를 두었다. 사립으로는 서원(書院)과 서당(書堂)이 있었다. 시대적으로는 개화기 이전과 이후로 나누어 볼 수 있다. 개화기 이전 시대로는 유학 사상기와 실학 사상기로 나누어 볼 수 있고, 개화기 이후에는 근대교육의 도입 전·후로 분류할 수 있다. 성균관(成均館)은 조선시대 최고의 교육기관으로서 유학 사상의 보급과 인재양성을 주목적으로 하였다. 성균관은 조선의 새 도읍인 한양을 건설(1395년)하면서 숭교방(崇敎坊, 현 서울의 명륜동)에 새로운 건물을 세웠다.

공자(孔子)를 비롯한 4대 성인과 공자의 제자 및 우리나라의 뛰어난 유학자들의 위패를 모시는 문묘(文廟)로서 제향(祭享) 공간인 대성전(大成殿)을 중심으로 건축물이 세워졌다.

우리나라 역사에서 교육기관이 건축적인 형태를 갖춘 것은 이때(약 15세기)부터라고 할 수 있다.성균관의 공간 구성은 앞쪽에 제향 공간인 대성전을 중심으로 좌·우측에 중국과 우리나라의 선현을 모시는 동무(東廡)와 서무(西廡)를 배치하였다. 뒤쪽에 유생들이 거처하는 동재(東齋)와 서재(西齋), 강의 장소인 명륜당(明倫堂)과 도서를 보관하는 존경각(尊經閣)을 배치한 전묘후학(前廟後學)의 공간 배치를 하고 있다.

제향 공간이 대지의 전면에 위치하는 배치는 당시의 교육 이념이 성현 숭배(聖賢崇拜)와 교화(敎化)를 목적으로 하고 있음을 알 수 있다. 학당은 사학당(四學堂, 한양의 동서남북에 각 1학당)을 들 수 있는데, 고려의 학당이 계승된 것으로 성균관의 부속교육시설의 성격을 지닌 중등교육기관이었다.

학당의 공간 구성은 명륜당과 동·서재(東·西齋)만을 갖추고 성현들에게 제사를 지내기 위한 문묘는 갖추지 않고 순수 교육만을 목적으로 했다는 점이 성균관과의 차이점이다.

향교는 고려시대부터 지방에서 장려되던 중등교육기관이 조선시대에 이어지면서 더욱 발전하게 되었다.

교육수준은 사학(四學)과 비슷했으나, 사학이 순수 교육기관의 성격이었음에 비해 향교는 명륜당 및 동·서재와 더불어 문묘도 설치되어 있어 교육과 성현에 대한 제사를 겸한 기관으로 성균관의 축소된 지방형(地方形)이었다고 할 수 있다.

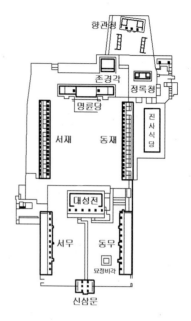

그림 9-2. 성균관의 공간 배치

그림 9-3. 장수향교(대성전(좌), 명륜당(우), 보물 제27호)

그림 9-4. 병산서원(경북 안동, 사적 제260호)

조선시대의 사립교육기관으로는 서원(書院)과 서당(書堂)이 있는데, 서원은 중등교육기관으로서 주세붕이 1543년에 세운 백운동서원(白雲洞書院, 훗날 소수서원(紹修書院, 1550년)에서 시작된다. 서원의 주목적은 선현(先賢)에 대한 제사와 유학 교육 그리고 과거(科擧) 준비였다. 그러나 성균관과 향교는 공자와 성현들 모두에 대하여 제향(祭享)하는 것과는 달리 서원은 한 사람만의 선현에 대하여 제향을 하였다.

서원은 어디까지나 사묘(祠廟)가 위주였고, 유생이 공부하는 건물만을 서원이라 지칭하여 사묘에 부속된 시설에 그쳤다. 그러나 서원은 한적하고 산수가 아름다운 곳에 위치하여 학문과 수양에 적합한 환경을 갖추고 있었고, 이후 향교의 쇠퇴에 대신하여 지방 교육문화를 진흥시키는데 기여한 바 있으나 향교의 쇠퇴에는 지나치게 많은 서원의 설립이 있었다는 평가도 있다.

　서당은 초등교육기관으로서 고려시대에 이어 조선시대에도 발전하였으며, 설립과 폐지에 제약이 없고, 평민도 입학을 허용하는 등 고려와 조선시대의 평민의 학문과 윤리 수준을 향상시키는데 중요한 역할을 하였다고 볼 수 있다.

(2) 개화기

　우리나라의 근대교육은 조선 말 독일인 묄렌드르프가 설립한 외국어 학교인 통변학교(동문학, 1883년)와 1885년 미국인 앨렌에 의해 설립된 최초의 근대식 국립의료기관인 광혜원을 근대교육의 전신(前身)으로 볼 수 있다.

　국가에 의해 설립된 우리나라 최초의 근대학교는 영어를 전문으로 교육하기 위해 설립된 외국어 교육기관으로 '육영공원(育英公院, 1886년)'이 있다. 육영공원은 최초의 근대식 학교로서 선진 서양 교육을 하였다는 의의가 있으나 개화된 현대식 학교는 아닌 것으로 전해진다.

　근대국가로의 개혁조치였던 1894년의 갑오경장 이후 조선은 근대적 개혁에 수반(隨伴)하여 신교육을 가르칠 학교가 필요하게 된다. 이에 따라 1895년에는 '한성사범학교관제'를 발표해 한성사범학교를 설립하였으며, 한성사범학교는 신학제의 최초 근대식 관학 사범학교로 초등 교사 양성을 목적으로 하고 있었다. 이어 1899년에는 국가에 의한 최초의 중학교인 한성중학교가 설립되고, 1900년에는 한성고등학교, 한성고등여학교가 설립된다.

그림 9-5. 배재학당 동관(현 박물관)

　조선 말 민간 사학의 근대학교로는 원산학사(元山學舍, 1883년, 원산 주민), 배재학당(培材學堂, 1885년, 아펜젤러), 이화학당(梨花學堂, 1886년, 스크랜튼) 등이 있다. 원산학사는 함경남도 원산의 주민들이 스스로 영어와 신교육을 가르치기 위해 민간이 설립한 최초의 근대 교육기관으로 문예반과 무예반으로 나누어 1년 과정으로 교육하였다. 배재학당과 이화학당은 서양의 개신교 선교사들의 들어오면서 신교육이 본격화됨에 따라 서구의 건축양식이 교육의 장소로서 학교건축에 묻어나기 시작한다. 외국의 선교사들에 의해 서구 양식의 학교건축이 새로운 모델로 등장하면서 붉은 벽돌과 석조로 이루어진 근대건축물이 세워지게 된다. 그 당시의 구조는 기둥과 지붕을 목조로, 외벽을 벽돌조로 하고 기존의 한옥과 초가집을 그대로 사용하거나 개량하여 사용하는 등 한국과 서구의 절충된 형태로 나타나게 된다.

　당시 조선의 교육제도를 살펴보면 갑오경장 때인 1894년에 교육을 관장할 관청으로 학무아문(學務衙門)을 설치하고 그해 소학교령을 공포하여 소학교를 설립하게 되는데, 이 시기에 설립된 소학교가 우리나라 근대교육 최초의 초등교육기관이 된다. 그러나 이러한 학교 형태와 교육제도는 1905년 일본과의 을사늑약(乙巳勒約)이 체결되면서 큰 변화를 가져오게 된다. 1906년 통감부(統監府)의 설치와 1910년 강제 병합(倂合)을 거쳐 조선총독부에 이르면서 해방될 때까지 교육정책은 우민화(愚民化) 정책, 친일교육의 강화, 사학의 통제 및 교과도서의 검인정 등을 통하여 한국인의 교육을 규제하게 된다.

(3) 일제강점기(日帝强占期)

일제강점기의 학교의 모습은 일식 목조건축의 형식을 바탕으로 일자형 장방형 배치의 학교가 나타난다. 1895년에 간행된 《學校建築圖 說明 及 設計大要》의 내용에 의해 거의 정해졌다. 주요 내용을 정리하면 다음과 같다.

- 교사는 대지가 좁은 경우를 제외하고는 단층 건물로 할 것
- 교사의 형상은 될 수 있는 한 장방형으로, 요철형은 工자형의 선택이 가능하며, 중복도를 두어 교실을 좌우로 배열하는 등은 삼갈 것
- 체육장은 될 수 있는 한 대지의 남측 또는 동측의 위치를 선택할 것
- 교실의 형상은 장방형으로 하고 교실의 방향은 남 또는 서남, 동남으로 하여 광선을 생도의 좌측으로부터 받을 수 있도록 할 것
- 천장고는 9척 이상, 창 총면적은 동실 바닥면적의 1/6에서 1/4를 표준으로 할 것
- 교실 내 흑판 설치하는 쪽에는 될 수 있는 한 창을 설치하지 말 것
- 창호는 될 수 있는 한 미닫이로 한다.
- 출입문은 미세기 또는 미닫이문으로 하며, 문을 열 경우는 바깥으로 열어야 한다.
- 추운 지방의 창은 이중으로 하며, 따뜻한 지방에서는 창 밑에 통풍창을 설치한다.
- 계단은 일직선으로 하지 않고 중간에 계단참을 설치하여 곡선 구조로 한다.
- 복도는 폭 6척 이상으로 하며 혹서 지방에 있어서는 중정식 복도로 한다.
- 횡단 복도는 트인 구조로 한다.
- 교사 대지는 생도 1인당 2평 이상으로 한다.
- 교실과 생도 수의 비율은 1평에 생도 약 4인이 되도록 한다.

년도	내 용
1895	학무아문 직제마련. 소학령 공포
1906	보통학교령 공포. 소학교(5~6년제)를 보통학교(4년제)로 변경. 소학교는 일본인을 위한 초등교육기관으로 함.
1908	사립학교령 공포. 전국에 50개교의 보통학교 설립, 80%의 일본인 교원을 배치
1911	제1차 조선교육령 공포. 주당 10시간씩 일본어 교육, 사립학교 규칙 공포하여 사립학교 통제
1922	제2차 조선교육령 공포. 보통학교 수업년한을 6년으로 제정
1926	소학교령 공포. 소학교, 보통학교를 심상소학교(尋常小學校)로 개칭
1938	제3차 조선교육령 공포. 보통학교를 소학교(小學校)로, 고등보통학교를 중학교로, 여자고등보통학교를 고등여학교로 개칭
1941	3월 국민학교령 공포. 소학교를 6년제 국민학교로 변경
1943	제4차 조선교육령. 조선어 교과 완전폐지

표 9-1. 일제강점시대의 교육제도

당시의 교실의 형태는 직사각형이며 교실 길이가 8.787~9.090m(29~30척), 교실 폭은 6.969~7.272m(23~24척)으로 교실면적은 61.236~66.10㎡(18.52~20평)이었다.
복도의 폭은 1.828~2.424m(6~8척)이었다. 구조는 3칸×3.5칸에서, 4칸×5.5칸까지 있었다.

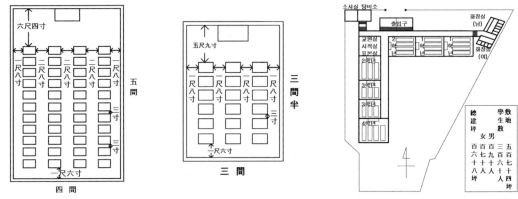

■ 20평(약 66㎡), 80명 이하 수용   ■ 10평 5합(약 35㎡), 36명 이하 수용   ■ 사이타마현 교다심상소학교 교사배치도

그림 9-6. 일본 명치(明治)시대 표준 설계도의 교실 형태와 교사 배치도

그 후 1900년에서 1915년에 걸쳐 4칸×5칸(7.2×9.0m)의 크기로 정리하여 결정되는데 이 크기는 책상배열에 알맞은 폭(7.2m)과 학생이 교사의 눈에 한 번에 들어올 수 있으며 목소리가 전달되는 거리(9m)등과 50인 정도의 학생 수에 적정하다고 보았기 때문이다. 이후 '7.2×9m'의 교실은 '편복도 형식'과 함께 해방 이후까지 정형화가 되어 나타난다.

제2차 세계대전 중 소학교는 국민학교로 개칭된 적이 있으나 '4칸×5칸' 교실의 4칸의 보 간격의 크기가 자재 부족으로 바람직하지 못하다는 점에서 이것을 수정하여 보 간격을 6m로 하고, 그 대신 길이를 10m로 하는 '6m×10m'의 교실을 기준으로 하는 편복도형의 이른바 '전시 규격 국민학교' 건물이 전쟁 종료 직전에 만들어졌다.

학교건축의 배치 형식은 운동장을 남측에 동서 방향으로 놓고 그 뒤에 교사(校舍)를 일자형(一字形)으로 배치하는 것을 기본으로 하였다.

이러한 배치 방식은 학교관리자가 교사와 학생들의 행동을 감시·통제하기가 쉽다는 장점이 있어 일본이 당시의 통제와 감시를 학교건축에도 적용하고 있음을 알 수 있다. 또한, 운동장에도 높은 단상을 놓고 교사와 학생을 운동장에 모이게 하여 통솔을 용이하게 함으로써 한국인에 대한 식민화를 극대화하는 정책을 학교건축에서도 적용하고자 한 것으로 볼 수 있다.

시대	구분	국립 교육기관			사립 교육기관			비 고
		고 등	중 등	초 등	고 등	중 등	초 등	
근대이전	고구려	태학			경 당			
	신 라				화 랑 도			
	통일신라	국학 ↓ 태학감 ↓ 국학						
	고려	국자감 ↓ 국학 ↓ 성균감 ↓ 성균관 ↓ 국자감 ↓ 성균관	중앙 : 학당 지방 : 향교		12공도		서당	
근대이후	조선	성균관 / 성균관(~1894) / 육영공원 (1886~1894)	한성사범 (1895)	소학교 (장동, 정동, 계동, 묘동, 1895)		서원 / 배재학당 (1885) / 이화학당 (1886)	원산학사 (1883)	개항 : 강화도 조약(1876) / 갑오개혁(1894) 소학교령(1895)
	대한제국 (1897. 8)	경성전수학교, 경성의학전문학교, 경성공업전문학교, 수원농림전문학교 (1916), 경성제국대학 (1924)	한성중(1899) ↓ 한성고등(여)학교 (1906) ↓ 고등보통학교 (1911) ↓ 중학교, 고등여학교(1938)	보통학교 (1906) ↓ 소학교 (1938) ↓ 초등학교 (1941)	연희 전문학교 (1917)	함흥 고등학교, 숙명 고등여학교, 대성학교 (1908)	점진학교 (1899), 강명의숙 (1907)	을사조약 (1905) / 보통학교령, 고등학교령, 고등여학교령
해방이후	대한민국 (1948. 7)	초급대학, 대학(단과), 대학교	초급중학교, 고급중학교 (1946) ↓ 중학교, 고등학교 (1949)	국민학교 ↓ 초등학교 (1996)	국립교육기관 학제와 동일			교육법 (1949) ↓ 교육기본법 초중등교육법 고등교육법 (1997) / 사립학교법 (1963)
			제1차 교육과정 공포(1955)					

표 9-2. 우리나라 교육기관의 변천

3 | 학교 건축계획을 위한 교육과정 이해

3.1 교육과정(教育課程, Curriculum)이란

교육과정이란, 국가가 학교 교육에 있어서 학생들에게 어떠한 교육 목표를 가지고, 어떠한 교육 내용과 방법 및 평가를 통하여 성취시킬 것인가를 정해 놓은 공통적·일반적 기준으로서 학교 교육의 내용을 집약한 것이라고 할 수 있다. 즉 교육과정은 교사가 가르치고 학생들이 배우는 본질적 교육 내용 및 과정의 기본 설계도라 할 수 있다.

교육과정은 만든 주체에 따라 국가, 지역(지자체), 학교 교육과정 등 3가지로 구분할 수 있다.

① 국가 교육과정은 국가에 의해서 만들어진 것으로서 공통적·기본적인 요강(要綱)을 제시하여 교육에 대한 국가의 의도를 담고 있으며 총론과 각론으로 이루어져 있다.

총론에는 교육과정 구성의 방향, 편제와 시간 배당, 편성과 운영지침 등이 포함되고, 각론에는 교과의 성격과 목표, 내용, 교수학습방법, 평가 등이 포함된다.

② 지역 교육과정은 국가가 만든 교육과정에 대한 각 시·도 교육청의 지침으로서 해당 지역의 특성, 실태, 요구 등을 고려하여 지역에서 목표하는 수준을 고시하는 등 국가 수준과 단위학교 수준의 중간적 교량적 역할을 한다.

③ 학교 교육과정은 국가 및 지역교 교육과정을 참고하고 해당 학교의 실정, 학생 실태, 학교 현장의 문제 등을 고려하여 학교의 특성에 맞고 특색 있는 구체적인 교육과정을 편성·운영한다.

이러한 교육과정은 시대와 사회의 변화에 따라 창조, 변형, 폐기되는 과정을 거치며 더불어 교육과정에 따라 교육의 행위가 이루어지는 학교건축도 이에 대응하여 변하기 마련이다.

교육과정의 변천 과정과 내용을 이해하는 것은 그 시대의 학교건축뿐만 아니라 미래의 학교계획에 있어서도 폭넓고 깊이 있는 시야를 가질 수 있다. 또한, 건축 공간이 그 안의 생활에 대응해야 한다는 건축의 기능적 측면에서도 학교건축계획 시 교육과정의 기본 정신을 이해하고 교육 목표를 성취를 위한 건축적 대응은 중요하다.

3.2 교육과정의 변천과 학교건축의 특징

(1) 교육과정의 변천

우리나라의 교육과정은 해방과 더불어 미군정과 한국전쟁의 전시 체제하에서 미 군정에서 제정되어 사용되다가 한국전쟁 시기에 개정되었던 소위 교수 요목으로서의 교육과정(1945. 9~1955. 7)이 있었으나, 대한민국 정부가 수립된 이후에 최초로 교과목과 교육활동 편제 등을 만들어 1955년 문교

부령으로 공포된 교과과정을 제1차 교육과정(1955. 8~1963. 2)으로 본다.

제1차에서 제5차까지의 교육과정은 중앙집권형 교과서 중심의 운영체제였다면, 제6차 교육과정부터는 교육과정의 정책이 교육인적자원부와 교육청, 학교의 역할 분담을 통한 교육과정 중심의 학교교육 체제로 변화하였고, 제7차 교육과정에서는 종전의 획일적인 교육과정에서 학습자 중심의 수준별 교육과정으로 전환하여 해당 학교에 자율과 권한을 부여하였다는데 그 특징과 의의가 있다.

2007년 교육과정부터는 교육과정을 수시 개정 체제로 바꾸고 교육과정의 명칭을 해당 연도로 표시하고 있다. 2007년부터의 교육과정은 제7차 교육과정의 기본 철학과 체제를 유지하면서 시대적 사회적 문화적 변화를 반영한 수준별 교육, 학습자 중심 교육, 단위 학교 교육과정 운영·편성의 자율권 확대와 강화 등의 운영체제로 개편되었다.

구분	미군정기	제1차	제2차	제3차	제4차	제5차	제6차	제7차	2007 교육과정	2009 교육과정
교육과정	교수요목제정 (1945)	교과중심 (1955)	경험중심 (1963)	학문중심 (1973)	인간중심 (1982)	교과통합 (1987)	교육과정의 역할분담 (1992)	역할분담 균형과 조화 (1998)	제7차 교육과정의 기본철학과 체제유지	학습자중심 실생활중심
특징	교과편제, 시간배당	교과목, 교육활동편제, 생활중심	자주성, 생산성, 유용성 강조	국민교육헌장이념 구현	개인적, 사회적, 학문적 적합성	1,2학년 통합적 교육과정	교육의 다양화, 개성화 추구	학습자 중심의 수준별 교육, 재량활동 신설	학년별 수준별 교육과정, 교과집중이수제 도입	학교자율성, 창의성, 재량권강화 교과군, 학년군 집중이수제
		교과와 특별활동의 2대 체제 교과편제	1968년 국민교육헌장 발표 중학교 무시험 진학	교육과정의 합리성 및 실용성 강조	특별활동 강화 중학교 자유선택과목 신설	교육과정 지역화 특수학급 운영지침	초등학교 재량시간 신설 중학교 선택교과제 도입	선택형 수요자 중심의 교육	국정교과서에서 검인정교과서로 전환	고등학교 전과정 선택교육으로 운영
운영체제	미군정 하의 교육	중앙집권형 유일체제 (교과서 중심 학교교육)					교육인적자원부· 교육청· 학교의 역할 분담 체제(교육과정 중심 학교교육)		단위학교 교육과정 운영·편성의 자율권 확대	단위학교 교육과정 운영·편성의 자율권 강화

그림 9-7. 교육과정별 특징과 운영의 변화

(2) 학교건축의 표준설계도

교육과정(제1차)이 공포된 이후 우리나라의 학교건축은 '표준설계지침서'가 마련되기 이전의 학교건축, '표준설계지침서'를 적용한 학교건축 그리고 '표준설계지침서'가 폐지된 이후의 학교건축으로 나눌 수 있다. 우리나라는 한국전쟁 이후 조국 근대화라는 국가 슬로건 속에서 교육의 양적 확대는 시대적인 요구였으며 교육과정이 행하여지는데 필수적 조건인 학교는 학생의 학습활동과 교사의 교

구 분		면적(㎡)	비 고
실명	교실	67.5	40명 기준(60명까지 사용고려), 7.5×9m
	미술실		준비실 16.88 제외
	음악실		
	과학실	101.25	
	시청각실		
	교무실	168.75	
	서무실	33.75	
	교장실		
	양호실		
	자료실		
	숙직실		
	화장실		
조도기준(Lux)	교실/관리실	200	
	복도	50	
	특별교실	300	
	칠판조명	칠판 위 국부조명	
기타	• 내벽을 오픈화하여 임의조정 가능하도록 계획 • 출입문은 미닫이와 여닫이 중에서 선택 • 칠판의 반사에 의해 눈부심 방지를 위해 외부 창 측에 벽 설치 • 실내 직사광선을 피하고 통풍을 고려한 차양을 설치		

표 9-3. 80년도 학교표준설계도의 건축개요

수활동을 극대화할 수 있는 필요조건 중의 하나였다.

학교의 보편적 확대를 위해 정부는 1962년 '표준설계지침서'을 마련하고, 1967년 '학교시설·설비 기준령'을 공포하여 법령을 제정하는 등 시대적 요구에 대응하였으며, 이후 1997년 법령이 폐지될 때까지 우리나라 학교시설 계획의 기준이 된다.

표준설계도서는 학교건축에 철근콘크리트를 적용하였고 1970년대 4가지 유형을 제시하는 등 학교건축의 양적 확대에 기여했으며, 1980년대에 들어서는 수세식 화장실을 도입하는 등 미약하나마 질적 개선에도 기여하였다. 당시 표준설계도에 나타난 학교건축의 설계 지침을 정리하면 다음과 같다.

• 1962년의 표준설계지침서는 해방 전 학교설계에서 사용되었던 일본의 4칸×5칸(7.2×9.0m)의 형태를 그대로 답습했다.
• 교사(校舍) 배치는 편복도형의 교사를 대지 북측에 배치시키고 남쪽에는 운동장을 두고 있다.

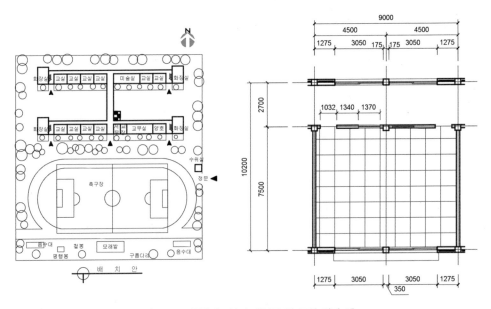

그림 9-8. 표준설계도상의 배치도 및 교실 평면 예

- 교실의 특징을 보면 연도별로 교실의 크기와 복도의 폭이 약간씩 다르게 나타나지만 모두가 남측에 교실을 두고 북측에 복도를 두는 편복도형을 취하고 있다.

- 교사동의 단부(端部)의 복도를 계단 또는 특별교실을 배치시켰으나 1980년 이후부터는 교사의 단부에는 화장실을 배치하고 있다.

- 1975년형에는 교실의 남측 전면에서 출입이 가능하도록 창 쪽에 출입구를 두고 있는데 실제 사례는 찾아보기 힘들다.

- 1980년의 표준도면에서는 교실면적을 67.5㎡(9.0m×7.5m)을 표준으로 하여 도시형과 농촌형 등 지역 특성에 따라 4가지 유형의 '학교시설 표준설계도'를 작성하였다.

- 1983년에는 1980년도 평면형을 기준으로 하여 '자연형 태양열 교사설계도'와 '조립식 학교교사 표준설계도'가 만들어 졌으며, 조립식 교사는 1988년에 폐지되었다.

- 80년도 '학교 교사 표준 설계도'는 학교의 규모 기준을 36학급으로 작성하였고, 교실의 면적은 40명을 수용하는 것을 기준으로 67.5㎡ (9.0×7.5m)로 크기를 정하였으나, 당시 교육법에 따라 60명까지 수용할 수 있도록 하고 있다.

- 복도의 폭은 2.7m, 교실, 미술실, 음악실 등의 면적은 67.5㎡, 과학실과 시청각실 101.25㎡(준비실 16.88㎡ 제외), 교무실 168.75㎡, 서무실, 교장실, 양호실, 자료실, 숙직실 등은 33.75㎡, 화장실 33.75㎡ 등을 제시하고 있다.

구분	전(前)	표준설계지침서	후(後)
교육과정	학교 형태와 교육제도 도입기	중앙집권형 운영체제의 교육	단위학교의 재량권 강화, 학습자 중심, 수준별 교육
시기	개화~제1차(1962년) 교육과정	제2차 ~ 제6차(1990년) 교육과정	제6차 ~
특징	일제 강점기 형태 유지 (7.2×9.0m)	표준도면 4가지 유형(7.5×9..0m)과 학교시설 설비 기준령	다양한 형태와 시설

표 9-4. 표준설계도 전후의 특징

- 조도(照度)의 기준은 교실 및 관리실 200Lux, 복도 50Lux, 특별교실 300Lux 등의 기준을 제시하고 있고, 칠판 위 국부조명을 하도록 정하고 있다.

- 내벽은 오픈화하여 임의 조정이 가능토록 하고 있으며, 출입문은 미닫이와 여닫이 중에서 선택하도록 하고 있다.

- 칠판의 반사에 의한 눈부심 방지를 위해 외부 창 측에 벽을 설치토록 하고, 실내에 직사광선을 피하고 통풍을 고려하여 차양을 설치하도록 하고 있다.

- 1980년에는 교사동(校舍棟)과 교사동(校舍棟)을 연결시키기 위한 연결 복도를 계획하여 증축 시 문제가 되는 일자형의 단점을 보완하고 있다는 점과 교사 단부에 화장실을 두는 점이 이전의 도면과 달라진 부분이다.

년도	구조 및 면적				평면 및 특징
	유 형	구 조	규격 (m)	면적 (m²)	
1962	A	R.C,블록조	9.09×7.27	66.1	
	B		9.12×7.30	66.5	
	C		9.09×7.27	66.1	 남측에 교실, 북측에 복도를 두고 단부에 계단실 설치한 편복도형
	D	벽돌조, 목조 슬레이트 지붕	9.09×7.27	66.1	
	E-1		9.09×6.66	60.5	
	E-2		9.09×6.66	60.5	
	E-3		9.09×5.45	49.5	
1965	-	〃	L :9.0 ~ 9.1 W :6.8 ~ 7.2	61.2 ~ 65.5	 단부의 계단실을 없애고 특별교실 및 화장실을 배치, 중앙에 출입구 배치
1974	-	〃	〃	〃	 관리용 실의 공간배치 제시
1975	-	〃	〃	〃	 각 교실의 남측전면에 출입구를 계획
1980	도시지역형	R.C조, 콘크리트 슬라브 위 아스팔트 방수	L: 9.0 W: 7.5	67.5	 교사동과 교사동을 연결하기 위한 교사 중앙에 연결복도 계획 (도서지역형의 예)
	농촌지역형				
	농촌특수 지역형				
	도서벽지형				
1983	태양열교사	〃	〃	〃	
	조립식교사				

표 9-5. 학교 교사(校舍) 표준설계도의 유형

(3) 새로운 학교건축의 등장

21세기를 준비하는 1990년대를 맞이하면서 우리나라 사회전반에 걸친 개별화, 다양화, 정보화, 세계화로의 변화 요구는 교육과정과 학교시설에 있어서 종전의 획일적인 교육환경을 탈피하여 새로운 교육환경으로서의 질적 변화를 요구한다.

이러한 요구에 대응하여 표준설계에서 탈피한 '교육환경의 변화 및 미래 교육을 수용할 교육 공간의 창출'을 목표로 초등학교를 중심으로 새로운 타입의 학교가 나타나는데 이를 현대화 학교와 열린 학교 등으로 불렀다.

현대화 초등학교는 1993년 서울 불암초등학교를 시작으로, 열린 학교는 1994년 상명초등학교를 시작으로 전국으로 확대되어 나갔다.

이와 같은 사회적 변화와 새로운 교육환경의 요구에 따라 정부는 1990년부터 '학교시설 표준설계도'의 의무 사용 및 1997년 "학교시설·설비 기준령"을 폐지하였고 일정 기준만 충족하면 다양한 형태의 학교를 운영할 수 있도록 '고등학교 이하 각급 학교 설립·운영 규정'을 제정하였다.

2000년 제7차 교육과정이 시행되면서 열린 교육, 수준별 수업, 수요자 중심 교육, 교과교실제, 지역 시설과의 복합화 등 다양하고 창의적인 학교건축이 출현하게 된다.

현대화 초등학교와 열린 학교의 공간적 특징은 표준도면의 학교에서 약 75%의 비율을 차지한 교실공간이 53~59%의 비율로 낮아지고, 복도와 오픈스페이스의 비율이 25%에서 30~35%로 높아졌다.

고학년과 분리된 저학년 놀이공간 및 교사연구실 등이 계획되었고, 1인당 교육면적이 표준도면의 1.68㎡보다 높은 1.99~2.99㎡로 나타나는 등 학교건축에 변화를 가져왔다.

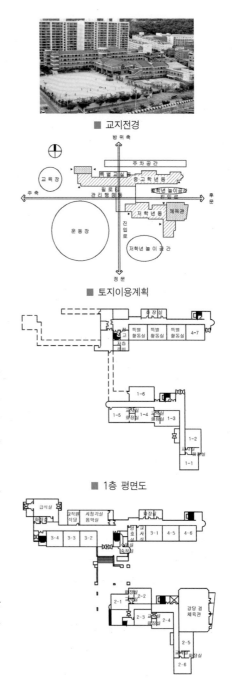

■ 교지전경

■ 토지이용계획

■ 1층 평면도

■ 2층 평면도

■ 교지면적 11,800㎡, 지상 5층
건축면적 2,371㎡, 연면적 7,623㎡
그림 9-9. 서울 불암초등학교 계획(안)

4 │ 지역 Community 시설로서의 학교건축 복합화 계획

법률에서 그 존립의 목적을 명시하고 있는 공공기관으로서 학교는 공공행정을 담당하거나 공공재화를 생산하는 타(他) 공공기관과 달리 학문적, 사회적, 역사·문화적 교육 서비스가 주된 역할이며, 최근에는 지역사회의 커뮤니티 시설로서 공공 서비스를 제공하는 기관으로서의 역할도 대두되고 있다.

(1) 학교건축의 공공성(公共性)

공공성이란 사회적으로 구성원 전체에 도움이 되고 유익을 주는 성질이라 할 수 있다. 교육의 공공성은 사회 구성원 누구나 알아야 할 보편적인 지식을 전달하고 그것을 통해 사회와 국가를 하나로 통합하는데 있고, 건축의 공공성은 공공을 위한 공간의 배려에 있다. 따라서 학교건축의 공공성은 국가적 사회적 교육의 목표(교육 관련법, 교육과정 등)와 공공을 위한 공간의 배려가 건축적 측면에서 내포하고 있어야 한다.

학교는 건축되면서 그 기능이 학교 내부에만 한정하지 않고 외부의 지역사회까지 영향을 미치며, 도시의 주요 건축물로서 위치하고, 상징적인 건축물로서 시각적으로 노출된다. 그 때문에 학교는 공공성이라는 측면에서 건축과 공간을 재해석하는 관점이 필요하다.

공공성과 관련된 건축 요소로 도시 이미지와 연계된 건축디자인, 주변과의 조화(도시적, 환경적), 체육 공간, 보행 공간, 녹지 공간, 휴게 공간, 주차 공간 등을 들 수 있다.

(2) Community 시설로서의 학교

지역사회 학교로 일컬어지는 Community School은 학교가 속해 있는 지역사회 주민들의 교육, 행사, 휴게, 체육활동 등의 욕구를 충족하는 기능을 부여하여 지식을 체계적으로 교육하는 학교의 전통적 주임무에서 더 나아가 지역사회의 문화·복지시설과 평생교육의 장으로 역할을 의미한다.

Community School은 시설의 하드웨어(Hardware)적 측면의 이용뿐만 아니라 학교와 지역의 인적자원(교사, 전문가 등)과 교육 프로그램 등 소프트웨어(Software)적 측면의 교류까지 포함한다. Community 시설로서의 학교계획은 일반 학교와 복합화 학교 등 2가지 유형으로 구분할 수 있다.

복합화 학교란, 학생을 위한 학교와 지역주민을 위한 사회·공공문화시설(도서관, 공원, 어린이집, 문화센터, 문화의 집 등)이라는 각각의 이용 주체를 한정하는 소극적인 시설과 기능에서 벗어나 학교와 지역의 공공시설을 연계하여 건축하고 학생과 주민들을 위한 다양한 프로그램과 복지시설을 제공하는 등 학생과 주민들이 함께 공유하고 공감하는 지역 공동체의 중심이 되는 복합화된 역할의 학교를 말한다.

■ 복합화 가능성

① 학교 운동장과 아동 공원 및 놀이터
② 학교 도서관과 지역 도서관
③ 학교 체육시설과 사회체육시설
④ 학교 특별교실 동과 사회교육시설(아동센터, 평생교육회관 등)
⑤ 학교 양호실과 지역 의료시설(보건소, 의원 등)
⑥ 학교 주차장과 공영주차장

■ 복합화 이용 형태

① 공동 이용형 : 학교시설 전체를 지역에 개방하여 공동으로 이용하는 형태로서 건축 기획 단계에 서부터 충실히 계획된 학교이다.
② 부분 공동 이용형 : 학교시설을 지역과 부분적으로 공동으로 이용하는 형태로서 공동 이용 부분의 경계가 명확하다.
③ 상호 이용형 : 학교와 지역시설이 복합화하여 일부 또는 전부를 이용하는 형태이다. 일반적으로 스포츠 시설을 복합화하는 경우가 많다.
④ 대규모 복합형 : 학교와 지역시설이 대규모로 복합화되어 운영을 일원화하고 상호 이용을 하며 10개 시설 이상이 복합되는 경우도 있다.

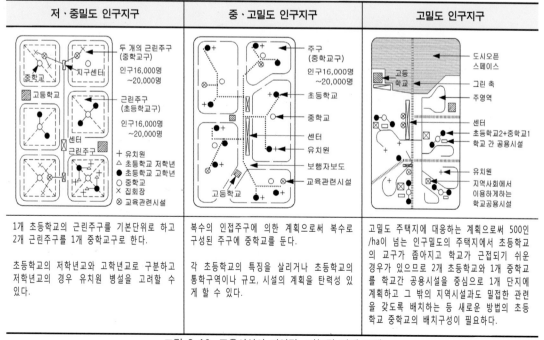

그림 9-10. 교육시설의 지역적·기능적 연계 모델

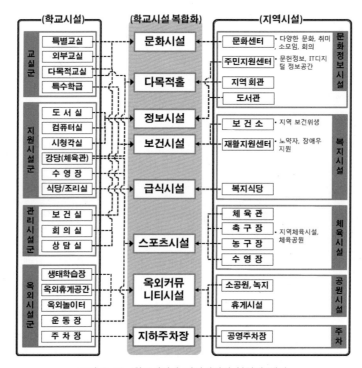

그림 9-11. 학교시설과 지역시설의 복합화 개념

가) 학교시설 개방을 통한 Community School

학교 본연의 임무인 교수·학습 공간을 중심으로 건축된 학교에 있어서 교실, 특별교실, 운동장, 체육관 등의 교육 공간과 도서관, 주차장, 옥외 휴게 공간 등 부속시설을 지역에 개방하여 운영하는 학교를 말한다. 일반적으로 학교의 학습권을 침해받지 않는 방과 후에 운동장, 옥외 공간, 체육관 등의 개방이 주를 이루고, 정보화 교실, 도서관, 가사실, 교실 등을 개방하기도 한다.

■ 장점

• 학교시설 및 자원을 개방하여 지역주민의 교육 욕구를 충족 및 지역사회 발전에 기여할 수 있다.
• 학교시설 및 자원을 지역에 개방함으로써 학교시설의 이용률을 높일 수 있다.
• 지역주민이 학교시설을 이용함으로써 지역의 커뮤니티 공간으로 활용할 수 있다.

■ 단점

• 학교의 교육운영과 개방운영에 대한 계획이 세밀하지 않을 경우 학습권이 침해받을 수 있다.
• 개방 공간과 시간이 제한적이어서 효율성이 높지 않다.
• 시설 개방에 따른 운영·관리가 필요하다.

나) 지역시설과의 복합화를 통한 Community School

　지역의 Community 시설로서의 기능을 강조하고자 학교 부지에 학교건축에서 요구되는 교육 공간 뿐만 아니라 문화, 복지, 스포츠센터 등을 학교 기획 초기 단계부터 계획하여 학생과 지역주민이 함께 사용하는 복합화된 학교를 말한다. 넓은 의미로는 초·중·고의 등급별 학교를 복합(초+중, 중+고)하는 교육시설 간 복합 학교까지도 포함된다.

　지역 Community 시설로서의 복합화 학교는 일반적으로 교육청이 제공한 부지에 지자체가 예산을 지원하여 주민도서관, 정보화 교실, 공연문화시설, 체육시설, 수영장, 지하주차장 등을 건립하거나 학교가 인접한 체육시설, 문화시설, 공원 등을 학교와 연계하여 학생과 지역주민이 함께 이용하는 형태로서 일반 학교의 Community 기능에서 진일보한 적극적 Community School이라 할 수 있다.

근린주구 이론과 학교
C. A. Perry

■ The Neighbourhood Unit
- 근린주구의 개발은 초등학교 1개교에 필요한 인구와 주택을 공급(인구 1만인 내외, 가구 2,500호 내외)하여 근린사회를 구성
- 초등학교의 통학거리는 아동의 행동권역인 1/2mile(약 800m)을 기준, 인구밀도가 낮은 지역에서는 3/4mile
- 초등학교의 규모는 유지관리와 경제성을 위해 24학급(800~1,000명) 이상
- 주민의 주구에 대한 인식과 통학로의 안전을 위해 통학로에 주요 간선도로를 통과시키지 않음
- 초등학교는 5Acre(약 2ha, 6,000평)이상의 용지를 확보할 것

■ 장점
- 도심지 지가(地價) 상승에 따라 학교 신축 시 협소한 운동장과 부족한 도서관, 체육관, 특별교실, 문화센터, 수영장 등을 확보하여 양질의 학습 공간을 제공할 수 있다.
- 학교를 거점으로 한 생활권을 주민복지센터로서의 소생활권과 연계할 수 있으므로 지역 내 문화, 복지시설의 편중을 줄일 수 있다.
- 주민들의 체육·문화·복지시설의 부족과 지역적 편중으로 인한 접근성 취약 및 학교의 열악한 교육환경으로 인한 지역주민들의 정주 환경을 개선하고 지역공동체 의식을 높일 수 있다.
- 지자체는 문화·복지시설을 위한 별도의 부지 매입이 필요 없으므로 재정적 부담을 줄일 수 있다.
- 학교는 공원 내 운동장 또는 공원녹지를 체육시설로 활용함으로써 체육시설 면적이 포함되지 않은 학교건축이 가능하여 도심 학교 용지의 확보가 용이하다.

■ 단점
- 학교의 학습권이 침해될 수 있다. 학습권 보호에 대한 세밀한 계획이 필요하다.
- 시설의 관리·운영의 주체가 불분명할 경우 유지·관리에 어려움이 있다.

■ 계획 시 고려사항
- 학교의 학습권 보호를 위해 학교의 교사동과 복합센터를 분리하여 별개의 동으로 계획한다.
- 학생과 지역주민의 입·출 동선과 이용 동선을 분리한다.
- 학교 전용 공간, 지역주민 전용 공간, 공동 이용 공간 등으로 구분하여 공간을 조닝(Zoning)한다.

- 학교시설과 복합화시설의 독립성을 유지하되 공간 이용의 효율성을 위해 유사시설을 연계하여 계획한다.
- 복합화 학교를 교사시설과 문화·복지시설로 나누고 각 설립 주체별로 시설을 설립하는 등 운영의 이원화를 통한 유지·관리의 효율성을 고려한다.

5 교육환경의 변화와 미래 학교건축

5.1 교육환경의 변화

우리나라의 학교건축은 양적 팽창 시기인 1960~80년대에는 중앙(교육청) 주도의 획일적인 학교건축이었고, 1990년대는 중앙(교육청)이 주도하고 제한적이나마 사용자(학교)가 참여하는 질적 성장으로의 전환 시기였다.

2000년대 이후는 중앙 주도에서 학교의 재량권 부여, 아나로그(Analog) 방식에서 디지털(Digital) 방식으로의 전환, 획일화된 교육에서 열린 교육 및 수준별 교육, 교과 편성 중심에서 학습자 요구 중심의 교육, 학급제 운영에서 교과 교실제 운영으로의 변화, 지역의 커뮤니티 시설로서의 역할 강화 등으로의 변화하고 있다.

이러한 변화는 교육활동의 수용이라는 단편적인 측면에서 중앙(교육청), 사용자(교사, 학생), 지역인(사업자, 지역주민)이 함께 협업하여 만들어가는 사용자 중심, 지역 중심의 학교건축이 요구되고 있다.

5.2 학교건축의 변화 방향

건축은 인간의 필요에 의해 만들어진다. 학교는 인간의 교육적 요구에 대응하기 위해서 필요한 건축물이다. 전술(前述)하였듯이 학교는 국가의 교육과정, 학교 운영방식, 교수·학습방법, 지역사회의 중심 커뮤니티로서의 적합한 공간을 갖추고 요구에 대응해야 한다.

문제는 이러한 학교의 요구가 정형화되어 있지 않고 변한다는 데 있다. 이러한 관점에서 학교건축은 현재의 교육 요구뿐만 아니라 장래 추측할 수 없는 활동과 요구에도 대응할 수 있는 공간을 구성할 수 있어야 하며 변화에 대한 대응에서 나아가 미래의 새로운 요구를 창조해 낼 수 있는 공간, 즉 미래의 어떠한 교육환경 변화와 요구에도 대응할 수 있는 적극적인 학교건축계획이 되어야 할 것이다.

학교건축계획의 주요 변화 방향을 요약하면 다음과 같다.

- 교육과정 및 학교 운영방식의 변화와 다양한 교수·학습방법 등에 대응하도록 계획한다.
- 아동 스스로의 학습활동을 촉진시킬 수 있는 환경(다양한 교육 미디어, 다목적 공간, 오픈 공간 및 수납공간 등 공간의 다양성, 시설·설비의 고도화 등)을 조성한다.
- 교수·학습방법의 다양화에 대응하는 교직원의 역량을 제고(提高)하는 시설(교사 연구실, 휴게실, 학년별 관리제실 등)을 계획한다.
- 미래 교육환경 변화에 대응할 수 있도록 공간구획, 다목적(오픈) 공간, 정보통신설비, 환경설비 등의 융통성을 부여하여 계획한다.
- 수요자 중심의 시설환경(카페트, 개인 사물함, 커뮤니티 공간, 공기조화설비 등)과 부드럽고 온화한 느낌 속

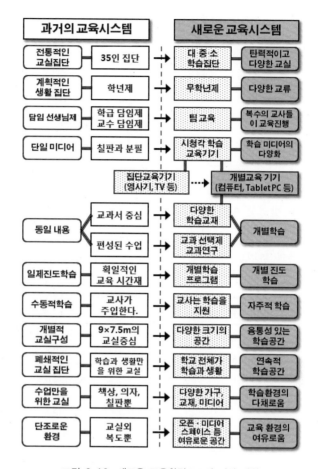

그림 9-12. 새로운 교육환경으로의 변화 방향

에서 학교생활에 리듬과 활력을 주고 여유를 느낄 수 있으며 신체적 에너지와 정신적 스트레스를 발산할 수 는 있는 공간을 조성하는 등 심리적 환경을 고려한다.
- 지역사회의 상징성, 지역성, 문화성이 반영되도록 계획한다.
- 지역시설과 연계한 학교시설의 복합화를 꾀하여 시설 투자의 경제성, 자원 활용 등을 극대화하고, 평생교육센터, 문화·복지센터로서의 지역 커뮤니티로서의 역할을 수행할 수 있도록 계획한다.
- 에너지 절약, 친환경 계획 등 지속 가능한 학교건축이 되도록 한다.
- 건축물 유지·관리의 효율성과 경제성을 고려하여 계획한다.
- 안전하고 쾌적한 학교건축이 되도록 계획한다.
- 디지털 교육, 디지털 학습 등 정보화 시대로의 다양한 변화에 대응할 수 있는 융통성을 배려한다.

6　학교건축 관련 법령

공공 건축의 하나인 학교는 국가적 사회적 교육의 목표(교육 관련법, 교육과정 등)와 그 실현을 위한 교육적·건축적 기준(법령)을 가지게 된다. 우리나라의 '교육기본법'에서는 "교육에 관한 국민의 권리·의무와 국가 및 지방자치단체의 책임을 정하고 교육제도와 그 운영에 관한 기본적 사항을 규정함을 목적으로 한다."라고 그 목적(법 제1조)을 밝히고 있다. 나아가 교육법의 목적에 맞는 유아교육·초등교육·중등교육 및 고등교육을 실시하기 위하여 학교를 두고(법 제9조 1항), "학교의 종류와 학교의 설립·경영 등 학교교육에 관한 기본적인 사항은 따로 법률로 정한다."(법 제9조 4항)고 밝히고 있다.

이러한 관점에서 학교와 관련된 법령의 기준과 규정은 건축 계획적 측면에서도 중요하다. 학교건축과 관련된 주요 법령의 내용을 요약 정리하면 다음과 같다.

법 령 명		내용 및 규정
교육기본법	제1조 (목적)	교육에 관한 국민의 권리·의무와 국가 및 지방자치단체의 책임을 정하고 교육제도와 그 운영에 관한 기본적 사항을 규정
	제9조 (학교교육)	유아교육·초등교육·중등교육 및 고등교육을 실시하기 위하여 학교를 둔다.
초·중등 교육법	제1조(목적)	교육기본법 제9조의 규정에 따라 초·중등교육에 관한 사항을 정함
	제2조 (학교의 종류)	초등학교·공민학교, 중학교·고등공민학교, 고등학교·고등기술학교, 특수학교, 각종학교
	제4조 (학교의 설립)	학교를 설립하고자 하는 자는 시설·설비 등 대통령령이 정하는 설립기준을 갖추어야 한다.
학교시설사업 촉진법	제1조 (목적)	학교시설의 설치·이전 및 확장을 용이하게 함으로써 학교환경 개선 및 학교교육 발전에 기여함
	제2조 (정의)	학교시설이란 교사대지(校舍垈地)·체육장 및 실습지(實習地), 교사(校舍)·체육관·기숙사 및 급식시설, 그 밖에 학습지원을 주된 목적으로 하는 시설
고등학교 이하 각급학교 설립·운영 규정	제1조 (목적)	학교의 설립·운영에 있어서 필요한 시설·설비기준과 학교법인이 설립·경영하는 사립학교의 경영에 필요한 재산의 기준 등에 관한 사항을 규정함
학교보건법	제1조 (목적)	학교의 보건관리에 필요한 사항의 규정, 학생과 교직원의 건강을 보호 증진함을 목적
건축법	시행령, 시행규칙	대지안의 조경, 계단의 구조, 피난계단의 설치, 승용승강기의 설치, 방화구획, 경계벽 칸막이벽의 구조, 내화구조 등
장애인·노인·임산부 등의 편의 증진에 관한 법률	제7조	편의시설을 설치해야하는 대상

표 9-6. 학교설립 관련 법령

7 │ 교지 및 배치계획

7.1 교지계획

교지(校地), School Site)란, 학교의 교사(校舍)용 대지와 옥외 체육장의 면적을 합한 용지를 말한다. 즉, 학교 교육운영에 필요한 건축물(교사(校舍), 기숙사, 체육관, 식당 등), 운동장, 실험실습지, 휴게 시설, 설비시설(별개의 물탱크, 기계실 등) 및 기타 시설물(담, 문, 녹지, 주차장 등) 등을 포함한다. 교지는 학교의 교수·학습활동이 지속적이며 안전하게 이루어지는 데 필요한 중요한 건축계획의 요소 중 하나이다. 교지의 계획 요소와 입지 조건 등을 요약하면 다음과 같다.

(1) 교지의 구성과 계획

교지(校地)는 교사(校舍)용 대지와 체육장으로 구성된다.

$$\boxed{교지(校地)} = \boxed{교사용\ 대지면적} + \boxed{체육장\ 면적}$$

가) 교사(校舍)용 대지

① 교사와 교육 공간의 구성

교사용 대지란, 학교의 교실, 특별교실, 도서실, 강당, 체육관, 식당, 온실, 재배실, 사육장 등 교수·학습활동에 직·간접적으로 필요한 시설물이 들어선 대지를 말한다.

교사(校舍)란 교수·학습 공간, 관리/지원 공간, 체육/집회 공간, 보건/위생 공간, 급식 공간, 기숙사(사택) 및 기타 시설 공간 등 학교의 교수·학습활동에 직·간접적으로 필요한 시설물을 말하며, 교사면적이란 이러한 건축면적의 총합이라고 할 수 있다.

교사(校舍)용 대지(垈地)는 교사가 들어선 대지를 말하며, 역(逆)으로 학교 대지 중

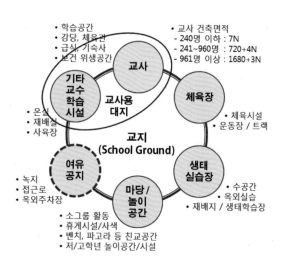

그림 9-13. 교지의 구성

체육장, 옥외 놀이 공간, 옥외 실습장, 공지(空地) 등을 제외한 대지 면적이라고 정의할 수 있다.

② 교사용 대지면적의 산정

교사용 대지는 교수·학습활동에 필요한 교사(校舍)를 수용할 수 있어야 한다. 학교시설 관계 법령(고등학교 이하 각급 학교 설립·운영 규정)에서는 교사용 대지의 기준 면적에 대하여 '건축관련법령의 건폐율 및 용적률에 관한 규정에 따라 산출한 면적'으로 하고 있다.

교사용 대지면적을 산정하는 데 있어서 교사의 기준 면적은 중요하다. '고등학교 이하 각급 학교 설립·운영 규정'에서 교사의 기준면적은 각급 학교별 학생 수에 따라 그 기준을 제시하고 있다.

(단위 : m²)

학 교		학생 수(N)별 기준면적		
유 치 원		40명이하	41명이상	
		5N	80+3N	
초등학교·공민학교 및 이에 준하는 각종학교		240명이하	241명이상 960명이하	961명이상
		7N	720+4N	1,680+3N
중학교·고등공민학교 및 이에 준하는 각종학교		120명이하	121명이상 720명이하	721명이상
		14N	1,080+5N	1,800+4N
고등학교·고등기술학교 및 이에 준하는 각종학교	계 열 별	120명이하	121명이상 720명이하	721명이상
	인 문 계 열	14N	960+6N	1,680+5N
	전 문 계 열		720+8N	2,160+6N
	예·체능계열		480+10N	1,920+8N

고등학교 이하 각급 학교 실립·운영 규정(제3조제2항 관련)

표 9-8. 교사의 기준면적

■ 교사용 대지면적 산출방법

• 조건 : 제1종 일반 주거지역(용적률 150%)의 초등학교, 36학급, 학급당 학생 수 35명인 경우

▷ 학생 수 : 36학급 × 35명 = 1,260명

▷ 교사 기준면적 : 1,680 + (1,260 × 3) = 5,460m²

▷ 교사용 대지면적 : (5,460m² / 150) × 100 = 3,640m²

나) 체육장(School Yard)

① 체육장의 공간 구성

체육장은 학교의 체육활동과 다양한 옥외활동을 지원하는 공간으로서 교지(校地)면적에서 교사(校舍) 건축면적을 제외한 부분을 말하며, 운동경기나 단체놀이를 하기 위한 넓은 장소로서의 운동장과 구별된다고 할 수 있다.

체육장은 체육 교과, 운동회, 집회, 놀이 등의 활동이 이루어지는 외부 공간으로서의 운동장, 자연

생태환경, 가축사유 및 관련시설 등이 설치된 생태학습장(실습장), 체육활동 증진을 위한 트랙, 축구시설, 야구시설, 농구시설 등의 운동시설, 모래사장, 철봉, 놀이시설(그네, 시소, 미끄럼틀, 정글짐, 구름사다리 등) 등의 놀이공간, 친교 활동을 위한 파고라, 등나무, 벤치 등의 휴게시설이 설치된 공간과 기타 공간으로서 여유 공지(service yard), 경계 녹지, 접근로, 옥외주차장 등을 포함한다.

② 체육장 면적

학교의 체육장은 좁은 의미의 체육활동만을 위한 공간이 아니며 체육활동과 더불어 다양한 옥외활동 등을 지원하고 지역과의 관계(지역 개방) 등을 지원하는 공간으로서 기능이 요구되며 그에 대응하는 적정 면적을 갖추어져야 한다.

학교시설 관계 법령(고등학교 이하 각급 학교 설립·운영 규정)에서는 유치원, 초등학교, 중학교, 고등학교 등 각급 학교별 체육장 면적을 학생 수별로 기준면적을 제시하고 있다.

구 분		규 격(m)
축구장	골라인	45 ~ 90
	터치라인	90 ~ 120
	국제 규격	68 × 105
농구장	최소 규격	14 × 26
	국제 규격	15 × 28
	여유 공간 포함 규격	19 × 32
배구장	코트 규격	9 × 18
	여유 공간 포함 규격	15 × 24
풋살장	일반 규격	길이 25 ~ 42 너비 16 ~ 25
	국제 규격	길이 38 ~ 42 너비 20 ~ 25
족구장	코트 규격	6.5 × 15
	여유 공간 포함 규격	22.5 × 31

표 9-9. 구기 종목별 코트 규격

학 교	학생 수(N)별 기준면적(㎡)		
유 치 원	40명이하	41명이상	
	160	120+N	
초등학교·공민학교 및 이에 준하는 각종학교	600명이하	601명이상 1,800명이하	1,801명이상
	3,000	1,800+2N	3,600+N
중학교·고등공민학교 및 이에 준하는 각종학교	600명이하	601명이상 1,800명이하	1,801명이상
	4,200	3,000+2N	4,800+N
고등학교·고등기술학교 및 이에 준하는 각종학교	600명이하	601명이상 1,800명이하	1,801명이상
	4,800	3,600+2N	5,400+N

※ 교내에 수영장·체육관·강당·무용실등 실내체육시설이 있는 경우 실내체육시설 바닥면적의 2배 면적을 제외할 수 있다.

표 9-10. 체육장의 기준면적

■ 체육장 기준면적 산출방법
• 조건 : 고등학교로서 학생 1,260명인 경우

$$\rightarrow \ 3,600 + (2 \times 1,260명) = 6,120㎡$$

③ 체육장 계획 시 고려사항

학교의 다양한 교수·학습방법과 교육활동에 대응하기 위해서는 교사(校舍)만이 아닌 체육장의 양적, 질적 증가도 요구된다. 체육장 계획 시 고려할 사항을 요약하면 다음과 같다.

• 학교건축과 관련된 관계 법령과 교육활동을 고려한 충분한 면적을 고려하여 계획한다.

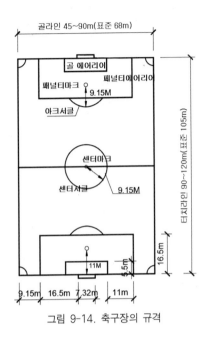

골라인 45~90m(표준 68m)

골 에어리어
페널티마크
9.15M
페널티에어리어
아크서클
센터마크
센터서클
9.15M
11M
5.5m
16.5m
9.15m 16.5m 7.32m 11m

타지라인 90~120m 표준 105m

그림 9-14. 축구장의 규격

- 가능한 축구장과 100m 직선 주로(走路)를 확보할 수 있도록 계획한다.
- 체육장의 영역을 운동장, 실습장, 운동시설 공간, 놀이공간, 친교 및 휴게 공간, 기타 공간 등으로 세분화하여 기능을 충족하는 계획이 되도록 한다.
- 축구장, 농구장, 배구장 등은 학교 교육과 더불어 지역으로의 개방을 고려하여 규격과 시설을 계획한다.
- 트랙 및 구기 종목 등의 코트는 포장된 경기 코트를 계획한다.
- 생태학습 공간, 실습장, 가축 사육장 등 옥외 학습활동 공간을 계획한다.
- 운동장과 놀이 공간은 고학년과 저학년을 분리하여 계획한다.
- 학생 및 지역인들의 친교 활동과 커뮤니티 기능을 위한 파고라, 벤치 등 휴게 공간을 계획한다.

- 교사(校舍)로의 접근로, 여유 공지, 경계 녹지 등의 면적(일반적으로 교지면적의 20~25%)을 고려하여 계획한다.
- 옥외 주차장의 면적은 건축 관계 법령의 기준 충족하면서 교직원 수 이상의 주차대수와 방문객의 수를 고려하여 계획한다.
- 다양한 형태의 교수·학습과 놀이, 행사 등에 다목적 활용과 융통성 있게 대응할 수 있도록 계획한다.
- 안전성, 내구성, 유지·관리의 경제성 등을 고려하여 계획한다.

(2) 교지 선정의 조건

교지(校地)는 교사(校舍)의 안전, 방음, 환기, 채광, 소방, 배수 및 학생의 통학에 지장이 없는 곳에 위치하여야 한다. 학교 교지의 입지적 조건을 정리하면 다음과 같다.

① 입지적 조건
- 홍수, 지진, 눈사태, 만조차, 단층, 함몰 등의 자연재해로부터 안전한 곳
- 교사와 체육장을 안전하게 설치할 수 있고 배수가 양호한 지질 및 지반인 곳
- 대지의 고·저 차가 없고 연못 등이 없으며 절·성토 등 과대한 지형 조성이 필요 없는 곳
- 대지의 형상이 학교 건축에 바람직한 곳
- 학생의 거주 분포가 적정하고, 통학에 피로를 느끼지 않을(학교를 중심으로 반경 1,000m 내외) 통학 구역을 설정할 수 있는 곳

- 상급 학교(중학교 또는 고등학교)로의 통학 구역이 적정한 균형을 이룰 수 있는 곳
- 교통이 혼잡한 도로, 철로 등과의 교차가 되지 않는 등 안전한 통학로를 확보할 수 있는 곳
- 미래 시설 수요에 대응할 수 있는 충분한 여유 면적의 확보가 가능한 곳

② 환경적 조건
- 학교와 인접하여 빈번한 차량출입이 많은 시설이 입지하고 있지 않을 것
- 양호한 일조와 공기를 얻을 수 있을 것
- 전망, 경관 등이 양호할 것
- 소음, 악취 등을 발생하는 공장 등의 시설이 입지하지 않을 것
- 풍속영업 등의 규제와 관련된 시설이 입지하지 않을 것
- 사행심, 오락 등 교육에 어울리지 않는 시설이 입지하지 않을 것

③ 교지의 형태

교지는 정형에 가깝고 장변과 단변의 비율이 4 : 3 정도의 직사각형의 평지가 적합하며 2 : 3 또는 4 : 5의 형상도 양호하다. 교지의 한 변이 길거나 좁고 부정형이거나 경사가 심한 대지는 학교건축에 바람직하지 않다.

④ 교지면적의 산정 방식

교지면적의 산정은 교사면적 대비 산정 방식, 학생수 대비 산정 방식, 학생 수와 교사면적을 복합한 산정 방식으로 구분할 수 있다.

■ 교사면적 대비 산정 방식

- 교사(校舍)의 건축면적, 즉 건축물의 지상 최하위층의 면적에 대비하여 교지면적을 산정하는 방식
- 일반적으로 건축물 지상 최하위층 면적의 2.5배 이상으로 산정한다.
- 교사 규모 대비 동일 면적의 교지를 확보할 수 있다.
- 저층 평거플랜의 경우 교지면적이 증가할 수 있다.
- 소규모 학교의 경우 교수·학습활동을 위한 적정 교지면적의 확보가 어려움이 있으며 체육장의 절대 면적 확보가 필요하다.

■ 학생 수 대비 산정 방식

- 학교의 전체 재학생 수를 기준하여 일정 규모의 면적을 확보하고 기준 학생 수의 초과에 따라 증가 면적을 산정하는 방식
- 학생 수가 동일할 경우 지역과 관계없이 교지면적도 동일하다.

7.2 대지 분석과 배치계획

(1) 대지 분석

가) 대지 분석의 방향

학교건축을 위한 부지의 대지 분석은 대지가 가지고 있는 상황과 조건을 분석하여 학교건축에서 필요한 교사(校舍), 운동장, 옥외 공간, 기타 시설 등의 배치와 계획이 서로 균형적이고, 효율적이며, 기능적으로 구성하는 데 중요한 작업이다.

대지 분석의 방향성을 요약하면 다음과 같다.

- 건축계획 및 대지 내의 배치에 영향을 미칠 주변의 여건(자연적, 도시 광역 및 지역적 특성, 도로와 보행 및 차량의 교통량 등)을 분석하도록 한다.
- 대지의 형태, 지형의 높낮이 등 대지 내의 자연적 요소를 분석하고 최대한 활용할 수 있도록 계획한다.
- 지반 상황과 지하 구조물을 파악하여 정지 및 대지 조성, 배수, 재해 발생 시 안전 및 건축물의 구조적 안전계획에 활용할 수 있도록 한다.
- 주변환경, 접근성, 방위, 대지의 형태 및 지형의 레벨차 등을 분석하여 교사동, 운동장, 옥외 공간, 녹지 공간 계획 등의 효율적인 토지이용계획을 수립할 수 있도록 한다.
- 학급 수, 학생 수, 소요 공간 및 건축면적, 예산 등의 조건을 고려한다.
- 향후 학교시설과 주변의 변화 및 발전을 대비한 역할 보완이 가능할 수 있도록 한다.

나) 대지 분석 요소

① 인문 및 주변 환경 분석
- 대지가 입지하고 있는 위치를 중심으로 대지와 건축물이 갖게 될 사람과 시회 간의 인위적인 특성을 말한다.
- 지리적 요소 : 위치, 교통, 도로 등의 체계
- 역사·문화적 요소 : 도시의 문화, 역사, 유적 등
- 사회적 요소 : 인구의 변화, 주거환경 및 변화, 사회환경 등
- 행정적 요소 : 지역, 지구, 구역 등 도시계획의 내용과 변경 등
- 대지 주변 환경 : 녹지, 공원, 인공구조물, 주택군(단독, 공동주택 등) 등 대지에 영향을 미칠 수 있는 환경 분석

② 관련 법령 조건의 분석
- 국토의 계획 및 이용에 관한 번률, 건축법령 등에서 지정하는 건폐율, 용적률, 조경면적, 일조사선 제한, 층수(높이) 제한, 진입 가능 구역, 건축선 등

③ 방위(향) 분석
- 방위에 대한 대지의 방향성
- 대지의 방위에 따른 향의 축을 설정
- 교사(校舍)의 자연채광 확보를 고려한 남향, 남동향 방위 설정

④ 형태와 지형 분석
- 지형 및 지반 조사, 대지 레벨 조사 등
- 교지의 형태는 정형에 가까운 직사각형이 유리
- 교지와 면한 도로의 방향성, 개수, 크기
- 대지의 형태, 도로의 특성, 지형의 특성 등을 고려한 운동장과 교사 배치
- 지형의 높낮이가 있을 경우 레벨 차를 이용한 필로티 구조로의 가능성
- 대지의 높낮이를 고려한 교사동(대지의 높은 부분)과 운동장(대지의 낮은 부분) 및 옥외 공간의 배치

⑤ 동선 분석
- 대상 학교의 학구(學區)와 학구 내에서 학교 대지의 위치
- 주변의 주거 밀집지역, 학생의 주요 통학로, 학생 수, 접근 동선 등을 고려한 주 출입구와 부출입구 등의 가능 위치
- 주도로, 부도로, 차량의 교통량과 운동장 및 교사동의 배치를 고려한 차량출입구 및 옥외주차장의 위치

⑥ 일조, 조망 분석
- 자연채광을 위한 방위(향) 및 교사동의 인동 간격 확보
- 시야의 개방감, 원거리 조망 등을 고려한 개방된 시야(視野) 방향

⑦ 소음 분석
- 학교에 영향을 미칠 외부 소음원(교통, 공장 등)의 내용과 학교로의 유입 차단 분석
- 학교건축 후의 학교 내의 교육 소음의 차음 및 환경 변화 분석(교사와 운동장, 체육관과 음악실 간의 차음 대책 등)

(2) 배치계획

학교의 배치계획에 있어서 우선적으로 교지의 폭, 길이, 형태가 중요하며, 방위, 교지와 도로와의 관계, 인접 대지 및 환경 등에 영향을 받는다. 배치계획은 교문의 위치, 교사(校舍)의 배치, 교사로의 접근로, 옥외 실습장, 운동장의 크기와 위치, 놀이 공간, 휴게 공간, 녹지 공간, 옥외주차장 등의 요소로 이루어지며 각각의 요소들이 독립적이며 기능적이고 효율적인 구성이 될 수 있도록 계획한다.

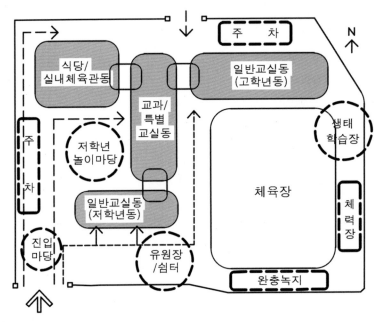

그림 9-15. 초등학교 배치계획을 위한 토지이용계획 및 블록플랜(안)

① 배치계획의 영향 요인
- 교지의 형태, 크기(폭, 길이)
- 지형과 방위, 일조와 통풍
- 교지와 도로와의 관계
- 인접 대지 및 주변 환경 요소
- 배치 공간의 성격(정적, 동적)
- 교사동(校舍棟)의 형태와 배치 유형
- 학생, 교직원, 방문자, 차량(옥외주차장) 등의 동선

② 배치계획의 고려사항
- 한정된 부지를 어떻게 활용할 것인가를 중요하게 고려한다.
- 교지 내 각 시설의 기능적 역할에 충실하며 상호 연계가 될 수 있도록 전체를 하나의 연속된 학습공간으로 계획한다.
- 각 시설의 일조, 통풍 등 적절한 환경 조건이 충족되도록 계획한다.
- 시설의 전체적인 배치가 조화되도록 계획한다.
- 대지 내 건축물 및 대지 주변 건축물에 의해 음영(陰影)이 교사동과 운동장에 영향이 미치지 않도록 계획한다.
- 대지 주변의 교통, 공장 등 소음원으로부터 소음을 차단할 수 있는 녹지 및 방음시설을 계획한다.
- 보행자와 차량의 동선을 분리하고 학생, 교직원, 방문자, 차량 등의 동선을 합리적으로 계획한다.

- 교사동의 주변에 여유 공간을 확보하고 교실과 연속하여 테라스, 옥외 놀이 공간, 휴게 공간 등을 두는 등 교사동 주변을 풍요롭게 계획한다.
- 재해 시의 피난을 고려하여 안전한 이동이 가능하도록 동선을 계획하고, 교사동 주변에 피난을 위한 충분한 공간을 확보한다.
- 초등학교에 있어서 유치원을 병설하여 계획할 경우 각 공간 영역을 구분함과 더불어 상호 교류를 고려하여 계획한다.

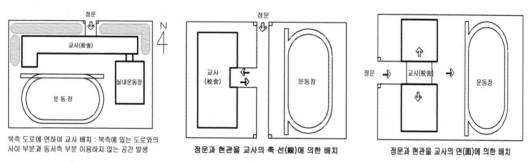

그림 9-16. 교사와 정문 및 운동장의 배치 관계

- 긴급 상황 및 재난 등이 발생을 대비하여 대지 전체를 순환하는 비상 차량 동선을 계획하여 비상 차량 및 응급 차량의 접근이 용이하도록 계획한다.
- 소방차량의 통과와 회전에 지장이 없도록 소방차 주차(폭 4m, 길이 12m 이상)를 계획하고, 필로티(piloti)나 교사동 연결 브릿지(Bridge)의 적정 공간(고가사다리차의 경우 최소 폭 4m, 길이 13m, 높이 4.2m 이상)을 확보한다.

③ 교사동(校舍棟) 배치계획
- 자연채광, 통풍, 일조 등 환경적 조건을 충분히 확보할 수 있도록 교사를 배치한다.
- 옥외 공간의 일조에 영향이 최소화되도록 상호 위치와 인동 간격 등 배치에 유의하여 계획한다.
- 학교 주변 건축물의 일조 및 프라이버시 등에 지장을 주지 않도록 계획한다.
- 교사와 옥외 운동장의 적정한 면적 배분이 되도록 계획한다.
- 교사는 외부 소음의 영향을 최대한 피할 수 있는 위치에 배치하며, 외부 소음원과의 사이에 다목적 강당, 체육관 등 소음의 영향을 적게 받는 시설의 배치를 고려한다.
- 체육관, 강당, 식당 등 지원시설로부터 교사동의 학급교실로의 동선이 원활하도록 상호 위치를 고려하여 계획한다.
- 교사 주위의 환경과 실습장, 운동장, 놀이 공간, 휴게 공간 등의 시설을 풍요롭게 한다.
- 교사 부분과 옥외의 활동 부분(운동장 등)을 조닝계획하여 안정된 면학 분위기를 조성한다.

- 저학년 아동의 생활권을 고려하여 고학년 교사동과 분리하여 배치한다.
- 교문에서 교실 입구까지의 동선이 교실 앞이나 운동장을 가로지르거나 흩어지지 않도록 한다.
- 체육관, 특별교실 등 지역 개방과 관련된 시설은 이용자 동선과 옥외 개방 공간과의 동선에 유의하여 계획한다.
- 교사 부지는 운동장 부지보다 1.5m 정도 높게 계획한다.

④ 접근성과 동선계획

교사와 운동장의 관계를 고려하여 교문 → 접근로 → 현관 → 교사 → 현관 → 운동장으로의 동선 계획 시 교문에서 운동장을 가로질러 교사에 접근하기보다는 운동장과 교사 전체를 파악하면서 교사에 접근할 수 있도록 블록플랜을 계획한다.

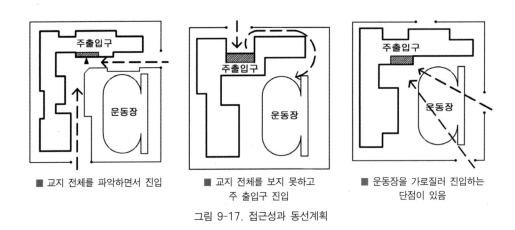

■ 교지 전체를 파악하면서 진입 ■ 교지 전체를 보지 못하고 주 출입구 진입 ■ 운동장을 가로질러 진입하는 단점이 있음

그림 9-17. 접근성과 동선계획

- 도로와의 관계를 고려하여 안전한 곳에 주 출입구를 둔다.
- 통학하는 아동의 방향과 수를 고려하여 주 출입구와 부출입구의 위치를 결정한다. 지역인을 위한 별도의 출입구는 두지 않는다.
- 학교 대지에 들어선 아동이 가능한 빠르게 교실로 들어갈 수 있도록 동선을 계획한다.
- 자동차와 자전거의 출입과 아동의 도보 출입을 분리한다.
- 교사, 체육관, 운동장으로의 원활한 동선이 되도록 계획한다.
- 교문에서 교사동의 현관까지 돌아서 들어가지 않도록 한다.
- 주 출입구에서 교사동으로 접근하면서 현관의 위치를 자연적으로 인지할 수 있도록 계획한다.
- 운동장을 가로지르거나 교실 앞의 정원 또는 정리된 옥외 영역을 가로질러 가지 않도록 계획한다.
- 접근로의 분위기가 아동들에게 즐거운 기분을 느끼도록 계획한다.

⑤ 운동장계획

- 필요한 규모의 옥외 운동시설(트랙, 코트 등)이 확보될 수 있도록 배치한다.
- 교사동 현관에서 직접 운동장으로 나갈 수 있는 동선계획을 한다.
- 운동장 및 체육관 공간은 그룹핑한다.
- 운동장으로의 전교생의 출입이 단시간 내에 가능하게 한다.
- 옥외 놀이 공간(중정을 포함)으로 나가고 싶은 매력 있는 배치계획을 한다.
- 운동장의 소음과 모래가 교실과 주변 지역에 피해를 주지 않도록 한다.
- 지역의 오픈스페이스로서 주변 지역의 환경에 기여하도록 고려한다.
- 운동장의 일조와 통풍을 고려한다.
- 운동장으로 자동차 진입이 가능하도록 한다.
- 초등학교의 경우 저학년과 고학년의 운동장은 분리한다.

⑥ 옥외 공간계획

- 교실에서 중정, 테라스, 베란다 등 놀이 공간 및 휴게 공간으로 편리하게 나갈 수 있도록 계획한다.
- 충분한 녹지와 조경면적을 계획한다.
- 저학년과 고학년의 놀이 공간을 분리하여 계획한다.
- 교사동, 체육관, 식당, 운동장의 북측, 동서측 등 주변에 불필요한 여유 공간이 없도록 계획한다.
- 교실 및 특별교실과 연계하여 작업장, 관찰 및 실습 용지 등의 공간으로 직접 나갈 수 있도록 옥외 공간(지상, 옥상, 베란다 등)을 계획한다.

(3) 배치 유형

학교건축의 배치 유형은 크게 운동장과 교사동의 방위에 따른 배치 유형과 교사동의 형태와 연계성에 따른 배치 유형으로 분류할 수 있다.

가) 방위에 따른 배치 유형

교사동의 방위에 따른 배치 유형으로는 북측형, 남측형, 동·서측형, 혼합형 등으로 분류할 수 있다.

① 북측형

- 대지의 남측에 운동장을 배치하고 북측에 교사동을 배치하는 유형
- 교사동을 '一'자형 또는 '一'자형을 2열로 배치한 병렬형 등으로 배치하며, 교사동의 일조가 양호하다.
- 운동장과 교사동의 일조를 확보할 수 있다.

유형 구분	배치 형태	특 징
클러스터형 (Cluster Type)	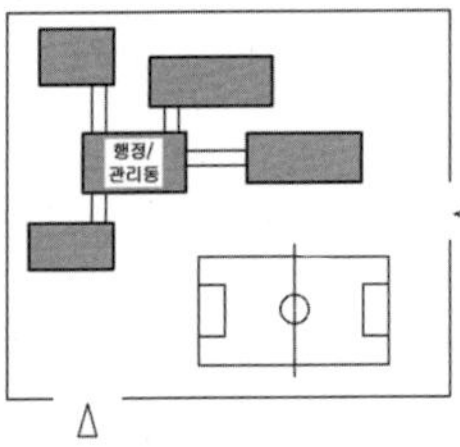	• 공용공간, 관리/행정공간을 중앙에 배치 • 팀티칭 시스템에 유리 • 중앙에 학생이 중심적으로 사용하는 공간 집약 • 외곽에 특별교실을 두어 동선의 원활한 흐름을 좋게 할 수 있다. • 교사동 사이에 놀이공간의 구성이 용이하다.
집합형 (Compact Type)	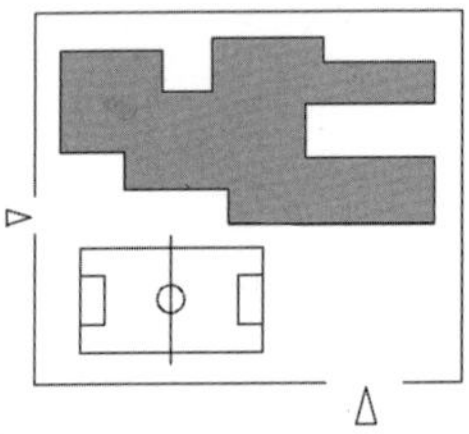	• 교사동 계획 초기부터 최대 규모를 전제로 하여 유기적인 구성이 가능하다. • 동선이 짧아 학생 이동에 유리하다. • 물리적 환경을 좋게 할 수 있다. • 지역사회에 개방할 수 있는 다목적 계획이 가능하다.
분산병렬형 (Finger plan Type)	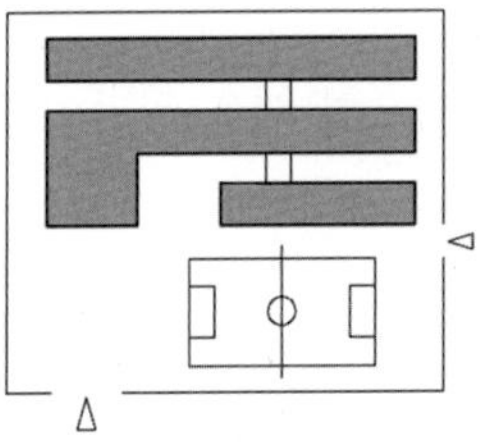	• 일조, 통풍 등 교실환경을 균등하게 할 수 있다. • 일정한 크기의 교실에 이용이 편리하고 구조 계획이 간단하다. • 대지가 넓어야 한다. • 복도 면적이 커질 수 있다. • 평면이 단조롭고 유기적 공간계획이 어렵다
폐쇄형 (Closed Type)	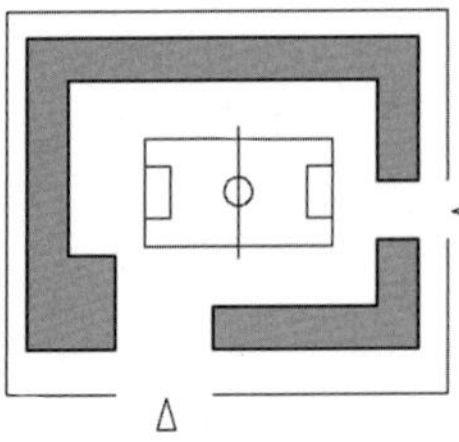	• 협소한 대지의 효율적 이용이 가능하다. • 일조, 통풍 등 환경조건이 불균등하다. • 운동장의 소음에 불리하다. • 화재 및 비상시 대피에 불리하다.

그림 9-18. 교지내 교사동의 배치유형

② 남측형

• 대지의 남측에 교사동을 배치하고 북측에 운동장을 배치하는 유형

• 북측형과 유사하게 교사동을 '一'자형 또는 '一'자형을 2열로 배치한 병렬형 등으로 배치하며, 교사동의 일조가 양호하다.

• 교사동의 일조는 확보할 수 있으나 북측에 위치한 운동장의 일조에 영향을 줄 수 있다.

③ 동・서측형

• 대지의 서측 또는 동측에 교사동을 배치하고 반대 측에 운동장을 배치하는 유형

• 교사동의 일조가 양호하지 않다.

④ 혼합형

• 북측형 또는 남측형과 조합되어 '厂'자형, 'ㄴ'자형, '∏'자형 등의 형태로 배치된 유형

• 교실의 위치에 따라 일조와 통풍 등의 환경이 다르다.

• 교사동 내에서의 동선이 길어진다.

• 운동장의 소음이 교실의 학습활동에 영향을 줄 수 있다.

나) 교사동의 형태와 연계성에 따른 배치유형

교사동의 형태와 연계성에 따른 배치 유형은 분산병렬형, 집합형, 폐쇄형, 클러스터 형(군집형) 등으로 분류할 수 있다.

(4) 블록플랜(Block Plan)

Block Plan이란 학교건축에서 요구되는 공간의 영역(학습 공간, 지원 공간, 관리 공간, 공용 공간,

옥외 공간 등)을 분류하고 각 영역별 단위 공간(일반 교실, 특별교실, 행정실, 교무실, 오픈 스페이스, 복도, 운동장, 놀이 공간 등)의 평면(Unit Plan)을 여러 개 모아 유기적으로 연계하고 블록(Block)화 하는 교지(校地) 및 교사(校舍)의 평면적 배치계획을 말한다.

가) 교지 블록플랜의 조건

교지의 블록플랜은 교사, 운동장, 체육관 등의 위치 관계와 동선에 따라 계획하고, 동선의 분위기, 경관, 주변 환경과의 연계성 등을 고려한다.
교지 블록플랜의 결정 조건을 정리하면 다음과 같다.

- 교사 블록과 옥외 공간의 독립성을 유지하면서 유기적인 관계가 되도록 계획한다.
- 다양한 교수·학습활동과 쾌적한 생활 공간 조성이라는 중요 관점에서 일조, 방위 등 환경 조건을 고려하여 유기적인 연계와 일체감이 있도록 계획한다.
- 교문의 위치 설정에 있어서 학생의 등·하교의 방향과 지역사회에 있어서 학교의 위치와 접근성이 충분히 인지되도록 계획한다.
- 교문에서 교사(校舍)의 현관에 이르는 동선이 교사나 운동장에 대해서 적절한 위치가 되도록 한다.

유형 구분	교사동 형태	특 징
선형	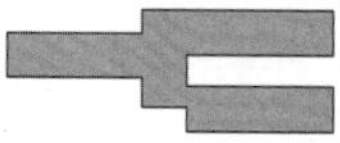	• 동선이 단순하다. 소규모 학교에 적합하다. 조망, 채광 등 각 실의 환경조건을 균등하게 계획가능하다. • 규모가 큰 학교의 경우 동선이 길어지는 단점이 있으며 기능적 연계성을 갖는 공간 배치에 어려움이 있다.
집합형	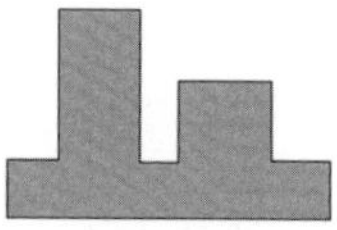	• 각 공간이 공용공간을 중심으로 근접 배치하여 연계성을 높일 수 있다. 공용공간의 질을 높이고 다양하게 계획할 수 있으므로 공용공간의 구성이 중요하다. • 조망, 채광 등 실내 환경이 불리하다.
□ 자형 (폐쇄형)	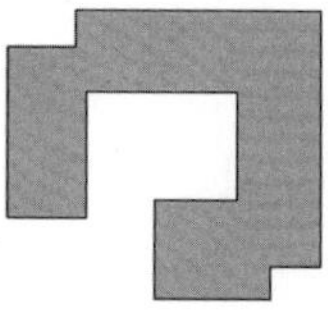	• ㄷ자형 또는 □자 형태이다. 중앙에 운동장 또는 중정(中庭)을 두고 둘러싼 형태이다. • 별도의 운동장을 두고 중정을 둘 경우 아늑한 분위기를 만들 수 있으나 답답할 수 있다. 소음에 주의해야 하며, 채광 조망이 불균등하다.
군집형 (클러스터)	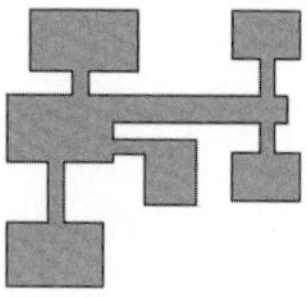	• 학년 또는 교과를 중심으로 동(棟)별 군(群, Cluster)을 형성하는 유형이다. • 각 동의 독립성이 좋으며 동별 기능을 달리할 수 있으므로 교육여건의 변화에 능동적으로 대응할 수 있다.
분산형	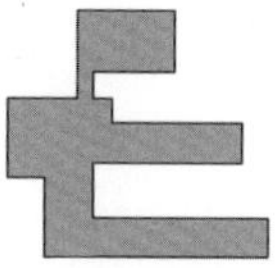	• 각 동을 별동으로 분산배치하고 각 동별 외부 공간을 확보하는 유형이다. • 각 동별 개방성이 좋다. 저층으로 분산할 경우 일조, 통풍, 채광 등에 유리하다.
방사형		• 각 동을 방사형(放射形)으로 배치하는 유형이다. 지원시설로의 원활한 접근성과 동선을 좋게 할 수 있다.

그림 9-19. 교사동 블록플랜의 유형

- 교사(校舍), 체육관, 운동장, 옥외 공간 등의 면적과 배치를 균형 있게 계획한다.
- 학년 교실군, 교과 교실군, 관리 공간, 지역 개방 공간 등의 블록 구분과 상호 연결이 효율적이 되도록 계획한다.
- 지역 개방 블록은 지역인의 접근성이 용이하도록 하고, 학교 전용 부분과의 동선이 겹치지 않도록 계획한다.

나) 교사(校舍) 블록플랜(Block Plan)의 조건

교사의 블록플랜은 기능적인 측면에서 조닝과 그룹핑이 필요하다.

교사의 블록 구분은 학급교실 블록, 특별교실 블록, 관리 블록, 공용 블록 등으로 구분한다.

교사 블록플랜의 조건을 정리하면 다음과 같다.

- 학년 단위로 계획한다. 초등학교 저학년과 고학년은 분리한다.
- 같은 기능을 가진 교실과 유사 교과교실, 특별교실을 그룹핑한다.
- 교과교실제 운영의 경우 교과별 그룹핑 계획한다.
- 보통교실은 직접 외부에 접하고 비상시나 재해 시의 피난에 유의하여 계획한다.
- 동일 학년의 학급은 균등한 조건으로 같은 층에 계획한다.
- 초등학교 저학년의 경우 1층에 배치한다.
- 초등학교 저학년과 중·고학년의 출입구를 분리한다.
- 초등학교 저학년의 경우 U형(종합 교실형)으로 계획한다.
- 초등학교 중·고학년의 경우 U+V형(일반교실+특별교실형)으로 계획한다.
- 옥내 운동장, 체육관, 수영장 등과 옥외운동장과 그룹핑한다.
- 일반교실의 양단 끝에 특별교실을 배치하기보다는 일반교실과 특별교실을 분리하여 계획한다.
- 특별교실군은 교과 내용에 대한 융통성, 보편성, 학생 이동 시의 소음방지를 검토하여 배치한다.
- 관리제실을 그룹핑하여 교지 전체가 보이고 방문객이 그 위치를 알기 쉽도록 학교 중심에 배치한다.
- 교사(校舍) 내의 개방 공간은 학교 전용 부분과 분리하고 지역의 이용자가 찾기 쉽고 편리하게 이용할 수 있도록 계획한다.

8 학교 운영방식의 유형

(1) 운영방식이란

운영방식이란, 학교에는 학년과 학급(반)의 편성이 수반(隨伴)되고 이에 따라 교사와 학생(학급)이 수업시간마다 또는 교과목의 종류에 따라서 교실 또는 학습 공간을 어떻게 나누어 사용할 것인가의 방식이다.

사용방식과 공간의 대응이라는 건축적 측면에서 운영방식은 학교 건축계획 시 중요한 요인 중의 하나이며, 학교건축의 공간 구성에 가장 큰 영향을 미치는 요인이다.

운영방식의 결정 요인으로는 하나의 학급단위로서의 교실과 교육 내용으로서의 교과목이 있다.

교실과 교과목의 조합 방식에 따라 여러 형태의 운영방식이 결정되며, 그 방식에 따라 교실의 유형을 특정교실, 교과교실, 종합교실, 일반교실 등으로 분류할 수 있다.

(2) 운영방식의 유형과 특징

운영방식은 학급과 교과목의 운영 형태에 따라 여러 가지 유형으로 구분할 수 있으며, 각 운영방식의 특징을 정리하면 다음과 같다.

① 종합교실형(U형: Usual Type 또는 A형: Activity Type)

학급 수와 교실 수가 일치하고 각 학급에 있어서 모든 교과를 교실에서 행하는 방식이다.

- 가장 원초적이고 기본적인 운영방식이다.
- 학급의 이동이 없어 가족적인 분위기로 학생이 심리적으로 안정된다.
- 타 학급의 학생과 교류가 적어진다.
- 교실의 이용률이 높다.
- 교과 내용의 질적 수준이 한정될 수 있다.
- 유치원과 초등학교 저학년에 적합하다.
- 모든 교과 내용을 원활히 진행할 수 있는 설비, 가구, 자료 등 시설의 정도가 낮을 경우 교육 효과를 얻기 어렵다.
- 교실의 면적이 증가될 수 있다.

② 종합+특별교실형(U+V형, Usual+Variation Type)

각 학급이 전용의 교실을 가지며 교과의 대부분이 교실에 행해지고 특정의 교과는 특별교실을 두고 운영하는 방식이다.

- 보편적인 교과는 각 교실에서 행해지고 특정의 일부 교과는 특별교실에서 행해지는 경제적인 방식이다.
- 학교 생활거점으로서 교실(Home)을 확보하여 안정된 학교생활이 가능하다.
- 특별교실의 증가에 따른 교실 이용률이 저하될 수 있다.
- 특별교실의 시설, 설비의 고도화가 필요하여 설치비가 증가한다.
- 초등학교 고학년, 중학교, 고등학교에 적합한 형식이다.

교과 \ 학급	특정학급 사용	여러학급 사용
특정교과에 사용	특정교실 (Special)	교과교실 (Variation)
여러교과에 사용	종합교실 (Usual)	일반교실 (General)

그림 9-20. 교실의 유형 구분

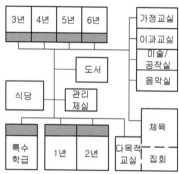

- 저학년을 종합교실형, 고학년은 특별교실형으로 하는 초등학교 교실 배치관계

- 특별교실형 운영방식의 중등학교 교실 배치관계

그림 9-21. 운영방식에 따른 교실의 배치 관계

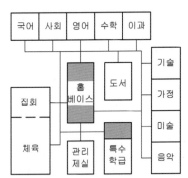

• 교과교실형 운영방식의 중등학교 교실 배치 관계

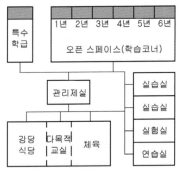

• 오픈스페이스 타입의 초등학교 교실 배치관계

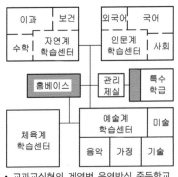

• 교과교실형의 계열별 운영방식 중등학교 교실 배치관계

※ 범례 : ▨ 학생 생활공간

그림 9-22. 운영방식에 따른 교실의 배치 관계

③ 교과교실형(V형, Variation Type 또는 Department Type)

전 교과가 전용(專用)의 교실을 가지며 종합교실을 두지 않는다. 학생이 교과 시간마다 교과교실로 이동하여 수업을 운영하는 방식이다.

• 모든 교과를 특별교실 화하여 교과내용의 수준을 높일 수 있다.
• 교과교실의 순수율을 높일 수 있다.
• 학생의 이동이 많아 동선계획에 세심한 계획이 필요하며 생활면에서 불안정하다.
• 전용교실(Home Room)이 없으므로 소지품보관 등 생활거점 장소와 시설(개인 로커, 식당, 탈의실 등)이 필요하다.
• 교과 시간표의 작성이 어려우며 교과교실 운영과 관리를 위한 담당교사가 필요하다.
• 중학교, 고등학교, 대학 등에 적합한 형식이다.

④ 플래툰형(P형, Platoon Type)

교실 전체를 보통교실(종합교실)군과 특별교실(교과교실)군으로 나누고 전교의 학급 수를 둘로 나누어 두 개의 학급군이 각 교실 군을 교대로 사용하는 방식이다.

• 교실과 특별교실의 이용률을 극대화할 수 있다는 경제적 측면이 강조된 타입이다.
• 학급편성을 짝수로 해야되고 시간표 편성에 어려움이 있다.
• 학급 규모의 변동에 대응하기 어렵다.
• 학생의 생활거점 확보가 어렵다.

⑤ 중간형(E형, U.V형과 V형의 중간형)

종합+특별교실형과 특별교실형의 중간적인 형태를 갖춘 방식이다. 일반교실 수는 학급 수보다 적고 특별교실의 순수율이 반드시 100%가 되지는 않는다.

• 이용률을 높일 수 있다.
• 학생의 이동이 많고 학생의 생활 장소가 안정되지 않아 혼란을 초래할 수 있다.
• 학생 동선의 효율성과 소지품 보관을 위한 계획이 필요하다.

⑥ 달톤형(Dalton Type)

　학년과 학급을 편성하지 않고 학생의 능력별로 교과를 선택하고 수업하는 방식이다.

- 학생 수에 따라 규모와 시설이 다른 다양한 형태의 교실이 요구된다.
- 학원에 적합한 형식이다.

■ 사물함과 자료실

⑦ 오픈스쿨형(Open School Type)

　학급단위의 교육형식에서 벗어나 학생개인의 교육수준과 내용에 따라 개별화, 개성화를 중시하며, 개별학습에서 그룹학습까지 다양한 학습방법을 운영하는 방식이다.

- 다양한(예측되지 않은 형태의 교육) 교육활동에 대응할 수 있는 융통성 있는 공간이 필요하다.
- 다양한 학습 형태(개인, 그룹, 학급, 학년 등)를 위한 Open Space가 필요하다.
- 공간의 Open에 따른 조명, 냉·난방 공기조화 등 환경설비의 고도화가 필요하다.
- 개별화 개성화 교육을 위한 교구, 사물함, 이동형 칸막이, 이동형 칠판 등 시설의 고도화가 필요하다.
- 다양한 학습형태에 대응하고 소음을 줄이기 위한 바닥 재료가 필요하다.

■ 개별 및 그룹학습 코너

■ 교실(좌)과 복도 학습코너 및 오픈스페이스

그림 9-23. 오픈스쿨 사례(토타시립 아시하라 초등학교, 사이타마현, 일본)

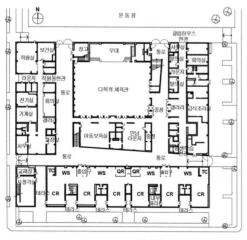

- 위치 : 일본 사이타마현 토다시 니이죠
- 대지면적 : 14,852㎡
- 건축면적 : 5,237.78㎡
- 연면적 : 11,245.30㎡
- 규모 : 지상 3층
- 구조 : 철근콘크리트조 (일부 SRC조, 철골조)
- 준공 : 2005년

※ 범례
　CR : 일반교실
　QR : Quiet Room
　TC : Teacher Corner
　WS : Work Space

■ 교실(상)과 통로(하)

그림 9-24. 오픈스쿨 평면(1층) 사례(토타시립 이시하라 초등학교)

9 영역별 공간계획

9.1 공간계획의 방향

(1) 공간계획의 고려사항

학교의 다양한 교수·학습활동을 위하여 교사(校舍)동의 공간계획이 교사(校舍) 내부와 외부의 각 공간으로 공간적 연속성을 가질 수 있도록 계획하고, 각 실의 용도, 사용 인원, 실별 소요 기자재 및 자료 등의 특성을 고려하여 실의 규모와 배치를 계획하며, 운영 및 유지·관리가 용이하도록 계획한다. 공간계획의 고려사항을 정리하면 다음과 같다.

- 다양한 교수·학습 방법에 대응하는 학생과 교직원의 활동을 지원할 수 있도록 계획한다.
- 다양한 학습 시스템과 활동이 가능한 다목적 스페이스, 오픈 스페이스를 충분히 활용할 수 있도록 계획한다.
- 교사동의 내부와 외부의 각 공간이 연속성을 가질 수 있도록 계획한다.
- 각 실 공간의 규모와 배치는 실의 용도, 사용 인원, 소요 기자재 및 자료 등의 특성을 고려하여 계획한다.
- 교사동의 단면 규모는 3층 이하의 저층계획이 되도록 한다. 불가피하게 고층화할 경우에는 일반 교실을 저층에 계획한다.
- 각 실은 다양한 학습활동과 변화에 대응하도록 규모와 형태의 변경이 가능한(이동식 칸막이 벽, 증축 등) 융통성 있는 공간 구조로 계획한다.
- 각 실의 용도와 특성에 따라 냉난방, 급배수, 환기, 조도 등을 계획한다.
- 각 실의 설비는 중앙에서 관리와 통제가 용이하게 계획하고, 운영 및 유지·관리의 효율성을 계획한다.
- 비상, 재해 시 피난 동선과 방화구획의 면적 배분에 유의하여 계획한다.
- 정보통신설비의 발달(U-School, Smart Learning 등)과 변화에 대응할 수 있도록 설비 시스템을 고도화하고 공간의 융통성을 고려하여 계획한다.
- 학교시설을 개방할 경우 개방시설의 범위, 배치 등이 학교의 교수·학습활동에 최소한의 영향을 주고, 지역 이용자가 편안하고 원활한 이용이 가능하도록 계획한다.
- 중·고등학교의 교과교실형 경우, 교실 간의 이동, 수업시간 외 학생들의 거점 공간, 개인 물건의 비치 장소, 학급 운영의 방법 등을 고려한 공간을 계획한다.

(2) 동선계획의 고려사항

교사(校舍)의 동선은 짧고, 명료하고, 안전하며, 원활한 흐름이 될 수 있도록 한다. 동선계획의 고려사항을 정리하면 다음과 같다.

- 동선은 학생, 교직원과 더불어 방문자 등이 원활하게 이용할 수 있도록 가능한 짧고 명료하고 안전하게 계획한다.
- 교구 및 교재 등의 운반이 안전하고 원활하게 계획한다.
- 다수의 학생을 수용하는 다목적 강당, 시청각실 등은 출입과 피난의 동선이 안전하도록 계획한다.
- 평상시와 피난 시를 고려하여 복도 및 계단의 폭과 위치를 고려하여 계획한다.
- 복도와 계단의 면적을 최소화(전체 면적의 20% 이하가 적당)하여 계획한다.
- 화장실, 세면실 등은 교실 배치와 학생의 분포 등을 고려하여 분산 배치한다.
- 불필요하거나 필요 이상의 규모를 갖는 복도, 계단 등이 없도록 계획한다.
- 교실에서 쉬는 시간에 중정, 운동장, 체육관, 휴게 공간 등으로 나가서 이용할 수 있도록 계획한다.
- 중등학교의 경우 교과교실, 홈베이스 등 각 시설군의 관계와 동선을 고려하여 계획한다.

9.2 교수·학습 공간 계획

(1) 교실의 이용률과 순수율

① 이용률(利用率, Occupancy ratio)

이용률이란, 일반적으로 한 주간(週間)의 평균 수업시간에서 해당 교실이 얼마만큼 사용되고 있는가를 나타내는 것으로써 학교건축에 있어서 교수·학습 공간의 합리적인 수량을 산출하거나 운영의 합리성을 측정하는 기본 지표(指標)로서 사용된다.

$$\text{이용률} = \frac{\text{교실이 사용되고 있는 시간}}{\text{1주간의 평균 수업시간}} \times 100$$

② 순수율(純粹率)

순수율이란, 어느 교실이 사용되는 총 시간(일반적으로 주당 총 사용 시간)에서 특정한 교과에 사용되는 시간 비율을 나타낸 값이다.

$$\text{순수율} = \frac{\text{특정한 교과를 위해 사용되는 시간}}{\text{교실이 사용되고 있는 시간}} \times 100$$

예) 주당 평균 40시간을 수업하는 어느 학교에서 음악실에서의 수업시간은 20시간이다. 음악실에 사용되는 시간 중 5시간은 학급토론을 위해 사용된다면 음악실의 이용률과 순수율은 얼마인가?

▶ 이용률 = 20시간 / 40시간 × 100(%) = 50(%)
▶ 순수율 = (20 − 5) / 20 × 100(%) = 75(%)

(2) 보통교실 계획

가) 보통교실 계획 시 고려사항

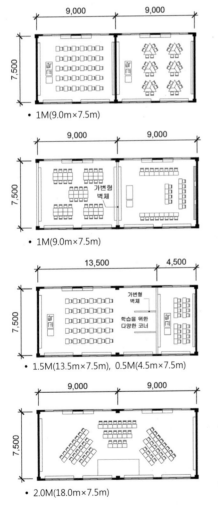

• 1M(9.0m×7.5m)

• 1M(9.0m×7.5m)

• 1.5M(13.5m×7.5m), 0.5M(4.5m×7.5m)

• 2.0M(18.0m×7.5m)

그림 9-25. 책상의 다양한 배치와 교실 크기

보통교실은 일반교실, 학급교실이라고도 한다. 보통교실은 교육, 학습 및 생활의 종합적인 기능의 장소와 학급의 Home Room 공간으로서 심리적인 안정감이 부여되도록 계획한다.

• 학교생활의 종합적인 기능과 Home Room의 장소로서 학습활동에 대응하면서 심리적인 안정감을 갖을 수 있도록 계획한다.
• 일조, 채광, 통풍 등의 양호한 환경의 확보에 유의하여 방위와 위치를 계획한다.
• 동일 학년의 교실은 동일층 및 동일 구획에 계획한다.
• 초등학교의 경우 저학년(1~2학년), 중학년(3~4학년), 고학년(5~6학년)의 학년별 학생의 발달 정도와 교육과정의 특성이 비교적 명확한 차이를 보이므로 학년별 특성을 반영하여 공간을 계획하고 저학년과 중·고학년의 학습·생활 공간을 구분하도록 한다.
• 초등학교의 경우 저학년의 교실은 다목적교실 및 옥외공간과 연결될 수 있도록 저층부에 계획한다.
• 초등학교 저학년의 경우 유치원 교육과정과의 연계와 활동 중심의 교수·학습활동이 이루어지는 통합 교육과정의 특성 및 학교생활의 적응도와 신체적 발달이 미숙하다는 점 등을 고려하여 교실에서 대부분의 교수·학습활동이 이루어질 수 있도록 종합교실형으로 계획한다.

- 초등학교 중·고학년의 경우 교실과 인접하여 오픈스페이스를 계획하여 코너학습과 휴게 등으로 활용할 수 있도록 계획한다.
- 동일 구역에 배치된 동일 학년의 공간이 타 학년의 통과 동선이 되지 않도록 계획한다.
- 각 학년의 구획은 교실 배치의 시각적 연속성(zone)과 홀 등의 공용 공간과의 연결성에 유의하여 계획한다.
- 각 학년의 학급 수가 증감할 경우 학년 간 공간 구획이 흐트러지지 않도록 교실의 증축과 실의 용도가 전환 가능하도록 계획한다.
- 학급당 학생 수, 다양한 학습 형태(일제 학습, 그룹 학습)와 학습 집단(모둠학습)의 활동 등에 대응하고 다양한 교육 기자재(교육 자료, 도서, 컴퓨터 등) 및 시청각 미디어설비 등이 가능하도록 교실의 적정 면적과 형태(정방형 또는 정방형에 가까운 형태)를 계획한다.
- 교실의 다양한 교수·학습방법과 오픈스페이스, 학습 지원 공간, 교사(教師) 공간 등에도 대응할 수 있는 적정 면적과 형태를 고려한 모듈을 계획한다.
- 다목적교실, 특별교실, 도서관, 지원시설 등과의 기능적 연계를 고려하여 계획한다.
- 통합 교육과정이 운영되는 초등학교 저학년 교실은 다목적화된 종합교실형으로 계획한다.
- 일반교실 단위 계획에서 벗어나 교실

구분	평면 모듈	특징
7.5×8.1m	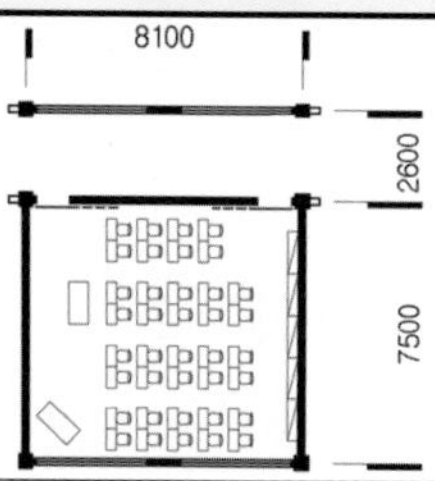 8100 / 2600 / 7500	• 최소의 면적(60.75m²)으로 경제성 좋음 • 학습활동의 다양화를 수용하기가 어려움 • 학급당 학생수가 30명 이하일 경우 적용 가능한 모듈 • 교사연구 공간이 부족
7.5×8.4m	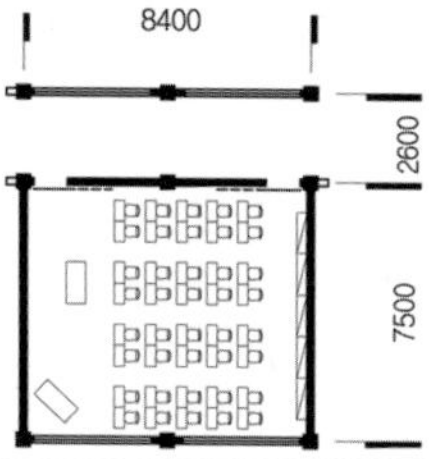 8400 / 2600 / 7500	• 교실 면적 63m²로 학생 1인당 1.8m² • 사물함 공간을 확보와 정방형의 학습공간에 교구 배치 가능 • 교사연구 공간이 부족
7.5×9.0m	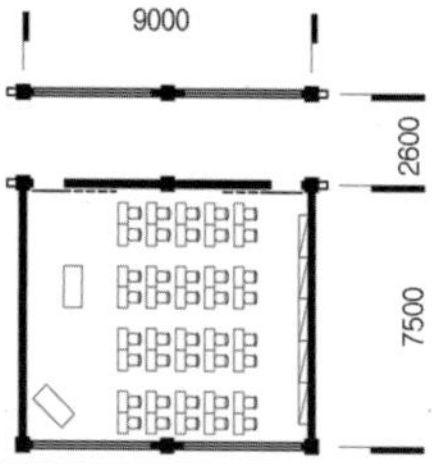 9000 / 2600 / 7500	• 가장 일반적인 모듈(67.5 m²) • 사물함 공간을 확보 및 다양한 학습활동을 수용할 수 있음 • 학급당 30명 이하 일 경우 교실 뒷부분의 불필요한 공간 발생
8.1×8.1m	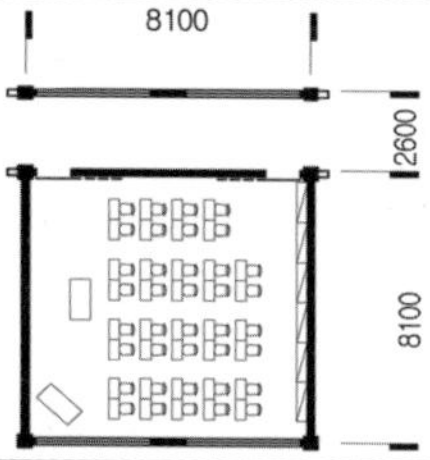 8100 / 2600 / 8100	• 면적 65.61m²으로 다양한 수업이 가능한 정방형 교실 • 뒷부분 수납공간을 둘 경우 유용율이 떨어짐 • 교실 깊이가 깊어 북측의 조도가 낮아져 교실 환경이 불균형할 수 있음
8.4×8.4m	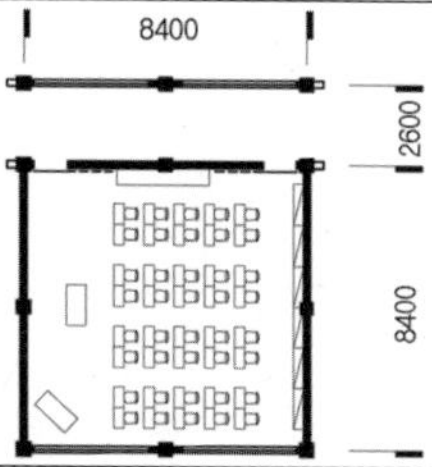 8400 / 2600 / 8400	• 70,56m²로 35명의 학생이 토론과 학습, 수준별 분단수업 등 학습활동을 할 수 있는 면적 • 북측에 교과를 위한 수납 공간을 확보할 수 있음
9.0×9.0m	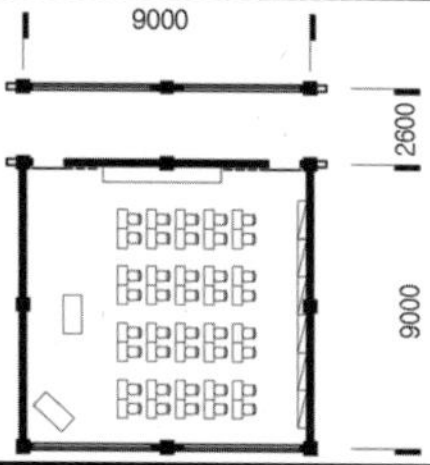 9000 / 2600 / 9000	• 교실 면적 81m²로 교사연구공간, 사물함, 교재보관 공간 등을 확보할 수 있는 면적 • 초등학교 종합교실형에 적합, 중·고등학교의 교실 규모로는 비경제적임

그림 9-26. 일반교실의 단위 모듈과 특징

과 오픈스페이스를 하나의 유닛(Unit)으로 계획한다.
- 교실의 복도 측에 창을 두어 개방감과 맞통풍이 가능하도록 계획한다.
- 컴퓨터, 멀티미디어 시스템 및 정보기기 등의 스마트 교육 시스템의 설비와 변화에 대응할 수 있는 공간이 되도록 계획한다.
- 사물함의 설치와 교실 내·외의 위치에 따른 교실 모듈과 관계를 설정한다.
- 교실과 복도 사이의 벽은 창문의 높이는 신발장 높이를 고려하고, 교실 출입문은 안목 치수 900mm 이상으로 계획한다.
- 교실 공간의 각종 높이는 다음 사항을 고려하여 계획한다.
  - 외부와 면하는 교실 창 : 채광과 안전를 고려하여 바닥 마감선에서 900mm 정도 확보
  - 복도와 면하는 교실 창 : 학생의 신장 및 복도의 시각적 관계를 고려하여 바닥 마감선에서 1,100mm 정도 확복
  - 외부와 면하는 복도 창 : 신발장 높이를 고려하여 바닥 마감선에서 1,200mm 정도 확보
  - 칠판 : 학생 신장을 고려하여 바닥 마감선에서 750~900mm 정도 확보
  - 게시판 : 사물함 높이를 고려하여 바닥 마감선에서 1,300mm 정도 확보
  - 천정고 : 선풍기 설치를 고려하여 바닥 마감선에서 2,600mm 정도 확보

나) 교실의 면적

교실의 적정 면적은 학급당 학생 수를 중심으로 다양한 교수·학습방식과 학습 집단 형성의 변화에 대한 융통성, 다양한 학습 코너 및 수납공간 등을 설치하는 데 적합할 필요가 있다.
- 교실의 면적은 학급당 학생 수를 30명, 교육 방식이 일방향식일 경우 학생 1인당 2.25㎡가 요구된다.
  - 학생 수가 30명인 학급의 경우 67.5㎡
- 다양한 교수·학습활동과 각종 학습 코너(도서, 자료전시, 작업코너 등), 수납공간, 교사(敎師) 공간 등을 고려할 때 학생 1인당 최소 3.0㎡ 이상이 소요
  - 학급당 학생 수가 30명인 경우 90㎡
  - 학급당 학생 수를 OECD 수준(약 22~23명)에 맞출 경우 66~69㎡

구 분	한국(명)	OECD 평균(명)
초등학교	26.3	21.2
중학교	34.0	23.3

기준년도 : 2011년

표 9-11. 학급당 학생 수

- 초등학교 저학년의 경우 모든 교과의 교수·학습활동이 이루어지는 종합교실형으로 계획할 경우 4.0㎡ 이상이 바람직하다.

다) Module 계획

교실 평면 Module의 결정 요인으로는 학급당 학생 수, 전면 칠판과의 대면 길이, 채광창을 통한 일조량 및 주광률을 고려한 깊이, 다양한 교수·학습 형태의 대응, 수납공간과 구조적 스팬과 교사 (校舍) 평면의 증대 모듈 및 보조 모듈로의 활용 등을 고려하여 계획한다.

- 책상 규격 : 500×700mm
- 책상의 간격 : 500~600mm
- 일조량과 주광률을 고려한 깊이 : 8.0m 내외
- RC조의 효율적 스팬 : 6~10m
- 다양한 교수·학습활동을 위한 교실의 형태 : 장방형보다는 정방형에 가깝거나 정방형이 유리
- 모듈 응용 : 증대 모듈(1.5M, 2M, 3M 등)과 보조 모듈(0.25M, 0.5M) 사용

가로(m) / 세로(m)	7.2	7.5	7.8	8.1	8.4	8.7	9.0	9.3	9.6	9.7	10.0
7.2	51.8 (1.72)	54.0 (1.80)	56.2 (1.87)	58.3 (1.94)	60.5 (2.01)	62.6 (2.08)	64.8 (2.16)	67.0 (2.23)	69.1 (2.30)	69.8 (2.32)	72.0 (2.4)
7.5	54.0 (1.80)	56.3 (1.87)	58.5 (1.95)	60.8 (2.02)	63.0 (2.10)	65.3 (2.17)	67.5 (2.25)	69.8 (2.32)	72.0 (2.40)	72.8 (2.42)	75.0 (2.50)
7.8	56.2 (1.87)	58.5 (1.95)	60.8 (2.02)	63.2 (2.10)	65.5 (2.18)	67.9 (2.26)	70.2 (2.34)	72.5 (2.41)	74.9 (2.49)	75.7 (2.52)	78.0 (2.60)
8.1	58.3 (1.94)	60.8 (2.02)	63.2 (2.10)	65.6 (2.18)	68.0 (2.26)	70.5 (2.35)	72.9 (2.43)	75.3 (2.51)	77.8 (2.59)	78.6 (2.62)	81.0 (2.70)
8.4	60.5 (2.01)	63.0 (2.10)	65.5 (2.18)	68.0 (2.26)	70.6 (2.35)	73.1 (2.43)	75.6 (2.52)	78.1 (2.60)	80.6 (2.68)	81.5 (2.71)	84.0 (2.80)
8.7	62.6 (2.08)	65.3 (2.17)	67.9 (2.26)	70.5 (2.35)	73.1 (2.43)	75.7 (2.52)	78.3 (2.61)	80.9 (2.69)	83.5 (2.78)	84.4 (2.81)	87.0 (2.90)
9.0	64.8 (2.16)	67.5 (2.25)	70.2 (2.34)	72.9 (2.43)	75.6 (2.52)	78.3 (2.61)	81.0 (2.70)	83.7 (2.79)	86.4 (2.88)	87.3 (2.91)	90.0 (3.00)

※ ( )은 학생수 30명 기준의 1인당 면적

표 9-12. 모듈에 따른 교실 면적 및 1인당 면적

위와 같은 조건과 교실의 적정 면적을 고려할 때 교실의 일반적 모듈을 7.5×9.0m, 7.5×8.1m, 7.5×8.4m, 8.1×8.1m, 8.4×8.4m, 9.0×9.0m로 계획할 수 있으며 각각의 모듈 특징을 정리하면 다음과 같다.

(3) 교실의 배치 유형

교실의 배치 유형은 크게 교실의 그룹핑(grouping) 형태에 따른 배치 유형과 인접한 복도 및 오픈 스페이스와의 유닛(Unit) 배치 유형으로 분류할 수 있다.

가) 교실의 그룹핑 형태에 의한 배치 유형

그룹핑에 의한 배치 유형은 교실을 소단위 그룹으로 배치하는 클러스터 타입(Cluster Type)과 교실과 분리하여 배치하는 엘보우 타입(Elbow Access Type)으로 분류할 수 있다. 각각의 특징을 요약하면 다음과 같다.

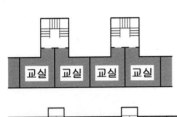

■ 2교실 단위

① 클러스터형(Cluster Type)

- 유사성(類似性)을 가지는 어떤 개념을 근접한 위치에 집합시킴으로써 이루어지는 특정 지역 또는 군집체(群集體)란 뜻으로, 여러 개(2~4개)의 교실을 소단위 그룹으로 그룹핑하여 배치한 형식을 말한다.
- 마스터플랜(Master Plan)의 융통성이 크다.
- 교실의 많은 부분이 외부와 접하는 계획이 가능하다.
- 학년 단위, 교실 단위의 독립성이 크고 소음이 적다,
- 학급 전용의 작은 홀을 구성할 수 있다.
- 넓은 교지가 필요하고 운영·관리비가 증가할 수 있다.
- 교실 블록과 관리부 블록의 동선이 길어진다.

■ 3교실 단위

② 배터리형(Battery Type)

- 축전지(蓄電池, 건전지) 2개가 한 쌍으로 묶여져 하나의 구성단위를 이루는 것과 비슷한 형태에서 유래(由來), 축전지라는 의미 보다는 2개로 이루어진 한 짝, 한 쌍, 한 묶음이라는 구성단위 형식
- 클러스터형의 일종으로서 계단 등의 공유 공간을 중앙에 두고 양쪽에 교실을 배치하는 유형
- 두 개의 교실을 서로 배터리처럼 맞대어 배치하고 왼쪽 교실은 왼쪽 통로에서, 오른쪽 교실은 오른쪽 통로에서 출입하는 형식
- 교실 양측의 채광이 가능하고 실내환경이 균일하다.

■ 4교실 단위

그림 9-27. 클러스터 형
(Cluster Type)

- 외부에 접하는 부분이 많아 소음방지계획에 주의한다.
- 출입구의 소음이 많이 발생한다.
- 교실과 교실은 공유벽으로 차단되어 있음으로 교실 간의 차음성이 좋다.

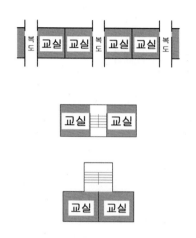

그림 9-28. 베터리 형(Battery Type)

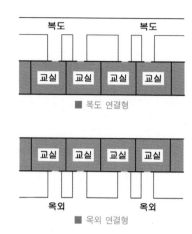

그림 9-29. 엘보 엑세스 형
(Elbow Access Type)

③ 엘보우형(Elbow Access Type)

- 복도를 교실에서 분리하여 배치하고 교실로 접근 시 "ㄱ"자형 연결통로를 통하여 접근하는 방식
- 교실의 개성을 살리기 어렵다.
- 학습의 순수율이 높다.
- 학년마다 놀이터의 조성이 유리하다.
- 각 교과의 통합이 어렵다.
- 일조, 통풍이 양호하고 실내 환경이 균일하다.
- 복도의 면적이 증가하고 소음이 많이 발생한다.

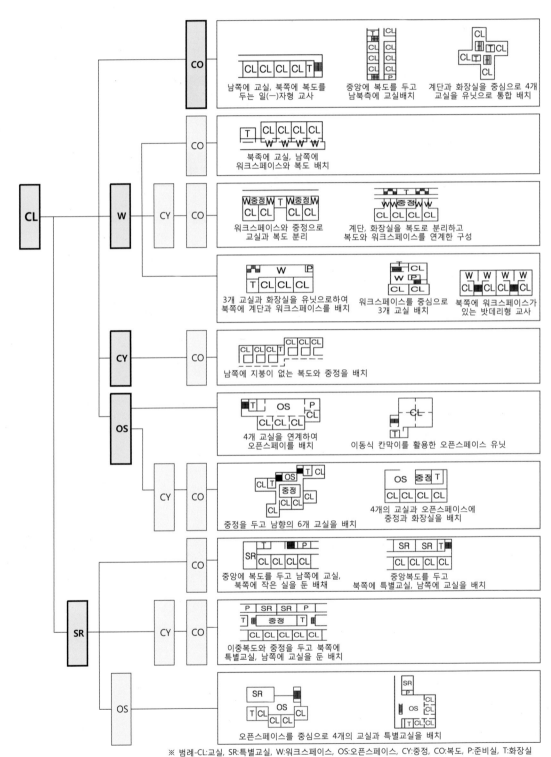

※ 범례-CL:교실, SR:특별교실, W:워크스페이스, OS:오픈스페이스, CY:중정, CO:복도, P:준비실, T:화장실

그림 9-30. 교실의 유닛 플랜의 구성과 유형

나) 유닛(Unit) 배치 유형

 교실과 복도 및 오픈스페이스를 하나의 유닛(Unit)으로 하는 배치 유형으로는 편복도 타입, 중복도 타입, 오픈플랜 타입(Open Plan Type) 등으로 구분할 수 있다.
각각의 유형별 특징을 요약하면 다음과 같다.

① 편복도형
- 교실을 편복도에 접하여 배치하는 유형, 교실을 남측에 복도를 북측에 배치한다.
- 각 교실의 실내환경을 균등하게 할 수 있다.
- 복도의 면적이 증가할 수 있다.

② 중복도형
- 복도를 중심으로 양측에 교실을 배치하는 유형
- 복도 면적을 줄일 수 있다.
- 교사 면적의 효율성을 높일 수 있다.
- 복도를 중심으로 한 교실의 위치에 따라 실내환경이 불균등하다.

③ 오픈스페이스형(Open Space Type)
- 교실과 오픈스페이스를 연속적으로 계획하는 유형
- 소극적인 복도의 개념에서 벗어나 복간 공간을 Open Space화하여 다목적 교육 공간으로 활용하는 유형
- 교실과 연계하여 알코브(Alcove)나 코너(Coner) 공간을 구성한다.
- 자주적으로 이용할 수 있고 미디어 스페이스(Media Space)나 다목적 스페이스로도 사용한다.

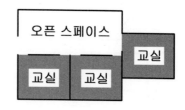

그림 9-31. 오픈스페이스 타입의 개념도

(4) 특수학급교실 계획

 특수학급이란, 정신지체아, 시각장애아, 청각장애아, 지체장애아 등 특수교육 대상자의 통합교육을 위하여 학교에 설치된 학급을 말한다.

- 보통학급과 연속된 생활권이 되도록 배치한다.
- 학습의 집중도(실내 색상, 밝기, 공간 조형 등)를 높이고, 생활안전(무단차, 모서리 방지 등) 및 부드럽고 온화한 학습환경을 계획하여 정서적 안정감을 줄 수 있도록 한다.
- 장애의 특성, 교실로의 접근과 외부 공간으로 출입이 용이한 위치와 안전 등을 고려하여 1층에 배치한다.
- 2층 이상에 배치할 경우 창문, 계단 등의 안전장치 및 Elevator와의 연계를 계획한다.

학생 수	학급 수
12인 이하	1 이상
13인 이상	2 이상

표 9-13. 특수학급 학생 수당 학급 수

- 2개 학급 이상일 경우 인접하여 배치한다.
- 교무실, 보건실 등과 연락이 용이하도록 근접하여 배치한다.
- 통합교육과 공동학습을 고려하여 학급교실, 특별교실 등과의 관계를 고려한다.
- 교수·학습 공간의 기능과 생활훈련실의 기능을 병행할 수 있도록 하고, 신체의 특수성을 고려한 세면실, 화장실 등을 학급 내 또는 주변에 계획한다.
- 다양한 교수·학습활동과 각종 교재·교구 설비를 갖추며(자료실), 활동의 안전을 고려한 면적을 계획한다.
- 학습의 효과를 극대화하기 위한 각종 멀티미디어 설비 및 교육 공간을 계획한다.
- 놀이 및 운동을 통한 치료 공간을 계획한다.
- 교실 내 또는 인접하여 교사연구실을 두고 특수학급을 관찰할 수 있는 구조로 계획한다.
- 휠체어의 출입에 지장이 없도록 바닥의 무단차 및 출입구 유효 폭을 계획한다.
- 좌식 생활을 고려한 바닥 재질을 계획한다.
- 중등학교의 경우 직업 교육을 위한 작업 공간을 계획한다.

(5) 열린 교실(Open Space)계획

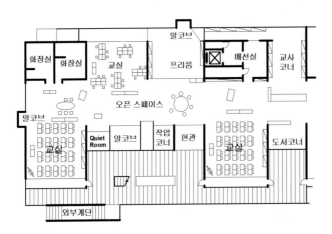

그림 9-32. 열린 교실 계획 예(하카다 초등학교, 후쿠오카시 일본)

- 열린 교육에 대응할 수 있도록 교실과 오픈스페이스를 연속적으로 계획한다.
- 교실과 오픈스페이스를 하나의 기본 유닛(Unit)으로 계획한다.
- 사각형의 단순한 공간이 아니라 교실에서 행해지는 수업의 연장으로서 언제든지 자유롭게 이용할 수 있도록 계획한다.
- 오픈스페이스는 휴식과 학습을 위한 옥외 공간과의 유기적 배치와 연속성을 확보한다.
- 오픈스페이스는 1층 또는 2층의 단면 형상을 고려하고 상부 톱라이트(Top Light)를 계획하여 조도 등 환경 조건이 균일하게 유지될 수 있도록 한다.
- 채광, 일조, 통풍 등이 양호하도록 계획한다.
- 대·소형 책상과 여러 가지 교구를 준비하여 다양한 학습 형태에 대응하도록 한다.
- 휴게, 교류 등 융통성 있는 학교생활의 장소로 사용할 수 있도록 계획한다.
- 저·중·고학년별로 그룹핑하여 계획한다.

- 초등학교 저학년의 경우 워크 스페이스(Work Space), 플레이 룸(Play Room) 등을 부속시켜 계획한다.
- 각 학년마다 특색 있는 공간을 계획하여 학년이 바뀔 때 새로운 공간을 느낄 수 있도록 계획한다.
- 공간 전체에 흡음성 재료를 계획한다.
- 교실과 오픈 스페이스 사이는 개방형 또는 Movable Partition 등을 계획하여 교실의 형태와 크기의 flexibility가 가능하도록 한다.
- 모든 학습과 생활이 교실 주위에서 이루어질 수 있도록 하고, 저학년 교실의 경우 다목적 공간으로 계획한다.

■ 열린교실(복도 좌)과 오픈공간(복도 우)

■ 복도에서 본 열린교실

그림 9-33. 열린교실 사례(토다시립 아시하라 초등학교, 사이타마현, 일본)

(6) 특별교실

특별교실이란 과학, 미술, 음악, 공작(工作), 어학 등 실험과 실습활동에 필요한 특별한 설비를 해 놓은 교실을 말한다. 특별교실계획시 일반적 고려사항을 요약하면 다음과 같다.

- 각각의 교과와 활동에 맞는 특색 있는 공간이 되도록 계획한다.
- 교수·학습활동에 의한 소음, 진동, 냄새 등의 발생이 다른 교실에 영향을 주지 않도록 계획하고, 음악교실, 공작교실은 내부 흡음설비를 계획한다.
- 특별교실의 상호 연관성을 고려하여 학습자료의 배치, 정보검색, 특별교실의 활동 결과물을 전시할 수 있는 오픈 스페이스를 계획한다.
- 이용이 예정된 보통교실에서 이동이 쉽고 이용 형태가 편리한 위치에 계획한다.
- 실험 준비, 자료 작성, 교재 교수 등의 보관의 장으로서 특별교실에 접하여 준비실을 두거나 특별교실 내부에 준비 코너를 계획한다.
- 동일한 특별교실은 준비실을 공동으로 사용하도록 계획하고 준비실과 특별교실 사이에 출입문을 설치하여 상호 투시가 가능하도록 계획한다.
- 실험·실습과 더불어 해당 과목의 이론 교육에도 대응할 수 있는 공간이 되도록 계획한다.
- 비상시 신속한 대피가 이루어질 수 있는 동선을 고려하여 배치하고 출입문은 2개소를 확보한다.
- 설비 배관의 효율성을 위해 층별로 동일한 위치에 특별교실을 배치한다.
- 학교의 규모, 교과 및 학습 내용, 지역으로의 개방 등을 고려하여 특별교실의 종류와 실 수, 면적 및 배치를 계획한다.

① 과학실험실
- 실내 공기 오염 및 유해가스 방지를 위한 환기, 급기 및 배기 설비 등을 계획한다.
- 전기설비, 급·배수설비, 환기설비, 냉난방설비 등의 배관과 장치 등은 천정, 바닥 또는 벽면에 매입하여 교실 내 이동에 장애가 되지 않도록 계획하고, 각 실습 테이블에 전기, 급·배수 설비 등의 설치를 고려하여 계획한다.
- 바닥과 벽면의 마감은 내화학성이 강한 재질을 사용하고 벽면의 경우 방염 재료로 계획한다.
- 위험한 약품과 재료를 안전하게 보관할 수 있는 공간을 준비실에 환기설비와 함께 계획한다.
- 물리, 지구과학 등의 건식 위주의 실험과 화학, 생물 등의 습식 위주의 실험에 다목적 기능과 융통성을 고려하거나 각각을 분리하여 2개의 실을 계획한다.
- 실험실습에 필요한 자료의 비치 및 정보검색 공간을 계획한다.
- 비상시 대피가 신속히 이루어질 수 있도록 계획한다.

② 기술실습실
- 사용되는 기계의 특징, 수 및 작업대의 배치와 공작 활동의 특성 등을 고려하여 실습실의 면적과 형태를 계획한다.
- 소음 발생으로 인한 실험실 내 안전사고와 다른 교실로 영향을 주지 않도록 흡음 및 차음 재료를 사용하고, 분진을 대비한 집진설비와 환기설비를 계획한다.
- 급·배수와 싱크대 설비 및 작업대에 전원공급 장치 사용을 고려하여 계획한다.

- 가정실습실과 인접하여 배치하거나 학교의 규모에 따라 가정실습실과 공용으로 사용 가능성을 고려한다.
- 옥외 공간과 연계하여 옥외 실습장 이용 및 옥외 수업이 편리하도록 계획한다.
- 이론 수업의 병행을 고려하여 계획한다.

■ 기술실습실

③ 가정실습실
- 사용되는 설비의 특징, 수 및 작업대의 배치와 작업 활동의 특성 등을 고려하여 실습실의 면적과 형태를 계획한다.
- 실습 내용과 관련되는 식당 및 옥외 실습장 등에 근접하여 배치한다.
- 급·배수, 급탕, 전기 및 가스, 싱크 설비 등의 설치 형태를 고려하여 계획한다.
- 조리 시 음식 냄새, 수증기, 가스 등의 발생에 대비한

■ 가정실습실

그림 9-34. 특별교실 예

환기설비와 피복, 조리 등의 학습별 특징에 대응할 수 있는 공간을 계획한다.

- 실습 재료, 용구, 조리기기 등의 수납을 위한 준비실을 계획한다.
- 이론 수업의 병행을 고려하여 계획한다.

④ 음악실

- 학습 영역과 분리하여 별동으로 계획하거나 음악실에서 발생하는 음 환경의 영향이 미치지 않는 위치에 배치한다.
- 개인 연습실과 그룹 연습실을 계획하고 상호 방해가 되지 않도록 방음과 개실 형태로 계획하고 창을 설치하여 연습실 내부가 보이도록 한다.
- 필요에 따라 노래, 악기 연주 등의 발표를 위한 가변형 무대를 설치할 수 있도록 계획한다. 무대 앞부분은 고정식 의자를 배치하지 않는 것이 효과적이다.

그림 9-35. 음악교실 사례(나가레야마시 오오타카노모리 초중학교, 치바현, 일본)

- 시청각 교육을 위한 미디어 시스템의 설치를 계획하고 시청각 교재 및 장비, 악보, 악기 등의 수납을 위한 공간을 계획한다.
- 잔향, 반향, 명료도 등 양호한 음 환경을 고려한 실의 평면, 단면 형태를 계획한다.
- 음향 효과를 위한 음향판, 방음 효과를 위한 방음판, 소리 차단을 위한 차음 구조, 흡음재 등을 효과적으로 사용하고 배치한다. 개구부와 출입구에도 방음시설을 계획한다.
- 계단실 구조의 교실은 수업의 집중도를 높일 수 있는 이점이 있고, 이 경우 시청각실을 겸하여 사용할 수 있도록 계획한다.

⑤ 미술실

- 일조와 조도가 균일하도록 배치하고 적합한 조명 환경을 계획한다.
- 작품의 수납, 보관, 전시, 감상 등을 위한 공간을 계획한다.
- 미술 재료, 화구 등을 세척할 수 있은 급·배수시설을 계획한다.
- 물감 및 미술 재료의 냄새 등의 환기시설을 계획한다.
- 2실 이상의 미술실을 계획할 경우 평면적, 회화적 실습을 하는 회화실과 입체적 실습을 하는 공작실로 구분하는 계획을 고려한다.
- 책상, 작업대, 이젤(easel) 등의 배치에 융통성을 줄 수 있는 면적과 형상으로 계획한다.
- 교구(校具), 화구, 소품 등을 보관할 수 있는 공간을 계획한다.
- 음악실과 연계를 고려하고 학교의 문화공간이 될 수 있도록 계획한다.
- 옥외 학습장, 옥상 광장 등 옥외 학습을 고려하여 배치를 계획한다.

⑥ 영어교실

- 다양한 교수·학습활동에 대응하고, 일제학습, 개별학습, 그룹학습, 수준별 학습 등의 형태에 대응할 수 있도록 계획한다.
- 컴퓨터, VTR, 빔프로젝터, 음향 시스템 등 정보화기기 및 멀티미디어 시스템 설비를 계획하고, 기기의 수납 및 준비실을 계획한다.
- 각종 자료를 위한 수납공간 및 다양한 학습 코너를 계획한다.
- 역할 학습을 위한 가변형 무대를 설치할 수 있도록 계획한다.
- 교실 내부는 차음 및 흡음이 되도록 계획한다.

(7) 다목적교실(강당)

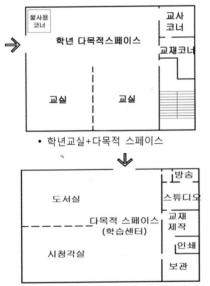

• 학년교실+다목적 스페이스

• 도서실+시청각실+다목적 스페이스(학습센터)

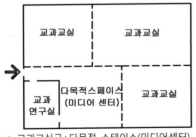

• 교과교실군+다목적 스테이스(미디어센터)

그림 9-36. 학습공간으로서의 다목적교실 구성

다목적교실은 교수·학습 공간으로서의 다목적실과 지원 공간으로서의 다목적강당으로 분류할 수 있다.

① 교수·학습 공간으로서의 유형은 보통교실과 연속하여 다목적교실을 계획하는 경우로 다양한 학습방법, 학습내용 등에 대응하기 위한 각종 학습 코너와 무대 공간 등을 형성하고 책상 및 교구 등의 배치와 수납공간 등을 적절하고 탄력적인 형태로 배열할 수 있는 면적과 공간 구조를 가진다.

② 지원 공간으로서의 다목적교실은 체육수업, 체육활동, 놀이활동 등을 위한 실내체육관의 기능과 학예발표, 공연, 강연 등 다양한 학교 행사 및 지역주민의 생활체육, 문화행사 등의 장소로서도 활용할 수 있는 강당의 기능을 가지는 유형으로 다목적강당의 기능을 가진다.

■ 다목적교실 계획 시 고려사항을 정리하면 다음과 같다.

- 보통교실과 연속하여 계획하는 경우 학습 방법, 학습 내용 등에 대해 각종의 학습 코너를 형성하고 다양한 책상, 교구 등의 배치와 수납공간이 탄력적으로 배치될 수 있도록 계획한다.
- 다른 교수·학습 공간과의 연관 및 역할 분담 등을 검토하고, 이용할 집단의 규모 및 수 등에 적절한 규모, 형

태를 가지도록 계획한다.
- 단이 없거나 가변형의 무대 공간을 계획하는 것이 효과적이다.
- 다양한 교수·학습활동의 장소로서 개별, 모둠학습, 2개 학급 이상의 통합학습 등에 대응할 수 있도록 계획한다.
- 다목적강당이 없는 경우 학교의 다양한 행사가 이루어질 수 있는 공간 규모와 구조를 가지며 교내와 지역주민의 접근성이 양호하도록 계획한다.
- 다목적강당이 없는 경우 간단한 실내 체육수업 및 놀이활동이 가능하도록 계획하고 인접하여 세면, 샤워 등의 설비계획을 고려한다.

■ 다목적강당 계획 시 고려사항을 정리하면 다음과 같다.
- 학년, 전교생 등이 이용하는 강당(체육관)의 기능을 갖는 넓은 면적의 다목적교실(강당)을 계획하는 경우 이용 형태와 이용자 수의 변화에 대응하여 적절한 공간 분할이 가능할 수 있도록 계획한다.
- 실외 체육장과의 접근이 용이하도록 배치하고, 교사동과 별동으로 계획할 경우 우천 시를 고려하여 연결복도 등을 계획한다.

그림 9-37. 다목적강당 사례_
강당과 무대시설(우측면)

- 강당, 체육관의 기능을 갖는 다목적교실을 계획하는 경우 무대시설, 관람석, 준비실, 방송실, 화장실, 탈의실, 샤워실, 창고 등을 계획한다.
- 벽, 천장 등은 흡음 및 차음 등 양호한 음향 효과를 고려하여 형태와 재료를 계획하고 내벽 하부는 충돌에 안전한 재료로 계획한다.
- 다양한 체육 활동과 행사를 고려하여 장·단변의 치수, 단면 치수, 무대 및 관람석의 위치 등을 계획한다.
- 무대의 하부 공간은 수납 공간으로 사용할 수 있도록 계획한다.
- 외부에서 내부를 관찰할 수 있은 창을 계획하는 것이 바람직하다.
- 지역주민의 체육 및 문화활동 등으로 활용될 경우를 고려하여 이용의 행태, 인원 수 등을 고려하여 적절한 규모와 부속 시설을 계획한다.
- 지역주민의 이용을 고려한 강당(체육관)의 기능을 갖는 다목적교실을 계획하는 경우 학생과 지역주민의 이용 동선을 구분하여 교사동의 시설물관리 및 통제가 가능하도록 계획한다.
- 출입구는 양방향 출입으로 하며 안전과 피난을 고려하여 적정 개수와 폭을 확보하도록 계획한다.
- 피난의 안전을 고려하고, 2층 이상에 배치될 경우 피난계단을 계획한다.

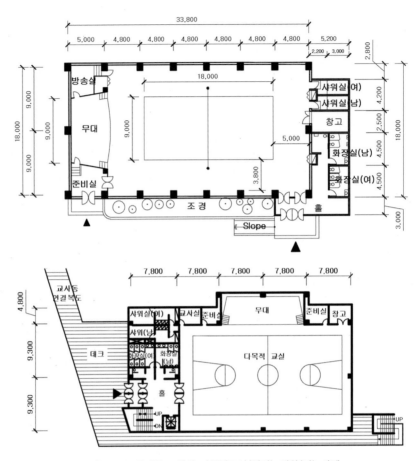

그림 9-38. 무대를 포함한 다목적교실(강당) 계획(안) 사례

9.3 지원 공간계획

지원 공간이란, 학교가 행하는 교육과정의 다양한 교수·학습활동과 직·간접으로 관련된 정보, 지식 및 학습활동 등을 보조, 지원하고 촉진시켜 주기 위한 공간으로서, 학습 지원시설, 학생 지원시설, 교원 지원시설, 기타 지원시설 등으로 구분할 수 있다.

(1) 학습 지원시설 계획

학습 지원시설은 도서관(실), 시청각실, 미디어센터, 컴퓨터실, 예절실, 무용실, 목공작업실, 악기연주실, 전시실, 실내체육관, 강당, 수영장 등을 포함한다. 학습지원시설 계획 시 고려사항을 정리하면 다음과 같다.

- 지원시설 간의 기능과 역할을 고려하여 분산과 상호 연계가 효율적인 배치가 되도록 계획한다.
- 상호 인접하여 배치하는 경우 각종 설비, 교재, 교구 등을 통합하여 다목적 학습 미디어센터로의 역할을 가능하도록 계획한다.
- 학생, 교직원들이 접근하기 쉬운 곳에 배치한다.
- 도서관, 시청각실, 미디어센터, 다목적 교실 등을 연계하는 계획을 고려한다.

① 컴퓨터실

- 교재, 교구, 소모품 등의 수납공간 또는 준비실을 계획한다.
- 준비실은 컴퓨터실을 볼 수 있도록 창을 두고 출입문을 계획한다.
- 장래 컴퓨터 및 부속 기기의 증설, 교체 및 책상 배치의 변화 등을 고려하여 면적과 형태 등을 계획한다.
- 학습활동을 지원하는 미디어센터로서의 기능을 갖도록 위치와 공간 형태를 계획한다.
- 습기가 발생하지 않도록 통풍과 환기가 효율적이도록 계획한다.
- 정전기 발생을 억제하고 케이블 등의 배관을 위하여 이중바닥 (Access Floor) 구조로 계획을 고려한다.

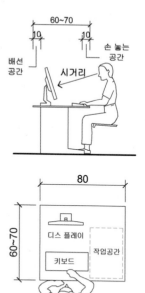

그림 9-39. 컴퓨터 작업 단위공간

- 지역에 개방을 고려하여 계획할 경우 지역주민의 접근이 용이하도록 하고, 학생과 지역주민의 이용 동선을 구분하는 등 시설의 이용 및 관리·통제가 효율적이도록 계획한다.

② 시청각실

- 다양한 교과목의 학습이 이루어질 수 있도록 다목적교실과 겸하여 계획하는 것도 효과적이다.
- 시청각 교재의 작성, 보관 및 방송설비 기기의 운영, 보관, 조정 등을 위한 공간과 준비실을 계획한다.
- 준비실을 둘 경우 내부를 관찰할 수 있도록 창을 계획한다.
- 양호한 음 환경이 되도록 구조와 형태를 계획한다.
- 실내에 기둥이 없도록 계획하여 시청 (視聽)에 장애가 없도록 계획한다.

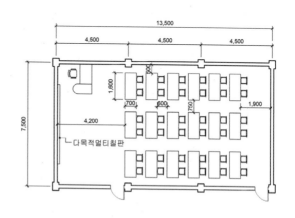

그림 9-40. 컴퓨터실 책상 배치 계획

- 집중도를 높이기 위한 계단식 구조를 고려하고 무대 공간을 계획한다. 비상시의 안전한 피난 동선을 계획한다.
- 음악실과 겸용하여 사용하는 경우를 고려한 계획도 효과적이다.
- 주변으로부터 차음과 방음이 되도록 계획한다.
- 지역 개방을 고려하여 실의 배치와 지역주민의 동선을 계획한다.

③ 도서실(관)

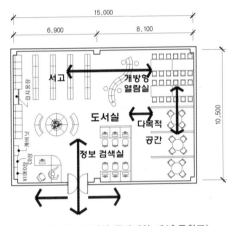

그림 9-41. 도서실 공간계획 예(초등학교)

- 컴퓨터실, 시청각실 등과 연계하여 배치하고 자료의 전시, 게시 등 다양한 학습활동을 지원할 수 있도록 가변성 공간 구조로 계획하는 것도 효과적이다.
- 도서관 내에 교수·학습활동을 할 수 있는 공간, 정보를 수집·활용하는 공간, 독서 공간 등을 계획한다.
- 서가 및 열람실을 설치하고 채광을 고려하여 배치한다.
- 복도 측과의 경계벽은 창을 두는 등 시각적 개방성을 확보할 수 있도록 계획한다.
- 천장과 벽은 흡음과 방음 효과가 있는 재료를 사용하고, 천장의 색상은 무채색의 밝은색으로 계획한다.
- 정보 검색을 위한 컴퓨터 및 시청각 교재를 사용할 수 있는 공간을 계획한다.
- 학생, 교사 및 지역주민에게 정보와 자료를 제공하는 기능을 수행할 수 있도록 계획한다.
- 좌식 사용을 위한 좌식 테이블, 카펫 등의 설치와 복층형 계획을 고려하는 등 평·단면의 공간 변화를 주는 것도 효과적이다.
- 방과 후 운영과 지역 개방을 위한 출입구를 분리하는 계획을 고려한다.

④ 학습센터(Media Space/Center)

미디어센터(미디어스페이스)라 불리는 학습센터는 학생들의 쉬는 시간, 점심시간, 방과 후 등 자유시간에 관련 교과의 학습정보, 교재, 참고자료, 작품 전시, 정보 게시 등의 정보와 자료 및 학습활동을 서비스하는 특화된 공간을 말한다.

일반적으로 층별, 교과 군별로 배치된 알코브(alcove) 또는 복도 오픈 스페이스의 일부에 소규모로 설치된 장소를 미디어 스페이스(Media Space)라 하고, 학교의 중심 학습 지원시설로서의 다양한 교과의 관련 도서, 교구, 학습 공간을 갖추고 정보검색 등을 행할 수 있는 공간을 미디어센터(Media Center)라고 구분하기도 한다.

- 학생들이 접근과 이용이 자유롭고 편리할 수 있도록 교실, 교과교실, 교사연구실 등에 인접하여 배치한다.
- 관련 교과의 교재, 참고 도서, 컴퓨터, 미디어시스템, 테이블 및 의자 등을 계획하여 학습 공간으로서의 기능을 갖추도록 계획한다.
- 교실의 일부(0.5칸 이상) 또는 인접된 복도에 알코브(Alcove)를 두거나 폭을 넓게 하는 등 다양한 형태와 책상, 의자, 수납장 등을 배치할 수 있는 공간 규모를 계획한다.
- 오픈 플랜의 교실 또는 교과교실과 연계하여 계획할 경우 가변형 벽을 두어 개방성, 융통성, 연계성 등을 높일 수 있도록 계획한다.
- 시각적 개방감과 밝고 쾌적하고 교과의 특성과 매력을 느낄 수 있는 공간으로 계획한다.
- 중등학교의 교과교실제의 경우 각 교과 및 미디어스페이스의 특화된 특성에 따라 독립적으로 계획한다.
- 교과교실제를 운영하는 학교에 있어서 미디어스페이스의 독립적 공간 확보가 어려울 경우 인문, 영어, 수학, 과학, 예체능, 사회, 기술교과 등 교과 군별로 설치를 계획한다.
- 교과교실로 인접한 복도의 폭을 넓게 하거나 다목적공간을 확보하여 미디어스페이스로 활용할 수 있도록 한다.
- 미디어스페이스는 학생의 작품전

그림 9-42. 학습센터 구성 계획(안)

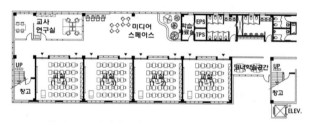

그림 9-43. 미디어스페이스를 포함하는 교실 블록플랜

그림 9-44. 미디어스페이스 이미지

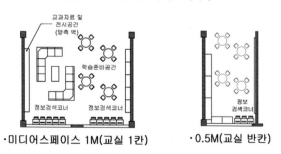

·미디어스페이스 1M(교실 1칸)   ·0.5M(교실 반칸)

그림 9-45. 미디어스페이스의 공간구성 계획 에

시, 개인 또는 소그룹 단위의 다양한 학습활동, 휴식 등이 이루어질 수 있도록 계획한다.
- 미디어스페이스는 각 교과별로 독립적이며 매력적으로 계획하는 것이 바람직하며, 밝고 쾌적하며 자유로운 공간으로 계획한다.

(2) 학생 지원시설

① 학생 지원시설의 범위
  학생지원시설은 홈베이스(Home Base), 락카룸(Locker room), 휴게실, 탈의실, 샤워실, 회의실, 동아리실 등을 포함한다.

② 학생 지원시설 계획 시 고려사항
- 휴게, 탈의, 샤워실 등은 남·여별로 분리하여 계획하고, 학생들의 이용이 편리하도록 배치한다.
- 탈의실, 샤워실은 동시 사용 학생 수를 고려하여 로커의 필요 수 및 배치를 고려한 적정 면적과 형태로 계획한다.
- 회의실, 동아리실 등은 학생들의 접근성과 관리제실에서의 접근이 용이하도록 계획한다.
- 휴게 공간은 학생의 동선이 집중되거나 교차되는 곳의 여유 공간 또는 알코브를 두어 계획하는 것이 효과적이다.

(3) 교원 지원시설

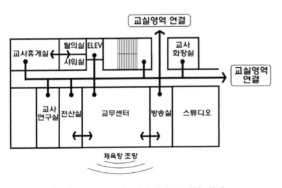

그림 9-46. 교원 지원시설의 인접 배치

① 교원 지원시설의 범위
  교무실(교무지원센터), 교사연구실, 교사휴게실, 교사협의회실, 체력단련실, 탈의실, 샤워실, 교구보관실, 교재제작 및 자료실 등을 포함한다.

② 교원 지원시설 계획 시 고려사항
- 교무지원센터는 교무·행정과의 집무 연관성과 기능 분담 등을 고려하여 필요한 규모와 위치를 계획한다.

- 교사연구실, 교과연구실, 교구보관실, 교재제작 및 자료실 등은 교수·학습 공간 및 교육지원시설과의 연관성을 고려하여 배치계획한다.
- 교무지원센터는 교사동의 중심부에 배치하고, 관리·행정실, 성적 처리실, 방송실, 교사 휴게실,

상담실 등과 연계하여 계획한다.
- 초등학교의 경우 학년별 교실 군별 교사연구실을 계획하고 중등학교의 경우 교과별로 계획한다. 소규모 학교의 경우는 계열별 교사연구실의 계획을 고려한다.
- 교사 휴게실, 탈의실, 샤워실 등은 남·녀를 구분하여 계획한다.
- 교사연구실, 휴게실, 상담실 등에는 탕비실을 공동으로 사용할 수 있도록 계획한다.
- 교사연구실은 교실에서 접근이 용이하며, 미디어스페이스, 홈베이스와 인접하여 배치한다.
- 교사연구실은 교과 연구, 개발, 응접, 휴식 등의 복합적 기능의 공간으로 계획하는 것도 효과적이며, 책상, 복사기, 락커, 교재와 교구의 수납장 및 싱크대 등을 고려하여 규모를 계획한다.
- 교과(특별)교실, 교과연구실, 학습 코너 등을 단위 유닛으로 계획하는 것도 효과적이다.
- 교사연구실의 크기는 1인당 5.6㎡ 이상이 되도록 계획하고, 일반교실의 0.5칸 규모인 경우 4~6명의 교사가 사용할 수 있도록 계획한다.
- 교수실(교무센터)는 옥외 운동장과 주 출입구가 보이는 곳에 계획한다.

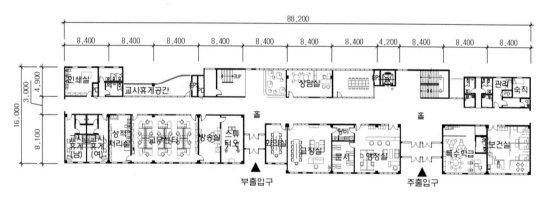

그림 9-47. 교원 지원시설 및 관리시설의 인접 배치 평면계획 예

(4) 기타 지원시설

① 식당(급식실)
- 전체 학생이 점심시간 내에 2~3 교대로 식사가 가능한 적정 규모로 계획한다.
- 주방과 식당을 분리하고 배식 공간을 계획한다.
- 학생의 진입, 배식, 잔반 수거 등의 동선이 교차되지 않도록 계획한다.
- 식당과 인접하거나 내부에 손 씻는 공간을 계획한다.
- 냉·난방 설비를 갖추고, 채광, 통풍, 환기가 양호하도록 계획한다.
- 출입문은 식사 전 이용자와 식사 후 퇴식자를 분리하여 계획한다.
- 식당과 연계된 휴게 공간 계획을 고려한다.
- 운동장, 도로 등 외부 환경의 먼지, 악취 등의 오염원으로부터 차단되거나 영향을 받지 않는 곳에

배치한다.

- 가정실습실과의 연관성을 고려하여 배치한다.
- 이용 시 눈, 비, 바람 등의 환경에 영향을 받지 않도록 포장, 비 가림 등을 설치하고 교사동과의 연결을 고려한다.
- 주방(조리실)과의 관계와 식품 반입, 쓰레기의 처리, 위생관리의 편리성 등을 고려하여 1층에 배치한다.
- 식당 소요면적 = (급식 학생 수 ÷ 좌석 회전율) × 1좌석당 바닥면적

    좌석 회전율 2.0~2.5

    $(1,000 ÷ 2.0~2.5) × 1.2㎡ = 480~600㎡$

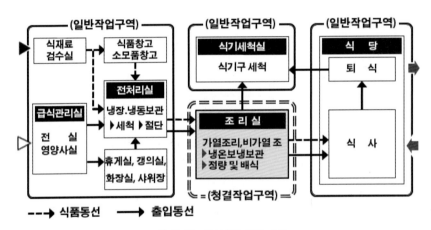

그림 9-48. 급식실의 동선 흐름

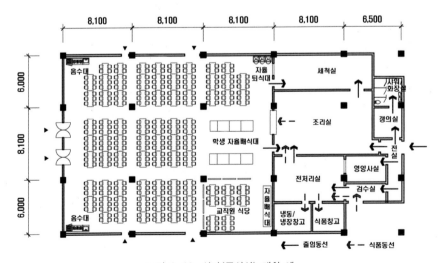

그림 9-49. 식당(급식실) 계획 예

② 조리실

- 위생적인 급식작업을 위하여 작업의 흐름에 따라 공간을 구획한다.
- 조리를 위한 필요 설비, 기구 등의 능률적 배치를 위한 면적을 확보한다.
- 냉·난방설비를 식품의 안전과 위생의 확보를 위하여 외부로부터의 보안과 유지관리가 효율적이 도록 계획한다.
- 전처리실, 조리실, 식기구 세척실, 식품 보관실, 소모품 보관실, 영양사실(급식관리실), 직원 탈의실 및 휴게실 등을 계획한다.
- 조리실의 평면은 교차오염(交叉汚染)이 발생되지 않도록 식재료 전처리, 보관, 조리, 배식, 잔반 및 식기 세척, 음식물 쓰레기 처리 등의 작업 과정을 고려하여 일반 작업 구역과 청결 작업 구역을 분리하고 벽과 출입문을 계획한다.
- 식품 반입, 쓰레기 처리 차량 등의 접근성을 고려하여 계획한다.
- 내벽은 틈이 없고 평활하며 밝은 색조로 계획하여 청소가 용이하며 오염 여부를 쉽게 구별 할 수 있도록 계획한다.
- 내벽의 전면 또는 바닥에서 1.5m 이상은 내구성, 내수성이 우수한 타일 등으로 계획한다.
- 바닥과 배수로는 적당한 경사를 두고, 배수로의 덮개는 스테인리스스틸를 설치한다.
- 하수에 섞인 기름을 분리하는 그리스트랩(Grease trap)을 설치한다.
- 그리스트랩은 내부 설치 시 악취의 우려가 있으므로 조리장과 정화조 사이의 외부에 설치하는 것이 효과적이다.
- 그리스트랩을 조리실 내부(기름 섞인 하수가 발생하는 공정 다음의 배관)에 설치하는 경우 청소가 가능하도록 개·폐가 가능한 구조로 설치한다.
- 천장의 높이는 바닥에서 3m 이상이 바람직하다.
- 식재료를 위한 출입구는 조리 종사자의 출입구와 구분하여 설치한다.
- 조리 종사자 출입구는 발판 소독조, 수세설비, 조리실 전용 신발장 등을 갖추도록 한다.
- 문은 에어커튼(Air Curtain)을 설치하고, 창문은 해충의 침입 방지를 위해 방충망을 설치한다.
- 조리실 내에서 발생하는 증기, 가스, 매연, 습기 등을 외부로 배출할 수 있는 환기시설을 계획한다.
- 급식관리실(조리사실)은 조리실을 통하지 않고 출입이 가능하도록 계획한다.
- 급식관리실은 환기시설을 갖추도록 하고, 급식관리실과 조리실 사이의 벽을 투시형으로 계획하여 조리실 내부를 관찰할 수 있도록 한다.
- 조리실 내에 조리 종사자 전용 화장실을 설치하는 경우 조리실이 오염되지 않도록 탈의실 안에 설치하고, 수세설비와 손 건조설비 및 방충망 등을 설치한다.
- 조리실의 조명은 220룩스(lx) 이상, 검수구역은 540룩스(lx) 이상 되도록 한다.
- 조리실의 면적은 학생 1인당 0.3㎡ 정도이나, 학생 수의 규모에 따른 시설 규모를 고려하여 계획한다.

③ 돌봄 교실

여러 개인적 사정이 있는 초등학생을 대상으로 이른 아침부터 늦은 저녁까지 온종일 안전하게 돌봐주기 위한 제도로서의 돌봄 교실 계획 시 고려사항을 정리하면 다음과 같다.

- 방과 후 늦은 저녁 시간까지 운영됨을 고려하여 필요 시 내부 동선과 분리시킬 수 있고 외부에서의 출입이 편리한 위치에 배치하고 관리실 및 화장실 등과 인접하여 배치한다.
- 방과 후 장시간 운영됨을 고려하여 학습활동, 독서, 수면실 등의 계획이 바람직하고, 필요 공간과 대상 학생 수 등을 고려하여 적절한 규모로 계획한다.
- 간식 및 석식 등의 조리와 식사를 할 수 있는 공간을 계획한다.
- 좌식 생활이 가능하도록 마감과 난방을 계획하는 것이 바람직하다.

9.4 관리 공간 계획

그림 9-50. 관리제실 부문의 구성계획 예

관리 공간이란, 학교 교육활동의 효과적인 수행과 운영 전반의 지원활동에서 요구되는 교육행정, 사무행정, 관리업무 등에 있어서 인적·물적 요소의 운영, 지원, 정비 등을 위해 필요한 시설 공간을 의미한다. 학교시설의 관리 공간으로는 교무실(교무지원센터), 행정실, 교장실, 회의실, 학생지도실, 학부모회실, 전산실, 상담실, 보건실, 방송실, 인쇄실, 숙직실, 문서고, 자료실, 탕비실, 창고 등을 포함한다.

(1) 관리 공간 계획 시 고려사항
① 교장실, 행정실, 교무실(교무지원센터)은 학교 내의 접근성과 외부인의 접근이 용이한 위치에 배치계획 한다.
② 각 실의 이용률을 고려하여 연관된 실을 통합하여 계획하는 것도 효과적이다.
③ 장래의 변화에 대응할 수 있는 융통성 있는 공간으로 계획한다.

(2) 관리제실계획
① 교무실(교무지원센터)
- 학년별 교무실의 운영과 관계를 고려하여 규모와 위치를 계획한다.

- 교사동에서 교사들의 접근 쉽고 이용이 편리한 곳에 배치한다.
- 교장실, 행정실, 방송실, 회의실, 인쇄실, 보건실 등과 인접하고, 문서고, 자료실 등과 접근이 용이하도록 계획한다.
- 교내·외 방송을 할 수 있는 설비 공간을 계획한다.
- 교무실 내 휴게 공간, 탕비실 등의 공간을 계획한다.
- 교감 및 교무 업무를 지원하는 교사의 적정한 업무 공간과 회의 공간을 확보하고 휴게 공간과 민원인의 응접 공간 등을 고려하여 계획한다.
- 급수, 급탕 및 배수설비를 계획한다.

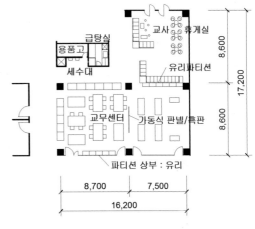

그림 9-51. 교무센터 구성 계획 예

② 행정실
- 교장실 및 교무실과 외부인이 출입과 우편물의 접수 등이 용이한 현관에 인접하여 배치한다.
- 문서고, 자료실, 인쇄실, 탕비실 등의 연계와 이용의 편리성을 고려하여 배치한다.
- 사무직원 수, 책상, 의자, 문서 보관 및 수납장, 사무기기 등의 배치를 고려하여 적정 면적과 형태로 계획한다.
- 휴게, 응접, 회의 및 탕비 공간을 고려한 계획도 바람직하다.

③ 보건실
- 학교보건법령에서 요구하는 시설과 기구를 갖출 수 있는 충분한 면적을 계획한다.
- 교무실, 행정실과의 연락이 용이한 곳에 배치한다.
- 1층 및 응급 차량의 접근과 실외로의 직접 출입에 지장이 없는 곳에 배치한다.
- 운동장, 체육관 등에서의 접근이 용이하고 학생들의 출입이 편리한 곳에 계획한다.
- 일조, 채광, 통풍 등이 양호하고 소음이 없는 쾌적한 환경이 되도록 계획한다.
- 학교 규모에 따른 적정 수의 침상과 치료

그림 9-52. 보건실 계획 예

기구, 비품 등을 보관하는 수납공간 등을 고려하여 규모와 형태를 계획한다.
- 환기 및 냉·난방 설비를 갖추도록 계획한다.
- 화장실과 인접하여 배치하거나 보건실 내에 급배수 설비와 세면대를 계획하는 것도 효과적이다.
- 진료실, 처치실, 안정실, 상담실 등을 구분하여 단위(Unit) 공간으로 계획한다.
- 보건 교사가 안정실의 관찰이 용이하도록 계획한다.

④ 방송실
- 운동장의 활동과 실외 날씨 등 외부환경을 직접 볼 수 있는 위치에 배치한다.
- 엔지니어실(방송조정실)과 스튜디오로 구분하고 실 사이에 엔지니어실에서 스튜디오를 볼 수 있도록 유리창으로 계획한다.
- 스튜디오는 방송을 진행하는 테이블, 카메라, 모니터용 TV, 방송 카메라 등의 크기와 배치 및 조명설비 등을 고려하고 규모와 형태를 계획한다.
- 엔지니어실은 오디오 앰프, 모니터, 디지털 조정기, 컴퓨터 등 방송장비 및 기자재의 배치와 수납시설을 고려하여 규모와 형태를 계획한다.
- 방송실은 창문에 암막 블라인드를 설치할 수 있도록 한다.
- 차음과 방음이 될 수 있도록 벽체와 천정을 흡음, 방음시설로 하고, 바닥 배관을 고려한 이중 바닥구조로 계획한다.
- 교직원과 학생의 이용에 편리한 위치에 계획한다.

⑤ 문서고, 인쇄실
- 문서고와 인쇄실은 문서의 보존을 위하여 원활한 통풍이 될 수 있도록 계획하고 지하실을 피한다.
- 행정실, 교무실과 인접하여 계획한다.

⑥ 전산실
- 학교 내 전산망 구축을 위한 공간으로서 행정실, 교무실 등과 연계하고 가급적 교사의 중앙에 배치한다.
- 바닥의 구조는 통신설비와 배관 등이 용이하고 정전기를 방지할 수 있는 이중 바닥구조로 계획한다.
- 전산장비의 과열을 방지하기 위한 냉방시설을 갖추도록 계획한다.

⑦ 상담실
- 학생, 교사, 학부모의 접근과 이용이 편리한 위치에 계획한다.
- 소음이 많은 곳은 피하고, 외부 소음을 차단하고, 상담자의 프라이버시 확보를 위해 방음시설을

갖추도록 계획한다.
- 개인 상담과 집단 상담이 가능한 규모와 구조로 계획한다.
- 집단 상담실의 경우 컴퓨터, 빔 프로젝터 등 기자재의 설치를 고려하여 계획한다.
- 바닥, 벽, 천장의 마감은 안정감과 아늑한 분위기를 줄 수 있도록 계획한다.
- 상담 자료를 보관할 수 있는 수납공간을 계획한다.
- 전문 교사나 상담사가 상주하거나 연구하는 경우를 고려하여 계획한다.

9.5 공용 공간계획

① 출입구
- 출입구는 등·하교 및 수업 시작과 종료 시 등의 이용 인원 수에 대하여 안전하고 충분한 규모로 계획하고, 출입 동선이 한 곳으로 몰리지 않도록 분산하여 주 출입구와 부출입구를 배치한다.
- 운동장, 옥외 공간으로의 접근이 편리한 곳에 계획한다.
- 우천 시 우산 이용을 고려한 공간을 계획한다.
- 지역 개방을 위한 출입구는 개방하는 시설과 관련하여 별도의 출입구를 계획한다.
- 우천(雨天)을 대비한 공간과 방풍실을 계획한다.
- 장애 아동을 위한 폭, 경사로, 유도블럭, 엘리베이터 등 무장애 설계가 되도록 한다.
- 주 출입구(현관)은 가급적 교사의 중앙에 배치하고 교사, 학생, 방문객의 이용이 편리하도록 위치와 의장적 디자인을 계획한다.
- 교실의 출입구는 2개소를 설치하고 미닫이문 또는 미서기문으로 계획이 바람직하다.

② 복도
- 안전하고 원활한 동선의 기능을 충족하고 비상시 신속하고 안전한 피난이 될 수 있도록 규모, 배치 등을 계획한다.
- 학습활동, 작품전시 등의 학습활동과 친교, 휴게 등의 교류 장소로도 활용 가능성을 고려하여 알코브(Alcove), 오픈스페이스(Open Space)등의 규모와 형태를 계획한다.
- 채광과 환기 등이 양호하도록 계획한다.
- 복도의 창은 개폐가 가능한 구조로 계획한다.
- 복도와 각 실은 바닥 차이가 나지 않도록 계획한다.
- 편복도인 경우 복도의 유효 너비는 1.8m 이상, 중복도인 경우 유효 너비 2.4m 이상으로 계획한다.

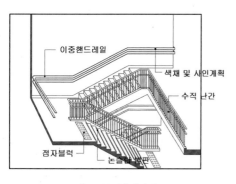

그림 9-53. 계단의 구조

③ 계단
- 거실의 각 부분으로부터 계단에 이르는 보행 거리가 30m 이하(주요 구조부가 내화구조 또는 불연재료일 경우 50m)가 되도록 계획한다.
- 각 층의 계단은 상하 동일한 위치에 계획한다.
- 학교 계단의 유효 너비는 1,500mm 이상으로 하고, 높이 3m 이내마다 유효 너비 1,500mm 이상의 계단참을 설치한다.
- 단 높이와 단 너비는 초등학교의 경우 각각 160mm와 260mm 이상으로 하고, 중등학교의 경우 각각 180mm와 260mm 이상으로 계획한다.
- 중정 형태 또는 한 면이 개방된 구조의 계단은 안전을 고려하여 가급적 피하고 직선 또는 꺾인 형태의 계단으로 계획한다.

④ 화장실
- 3~4개 교실당 1개소의 규모로 층별로 동일한 위치에 남녀 구분하여 배치한다.
- 교직원용과 학생용을 구분하여 배치한다.

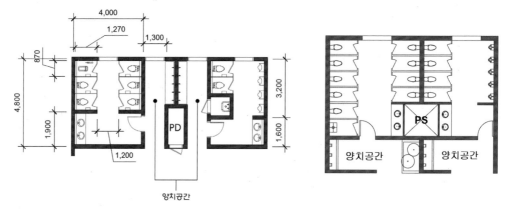

그림 9-54. 화장실 단위 공간 계획 예

구 분	권장 규격(짧은 변×긴 변)
동양식 변기	850 × 1,150 mm
서양식 변기	850 × 1,300 mm

표 9-14. 변기 칸막이 규격

- 장애 아동을 위한 소변기, 변기 및 각종 설비를 설치한다.
- 겨울철 동파 방지를 위한 난방설비를 계획한다.
- 악취가 교실 등의 교수·학습활동에 영향을 미치지 않도록 환기설비를 계획한다.

- 배관의 보수 및 관리를 위하여 지하층에 PIT 를 설치하고 각 층마다 PD 공간을 구획한다.
- 화장실의 변기, 소변기의 비율은 남녀의 성별 특성을 고려하여 여성 화장실의 대변기 수가 남성 화장실의 대·소변기 수를 합한 수 이상이 되도록 계획한다.
- 대변기 칸막이 규격은 대변기의 규격을 고려하여 계획한다.
- 소변기 1인의 점용 폭은 750mm 이상으로 하고, 칸막이와 선반의 설치를 계획한다.
- 층별 2개소 이상 분산 배치하는 계획이 바람직하다.
- 화장실과 연계하여 양치 공간을 계획하는 것이 바람직하다.

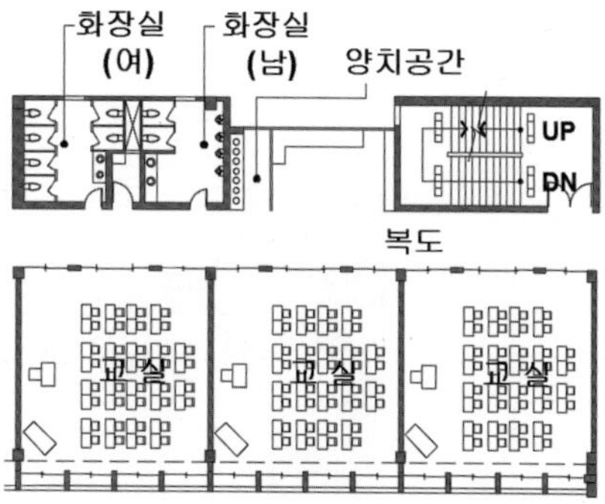

그림 9-55. 교실과 화장실의 유닛 계획 예

구 분		내 용	비 고
남·여 변기 비율		1 : 1	· 학생 및 교직원 동일 · 여성화장실의 대변기 수가 남성화장실의 대·소변기 수 이상으로 계획
남 대변기 : 소변기 : 여 변기 비율		1 : 2 : 3	
변기 당 학생 수(명)	남학생(대변기 : 소변기)	25 : 12.5	학급당 35명 기준
	여학생	8.3	
학급 당 변기 수(개)	남학생(대변기 : 소변기)	0.7 : 1.4	
	여학생	2.1	
변기 당 교직원 수(명)	남 : 여	5.8	동등 비율

표 9-15. 화장실 변기, 소변기 비율

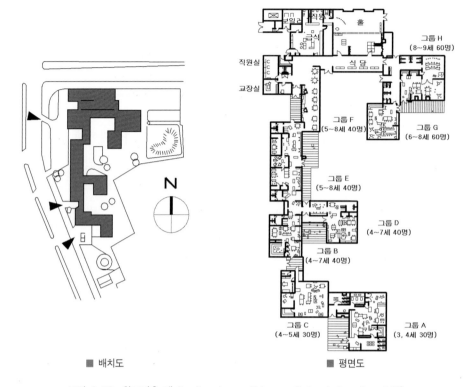

■ 배치도   ■ 평면도

그림 9-56. 학교건축 예_Eveline Lowe Primary School, London, UK)

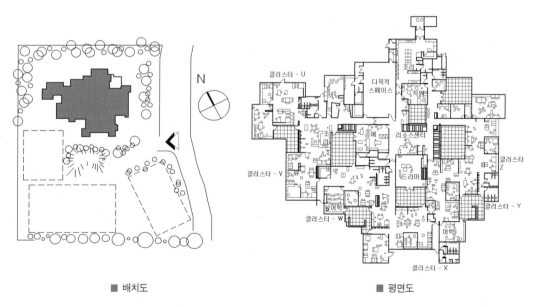

■ 배치도   ■ 평면도

그림 9-57. 학교건축 예_Guillemont Junior School, Hampshire, UK)

10　교과교실계획

10.1 교과교실제의 개념

(1) 교과교실제란

교과교실제란, 한 교실에서 여러 교과의 교수·학습활동을 하는 일반(학급)교실제와 달리 특정 교과만의 교수·학습활동을 위하여 교과의 특성과 학생의 학습 능력을 반영하여 특성화된 전용 교과교실을 갖추고 학생의 수준별 또는 맞춤형 수업을 행(行)하는 교과 및 학생 중심의 학교 운영 방식을 말한다. 일반교실제 운영과의 큰 차이점 중의 하나로 교사가 해당 교실을 찾아가 대부분의 수업이 행해지는 일반교실제와 달리 교과별 특성화된 교과(전용)교실을 갖추고 학생들이 선택한 교과의 교과교실로 이동하여 수업을 듣는다는 데 있다.

(2) 교과교실제의 목적과 전제 조건

가) 목적

① 수요자(학생) 중심의 학교 수업 다양화를 통한 교육의 만족도 향상
- 학생의 흥미, 적성, 진로, 성취 수준을 고려한 맞춤형 교육과정 운영
- 학교의 여건, 학생의 특성에 따라 다양한 학습 집단 편성과 수준별 수업 운영
- 교과별 학습자료 및 정보의 제공과 게시물, 작품전시, 정보검색 등이 가능한 서비스 공간 제공(미디어스페이스)

② 변화하는 교육환경의 탄력적 신속 대응과 교과 전문성을 통한 교육 경쟁력의 강화
- 교과별 특성에 맞는 창의적 교실 환경 구축
- 해당 교과교실에 필요한 교수·학습자료, 다양한 교구, 학생 작품 등을 비치하여 교사와 학생, 학생과 학생의 상호작용이 가능한 수업 운영

③ 교사(教師)의 과중한 행정업무 탈피를 통한 수업의 질 향상
- 교과별 교사연구실을 계획하여 교사(教師)의 교과연구 활성화를 통한 교수·학습방법 다양화와 경쟁력 강화

나) 전제(前提) 조건

교과교실제의 운영을 위한 전제 조건으로는 교과교실제 운영에 대한 교사(教師)와 학생의 이해가 선행되어야 하고, 교과의 특성과 학습자의 수준에 따른 맞춤 교육이 가능하도록 다양한 교수·학습방법과 교구, 기자재, 각종 참고자료 등을 실현하여 교과 학습의 효율성을 높여야 된다. 건축적인 측면에서는 교과별 특성에 맞는 교실 공간의 구성과 더불어 홈베이스, 미디어스페이스, 교사연구실 등

의 환경을 구축하여 학습공간을 교실에서 교사(校舍) 전체로 확산하는 등 학생과 교사, 학생과 학생 상호작용이 가능하고 창의적인 수업이 전개될 수 있도록 지원되어야 한다. 실의 구성에 있어서 다양한 교수·학습방법에 따라 융통적으로 활용할 수 있도록 가변성과 다양성을 부여하고, 학급교실이 없어짐에 따라 학생들의 안정적인 생활을 위한 거점 공간(홈베이스, Homebase)이 필요하다. 동일·유사 교과교실의 조닝, 교과교실로의 이동과 수준별 이동 수업, 홈베이스로의 이동 등 이동성을 고려한 효과적인 동선계획이 요구된다.

(3) 교과교실 운영의 장단점

① 장점

- 교과의 다양화, 특성화를 통하여 학생의 적성과 관심에 따른 선택 중심의 교육을 실시할 수 있다.
- 수준별 다양한 학습 집단을 편성하여 수업이 가능하다.
- 각 교과 수업에서 요구되는 교수·학습자료, 교구, 수업도구 등을 특성화함으로써 교수·학습활동에 활용하여 교사와 학생, 학생 상호 간의 교육의 효과를 높일 수 있다.
- 각 교과교실의 이용률을 높일 경우 일반(학급)교실 수보다 적은 교실 수로 운영이 가능하다.
- 학년별 동일 시간대에 동일 과목의 운영이 가능하다.

② 단점

- 학급 교실이 없으므로 학생의 심리적 안정감이 결여될 수 있다.
- 학생 생활 공간으로서의 거점 공간이 필요하다.
- 교과교실로의 이동에 따른 교과교실군의 배치와 동선계획에 유의해야 한다.
- 다양한 크기(대·중·소규모)의 교실 및 미디어스페이스, 교사연구실, 휴게 공간, 홈베이스 등의 학습 지원시설의 질적 수준이 충족되지 않을 경우 운영 효과가 낮아질 수 있다.
- 계획 초기에 학교의 교육과정 편성 및 운영계획을 면밀히 분석하지 않을 경우 교과별 필요한 교실의 종류 및 규모 등의 계획된 공간이 교과교실의 운영과 차이가 발생할 수 있다.

요 소	유 형	학급교실제	교과교실제
교육 패러다임	중심	공급자 중심	학습자 중심
	관점	집단중심(집단의 동질성 강조)	개인중심(집단의 이질성 존중)
		학생의 적성과 능력 차이 비 존중	학생의 적성과 능력차이 존중
교육과정	편성근거	국가, 교육청, 학교의 필요	학생의 필요와 요구
	편성방향	공통, 필수 교과	선택교과
		학년별 교과편성	무학년제 교과편성 가능
시간표 편성		학급단위 수업시간표 편성	개인별 수업시간표 편성 가능
수업	특징	보편적, 동일한 수업방법	교과별·수준별 특성을 고려한 수업방법
	중점	교수활동	학습활동

표 9-16. 교과교실제 운영의 특징

(4) 교과교실 운영 유형

교과교실제의 운영은 일부 교과에 한해 제한적으로 운영하는 부분 운영과 교육과정의 대부분의 교과를 교과교실제로 운영하는 전교과 운영 유형으로 구분할 수 있다.

① 부분 운영 유형 : 영어교실, 과학교실, 음악실, 미술실, 기술실 등 일부 교과만을 중점적으로 교과교실로 구축하여 운영하는 유형으로 "종합교실+특별교실(U+V)"형과 유사하며, 일반(학급)교실과의 접근성을 고려하여 배치해야 한다.

② 전교과 운영 유형 : 일반교실은 없으며 교육과정의 대부분의 교과를 교과교실로 구축하여 운영한다. 학년별 학급을 동일 층에 배치하는 평면 구성에서 교과목별 동일한 층 또는 위치에 교과별 조닝계획이 가능함으로써 부분 운영 유형에 비해 시설의 질을 높일 수 있고, 수준별 이동 수업이 유리하다.

10.2 교과교실제의 공간계획 특징

학급 교실제는 학생들을 행정 학급으로 편성한 후 교사가 학급을 찾아가 수업을 진행하는 공급자 중심의 교육체제인 반면 교과교실제는 학생이 자신의 관심, 진로 및 수준 등을 고려하여 선택한 교과교실을 찾아가 수업을 받는다는 점에서 학습자 중심의 교육체제라고 할 수 있다.

교과교실제의 운영 특성상 학생들의 자유로운 이동이 많아지며 이로 인한 새로운 개념의 생활 공간과 규모가 고려되어야 한다. 이러한 교과교실제의 공간계획 특징을 요약하면 다음과 같다.

유 형 구 분	일반교실제	교과교실제
교실	획일적 일반교실	교과별 교과교실
	특별교실	
교사(教師) 공간	대형 교무실 중심	교과연구실 중심 + 교무센터
크기	획일적(학급단위)	다양화(대·중·소, 수준별 학생수 단위)
조닝	학년별 조닝	교과목별 조닝
공간구성	고정적	기변적, 융통성
교실 내 가구	획일적, 고정적	다양화, 맞춤형, 이동성
교실 외 지원시설	휴게공간, 상담실, 생활지도실, 도서실, 시청각실, 정보검색실, 멀티미디어실, 동아리실	일반교실제+홈베이스, 미디어스페이스 등
학생 이동	부분적(특별교실 이동 등)	교과별 교과교실, 홈베이스 등 동선 빈도 높음
거점 공간	교실	홈베이스

표 9-17. 일반교실제와 교과교실제의 시설 특징

그림 9-58. 교과교실의 블록플랜 구성 예

- 교과교실제는 일반(학급)교실이 없으며, 교과목별 특성에 따른 교과교실로 구성된다.
- 학급 교실이 없고 학생들이 각 교과교실로 이동하여 수업을 듣게 됨에 따라 학급의 홈룸(Home room) 기능을 갖는 거점 공간으로서의 홈베이스(Home Base) 공간이 요구된다.
- 각 교과교실 군의 특색과 다양한 교육 내용 및 방법에 대응할 수 있도록 각 교과교실과 연계하여 관련 교재, 참고 도서, 학습자료, 교구, 교육 정보기기, 프린터 등이 구축된 교과 미디어스페이스(Media Space) 계획이 필요하다.
- 학년별 교실을 같은 층에 배치하는 평면 구성에서 교과목별로 동일한 층 또는 동일한 위치에 배치하는 평면 구성으로 변화된다.
- 수준별 수업의 학습 집단 규모를 고려하여 다양한 크기(대·중·소)의 교과교실이 필요하다.
- 교과교실의 운영과 교수활동 준비를 위하여 교과교실과 인접한 곳에 교과연구실이 요구됨에 따라 일반교실 운영제의 교무실은 교무지원센터와 교과연구실로 구분된다.
- 학생들의 잦은 이동이 나타나므로 자유롭게 이동할 수 있는 생활 공간과 긴급 시 안전한 피난을 고려한 계획이 필요하다.

영 역		공간의 종류
교수·학습시설	교과교실	국어교실, 수학교실, 영어교실, 도덕교실, 사회교실, 과학교실, 기술교실, 가정교실, 미술교실, 음악교실 등
	다목적교실	대·중·소규모 교실, 체육관
지원시설	학습지원시설	도서실, 컴퓨터실, 정보자료실, 미디어스페이스, 시청각실, 멀티미디어실 등
	학생지원시설	홈베이스, 휴게실, 동아리방 등
	교사지원시설	교사연구실, 교무지원센터, 교사휴게실 등
	기타지원시설	식당, 조리실 등
관리행정시설		교장실, 행정실, 생활지도실, 상담실, 보건실, 방송실, 인쇄실, 창고 등
공용 및 서비스시설		현관, 홀, 오픈스페이스, 복도, 화장실, 계단실, 전기실, 기계실 등
기타시설		운동장, 옥외휴게공간, 옥외실습장, 생태학습장, 주차장 등

표 9-18. 교과교실제 시설 영역별 공간의 종류

10.3 교과교실 공간 구성계획의 방향

(1) 기본 방향

교과교실제는 학생이 자신의 수업시간표에 맞추어 해당 교과교실로 이동하여 수업하는 것으로 각 교과별로 전문적이고 특성 있는 공간과 설비를 갖추고, 이용률을 높일 수 있도록 계획한다. 일반교실제의 학급 전용교실이 없으므로 학급지도나 생활지도를 위한 생활 공간과 지원시설을 마련하고 공통 학습 공간 등 특화된 공간을 계획하도록 한다.

교과교실 공간 구성의 기본 방향으로 크게 다음과 같다.

① 교과별 다양한 교수·학습방법에 대응한다.

② 학교별 탄력적 교육과정 운영이 가능한 가변적, 융통적 공간 구성

③ 수요자(학생, 교사 등) 중심의 학생 생활 공간, 교사연구 및 편의 공간 등 구성

④ 학생 이동 동선의 편의성 충족시킨다.

⑤ 지역사회, 인근 교육 관련 시설과의 연계성 충족 등을 들 수 있으며, 세부적으로는 다음과 같다.

- 교과목별 다양한 교수·학습활동을 충족할 수 있도록 교과 중심, 학생 중심의 전용교실이 되도록 계획한다.
- 학생의 생활 공간과 교사의 교수·학습 지원 공간을 배려하여 계획한다.
- 학교별 탄력적 교육과정 운영이 가능하도록 융통적 공간을 계획한다.
- 동일한 과목의 교과교실은 학생 및 교사의 이동 편의성을 고려하여 수평적 배치를 우선하고, 한 층 또는 한 영역에 수평 조닝이 어려울 경우, 수직 동선이 원활한 곳에 수직으로 조닝한다.
- 교과별 교과교실에 근접하여 교사연구실, 미디어스페이스를 연계(조닝)하여 배치하고, 교사연구실은 각 층별 분산 배치하여 교사가 학생들의 지도와 관리 및 상호 교수 학습의 효과적이도록 계획한다.
- 홈베이스는 학생 동선이 빈번하게 교차하는 위치, 교사동의 중심적 위치 등을 고려하여 충분한 면적을 계획한다.
- 각 교과마다 특성화된 전문적인 시설이나 설비를 갖추고, 교과교실의 이용률을 높일 수 있으며, 충분한 공용교실과 생활 공간 등을 계획한다.
- 다른 교과교실이더라도 교수·학습방법이 유사한 교실은 인접하여 배치를 고려한다.
- 각 교과교실의 이용률은 70% 이상을 고려하여 계획한다.
- 교실의 단위 모듈을 설정하고 적용하여 교과교실의 규모를 계획한다.
- 다양한 교수·학습활동과 수준별 수업을 고려하여 다양한 규모[소규모(0.5칸), 중규모(1칸), 대규모(1.5칸) 교실]을 계획한다.
- 학생들의 잦은 이동을 고려하여 복도(편복도 최소 2.7m 이상, 적정 3.0m 이상), 계단, 화장실 등 공용 공간을 충분히 배려한다.

- 동선이 교차하는 곳에 적정 규모의 오픈스페이스를 계획하여 동선의 혼잡을 최소화하도록 계획한다.
- 학급의 조·종례를 위하여 학급 수만큼의 홈룸(Home Room) 기능이 가능한 교과교실을 확보하도록 한다.
- 홈베이스에는 사물함(Locker) 공간＋휴게 공간＋탈의 공간＋정보검색 코너＋화장실 등을 계획하여 학생들의 생활거점 공간으로서 충족될 수 있도록 한다.
- 교과교실은 교과별 주당 수업시간 수와 학년별 학급 수, 학급당 학생 수, 교실의 이용률 등을 고려하여 교과교실 수를 산정한다.

(2) 동선계획

그림 9-59. 교과교실간의 이동

교과교실제 운영에서 나타나는 교과교실로의 학생 이동은 교과교실 군의 수평·수직 조닝 및 동선의 길이와 교차 등 복도의 패턴에 따라 불편을 초래할 수 있다. 교과교실제의 동선계획은 학생들이 이동을 통해 학습동기를 유발하고, 능동적인 학습 자세를 키우며, 학생 서로 간의 교류가 이루어질 수 있도록 교과교실 군의 조닝, 복도와 계단의 길이, 폭, 위치, 패턴 등을 효율적으로 계획할 필요가 있다.

- 해당 학교의 교육과정과 건축 여건을 고려하여 학생의 수평·수직 이동을 고려한 교과교실 군을 조닝하여 학생들의 분산 이동이 이루어지도록 계획한다.
- 교실 외의 공간에 휴게 공간, 친구나 교사와 커뮤니케이션 및 교류가 가능한 공간 등을 계획하고 ─자형 복도의 단조로움을 피하는 등 학교 공간이 풍요롭고 이동 중 변화를 느낄 수 있도록 계획한다.
- 학생들이 이동 중에 서로 간 불편을 느끼지 않도록 이동량을 고려하여 3.0m 이상(최소 2.7m 이상)의 충분한 복도 폭을 확보하도록 계획한다.
- 동선이 교차하는 곳에는 적정한 오픈스페이스, 실내 정원 등을 계획하여 동선의 혼잡을 피하도록 계획한다.

(3) 이론 교과교실

이론 교과교실의 크기는 교실 모듈 설정과 학교의 전체 면적 산정에 결정적인 영향을 미치는 중요한 요소이다.

- 학급별 조·종례 등을 위하여 전 학년의 학급 수만큼의 홈룸(Home Room) 기능을 할 수 있는 이론 교과교실(교과교실＋공용교실)을 확보할 수 있도록 계획한다.
- 단위 모듈(교실 1칸)을 기준으로 소·중·대 교실 등 다양한 규모의 교실을 계획하여 수준별 수

업, 개별학습 등 다양한 형태의 교수·학습이 이루어지도록 계획한다.

• 학급당 학생 수 35명 이하, 책·걸상 크기 700×500mm 등을 고려하여 8.7×7.8m, 7.8×9.0m 등의 모듈을 설정한다.

• 가급적 동일한 교과교실을 동일한 층에 집중 배치 하고, 학년별 구분이 필요한 경우 수직적 조닝으로 계획한다.

• 실험·실습교과를 위한 이론 교과교실은 상호 간 서로 인접하여 계획한다.

• 유사한 교과 군 교실의 조닝과 인접 배치 시 융통성 있게 공간을 활용할 수 있도록 계획한다.

• 학습 집단의 규모와 미래 교육과정의 변화에 대응 할 수 있는 대·중·소규모의 교과교실을 계획하거 나 교실의 크기를 변화시킬 수 있는 가변성·융통 성 있는 계획이 되도록 한다.

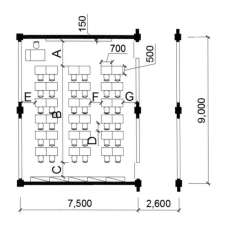

그림 9-60. 교실 책상 배치와 공간계획 예

구 분 \ 학교·학년	초등학교		중학교	고등학교	비고
	저학년	고학년			
A : 흑판면과 맨 앞열 책상과의 거리	1,600	1,600	1,700	1,700	
B : 책상·의자 배치(6×500 + 6×D)	5,400	5,700	6,000	6,000	
C : 맨 뒷열 의자와 벽면과의 거리	1,780	1,480	1,180	1,180	
D : 책상 간 앞뒤 거리	400	450	500	500	
E : 창문과 창가측 책상과의 거리	900	600	600	600	초등학교 저학년은 창가에 관찰대를 둔다.
F : 책상 간 옆 거리	700	700	700	700	
G : 복도측 벽과 책상과의 거리	500	500	600	600	

표 9-19. 교실 책상 배치계획을 위한 Scale

(4) 실험·실습 교과교실

• 이론 교과교실의 모듈을 적용하여 실험·실습 교과교실의 규모를 계획한다.

• 실습 재료, 용구, 기기 등을 수납할 수 있는 전용 준비실(0.5칸)을 갖추고 교사연구실을 인접하여 계획한다.

• 기술·가정 교과와 음악실과 시청각실 등과 같이 통합이 가능한 실험·실습 교과교실은 다목적으로 활용이 가능하여 경제적인 공간계획이 되도록 한다.

• 음악실의 경우 악기 보관이 가능하도록 충분한 면적의 준비실을 계획한다.

- 환기시설을 설치하여 공기 오염을 예방한다.
- 실험·실습실 내 이론 강의공간(work space)을 확보하거나, 인접하여 이론 교실을 계획한다.

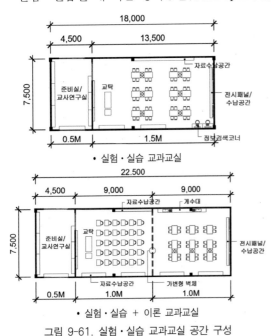

- 실험·실습 교과교실

- 실험·실습 + 이론 교과교실

그림 9-61. 실험·실습 교과교실 공간 구성

- 급·배수의 효율적 배관을 위하여 가급적 층별로 동일한 위치에 실험·실습실을 계획한다.
- 지역 개방이 가능한 실의 경우 이용자의 동선을 고려하여 계획한다.
- 실험·실습에 필요한 정보검색이 가능하도록 계획한다.
- 미술실은 수업에 필요한 소품, 화구, 석고 등을 보관할 수 있는 충분한 준비실과 화구의 세척이 가능하도록 급·배수시설과 환기시설 등을 계획한다.
- 미술실은 교실 내 또는 교실과 인접한 곳에 학생 작품을 전시할 수 있는 전시공간(오픈스페이스)를 계획한다.

(5) 공용교실

- 탄력적인 시간표 작성과 경제적인 교실 사용 등을 위해 교과교실 군별 또는 전체 교과가 사용할 수 있는 적정 수의 공용교실을 계획한다.
- 홈룸, 이론 교과교실, 실험·실습 교과의 이론교실, 직원회의, 학부모회의 등 다목적으로 활용할 수 있도록 계획한다.
- 공용교실은 교과 간의 이용, 향후 교육과정, 학급 수 및 학생 수의 변화 등에 탄력적이고 효율적 대응이 가능한 위치에 계획한다.

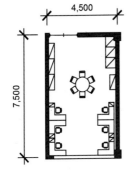

그림 9-62. 교사연구실 계획 예(6인실)

(6) 교사연구실

교과별 교사연구실은 교과연구, 교재개발 및 제작 등 교사들의 교수·학습활동을 위한 지원 공간으로서 교사용 책상과 의자, 책장, 복사기, 옷장 및 수납공간, 회의용 테이블, 세면대 등의 규모와 배치를 고려하여 계획한다.

- 일반교실제의 교무 업무를 지원하는 대형 교무실은 교무센터로 축소하여 교감, 부장교사, 행정교사 등을 지원할 수 있도록 하고, 교과별 특성에 따라 교사연구실을 적정하게 계

획한다.

- 소규모 학교의 경우 계열별(인문·사회, 자연·과학, 예체능 계열 등)로 계획을 고려한다.
- 교과교실, 미디어스페이스 등과 인접하여 배치하고 학생의 지도와 관리에 효과적이도록 계획한다.
- 실험·실습교과의 경우 실험·실습실에 인접 또는 준비실의 내부에 함께 계획하여 교수·학습활동과 교과연구가 편리하도록 계획한다.
- 교사연구실은 일반교실의 1/2 크기(0.5칸)의 규모에 4~6인의 교사 책상과 의자, 회의 테이블, 책장, 옷장, 수납장, 세면시설 등을 계획한다.
- 교사연구실의 크기는 교사 1인당 6~8㎡가 되도록 계획한다.

(7) 홈베이스(Home Base)

교과교실제는 일반교실형의 학급 중심에서 교과 및 학생 중심의 교과교실로 전환됨에 따라 학생들의 생활공간인 학급 교실이 없어지게 된다. 학급 교실이 없어짐에 따라 이를 보완하기 위하여 학생들의 휴식 및 친교, 정보전달, 탈의, 정보검색, 사물함 등의 기능을 갖는 학교생활의 거점공간으로 제공되어 지는 공간을 홈베이스라 한다.

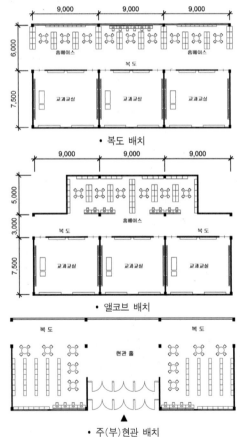

그림 9-63. 홈베이스의 위치에 따른 배치 유형 예

- 홈베이스는 교과교실의 모듈을 적용하여 계획을 고려한다.
- 가능한 개방된 공간으로 계획한다.
- 학생들의 학년별 출입, 운동장과의 동선, 교과교실로의 이동 및 이용 편의성을 고려하여 층별 위치를 계획한다.
- 홈베이스는 충분한 면적을 배려하고 교사동의 중심적인 위치 또는 학생 이동 동선의 중심적인 위치, 층별 동일한 위치에 계획하여 동선을 단순화하고 명확히 계획한다.
- 학교의 규모와 여건에 따라 학년별, 층별, 성별, 분산 배치를 고려하고 개방된 공간으로의 계획이 바람직하다.
- 홈베이스의 규모는 학생 1인당 0.7㎡ 이상(사물함 공간, 휴게 공간, 탈의 공간, 정보검색 공간 포함)이 되도록 계획한다. 복도의 폭이 넓은 경우 사물함은 복도의 한쪽 벽면을 이용하여 배치할 수 있다.

• 홈베이스와 교사동 내부의 청결을 위해 신발장은 분리하여 주·부출입구 내·외에 설치할 수 도 있으며, 이 경우 운동장과의 동선을 고려하여 배치한다.

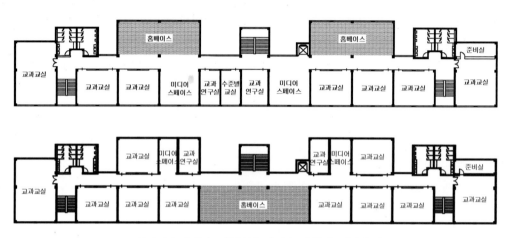

그림 9-64. 홈베이스 분산(상) 배치와 집중(하) 배치의 예

(8) 미디어스페이스(Media Space, 미디어센터, 학습자료실)

미디어스페이스란, 교과목별 교과교실과 인접하여 다양한 교재, 참고자료, 학습정보, 작품 등의 전시·게시 및 정보 검색 등을 제공하는 공간으로서 오픈스페이스, 앨코브 공간 등의 형태로 계획되는 공간을 말한다.

■ 미디어스페이스(복도 좌측)

• 미디어스페이스는 학생 개인, 소그룹 단위의 학습활동이 전개될 수 있도록 다양한 형태와 충분한 면적을 확보할 수 있도록 계획한다.

• 다양한 형태의 책상, 의자, 학생 과제물 전시, 게시, 교과 관련 도서, 자료 비치 등을 고려하여 공간의 규모와 특성을 달리하고 밝고, 쾌적하게 계획한다.

■ 미디어스페이스에서 본 복도와 교실

• 쉬는 시간, 점심시간, 방과 후 등 학생들이 편리하게 접근할 수 있도록 계획한다.

• 교과별 교과교실과 교사연구실에 인접하여 배치하는 것이 바람직하다.

• 수업 준비 및 대기, 휴식 등 다목적으로 활용할 수 있도록 계획한다.

그림 9-65. 미디어스페이스 사례(수학, 나카다이중학교, 도쿄, 일본)

10.4 교과교실의 스페이스 프로그램(Space Program) 산정

학교 운영에 필요한 소요 공간의 종류, 실수, 면적 등을 산정하는 교과교실제의 스페이스 프로그램은 각 교과의 수준별 수업을 고려하여 산출한다.

(1) 소요 교실 수

- 소요 교실 수는 교과목별 주당 수업 시수(고등학교의 경우 교과목별 주당 수업 이수 단위), 학급 수, 주당 수업 가능 시간, 이용률 등을 고려하여 산정한다.
- 이용률은 교실 사용의 효율성과 경제성 등을 고려하여 70% 정도를 적용한다.
- 산정 결과의 소수점 이하의 수는 각 교과의 소요 교실 수 산정 결과의 소수점 이하의 수를 모두 합하여 공용교실 수로 산출

$$\text{소요 교실 수} = \frac{\text{주당 수업 시수} \times \text{학급 수}}{\text{주당 수업 가능 시간} \times \text{이용률}}$$

■ 산출 예

각 학년을 10학급으로 편성하고, 주당 수업 가능 시간이 각 학년 34시간인 중학교

① 수준별 수업을 하지 않는 교과

국어교과의 주당 수업시간이 1학년 5시간, 2학년 4시간, 3학년 4시간인 경우 의 소요 교실 수는? (단, 이용률은 70%로 산정)

- $$\text{국어교실 수} = \frac{(5\text{시간}\times10\text{학급})+(4\text{시간}\times10\text{학급})+(4\text{시간}\times10\text{학급})}{34\text{시간} \times 0.7} = 5.46\text{실}$$

- 소요 국어교실 수 = 5실, 0.46실은 소요 공용교실 수로 산정

② 수준별 수업을 하는 교과

주당 수업시간이 1학년 3시간, 2학년 3시간, 3학년 4시간인 수학교과를 2+1의 수준별 수업으로 계획할 경우의 소요 교실 수는? (단, 이용률은 70%로 산정)

- 학년별 각 10학급을 2+1의 수준별 수업을 고려하여 각 15학급으로 산정

- $$\text{수학교실 수} = \frac{(3\text{시간}\times15\text{학급})+(3\text{시간}\times15\text{학급})+(4\text{시간}\times15\text{학급})}{34\text{시간} \times 0.7} = 6.30\text{실}$$

- 소요 수학교실 수 = 6실, 0.30실은 소요 공용교실 수로 산정

- 수학교과 0.3실과 국어교과의 0.46실 등 이론 교과의 소수점 이하의 수를 모두 합하여 공용교실 수로 산정

③ 실험·실습교과

과학교과의 주당 수업시간이 1학년 3시간, 2학년 4시간, 3학년 4시간인 경우 소요 교실 수는?(단, 이론과 실습의 비율을 20% : 80%로 하고, 이용률은 70%로 산정)

- 과학교실 수 $= \dfrac{(3시간 \times 10학급) + (4시간 \times 10학급) + (4시간 \times 10학급)}{34시간 \times 0.7} = 4.62실$

- 소요 과학교실 수 = 이론(20%)과 실습(80%)을 고려하여 1실은 이론교실, 3실은 실험·실습교실로 산출하고, 0.62실은 공용교실 수로 산정

④ 공용교실 수

교과교실 산출 결과 총 교실 수 중 이론 교과교실과 공용 교과교실 수의 합이 전 학년 학급 수보다 부족할 경우,

- 학생 생활지도(조회, 종례 등) 운영 유무
- 식당 전용 공간이 없어 교실 급식을 해야만 하는 경우
- 시험 장소로서의 학급 수 만큼의 공간이 필요한 경우

등을 검토하여 필요 시 부족한 교실 수만큼 추가로 확보할 수 있도록 계획한다.

⑤ 교사연구실

- 이론 교과교실의 1/2(0.5칸) 규모를 1실로 하여 4~6인의 교사가 이용할 수 있도록 계획한다.
- 교사연구실의 규모는 교사 1인당 6~8㎡ 정도로 계획한다.
  - 교사연구실 = 50명 × 6㎡ 이상 = 300㎡
  - 300 ÷ 32.81(교과교실 0.5실 규모) = 9.14 실 ≒ 교사연구실 10실 필요
    → 교과교실 규모로 산출할 경우 5실 규모 필요

(2) 홈베이스(Home Base)

- 홈베이스의 규모는 사물함 공간, 정보 안내 공간, 휴게 공간, 탈의 공간 등을 포함하여 학생 1인당 0.7㎡ 이상을 확보할 수 있도록 계획한다.
- 학급당 학생 정원 35명, 각 학년 학급 수가 10학급인 경우
  - 홈베이스 = 1,050명 × 0.7㎡ = 735㎡ 이상
  - 교실 1실의 모듈이 65.61㎡(8.1×8.1m)인 경우 735 ÷ 65.61= 11.2실이므로 11실 또는 12실로 산출

- 건축명 : 미야마에 초등학교(宮前 小學校)
- 소재지 : Meguro, Tokyo, Japan
- 준공년월 : 1985.02
- 교지면적 : 12,577㎡
- 건축면적 : 4,037㎡
- 연면적 : 5,650㎡
- 구조 : 철근콘크리트(실내체육관과 교실 고
          측창은 철골조)
- 학급규모 : 12학급

- 층별 실배치
  - 1층 : 급식, 식당, 도서, 관리실 등
  - 중2층 : 개방 라운지
  - 2층 : 교실, 특별교실, 체육관,
           오픈스페이스, 미디어스페이스
  - 3층 : 방송실

- 건축목적
  이전(以前)메구로 초등학교를 재건축하여 아동
  개개인에 대응하는 학습의 개별화, 개성화, 팀
  티칭 등 다양한 학습활동을 지원할 수 있는
  교사로 변화

- 배치계획
  부지내 레벨차 6m, 남측의 높은 대지에 교
  사동 배치

- 평면계획의 특징
  - 학급교실의 북측을 개방하여 학년별 2학
    급의 공간적인 일체감과 학년 단위의
    학습활동 전개 가능
  - 2개 학년씩 그룹지어 저·중·고의 복수학년
    을 조닝하여 각각 미디어스페이스를 부속
  - 학교내 여러 장소를 오고가기 쉽고 서로
    보일 수 있도록 실내체육관, 특별교실 및
    관리실까지 학습공간을 동서로 길게 몰로
    연결하여 연속성을 중시

- 기타
  교실의 천정 높이는 2.7m, 교실과 접하고 있
  는 북쪽 오픈스페이스의 천정을 교실보다 높
  게 하고 고측창을 계획하여 직사광선 유입

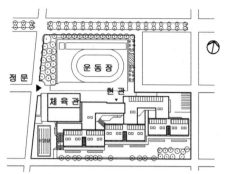

- 배치도

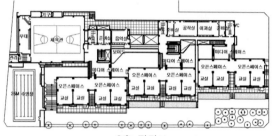

- 2층 평면도

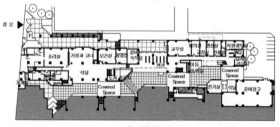

- 1층 평면도

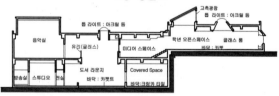

- 단면도

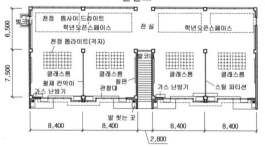

- 교실 단위평면도

그림 9-66. 학교건축 예_미야마에 초등학교_도쿄_일본

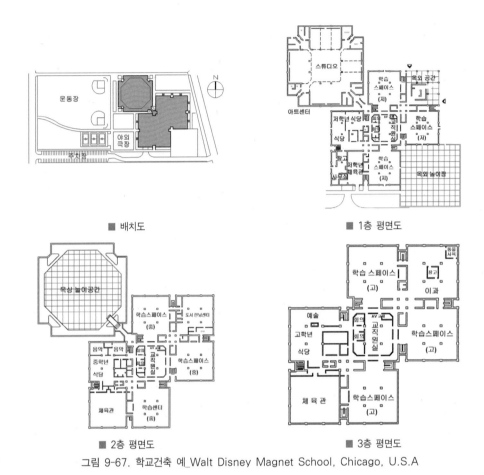

■ 배치도

■ 1층 평면도

■ 2층 평면도

■ 3층 평면도

그림 9-67. 학교건축 예_Walt Disney Magnet School, Chicago, U.S.A

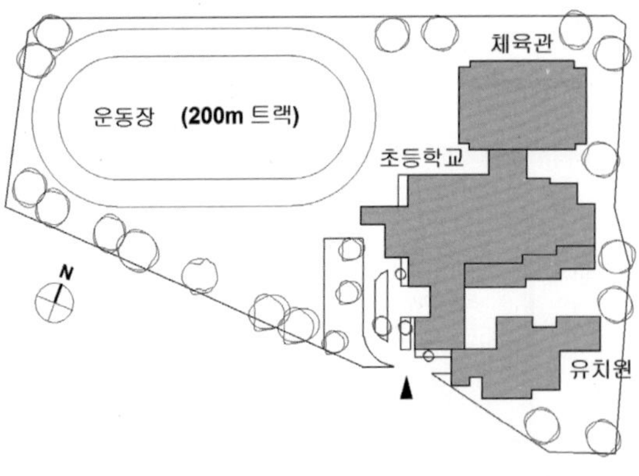

■ 배치도

■ 평면도

그림 9-68. 학교건축 예_키타나히가시 초등학교, 나루토시, 도쿠시마현, 일본

11 | 입 · 단면계획

11.1 입면계획

학교의 입면은 교육시설로서의 이미지와 지역 공공시설로서의 이미지가 조화롭게 나타날 수 있도록 상징성, 창조성, 역동성, 개방성(자유로움)의 이미지와 함께 따뜻하고 친근함을 느낄 수 있도록 계획하고, 학교와 지역의 역사 및 전통과 주변과의 경관이 조화를 이루어 지역사회 시설로서 품격을 갖출 수 있도록 계획한다.

(1) 입면계획의 방향
- 학교의 정면성, 상징성, 문화성 등의 의장적 요소가 나타날 수 있도록 계획한다.
- 외부의 마감은 기후적 조건, 경과 연수 등에 오염이 덜하고 형태와 특성이 쉽게 변하지 않는 재질로 계획한다.
- 평면계획에 테라스, 계단, 발코니, 데크, 알코브 등을 적절히 계획하여 입면 디자인으로 응용을 고려한다.
- 지역의 경관, 스카이라인 등을 고려하여 옥상의 형상을 계획한다.
- 각 교사(校舍)와 공간 등이 상호 조화되고 연속된 공간으로 계획한다.
- 학교의 특색과 지역 문화가 내포된 상징적인 디자인을 계획하는 것도 바람직하다.
- 교사동 간의 연결, 교사동과 지원시설 간의 연결복도는 시각적 개방감을 고려하여 계획한다.
- 매스의 분리와 조화를 통한 공간의 연계성이 나타나도록 계획한다.
- 직선과 곡선이 조화를 이룰 수 있도록 계획한다.

(2) 색채계획의 방향
- 침착하고 차분한 색상과 밝기를 고려한다.
- 초 · 중 · 고 학교별로 학생의 특성에 적합한 심리적 안정감을 줄 수 있는 색상을 계획한다.
- 심미적이고 기능성을 고려한다.
- 콘크리트, 점토벽돌, 목재, 석재, 커튼월(유리), 금속 등의 외장 마감재의 적절한 사용을 고려한다.

11.2 단면계획

다양한 교수 · 학습활동에 대응하고 지역 개방이나 재난 · 재해 시 지역주민들이 이용하는 상황 등을 고려하여 충분한 안전성을 갖추도록 계획한다.

- 외기의 영향에 의한 실내 열 손실을 줄일 수 있도록 외벽, 옥상 등의 각 부의 단열계획에 유의한다.
- 동별, 층별 교수·학습활동의 영역성을 고려하고 기능을 분리하여 계획한다.
- 지형의 고저 차가 있는 경우 교사의 배치에 대응하여 합리적인 단면 동선을 계획한다.
- 교수·학습 공간과 대공간 등 공간의 성격과 기능에 따른 충분한 층고를 계획한다.
- 장래 증축을 고려한다.

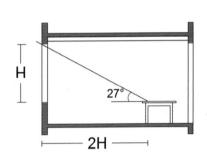

그림 9-69. 창호 높이와 책광 깊이

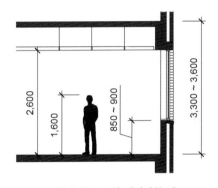

그림 9-70. 교실 단면계획 예

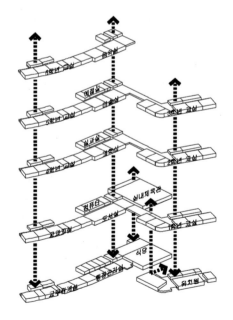

그림 9-71. 수직 조닝계획 예

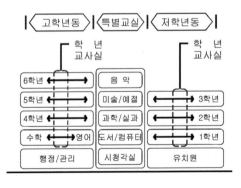

그림 9-72. 교사동 수직 조닝계획 예

제 V 편 교육시설

제10장 유치원(幼稚園, Kindergarten)

1 유치원 개요

1.1 유치원이란

유치원(幼稚園, kindergarten)이란, 만 3세부터 초등학교에 입학하기 전의 유아들의 심신의 발달을 돕는 것을 목적으로 유아교육법에 의해 설립된 교육시설을 말하며, 건축물의 용도 분류상 교육연구시설에 속한다.

1.2 유치원의 시작

세계 최초의 유치원은 1840년 독일의 블랑켄부르크에 프뢰벨(Friedrich Wihelm August Frobel)이 설립한 독일유치원(Der allgemeline deutsche Kindergarten)을 들 수 있으며, 이때 사용된 "Kindergarten"이 유치원의 명칭으로 사용된다.

우리나라의 유치원의 효시는 1909년 정토종포교자원(淨土宗布教資園)이 함경북도 청진시에 설립한 나남유치원을 들 수 있고, 그 이전에 일본인 또는 친일인의 자녀를 위해 1897년 설립된 "부산유치원"과 1900년 "인천유치원", 1913년 "경성유치원"이 있었다.

현존하는 우리나라 최고(最古)의 유치원은 1914년 이화학당 교장인 프라이(LuLu E. Frey)가 미국 신시내티의 교사 양성학교에서 공부한 샤롯 브라운리(C. Brownlee)를 초대 원장으로 초빙하여 이화학당에 부설(최초 손탁호텔에 설립한 후 1915년 이화학당 내 심슨 홀로 이전)하여 설립된 이화유치원(梨花幼稚園)이 있으며 오늘날 이화여대 부속유치원으로 이어지고 있다.

단계	구분	연령	특징
1단계	태내기	수정~출생	• 태내에서 신체 조직 구성, 발달 • 출생
2단계	영아기 (infancy)	0~24개월	• 걷기, 간단한 어휘 사용 • 신체적, 심리적 의존 강함
3단계	유아기 (early childhood)	2~6세	• 언어 및 사고의 범위와 발달이 급속히 이루어짐 • 부모, 또래 유아들과의 교류로 사회성 형성 • 취학 전 시기
4단계	아동기 (middle & late childhood)	6~12세	• 초등학교 시기 • 신체적, 정신적 발달 • 학교를 중심으로 다양한 문화를 접하는 시기
5단계	청소년기 (adolescence)	12~20세	• 신체 변화와 성숙 시기 • 자아의 인식 • 독립성 발달

표 10-1. 출생~청소년기의 단계별 특징

1.3 유치원과 어린이집

영유아

3세 미만의 아동을 영아(嬰兒)라고 하고, 만 3세부터 초등학교 취학 전 연령까지의 어린이를 유아(幼兒)라고 하며 이들 전체를 영유아(嬰幼兒, infants)라고 한다.

유치원은 만 3세부터 초등학교 취학 전 어린이의 교육을 위하여 유아교육법에 따라 설립·운영되는 학교를 말하고, "어린이집"이란 보호자의 위탁을 받아 영유아를 보육하는 시설(기관)이다.

① 유치원
• 관련 법령 : 유아교육법
• 유아 : 만 3세부터 초등학교 취학 전까지의 어린이
• 유치원 : 유아의 교육을 위하여 유아교육법에 따라 설립·운영되는 학교

② 어린이집
• 관련 법령 : 영유아보육법
• 영유아 : 6세 미만의 취학 전 아동
• 보육 : 영유아를 건강하고 안전하게 보호·양육하고 영유아의 발달 특성에 맞는 교육을 제공하는 어린이집 및 가정 양육 지원에 관한 사회복지 서비스(영유아보육법 제2조)
• 어린이 집 : 보호자의 위탁을 받아 영유아를 보육하는 기관

구 분	유 치 원	어린이집
시설의 주 목적	유아를 대상으로 유아교육	영유아의 보호 및 양육
시설유형	교육시설(학교)	보육시설(기관)
대 상	3세부터 초등학교 취학 전 아동	6세미만 취학 전 아동
관련법령	유아교육법	영유아보육법
설립주체	국, 공립, 사립	국공립, 법인단체, 개인, 직장, 조합
소관부처	교육부 (시·도교육청)	보건복지부 (시·도·구청)

그림 10-1. 유치원과 어린이집의 개념

1.4 병설 및 단설 유치원

공립유치원의 경우 병설 유치원과 단설 유치원으로 구분할 수 있다. 각각의 특징을 정리하면 다음과 같다.

① 병설 유치원
초등학교에 병설되어 운영되는 유치원으로 초등학교 부지 내의 일부분에 설립되며 초등학교 교장이 원장을 겸직한다. 초등학교 중심의 공간 구성 일부에 유치원을 계획함으로써 유아교육의 전문적 기능과 환경에 충실하기 어려운 단점이 있다.

② 단설 유치원

　　5학급 이상의 공립유치원으로서 원장과 원감을 배치하여 독립적이고 전문적인 운영과, 일반교실, 특수학급, 다목적교실, 교무실, 보건실, 유희실, 도서실, 자료실, 급식실, 화장실, 샤워실 등의 시설을 구성하여 유아교육의 질적 수준을 높이고 쾌적하고 안전한 교육환경을 제공한다.

　　단설 유치원의 건축의 형태를 구분하면 독립된 부지에 단독으로 설립된 독립 단설형, 초등학교 부지 내에 배치되어 있으나 교사가 분리되어 설립된 분리 단설형, 초등학교 교사의 일부에 설립되어 교사(校舍)를 공유(共有)하는 교사 공유 단설형으로 구분할 수 있다.

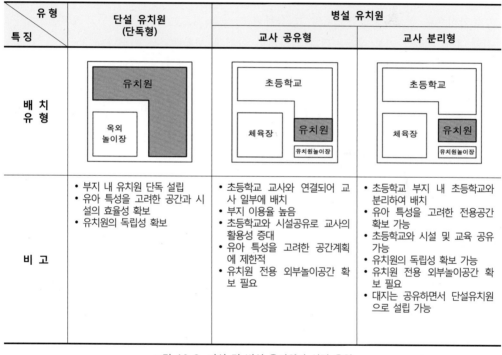

유형 특징	단설 유치원 (단독형)	병설 유치원	
		교사 공유형	교사 분리형
배 치 유 형	유치원 / 옥외 놀이장	초등학교 / 체육장 / 유치원 / 유치원놀이장	초등학교 / 체육장 / 유치원 / 유치원놀이장
비 고	• 부지 내 유치원 단독 설립 • 유아 특성을 고려한 공간과 시설의 효율성 확보 • 유치원의 독립성 확보	• 초등학교 교사와 연결되어 교사 일부에 배치 • 부지 이용율 높음 • 초등학교와 시설공유로 교사의 활용성 증대 • 유아 특성을 고려한 공간계획에 제한적 • 유치원 전용 외부놀이공간 확보 필요	• 초등학교 부지 내 초등학교와 분리하여 배치 • 유아 특성을 고려한 전용공간 확보 가능 • 초등학교와 시설 및 교육 공유 가능 • 유치원의 독립성 확보 가능 • 유치원 전용 외부놀이공간 확보 필요 • 대지는 공유하면서 단설유치원으로 설립 가능

그림 10-2. 단설 및 병설 유치원의 설립 유형

2 유치원 교육의 특징

유치원 교육의 목적은 만 3~5세 유아의 심신의 건강과 조화로운 발달을 도와 민주시민의 기초를 형성하는 것에 있으며, 유치원 교육의 특징을 정리하면 다음과 같다.

2.1 교육의 영역과 목표

유아교육의 영역은 신체 운동 건강, 의사소통, 사회 관계, 예술 경험, 자연탐구 등 5개 영역을 균형 있고 통합적으로 편성·운영함으로써 그 습관과 능력을 기르는데 목표를 두고 있다.
① 신체 운동 건강 : 기본 운동능력과 건강하고 안전한 생활습관을 기른다.
② 의사소통 : 일상생활에 필요한 의사소통 능력과 바른 언어 사용 습관을 기른다.
③ 사회 관계 : 자신을 존중하고 다른 사람과 더불어 생활하는 능력과 태도를 기른다.
④ 예술 경험 : 아름다움에 관심을 가지고 예술 경험을 즐기며, 창의적으로 표현하는 능력을 기른다.
⑤ 자연탐구 : 호기심을 가지고 주변 세계를 탐구하며, 일상생활에서 수학적, 과학적으로 생각하는 능력과 태도를 기른다.

2.2 유치원의 운영

① 학기 : 매 학년도를 두 학기로 두고, 제1학기는 3월 1일부터 제2학기는 제1학기 종료일 다음 날부터 다음 해 2월 말일까지로 한다.
② 수업 일수 : 매 학년도 180일 기준(1/10 범위에서 수업 일수를 줄일 수 있음)
③ 수업 시수 : 1일 4~5시간
• 일반 학급 : 09:00~14:00
• 종일제 학급 : 14:00~19:00

구 분	학급당 원아수	비 고
만 5세아 학급	20명	
만 4세아 학급	15명	
만 3세아 학급	10명	
특수학급	5명	혼합연령 가능
방과 후 종일제 학급	15명	

표 10-2. 연령별 학급당 원아 수

④ 학급 편성 : 같은 연령으로 편성(필요 시 혼합 연령 학급 편성 가능)
⑤ 학급당 유아 수
• 학급 수, 학급당 최소 및 최대 유아 수는 유치원의 유형, 지역 여건 등을 고려하여 관할청이 정한다.
• 관할청은 일반적으로 학급당 30명 이하(연령별 학급당 차등 적용)를 기준으로 하고 있으나, 교사의 지도를 고려할 경우 15~20명 정도가 적당하고, 학급당 20명의 아동 수를 기준으로 연령이 낮은 학급일 경우 원아 수를 줄여서 편성하는 계획이 바람직하다.

2.3 교육활동으로서 놀이의 유형과 특징

유치원의 교육활동은 주로 놀이를 통하여 이루어진다고 볼 수 있다. 놀이의 유형은 크게 동적 놀이와 정적 놀이로 구분할 수 있으며, 구분된 놀이 유형은 행해지는 장소와 다양한 놀이 활동에 수반되는 물(水)의 사용 여부에 따라서 세분할 수 있다. 놀이의 내용과 물 사용여부에 따라 급·배수, 싱크대의 설치, 바닥 마감재 등의 계획에 영향을 미친다.

구 분		동적 놀이		정적 놀이	
		수(水)공간	건조공간	수(水)공간	건조공간
장소	실내	미술놀이	음률놀이, 쌓기놀이 역할놀이	과학놀이	언어놀이, 수·조작놀이, 독서, 수면
	실외	소꿉놀이, 모래놀이 물놀이	운동놀이	식물·동물 기르기	휴식

표 10-3. 유치원 동·정적 놀이의 유형

3 공간계획

3.1 공간계획의 방향

유치원의 유아교육은 초·중등학교 교육과는 달리 교과목으로 구분되어 있지 않고 통합적으로 운영된다. 따라서 유치원의 공간계획 시 유아들의 신체 및 정신적 발달과 행위의 특성을 이해하고, 유치원 운영 프로그램의 내용을 파악·분석하여 유아의 생활이 안전하며 자율적이고 창의적인 역량을 발달시킬 수 있는 공간이 구성되도록 계획할 필요가 있다. 유치원 공간계획 시 주요 고려사항을 정리하면 다음과 같다.

• 유아의 신체적 정서적 특징에 적합한 Scale과 안전을 고려하여 시설과 공간을 계획한다.
• 실내 공간과 옥외 공간으로 구분하여 계획한다.
• 옥외 공간은 정적 활동(휴게 공간)과 동적 활동 및 놀이 활동별로 공간을 구분하여 계획한다.
• 유치원 생활의 적응과 신체적 발달의 미

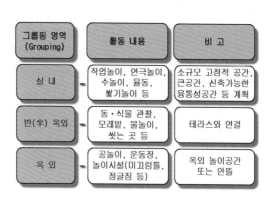

그림 10-3. 그룹핑과 활동 내용

숙 등을 고려하고, 놀이, 휴식, 식사, 배설, 수면 등의 생활적인 행위가 가정의 주거 공간과 연속된 생활 공간으로서 형성될 수 있도록 계획한다.

- 교육과정과 목표에 대응할 수 있는 공간 구성이 되도록 계획한다.
- 실내 및 실외 놀이를 중심으로 형태와 내용에 대응하는 단위 공간을 계획한다.
  - 쌓기 놀이, 언어 영역, 역할 놀이 영역, 과학 영역, 음률 영역, 수·조작 영역, 운동 놀이 영역, 미술 영역, 모래 놀이 영역, 물놀이 영역, 동·식물 기르기 영역 등
- 다양한 교육 집단의 규모(소·중·대)와 활동에 대응할 수 있도록 공간의 융통성을 고려하여 계획한다.
- 각각의 공간은 독립성을 확보하면서 교사가 유아의 활동을 관찰할 수 있도록 계획한다.
- 유아의 흥미를 유발하고 창의적인 발달을 유도할 수 있도록 공간의 형태, 재료, 색상 등을 계획한다.
- 홀, 오픈스페이스, 알코브 등을 계획하여 공간의 다양성, 여유감 및 개방감을 고려한다.
- 다양한 교재·교구 등을 수납할 수 있는 수납공간을 계획한다.
- 실내와 실외의 활동이 자연스럽게 연계될 수 있도록 출입 동선, 테라스, 정원 등을 계획한다.
- 원사의 현관, 테라스 등 입구 및 모래놀이터와 인접하여 발 닦는 곳 또는 신발 흙 터는 곳을 계획한다.
- 초등학교 병설 또는 기타 시설의 부속 유치원 등 다른 건축물과 대지나 공간을 공유하는 경우 유치원의 접근 동선, 옥내 및 옥외 공간 등 공간 영역을 독립적으로 운영할 수 있도록 계획한다.
- 비상 또는 긴급 시 피난의 안전을 고려하여 동선을 계획한다.

3.2 유치원 건축계획 관련 주요 법령

유치원 건축계획과 관련하여 참조해야 할 주요 법령으로는 '유아교육법', '고등학교 이하 각 급 학교 설립·운영규정', '학교보건법', '환경보건법', '어린이 놀이시설 안전관리법', '주택건설기준 등에 관한 규정' 등을 들 수 있으며, 고등학교 이하 각급 학교 설립·운영 규정에 의하여 유치원에 설치되는 각 실별 설비 기준과 교구의 기준 및 수량은 각 시도별 교육청에서 정하도록 하고 있다.

관련 법령	주요 내용
• 고등학교이하 각 급 학교 설립·운영 규정	- 교사면적 - 체육장 면적 - 교지 - 건폐율, 용적율 - 급수, 온수시설
• 건축법	- 피난층, 직통계단
• 유아교육법	- 급식시설, 설비기준
• 학교보건법	- 보건실 기준 - 환경(환기, 채광, 조도, 온·습도, 소음)
• 환경보건법	- 교실환경(마감재, 실내공기, 오염물질 등) - 놀이시설(놀이기구, 토양, 바닥재 등 환경기준)
• 어린이놀이시설 안전관리법	- 놀이시설의 설치·유지 및 보수
• 학교안전사고예방 및 보상에 관한 법률	- 학교시설안전관리기준
• 소방시설설치 유지 및 안전 관리에 관한 법률	- 소방시설물 및 소화용구
• 주택건설기준 등에 관한 규정	- 유치원의 설치 및 예외 규정
• 시도교육청별 시설계획 지침	- 각 실별 설비기준 및 교구기준

표 10-4. 유치원 건축계획과 관련된 주요 법령 및 지침

3.3 입지 및 배치계획

(1) 입지 조건

유치원의 입지는 보건·위생·안전 및 학습환경에 지장이 없는 곳으로 교육 환경평가기준에 적합 (학교보건법)한 곳이어야 한다. 유아의 통원권은 주변 지역의 인구밀도, 호수밀도, 유아의 주거 분포 등이 양호하고 보행을 통한 안전한 통원 등을 고려할 경우 반경 500~600m 내·외를 통원권으로 고려할 수 있다. 그러나 유치원은 초등학교와 달리 일반적으로 학구제나 통학권이 없으며 통학버스, 승용차 등을 이용하여 통원하는 경우도 있으므로 이를 고려하여 부지를 선정하는 것이 바람직하다. 입지 조건의 고려사항을 정리하면 다음과 같다.

- 학교환경위생정화구역 관련 규정에 저촉되지 않는 위치(학교보건법)
  - 절대 정화 구역 : 출입문으로부터 직선거리 50m까지의 구역
  - 경계선으로부터 직선거리 200m까지의 지역 중 절대 정화 구역을 제외한 지역
- 교통이 복잡하지 않으며 유아가 차량 및 보행하여 통원하는데 안전한 곳
- 주변에 공장, 쓰레기장 등 소음, 유해가스, 매연, 먼지 등의 영향이 없는 곳.
- 남쪽에 큰 건물이 없는 곳
- 쾌적하고 일조, 통풍 등이 좋은 곳
- 통학버스, 승용차 등의 접근과 회차(回車)가 안전한 곳.
- 주변에 지역사회 시설로서 공원, 광장, 녹지가 있어서 아동의 산책(걷기)과 정서교육에 효과적이 며 사회문화적 시설자원 등의 환경이 좋고, 연계가 가능한 곳
- 비상시 대피의 지장이 우려되고 지역주민과의 마찰, 통원 시 혼잡 등이 예상되는 극단적인 밀집 지역은 피한다.

(2) 배치계획의 방향

유치원의 배치계획은 대지의 조건을 확실히 파악하여 유아와 시설의 안전과 각 시설 부분의 필요기능을 충분히 분석하여 실외와 실내 부문과 그에 속하는 각 부분이 서로 균형 있고 조화될 수 있도록 계획한다. 배치계획 시 고려사항을 정리하면 다음과 같다.

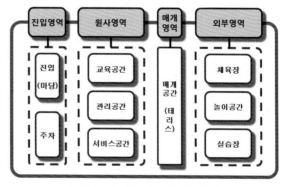

그림 10-4. 대지 조닝의 주요영역

- 유아의 발달을 고려하여 연령별 생활 및 놀이 공간을 구분(2~3세, 4~5세 등)하여 계획한다.

- 2세 이하의 영아실은 직접 외부(정원)에 면하고 일조(日照)가 좋은 1층에 배치하고, 연장자에게 방해를 받지 않고 잠들 수 있는 곳에 배치한다.
- Approach 영역, 교사동, 옥외 공간, Service area(주차장) 등으로 조닝을 계획한다.
- 원사동, 매개 공간, 실외 공간 등의 각 시설이 연계되도록 계획한다.
- 동절기 실외 공간의 일조가 확보될 수 있도록 계획한다.
- 유치원의 주 출입구로부터 아동, 교직원 및 학부모 동선, 조리실 등의 동선을 구분하여 계획한다.
- 보행자 동선과 차량 동선을 분리하고, 주차 동선과 조리실 부식차량 동선을 연계하고, 구급차량 동선과 원사를 연계하여 계획한다.
- 옥외 공간의 경우 놀이 활동의 유형에 따라 운동 놀이 영역, 놀이시설 영역, 모래·물놀이 영역, 자연탐구 영역, 휴게 영역 및 기타 영역 등으로 구분하여 계획한다.
- 교사의 내부에서 옥외 공간의 유아 활동을 관찰할 수 있도록 계획한다.
- 원사 주변 및 외부 공간의 관찰 사각지대가 발생하지 않도록 계획한다.
- 교사 및 옥외 공간의 일조, 채광, 통풍 등이 양호하도록 계획한다.
- 초등학교 및 관련시설과 유치원을 연계하여 계획하는 경우, 상호교류를 고려하여 계획한다.
- 초등학교에 병설되거나 대지를 공유하여 설립되는 경우 초등학교의 운동장 및 놀이 공간과 분리하여 독립된 외부 공간을 계획한다.
- 부출입구 및 서비스 출구를 계획하는 경우 주 출입구와의 기능(역할) 적용을 명확하게 설정하여 동선과 이용의 효율성을 높인다.
- 교사와 외부 공간과의 연계성을 고려하고, 동적 공간과 정적 공간, 건조 공간과 물 사용 공간 등 효율적 기능 분리와 연계가 이루어지도록 계획한다.
- 주 출입구의 경우 도로와의 완충 공간(Buffer zone)을 계획한다.
- 진입로 차도와 보도는 반드시 분리하고, 주차 공간이 놀이 공간과 보행자 동선을 침해하지 않도록 계획한다.
- 원사와 인접 대지 경계선 사이에 비상시 대피통로로 활용 가능한 공간을 확보하도록 한다.
- 원사 내부와 외부 공간의 연계성을 높여 공간 이용의 효율성을 높인다.
- 긴급시 피난을 고려하여 원사 주변에 충분한 공간을 확보한다.

(3) 옥외 공간계획의 방향

옥외 공간은 유원장(놀이 공간), 옥외 학습장, 운동장 등으로 구분하고 운동 놀이 영역, 모래 놀이 영역, 물놀이 영역, 탐구 및 동·식물 기르기 영역, 휴식 영역 등으로 구분하여 계획한다.

가) 옥외 공간계획 시 고려사항

옥외 공간계획 시 고려사항을 정리하면 다음과 같다.

- 운동 놀이 영역, 모래 놀이 영역, 물놀이 영역, 동·식물 기르기 영역, 휴게 공간 영역 등의 특성과 영역을 구분하여 계획한다.
- 각 영역별 교구나 놀이 도구 등의 수납공간을 계획한다.
- 유아에게 안전하며 즐겁고, 다양하고, 창의적이고, 모험적인 공간이 될 수 있도록 계획한다.
- 대근육 활동과 소근육 활동을 위한 다양한 놀이기구와 설비를 갖춘다.
- 교실, 화장실, 개인사물함 등과 접근이 용이하도록 계획한다.
- 대지 경계에 울타리, 담장, 낮은 수목 등을 설치하여 인접한 도로로부터 안전을 확보할 수 있도록 계획한다.
- 옥외 공간의 확보가 어려운 도심 유치원의 경우 옥상이나 테라스를 활용하여 계획한다.
- 놀이 공간 외에 아동이 뛰놀 수 있는 체육장을 계획한다.

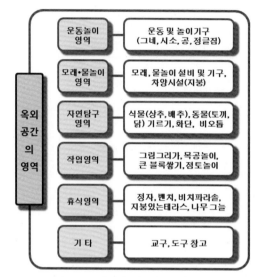

그림 10-5. 옥외 공간계획의 영역 분류

- 교사(校舍)의 전면 또는 에워싸여진 곳에 마당의 기능을 갖는 공간을 두어 정서적 안정감과 다양한 활동 공간으로 활용하는 계획도 바람직하다.
- 동선이 놀이 영역을 통과하지 않도록 계획한다.
- 보행 동선과 차량 및 주차 동선을 구분하고 동선을 짧게하여 불필요한 면적을 줄이도록 계획한다.
- 대지가 협소하여 옥외 공간의 확보가 어려울 경우 테라스, 옥상 등을 활용하여 계획한다.
- 원사 주변에 피난을 위한 안전한 공지(空地)를 계획한다.
- 비오톱(biotope)을 배치하는 경우 수심(水深)이 깊지 않도록 하고, 관찰로의 데크와 난간의 안전성 및 원사 내에서의 관찰과 안전관리의 확보를 우선하여 고려한 후 계획한다.

나) 유원장(遊園場) 계획

유원장은 실외 놀이가 이루어지는 장소로서 놀이 형태, 놀이기구에 대응하는 공간으로 계획하고 원사와 연계가 좋은 배치가 되도록 계획한다. 유원장은 놀이의 성격에 따라 정적 놀이 영역, 동적 놀이 영역, 중간적 놀이 영역으로 구분하여 계획한다.

그림 10-6. 유원장의 예

① 정적 놀이 영역 : 교실학습의 연장과 휴식을 할 수 있는 공간 영역, 테라스, 파고라, 화단, 수목, 식물재배장, 동물사육장 등

② 동적 놀이 영역 : 달리기, 공놀이, 다양한 게임 등 자유롭게 활동하며 노는 공간 영역, 흙이나 잔디로 된 넓은 공지
③ 중간적 놀이 영역 : 시소, 그네, 미끄럼틀, 정글짐, 모래 놀이터 등 고정된 놀이기구가 설치된 놀이 활동영역

구분	활동 내용	기대 효과	공간 특징
운동 놀이영역	• 그네, 시소, 정글짐, 미끄럼틀, 뜀틀, 매트 등	• 대·소 근육 발달 • 사회성 발달 • 실내 교육의 긴장감과 압박감으로부터 해방 • 운동기능 발달	• 동적 • 건조영역 • 소음발생 • 시설, 기구 등의 충실도 중요
모래 놀이영역	• 모래를 활용한 놀이		• 동적 • 물사용 • 지붕 또는 덮개나 가리개가 있는 개방된 구조가 바람직 • 물놀이 영역과 인접 배치가 효과적
물놀이 영역	• 물을 활용한 놀이		• 동적 • 물사용 • 모래놀이 영역과 인접 배치가 효과적
자연탐구 영역	• 곤충, 식물, 동물의 관찰 및 기르기	• 식물의 성장과 변화 이해 • 동물의 성장과 변화 이해	• 정적, 동적 • 물사용 • 일조, 통풍이 좋은 곳 • 식물, 나무 공간 • 사육공간과 시설 필요 • 교사(校舍)의 과학영역과 연계 고려
작업 영역	• 그림 그리기 • 목공놀이 • 점토놀이	• 사물의 색, 선, 형태, 질감 탐색능력 배양 • 시각적 구상과 표현 • 협업 작업을 통한 사회성 발달	• 정적, 동적 • 물사용 • 왕래가 적은 안정된 공간 • 채광, 통풍이 좋은 곳 • 옥외 과학영역과 연계성 고려
휴게 영역	• 휴식 • 정적 교류 • 옥외 학습	• 정서적, 감각적 기능 발달 • 창의성, 사회성 발달 • 신체 운동조절능력 배양	• 정적 • 건조영역 • 조경, 나무그늘, 의자, 벤치, 파고라 등 계획 • 옥외 학습활동 장소로서도 활용할 수 있도록 데크 또는 깔개를 설치

표 10-5. 옥외 활동의 내용 및 공간적 특징

• 미끄럼대, 그네, 철봉, 모래 놀이터, 물 놀이터 등 다양한 놀이 활동이 이루어질 수 있도록 계획한다.
• 테라스 등의 반 옥외 공간을 두어 옥외 공간과 실내 공간이 바로 연결될 수 있도록 계획한다.
• 정적 놀이 및 휴게 공간을 위한 벤치, 파고라 등은 유원장과 인접하여 낮은 관목으로 구역을 조닝하고 배치함으로써 정적 공간의 독립성을 확보하면서 동적 놀이 아동들과의 교류 및 휴게 공간의 관찰을 용이하게 하는 계획이 바람직하다.
• 옥외 놀이 후 신발의 흙을 털거나 발 씻기 할 수 있는 공간을 계획한다.

다) 모래놀이장, 물놀이장, 탐구 및 동식물 기르기 영역 등

- 위생적이며 햇볕이 잘 들고, 필요 시 차양설비를 계획한다.
- 모래놀이장은 다른 영역과 구획되어 이물질이 혼입되지 않도록 계획한다.
- 모래놀이장은 모래의 깊이가 30cm 이상 되도록 하고, 수전(水栓)시설을 계획한다.
- 물놀이장은 이용 형태를 파악하여 수심 등 안전이 충분히 확보되고, 급·배수 및 유지관리가 효율적이도록 계획한다.
- 대지 내 적절한 수심의 생태 공간(비오톱 등)을 계획하고, 동·식물 기르기 영역은 관리, 안전 및 위생을 충분히 고려하여 계획한다.

(4) 교지 규모계획

유치원의 교지는 교사용 대지 면적과 체육장의 면적을 합하여 산정한다. 규모 산정에 있어서 우선하여 교육시설의 시설·설비 기준을 규정하고 있는 '고등학교 이하 각급 학교 설립·운영 규정'을 충족할 필요가 있다.

가) 고등학교 이하 각급 학교 설립·운영 규정의 기준

① 교사용 대지

교사용 대지는 교사(校舍)면적을 산정한 후 건축법령의 건폐율과 용적률에 적합한 교사용 대지면적을 산정하도록 되어 있다.

교사(校舍)면적의 산정 기준은 제3조 제2항에서 원아 40명을 기준으로 40명 이하의 경우 "5N(원아 수)", 41명 이상인 경우 "80+3N(원아 수)"로 기준면적을 산정한다.

산정 기준	기준 면적(㎡)
40명 이하	5N (N=아동 정원)
41명 이상	80 + 3N (N=아동 정원)

표 10-6. 유치원 교사용 대지 산정 기준

② 체육장 면적

체육장(옥외 유원장)의 면적 기준은 원아 수 40명을 기준으로 40명 이하의 경우 160㎡, 41명 이상인 경우 "120+N(원아 수)"로 기준면적을 산정한다.

산정 기준	기준 면적(㎡)
40명 이하	160
41명 이상	120 + N (N=아동 정원)

표 10-7. 유치원 체육장 면적 산정 기준

나) 1인당 소요면적 기준 적정 규모

유치원의 적정 규모계획은 운영되는 교육과정 프로그램의 교육활동 내용과 유아의 신체적·정신적 특징에 따른 공간의 대응 및 과 학급 수 및 학급당 원아 수를 고려하여 계획할 필요가 있다.

① 교사 면적

유치원의 적정 면적 산정 시 유아 1인당 소요면적을 7~9㎡로 산정하여 교사(校舍)의 적정 연면적을 산출할 수 있다.

학급당 유아 수를 교사 1인이 지도하기 적당한 15~20명으로 편성하고, 1개 유치원이 3~5세 유아반을 운영하는 경우 학급 수는 3~4개의 학급 규모가 일반적이라고 할 수 있다.

- 1개 학급 편성 시 연면적 : $(15~20) \times 7~9㎡ = 105~180㎡$
- 4개 학급 편성 시 연면적 : $(105~180) \times 4 = 420~720㎡$

② 교실 규모계획

시설 구분	교실 규모	학급 정원	1인당 면적(㎡)	비 고
유치원	54㎡ (7.5m×7.2m)	20명	2.70	보통교실
	60㎡ (8.4m×7.2m)		3.0	보통교실 + 유희실
	80㎡ (9.6m×8.4m)		4.0	
어린이집	52.8㎡	20명	2.64	보육실(거실, 포복실 유희실 포함) 기준
초등학교	65.61㎡ (8.1m×8.1m)	30명	2.18	전면 칠판을 중심으로 일방향식
	67.50㎡ (9.0m×7.5m)		2.25	
	70.56㎡ (8.4m×8.4m)		2.35	다양한 학습활동, 학습집단 및 교구, 교재 등의 수납공간 고려
	81㎡ (9.0m×9.0m)		2.7	

표 10-8. 교육시설의 1인당 교실 면적

유치원의 경우 교실에서의 다양한 놀이학습과 필요에 따라서 취침 등 다양한 행위에 대응할 수 있으며, 교수·학습활동에 요구되는 교구, 도구 및 자료 등이 초등학교 요구 수준 이상임을 전제할 때 유치원 보통 교실의 아동 1인당 소요면적은 2.7㎡ 이상이 바람직하다고 할 수 있다. 교실과 유희실을 겸하여 사용할 경우는 1인당 3.0~5.0㎡ 이상(교실의 순면적은 2㎡ 이상)의 면적이 요구된다고 할 수 있다.

ⓐ 초등학교의 경우
- 초등학교 1학급 35명 정원의 보통교실의 적정 면적을 65.61㎡(8.1×8.1)~67.5㎡(9.0×7.5) 산정할 경우 아동 1인당 교실 소요면적은 1.87~1.93㎡로 산정할 수 있으며,
- 교수·학습활동의 다양한 형태와 규모(소·중·대 모둠학습)의 형성과 수납공간 및 공간의 융통성 등을 확보할 수 있는 초등학교 보통 교실의 적정 면적을 70.56㎡(8.4×8.4)~81㎡(9.0×9.0)로 산정할 경우 아동 1인당 교실 소요면적은 2.02~2.31㎡이다.

ⓑ 어린이집의 보육실 면적기준(영유아보육법 시행규칙 별표 1)

구 분	보육실	어린이집 전용면적	놀이터 면적
면적 기준(㎡)	2.64	4.2	3.5
비 고			50인 이상인 시설

표 10-9. 어린이집 면적 기준(영유아보육법)

- 어린이집의 보육실은 거실, 포복실 및 유희실을 포함하여 영유아 1명당 2.64㎡ 이상으로 한다.
- 보육실에는 침구, 놀이기구 및 쌓기 놀이 활동, 소꿉놀이 활동, 미술 활동, 언어 활동, 수학·과학 활동, 음률 활동 등에 필요한 교재·교구

를 갖추어야 한다.

- 학급당 유아 수는 만 4세 이상 미취학 유아의 경우 보육교사 1인당 20명으로 규정하고 있으며, 연령이 낮아질수록 보육교사 1인당 유아 수를 줄이고 있다.
- 보육실을 포함한 시설 면적은 영유아 1인당 4.29㎡ 이상으로 한다. (놀이터 면적 제외)
- 옥외 놀이터는 보육 정원 50명 이상인 경우 영유아 1명당 3.5㎡ 이상의 규모로 설치한다.

가로(m) 세로(m)	7.2	7.5	7.8	8.1	8.4	8.7	9.0	9.3	9.6	9.7	10.0
7.2	51.8 (2.59)	54.0 (2.70)	56.2 (2.81)	58.3 (2.92)	60.5 (3.02)	62.6 (3.13)	64.8 (3.24)	67.0 (3.35)	69.1 (3.46)	69.8 (3.49)	72.0 (3.60)
7.5	54.0 (2.70)	56.3 (2.81)	58.5 (2.93)	60.8 (3.04)	63.0 (3.15)	65.3 (3.26)	67.5 (3.38)	69.8 (3.49)	72.0 (3.60)	72.8 (3.64)	75.0 (3.75)
7.8	56.2 (2.81)	58.5 (2.93)	60.8 (3.04)	63.2 (3.16)	65.5 (3.28)	67.9 (3.39)	70.2 (3.51)	72.5 (3.63)	74.9 (3.74)	75.7 (3.78)	78.0 (3.90)
8.1	58.3 (2.92)	60.8 (3.04)	63.2 (3.16)	65.6 (3.28)	68.0 (3.40)	70.5 (3.52)	72.9 (3.65)	75.3 (3.77)	77.8 (3.89)	78.6 (3.93)	81.0 (4.05)
8.4	60.5 (3.02)	63.0 (3.15)	65.5 (3.28)	68.0 (3.40)	70.6 (3.53)	73.1 (3.65)	75.6 (3.78)	78.1 (3.91)	80.6 (4.03)	81.5 (4.07)	84.0 (4.20)
8.7	62.6 (3.13)	65.3 (3.26)	67.9 (3.39)	70.5 (3.52)	73.1 (3.65)	75.7 (3.78)	78.3 (3.92)	80.9 (4.05)	83.5 (4.18)	84.4 (4.22)	87.0 (4.35)
9.0	64.8 (3.24)	67.5 (3.38)	70.2 (3.51)	72.9 (3.65)	75.6 (3.78)	78.3 (3.92)	81.0 (4.05)	83.7 (4.19)	86.4 (4.32)	87.3 (4.37)	90.0 (4.50)
9.3	67.0 (3.35)	69.8 (3.49)	72.5 (3.63)	75.3 (3.77)	78.1 (3.91)	80.9 (4.05)	83.7 (4.19)	86.5 (4.32)	89.3 (4.46)	90.2 (4.51)	93.0 (4.65)

※ 주 : ( )은 20명 기준 1인당 면적

표 10-10. 교실 크기에 따른 1인당 면적

③ 교지 면적

교지 면적의 적정 규모는 교사(校舍)면적과 교사 주변의 놀이 및 실습을 위한 외부 공간과 여유 공지 및 체육장의 면적을 고려하여 계획한다.

- 교지 면적 = 교사면적 × 2~2.5 + 체육장 면적

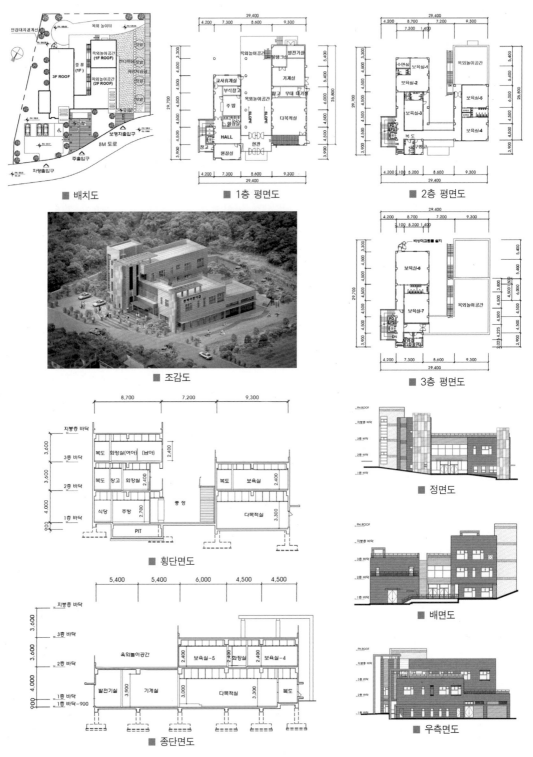

■ 배치도 ■ 1층 평면도 ■ 2층 평면도

■ 조감도 ■ 3층 평면도

■ 횡단면도 ■ 정면도

■ 배면도

■ 종단면도 ■ 우측면도

그림 10-7. 설계 사례(D 어린이집_건축사사무소 동우A&G)

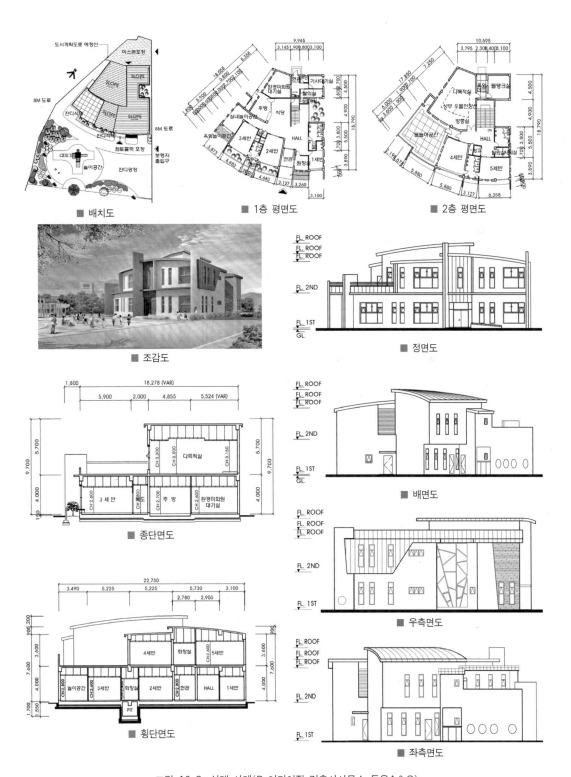

■ 배치도

■ 1층 평면도

■ 2층 평면도

■ 조감도

■ 정면도

■ 종단면도

■ 배면도

■ 우측면도

■ 횡단면도

■ 좌측면도

그림 10-8. 설계 사례(B 어린이집_건축사사무소 동우A&G)

3.4 평면 및 각실계획

(1) 블록플랜(Block Plan) 결정 시 고려사항

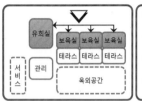

- 남쪽에 옥외공간을 두고 북쪽에 보육실을 배치한 일반형
- 테라스는 옥외공간으로의 출입과 매개공간으로서 역할을 한다.
- 남쪽출입과 유희실로 가는 동선을 고려하여 북으로 복도를 계획한다.
- 북측의 외부공간에서 옥외공간으로 출입은 돌아서 가야한다.

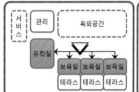

- 북쪽에 옥외공간을 배치하고 남쪽에 보육실과 테라스를 배치
- 옥외공간의 소음이 북쪽 복도에서 차단되어 보육실의 독립성을 유지한다.
- 복도를 거쳐야 하므로 옥외공간으로의 접근성이 좋지 않다.

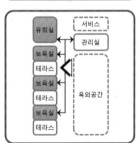

- 동서쪽으로 길고, 남북쪽으로 폭이 좁은 대지에서 북쪽에 옥외공간을 배치하고 남쪽에 보육실과 테라스를 둔다.
- 보육실과 테라스의 독립성은 좋으나 옥외공간과의 복도로 인하여 연계성이 좋지 않다.
- 옥외공간의 소음이 북쪽 복도에서 차단되어 보육실의 독립성을 유지한다.

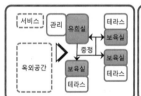

- 중정을 중심으로 보육실을 배치한 형
- 중정 주변에 회랑을 만들어 연령별 보육실을 분산 배치하여 각각의 생활권을 확실하게 할 수 있다.
- 보육실의 위치에 따라 환경조건과 옥외공간으로의 접근성 달라진다.

그림 10-9. 블록플랜의 유형과 특징-1

블록플랜을 결정하는 주요 요소를 정리하면 다음과 같다.

- 대지와 전면도로와의 관계 속에서 주 출입구와 현관 및 부출입구의 위치와 기능을 고려(피난)하여 계획한다.
- 교육 영역, 관리 영역, 서비스 영역의 합리적 조닝이 되도록 계획한다.
- 가급적 2층 이하가 되도록 계획하고, 2층 이상일 경우 1층에 교실, 교무실, 행정실, 조리실(식당), 보건실 등을 배치한다.
- 교실을 연령별로 구분하여 계획한다
- 현관에서의 신발의 흙을 털고 벗는 영역을 계획한다.
- 유치원 전체를 관할할 수 있도록 관리 영역의 위치를 계획한다.
- 교실(보육실) 및 유희실의 일조 및 통풍 등을 고려하여 남향 배치한다.
- 2층 이상으로 계획되는 경우 비상시 각 층별 양방향 대피가 가능하도록 계획한다.
- 관리 영역은 유치원 전체를 관리하기에 용이한 입지에 계획한다.

(2) 평면 유형

유치원 교사의 평면 유형은 형태에 따라 일실형, 一자형, ㄴ자형, 중정형, 분산형, 십자형 등으로 구분할 수 있으며, 각 평면 유형의 특징을 정리하면 다음과 같다.

① 일실(一室)형

복도가 없으며 하나의 단위 공간에 교육, 관리 공간을 배치하는 유형이다.

- 소규모 단일 연령의 학급 편성에 적합하다.
- 동선이 짧고 기능적 연계가 좋다

- 영역별 독립성이 결여된다.
- 식당, 화장실 등 서비스 공간의 배치와 연계에 주의해야 한다.

② 一자(편복도, 중복도)형
  교실(보육실), 유희실, 관리실, 서비스 공간을 일렬로 배치하는 유형이다.
- 편복도식은 각 실의 환경 조건이 균등한 반면 학급 규모가 큰 경우 동선이 길어진다.
- 중복도식은 동선을 짧게 할 수 있으나 일조, 채광, 통풍 등에서 불리하다.
- 편복도식의 남쪽에 실을 배치할 경우 일조, 채광, 통풍에 유리하다. 남쪽에 복도를 배치하는 경우 채광, 환기 등의 효율성을 고려하여 기능적 복도 창호를 설치할 수 있도록 한다.
- 학급 규모가 큰 경우 중복도식과 편복도식 또는 연결 복도식을 혼합하는 방식과 톱라이트(Top light)의 계획을 고려하여 동선을 줄이고 일조, 채광, 통풍의 효율성을 높일 수 있다.
- 양단부에 복도 공간을 활용하여 대공간의 실을 배치할 수 있다.
- 옥외 공간을 교사 후면에 배치하는 경우 관찰과 관리에 어려움이 있다.
- 대지의 형태가 단순하고 교사의 규모가 작은 경우 유리하다.
- 단조로운 형태가 될 수 있다.
- 대지의 형태가 부정형일 경우 적용이 어려우며, 대지가 2분화 되고 옥외 공간에 어려움이 있다.
- 중복도의 경우 소음의 영향을 고려하여 흡음 성능이 좋은 재료를 사용할 필요가 있다.

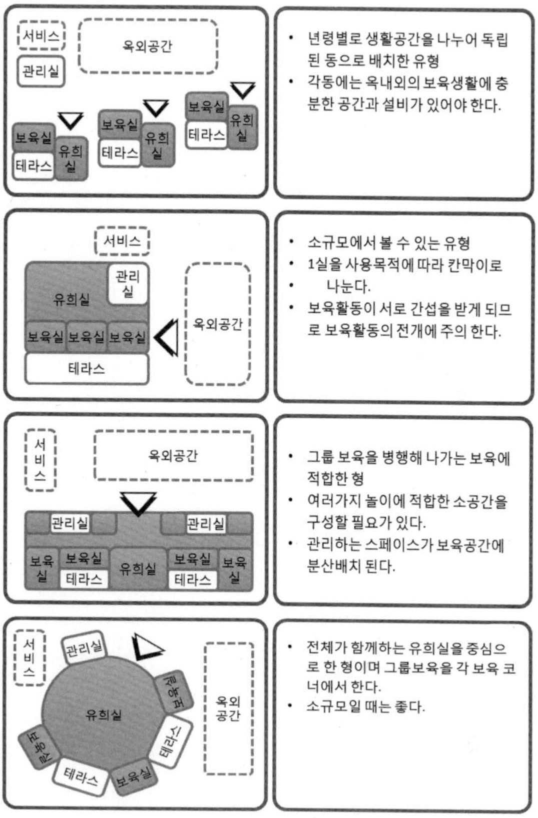

그림 10-10. 블록플랜의 유형과 특징-2

복도형식	장 점	단 점
편복도	- 채광, 통풍 양호 - 각 실의 환경이 균등 - 단부에 복도를 두지 않을 경우 단부의 실을 크게 할 수 있음	- 동선이 길어질 우려가 있음 - 건축면적의 증가 (공간활용 효율성 저하) - 평면이 단조로울 수 있음
중복도	- 공간 활용 효율성 좋음 - 편복도에 비해 동선 단축 - 복도 전면에 교육공간 후면에 관리공간 배치 시 관리 편의성 좋음	- 채광, 통풍 등 불리 - 복도 전면과 후면의 환경이 불균등 - 복도 소음 증가

표 10-11. 복도 형식에 따른 장·단점

③ L자형

평면의 코너 부분에 주로 유희 공간, 홀을 두거나 관리 공간을 두고 대지의 2면을 활용하여 평면에 변화를 준 유형이다.

• 대지의 2면을 활용하여 평면에 변화를 줄 수 있다.
• 교육 영역과 관리 영역을 종(縱)적 배치와 횡(橫)적 배치로 조닝할 수 있으며, 관리 영역에서 교육영역 및 옥외 공간의 관찰이 유리하다.
• 에워싸여진 전면의 대지를 옥외 공간, 유원장, 체육장 등으로 활용이 가능하다.
• 동선이 길어질 우려가 있다.
• 배치에 따라서 실의 환경 조건이 달라질 수 있다.
• 복도 형식과 주 출입구에서 각 실로의 출입 동선계획에 주의한다.
• 각 실의 전면부(유원장 방향)에 테라스, 데크를 두어 외부 공간과의 연계성을 높이는데 유리하다.

④ 중정형

중정(유원장) 또는 홀 공간을 중앙에 두고 주변에 교육, 관리, 서비스 공간을 배치한 유형이다.

• 평면의 변화를 다양하게 줄 수 있다.
• 중정(유원장) 또는 홀의 활동에 대한 관찰이 용이하다.
• 에워싸여진 공간을 마당으로 활용할 수 있으며, 심리적 안정감이 좋다.
• 중정 또는 홀에서 발생하는 소음에 각 실이 영향을 받을 수 있다.
• 일조, 채광, 통풍 등이 불리할 수 있다.
• 중정 또는 홀의 크기가 작을 경우 적용하기 어렵다.

⑤ 분산형

각 실을 기능별로 분산 배치시켜 독립성을 강조한 유형이다.

• 평면의 다양한 변화가 가능하다.
• 각 실의 독립성이 좋다.
• 소규모 대지에서는 적용하기 어렵다.
• 각 실을 연계하여 동선을 계획할 경우 불필요한 공간이 발생하고, 관리 영역, 서비스 영역과의 배치와 연계성에 주의한다.
• 유원장과 각 실의 연계에 어려움이 있다.
• 각 실의 환경 조건을 좋게 할 수 있다.

(3) 각실계획

유아를 에워싸고 있는 환경의 상호작용은 유아의 성장과 발달에 영향을 미치므로 공간의 환경이 유아의 성장과 발달 단계에 맞고, 다양한 경험을 통하여 탐구력과 자발적 참여를 유도하여 교육 목적을 달성할 수 있도록 계획한다.

교육 부분	관리 부분	서비스 부분
교실 (보육실) 유희실 수면실 다목적실 시청각실 옥외놀이 공간	원장실 교무실 행정실 양호실 회의실 자원봉사 자실 현관 복도 계단	조리실 식당 조유실 화장실 청결실 자료실 참관실 창고 다용도실 오픈 스페이스

표 10-12. 부문별 소요실

- 유아의 연령별 구성, 학급당 유아 수, 다양한 학습활동 등에 대응할 수 있는 단위 공간의 기본 모듈을 계획하여 사용한다.
- 복도, 홀 등의 형태(편복도, 중복도)와 구성과 동선계획에 따라 1인당 면적 및 학급 규모별 교사면적과 교지 면적 등에 차이가 있음을 고려하여 계획한다.
  - 편복도형이 1인당 면적, 교사면적, 교지 면적 등이 가장 크고 중복도형이 작다.
- 복도의 폭은 3m 이상(건축법령 편복도 1.8m, 중복도 2.4m 이상)을 확보하는 계획이 바람직하고, 복도에 홀, 오픈스페이스, 알코브 등 코너 공간을 계획하여 복도의 활용도를 높일 수 있다.

- 홀 중심형, 중복도형 등은 통과 동선을 최소화할 수 있으나 평면과 입면이 단조로울 수 있고, 여유 공간이 부족할 수 있으므로 오픈스페이스, 알코브 등을 계획하여 공간의 변화를 유도한다.
- 창호는 채광, 환기의 효율성을 고려하고 블라인드와 방충망 등이 설치되도록 계획한다.

그림 10-11. 교실에서의 활동

- 안전을 고려하여 실의 각 부분이 돌출되지 않거나 둥글게 계획한다.
- 복도에서 내부를 관찰할 수 있도록 각실의 출입문 또는 복도와의 칸막이 벽을 투시형으로 계획한다.

① 보육실(保育室, Group room for Child-care)

일반적으로 영유아는 2세 이하의 시기에는 배설, 식사, 수면이 주(主)가 되는 생활 속에서 놀이 행위가 같이 이루어지며, 2세 이후부터 놀이가 세분(細分)되고 놀이 중심의 활동과 학습이 이루어진다.

보육실은 이러한 영유아의 특성을 수용할 수 있도록 만들어진 공간으로서 휴식, 낮잠, 수유, 식사, 기저귀 갈이, 용변 등의 일상생활 보육과 쌓기 놀이, 소꿉놀이, 리듬 놀이, 연극 등 놀이활동 및 미술 활동, 언어 동, 수학·과학 활동, 음률 활동 등의 교육활동이 이루어지는 곳으로 유치원(어린이집)의 생활의 중심이 되는 곳이다.

구 분	내 용
주요 활동형태	• 다양한 마루바닥 놀이 • 책상중심 놀이
설비	• 수세와 물 마시는 곳 • 음악, 영상 등 멀티미디어 시스템
계획 요구	• 책상과 의자를 사용하는 교육에 필요한 면적 • 의자만 놓고 교육하는 면적 • 소꿉놀이, 물놀이, 목공놀이 등 각종 코너 • 바닥은 앉을 수 있도록 보온성, 내마모성 안 전성 배려

표 10-13. 보육실(교실) 계획 시 고려사항

공 간	주요내용	필요한 시설 · 설비
학습·유희 스페이스	일제보육 · 그룹보육 · 자유놀이 · 식사 · 휴식	흑판 · 게시판 · 전시대 · 자연관찰대 · 각종코너 · 공작대 · 책상 · 의자
휴대품정리 코 너	코트 · 모자 · 개인용구 를 두는 곳 · 갱의	옷장 · 선반 · 의모걸이 · 개인용구보관함
생활설비 코 너	수세 · 입가심 · 물마심	수세기 · 음수기 · 씻는 곳 · 청소 도구 두는곳
교 재 코 너	교재 · 교구의 보관 작품보존	교재 · 교구 · 작품보관 함을 두는 선반
교사 · 준비 코 너	교재정리 · 준비, 교육사무	책상 · 의자 · 선반
화 장 실	용변 · 수세 · 청소 · 신체청결	변기 · 수세기 · 청소용 도구를 두는곳 · 씻는곳
출 입 구	신을 벗고 신기, 신씻기 · 발씻기 · 눈털기 · 건조	신발함 · 신씻는 곳 · 신발장 · 우산꽂이
난 방	난방	난방기구
보육실의 옥외연장부분	신을 신은 채로 놀기 사육 · 자연관찰	화단 · 사육장 · 모래사 장 · 음수장 씻는 곳 · 테라스, 연못 · 풀장·

표 10-14. 보육실(교실) 내 공간과 시설설비

• 생활활동 영역과 교육활동 영역을 구분하여 계획한다.
• 대상 아동의 연령에 따라 보육 지도나 그룹 형성이 달라짐에
  따라 융통성 있는 계획이 필요하다.
• 보육활동에 대한 교사와 보모의 준비 작업과 활동의 전개에
  대응할 수 있도록 계획한다.
• 유아의 용변 후 기저귀의 처리와 씻을 수 있는 공간을 계획
  한다.
• 보육에 필요한 교구와 물건을 보관하고 보육의 준비를 위한
  보모의 공간을 보육실에 접하여 계획한다.

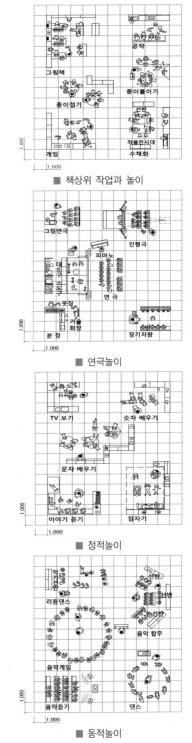

■ 책상위 작업과 놀이

■ 연극놀이

■ 정적놀이

■ 동적놀이

그림 10-12. 기본적인 놀이와 넓이

- 영유아의 편안한 휴식과 낮잠을 위하여 낮잠 영역은 활동 영역과 분리하여 소음으로부터 차단되고 조명을 조절할 수 있으며, 바닥의 재료는 탄력성이 좋은 재료를 사용하고 난방이 되도록 계획한다.
- 각종 교구의 보관함, 주요 가구와 아동의 신발, 여분의 옷, 개인 소지품을 위한 개인사물함 공간을 배려하고 실내의 면적과 출입 등을 고려하여 계획한다.

② 교실

교실은 유아들이 가장 많은 시간을 보내는 원사(園舍)의 실내 공간으로서 유아의 교육, 놀이, 휴식 등이 행해지는 중요한 공간이다. 보육실과 혼용되어 사용되기도 하며 일반적으로 보육보다는 4~6세 아동의 유아교육에 중점을 둔 실을 말한다.

교실 계획 시 고려사항을 정리하면 다음과 같다.

- 교실은 다양한 교육활동에 대응하고, 학급당 아동 수 및 교육집단(소·중·대 집단)에 적합하도록 계획한다.
- 연령별로 소요실 수를 구분하고 인체 치수를 고려하여 계획한다.
- 교실은 놀이별(쌓기, 역할, 언어, 수·조작, 과학, 미술, 음률 등) 학습활동과 특징(동적, 정적, 물사용 등)을 고려하여 계획한다.
- 다양한 교구와 자료 들을 교실 내에 비치할 수 있는 수납공간을 계획한다.
- 교사가 아동을 관찰하기에 적합한 형태와 규모로 계획한다.
- 교실과 교실 사이에 화장실(청결실), 자료실, 참관실 등을 계획하여 교실의 단위공간을 유닛(Unit)화 하여 동선을 짧게 하는 계획도 바람직하다.

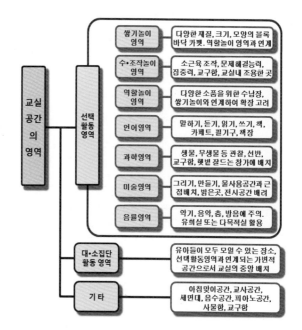

그림 10-13. 교실 공간계획의 영역과 내용

- 교실 출입구, 교사(敎師) 공간, 음수 공간, 세면시설 및 음률 활동을 위한 피아노의 위치 등을 고려하여 계획한다.
- 바닥은 난방이 될 수 있도록 계획하고, 적당한 바닥 패턴으로 활동 영역을 구분하고, 부드럽고 안전한 질감으로 계획한다.
- 교구의 수납, 작품의 전시 등을 위한 벽면 활용계획을 고려한다.
- 일조, 채광, 통풍 등이 양호하고 쾌적한 환경을 구성하고 냉난방 설비를 계획한다.

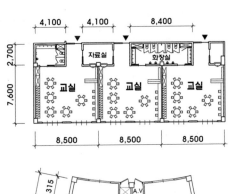

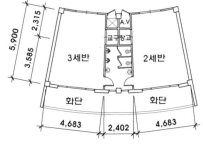

그림 10-14. 교실 유닛플랜 계획 예

- 별도의 수면실을 두지 않을 경우 보통교실 또는 유희실을 활용할 수 있도록 계획한다.
- 교실로의 출입문은 현관과 복도에 연결된 출입문을 두고, 테라스와 연결하여 실외 공간으로 직접 나갈 수 있고 비상구를 겸할 수 있는 부출입문을 두는 계획이 바람직하다.
- 교실 및 복도의 크기가 넓지 않을 경우 출입문은 미닫이로 계획하는 것이 실용적이다.
- 교실의 문턱을 두지 않도록 계획한다.
- 교실의 창문 높이는 유아의 인체 치수(Human Scale)을 고려하며, 50~70cm 정도로 계획한다.
- 교실 공간의 융통성과 확대성을 위하여 교실과 교실 칸막이벽의 가변형 계획을 고려한다.
- 교실을 유희실, 식당 등 타 용도와 겸용으로 사용하는 경우 실의 규모와 형태 및 요구되는 설비 등에 대응할 수 있도록 계획한다.

- 복도와 교실 사이에 벽을 둘 경우 투시형으로 계획이 바람직하다.
- 실내 색채는 고채도, 고명도 색채보다 강하지 않은 적정 색채로 조화가 이루어지도록 계획한다.

구 분	내 용
주요 활동형태	• 보육, 집회, 대집단 놀이 • 다목적 활동
설비	• 음악, 영상 등 멀티미디어 시스템 • 악기, 무대, 무대도구 등
계획 요구	• 동일 연령의 아동 전부가 집단으로 놀이를 할 수 있는 크기 • 평면형에 제약이 없음 • 바닥은 앉을 수 있도록 보온성, 내마모성 안전성 배려

표 10-15. 유희실의 계획

③ 유희실(遊戲室)

유희실은 교실에서 하기 어려운 큰 활동이나 날씨와 관계없이 실내에서 다양한 놀이와 행사를 할 수 있는 각 교실 공용의 특별교실 공간으로서 보통교실 보다 큰 공간이 요구된다.

- 유원장을 사용하지 못할 경우를 대비한 다양한 실내 놀이 설비와 기구의 설치를 계획한다. (실내 미끄럼틀, 매트, 농구대, 볼풀장 등)
- 2개 학급 이상이 동시에 사용할 수 있는 규모와 형태의 계획이 바람직하다.
- 유희실의 활동을 고려하여 천장 높이를 교실보다 높게 계획하는 것도 바람직하다.
- 원사의 규모가 2층 이상일 경우 층별로 배치를 계획한다.

■ 현관과 복도를 통하여 교실로 들어간다.
■ 유희실은 복도의 끝에 둔다.
■ 유희실로의 동선이 길어질 우려가 있다.

■ 홀과 유희실응 중심으로 연계하여 대공간을 구성할 수 있다.
■ 유희실과 공용공간이 지나치게 집중된다.

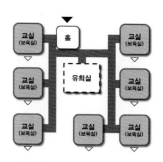

■ 중앙에 유희실을 두고 교실을 복도로 연결한 클러스터식
■ 교실과 접하여 전용의 뜰을 가질 수 있다.

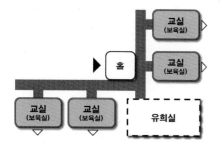

■ 유희실과 공용 홀을 중심에 두고 'ㄱ'자로 꺾여 교실을 배치
■ 부정형의 대지에 적합할 수 있다.

■ 평면배치와 동선계획이 자유롭다.
■ 다이나믹한 평면을 계획할 수 있다.

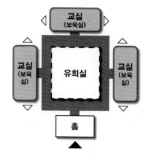

■ 유희실을 중심으로 교실을 등거리에 배치
■ 교실의 독립성이 강하다.
■ 유희실은 아동 상호교류장소로 역할을 할 수 있다.

그림 10-15. 유치원 교실 배치의 유형

구분	활동 내용	기대 효과	공간 특징
쌓기 놀이영역	• 나뭇가지, 나무토막, 플라스틱, 우레탄, 기타 블럭 쌓고 무너뜨리기 • 사람, 동물, 자동차 등의 모형 사용	• 대·소근육 발달 • 시·지각 인식 • 관찰력, 사고력 발달 • 타인과의 협력	• 동적 • 건조영역 • 제작 및 바닥 충격 소음발생 • 좌식활동(카펫, 깔개 등) 고려 • 역할놀이 영역과 인접 • 다양한 교구 수납장 필요
언어 영역	• 언어(듣기, 말하기, 읽기, 쓰기 등)활동 • 책과 다양한 언어자료를 통한 간접 경험	• 사고와 표현능력의 발달 • 상상력, 창조적 사고, 표현 능력	• 정적 • 건조영역 • 온화하고 편안한 분위기 • 좌식활동과 낮은 의자 사용
역할 놀이영역	• 가족놀이, 가게놀이, 병원놀이, 교통놀이 등	• 다양한 역할 경험을 통한 사고력, 문제 해결력, 창의력, 성취감 증진	• 동적 • 건조영역 • 다양한 공간(주거, 병원, 가게 등)의 연출 고려 • 쌓기놀이 영역과 인접 유리

수·조작 놀이영역	• 수 개념 • 형태, 무게, 크기, 길이 등의 분류, 비교, 순위, 측정 등 활동 • 자물쇠, 볼트와 너트, 블록 맞추기, 바느질 등 활동	• 기초적 수 개념 • 모양, 크기, 형태의 개념 • 형태 구성의 즐거움 • 창의적인 구성 능력 • 집중력 발달	• 정적, 동적 • 건조영역 • 밝고, 조용하며, 안정적 분위기 • 책상과 의자, 좌식 겸용 공간 • 언어 및 과학영역과 인접 유리 • 다양한 교구 수납장 필요
과학 영역	• 보고, 듣고, 만지고, 냄새 맡고, 맛보는 활동 • 동·식물 재배 및 사육 활동 • 관찰, 탐색, 탐구, 실험 활동	• 관찰, 실험, 탐구 능력 발달 • 사물과 자연에 대한 호기심과 문제해결 능력 발달 • 과학적 개념 형성	• 정적, 동적 • 물사용 • 왕래가 적은 안정된 공간 • 곤충, 동·식물을 기르는 공간 • 채광, 통풍이 좋은 곳 • 옥외 자연탐구 영역과 연계성 고려
음률 영역	• 음악 감상, 노래, 합창 • 악기연주 • 율동	• 정서적, 감각적 기능 발달 • 창의성, 사회성 발달 • 신체운동조절능력	• 동적 • 건조영역 • 좌식활동, 카펫 • 소음의 영향 고려 방음시설 • 쌓기놀이 및 역할놀이 영역과 인접배치 • 언어영역과 과학영역과는 거리를 두고 배치
미술 영역	• 물감, 크레파스 그리기 • 점토, 종이 활용 • 그리기, 오리기, 풀칠하기, 색칠하기, 구성하기	• 사물의 색, 선, 형태, 질감 탐색능력 • 시각적 구상과 표현 • 협업 작업을 통한 사회성 발달	• 동적 • 소음발생 • 물사용 • 작업책상, 의자, 이젤 등 설치 • 작품 건조대, 전시대 필요 • 쌓기 및 역할놀이와 인접 배치 • 왕래가 적은 안정된 공간

표 10-16. 영역별 공간의 활동과 특징

그림 10-16. 유희실에서의 활동

• 별도의 강당을 계획하지 않는 경우, 전체 유아의 집합, 학부모 교육, 체육 활동, 입학식, 졸업식, 재롱잔치 등 유치원의 각종 행사 등을 행할 수 있도록 유희실이 강당의 기능을 겸하여 사용될 수 있도록 크기와 형태를 계획한다.
• 유희실과 강당을 겸용하는 경우 수평, 수직의 대공간이 가능한 원사의 단부 또는 통층 구조, 상층부에 배치를 고려한다.

④ 보건실
• 응급차량의 접근성을 고려하고 교무실, 현관과 인접하여 계획한다.
• 별도의 보건실을 두지 않을 경우 행정실, 교무실 등에서 보건 기능을 겸하도록 하고 커튼 등으로 공간을 분리하여 계획한다.
• 침대, 응급처치기구 보관장 등을 고려하여 공간 규모를 계획한다.
• 15㎡ 이상을 확보하여 계획한다. (각 시·도별 '학교보건실 시설 및 기구에 관한 규칙')

⑤ 조리실, 급식실

• 영양사실, 저장고, 전처리실, 조리실, 세척실, 직원 휴
게실 등을 계획한다.

• 급식실은 전체 유아가 2교대로 식사할 수 있는 규모로
계획한다.

 – 아동 1인당 소요면적 1.18㎡ 이상, 교사 1인당 1.3㎡
이상

   예) 4학급, 학급별 유아 수 25명, 교사 수 10명

   $$(100 \times 1.18㎡) \div 2(교대)$$

   $$= 59㎡ + ((10 \times 1.3㎡) \div 2)) = 65.5㎡$$

 – 6~8인용 테이블 × 4~6개

• 소규모 유치원의 조리실 경우 교차오염(交叉汚染)을
방지할 수 있도록 전처리 영역, 조리 영역, 세척 영역
으로 작업 공간을 구분하여 구획한다.

• 바닥은 미끄럽지 않고, 내수성이 있으며, 그리스 트랩
과 트렌치를 계획한다.

• 배식대는 아동의 신체 치수를 고려하며, 52cm 정도의
높이로 계획한다.

• 조리실 조명은 220룩스(lx) 이상으로 계획한다.

⑥ 화장실

• 교실 내에서 직접 연결되거나 가까운 곳에 배치하여
사용 및 교사 지도의 편리성을 배려한다.

• 3세 유아반은 교실 내에서 직접 연결되는 계획이 바람
직하다.

• 수세식 변기는 원아 10~15명당 1개를 기준하여 설치
한다.

• 화장실의 출입문은 두지 않거나 출입문에 투시창을 두
며, 변기의 칸막이(큐비클)는 교사가 지도할 수 있도록
120cm 이하로 하고 잠금장치는 하지 않는다.

• 용변 후 필요 시 샤워(온수설비)가 가능하도록 계획한다.

• 세면대는 학급당 2개 이상을 설치한다.

• 세면대의 높이는 40cm(3세 이하)~50cm(4세 이상)가
되도록 계획한다.

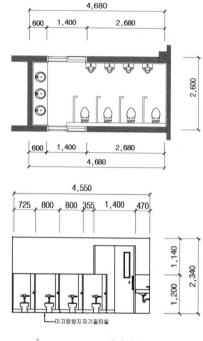

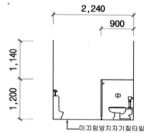

그림 10-17. 유아 화장실 계획 예

- 세면대와 별도의 양치 공간을 화장실에 인접하여 계획한다.
- 통풍과 환기의 효율성을 고려하여 위치와 벽면을 계획하고 다른 실로 냄새가 유입되지 않도록 한다.
- 교사용 화장실은 별도로 계획한다.

⑦ 자료실
- 교무실, 행정실, 교실 등과 인접하여 배치한다.
- 자료, 교구별로 구분하여 충분히 정리할 수 있도록 규모(크기, 실 수)로 계획한다.
- 크기나 형태가 다양한 자료, 교구 등을 정리할 수 있도록 폭과 높이 조절이 가능하도록 계획한다.

⑧ 수면실
- 저 연령층(3~4세) 학급, 종일반 학급 및 관리시설(교무실, 보건실) 등과 근접한 곳에 배치가 바람직하다.
- 안정되고 온화한 공간이 되도록 계획한다.
- 침구류의 수납공간을 계획한다.
- 바닥 난방과 냉방설비를 계획한다.

⑨ 교무실, 행정실
- 교사의 거주 공간이 학급교실과 교무실로 나누어지는 것을 고려하여 기능과 규모를 계획한다.
- 교수활동을 준비하고, 행정업무와 휴식할 수 있는 기능을 갖도록 계획한다.
- 책상, 의자, 도서 및 서류수납장, 컴퓨터, 복사기, 회의용 테이블과 의자, 소파, 싱크 및 탕비 설비 등을 갖출 수 있도록 계획한다.

⑩ 원장실
- 교무실, 행정실, 현관 등과 인접하여 배치한다.
- 실내의 활동과 실외 활동의 관찰이 용이한 곳에 배치한다.
- 책상, 의자, 컴퓨터, 의자, 소파 등을 갖추고, 관리업무 및 부모 상담, 접대 등의 기능을 고려하여 계획한다.

⑪ 계단실
- 2층 이상의 규모인 경우 비상 또는 재해 시의 피난을 위한 계단은 양방향 대피가 가능하도록 계획을 고려한다.
  - 양방향 대피를 위하여 주 계단 외에 각 층별로 원사 내부를 경유하지 않고 직접 지상으로 연결되는 비상계단 또는 미끄럼대를 건물 외부에 설치 또는
  - 내부 직통 계단을 2개 이상 설치하거나 주 계단 외에 피난층 또는 지상으로 통하는 직통 계단을 설치

그림 10-18. 어린이집 계단실 예

- 계단의 폭 120cm 이상, 단 높이 15cm 이하, 단 너비 26cm 이상, 난간 사이(8~10cm)와 수평 난간의 구조 및 높이(높이 45cm, 90cm, 2단 구조, 강화유리 설치) 등 건축법령을 만족하고 추락을 방지할 수 있는 구조로 계획한다.

⑫ 현관

- 유치원의 주 출입구에서 출입이 용이한 곳에 계획한다.
- 10명 이상의 아동이 동시에 사용할 수 있는 규모를 고려하고, 학급 수가 많을수록 동시 사용 인원을 15명 이상으로 확대하여 계획한다.
- 우천 시 비를 피할 수 있는 구조로 계획한다.
- 부모가 아동을 보내고 맞이할 수 있는 공간을 계획한다.
- 신발장, 우산 보관함 등을 이용하는 아동 규모에 맞춰 계획한다.

그림 10-19. 현관 신발장

- 단차가 있는 경우 경사로를 설치하고 현관과 내부 공간과는 단차를 두지 않는 계획이 바람직하다.

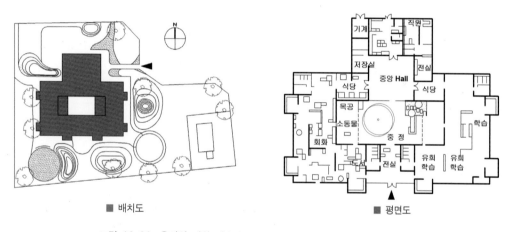

■ 배치도   ■ 평면도

그림 10-20. 유치원 계획 예_Infant School of Redford, Nottingham, UK

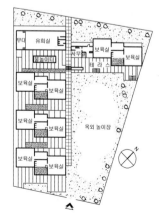

그림 10-21. 유치원 계획 예_레우스 교육센터 부속유치원, 스페인(좌), 자유학원 지바유치원, 지바현 야치요시, 일본(우)

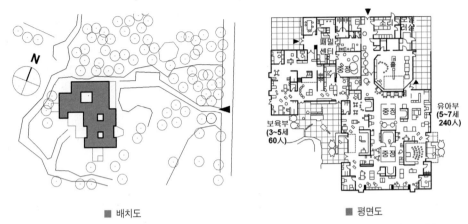

■ 배치도　　　　　　　　■ 평면도

그림 10-22. 유치원 계획 예_Chaucer Infant & Nursey School, Derbyshire, UK

4 ｜ 입 · 단면계획

입면계획은 의장적 측면과 기능적 측면에서 벽면, 창호, 지붕 등의 형태, 재료, 컬러 등을 고려하고, 단면 계획은 실의 기능, 구조(하중, 스팬), 환경, 설비, 층고 등을 고려하여 계획한다.

4.1 입면계획

- 유아의 시선을 유도하고 호기심과 즐거움을 줄 수 있도록 유아들이 좋아하고 안정적이며 리듬감과 변화감 있는 형태로 계획한다.
- 어두운 색보다 밝은색을 사용하고, 난색과 한색, 보색대비 등의 배색 선정에 주의하여 계획한다.
  - 일반적으로 여아는 난색 계통, 남아는 한색 계통을 선호하고 보색대비는 남녀 모두가 선호
- 지붕의 형태에 의한 내적 공간감과 입면 Mass의 조형미를 극대화한다.
- 원형, 삼각형, 사각형 등 아동들이 좋아하는 형태적 언어의 사용하고 결합시키고 시공성 등을 고려하여 발전적 입면 디자인을 계획한다.
- 주 출입구, 지붕, 창호 등의 변화감을 통하여 입면의 정면성을 디자인한다.
- 수직, 수평의 비례감과 기능을 고려하여 모듈을 결정한다.
- 다양한 재료를 사용하기보다는 주재료를 결정하고 시각적 강조, 통일, 조화, 대비 등의 효과를 극

대화하도록 한다.

- 건축 재료는 건축물의 특징과 재료의 질감 및 아동의 동심과 친근감을 표현할 수 있도록 계획한다.

4.2 단면계획

- 기둥 간격, 보의 크기 등은 실의 기능과 규모에 적합하고 안정성과 경제성을 고려하여 계획한다.
- 실의 기능에 따라 천정고와 층고를 달리하는 계획을 고려한다.
- 평면의 좌 · 우측 단부를 활용하여 대공간이 필요한 실을 배치하여 층고의 요구를 충족하고 입면의 변화감을 줄 수 있다.
- 필요 시 통층 구조를 적용하여 공간의 기능과 공간감을 극대화할 수 있도록 계획한다.

제Ⅴ편 교육시설

제11장 도서관(圖書館, Library)

1 도서관의 개요

1.1 도서관(圖書館, Library)이란

도서관이란 다양한 종류의 도서, 문서, 기록물, 출판물, 음향자료, 영상자료 등의 자료를 수집, 정리, 보존하여 필요한 사람이 그 내용을 볼 수 있도록 이용의 편의성을 제공하고, 지역주민의 평생교육기관의 역할도 수행하는 등 정보문화 공간으로서 만들어진 시설이라고 할 수 있다.

> **도서관** 도서관법 제2조 정의
>
> 도서관이라 함은 도서관 자료를 수집, 정리, 분석, 보존하며 공중에게 제공함으로써 정보 이용, 조사, 연구, 학습, 교양, 평생교육 등에 이바지하는 시설을 말한다.

1.2 도서관의 어원과 발달

영어의 Library는 라틴어의 '나무껍질'을 뜻하는 'Liber'에서 프랑스어의 책을 의미하는 'Livre'로 파생되어 비롯되었고, 도서관(圖書館)을 도서를 모아 놓은 건물이라고 볼 때 도서관의 역사는 인류가 문자를 고안해 내고 기록할 수 있는 점토판, 수피(樹皮) 등을 만들어 여기에 문자를 기록하고 이를 보관했던 시기부터 시작되었다고 볼 수 있다.

문명 발상지인 메소포타미아 지방 바빌로니아의 기원전 21세기경의 옛 도시인 니프르(Nippur)의 사원에서는 설형문자(楔形文字)의 점토판이 발견되어 도서를 모아놓는 기능이 있었음을 추측할 수 있다. 오늘날 도서관 기능의 시작은 이집트의 '알렉산드리아 도서관'이라 할 수 있다. 알렉산드리아 도서관은 기원전 290년경에 만들어져 4세기에 화재로 소실될 때까지 약 600년간 서양 고대시대의 학문의 중심지 역할을 했다고 한다.

우리나라의 경우 최초의 도서관 기능은 유교의 경전을 보관하고 독서와 활쏘기 등을 교육한 고구려의 '경당'이 교육기관인 동시에 도서관의 역할을 한 것으로 볼 수 있다.

공공도서관의 효시(嚆矢)는 1901년 10월에 일본인 친목단체인 '홍도회(弘道會)' 부산지부가 부산에 건립한 '독서구락부 도서실'이며 현재의 '부산광역시립시민도서관'의 전신이 되었다. 1906년 서울에 건립이 추진된 '대한도서관(大韓圖書館)'은 우리나라 최초로 시도된 국립도서관이라 할 수 있으나 1910년 일제에 나라의 국권을 빼앗기면서 개관하지는 못했다. 현재의 '국립중앙도서관'은 1945년 10월에 서울 소공동 조선총독부 도서관의 이름을 바꿔 개관되었다.

우리나라 최초의 사립 공공도서관은 1906년 평양에 건립되어 도서 발간 및 무료 열람 등을 시행한 '대동서관(大同書館)'을 들 수 있다.

2 도서관의 종류

도서관의 종류는 설립 주체에 따라 국립도서관, 공립도서관, 사립도서관으로 나뉘고, 설립 목적에 따라 공공도서관, 대학도서관, 학교도서관, 전문도서관 등으로 나눌 수 있다.

(1) 설립 주체에 의한 분류

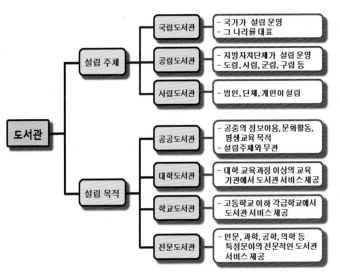

표 11-1. 도서관의 분류

① 국립도서관

국립도서관은 국가가 직접 운영하는 그 나라를 대표하는 국가도서관이다. 국내 기록물, 출판물 등을 총체적으로 수집, 정리, 보존하며, 국가의 행정, 입법 등에 필요한 자료를 제공할 뿐만 아니라 일반 국민에 대한 열람, 대출 등 정보 제공의 역할을 수행한다.

우리나라의 국립 중앙도서관, 국회도서관, 국립 어린이청소년도서관, 국립 세종도서관이 해당된다.

외국의 경우 대표적으로 미국의 의회도서관(LC, The Library of Congress, Washington D.C), 영국의 대영도서관(BL, British Library, London), 프랑스의 국민도서관(BnF, Bibliotheque nationale de France, Paris), 일본의 국립국회도서관(National Diet Library, Tokyo), 중국의 북경도서관(NLC, National Library of China, Beijing) 등이 있다.

② 공립도서관

공공도서관은 지방자치단체가 설립·운영하는 도서관으로서 행정단위에 따라 도립, 시립, 군립, 구립도서관 등이 이에 속한다.

③ 사립도서관

사립도서관은 국립이나 공립이 아닌 법인, 단체 및 개인이 설립·운영하는 도서관을 말한다.

(2) 설립 목적에 의한 분류

① 공공도서관

'공공도서관'이라 함은 공중의 정보 이용·문화활동·독서 활동 및 평생교육을 위하여 국가 또는 지방자치단체가 설립·운영하는 '공립 공공도서관'과 법인, 단체 및 개인이 설립·운영하는 '사립 공공도서관'을 말한다.

공공도서관의 범주를 요약하면 다음과 같다.

- 공중의 생활권역에서 지식정보 및 독서 문화 서비스의 제공을 주된 목적으로 하는 도서관으로서 공립 공공도서관의 시설 및 도서관 자료기준(도서관법 제5조)에 미달하는 작은 도서관
- 장애인에게 도서관 서비스를 제공하는 것을 주된 목적으로 하는 장애인도서관
- 의료기관에 입원 중인 사람이나 보호자 등에게 도서관 서비스를 제공하는 것을 주된 목적으로 하는 병원도서관
- 육군, 해군, 공군 등 각급 부대의 병영 내 장병들에게 도서관 서비스를 제공하는 것을 주된 목적으로 하는 병영도서관
- 교도소에 수용 중인 사람에게 도서관 서비스를 제공하는 것을 주된 목적으로 하는 교도소도서관
- 어린이에게 도서관 서비스를 제공하는 것을 주된 목적으로 하는 어린이도서관

② 대학도서관

'대학도서관'이라 함은 '고등교육법(제2조)'에 따른 대학 및 다른 법률의 규정에 따라 설립된 대학 교육과정 이상의 교육기관에서 교수와 학생, 직원에게 도서관 서비스를 제공하는 것을 주된 목적으로 하는 도서관을 말한다.

③ 학교도서관

'학교도서관'이라 함은 '초·중등교육법(제2조)'에 따른 고등학교 이하의 각급 학교에서 교사와 학생, 직원에게 도서관 서비스를 제공하는 것을 주된 목적으로 하는 도서관을 말한다.

④ 전문도서관

'전문도서관'이라 함은 다양한 분야의 도서와 자료를 보관하고 제공하는 도서관과는 달리 그 설립 기관·단체의 소속 직원 또는 공중에게 인문, 과학, 공학, 철학, 의학 등 특정 분야의 전문적인 도서관 서비스를 제공하는 것을 주된 목적으로 하는 도서관을 말한다.

- 의학도서관, 점자도서관, 음악도서관, 인문학전문도서관, 법학전문도서관, 족보전문도서관, 생명윤리정책 전문도서관, 지식재산 전문도서관 등

3 │ 도서관의 업무와 기능

  '도서관'은 도서관 자료를 수집·정리·분석·보존하여 공중에게 제공함으로써 정보 이용·조사·연구·학습·교양·평생교육 등에 이바지하는 기능을 갖춘 시설을 말한다.
  도서관의 업무는 지식 정보 자원 전달을 목적으로 하는 모든 자료를
① 수집·정리·보존하는 업무와 공중(公衆)에게 각종 자료 및 시설과 정보 이용의 제공, 교육, 독서
  활동 등을 지원하는
② 유·무형의 봉사(서비스제공) 업무 그리고 도서관 각 부문의 관리와 운영을 지원하는
③ 관리·운영(管理·運營) 업무로 구분할 수 있다.

3.1 도서관의 업무

(1) 자료의 수집·정리·연구·보존 업무

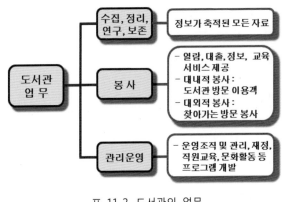

표 11-2. 도서관의 업무

  도서관의 수집·정리·보존 기능이란, 인쇄 자료, 필사 자료, 시청각 자료, 마이크로형태 자료, 전자 자료, 그 밖에 장애인을 위한 특수자료 등 지식 정보 자원 전달을 목적으로 정보가 축적된 모든 자료(온라인 자료 포함)를 도서관이 수집·정리·보존하는 기능을 말한다.
① 수서(收書)
  도서관 자료의 선택, 주문, 구입, 수증(受贈), 교환 등의 업무

② 정리(整理)
  도서관 이용자와 사서가 쉽게 찾아볼 수 있도록 도서관 자료의 등록, 서지적(書誌的) 목록의 제작, 주제(主題)의 분류와 배열 등의 업무
③ 분석·연구(分析·研究)
  문헌의 연구, 학술연구, 세미나 등의 개최
④ 보존(保存)
  수집된 도서관의 자료가 정리되면 도서관 이용자들을 위해서 자료가 훼손, 오손, 분실되지 않도록 세심한 관리가 필요하며, 분실 유무 확인을 위한 장서 점검, 훼손 도서 수리를 위한 제본 등의 보존 업무

(2) 봉사(奉仕) 업무

도서관의 주된 기능은 봉사 기능이다. 봉사 기능은 대내적인 것과 대외적인 것으로 나눌 수 있다. 대내적인 봉사는 도서관을 찾아온 이용자들에게 필요한 자료를 신속, 정확하게 찾아볼 수 있도록 하는 것이며, 대외적인 봉사는 찾아오지 못한 이용자들을 찾아가서 봉사하는 것이다.

① 열람(閱覽), 대출(貸出) 및 정보 제공

도서관 이용자가 필요로 하는 자료에 대한 존재 유무 확인, 자료의 선택과 열람, 원문 복사, 대외적인 순회문고 운영, 타 도서관과의 상호대차(相互貸借), 최신 정보의 email 서비스 등의 정보 제공 업무

② 리퍼런스 서비스(Reference Service, 참고 정보 서비스)

이용자의 자료, 정보 등의 요구 및 질의에 대한 전문 사서의 적절한 자료 제공, 응답 등 도움 업무

③ 리퍼럴 서비스(Referral Service)

이용자가 요구하는 자료, 정보 등이 없는 경우 다른 도서관이나 전문가 등 외부 자원과 이용자를 연결시킴으로써 문제 해결을 돕는 업무

④ 교육 서비스

이용자 교육, 강연회, 세미나, 전시회, 도서회, 교양강좌 등 문화행사 및 사회교육의 한 부분으로서 평생교육센터 기능으로서의 업무

(3) 관리 · 운영(管理 · 運營) 업무

도서관 각 부서의 관리 및 도서관의 운영 조직, 정책, 인사, 재정, 직원교육, 홍보활동, 독서교육, 문화활동 등 교육 프로그램의 개발과 시행 등 도서관 운영 업무

3.2 도서관의 기능

지역의 문화 · 복지시설 및 지식기반사회로의 구현 과정에서 요구되는 지식 정보의 제공, 이용의 활성화라는 측면에서 도서관의 기능을 정리하면 다음과 같다.

① 지식 정보의 저장 및 제공 기능

• 도서관은 국내외에서 발간된 유형 · 무형의 기록, 출판물 등 자료를 수집,

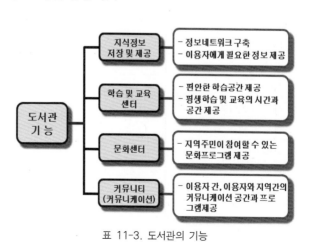

표 11-3. 도서관의 기능

정리, 보존하고, 지역의 정보 네트워크를 구축하여 이용자들에게 필요한 정보를 제공하는 기능을
수행한다.

② 학습·교육센터로서의 기능
• 제공된 정보에 대하여 열람, 독서활동 등 학습할 수 있는 편안한 공간을 제공하는 기능
• 사회 구조의 변화에 따른 다양한 문화 발달, 과학기술의 발달, 정보량의 증가, 지식 향상에 대한 수
  요, 여가의 증대 등에 따른 평생학습·교육의 욕구를 충족시키기 위한 시간과 공간을 제공하는 기능

③ 문화센터로서의 기능

• 도서관은 지역사회의 역사, 문화를 중심으로 전시실,
극장, 세미나실 등 지역주민이 능동적으로 참여할 수
있는 문화 프로그램을 제공함으로써 문화적 소양과
삶의 질을 향상시켜 주는 기능

• 규모 : 2층, 면적 2,800㎡
• 장서 : 7만여 권
그림 11-1.개방형 도서관_별마당
도서관(코엑스 몰, 서울)

④ 커뮤니케이션(Communication) 기능
• 도서관은 지식 정보의 저장 및 제공, 학습·교육센터,
문화센터 등의 기능과 역할을 통하여 이용자와 유·
무형의 정보·지식, 지역인과 지역인, 문화와 지역인
등의 커뮤니케이션 공간을 제공함으로써 사회적·문

화적 연대와 통합을 이끌고 나아가 지역사회의 공동체(Community) 형성에 기여하는 기능

기 능	행위 주체			비 고
	열람자	프로그램 진행자	직원	
도서(정보) 신청	○	-	△	수납
수서	-	-	○	반출입
정리	-	-	○	정보 분류/보관
자료(도서, 정보)열람	○	-	△	열람, 보관/수납,
학습 및 연구	○	-	△	세미나, 연구, 학습
교육/문화 프로그램	○	○	△	강의, 강연 및 준비
휴게	○	△	○	휴식, 식음료, 대기
사무행정, 운영, 관리	-	-	○	운영, 사무, 경비, 출입관리, 시설관리
접객	-	△	○	접대, 회의

표 11-4. 도서관 기능에 따른 행위 주체

4 입지 및 배치계획

4.1 부지 선정 시 고려사항

도서관은 정보 및 문화, 교육센터로서의 기능을 수행함에 있어서 지역사회와 결부되어 있기 때문에 지역의 사회·문화적 측면에서 중심이 되고 이용자의 편리성을 고려하여 입지 조건을 계획한다.

공공도서관의 경우 인구 규모, 인구 중심지, 인구의 특성 등을 고려하여 입지 타당성을 고려하여 건립 목적에 가장 효과적으로 기능 수행이 가능한 곳을 선정할 필요가 있다.

부지 선정 시 고려사항을 정리하면 다음과 같다.

- 지역 내의 문화, 상업 및 다른 활동 등과의 공간적 연계성을 고려한다.
- 대상 지역 주민들에게 충분한 인지성, 접근성이 양호한 위치를 선정한다.
- 이용자의 접근 편의성을 고려하여 인구가 밀집된 곳으로서 1차 반경 1km 이내의 지역 주민이 도보로 10~15분, 2차 반경 1.5~2km 이내의 지역 주민이 도보로 20~25분 이내에 접근이 가능한 곳(대중교통을 이용할 경우 거리 개념은 확장될 수 있다.)
- 조용하고 교통이 편리하고 접근성이 좋은 곳
- 채광, 통풍, 배수 등 환경이 양호한 곳
- 다른 문화시설과 공공시설이 모여 있는 곳으로서 다른 시설과의 적극적인 상승 효과를 기대할 수 있는 곳
- 도서관 건립에 필요한 소요 공간(건축 용지, 녹지 공간, 주차 공간 등)을 충분히 제공하며 미래의 확장 가능성에 대응할 수 있는 곳
- 재해가 없고 어린이의 이용을 위해 쉽게 접근할 수 있는 곳
- 대지의 형태가 정방형 또는 장방형의 정형(正形)이며, 평탄하고, 도로가 2면 이상 접한 곳

4.2 배치계획

배치계획은 도서관이 들어설 지역적 측면의 인문적 특성과 물리적 측면을 고려하고 그 특성을 반영하여 수용하며 주변 환경과 조화되고 쾌적한 환경을 만들 수 있도록 계획한다.

인문적인 특성은 지역의 문화, 역사, 도심에서의 해당 지역의 기능, 공공성, 특수성 등을 고려하고, 물리적인 특성은 인문적인 특성을 바탕으로 대지와 도로와의 관계, 도로에서 도서관으로의 접근성, 건물과 외부 공간과의 관계, 출입구의 배치, 증축 예정지 등을 고려하여 계획한다. 배치계획 시 세부 고려사항을 정리하면 다음과 같다.

- 대지가 지니고 있는 인문적, 공공시설적 특성을 중요시하고, 그 특성을 최대한 반영하여 지역 주민 및 주변 환경과 공생할 수 있는 배치 및 쾌적한 외부 환경을 계획한다.

- 건축물의 배치는 방위, 지형, 형태, 미기후 등을 최적화하여 계획한다.
- 동선 체계를 이용자(열람자 및 직원) 동선, 자료의 동선, 차량 동선으로 구분하고 각 동선이 교차되지 않도록 계획한다.
- 주차 동선은 직원과 도서관 이용자를 분리하여 계획한다.
- 이동도서관을 운영할 경우 북모빌(bookmobile) 차고와 관원의 동선을 고려한다.
- 주도로는 이용자의 접근성을 우선하여 계획한다.
- 대중교통 이용자 및 자전거 이용자의 접근성을 위한 보도 및 관련 시설을 계획한다.
- 도로에서 계단이나 단차를 이용한 접근 방식을 지양(止揚)하고, 불가피한 경우 장애자를 위한 별도의 경사로를 계획한다. (경사로는 1/18 이하가 바람직하다.)
- 강의실, 시청각실, 세미나실, 전시실 등 이용객이 행사 시작 전 또는 종료 후 일시에 집중되는 문화 교육 부문의 동선과 출입구는 별도로 계획한다.
- 출입구의 위치는 대지의 형태, 방위, 도로와의 관계을 고려하여 결정하며, 관리상 1개의 출입구가 효과적이나 도서관이 규모, 이용자 수, 보행자와 주차장의 동선을 고려하여 분리 배치한다.
- 대규모 도서관의 경우 성인, 학생, 어린이 등 이용자의 계층을 구분하고 출입구를 분리 계획한다.
- 배치계획 초기 단계에서부터 수집 자료의 증가와 이용자의 증가에 따른 장래 서고의 증축을 고려하여 공간 계획한다.
- 증축은 도서관의 평면구성과 장래 증축부의 기능이 효과적으로 연결되고 유지될 수 있도록 계획한다.
- 조경 및 녹지 공간은 독서 환경과 휴식 환경을 고려하고, 주변의 소음 환경을 차단할 수 있는 버퍼존(buffer zone)의 기능을 갖도록 계획한다.
- 도서관의 외부 공간은 휴게 공간, 아동 놀이 공간, 주차 공간 등을 고려한다.

5 평면계획

5.1 도서관 규모계획

도서관의 규모는 이용자 수, 도서관 자료의 수장(收藏)수량, 운영·관리 직원 수 등을 기본으로 하여 교육·문화 공간, 편의시설의 공간 등을 더하고, 법적 시설기준과 현관, 홀, 복도, 계단, 화장실, 전기·기계·설비실 등 건축의 제요소(諸要素)를 충족시켜 규모를 결정한다.

- 전체 열람석의 20% 이상은 어린이를 위한 열람석으로 하고, 전체 열람석의 10% 범위의 열람석에는 노인과 장애인의 열람을 위한 편의시설을 계획한다.

- 공공도서관의 공용 면적(현관, 복도, 계단, 덕트 스페이스 등)을 제외한 순사용 면적(net floor space)은 공간의 기능과 운영의 경제성 등을 고려할 경우 70~75% 정도로 계획한다.

5.2 평면계획의 방향

이용자를 위한 개가식 일반 열람실, 참고도서, 신문·잡지 열람실 및 이와 관련된 안내 및 사무 영역 등 도서관의 주요 서비스 기능이 설치되는 공간을 주요층(Main floor)이라고 한다. 주요층은 이용자가 접근하기 쉬운 곳에 배치해야 하는데, 접근이 쉬운 층은 1층이 이상적인 조건이 된다. 1층은 도서관 앞을 지나는 사람이 유리 너머로 개가식 열람실이나 독서하고 있는 내부의 모습을

봉사대상 인구	시설		도서관자료	
	건물면적 (㎡)	열람석 (좌석 수)	기본장서 (권)	연간증서 (권)
2만명 미만	264 이상	60 이상	3,000 이상	300 이상
2만~ 5만명 미만	660 이상	150 이상	6,000 이상	600 이상
5만~10만명 미만	990 이상	200 이상	15,000 이상	1,500 이상
10만~30만명 미만	1,650 이상	350 이상	30,000 이상	3,000 이상
30만~50만명 미만	3,300 이상	800 이상	90,000 이상	9,000 이상
50만명 이상	4,950 이상	1,200 이상	150,000 이상	15,000 이상

※ "봉사대상 인구"란 도서관이 설치되는 해당 시(구가 설치된 시는 제외하며, 도농복합형태의 시는 동(洞)지역에만 해당)·구(도농복합형태의 시는 동지역에만 해당한다)·읍·면 지역의 인구를 말한다.

표 11-5. 공립 공공도서관의 기준_도서관법 제3조

엿봄으로써 보는 이의 지적 욕구를 유발시켜 도서관으로 유인하는 매력이 되는 효과를 얻을 수 있다. 이는 대학 도서관에서 더욱 효과적이라고 할 수 있다. 관원의 노동을 경감하고 서비스를 향사시키기 위해서는 사무실이나 작업실도 주요 공간에 가까운 쪽에 배치하는 것이 바람직하다. 따라서 도서관 평면계획은 어떤 공간을 위층에 배치할 것인가이며, 도서관 이용자를 저항 없이 위층으로 유도하는 계획이 필요하다. 도서관 평면계획의 방향을 정리하면 다음과 같다.

- 이용자의 접근의 편의성이 좋고, 도서관 내부 공간을 쉽게 이해할 수 있으며, 이용자나 관원의 동선이 짧아 피로도를 줄이고, 관리상의 용이함 등을 고려하여 층수의 규모를 줄이고 1층의 건축 면적을 크게 계획한다.
- 대지의 적정 면적 미확보 등 부득이 중층의 도서관 건축 시 이용자를 상층으로 저항 없이 유도하기 위한 건축적 배려가 필요하다.
- 일반 자료실과 어린이 자료실은 소규모 도서관의 경우 1개실로 구성하고, 규모가 큰 도서관은 분리하여 계획한다.
- 내부 공간을 이용자와 직원이 한눈에 파악하는 것은 이용자는 원하는 자료를 신속히 찾을 수 있으며 관원은 노동력을 줄일 수 있다. 따라서 고정벽, 칸막이, 기둥 등을 최대한 줄여 되도록 시인성(視認性)이 좋은 큰 실내로 계획한다.
- 개방된 공간으로 계획 시 소음과 공조에 장애를 초래할 수 있음을 고려하여 계획한다.
- 강의실, 집회실, 세미나실, 전시실 등은 주(main) 층에 둘 필요는 없으며, 규모가 큰 경우 출입구

를 분리하여 계획한다.
- 도서관 내부의 주요 동선은 이용자, 관원, 도서 및 자료로 나눌 수 있다. 이 중 도서 및 자료의 동선은 단독으로 움직일 수 없으므로 동선 계획은 이용자와 관원의 동선으로 구분하여 계획한다.
- 자료 및 도서의 동선은 수서(收書), 정리, 서가 배열의 흐름에 수반하는 것과 열람, 반환, 복사 등의 서비스 작업을 고려하여 계획한다.
- 개관 시간의 연장, 야간 개관 등의 부분 개관이 가능한 층 또는 존(zone)을 고려하여 계획한다.
- 도서관의 불필요한 면적을 줄이고, 건설비와 운영관리비를 절약할 수 있으며, 이용자와 관원의 활동 등에 효과적이고 합리적인 공간 구성을 위하여 조밀하고 촘촘한 평면이 되도록 계획한다.
- 관리상 인력을 요하는 부분과 불필요한 부분을 명확히 구분하고, 소규모 도서관의 경우 출입의 체크, 대출 및 반환, 안내데스크 업무를 집약화하여 계획한다.
- 개가식 대출실의 평면 형태는 제한된 공간에 많은 서가를 배치하고 자료수를 증가한다는 면적 효율면을 중시할 경우 직사각형보다 정사각형의 평면을 계획한다.

5.3 도서관의 공간 구성

표 11-6. 도서관 공간 구성 3요소

도서관 공간 구성은 도서관 구성의 3요소인 장서, 시설, 사람을 기본으로 도서관의 설립 목적, 기능, 특성 등에 따라 달라지며, 적게는 수장(收藏) 공간, 열람 공간, 사무(업무) 공간, 기타 공간 등 4개 영역에서 많게는 6개 영역(교육과 문화 공간과 공용 및 지원 공간)으로 나눌 수 있다.

① 수장 공간(收藏, Collection & Library Materials)
- 장서 및 도서관 자료를 위한 공간으로 장서(藏書) 공간이라고도 한다. 서고(書庫)로 구성된다.
- 봉사 대상 규모, 소장 자료의 규모와 유형(도서, 간행물, 오디오, 비디오 등 영상자료, 전자자료 등)을 고려하여 계획한다.
- 자료의 유형과 더불어 서가(書架)의 형태(넓이와 높이에 따라 수용 권수가 달라지므로)는 면적 산정에 중요한 요소이다.
- 일반적으로 서가의 크기가 0.9m(폭)×2.1m(높이)인 경우 약 140권의 장서를 수용할 수 있다.
② 열람 공간(閱覽, Readers & Users Space)
- 일반 열람실, 개가(開架) 열람실, 연구실, 캐럴(Carrel, 개인 연구실 또는 좌석), 어린이실, 브라우징 룸[Browsing Room, 잡지, 신문 등 경(輕)독서룸], 레퍼런스 룸(Reference Room), 복사실, 자료실 등으로 구성된다.

- 열람 공간의 규모는 열람석의 유형과 이용자의 유형(성인, 어린이 등)을 고려하여 계획한다.
- 일반적 열람석의 소요면적은 3.0m/1석 정도로 산출한다.

③ 업무・관리 공간(Staff & Management Space)

- 관리 공간은 크게 2가지 부분으로 구분할 수 있다. 도서관의 행정 및 지원 업무를 수행하는 사무 공간과 직원들이 이용자와 대면하면서 서비스하는 이용자 대면 공간으로 구분할 수 있다.
- 사무실, 준비실, 관장실, 응접실, 작업실, 제본 인쇄실, 문서보관실 등의 업무 영역과 회의실, 탕비실, 직원휴게실, 갱의실, 숙직실, 자원봉사자실, 서버 및 통신실, 창고 등 업무지원 영역으로 구성된다.
- 도서 및 자료의 반입, 정리실, 보존서고 등과 밀접한 관계를 고려하여 계획한다.

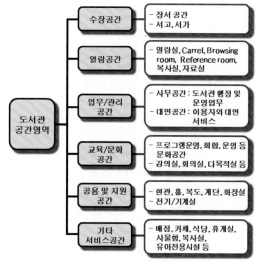

표 11-7. 도서관의 공간 영역

④ 교육 및 문화 공간(Education & Cultures Space)

- 지역사회와 주민들이 이용할 수 있는 프로그램, 회합, 교육 등 문화공간으로서 서비스 공간을 제공한다.
- 강의실, 회의실, 전시실, 세미나실, 다목적실 등으로 구성된다.
- 일반적으로 수용 인원당 1.0~1.25㎡의 면적이 필요하다.
- 규모가 큰 도서관일 경우 일반인과 청소년으로 구분하여 계획한다.

⑤ 공용 및 지원 공간(Public & Support Services Space)

- 현관, 홀, 복도, 계단, 엘리베이터 홀, 화장실, 옥내 주차장 등의 공용 공간과 전기실, 기계설비실 등 건물 내 공용 공간과 시설을 지원하기 위한 부가적 공간이 필요하다.
- 전체 건축면적의 20~25% 정도가 적당하다.

⑥ 기타 서비스 공간(Other Function Services Space)

- 도서관 이용자의 편의를 위해 만들어진 부가적 공간이다.
- 복사실, 사물함 공간, 매점, 카페, 휴게실, 식당, 상점, 어린이 및 유아 전용시설 등의 공간이다.
- 전체 건축면적의 5~10% 정도가 적당하다.

구 분	비율(%)
수장 공간	20~25
열람 공간	20~25
사무/관리 공간	10~15
교육/문화 공간	10~15
공용/지원 공간	20~25
기타 서비스 공간	5~10

표 11-8. 도서관 공간 운영 비율

영역	구분	소요실	고려사항	규모 결정요소
열람부문	열람부분	주체별 열람실, 개가식 열람실, 청소년 열람실, 고문서 열람실, 향토자료실, 개인독서실(Carrel), 연속간행물 및 경독서실(Browsing room)	• 내부 바닥과 벽의 구조는 요철이 없도록 계획한다. • 중앙부는 낮은 서가를 배치한다. • 노인, 약시자, 장애인을 위한 코너를 계획한다.	• 도서수 • 자료수 • 열람석 수 • 디지털 기자재 (디지털 자료실) • 복사 및 정보 기기
		유아자료실, 어린이자료실, 이야기방	• 1층 출입구에 가까운 곳이 유리 • 남향에 배치 • 관리상 사무실과 가까운 곳에 배치	
		디지털 자료실, 마이크로 자료실(코너)	• 독립된 실로 구성하고 소음의 영향을 고려하여 계획	
	참고 및 연속간행물 부분	참고자료실, 연속간행물실, 복사코너, 정보안내코너, 정보상담코너	• 대규모 도서관의 경우 별실로 계획 • 중소규모의 도서관은 열람부분 일부에 코너 형식으로 계획	
	대출부분	대출실, 독서상담코너	• 중소규모의 경우 대출대(코너) 계획	• 대출자수 • 직원수
문화/ 교육부문	전시부분	전시실, 다목적실	• 대규모의 경우 별실 계획 • 중소규모의 경우 전시코너 또는 현관 홀, 오픈 스페이스 등에 계획	• 전시종류, 규모
	시청각부분	시청각실, 음악 감상실,	• 중소규모의 경우 코너 형식으로 계획 • 이용자의 인지도를 고려하여 출입구 또는 홀 가까이 계획	• 자료수 • 기자재수 • 좌석수 • 영사설비
	교육부분	교육실, 자유학습실, 연구실, 세미나실, 회의실, 중소 집회실(다목적실)	• 출입구, 아동열람실과 거리를 두고 조용하고 환경이 좋은 곳에 배치	• 수용인원 수 • 소요실 수
업무/ 관리부문	수장부문	폐가식서고, 보존서고, 시청각 자료고, 정리실, 작업실	• 열람부문과의 관계를 고려한다.	• 장서의 종류 • 장서 수
	사무/작업/ 운영	이동도서관지원실, 관장실, 응접실, 회의실, 사무실, 안내데스크, 서버 및 전산실, 문서보관실, 수서실, 정리실, 프로그램 기획실, 복사실, 작업실, 도구실, 직원 휴게실, 탈의실, 탕비실, 자원봉사자실, 강사대기실, 경비실, 숙직실, 야간/휴일 도서반납실(북 포스트)	• 도서관을 운영하는 사무부분과 이용자 대면 서비스를 위한 대면부분을 고려하여 계획한다. • 이동문고 차량과 관계를 고려하여 계획한다.	• 직원수 • 업무 및 작업용 가구, 기자재 • 이동문고 차고
	관리부분	기계실, 전기실, 방재실, 창고, 작업원실		• 소요 장비 • 직원수
공용부문		현관, 홀, 복도, 계단, 엘리베이터, 에스컬레이터, 소지품보관실, 휴게실, 식당, 화장실	• 현관은 관리와 보안을 위해 1개소로 계획 • 어린이의 경우, 유치원과 초등학교의 학급단위 이용을 고려하여 별도 계획 고려	
서비스 부문		편의점, 식당, 카페, 복사실, 휴게실, 소지품보관실,, 어린이 및 유아전용실	• 도서관 이용자의 편의를 고려한다.	
옥외공간		주차장, 직원주차장, 자전거 보관소, 휴게공간, 녹지공간		• 주차대수 • 자전거 대수

표 11-9. 도서관 부문별 소요 공간 및 계획요소

5.4 출납 시스템의 분류

열람자가 자신이 원하는 도서, 자료 등을 찾아서 열람할 때까지의 절차를 출납 시스템이라고 한다. 출납 시스템은 자유개가식, 안전개가식, 반개가식, 폐가식의 4종류로 구분할 수 있다. 도서관의 규모, 성격, 운영방식 등에 따라 달라진다. 기본적으로 각각의 시스템을 사용하지만 병용하는 경우도 있다.

(1) 자유개가식(Free Open Access)

열람자가 서가에서 책을 찾아 검열을 받지 않고 열람하는 형식으로 일실형이다. 10,000권 이하의 서적을 보관하는 열람실에서 유리하다.

① 장점
- 목록이 필요 없으며, 책의 내용을 보고 선택한다.
- 열람하는데 검열이 없고 자유롭다.
- 관리자의 업무가 줄어들어(안내 및 정리) 인력을 절약할 수 있다.

② 단점
- 서가의 정리가 잘 안 되며 혼잡할 수 있다.
- 책이 손상되기 쉽고, 분실의 우려가 있다.
- 감시가 필요하며 통로 폭은 폐가식보다 크다.

(2) 안전개가식(Safe Guarded Open Access)

자유개가식과 반개가식의 장점을 취한 형식으로 열람자가 서가에서 책을 선택한 후 직원의 검열과 대출 기록을 한 후 열람하는 형식이다. 15,000권 이하 서적을 보관하는 열람실에서 유리하다.

① 장점
- 도서의 열람이 가능하며 책을 보고 선택할 수 있다.
- 감시가 필요하지 않고 혼잡하지 않다.

② 단점
- 도서 열람의 체크 시설이 필요하다.

(3) 반개가식(Semi Open Access)

열람자는 직접 서가에 면하여 책의 제목이나 표지는 볼 수 있으나 내용을 보려면 관원에게 요구하여 대출 기록을 남긴 후 열람하는 형식이다. 폐가식의 단점을 보완한 방식이다.

① 장점
- 신간서적 안내에 적당하다.
- 서가의 열람이나 감시가 불필요하다.
② 단점
- 출납시설이 필요하다.
- 대규모 서가에는 부적합하다.

(4) 폐가식(Closed Access)

열람자가 책 목록을 보고 선택한 후 기록을 제출한 후 대출받는 형식으로 서고와 열람실이 분리된다.

① 장점
- 서고의 감시가 필요없다.
- 도서의 유지, 관리가 양호하다.
- 대규모 도서관에 적합하다.
② 단점
- 대출받는 절차가 복잡하여 직원의 업무량이 많다.
- 대출받은 책이 원하는 내용이 아닐 수 있다.

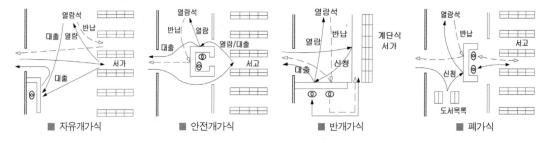

그림 11-2. 출납 시스템의 유형과 도서 열람·대출 방식

구분	자유개가식 (Free Open Access)	안전개가식 (Safe Guarded Open Access)	반개가식 (Semi Open Access)	폐가식 (Closed Access)
열람 방법	• 이용자가 자유롭게 도서를 찾아 검열 없이 열람한다.	• 이용자가 서고에 들어가 책을 선택한 후 관원의 검열을 거친 후 열람한다.	• 이용자가 서가에 배치된 도서의 표지를 보고 관원에게 신청하여 검열과 대출기록을 한 후 열람한다.	• 도서목록을 통하여 도서를 찾은 후 관원의 수속을 거쳐 책을 열람한다.
장점	• 도서의 내용을 보고 열람할 수 있다. • 목록이 필요 없다. • 검열이 없어 도서의 선택이 자유롭고 이용자의 부담이 적다 • 관원의 업무가 상대적으로 적다.(정리, 안내)	• 도서의 내용을 보고 열람할 수 있다. • 목록이 필요 없다.	• 목록이 필요 없다. • 도서의 제목(표지)를 보고 선택할 수 있다. • 도서의 손상이나 분실할 위험이 적다.	• 도서의 유지관리가 편리하다. • 도서의 배치순서가 바뀔 우려가 적다. • 서고의 감시가 필요 없다. • 도서의 손상이나 분실될 위험이 적다.
단점	• 도서의 배치순서(배가, 排架) 바뀔 수 있다. • 도서를 분실할 위험이 있다. • 도서가 손상되기 쉽다.	• 관원의 검열로 대출과 반납이 번거롭다. • 도서의 배치순서가 바뀔 수 있다.(자유개가식보다는 적다) • 도서가 손상될 우려가 있으나 분실 위험은 적다.	• 도서의 내용을 볼 수 없기 때문에 이용자가 원하는 도서가 아닐 수 있다. • 관원의 검열로 대출과 반납이 번거롭다. • 관원의 업무가 늘어난다.(대출, 반납)	• 도서목록을 보고 책을 선택하기 때문에 희망하는 내용의 도서가 아닐 수 있다. • 도서목록이 필요하다. • 열람하는데 시간이 상대적으로 필요하다.(관원이 책을 찾는 시간을 기다려야 한다.) • 관원의 업무가 증가한다.(대출, 반납, 정리) • 일반적으로 서고가 대형이므로 업무가 증가한다.
비고	• 1실의 규모가 1만권 이하인 도서관이나 아동도서관 등 소규모에 적합하다.	• 1실의 규모가 1만 5천권 이하의 도서관에 적합하다.	• 신간서적, 특별서적 등의 서가에 유리문을 두거나 서가의 앞에 관원이 배치되어 이용자와 대면할 수 있다.	• 대규모 도서관에 적합하다. • 이용 빈도가 낮은 고서, 귀중도서, 전문도서관 등에 적합하다.

표 11-10. 출납 시스템의 분류와 특징

5.5 자료의 반송계획

도서관에서 자료의 이동과 반송은 개별 소량을 수시로 행하는 경우와 반납된 자료를 일정량으로 모아서 하는 경우가 있다. 대규모 도서관의 경우 자료 반송의 시간을 단축하고 효율을 높이기 위해 기계화를 검토한다. 도서관의 자료 반송 과정은 다음과 같이 분리할 수 있다.

① 수입 → 정리 → 배가
② 반납 자료의 재배가
③ 폐가서고에서 꺼내기와 반납
④ 복사 등을 위한 운송 및 반납

5.6 동선계획

동선은 옥내·외 주차 동선, 열람자 동선, 직원 동선, 도서·자료 동선으로 구분하여 계획한다. 동선계획 시 고려사항을 정리하면 다음과 같다.

- 대규모 도서관의 경우 2개소 이상의 출입구를 설치하기도 하지만, 이용자를 위한 출입구는 관내를 파악하기 쉽고, 동선의 어수선함과 혼란을 피하기 위해 1개소로 하는 것이 바람직하다.
- 열람자, 직원, 도서 등 각각의 동선은 교차되지 않도록 하고 각각의 출입구를 구분하여 계획한다.
- 이용자의 동선은 되도록 짧게 계획한다.
- 대규모 도서관의 경우 성인, 학생, 어린이의 내부 동선을 분리하여 계획한다.
- 교육 및 문화활동 참석자의 동선을 분리하고 행사 종료 후 일시에 집중되는 것을 고려하여 계획한다.
- 도서관 내부 공간의 동선은 업무처리의 효율성과 자료 접근의 편의성에 중점을 두고 계획한다.
- 출입구의 위치는 대지의 형태, 방위, 도로와의 관계를 고려하여 계획하며, 관리상 1개의 출입구가 유리하지만 도서관의 규모, 열람자와 관리자, 자료의 수장, 보행자와 차량의 동선을 고려하여 분리 배치한다.

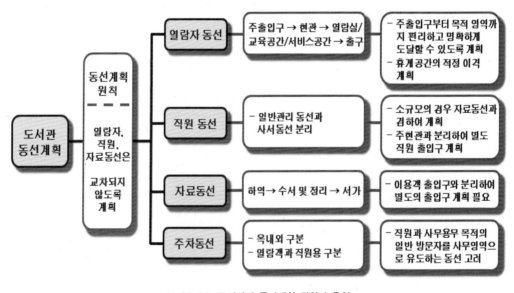

표 11-11. 도서관의 동선계획 원칙과 유형

- 직원의 보행 거리는 관리·운영을 고려하여 짧게 한다.
- 엘리베이터는 이용자, 자료 및 도서용을 구분하여 계획한다.
- 도서 리프트는 사무실, 보존서고, 자료실 등과 수직으로 연결되도록 계획한다.

- 이용자가 관내의 목적 장소로 쉽게 가기 위해서는 불필요한 개소를 경유하지 않는 동선계획이 바람직하며, 관원의 활동을 위해서는 이용자와 관계없는 자유로이 활동할 수 있는 동선이 요구된다.

5.7 서고(書庫)계획

서고는 도서를 위한 공간이며, 자료를 정리 보존하는 곳으로서 도서관 평면계획 중 가장 전문적인 지식을 요하는 부분이다. 규모가 큰 도서관의 경우 폐가식이, 규모가 작은 도서관의 경우는 개가식이 유리하다.
서고 내 수평 방향의 운반은 북 트럭이나 컨베이어를 사용하고, 수직 방향의 운반은 계단, 리프트, 엘리베이터를 이용한다. 일반적으로 비개가식 서고에서는 출납자가 기송관(氣送管) 등에 의해서 서고 내 열람자에게 전달한다.

그림 11-3. 서고

(1) 서고계획 시 고려할 사항

- 서고의 위치
- 예상되는 장서(藏書) 수의 수용을 위한 층 높이 및 구조
- 열람자의 서고 출입 여부 및 출납 시스템
- 도서 보존의 안전관리 체계
- 서고 내의 서가(書架)의 규모와 캐럴(Carrel)의 설치 여부
- 대출실, 열람실과의 유기적 관계
- 서고의 내부는 자연채광에 의하지 않고 인공조명을 사용하며, 50~100lux 정도로 어둡게 유지한다.
- 개구부는 환기와 채광이 필요한 최소한으로 하고, 방화와 방습에 중점을 두고, 기후 조건은 15℃, 습도 63% 정도로 계획한다.
- 도서의 증가에 따른 장래의 확장을 고려하여 계획한다.
- 서고의 천장 높이는 2.3~2.5m로 계획한다.
- 서고는 모듈러 프래닝(Modular Planning)이 가능하다.

(2) 서고의 위치

- 건물 후부의 독립된 배치
- 건물의 중앙부, 지하실 등에 배치
- 열람실의 내부나 주위에 배치

(3) 서고의 구조

① 적층식(積層式) 구조
- 건물의 한쪽 부분의 최하층에서부터 최상층까지 서가를 놓는 특수 구조 방식
- 장서 보관 능력이 뛰어나다.
- 내화, 내진을 고려하여 계획할 필요가 있다.

② 단독식(單獨式) 구조
- 건물 각층 바닥에 서가를 배치하는 방식으로 서가가 고정식이 아니므로 평면계획상 유연성이 있다.
- 모듈을 적용하여 공간을 정합시킬 수 있다.

③ 절충식(折衷式) 구조
- 적층식과 단독식을 절충한 구조
- 적층식 서고와 열람실을 2~3개 층의 공간(열람실, 사무실 등)과 조합한 방식

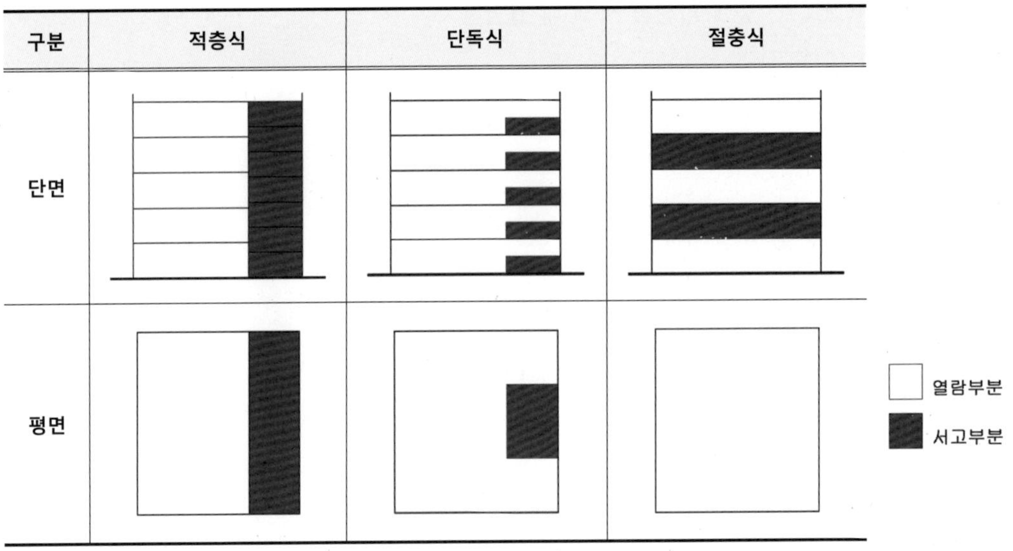

그림 11-4. 서고의 구조 유형

(4) 서고의 규모

- 서고 1㎡당 150~250권(평균 200권/㎡)이 적정하며, 밀집인 경우 280~350권/㎡ 정도로 계획한다.
- 서고 용적 1㎥당 66권을 수용할 수 있도록 계획한다.
- 서고의 하중은 서가의 배열, 도서 밀집도 등을 고려하고 일반적으로 개가제식의 경우 750kg/㎡ 이상, 폐가제식의 경우 1,000kg/㎡ 이상, 밀집 서고의 경우 1,500kg/㎡을 확보할 수 있도록 계획한다.
- 마이크로필름의 경우 1㎡당 800릴로 계획한다.
- 서고의 높이(천장고)는 최소 2.3m 이상, 서가는 1.8~2.1m로 계획한다.

(5) 서가(書架)의 배열

- 평행 직선형이 유리하며, 불규칙한 배열은 손실이 많다.
- 통로 폭은 폐가식의 경우 0.9~1.5m, 개가식의 경우 1.5~2.0m로 계획한다.
- 서가의 높이는 2.1m 전후로 한다.
- 서가 1단, 길이 0.9~1m에 30~40권을 수용하도록 계획한다. (양단 6단인 경우, 1단에 약 30권, 양단에 약 360권 수용)
- 서가의 간격을 1.5m로 하면 바닥면적 1㎡에 약 280권을 수용할 수 있다.

그림 11-5. 서가와 열람석 사례

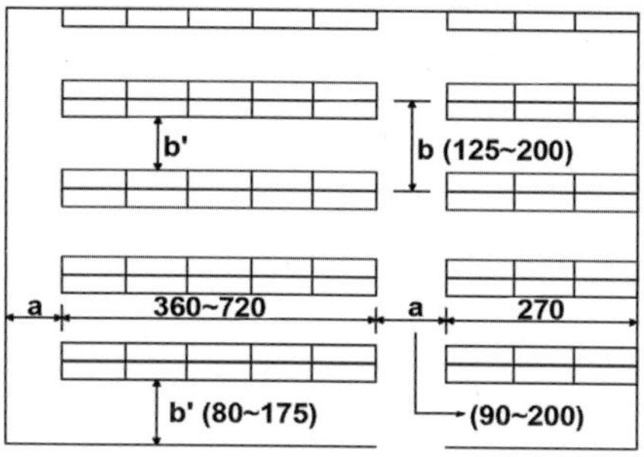

그림 11-6. 서가의 배치 간격

구 분	a	b	b'
개가식	150~200	165~200	120~155
폐가식	90~150	125~150	80~105
주통로	180~200	180~200	155~175

표 11-12. 서가의 배열 간격

5.8 열람실계획

(1) 열람실건축계획의 방향

열람실은 소음으로부터 격리되고, 서고에 가깝게 위치시키며, 직사광선이 실내 유입이 되지 않도록 계획한다. 기둥, 서가 등의 모듈 설정 시 열람석의 배치를 고려하여 계획하며, 소단위로 분할 구획하는 것이 바람직하다.

열람실의 환경은 편안하고 쾌적한 분위기 조성을 위하여 조명, 색채, 실내 마감 등에 있어서 적정한 밝기를 확보하고, 눈부심을 방지하며, 무영(無影)과 눈에 자극을 주지 않는 실내 각부의 반사율 등을 고려하고, 가구의 건축화 등을 통하

그림 11-7. 슈트트가르트 시립도서관(독일) 중앙 열람실

여 효율적 공간이 되도록 계획한다.

- 소음으로부터 격리시키고, 서고에 가깝게 위치시킨다. 단, 서고 동선과 교차되지 않도록 계획한다.
- 채광이 좋은 곳(북쪽은 피한다)이 좋으나 직사광선의 직접적인 실내 유입을 조절할 수 있도록 계획한다.
- 기둥, 서가 등의 모듈 결정 시 열람석의 배치를 고려한다.
- 조명, 색채, 실내 마감 등의 밝기, 반사율, 질감 등이 편안하고 눈에 자극이 없도록 계획한다.
- 가구의 건축화을 통하여 효율적 공간이 되도록 계획한다.
- 열람실에서는 빛에 대한 배려가 중요하며 책상 윗면의 경우 600lux 정도의 조도가 필요하다.

(2) 열람실계획

① 열람실의 개략 면적

열람실의 면적은 단순한 자료, 이용자의 수용 능력에 의하기보다는 열람실에서의 서비스 종류, 방식, 자료의 증가, 공간의 형태, 환경 조성 등 많은 요소를 고려하여 결정한다. 열람실의 개략적 면적은 서가 간격, 좌석 수 등을 참고하여 아래와 같은 방식으로 구할 수 있다.

열람실 개략 면적 $A = \left(\dfrac{a}{n} + \dfrac{b}{m} \right) \alpha$

- a : 자료 수   • b : 좌석 수
- n : 단위면적당 자료 수용력
- m : 단위면적당 이용자 수용력
- α : 여유도(서가의 높이, 간격, 열람대 형상 등에 따라 달라짐)
    - 3단 저서가 사용 시 : 1.5m 이상
    - 7단 고서가 사용 시 : 서가의 간격이 2.4m이면 1.5m 이상, 1.8m이면 2.0m 이상 필요
    - 열람실의 규모가 커지면 α의 값이 작아진다.

② 1인당 소요 바닥면적(자유개가식)

- 성인 : 1.5~2.0㎡(평균 1.8㎡), 통로를 포함할 경우 2.0~2.5㎡/1석(평균 2.3㎡)
- 아동 : 1.0~1.5㎡, 통로를 포함할 경우 1.5~2.0㎡/1석(평균 1.7㎡)
- 학생과 일반인의 이용 비율은 7:3 정도로 계획하고 존(Zone)을 구분한다.
    - 일반 이용자 : 교양, 연구, 취미, 오락의 자료 열람이 목적
    - 학생 이용자 : 학습이나 수험공부를 위한 열람이 목적

③ 자유개가식 일반 자료실의 계획 및 규모 산정

개가 대출실은 서가 중심 공간인데 비해 개가 열람실은 서가와 열람석이 혼재하는 공간이라는 특징을 가지고 있다.

- 일반 자료실은 도서관의 대표적인 공간으로서 주로 도서관의 1층 등 이용자의 접근성이 좋은 곳에 계획한다.
- 일반 자료 열람실의 공간은 서가, 열람 책상, 대출대(안내대)로 구성된다.
- 일반 자료실은 불특정 다수가 이용하는 특성상 자료의 접근과 선택 및 대출이 용이하도록 계획한다.
- 서가(書架)를 중앙부에 배치 시 높이가 낮은 서가를 배치하고 벽면 주변을 최대한 이용하여 이용자가 자료실의 내부를 쉽게 파악할 수 있도록 계획한다.
- 천정고는 3m 이상 높게 계획하고 자료의 접근, 선택, 열람, 대출 등 동적인 공간 성격을 고려하여 계획한다.
- 일반 자료실의 공간 영역은 자료 영역(45~50%), 열람 영역(40~45%), 안내 영역(10~15%) 등으로 구분할 수 있다.

그림 11-8. 서가와 열람석 예

구 분	구성 비율	비고
자료영역	40~45%	자유 개가식
열람영역	40~45%	
안내 및 사무영역	10~15%	

표 11-13. 일반 자료실의 공간 영역

배치 유형	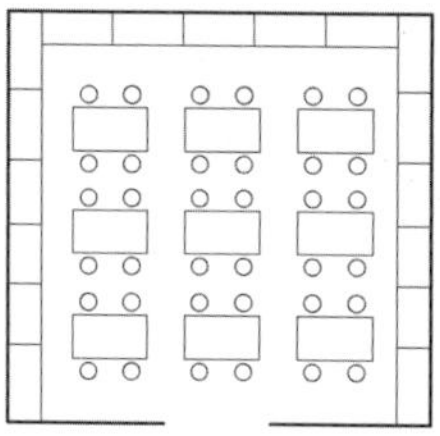	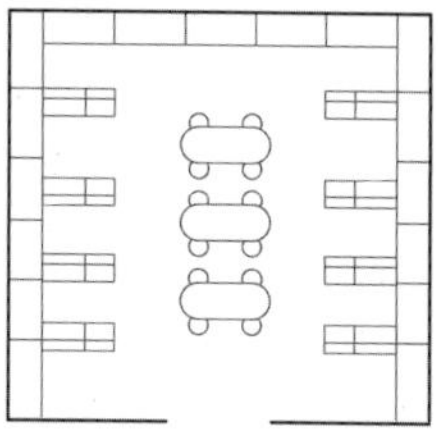	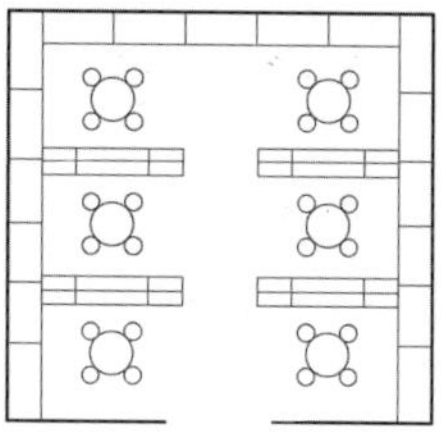	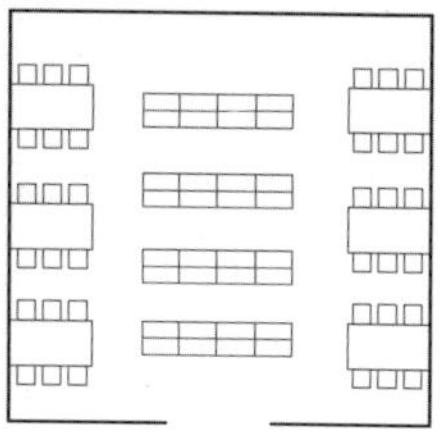
특징	• 열람실 벽면에 둘러 서가를 배치하고 내부에 열람석을 배치한 유형 • 자료수가 적고 열람석이 많이 필요할 경우에 적합	• 열람실 벽면에 둘러 배치한 서가에 수직하여 내부방향으로도 서가를 배치하고, 열람석을 열람실 중앙부에 배치한 유형 • 자료수가 많을 경우에 적합	• 열람실 벽면에 둘러 배치한 서가에 수직하여 내부방향으로 서가를 배치하고 열람석을 서가와 서가 사이에 배치한 유형 • 자료수가 많을 경우에 적합할 수 있으나 열람석 배치를 위한 서가와 서가 사이의 적정거리가 소요되어 열람실의 규모가 커질 우려가 있다.	• 열람실의 중앙부에만 서가를 배치하고, 열람석을 벽면에 배치한 유형 • 열람석에서 서가로의 접근성이 좋다.

그림 11-7. 열람실 내 서가 배치 유형

- 일반 자료실의 적정면적 산정
  예) 장서 수준 : 30,000권인 경우 개가식 일반 자료실의 규모
  - 자료 영역(서가 면적) : 30.000권 ÷ 150~250권/1㎡ = 120~200㎡(평균 150㎡)
  - 적정 면적 : 120~200㎡ ÷ 0.4~0.45 = 267~500㎡(평균 333~375㎡)
  - 열람석 : 120~200㎡ ÷ 2.3㎡/1석 = 52~87석

④ 특별 열람실
- 서고 내에 설치하는 소연구실(Carrel)로서 1인당 1.8~3.0㎡ 정도가 필요하다.

⑤ 아동 열람실

그림 11-9. 아동 열람실(위: 열람실, 아래: 이야기방)

그림 11-10. 아동열람실 입체적(계단 열람석) 사례

- 아동 전용 열람실의 출입 동선은 성인과 구분하여 별도 계획한다.
- 아동 특성상 소음에 영향을 덜 받으므로 1층에 배치하는 것이 유리하다.
- 열람 형식은 자유개가식이 좋으며, 자유로운 가구 배치가 되도록 계획한다.
- 아동 1인당 1.2~1.5㎡을 고려하여 계획한다.
- 성인과의 동반을 고려하고, 유아를 위한 수유실, 전용화장실, 수면실 등의 편의시설을 계획한다.
- 목록 검색이 어려운 어린이를 고려하여 개가식이 유리하며, 서가는 낮게, 실내는 밝고 부드럽고 친근감이 있으며, 바닥에 앉아서 열람할 수 있도록 바닥 매트 등을 계획한다.
- 아동의 열람과 행동을 관찰하고 필요 시 도움을 줄 수 있도록 사서(司書) 안내 코너를 설치한다.
- 중소규모 도서관의 경우 성인실과 아동실을 1실로 계획하는 것이 바람직한 측면도 있는데 이는 개가 대출실이 동적인 곳으로 반드시 조용하지 않아도 되며, 부모가 동반하는 경우 어린이 실은 별실이 아닌 편이 좋으며, 성인과 어린이의 이용률이 항상 일정하지 않음으로써 공간 상호 간의 융통성이 필요하고, 대출과 반환이 한 곳에서 이루어져 중소 도서관의 관원의 업무를 줄일 수 있는 이점이 있기 때문이다.

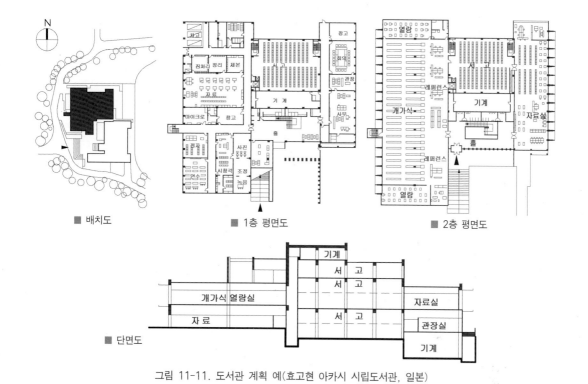

■ 배치도　　　　■ 1층 평면도　　　　■ 2층 평면도

■ 단면도

그림 11-11. 도서관 계획 예(효고현 아카시 시립도서관, 일본)

5.9 기타 소요실 계획

① 브라우징 룸(Browsing room), 신문이나 월간지, 잡지 등 경(輕)독서 열람실을 말한다.
- 신문, 잡지 등을 주로 비치하며, 이용자들이 편안하게 이용할 수 있도록 쾌적한 휴식공간의 기능을 배려하고 현관 근처나 로비에 계획한다.
- 서가는 자유개방식이 바람직하다.
- 1인당 1.5~2.0㎡의 점유면적을 기준하여 계획한다.
- 개가제 일반 열람실에 가까이 설치하여 일반 열람실 이용자들의 이용 동선을 짧게 한다.
② 리퍼런스 룸(Reference room)
- 장서, 데이터 베이스 및 CD-Rom 검색을 위한 검색기가 설치되어 있으며, 도서관 관원이 대기하면서 이용자의 질문이나 문헌검색에 관하여 조언과 도움을 주는 열람 공간이다.

그림 11-12. 리퍼런스(정보검색) 공간

- 일반 열람실과 구분 또는 별실로 계획하고 목록실, 출납실 가까이에 배치한다.

③ 캐럴(Carrel)

- 열람자가 서고 내 또는 서가 옆에서 개인적으로 사용할 수 있는 작은 독립적 공간이다.
- 서고 내 설치 시 창가나 벽면 쪽에 배치하여 타인의 방해를 받지 않도록 계획한다.
- 대면 배치형으로 계획 시 칸막이나 스크린을 설치하여 프라이버시를 확보한다.

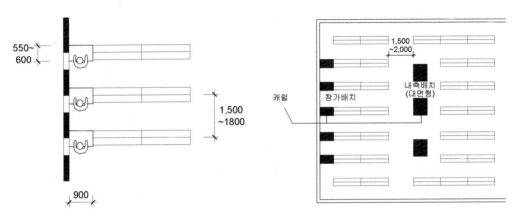

그림 11-13. 캐럴의 배치 예

④ 안내데스크 계획

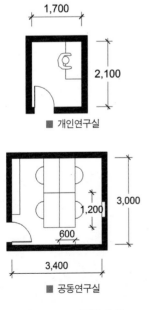

■ 개인연구실

■ 공동연구실

그림 11-14. 연구실의 규모

안내데스크는 도서관의 안내, 등록, 대출 및 반환의 수속, 민원 접수, 독서 상담 등 도서관에서 이용자와 관원의 만남이 이루어지는 곳이다.

- 중소도서관에서는 효율적인 운용을 위해서 안내데스크의 업무는 집약화되지만 도서관의 규모가 큰 경우 제각기 기능을 분화하고 독립된 안내데스크를 갖게 된다.
- 안내데스크의 위치는 서고와 열람 스페이스 전체를 파악할 수 있으며, 이용자 측에서도 알기 쉽고 접근하기 쉬운 곳이 바람직하다.
- 안내데스크 배후에 사무 공간을 배치하여 정리 작업과 안내데스크 업무 지원에도 효율적이도록 계획한다.

⑤ 개인(공동) 연구실

- 열람자가 개인 또는 공동으로 사용할 수 있은 독립된 실(室)이다.
- 개인 연구실과 공동 연구실로 구분할 수 있다.
- 차음 구조로 계획한다.
- 개인 연구실의 경우 1.7×2.1m ～ 2.4×3.6m 정도로 계획한다.

5.10 증축계획

도서관은 자료, 도서 등의 증가에 따라 장래 확장을 대비할 필요가 있다. 증축계획은 도서관 계획의 초기 단계에서 대비해야 할 기본적 내용이라고 할 수 있다.

형 식	특 징	비 고
별동 형식	기존 건물의 원형을 유지하면서 독립적으로 건축하여 긴밀하게 연결하는 형식	도심지 형, 인접한 공지가 있는 경우 유용하다.
접속 형식	특별한 부분의 성장에 대비하여 초기 단계부터 대비하는 형식	도심지 형에서 많이 볼 수 있다.
성장 형식	장래변경과 성장에 대비하여 균질한 공간(Grid)을 만들어 대비하는 형식	교외 형에서 유용하다.
단계별 건립 형식	계획 초기 단계별 건립계획에 의해서 단계별 건축하는 형식	인력, 시설, 프로그램 등을 체계적으로 확보할 수 있다.

표 11-14. 증축의 형식과 특징

6 모듈러 계획(Modular Planning)

도서관 공간계획의 융통성을 부여하고 장래의 증축과 확장 등 변화에 대응할 수 있도록 계획하기 위하여 기둥 간격, 단위 책상, 서가와 통로, 천장 높이, 기계 장치의 배열 등 열람실, 서고, 사무 관계 제실 등 구분 없이 모든 용도에 적합하도록 기본이 되는 모듈(module)을 결정하여 건물을 균등한 구조로 계획하는 방법을 도서관 모듈러 계획이라고 한다. 되도록 고정 벽을 적게 하고 화장실, 계단실, 엘리베이터, 덕트 스페이스 등 고정적인 것은 되도록 집약하고 그 외의 공간은 개방하여 계획하고 필요 시 가동(可動) 칸막이를 사용하는 등 공간의 유연성(flexibility)을 갖도록 계획한다.

6.1 모듈러 계획 시 고려사항

모듈러 계획은 서고(서가) 및 열람실의 배치와 관련하여 계획한다. 계획 시 고려사항을 정리하면 다음과 같다.
- 기둥사이의 치수 결정은 개가식 또는 폐가식의 배열을 기준으로 한다.
- 모듈의 치수는 기둥 간격 치수의 배수로 계획하는 것이 합리적이며 가구, 서가 배치, 주차장 등의 치수계획에 접합하도록 계획한다.

- 서가와 책상의 간격은 서가의 최하단까지 충분한 조도를 확보하기 위해 조명기구가 서가의 사이에 배치되어야 하고 책상 배치도 조명기구의 배치에 영향을 받는다.
- 기둥의 크기와 방향
- 서가의 열과 깊이, 열 사이의 통로 및 통로와 교차로의 넓이
- 천장 높이
- 환기의 효율성, 기계 장치 및 배선의 배열
- 향후 증축 계획
- 조명기구, 공조, 환기 시스템의 배치를 고려한다.

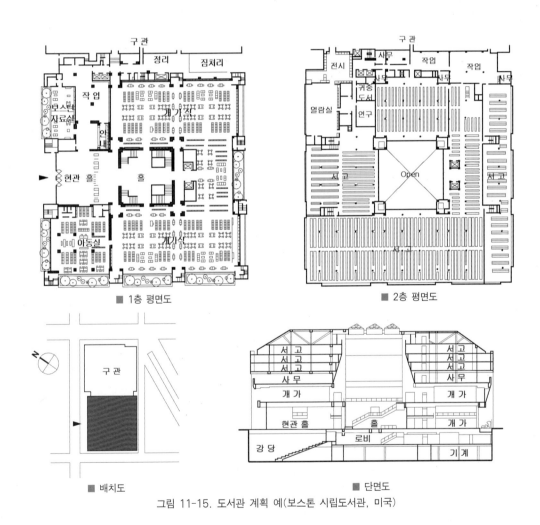

■ 1층 평면도　　　　　■ 2층 평면도

■ 배치도　　　　　■ 단면도

그림 11-15. 도서관 계획 예(보스턴 시립도서관, 미국)

6.2 모듈러 계획의 장단점

모듈러 계획의 장점으로는 내부 공간을 가동 벽과 독립 서가의 필요한 조건에 맞추어 변경함과 확장하는 등에 대응하고 목적에 맞는 융통성 있는 공간을 계획할 수 있다는 점을 들 수 있다. 단점으로는 일률적인 모듈에 적합하지 않은 부분이 발생하고, 평면을 분할하는 과정에서 요구되는 칸막이에 대한 소음 방지 대책이 필요하다는 점이다.

① 장점
- 공간의 변경, 확장 등에 대응한 융통성 있는 공간을 계획할 수 있다.
- 관리가 수월하다.
- 시간과 공간의 낭비를 줄일 수 있으며, 계획의 효율성을 높일 수 있다.
- 공장에서 생산된 재료를 현장에서 바로 사용할 수 있다.
② 단점
- 일률적인 모듈에 적합하지 않은 부분이 발생할 수 있다.
- 평면을 분할하는 과정에서 요구되는 칸막이에 대한 소음의 방지대책이 필요하다.
- 모듈계획은 서고의 적재하중을 고려한 기둥간격과 바닥하중 등 가장 엄한 조건에 맞추게 되므로 건설비가 비싸진다.

7 │ 도서 안전관리 및 방재계획

도서관의 도서 안전관리, 즉 B.D.S(Book Detection System)란 도서의 도난 방지 또는 도서의 무단 반출을 관리하기 위한 시스템 방식이라고 할 수 있다. 도서관의 방재(防災)계획은 재해 시 도서관의 자료, 도서 등이 손상되거나 피해가 없으며, 이용자가 안전한 피난이 되도록 계획한다.

7.1 도서 안전관리 시스템

(1) 도서 안전관리 계획 시 고려사항

도서관의 도서 안전관리 설비는 동선, 영역별 성격, 기능별 성격 등을 고려하여 계획한다. 도서 안전관리 계획 시 고려사항을 정리하면 다음과 같다.
- 도서, 자료 등이 있는 공간은 안전관리 시스템을 계획하여 이용자를 차단할 수 있어야 한다.
- 직원이 사무, 운영관리, 작업 공간 등으로 접근 시 도서 공간이나 공공 공간을 거치지 않고도 가능

하도록 한다.
- 도서, 자료 등의 운반을 위한 엘리베이터는 열람자용 엘리베이터와 분리 배치하여 관계자외 일반인의 접근을 못 하게 하고 열쇠에 의해 작동될 수 있도록 계획한다.

(2) 도서 안전관리 방식

도서 안전관리 방식은 크게 서큘레이션(Circulation) 방식과 바이패스(Bypass) 방식으로 구분할 수 있다.

① 서큘레이션(Circulation) 방식

도서를 대출할 이용자는 해당 도서를 관원에게 건네주고 관원은 대출 수속을 하면서 도서에 부착된 감응 장치를 해제한 후 도서를 이용자에게 건네주고 이용자가 도서를 받아 퇴실하면서 반출하는 방식, 주로 감응 라벨(테이프) 방식을 사용한다.

② 바이패스(Bypass) 방식

우회 방식이라고 할 수 있다. 이용자가 적거나 소규모 도서관에서 사용한다. 도서를 대출할 이용자는 도서를 관원에게 건네주고 퇴실하면 관원이 대출 수속을 하고 밖에 있는 이용자에게 책을 건네주는 방식이다.

(3) B.D.S(Book Detection System)의 설치 장소
- 직원 출입구
- 자료, 도서 등의 반출입구
- 기타 물품의 반출입구

7.2 방재계획

방재계획은 도서, 자료의 안전한 보존과 이용자의 피난을 중점으로 계획한다.
- 비상시 전기, 가스, 급수 등이 중단될 경우 도서, 자료 등이 손상되지 않도록 비상 가동이 가능하도록 계획한다.
- 서고는 화재, 지진, 누수 등 비상시에도 기능이 안전한 구조로 계획하고 화재 시 2시간 이상의 기능을 유지할 수 있는 방화 구조로 계획한다.
- 화재 진압 시 2차적 피해가 없도록 방재시설을 계획한다.
- 재난이나 비상시 이용자가 안전하고 신속하게 피난할 수 있도록 출입구 폭, 개소, 피난 통로 등의 안전성을 확보하도록 계획한다.

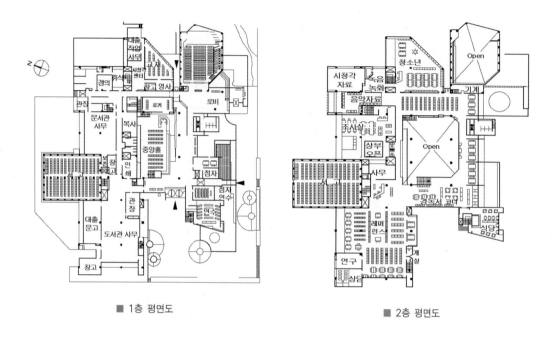

■ 1층 평면도   ■ 2층 평면도

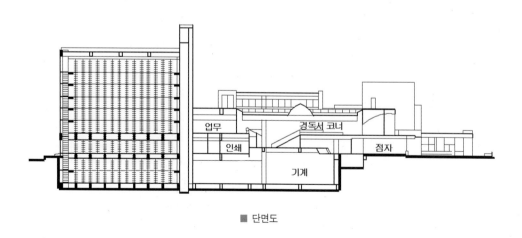

■ 단면도

그림 11-16. 도서관 계획 예(야마구치 도서관, 야마구치시, 일본)

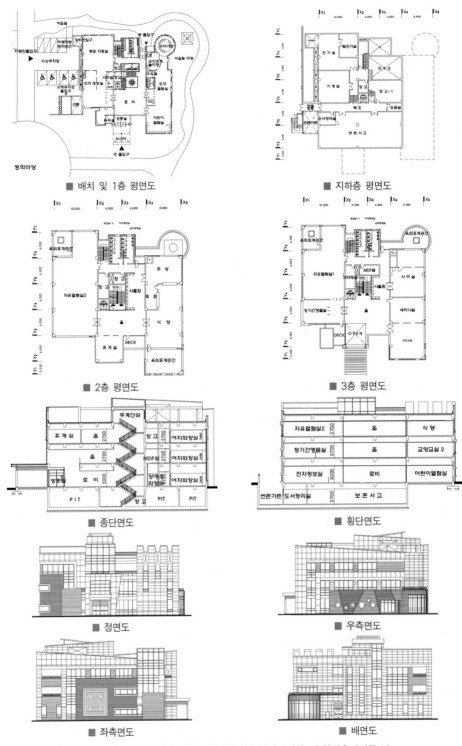

■ 배치 및 1층 평면도

■ 지하층 평면도

■ 2층 평면도

■ 3층 평면도

■ 종단면도

■ 횡단면도

■ 정면도

■ 우측면도

■ 좌측면도

■ 배면도

그림 11-17. 공공도서관 계획 예(전주시립 평화도서관, 우창건축사사무소)

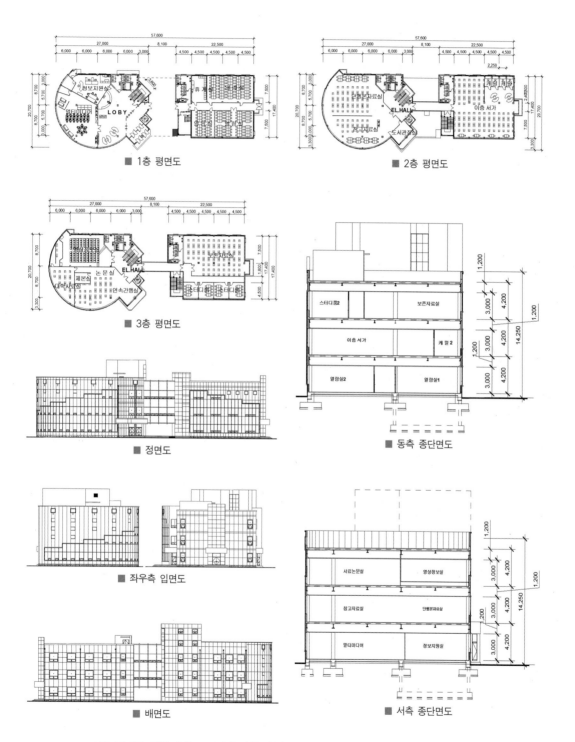

그림 11-18. 대학 소규모 도서관 계획 예(전남도립 남도대학 도서관, S&A건축사사무소)

■ 개방형열람실

■ 개방형열람실_계단실 서가

■ 어린이 자료실

■ 어린이 자료실

■ 일반자료실_서가 및 열람공간

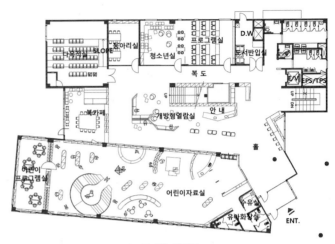

■ 1층 평면도

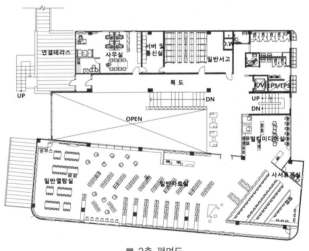

■ 2층 평면도

■ 남측면도

■ 서측면도

그림 11-19. 공립 소규모 도서관 계획 예(논현 도서관, 인천광역시 남동구_건축사사무소 JIB)

제Ⅵ편 의료시설

제12장 병원(病院, Hospital)

1	**병원 개요**

1.1 병원과 의료기관

병원이란, 병을 앓고 있거나 다쳐서 치료 또는 재활을 받아야 할 사람들에게 필요한 의료진과 설비 및 공간을 갖추어 놓고 제공하는 장소이며, 이러한 목적으로 설립된 시설을 총칭하여 의료기관(醫療機關, Medical Institution)이라고 한다. 우리나라 의료법에서는 '의료기관'을 의료인이 공중(公衆) 또는 특정 다수인을 위하여 의료·조산의 업(의료업)을 하는 곳이라고 정의하고, 그 대상을 의원급 의료기관, 조산원, 병원급 의료기관으로 구분하고 있다.

1.2 병원의 발달

(1) 서양 의료기관

최초의 병원으로 일컬어지고 있는 고대 그리스 시대의 '아스클레피온(Asklepion, A.D1, Pergamon, Turkey)'은 진료소뿐만 아니라 그리스 신화의 의술 신(神) '아스클레피오스(Asclepius)'를 모시는 신전과 원형극장, 도서관, 목욕탕 등이 함께 있었다. 중세시대에서의 의료시설은 주로 신전, 수도원 등의 종교시설의 일부문(部門)으로서 병원이라기보다는 기독교의 자선활동을 목적으로 맹인, 노약자, 신체 장애인, 병자 등의 빈민구제와 방랑하는 순례자들을 보살피는 기능을 하는 곳이었다.

근대적인 의료시설의 출현은 18세기 시민혁명과 산업혁명을 거치면서 나타났으며, 19세기의 세균학, 병리학, 마취, 무균소독, 수술, 엑스선 등의 발달과 내·외과 학의 발전 및 직업적 간호제도가 도입되어 정착되면서 병원은 환자를 치료하고 사람의 생명을 구하는 전문적인 의료진과 근대적인 설비와 시설을 갖춘 의료시설(병원)로 만들어졌다.

20세기의 병원은 진단 및 치료의 세분화 및 관련 장비와 설비의 발달, 입원을 통한 치료 시스템의 발달 등 의료의 모든 것을 한 건물에서 이루어지도록 한다는 의료 서비스로의 변화에 맞춰 병원 운영의 시스템화 및 건축의 현대화·대규모화로 발전되어 왔다.

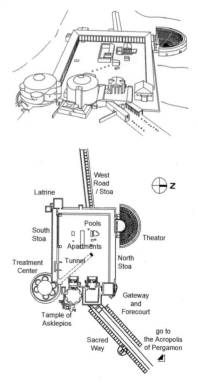

그림 12-1. Asklepion 이미지

(2) 우리나라 의료기관

그림 12-2. 복원된 광혜원(연세대 내)

사진 : 천남성

그림 12-3. 대한의원(서울대학교 병원 내)

우리나라는 고려 목종(980~1009년, 제7대 왕)때 의약과 치료를 담당하는 국립기관으로서 태의감(太醫監)이 있었고, 예종(1079~1122년, 제16대 왕)때는 혜민국(惠民局, 1112년)이 있었다. 조선시대에 이르러서는 태조(1335~1408년) 때 제생원(濟生院, 1397년 태조 6년), 태종(1400~1418년, 제3대 왕) 때에는 동서활인원(東西活人院), 1401년) 등이 설치되어 평민의 질병 치료도 담당하였다.

최초의 서양 근대식 병원은 고종 22년(1885년) 서울 제동에 문을 연 광혜원(廣惠院)이다. 광혜원은 정부의 보조를 받아 설립한 최초의 서양식 국립병원으로서 일반 백성의 질병을 치료하였으며, 이후 제중원(濟衆院, 1885년)과 세브란스병원(1904년)으로 개칭되었다.

이후 근대식 국립병원으로는 1899년 4월 서울 종로에 세워진 '내부병원(內部病院)'이 있었으며. 내부병원은 이후 광제원(1900년 6월), 대한의원(大韓醫院, 1907년 3월)으로 명칭이 바뀌었고, 오늘날 서울대학병원의 전신(前身)이 된다.

(3) 병원건축의 동향

21세기의 병원은 수요적 측면에 대응하여 의료기술의 비약적인 발전 속에서 경제수준과 의식수준의 향상으로 수준 높은 의료시설 및 서비스에 대한 기대와 요구가 계속 증가할 것이다. 운영적(運營的) 측면에서 병원이 의료를 제공하는 장소적 차원에서 벗어나 산업의 일부로서 하드웨어적, 소프트웨어적 효율적인 병원 경영을 통한 수익창출이라는 의료산업의 하나의 시설로서 변화와 발전해 나갈 것이다.

이와 같은 변화 속에서 병원은 출생에서 사망, 검사와 치료 및 재활이라는 기본적 역할에서 교육과 연구, 생활과 숙식, 생산과 소비 나아가 경영과 비즈니스 등 다양한 기능과 행위가 이루어질 것이다. 병원 이용자의 계층도 다양화되면서 이에 대응하는 공간과 시설 요구도 새로워질 것으로 예상됨에 따라 병원건축은 설계, 시공, 유지・관리 등 건축적 측면에서 이용자의 변화와 요구의 반영, 발전될 장비와 설비에 효과적 대응, 과도한 설비의 감축, 건축비용과 관리비용의 최소화・효율화 등 새롭고 세밀한 계획이 요구된다.

병원건축의 미래 변화 요인을 요약하면 다음과 같다.

- 의료와 관련된 수많은 검사 기법, 진단 장비, 수술 장비 등 의학 기술의 빠른 발전과 변화는 건축에도 영향을 주고 있다.
- 병원이 환자의 격리, 수용, 치료시설에서 병원 내 환자 집단과 병원 외의 비환자들도 공간을 이용할 수 있는 복합적 공간과 지역의 Community적 장소로서의 건축적 요구가 있다.
- 병원 내·외부의 공간계획에 병원의 특성, 진료 및 치료 공간에 따라 다양한 형태와 색채 및 공간 디자인이 나타나고 있다.
- 탄소 배출의 절감을 통한 자연보호, 환자와 이용자의 부산물 및 환경보존의 위험요소를 줄이고 자원관리의 효과를 높이려는 친환경 병원건축이 요구되고 있다.
- 병원이 집과 같은, 공원과 같으며, 생활 서비스를 제공하는 편안하고 쾌적한 곳으로 변화고 있다. (산부인과와 산후조리원, 병원과 노인요양시설, 병원과 장례식장 등)
- 이용자(환자)는 접근이 용이하고 편리하며 최상의 의료 서비스와 환자 중심의 의료 환경과 건축적 시설을 요구한다.
- 재택의료, 원격진료, 원격수술 등 새로운 서비스 방식은 병원건축에도 변화의 요인으로 작용할 수 있다.

2 | 의료기관 및 병원의 구분

2.1 의료기관의 구분

의료기관은 의원, 조산원, 병원으로 구분한다.

(1) 의원급 의료기관

의사, 치과의사 또는 한의사가 주로 외래환자를 대상으로 각각 그 의료 행위를 하는 의료기관으로서 그 종류는 다음과 같다.

① 의원
② 치과의원
③ 한의원

(2) 조산원(助産院)

조산사가 조산과 임부, 해산부, 산욕부 및 신생아를 대상으로 보건활동과 교육·상담을 하는 의료기관을 말한다.

(3) 병원급 의료기관

의사, 치과의사 또는 한의사가 주로 입원환자를 대상으로 의료행위를 하는 의료기관으로서 그 종류는 다음과 같다.
① 병원
② 치과병원
③ 한방병원
④ 요양병원
⑤ 종합병원

2.2 병원의 기준과 구분

병원급 의료기관인 병원, 치과병원, 한방병원, 요양병원 및 종합병원은 병상 수에 따라 크게 병원과 종합병원으로 구분되며, 병원은 병원과 전문병원으로, 종합병원은 종합병원과 상급 종합병원으로 구분된다.

(1) 병원

병원은 병원과 전문병원으로 구분된다.
① 병원
  30개 이상의 병상(병원과 한방병원만 해당) 또는 요양병상(요양병원)을 갖춘 의료기관을 말한다.
② 전문병원
  병원급 의료기관 중에서 특정 진료과목이나 특정 질환 등에 대하여 난이도가 높은 의료행위를 하는 병원을 말한다.

(2) 종합병원

종합병원은 종합병원과 상급 종합병원으로 구분된다.
① 종합병원
  종합병원의 기준은 다음과 같다.
• 100개 이상의 병상을 갖추고 있을 것.
• 병상이 100~300개 이하인 경우에는 내과, 외과, 소아청소년과, 산부인과 중 3개 진료과목과 영상의

학과, 마취통증의학과와 진단검사의학과 또는 병리과를 포함한 7개 이상의 진료과목을 갖추고 각 진료과목마다 전속하는 전문의를 둔다.

- 300 병상을 초과하는 경우에는 내과, 외과, 소아청소년과, 산부인과, 영상의학과, 마취통증의학과, 진단검사의학과 또는 병리과, 정신건강의학과 및 치과를 포함한 9개 이상의 진료과목을 갖추고 각 진료과목마다 전속하는 전문의를 둔다.

기 준		진 료 과 목		비 고
병상 100개 이상	300 병상 이하	A	B	A를 만족하고 B를 포함하여 7개 이상의 진료과목
		내과, 외과, 소아청소년과, 산부인과 중 3개 이상	영상의학과, 마취통증의학과, 진단검사의학과, 병리과	
	300 병상 초과	내과, 외과, 소아청소년과, 산부인과, 영상의학과, 마취통증의학과, 진단검사의학과 또는 병리과, 정신건강의학과 및 치과를 포함한 9개 이상의 진료과목		

표 12-1. 일반 종합병원의 진료기준

② 상급 종합병원

종합병원 중에서 중증질환에 대하여 난이도가 높은 의료행위를 전문적으로 하는 종합병원을 말하며, 20개 이상의 진료과목을 두어야 한다.

기 준	진료과목		비 고
	필 수(9개)	선 택(18개)	
병상 100개 이상	내과, 외과, 소아청소년과, 산부인과, 영상의학과, 마취통증의학과, 진단검사의학과 또는 병리과, 정신건강의학과, 치과	진단검사의학과 또는 병리과, 흉부외과, 방사선종양학과, 핵의학과, 응급의학과, 신경과, 피부과, 신경외과, 안과, 재활의학과, 정형외과, 이비인후과, 비뇨기과, 성형외과, 가정의학과, 예방의학과, 결핵과, 직업환경의학과	필수 진료과목을 포함하여 20개 이상의 진료과목을 둘 것
	권역 응급의료센터, 전문응급의료센터 또는 지역응급의료센터일 것		

표 12-2. 상급 종합병원의 진료기준

3 병원건축계획의 방향과 고려사항

3.1 병원건축의 기본 방향

병원건축의 기본 방향은 병원 이용자의 입장에서 본래의 용도로 사용할 수 있도록 기능적이고 합리적으로 계획되도록 한다. 이를 위해 공간별 휴먼 스케일(Human Scale)과 쾌적성이 배려된 치유 환경을 제공하고 이용자의 동선과 실과 실의 효율성, 유사 용도의 융통성, 미래 성장과 발전성 등을 고려한다. 병원건축의 기본 방향을 정리하면 다음과 같다.

① 지역 친화적 병원건축
- 지역의 현황, 장래의 발전과 변화 등을 예측하여 병원의 역할, 기능, 위치와 규모 등을 결정한다.
- 건축 형태, 내·외부 공간 등에 있어서 지역 친화적, 친환경적 계획이 되도록 한다.
② 이용자 측면에서의 기능적 합리성 존중
- 병원의 각 공간과 시설은 공간의 용도와 이용자 입장에서 기능적이고 합리적으로 계획되어야 한다.
- 병원을 구성하는 개별 공간의 시설 요구를 충족하고 휴먼 스케일, 위생, 쾌적성을 고려하여 효과적인 치료 환경을 계획한다.
- 병원 이용의 주체인 환자 위주의 배려가 필요하며, 환자와 가장 밀접한 관계에 있는 간호직원의 의료업무의 편리성이 고려되어야 한다.
③ 의료기술의 발전과 병원의 성장에 대응
- 검사, 진단, 치료, 수술, 재활을 비롯해서 의료의 기술은 계속 발전한다. 따라서 정확한 의료기술 정보를 바탕으로 필요한 설비와 건축적 환경을 배려하고 미래 변화에 대응할 수 있는 계획이 필요하다.
- 계획의 초기 단계에서부터 대지 규모를 고려하여 수직 및 수평 증축 가능성 등 성장과 변화에 대응할 수 있는 계획이 필요하다.
④ 부분별 명확화 및 전체 연관성 계획
  병원 각부의 기능은 세분화되고 독립성이 강하면서도 상호 밀접한 관련성을 가지는 특징이 있다. 병원계획에 있어서 분문별 구성의 개개 역할을 명확히 하고 전체적인 진료 흐름 및 관련성을 고려하여 계획한다.
⑤ 효율성과 융통성
- 병원의 각 부문과 실은 의료인 및 환자의 동선, 물품 동선, 실(室)과 실의 연관 관계 등을 고려하여 효율적으로 계획되어야 한다.
- 병원의 각 실은 활용도를 높일 수 있도록 필요 시 유사 용도로 활용할 수 있는 융통성을 고려하여 계획한다.

⑥ 방재, 피난, 방역 대책

환자의 특성상 보행의 어려움을 고려하여 화재, 지진, 폭풍, 홍수 등 재해에 대한 방재 및 피난 대책을 중요시하여 계획하며, 병원의 오염원이 외부로 유출되는 것을 막을 수 있도록 방역대책도 충분히 고려한다.

3.2 병원건축계획의 주요 요구사항

병원건축계획 시 고려할 주요사항으로 환자 및 진료의 특성과 그에 따른 요구, 정보 및 물품의 원활한 흐름, 장래 증개축 대비, 방재 및 피난대책 등으로 구분할 수 있다.

구분	고 려 사 항
환자 요구	• 육체적, 정신적 편의 배려 : 병동 및 외래진료부, 환자의 동선, 대기실, 휴게실 • 동선 구분 : 입원환자와 외래환자, 환자와 직원, 청결과 비청결 영역의 구분 • 외래환자 동선의 단축 • 환경유해 요인(열, 빛, 소음, 냄새 등) 제거 : 병실의 창, 조명, 화장실, 조리부의 배기 등 • 환자의 질병별, 간호강도(强度), 연령별 특성의 배치 : 병동 및 외래진료부 • 생활면에서 지역특성 배려 : 병동, 외래진료부 등 • 생활환경 수준의 향상 : 병실, 휴게실, 정원 등
진료 요구	• 실별 진료설비 및 장비배치 공간 확보 • 동작공간의 확보 : 수술부, 방사선부, 외래진료부의 각 실, 병실 등 • 환경조건의 충족 : 수술실, 검사실 등의 온습도, 전자파, 음향, 조명, 공기정화 등 • 의료기기용 설비배관 : 수술실, ICU, 병실 등의 가스, 급수, 전기, 접지, 고압자기 등 • 방사선 관리 : 방사선부, RI병실 • 병원 내 감염방지 : 수술부, 진료부, 병실 등 • 오염방지 : 소각로, 소독조, RI저유조, 폐액처리조 • 동선의 단축 : 병동 간호부, 방사선부
정보 및 물품의 흐름	• 정보전달 　- 개별연락 : 전화(의사, 간호사) 　- 전체연락 : 원내방송, 비상벨 　- 국부연락 : 인터폰(병실↔간호 근무실), 전기사인판, 스피커(외래 각 진료과 대기, 약국 대기 등) 　- 병상감시 : 카메라(수술부, ICU, 분만산모실, 미숙아실 등) 　- 정보처리 : 컴퓨터(전산실, 원무과, 각 진료과 등) • 물품반송(搬送) 　- 식사 : 급식에서 병실로의 동선 　- 린넨 : 세탁실과 병동, 중앙 재료실 등 　- 의료용품 : 물품관리센터→병동, 외래진료부, 병동 　- 약품 : 약국과 병동, 외래진료부, 수술부, 검사부 　- 검사시료 : 병동, 수술부, 외래진료부, 검사부 　- 사체 : 병실과 영안실, 해부실 　- X선 필름 : 방사선부와 병동, 외래진료부 　- 진단서, 회계전표 : 외래수납부, 전산실, 외래진료부, 병동 　- 폐기물 : 병동, 외래진료부, 검사부, 약국, 폐기물처리실 • 캐스터, 바퀴 등이 달린 도구 : 베드, 휠체어, 보행 보조구, 가동형 의료기기, 배식차 등을 　배려한 복도 폭, 출입구 너비 등
장래 증개축	• 부지의 확보 • 마스터플랜 : 증개축의 부문별 예측, 기둥간격, 부문별 확장 가능한 건축형태 등 • 설비 : 기계실과 배관스페이스, 배관의 연장 가능성
방재 및 피난	• 환자의 안전확보 : 평면적, 구조적, 설비적 • 진료기능의 확보 : 자가발전, 자가 급수, 진료설비 • 재해구조체계 : 응급부, 통신설비 • 방재센터를 통한 방재대책의 일원화

표 12-3. 병원계획 시 주요 요구사항

4	대지 선정 및 배치계획

4.1 지역시설로서의 의료시설의 조사와 분석

  배치계획은 건축에 앞서서 선정된 대지의 조건을 조사·분석하여 그 조건에 맞추어 건축적 계획을 수립해야 한다. 병원건축 시 진료과목, 의료설비, 의료 및 구급 체제 등의 결정은 지역 내의 기존 의료시설 현황 및 의료수요 등 지역적 현황에 영향을 받는다. 즉, 주변 지역의 의료수요와 기존 의료시설을 조사하여 진료 분야, 병원의 성격, 기존 병원과의 상호 간 기능의 분담 등 유효한 의료시설 공급계획 수립을 위한 지역계획의 조사가 필요하다. 병원의 입지 선정을 위한 지역계획의 조사 내용을 정리하면 다음과 같다.

① 대상 권역 설정 : 이용 거리에 따른 대상 권역의 구분
② 지역 구조 조사 : 지역에서의 병원의 역할과 기능, 규모의 결정, 부지의 선정 등에 있어서 지역의 현황과 장래의 움직임을 파악한다.
③ 대상 인구 조사 : 인구밀도, 인구 증가율, 성비(性比), 직업비 등
④ 교통 체계 조사 : 대중교통 체계, 자가 차량 보유율
⑤ 지역 기반시설 조사 : 공공시설, 교육·복지시설, 상업시설 등
⑥ 의료시설과 이용실태 조사 : 기존 의료시설의 현황, 수준, 문제점, 이용 실태 등을 파악

구분	지역 구조	생활권	기존 의료시설	의료시설 이용 실태	부지 조사
내용	의료시설의 입지조건 파악	의료시설의 진료권 추정	기존 의료시설의 현황, 수준, 문제점	기존 의료시설의 이용실태 파악	부지 및 설계조건 파악
세부 내용	① 인구관련 • 인구증가율 • 인구밀도 • 성별구성 • 연령별구성 • 직업구성 • 통근인구의 유출입량 ② 교통관련 • 철도망, 역이용객 수 • 버스노선, 정류장의 분포 • 자가 차량 보유율 ③ 시설관련 • 상점 수 • 교육, 복지 등 공공시설	① 통근통학권 • 시군별간 유동 ② 도시간의 이동 교통량, 교통수단 ③ 구매 활동권역	① 인근도시와 비교 • 의원, 병원, 종합병원, 상급병원 수 • 의사, 간호사 수 • 치과의사수 • 병상 수 • 일반병상 수 • 일반병원 수 • 치과병원 수 ② 의료시설 상호관계 • 휴일, 야간 진료 • 응급진료 체제 • 시설상호간 의료정보 시스템 • 주변지역(시, 군등)의 필요병원과 협력 가능성	① 지역조사 • 인구 당 환자수 • 이용분포도 • 병상구성 • 통원 및 입원율 • 계절별 변화 ② 의료시설 조사 • 의료시설 이용대상자 앙케이트 조사 • 시설이용 권역 • 년령별, 진료과목별 현황 • 병원 선택율 ③ 응급운송시스템	① 자연조건 • 면적, 형상 등 지형조건 • 일조, 풍향, 온도 등 기후조건 • 식생(植生) • 지내력, 절성토, 지하수위 등 내력 조건 ② 사회적 조건 • 교통망 • 도로 현황 • 도시발달 정도 • 주변 토지의 이용현황 • 상하수도 • 전기, 가스, 통신 • 소음, 악취 여부 • 쓰레기 처리

표 12-4. 병원설립을 위한 지역 조사 내용

4.2 대지 선정 조건

대지는 자연적 조건과 사회적 조건을 고려하여 선정한다. 자연적 조건으로는 대지의 지형과 넓이, 기후, 식목과 지질, 일조, 풍향 등이며, 사회적 조건으로는 교통과 사회간접시설(상하수도, 전기, 가스, 통신 등)이 좋으며, 주변의 소음, 악취 등 환경 조건이 좋은 곳이 유리하다. 장래의 증축과 주차장 용지를 고려하여 대지의 여유 있는 확보가 필요하다.

① 자연 조건

대부지의 지형과 넓이 기후, 식목, 지질, 일조, 풍향 등의 조건을 고려한다.
- 면적, 형상 등 지형 조건이 좋은 곳
- 일조, 풍향, 온도 등 기후 조건이 좋은 곳
- 식생(植生), 풍경, 대지 전면의 개방 등 자연환경이 좋은 곳
- 절성토가 없으며 지하수위 등 지내력 조건이 좋은 곳
- 장래의 증축과 주차장 용지를 고려하여 부지를 여유 있게 확보할 수 있는 곳

② 사회적 조건

교통 및 상하수도, 전기, 가스, 통신 등 사회간접시설이 좋고 소음, 악취 등의 유해시설로부터 안전한 조건을 고려한다.

- 병원건축이 가능한 용도 지역일 것
- 교통망, 도로 현황이 좋은 곳
- 다른 의료권 및 의료시설과의 연계가 좋은 곳
- 주변 토지의 이용 현황이 좋은 곳
- 상하수도, 전기, 가스, 통신 등 사회 간접 자본이 좋은 곳
- 소음, 진동, 매연, 악취가 없는 곳
- 쓰레기 처리가 편리한 곳

4.3 배치계획

(1) 배치계획의 방향

대지 내의 병원 건축물 배치계획은 대지의 형상, 특수 조건 등을 파악하여 이용자 측면에서 도로와 대지의 관계, 건물의 규모와 형상, 부속 건물과의 관계, 주차장으로의 동선 및 건축의 장래 확장성을 고려하여 계획한다.

- 대지 분석을 통하여 진료동, 병동, 부속시설, 주차장, 증축 예정지, 녹지, 휴게 공간 등 토지 이용 계획을 수립한다.
- 대지의 조건(도로, 방위 등)과 지형, 경사도, 고저차 등을 고려하여 각각의 시설 배치 및 옥외 동선을 계획한다.
- 진입로는 일반용(전면 출입구)과 서비스용(후면 출입구)으로 분리하여 계획한다.
- 환자, 직원, 구급차, 서비스 등의 각 어프로치는 분리하고, 각종 시설로의 접근성을 확보하는 것을 전제로 동선을 단축하여 계획한다.
- 이용자(환자, 의료인) 측면에서 주거 존과 진료 존의 구분을 검토하고, 주거 존은 주변 소음치 유해환경을 차단하기 위한 Buffer Zone을 만들고 녹지 공간으로 활용하는 등 조용하고 채광과 통풍이 좋은 위치에 배치한다.
- 진료 존의 배치는 병원의 중심으로서 외래동, 관리동, 병동과의 관계를 고려하며, 외부에서의 접근도 용이하도록 배치한다.
- 진료동 및 병동부의 증축(수평 확장)을 고려하여 양단부의 개방 공간을 계획한다.
- 동선은 보차 분리를 계획하고 동선 종류별, 목적별, 시간대별(주간 사용, 24시간 사용 등)로 단순하고 명확하게 계획한다.
- 전면도로는 경사가 심하지 않고 직선이 좋으며, 차량의 출입구는 전면도로에서 직각으로 설치하는 것이 유효하다.
- 주차장은 병원 내 각 건물의 용도에 맞게 각각의 출입구 근처에 계획한다.
- 자가 운전자의 차량이 건물의 출입구를 거치지 않고 주차장으로 직접 들어갈 수 있도록 계획한다.
- 택시 승강장을 주 출입구 부근에 별도로 설치하되 현관과 진입로가 혼잡하거나 정체되지 않도록 계획한다.
- 구급차 또는 응급환자를 실은 차량이 응급실로 곧바로 진입할 수 있도록 별도의 동선을 계획한다.
- 대지와 인접 또는 주변 건축물의 특성을 파악하여 개방 공간, 녹지, 직원 숙소 등 저층 및 완충 녹지 공간을 배치하여 주변 환경과 조화되게 계획한다.

(2) 병원의 외부 동선 체계

가) 보행자 동선

① 환자 및 방문객의 동선 : 주 진입부, 부진입부

② 직원 : 의사, 간호사, 일반직원의 진입 동선

나) 차량 동선

① 환자 및 방문객 :

- 주 진입부에서 승하차 후 주차장 또는 병원 주 출입구로의 동선 고려
- 직원의 차량 동선과는 분리하는 계획이 효과적이다.
② 직원 및 서비스 차량
- 환자 및 방문객 차량의 동선과 분리하는 계획이 효과적이다.
- 일반적으로 병원의 측면 또는 후면에 계획
③ 응급차량 : 환자, 방문객, 직원 등의 차량 동선과 분리
④ 영안실 : 별도의 동선과 주차장을 계획하는 것이 효과적이다.

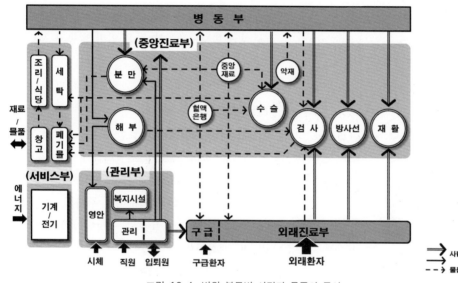

그림 12-4. 병원 부문별 사람과 물품의 동선

5 병원 Block Plan의 구성과 건축 유형

5.1 병원 Block Plan의 구성

병원의 각부를 역할과 특성에 따라 기능별로 구분하면 병동, 외래진료부, 중앙진료부, 서비스부, 관리부 등 5개 부분으로 구성할 수 있다.

(1) 병동부

환자가 입원생활을 하면서 진료와 치료를 받는 곳으로 환자 측면에서는 24시간 거주하는 곳이며 의료 측면에서도 24시간 간호가 이루어지는 곳으로서 병원 기능상 가장 중요한 부분이다. 소요실로

는 병실, 간호근무실(Nurse Station), 처치실, 세탁실, 린넨(linen)실, 오물처리실, 세면장, 공용화장실, 샤워실 등이 있다. 병동부의 간호 단위는 다음과 같이 구분하여 계획한다.

① 내과계, 외과계의 일반 간호 단위와 부인과계, 소아과계, 노인 등의 간호 단위를 독립하여 계획한다.

② 결핵, 전염병, 정신병은 분리하여 계획한다.

③ 고급 병실은 구분하여 계획한다.

④ 남녀를 구분하여 계획한다.

⑤ ICU(Intensive Care Unit, 중환자실), CCU(Coronary Care Unit, 집중치료실), 신생아실 등의 병실(외래사무실 포함)과 구급부 등은 일반 병동과 분리하여 계획한다.

(2) 외래진료부

환자가 매일 출입하며 진료받는 부분으로서 병원 이용의 창구 역할을 한다. 소요실로는 외래대기실, 홀, 각과(내과, 외과, 소아과, 산부인과, 정형외과, 산부인과, 피부과, 이비인후과, 안과 등) 진찰실, 처치실, 주사실, 응급부, 검사실, 접수, 약 창구, 휴게실 등으로 구성되며 환자의 접근이 용이하도록 계획한다.

① 병상 수의 2~3배를 1일 환자 수로 추정한다.

② 환자의 접근이 용이하고 편리한 위치의 1개소에 집중 배치한다.

③ 외래부는 외래진료, 간단한 처치, 소검사 등을 위주로 하고 전문 또는 특수설비가 요구되는 검사시설, 의료설비 등은 중앙 진료부에 계획한다.

④ 구급부는 외래진료부와 구분하여 출입구를 계획한다.

⑤ 일반외래부(대기실, 외래사무실 포함), 구급부

(3) 중앙진료부

외래환자 및 입원환자의 진료, 치료, 검사 기능을 하는 곳으로서 특수한 의료기기와 설비 및 약품을 갖추고 전문적인 진료활동을 제공함으로써 병동과 외래진료부의 진료활동을 돕는다. 주요 소요실로는 수술부, 중앙소독실, 검사실,

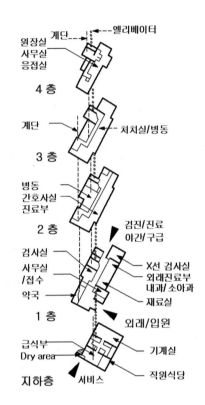

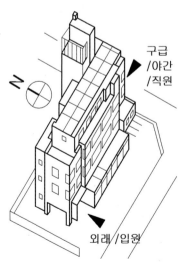

그림 12-5. 소규모 병원의 블록 구성

방사선실, 혈액은행, 물리치료부, 약제부, 응급 등이 있다.

① 외래진료부와 병동부와의 교류를 고려하여 중간 위치가 좋다.

② 수술부, 물리치료부, 분만부 등은 통과 동선이 되지 않도록 계획한다.

③ 성장과 변화에 대응하여 공간 확장, 형태 및 설비 변경 등이 용이하도록 계획한다.

④ 외래진료부, 병동 등에서 환자의 이동에 따른 동선과 이동 장애가 없도록 계획한다.

⑤ 검사부(병체검사, 생리검사), 방사선부(X선진단, 방사선 치료, 핵의학 치료), 리허빌리테이션부, 수술부, 분만부, 약국, 특수 치료실(고압 치료, 혈액투석 등) 등이 있다.

(4) 서비스부

물품과 에너지의 공급 및 처리, 직원의 생활지원 등 병원 전체의 활동을 지원하는 부문이다. 주방, 식당(직원용, 방문객용, 환자용), 배선실, 세탁실, 물품반입부, 폐기물처리실, 기계 및 전기실 등이 있다.

① 입원환자의 급식, 세탁, 후생시설, 냉난방, 공기조화, 전기 등이 포함된다.

② 병동 급식 동선의 효율성을 고려한다.

③ 식품, 물품, 연료의 반입과 폐기물, 외래세탁물 등의 반출 동선은 구분한다.

④ 급식부의 냄새, 보일러실 및 공조실

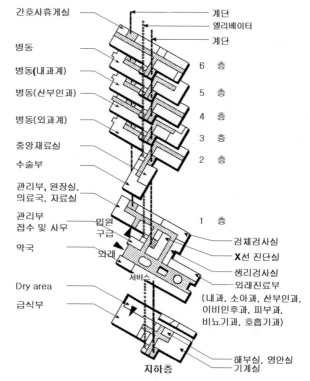

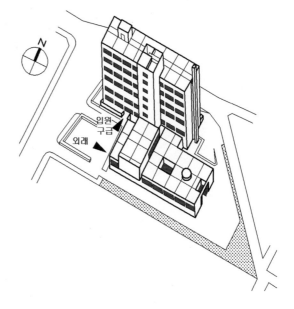

그림 12-6. 중규모 병원의 블록 구성

의 열, 소음 등이 진료실에 영향을
주지 않도록 계획한다.
⑤ 기계설비는 부하의 중심에 배치하여
에너지 사용과 유지비용을 절감한다.

(5) 관리부

병원 전체의 관리, 운영, 유지의 기능
을 담당하는 부문이다. 주요 소요실로는
원장실, 사무실, 수간호사실, 접수부, 응
접실, 도서실, 방재센터, 갱의실, 숙직실,
매점 등이 있다.

① 외래진료부와 진료 사무 관계의 업무
분담을 고려하여 계획한다.
② 전산기기의 위치는 내진을 고려하여
아래층이 유리하다.
③ 방재센터는 화재 시에도 안전 곳에
계획한다.

(6) 영안실(장례식장)

별도의 동선과 출입구를 계획한다. 주
요 소요실로는 주차장, 영안 및 영선사
무실, 주방, 조문실 등이 있다.

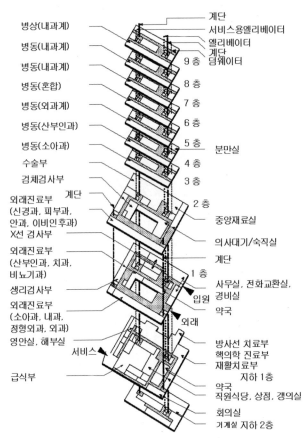

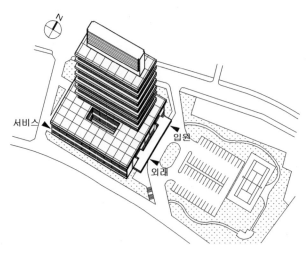

그림 12-7. 대규모 병원의 블록 구성

구 분	주요 기능	구성 요소	고려사항
병 동	• 환자가 입원생활을 하면서 진료와 치료를 받는 곳 • 환자가 24시간 거주하는 곳이며 병원 기능상 가장 중요한 부분이다.	• 일반 간호단위(내과계, 외과계) • 부인과계, 소아, 노인 등의 간호단위 • 특수 간호단위(결핵, 전염병, 정신병)	• 병원의 약 40% 내외의 면적을 차지하고 블록플랜의 중심이 된다. • 환자가 요양과 생활하는 곳으로 좋은 환경이 되도록 내부 환경만이 아닌 일조, 소음, 조망, 대지내 환경 등을 고려하여 계획한다. • 간호단위는 각각 독립시켜 계획하고 불필요한 동선을 없게 한다. • 병동의 기둥간격은 병원전체의 표준스팬이나 진료, 간호, 생활면에서 적절한 치수를 계획한다. • 장래의 변화에 대응할 수 있도록 계획한다.
외래 진료부	• 환자가 매일 통원하면서 진료와 치료를 받는 곳 • 병원을 이용하는 창구	• 접수, 약창구 • 종합진찰실 • 각과진찰실 • 건강진찰실 • 응급부	• 환자의 접근성이 용이하도록 계획한다. • 주차장을 충분히 확보하고 보행자의 안전한 통로를 확보한다. • 대기실의 넓이, 밝기, 실내 기후조건 등이 쾌적하게 계획한다. • 진찰실은 외부의 시선이나 소음에 주의한다. • 구급부는 일반외래와 다른 출입구로 계획한다. • 약국, 사무실, 방산선부, 검사부, 리허빌리테이션부 등과 관련이 많다.
중앙 진료부	• 특수한 의료기기와 설비 및 약품을 갖추고 전문적인 진료활동을 제공함으로써 병동과 외래진료부의 진료활동을 돕는다.	• 검사부, 방사선부, 리허빌리테이션 부 • 수술부, 분만부 • 약국, 혈액은행, 중앙재료실 • 혈액투석실, 고압치료실	• 병동의 각 간호단위, 외래의 각 진료과와의 교류정도를 각 부문별로 명확히하여 각각의 위치와 운영시스템 및 반송시스템 등을 정한다. • 환자의 이동이 문제가 되는 부문(검사부, 약국, 중앙재료실 등)에 대한 수송방법을 검토한다. • 성장과 변화에 대응할 수 있도록 부문별 확장, 형태와 설비 등을 변경하기 쉽도록 계획한다.
서비스부	• 물품과 에너지의 공급 및 처리, 직원의 생활지원 등 병원 전체의 활동을 지원한다. • 물품반입	• 급식부, 세탁실 • 중앙창고, 폐기물처리실 • 전기실, 기계실 • 직원식당, 갱의실	• 식품, 연료, 물품의 반입과 폐기물, 외래세탁물의 반출 등은 동선은 구분하여 계획한다. • 대형기계의 설치를 고려한 반입 경로를 계획한다. • 급식부의 냄새, 보일러의 열, 소음 등이 진료실에 영향을 주지 않도록 계획한다. • 병동 급식 동선의 효율성을 고려한다. • 기계설비(보일러, 전기, 공조 등)은 가능한 부하의 중심에 배치하여 유지비를 절감한다.
관리부	• 진료, 시설, 사무의 조직과 운영 총괄 • 정보관리 • 대외관계 업무	• 원장실, 사무장실, 간호원실, 약국, 회의실 • 외래접수실, 입퇴원사무실, 일반사무실 • 방재센터, 전산실 • 영안실	• 외래진료부와 진료 사무관계의 업무 분담(외래접수, 회계 등)을 고려하여 계획한다. • 일반 사무실은 병원내 전체와 관련되며 서비스와의 관련도 크다. • 대외관계는 각각 출입하는 성질에 따라 각 부의 위치를 잡는다. • 전산기기의 위치는 내진을 고려하여 아래층이 유효하다. • 방재센터는 화재시에도 안전한 곳에 계획한다.
영안실 (장례식장)	• 영안 및 영선사무 • 조문	• 주차장 • 영안 및 영선 사무실 • 주방	• 별도의 동선과 출입구를 계획한다. • 조문객용 공간을 계획한다.

표 12-5. 병원 Block Plan의 구성과 계획 요소

5.2 병원건축의 유형

병원의 건축 형식은 저층의 분산형과 고층의 밀집형으로 구분할 수 있다.

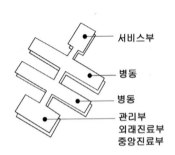

그림 12-8. 저층 분동형

(1) 저층 분동형(分棟型, Pavilion Type)

3층 이하의 건물로 병동과 진료부의 각과를 평면적으로 분산하여 각각의 동(棟)으로 배치하고 복도로 연결하는 형식이다. 병렬형이라고도 한다. 각 동(棟)은 적당한 인동 간격을 유지하므로 채광, 통풍이 좋아 쾌적한 환경을 만들 수 있으며 방재성(防災性)도 좋다. 이 형태는 병의 상호 감염 방지를 위한 세균학이 발달되지 않은 초기 근대 병원의 전형적인 유형이다.

병원건축 초기(初期) 각 동마다 배치되어 있는 약국, 방사선실, 수술실, 검사실 등이 공간의 합리적인 활용 차원에서 각 동의 중앙부에 집중되어 중앙화된 계획으로 발전하였다.

① 3층 이하의 규모에 진료부와 각과를 평면적으로 각각 별동으로 분산한다.

② 채광, 통풍이 좋아 쾌적하고 방재성도 좋다.

③ 진료 각과별로 병동을 분리함으로써 환자 상호 간의 감염 방지에 좋다.

④ 넓은 대지가 필요하여 대도시에 부적합한 유형이다.

⑤ 각 동이 분산되어 있으므로 설비비가 비싸다.

⑥ 보행거리가 길어진다.

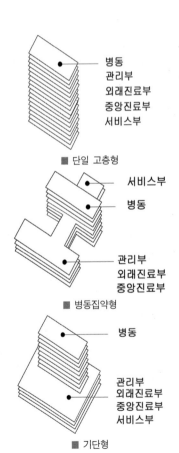

■ 단일 고층형

■ 병동집약형

■ 기단형

그림 12-9. 고층 밀집형

(2) 고층 밀집형(블록형, Block Type)

건축구조 기술과 엘리베이터 및 공기조화시설 등의 발달에 따라 병원의 각 부문을 단일 건축물로 집중하고 수직으로 고층화한 형식이다.

이 형식은 대지 면적에 제약이 있는 좁은 대지에 외래진료부, 중앙진료부, 관리부, 서비스부 등 병동 이외의 부문을 낮은 층에 두고 병동 부문을 그 위에 수직으로 쌓아 올리는 유형이다. 의료기술과 설비의 발달, 병원의 성장 변화에 대응하는데 있으며 이에 따라 증개축, 확장, 성장 등에 대응한 유형으로 다익형 플랜이 나타났다.

고층 밀집형은 그 형태에 따라 단일 고층형, 병동집약형, 기단형 등으로 세분하여 나눌 수 있다.

① 단일 고층형

도심에 충분한 대지를 확보하기 어려운 경우에 단일 건물에 수직 고층형으로 쌓아 올리는 밀집형의 대표적 유형이다.

② 병동집약형

관리부, 외래진료부, 중앙진료부, 서비스부에서 병동을 분리하여 집약시킨 유형이다.

③ 기단형(基壇型)

병동 이외의 저층부를 수평적으로 넓게 배치하고 그 상부에 고층화된 병동을 계획한 유형이다. 저층부는 넓고 집약화된 장점과 설계의 융통성을 확보할 수 있다.

(3) 다익형(多翼型, Multi-wing Type)

분관형과 기단형을 절충시킨 형식으로 각 부문 간의 긴밀한 연계성을 유지하면서 좀 더 자유로운 계획이 가능하고 병원 각 부분의 증·개축이 쉬운 유형이다. 의료기술, 설비의 발달과 변화에 대응하여 각 부문이 각각의 성장과 변화에 자유로울 수 있는 세밀한 계획이 필요하다.

각각의 건물은 각 동의 폭과 기둥 간격을 각 동의 특성에 맞게 독자적으로 결정할 수 있으므로 기단형의 단점을 보완할 수 있다. 이 유형은 병원 기능의 성장과 변화에 건축적인 대응을 부여한 형식이라 할 수 있으나, 대지면적에 여유가 필요하다.

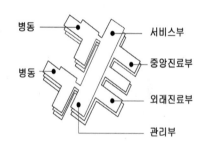

그림 12-10. 다익형

6	평면계획

6.1 평면계획 시 고려사항

병원의 평면계획은 기능 배치와 부문별 배치를 기준으로 진료 및 치료환경을 고려하여 계획한다.

(1) 기능 배치의 원칙

① 관련 부분의 접근

상호 관련성 있는 기능들을 인접하여 배치함으로써 각 부분 간의 커뮤니케이션 및 동선이 직접적이고 짧은 시간 내에 이루어지도록 계획한다.

② 수평 동선 우선

병원에서 사용되는 스트레처(stretcher), 휠체어, 카트(cart) 등 바퀴 달린 기구의 신속한 움직임과 동선을 고려하고, 병원의 주요 부문으로의 이동은 계단 및 승강기 등의 수직 이동의 이용을 최소화하고 가능한 수평 방향으로 이동되도록 계획한다.

③ 자연채광 및 환기

자연채광 및 환기를 병원 내 모든 부분에서 가능하도록 함으로써 병원의 환경을 쾌적하게 유지할 수 있도록 계획한다.

(2) 부문별 배치 시 고려사항

병원의 각 부문별 배치는 병원의 규모 및 형태 등에 따라 달라지지만 일반적으로 외부와의 관계, 동선의 주체 및 성격, 긴급성, 기능 단위 상호 간의 동선의 빈도, 재해 예방 및 피난 등을 고려하여 계획한다.

- 지하층은 병동부를 배치할 수 없으며, 서비스 기능, 관리 및 교육연구시설, 직원 후생시설 등을 배치하는 계획이 효과적이다.
- 외래진료 부문과 응급부는 1층에 배치함을 원칙으로 한다.
  - 외래부(1, 2층), 중앙진료부(2, 3층), 병동부(4층 이상), 서비스부(지하층)
- 응급실의 경우 병원 주 출입구에서 쉽게 찾을 수 있고 직접적인 진입이 가능하도록 계획한다.
- 방사선실, 임상검사실 등 외래와 입원환자의 공유 사용이 많은 부분은 외래진료부 및 병동부에서 접근이 용이한 곳에 계획한다.
- 재활치료부는 휠체어 등을 이용하는 외래환자의 이용이 용이하게 배치하되 병동의 입원환자가 외래부를 거치지 않고 접근할 수 있도록 계획한다.
- 병동과 병실은 입원환자들의 수용 공간이 아닌 일상생활의 거주 장소로서 인식될 수 있도록 바닥 및 벽의 마감재료, 색채, 조명, 실내조경, 가구 등 효과적인 치료 환경을 고려하여 계획한다.
- 화재 등의 재해 시 위험을 최소화할 수 있도록 화재발생 위험지역과 병동, 에너지부문 등은 분리하여 소요실을 배치한다.
  - 화재 발생 위험지역(high fire risk area) : 조리실, 임상검사실 등 화재 발생 가능성이 높은 지역
  - 인명 손실 위험지역(high life risk area) : 병동, 환자 거주 지역
  - 화재 전파 위험지역(high fire load area) : 창고, 에너지 관련 설비 등 화재 발생 시 화재의 크기를 증가시킬 수 있는 지역

6.2 동선계획

병원은 이용자들이 각계각층으로 다양하고 진료와 치료라는 이용 목적은 같으나 병원 내에서의 이용 장소는 서로 다른 관계로 불가피하게 복잡한 건축 공간 구조를 가지게 된다. 병원의 동선은 환

자의 진료와 치료에 필요한 복잡하고 다양한 설비를 담으면서 서로 기능적(機能的)이고 유기적(有機的) 관계를 갖추어야 한다.

(1) 동선계획의 기본 방향

병원 내의 동선은 사람, 장비(설비), 진료와 치료의 절차 등 병원의 정보 체계(情報體系, Information system)에 따라서 결정한다. 즉, 치료용 물품의 반입·배분·회수의 불필요한 교차(交叉), 치료 전의 물품과 치료 후의 감염된 물품, 생존자와 사망자, 질환의 감염에 대한 교차나 정체(停滯) 등이 없어야 된다.

(2) 출입구

- 병원의 출입구는 외래환자, 입원환자, 물품, 직원, 서비스, 응급실 등 가능한 한 동선 주체별로 분리하고 외부에서 식별과 진입이 용이하도록 계획한다.
- 각 출입구와 연계하여 용도에 맞는 주차장을 계획한다.
- 모든 외부로의 출입구는 개폐에 따른 에너지 손실을 줄이기 위해 방풍실을 설치하고, 휠체어나 스트레처의 사용을 고려하여 충분한 폭과 깊이로 계획한다.

(3) 동선의 분리

환자 동선과 기타 동선(응급 동선, 물품반입 동선, 사무실 방문객, 오물수거 동선 등)이 교차되지 않도록 분리한다.

- 응급 동선 : 응급실, 응급병동간의 통로는 타 부문과 교차되거나 통과 동선이 되지 않도록 계획한다.
- 환자와 직원 : 환자와 직원 동선은 분리한다. 감염원으로부터 병원 종사자의 보호
- 서비스 및 물품 : 약품, 급식, 세탁물 등의 서비스 동선과 물품 동선은 명확하며, 일반환자 동선과 분리하고, 외래환자와 외부인에게 노출되지 않도록 계획한다.
- 방사선과의 안전적 동선 분리

(4) 환자 동선

- 접수, 수납, 진료 및 검사 공간, 방사선부, 외래약제부 등은 환자의 흐름이 일치하고 방향성과 인지성을 확보하여 환자의 이동이 불필요하게 길어지거나 혼잡하지 않도록 계획한다.
- 입원 및 진료 공간의 모든 장소는 휠체어 사용자의 이용에 지장이 없도록 단차를 두지 않으며, 충분한 폭의 통로를 확보한다.
- 가능한 모든 공용 복도는 휠체어와 스트레처(stretcher)의 이동을 고려하여 2.4m 이상의 폭을 확보한다.
- 장애인의 보조 수단으로써 경사로를 설치할 경우 경사도는 1/12을 초과하지 않도록 계획한다.

(5) 재난 시의 피난

- 환자의 특성을 고려하여 화재 발생 지점에서 1차적으로 수평 방향으로 대피할 수 있으며, 2방향으로 대피할 수 있도록 방화구획 및 피난 동선을 계획한다.
- 방화구획은 가능한 법규의 규정과 관계없이 2개 이상을 설정하여 피난층의 대피가 신속하게 이루어지도록 계획한다.

7 | 병동부계획

병동은 환자가 진료 및 간호를 받는 곳이며 입원생활을 하는 곳이다. 의사에게 있어서는 외래진료와 함께 중요한 진료의 공간이며, 간호사에게 있어서 간호 행위의 주된 장소이다. 따라서 병동은 입원환자의 요양과 생활공간으로서의 만족과 의사와 간호사의 업무의 능률을 향상시킬 수 있도록 계획되어져야 한다.

구 분	소 요 실
환자관련 제실	•병실 •격리병실 - 중증, 감염병 •휴게실 •면담실 - 의사나 가족의 면담 •식당 - 환자 또는 보호자 •화장실 - 휠체어 고려 •세면실 - 휠체어 고려 •욕실/샤워실 - 휠체어 고려 •세탁/건조실 - 환자, 보호자 신변용품 •보호자실 •사물함실 - 장기환자, 보호자 •신생아실 - 산부인과, 소아과 •수유실 - 산부인과 •유희/오락실 - 소아, 노인, 정신과 •관찰병실 - 정신과 •작업치료실 - 정신과
간호관련 제실	•간호사실 - 간호업무의 기점 •안내실 - 방문자 안내, 전화접수, 물품접수 •의사기록실 - 의료, 간호상 기록 및 전달 •준비실 - 간호, 처리의 준비 •진찰 처치실 •회의실 •오물처리실 •기재실(器材室) - 의료, 간호용품 보관 •린넨실 •배식실 •급탕실 - 정수기, 냉장고 •휴게실 •운반도구 보관실 - 스트레쳐(Stretcher), 휠체어 •청소도구 보관실 •갱의실 •소독실 - 전염병, 감염병 환자의 의류 소독

표 12-6. 병동의 소요실

7.1 규모계획

(1) 병상당 연면적

병원의 규모는 일반적으로 병상 수로 나타낸다. 병상 수가 적으면 각 부문의 기능 범위가 좁아지고 실이 축소되거나 생략된다. 이에 따라 병상 수가 적은 병원은 일반적으로 1병상당 연면적이 작아진다.

병원건축계획 시 규모의 산정은 병상 수와 1일 평균 외래환자 수를 기준하여 결정할 수 있다.

연면적의 경우 1병상당 최소 40~65㎡(평균 50㎡) 이상의 면적이 요구되며 병원의 규모, 부속시설, 공용면적 등 병원 환경 및 특성에 따라 그 이상의 면적(500병상 이상인 경우 80㎡ 이상)이 소요될 수 도 있다.

■ 소요 병상(Bed) 수

$$소요\ 병상\ 수\ \ B = \frac{A \times L}{365 \times U}$$

A : 연간 입원환자 수
L : 평균 입원일수
U : 병상 이용률

(2) 병동(病棟)과 병실(病室)의 면적

병동의 면적은 개실률이나 병실 베드(bed)의 간격에 따라 차이가 있으나 병상당 50㎡ 내외, 최소 30㎡ 이상을 확보하는 계획이 유효(有效)하다.

① 병동 면적 : 30~50㎡/bed
② 병실 면적 : 10~15㎡/bed

병실면적　　　　　　　의료법

- 1인실 : 10㎡ 이상
- 다인실 : 7.5㎡/bed
- 중환자실 : 15㎡/bed
- 음압격리병실 : 15㎡ (전실 별도)

(3) 병원 각부의 면적비율

병원 각부의 면적비율은 일반적으로 병동 부문, 서비스 부문, 중앙진료 부문 순으로 높으며 관리 부문이 가장 낮으나 병원의 운영, 의료 중점 분야, 첨단 의료장비의 비중 확대 등에 따라 면적비율을 다소 차이가 난다. 병원 총면적의 산정에서 총면적 대 순면적의 비(G/N비)가 1.4~1.5 정도의 계획이 유효하다.

구 분	비율(%)	비 고
병동부문	25~35	총면적 대 순면적의 비 (G/N ratio)는 1.4~1.5 정도가 유효
서비스부문	20~25	
중앙진료부문	15~25	
외래부문	10~17	
관리부문	10~13	

표 12-7. 병원 각 부문의 면적비율

7.2 병동 및 병실계획

(1) 병동의 평면 유형

병동의 평면 유형은 복도의 형식에 따라 구분할 수 있으며, 평면의 유형에 따라 간호사실(NS, Nurse Station)의 배치와 환경에 영향을 미친다. 병동의 평면 유형에 따른 특징을 정리하면 다음과 같다.

① 편복도형 병동

복도의 한쪽 면에만 병실을 두고 NS는 복도의 중앙에 배치하는 유형이다.
- NS에서 계단, 엘리베이터, 홀 등의 관찰이 용이하다.
- 병실을 모두 남향으로 배치할 수 있다.
- 복도가 밝으며, 채광, 통풍 등 환경이 좋다.
- 복도가 길어질 우려가 있다.
- 개인실의 프라이버시 확보가 어렵다.

② 중복도형 병동

복도를 중심으로 양쪽 면에 병실을 두고 NS는 중앙에 배치하는 유형이다.
- 층별 1간호단위(Nursing Unit)로 NS를 중앙에 배치하는 경우에 효율적이다.
- 층별 2간호단위로 할 경우 NS가 각 병실 군의 중앙에 배치하기 어렵다.
- 복도를 중심으로 병실의 위치에 따라 환경이 균등하지 않다.
- 개인실의 프라이버시 확보가 어렵다.

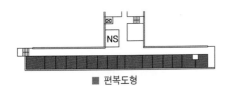

■ 편복도형

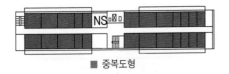

■ 중복도형

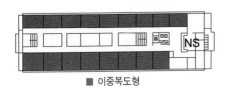

■ 이중복도형

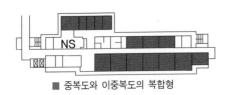

■ 중복도와 이중복도의 복합형

■ Z형의 중복도형

■ 회랑형

그림 12-11. 병동의 평면 유형

③ 이중복도형 병동

　복도를 이중으로 계획하고 복도 사이의 중앙에 NS, 공용 및 서비스 공간 등을 배치하는 유형이다.

• 동일한 병실 수를 배치할 경우 복도를 가장 짧게 계획할 수 있다.

• 병실 군의 중심에 NS를 배치할 수 있다. 이 경우 NS의 채광은 어렵다.

• NS를 병실 군의 중심에 두고 홀, 엘리베이터 등을 단부에 둘 경우 홀과 엘리베이터의 관찰이 어렵다.

• 통풍, 환기, 채광의 확보가 어렵고 복도의 소음 등이 단점으로 작용할 수 있다.

④ 회랑형 병동

　내부 공간을 둘러싼 복도를 따라 병실을 배치하고 내부 공간에 NS와 계단, 엘리베이터, 홀 등 공용 공간을 배치한 유형이다.

• 각 층을 2간호단위(NU)로 할 경우에 유리하다.

• 각 층을 2간호단위로 계획할 경우에도 병실 군의 중심에 NS를 배치할 수 있다.

• 2간호단위 계획일 경우 각 간호단위별 홀, 엘리베이터의 관찰이 용이하다.

• 통풍과 채광이 좋지 않다.

• 서향을 받는 등 병실의 위치에 따라 환경이 균등하지 않다.

⑤ Z형 중복도 병동

　중복도형 병동의 장점을 살리고 단점을 보완한 형식으로 두 개의 중복도 병동의 단부를 상하로 맞대어 평면 전체의 중앙부를 형성하고 중앙부에 NS와 계단, 엘리베이터, 홀 등을 배치하는 유형이다.

• 각 층을 2간호단위(NU)로 할 경우에도 각 단호단위를 병동 중앙에 배치할 수 있으며, 홀, 엘리베이터의 관찰도 용이하다.

• 개인실, 중환자실의 프라이버시를 확보할 수 있다.

⑥ 중복도와 이중복도의 복합형 병동

　중복도의 유형에 일부를 이중복도로 계획하여 병실을 배치하는 유형이다.

• 주로 중복도의 단부에 NS와 홀, 엘리베이터, 공용 공간 등을 배치하고 인접하여 일부에 이중복도
를 두고 병실을 배치한다.

• 병실 군의 중심에 NS를 배치하기 어렵다.

• 병실 군의 중심에 NS를 배치할 경우 홀, 엘리베이터의 관찰이 어렵다.

• 이중복도 부분에 개인실, 중환자실을 둘 경우 프라이버시가 좋다.

• 향후 증축이 용이하다.

그림 12-12. 이중복도 병동계획 예_비오버 병원_Hvidovre, Denmark

(2) 간호단위(Nurse Unit)계획

　병동의 간호단위란 분류된 입원환자의 간호와 관리를 담당하는 간호 조직으로서 병동의 입원실을
물리적으로 구획하는 계획을 간호단위계획이라고 한다.

가) 간호단위의 구성 방향

　일반적인 병동의 간호단위는 진료과나 질병에 따라 분류하며, 중증, 성별, 연령별로도 분류할 수 있
다. 일반 질환은 수술의 유무에 따라 내과계, 외과계로 크게 분류되며, 진료과와 환자 수의 많고 적음
에 따라서 몇 개의 진료과를 1개의 혼합 간호단위로 만드는 경우도 있다. 연령별로는 소아와 노인으
로 구분하며, 중증이나 중점 간호 환자를 구분하여 계획하는 경우도 있다. 환자의 성별은 일반적으
로 간호단위 안에서 병실로 구분한다. 특수질환으로서 정신병, 결핵, 전염병 등과 모자(母子) 보건을
위한 산부인과는 일반질환과 분리하여 계획한다.

나) 간호단위 평면계획 시 고려사항

　병동의 간호단위 구성을 위한 평면계획의 방향은 환자를 관찰하기 용이하며 환자의 간호 요구에
대응하고 프라이버시를 확보하는 데 있다.

간호단위를 위한 평면계획 시 고려사항을 정리하면 다음과 같다.

그림 12-13. 병동 중심 위치의 2간호단위 계획 예

- 병동 입구와 병실 군에 대한 간호관리와 동선 단축의 효율성을 고려하여 간호사실(Nurse Station)의 배치를 계획한다.
- 고층 병동의 경우 중앙 진료부, 서비스부 등으로의 동선과 진료에 필요한 의약품, 진료도구, 자료 등의 원활한 반송계획을 고려한다.
- 재해에 대한 안전대책이 필요하며 소아, 노인, 정신 병동 등의 고층 배치는 피한다.
- 각 층마다 복수의 방화구역을 만들어 재해 시 환자가 수평 이동만으로 타 구역으로 일시적인 피난이 가능하도록 계획한다.

다) 간호단위 구성

병동의 소요실은 크게 환자가 이용하는 병실과 휴게실, 화장실, 세면(샤워)실, 창고, 급탕실 등이 있으며, 산부인과의 경우 신생아실과 수유실 등이 추가된다. 간호사가 이용하는 시설로는 간호근무실, 작업실, 처치실, 의무기록실, 병실 관찰 및 안내데스크, 회의실, 휴게실, 탈의실, 의료용품 보관실, 오물처리실, 세탁물실, 린넨실 등이 있다.

① 너스 스테이션(NS, Nurse Station, 간호사 근무실)

간호단위의 중심을 차지하며 간호사나 의사가 이곳을 기점으로 진료와 간호업무가 이루어진다.
- NS는 각 층별, 간호단위 군별로 계획한다.
- 갱의실과 화장실을 함께 계획한다.
- NS는 간호 업무에 편리한 수직 동선(Elevater hall, 계단실 등의 Core) 가까이에 두고 환자 및 외부인의 출입을 관찰하기 용이하도록 계획한다.
- NS는 병실 군의 중앙에 배치하고 보행거리 24m 이내가 유효하다.

② 간호단위의 크기는 1조(8~10명)의 간호사가 담당하는 병상 수로 나타내며, 25bed/1NU가 이상적이며 최대 40bed 이하가 되도록 계획한다.
- 일반병동 : 40~45병상
- 결핵병동 : 40~50병상
- 정신병동 : 40~50병상
- 소아과, 산부인과 : 30병상
- 중점간호 환자 : 7~10병상

③ 간호단위 구성(PPC : Progressive Patient Care)

- 중증간호(I.C.U : Intensive Care Unit,) : 24시간 밀도 높은 의료 및 계속적인 간호와 필요 시 신속한 구급조치가 필요한 중증환자를 대상으로 한다.
- 집중간호(C.C.U : Coronary Care Unit) : 주로 심혈관질환을 다루는 병동 또는 병실의 집중 치료 간호단위를 말한다.
- 자가간호(S.C.U : Self Care Unit) : 환자 스스로가 일상적인 생활을 하는데 큰 불편이 없는 환자들을 대상으로 한다. 병상 점유율이 가장 높다.
- 장기간호(L.T.C.U : Long-Term Care Unit) : 만성화되어 재원 기간이 긴 환자들과 물리치료, 재활치료 등이 필요한 환자를 대상으로 한다.

> **음압격리병실**
>
> 병실 내부의 기압을 외부보다 떨어트려 기압차를 이용하여 병실 내의 공기(병원균, 바이러스 등)가 외부로 나가지 못하게 차단하는 기능을 하는 병실을 말한다.
>
> 의료법에서는 전실을 별도로 두는 구조로서 15㎡ 이상의 면적을 가지도록 하고 있으며, 300병상에 1개 이상, 추가되는 100병상 당 1개를 더하도록 하고 있다.

(3) 병동계획

병동의 병실은 수용되는 환장의 질병, 연령 등에 따라 신생아실, 소아병실, 노인병실, 일반병실, 집중 치료실, 산부인과 병실, 정신과병실 등이 있으며, 병상 수에 따라 개인실, 다인실 등 여러 가지 형태가 있다.

① 병동 규모계획 시 고려사항

- 일반병실의 1병상(病林)당 면적은 다인실(多人室)의 경우 환자 1명당 7.5㎡ 이상(소아 전용병실의 경우 기준의 2/3 이상), 1인실의 경우 10㎡ 이상이 되도록 하고, 중환자실은 병상 1개당 15㎡ 이상(신생아 중환자실의 경우 5㎡ 이상)으로 계획한다.

구 분	규모계획 시 고려사항			비 고
병실	병상 수	의원, 병원급	4개 이하	손 씻기 시설 설치
		요양병원	6개 이하	
	면적	1인실	10㎡ 이상	
		다인실	7.5㎡/병상	
		중환자실	15㎡/병상	
	병상 간 이격거리	일반실	1.0~1.5m 이상	
		중환자실	1.5~2.0m 이상	
음압 격리병실	1실 / 300병상 (추가 100병상 당 1개 추가)		1인 실	15㎡ 이상의 전실 별도

표 12-8. 병실 규모계획 시 고려사항

- 300병상에 1개 이상의 음압격리병실(陰壓隔離病室)을 계획하고, 추가 100병상당 1개를 추가하여 계획한다.
- 음압격리병실은 15㎡ 이상의 전실(前室)을 별도로 계획한다.
- 중환자실의 경우 10개 병상당 1개 이상의 격리병실을 갖추고 이 가운데 1개는 음압병실로 갖추도록 계획한다.
- 병상 수는 의원급과 병원급은 입원실당 최대 4개 이하의 계획이 유효하다. 요양병원의 경우 최대 6개 병상 이하로 계획한다.

- 일반 입원실 병상 간의 이격(離隔)거리는 1.0~1.5m 이상, 벽에서는 0.9m 이상이 바람직하다.
- 중환자실의 경우 병상 간은 1.5~2.0m 이상, 벽에서는 1.2m 이상의 이격이 바람직하다.
- 병실은 베드 수, 필요한 가구(사물함, 의자, 옷장 등)의 종류와 수, 부설설비(세면 및 화장실 등)의 정도에 따라 크기와 형태를 고려한다.
- 병상 3개당 1개의 손 씻기 시설을 계획한다.
- 병상 주위에서 행해지는 진찰, 처치, 간호 등의 활동 및 인접 병상과의 관계를 고려한다.
- 누워 있는 환자의 이동(방사선실, 검사실, 수술실 등)에 따른 스트레처(Stretcher)의 사용을 고려한다.
- 스팬(span) 간격
- 산모가 있는 입원실에는 산모가 신생아에게 모유를 먹일 수 있도록 산모와 신생아가 함께 할 수 있는 시설을 설치한다.
- 병실은 지하층에 설치하지 않는다.
- 병상이 300개 이상인 종합병원은 병상 수의 5/100 이상을 중환자실로 계획하고 무정전(無停電) 시스템을 갖춘다.
- 병실 출입문은 문턱(門地枋)을 두지 않는다.
- 출입문은 폭 1.2m 이상의 여닫이문으로 계획한다.
- 환자의 프라이버시를 고려하여 칸막이 커튼을 계획하고, 환자 상호간의 관계를 고려하여 베드(bed) 간격을 계획한다.
- 화장실을 병설할 경우 수세음, 도어의 개폐음, 환기 등에 유의한단.
- 천장은 누워있는 환자 시야(視野)의 대부분을 차지하므로 조도가 높고 반사율이 큰 마감재료의 사용은 좋지 않다.
- 창면적은 바닥면적의 1/3~1/4 정도, 창대의 높이는 90cm 이하를 기준하여 베드의 높이를 고려하여 계획한다.

② 병실의 모듈계획

병원의 모듈 검토는 병동부의 Mass 형태와 지하주차장과의 관계 및 경제성을 고려하여 계획한다. 종합병원의 경우 외래진료부와 중앙진료부 등이 위치하는 저층부의 모듈은 상층부의 병동 모듈과 반드시 일치하지 않아도 된다.

병실의 모듈은 일반적으로 6.0×6.0m~6.6×6.6m의 스팬이 많이 사용된다.

- 병실 모듈은 병실의 최대 병상 수(일반적으로 6인실)를 중심으로 1M을 결정하고 1인 또는 2인실은 일반병실을 2등분하여 0.5M로 계획한다.

- 6.0×6.0m 이상이면 6개의 병상 설치가 가능하며, 6개의 병상 설치를 기준하여 병실의 모듈을 결정할 경우, 1 또는 2병상 실의 병실 깊이는 6인실의 적정 깊이 치수를 기준하고, 병상의 배치는 병실의 폭에 맞춰 가로 또는 세로 배치로 계획한다.
- 6병상 병실로서 간이 세면대 설치, 휠체어 보관, 스트레쳐 등의 사용과 1 또는 2병상 실의 구획을 0.5M으로 고려할 때 최소 6.3×6.6㎡ 이상이 필요하다.

모듈	장점	단점
6.0 × 6.0m (36.0㎡)	• 작은 면적으로 6병상 사용 가능 • 5병상 이하로 변경 시 화장실 설치가능 • 면적 당 이용율 높음	• 여유공간 부족 • 1 또는 2병상 구획시 스트레쳐 이동에 지장 • 1 또는 2병상 구획 시 화장실 설치 곤란
6.3 × 6.3m (39.69㎡)	• 6병상 사용 가능하며 휠체어 보관과 간이세면대 설치 가능 • 4병상 사용 시 전용화장실 설치 가능하고 여유공간 확보 가능	• 1 또는 2병상 구획하고 가로배치를 할 경우 스트레쳐 이동 불편 • 1 또는 2병상 구획하고 세로배치를 할 경우 유효 폭은 넓으나 공간의 활용도는 좋지 않음
6.3 × 6.6m (41.58㎡)	• 6병상 사용가능하며, 휠체어 보관과 간이세면대 설치 가능 • 4병상 사용 시 전용화장실 설치 가능하고 공용탁자를 놓을 수 있는 등 여유공간 확보 가능 • 1 또는 2병상 구획 시 병상을 가로배치 하더라도 스트레쳐 이동에 지장이 없으며, 전용화장실 설치 가능	• 타 모듈에 비해 면적이 크다

표 12-9. 모듈별 특징

■ 일반병실의 모듈 검토
ⓐ 일반적 모듈 크기(1M) : 6.6 × 6.0~6.3m(병실) + 3.0m(복도 폭)
ⓑ 1인실, 2인실 : 3.3 × 6.0(6.3)m
ⓒ 4인실 이상 : 6.6 × 6.0(6.3)m

③ 큐비클 방식(Cubicle System)
병실의 침대가 있는 부분을 천장에 닿지 않는 높이의 칸막이(커텐)로 구획하여 병실에 여러 개의 병상을 배치하는 방식이다.
- 진료나 치료 시 타 환자나 타인으로부터 환자의 프라이버시를 확보하여 안정감을 줄 수 있다.
- 간호와 급식 서비스가 용이하다.
- 북향 부분도 실의 환경이 균등하다.
- 공간을 유효하게 사용할 수 있다.
- 천정과 칸막이이 사이에 공간을 확보함으로써 조도와 공기 순환이 좋으나 실내 공기가 오염될 가능성이 있다.
- 독립성이 떨어지고 소음에 대한 방음 대책이 필요하다.

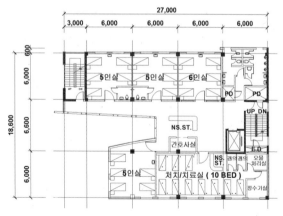
그림 12-14. 병실 모듈계획 예

8 중앙진료부계획

각 진료 부분에서 가지고 있던 필요한 시설·설비를 의료설비와 기술의 발달, 병원 운용의 현대화 등에 따라 한 곳에 모아 중앙·집중화하여 높은 수준의 설비와 인력 등을 공유하는 등 고도의 의료 행위를 효율적으로 제공하기 위해 구성된 부문을 중앙진료부라고 한다.

8.1 중앙진료부의 구성

중앙진료부는 하나의 독립된 부문이라기보다는 여러 부분으로 구성되며 각 부분은 독립하여 운영된다.

구성 부분	타 부분과의 관련	비 고
검사부	병동, 외래진료부, 수술부, 해부실	• 규모가 작은 병원은 간단한 검사실 규모
방사선부	병동, 외래진료부	• 보급율이 가장 많은 부분이다. • 큰 병원은 독립하여 계획한다.
재활치료부	병동, 외래진료부	• 큰병원, 재활병원, 노인병원
수술부	ICU, 외과계 병동, 응급실, 중앙재료실, 검사부, 수혈부	
분만부	산부인과 병동	
약국	병동, 외래진료부, 수술부, 분만부	
수혈부	수술부, 병동, 응급부, 분만부	
중앙재료실	병동, 외래진료부, 수술부, 분만부	• 큰 병원의 경우 수술용 청결 재료실을 수술부내에 별도로 둔다.
혈액투석실		• 주로 중급 병원이상 설치한다.
고압치료실		• 주로 큰 병원에 설치한다.

표 12-10. 중앙진료부의 구성

(1) 중앙진료부의 구성

중앙진료부는 검사부, 방사선부, 재활치료부, 수술부, 분만부, 약국, 수혈부, 중앙재료부, 혈액투석실, 고압치료실 등이 있다.

(2) 계획 시 고려사항

중앙진료부는 구성되는 의료 부분이 많고 각 부분마다 건축 및 설비에 대한 요구가 다르며 복잡하고 설비 용량도 크다는 특징을 가지고 있다. 중앙진료부의 계획 시 고려사항을 정리하면 다음과 같다.

• 각 구성 부분의 건축 및 설비에 대한 요구를 파악한다.
• 각 부분 사이, 병동, 외래진료부와의 유기적인 관계를 유지하도록 계획한다.
• 세균에 의한 오염방지나 방사선을 방호(防護)할 수 있도록 계획한다.
• 진료나 물품 반송의 자동화, 기계화에 따른 각 부분 간의 관계 변화를 파악하여 계획에 반영한다.
• 장래 의료기술의 발전과 설비의 변경 및 시설의 확장 등 변화의 발생 가능성이 높은 부문이므로 변화에 대응할 수 있도록 계획한다.

8.2 수술부 계획

수술(手術)이란, 환자의 신체를 째거나, 자르거나, 도려내서 병을 치료하는 외과적 치료 행위다. 수술부는 주위의 오염원으로부터 청결을 유지하고 수술을 행하는데 적합한 공간, 설비, 수술 기구 등을 갖추어야 하며, 병원의 다른 부문과 밀접한 연관을 갖는 계획이 필요하다.

(1) 수술실(Operating Room)의 기능적 특징

수술실은 공간 및 작업의 청결 확보를 전제하여 환자 치료를 위한 정밀작업이 이루어지는 곳이며, 신속한 치료 행위가 요구된다. 수술의 행위는 다양한 종류의 기구, 기계, 설비 등을 사용하며 순서에 따라 행해지며, 장시간에 걸쳐 연속 작업이 이루어지기도 하며, 수술 중 조직검사, 수술 후 집중 치료실 또는 병실로의 이송 등 병원의 타 부문과도 밀접한 연관을 갖는다.

- 공간 및 작업의 청결 확보가 우선된다.
- 환자 치료를 위한 정밀작업이 이루어진다.
- 신속한 치료 행위가 요구된다.
- 다양한 종류의 기구, 기계, 설비 등을 사용한다.
- 일련의 행위가 순서에 따라 행해진다.
- 장시간에 걸쳐 연속 작업이 이루어진다.
- 수술 진행 중 조직검사, 수술 후 병실로의 이송 등 타 부문과 밀접한 연관을 갖는다.

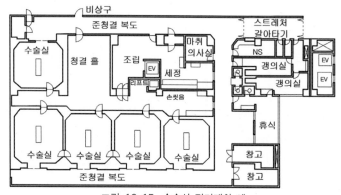

그림 12-15. 수술실 평면계획 예

(2) 수술부의 구성

수술부는 병동 부문과 완전히 구분하여 계획하며, 수술실, 준비실, 베드 이동실 및 복도, 손 씻기실, 청결실, 기재(器材)멸균실, 직원실, 기구 및 재료실, 창고 등으로 구성된다. 일반적 외상과 긴급

(예상치 않은 재해, 교통사고 등) 수술을 위한 수술실은 수술부 입구 근처에 배치하거나 오염 수술실을 계획하여 사용하고 높은 청결도가 요구되는 수술실은 가장 깊숙한 곳에 배치한다.

(3) 수술실 위치

수술실은 다른 부분으로의 통과 교통이 되지 않도록 구분된 위치에 계획한다.
- 수술부는 청결동선과 오염동선을 구분하여 계획한다.
- 중앙진료부와 가까운 위치에 계획한다.
- 중앙재료실과 수평 또는 수직적으로 근접된 곳에 계획한다.
- 응급부 및 병동에서 환자의 수송이 편리한 곳에 계획한다.
- 통과 교통이 없는 곳에 배치한다. (돌출부 또는 복도 끝에 배치한다.)

(4) 수술실 계획 시 고려사항

수술실의 설계는 청결하게 관리하기 쉽고, 양호한 의료 작업 환경을 만들 수 있도록 계획한다.
- 수술실은 공기의 재순환을 시키지 않도록 별도의 공조 시스템으로 계획한다.
- 수술실의 실내 벽 재료는 적색의 식별이 용이하도록 피의 보색인 녹색 계통의 마감을 계획한다.
- 수술실의 규모는 일반적으로 5m×6m 정도, 대수술실인 경우 6m×8m 정도의 넓이가 필요하다.
- 바닥에서 천장의 높이는 4m 내외가 되도록 하고, 무영등은 바닥에서 무영등 하단까지 약 2m 높이를 확보할 수 있도록 계획한다.
- 직사광선을 피하고 인공채광을 계획한다.
- 바닥은 접지가 되도록 하며, 콘센트의 높이는 1m 이상으로 계획한다.

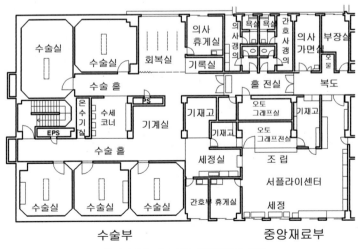

그림 12-16. 수술실과 중앙재료부 계획

- 출입구 폭은 1.5m 이상, 양 여닫이문으로 계획하고 문턱은 두지 않는다.
- 병실과 외래부에서 바퀴 달린 베드로 이송된 환자가 수술부의 청결 존에 들어오기 전에 수술실의 이송 베드로 갈아탈 수 있는 구역을 계획한다.
- 의사, 간호사 등은 수세(水洗) 공간에서 손을 씻고 청결 홀에서 가운과 장갑을 끼고 수술실로 들어갈 수 있도록 계획한다.
- 환자는 베드 갈아타기 구역에서 베드를 갈아탄 후, 청결 복도와 청결 홀을 거쳐 수술실로 들어갈 수 있도록 계획한다.
- 환기 회수 25회/h 이상, 온도는 25℃ 전후, 습도는 50~60%로 계획한다.
- 전반 조명의 조도는 1,000lx 이상이 요구된다.(무영등의 조도는 수술대 위 30cm에서 20,000lx 이상)

8.3 중앙재료실(Supply Center) 계획

중앙재료실은 진료, 수술, 치료 등에 필요한 의료기기, 재료, 기구, 비품 등을 저장해 두었다가 요구에 대하여 분배, 회수하는 곳이다.

- 병원에서 사용되는 멸균 기재(器材)의 70%는 수술부에서 사용된다. 따라서 중앙재료실은 수술부에 인접하거나 리프트 등으로 직결되는 위치에 배치하고 외래부나 병동부로의 공급과 회수도 고려하여 계획한다.
- 청결 및 오염 존을 명확히 구분하여 사람이나 물품의 동선을 계획한다.
- 수술용 기계·기구 세트의 조립은 수술실 전용 멸균실을 별도로 설치하기도 한다.
- 세정 및 반송의 기계화가 고려하여 계획한다.

---

9 │ 외래진료부계획

환자가 통원하며 진료받는 부분으로서 병원 이용의 창구 역할을 한다. 종합진찰실, 각과 진찰실, 응급부, 접수, 약 창구 등으로 구성되며 주 출입구의 가까운 곳에 두어 환자의 접근이 용이하도록 계획한다.

(1) 진료과의 배치계획

외래진료부의 각 진료과의 배치계획에 있어서 고려사항을 정리하면 다음과 같다.

- 환자가 많은 내과 등은 현관 가까운 곳에 배치한다.
- 진료를 위한 체류 시간이 긴 과는 깊숙한 곳에 배치한다.
- 내과와 방사선과, 검사부와 같이 중앙진료부와 이용 관련이 높은 진료과는 그 관계를 고려하여 배치한다.
- 부인과, 비뇨기과 같이 프라이버시가 요구되는 진료과는 눈에 띄지 않는 곳에 배치한다.
- 정형외과 등 보행에 어려움이 있는 환자를 대상으로 하는 진료과는 1층에 배치한다.
- 이비인후과, 신경과, 정신과 등 조용함이 요구되는 진료과는 소음이 적은 곳에 배치한다.
- 응급실은 외부로부터 교통이 편리하고, 분만실이나 수술실로부터 격리하여 계획한다.

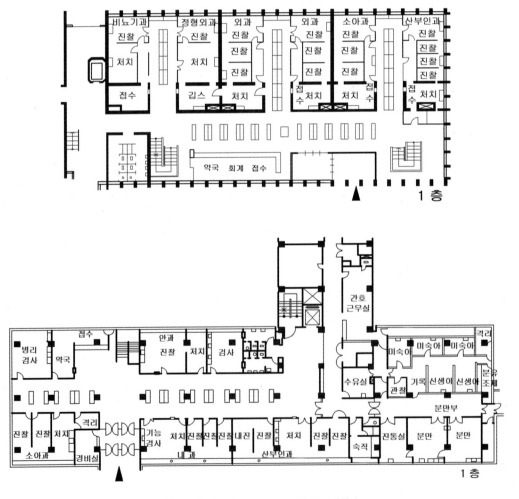

그림 12-17. 중규모 병원의 외래진료부 계획안

(2) 대기실의 형태와 구조

외래진료부의 대기실를 복도 대기의 형태로 하는 계획은 바람직하지 않으며, 대기 홀의 배치계획이 좋다. 증상이 심한 환자를 위한 누워서 대기할 수 있는 공간을 배려하는 계획도 유효하다. 진료실에서의 의사와 환자의 대화가 대기실에서 들리지 않도록 계획한다.

(3) 홀(Hall) 계획

일반 환자가 병원의 내부 공간을 처음 만나는 내부 공간은 홀이다. 홀이나 복도는 이용자를 목적지에 유도하는 중요한 역할을 한다. 홀 주변에는 외래접수, 수납카운터, 약국 등이 배치되며 이와 관련하여 진료 수속, 수납, 약국의 대기공간이 배치된다. 따라서 창구나 카운터 대기자의 정적 공간과 접수, 약제를 받기 위한 움직임에 따른 동적 통로가 겹쳐지지 않도록 계획한다.

10 | 서비스부와 관리부계획

병동부, 중앙진료부, 외래진료부는 병원 본래의 활동(진료, 간호)을 직접하는 곳이나, 서비스부와 관리부는 병원의 활동을 간접적으로 지원하고 관리하는 부문이다.

(1) 서비스부와 관리부의 기능

서비스부는 각종 물품과 에너지 공급, 처리 및 후생복지 등의 기능을 가지며, 관리 부문은 병원 전체의 조직 운영과 안내, 진료관리, 인사관리, 시설관리, 정보관리, 사무관리 등의 기능과 대외 업무의 기능을 가진다.

부 문	기 능	역할	소요실
서비스 부문	공급 및 처리	급식, 린넨공급, 자재 공급, 의료재료공급, 에너지 공급, 반송, 청소, 폐기물처리	조리실, 조리사 휴게실, 세 탁실, 린넨창고, 창고, 작업 실, 보일러실, 공조기계실, 전기실, 갱의실 등
	후생복지	직원 및 외래자	직원휴게실, 직원식당, 간호 사 휴게실, 식당, 상점 등
관리 부문	관리	진료업무 전반	원장실, 응접실, 회의실, 진 료과장실, 의국 연구실, 도 서실 등
	사무	진료업무 일반	일반(서무, 경리)사무실, 직 원출입구, 외래사무실(접수, 수납, 회계), 입퇴원사무실, 야간접수, 중앙자료실
	안내	안내, 응대	안내카운터, 영안실
	정보		전산기실, 방재센터

(2) 서비스부와 관리부의 구성

가) 서비스부

조리실, 영양사실, 식당, 재료 검수 및 보관고, 재료하치장, 세탁실 등이 필요하다.

표 12-11. 서비스부와 관리부의 구성

① 입원 환자용 주방, 배선실 및 덤웨이터 설치
② 직원 및 방문객용 식당 : 종합병원 규모에 설치하는 것이 효과적이다.
③ 물품 반입을 위한 동선을 고려한다.
④ 식당 규모 : 0.45~1.1㎡/bed
⑤ 급식 방식 : 중앙 배선 방식은 환자에게 적당량의 식사와 영양, 식이요법 등을 제공할 수 있는
　　　　　　　장점이 있다. 식사 배달 중 음식의 보온과 식기 회수의 어려움이 단점이다.
⑥ 세탁실 : 인원 환자의 린넨을 세탁하여 공급한다.
⑦ 기타 : 창고, 기계실, 화장실, 서비스부 직원 휴게실, 샤워실 등

나) 관리부

현관, 로비, 대기실, 안내데스크 등에서 이용자가 접근하기 쉬운 위치에 계획한다.
안내데스크, 입·퇴원 수속실, 사무실, 회의실, 세미나실, 강당, 휴게실, 경비실 등을 계획한다.

11 입·단면계획

(1) 입면계획

병원의 입면계획은 지역의 의료시설로서 Landmark적 요소가 제공되도록 계획하고, 병원의 진료
특성에 맞는 Concept을 명확하게 전달할 수 있도록 계획한다.

① 병원의 특성에 맞는 Concept와 Landmark적 요소가 전달될 수 있도록 계획한다.
② 미래지향적인 이미지와 지역주민의 장소성을 제공할 수 있도록 계획한다.
③ 전체적인 통일감과 수평, 수직 요소의 균형과 조화가 이루어지도록 계획한다.
④ 입면 모듈과 평면 모듈의 연계성을 고려한다.
⑤ 옥상 정원, 옥외 휴게 공간 등이 입면 디자인과 조화되도록 계획한다.

(2) 단면계획

수직 기능과 환자 공간의 공간감이 극대화되도록 계획한다. 쾌적한 환경을 제공하기 위한 지하 서
비스 공간의 경우 Sunken, 병실의 채광, Top-light 고측 채광 등 실내환경 자연채광 유입을 적극 검
토한다.

12 설비계획

12.1 전기설비

(1) 전기공급설비

돌발적인 정전에 대비하여 2개 이상의 전원 공급 방식(공공 전기, 비상발전 등)을 계획한다.

- 비상용 발전기는 가능한 2개 이상을 설치하는 것이 바람직하다.
- 비상용 발전기의 용량은 방사선기기, 동력장치 등의 순간부하를 고려하고, 병원의 장래 확장과 발전에 따른 수요 증가 등을 고려하여 10% 이상의 여유 용량을 갖도록 계획한다.
- 비상용 발전기는 정전 후 10초 이내에 자동적으로 작동할 수 있어야 한다.
- 비상용 전원이 공급되는 콘센트는 일반 콘센트와 형태나 색채를 구분한다.

(2) 무정전(無停電) 시스템(UPS 시설)

정전 시 전원 공급이 재개될 때까지 전원이 끊겨 장비나 시스템이 고장 나거나 환자의 생명에 악영향을 미치는 것을 방지하기 위하여 무정전 시스템(UPS. Uninterruptible Power Supply System)의 계획을 고려한다.

12.2 의료가스설비

일반적인 의료가스설비는 산소, 진공 흡인(medical vacuum), 산화 질소, 압축 공기, 질소, 검사부 연소가스(flammable gas) 치과용 공기, 구강흡입 등이 있다.

- 예비 용량은 3일분 이상이 되도록 계획한다.
- 가스의 공급시설은 피크(peak) 시에도 5psi 이상을 유지할 수 있도록 한다.
- 가스 인입구는 전기 콘센트로부터 20cm 이상 이격하여 설치한다.
- 소요실별로 가스 종류와 인입구 수를 충분히 계획한다.

12.3 공기조화설비

공기조화 방식 및 공조 구획은 실별 용도에 따라 사용 시간대, 필요 환기 회수, 사용 필터의 종류, 환경조건 등을 고려하고 환자와 근무자에 적합한 공기 청정도 및 온습도를 유지하도록 계획한다.

- 온도 변화와 습도에 민감한 전산실, 임상검사부, 자동화학기기실 등은 별도의 패키지형 공기조화 설비를 사용하여 일정한 온습도 유지가 용이하도록 계획한다.

- 화학물질, 동위원소, 박테리아, 위험가스 등의 유출 위험이 있는 곳은 별도의 배기시설을 갖추도록 계획한다.
- 일반적인 상대습도는 30~60%의 범위에서 유지하고, 수술실은 50~60%가 유지되도록 계획한다.

12.4 급배수설비

급수시설은 병원 내 모든 부분에서 요구되는 수압을 충족할 수 있도록 하고, 급수관의 모든 주관, 횡관, 수직관, 지관은 각기 밸브를 설치하며, 각 꼭지에는 스톱 밸브(stop valve)를 설치한다.

- 급탕설비의 온수 공급 온도는 40.5℃를 기준하고, 검사실, 주방, 물리치료실 등은 80℃ 정도의 급탕설비가 가능하도록 계획한다.
- 실내에 설치되는 트렌치나 바닥 배수구는 주방, 수치료실, 세척실 등 필수적인 곳에 한하여 설치하고 용도에 맞는 트랩을 설치한다.

제 Ⅶ편 숙박시설

제13장 호텔(Hotel)

1 호텔의 개요

1.1 호텔이란

호텔이란, 숙박(宿泊)에 적합한 시설과 숙박에 딸리는 음식, 운동, 오락, 휴양, 공연 또는 연수에 접합한 시설을 갖추고 이용객에게 이를 제공할 수 있는 건축물이라고 할 수 있다.

1.2 호텔(Hotel)의 어원

호텔의 어원은 라틴어의 '환대(歡待)'를 뜻하는 호스피탈리즈(Hospitalis)에서 '순례자, 참배자, 나그네를 위한 숙소' 또는 '병자를 치료하는 곳'을 뜻하는 호스피탈레(Hospitale), Hospital, Hostel로 이어지면서 오늘날의 호텔(Hotel)로 변천되었다.

호텔은 그 어원에서 알 수 있듯이 Hospital(병원)의 개념을 지니고 있는데 이는 중세 서양의 숙박시설이 수도원을 중심으로 발달되었고, 당시 수도원은 순례자의 숙박만이 아니라 병자들의 치료와 요양을 제공하는 기능을 갖고 있었으며, 이 사람들을 대상으로 숙식을 제공하면서 병원과 호텔이 같은 개념으로 사용되었다고 볼 수 있다. 영어의 Hospitality은 정성이 담긴 '친절한 환대'라는 뜻을 가지고 있으며, 숙박시설, 레스토랑, 사교클럽 등으로 구성되는 환대산업을 'Hospitality Industry'라는 데서도 그 어원(語原)을 알 수 있다.

1.3 호텔의 발달

① 서양(西洋)

세계 최초의 호텔은 1619년 건립된 영국의 페더즈 호텔(Feathers Hotel, Ludlow, Shropshire, England)로 알려져 있다. 근대적 호텔의 시작은 유럽의 산업혁명 이후 교통수단의 발달과 여행자의 증가로 인하여 호텔의 발전을 촉진시켰는데, 1850년 프랑스 파리의 그랜드 호텔(Le Grand Hotel)과 1855년 루브르 호텔(Louvre Hotel)이 근대적 호텔의 효시(嚆矢)라고 할 수 있다.

미국의 경우 자동차 산업과 교통의 발달은 가격이 저렴하고, 편리하고, 쾌적하며 누구나 이용할 수 있는 근대식 호텔(트레몬트 하우스, Tremont House, Boston, 1829)과 상용 호텔(스타틀러 호텔, Statler Hotel, New York, 1908) 등을 출현시키면서 성

사진: Newton2 at E.. Wikipedia
그림 13-1. 현재의 Feathers Hotel

장하였는데, 이는 종전(從前) 유럽의 사치스러운 호텔과는 다른 대중적인 개념의 호텔로 발전을 이끌면서 오늘날의 호텔 발달로 이어지게 된다.

② 한국

한국 최초의 호텔은 1888년(고종 25년) 일본인 호리 리키타로오가 인천 중구에 세운 '대불호텔(大佛, 3층)'이다. 이후 1902년 서울 정동에 독일 여성 앙투아네트 손탁에 의해 '손탁호텔(Sontag Hotel, 2층)'이 건립되는데, 이 건물이 최초의 근대적 서양식 호텔이라고 할 수 있다. 1912년에는 부산과 신의주에 각각 우리나라 최초의 철도호텔이 세워졌으며, 이후 1914년 69개의 객실을 갖춘 조선호텔[현 웨스틴 조선호텔(Westin Chosun Hotel)의 전신]이, 1938년에는 전형적인 상용(商用) 호텔로서 111개의 객실을 갖춘 반도호텔이 개관하는 등 오늘날의 호텔로 이어지고 있다.

그림 13-2. 설립당시의 조선호텔

1.4 호텔의 기능

근대 호텔의 기능이 여행자들에게 숙박, 식사, 휴식 등의 기본적 기능에 충실하였다면, 현대적 개념의 호텔 기능은 호텔의 기본적 기능 외에 대중화, 다양화, 국제화에 맞추어 여가, 오락, 판매, 건강, 문화, 사교, 비즈니스 등의 복합적 기능의 다양한 편의 서비스를 제공하는 데 있다. 호텔의 기능은 형태적 측면과 내용적 측면으로 구분하여 정리하면 다음과 같다.

(1) 형태적 측면의 기능

① 인적 서비스 : 접객, 서비스 안내, 판매, 객실 정비 등 호텔 종사원이 고객에게 제공하는 기능
② 물적 서비스 : 객실, 레스토랑, 레저 등 호텔시설을 고객에게 제공하는 기능
③ 기타 서비스 : 관광정보, 컴퓨터, 인터넷, 팩시밀리 등 고객의 편의 제공 기능

(2) 내용적 측면의 기능

① 숙박 서비스 : 숙박 및 객실에 수반한 서비스 제공
② 식음료 서비스 : 레스토랑, 커피숍, 베이커리 등 식음료의 서비스 제공
③ 연회 서비스 : 식사 서비스외의 문화, 사교, 결혼식 등을 위한 연회 부문의 서비스 제공
④ 문화 서비스 : 각종 공연, 강연, 전시회 등 문화 서비스 제공
⑤ 레저 서비스 : 오락, 레저, 사우나, 카지노, 면세점, 체육시설 등 서비스 제공

⑥ 비즈니스 서비스 : 회의, 세미나, 인터넷 등 서비스 제공
⑦ 기타 서비스 : 미용실, 이발실, 휴게실, 의무실 등 서비스 제공

1.5 호텔의 건축 영역 구성 특성

건축물의 건축 영역 구성 요소를 건축 부문, 기계·전기 부문, 인테리어 부문으로 나누어 볼 때, 일반적으로 건축적 부문의 그 비중이 큰 일반 건축물에 비해 호텔 건축은 인테리어 부문이 그 비중이 상대적으로 큰 특징을 가지고 있다.

따라서 호텔 건축계획에 있어서 인테리어 측면의 내구성, 색상과 질감, 청소 및 유지관리의 편리성, 설비의 점검 및 보수의 편리성, 소음 제거 등을 고려한 건축계획이 요구된다.

그림 13-3. 호텔의 건축 영역 구성 특성

2 호텔의 분류

호텔의 유형은 크게 건립 목적과 건립된 장소 및 규모에 따라 분류할 수 있다.

2.1 목적에 따른 분류

호텔의 건립 목적에 따라 국제회의용 호텔, 상용 호텔, 휴양지 호텔, 아파트먼트 호텔로 분류할 수 있으며, 각각의 특징을 요약하면 다음과 같다.

① 국제회의용 호텔(Conventional Hotel)
  국제회의, 대규모 회의나 이벤트의 개최에 필요한 회의 홀, 전시 홀 등을 갖추고 서비스 제공
② 상용 호텔(Commercial Hotel)
  사업 목적의 비즈니스 또는 관광 여행객을 위한 호텔
③ 리조트 호텔(Resort Hotel)
  휴양지를 중심으로 휴가, 여가를 즐기는 여행객을 위한 호텔
④ 아파트먼트 호텔(Apartment Hotel)
  장기 체류 고객을 위한 호텔, 각 객실에 주방시설을 갖추고 있다.

2.2 장소에 따른 분류

호텔이 건립된 장소에 따라 도시형 호텔과 리조트형 호텔로 분류할 수 있으며, 각각의 특징을 요약하면 다음과 같다.

(1) 도시형 호텔(City Hotel)

도시의 시가지에 위치하여 여행객의 단기 체류나 도시민의 집회, 연회 등의 장소로 이용된다.

가) 대지의 선정 조건

- 철도역이나 터미널 등 교통이 편리한 곳(반드시 도심에 위치할 필요는 없다)
- 상점, 식당 등이 밀집된 번화가에 가깝고 쾌적한 곳
- 자동차의 접근성(Approach)이 양호하고 주차 공간을 충분히 확보할 수 있는 곳
- 관공서, 비즈니스 지역 등이 가까운 곳
- 아파트먼트 호텔의 경우 통풍, 채광, 소음 등 환경이 주거 조건에 적합한 곳
- 근처의 호텔과 경영상 제휴 및 경쟁를 고려하여 선정

나) 종류

① 커머셜 호텔(Commercial Hotel)

- 관광 여행객 또는 사업 목적의 비즈니스 여행객을 위한 호텔이며 교통이 편리한 곳에 위치한다.
- 연면적에 대한 숙박 부분의 면적이 크다
  - 커머셜 호텔은 호텔의 수익을 증가시키기 위하여 요식부 및 서비스 면적을 줄이고 숙박 부분 면적을 증가시킨다.
- 시티 호텔(City Hotel)과 비즈니스 호텔(Business Hotel) 이 대표적이다.
  - ⓐ 시티 호텔 : 숙박, 연회, 집회, 음식, 회의 등 다목적 이용을 목적으로 건립된 호텔로서 도시 시설의 일환으로서 역할을 한다.
  - ⓑ 비즈니스 호텔 : 주로 사업적, 업무적 여행객을 대상으로 하는 호텔로서 일반적으로 회의실, 식당, 연회장 및 공용 부분을 최소화하고 객실 위주로 영업하는 비교적 저렴한 요금으로 숙박 시설을 제공한다.

    비즈니스 호텔은 비즈니스 업무를 수행하는 투숙객의 편의와 서비스 제공을 위하여 복사, 스캔, 프린터, 인터넷, 우편발송 등 비스니스 센터(Business Center)의 기능이 강조되기도 한다.

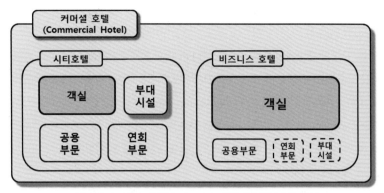

그림 13-4. 시티 호텔과 비즈니스 호텔의 공간 구성 특성

② 레지던셜 호텔(Residential Hotel)
• 체류 일수가 주 단위나 월 단위의 비교적 긴 여행객을 위한 고급 호텔
• 일종의 아파트먼트 호텔로서 객실은 침실, 거실, 응접실, 부엌, 욕실 등이 갖추어져 있다.
③ 아파트먼트 호텔(Apartment Hotel)
• 장기 체류자를 위한 호텔로서 객실마다 부엌, 욕실 및 셀프서비스 시설을 완비하고 있다.
• 공용 식당은 별도로 갖추어 진다.
• 미국 등지에서는 퇴직 노인을 수용하기 위한 사회복지제도의 일환으로도 사용되고 있다.
④ 터미널 호텔(Terminal Hotel)
• 철도, 버스, 공항 등과 같은 교통기관의 발착지에 위치한 호텔로서 교통의 편리성을 도모한다.
• 공항 호텔(Airport hotel), 부두 호텔(Harbor Hotel), 철도 호텔(Station Hotel) 등이 있다.

(2) 리조트형 호텔(Resort Hotel)

리조트 호텔은 휴양과 여가 활동의 목적으로 이용되는 호텔로서 관광지, 여름 피서지, 겨울 피한지, 해변, 산간, 온천 휴양지 등에 건축되어 관광객의 심신의 휴양을 취할 수 있는 수영장, 사우나, 고급 식당 등 각종 시설을 갖춘 호텔이다.

가) 대지의 선정 조건
• 교통이 편리한 곳
• 수량이 풍부하고 수질이 좋은 곳
• 수해, 풍·설해 등 자연재해의 위험이 없는 곳
• 조망이 좋은 곳
• 기후와 풍토 조건이 건립 목적과 부합되는 곳
• 식료품, 린넨(Linen)류의 구입이 쉬운 곳

나) 종류

① 해변 호텔(Beach Hotel)

• 열대지방 외에는 겨울철 이용에 제한이 있다.

② 컨트리 호텔(Country Hotel)

• 산간에 지어지는 호텔로 마운틴 호텔(Mountain Hotel)이라고도 한다.

③ 스포츠 호텔(Sports Hotel, Club House)

• 스포츠 시설의 이용자를 대상으로 스포츠 시설을 갖춘 호텔이다.

④ 온천 호텔(Hot Spring Hotel)

(3) 기타 호텔

가) 모텔(Motel, Motorists Hotel)

① 자동차 여행객의 증가에 따라 도시 근교의 도롯가에 건축되어 운영되는 호텔

② 객실이 10~20실 정도이고, 주차가 편리해야 한다.

나) 유스호스텔(Youth Hostel)

① 청소년들의 건전한 여행과 야외활동을 위한 시설을 갖춘 숙박시설

② 보통 1실에 20명 이하가 숙박한다.

다) Boatel(Boat Hotel), Yachtel(Yacht Hotel)

보트 또는 요트로 여행하는 여행객 들이 해변이나 호반에 보트나 요트를 정박시킨 후 숙박할 수 있는 호텔

라) 플로텔(Floatel)

여객선, 훼리호, 유람선 등과 같은 해상을 운행하는 배에 있는 플로팅(Floating) 호텔을 말한다. 프로팅 호텔의 객실을 캐빈(Cabin)이라고 한다.

2.3 규모에 따른 분류

호텔의 규모는 객실 수에 따라 대, 중, 소규모 호텔로 분류할 수 있다.

① 대규모 호텔 : 객실 수 300개 이상

② 중규모 호텔 : 객실 수 100~300개

③ 소규모 호텔 : 객실 수 100개 이하

3 대지 및 배치계획

호텔의 입지 조건은 호텔 경영의 성공 여부를 절반 이상 차지한다고 할 정도로 중요하다. 그 다음으로 대지 내 건물의 배치와 평면계획의 효율성, 쾌적성 등이라고 할 수 있다.

3.1 대지 선정

호텔이 위치할 도시 구조는 지역 주민의 생활과 양식을 반영하고 있으며, 역으로 주민의 생활이 도시구조의 변화를 미치기도 한다. 이러한 관점에서 도시 구조는 호텔의 위치와 호텔의 기능 나아가 건축 형태에도 영향을 주고 건립 이후에는 호텔이 도시 구조에 영향을 미치게 되는 등 도시 기능과의 관계성은 중요하다. 호텔이 건축될 위치, 토지의 특성과 건물의 기능을 효율적으로 조합하여 건축의 효과를 극대화하는 계획이 필요가 있다. 호텔 건축을 위한 대지 선정 시 고려할 사항을 정리하면 다음과 같다.

① 호텔의 위치가 사회적, 도시적 요구에 맞는 곳
- 해당 지역의 산업 구조 및 경제활동, 관광객 수, 물가(物價), 소비 경향 등(리조트 호텔의 경우 관광지, 휴양지 및 자연경관 등) 수요적 측면에서 유인(誘引) 요소가 충분하고 지속적 성장이 예상되는 곳
- 호텔 종업원 등 노동 공급이 양호한 곳
- 호텔의 식당, 연회장 등의 수요와 이용 전망이 좋은 곳
② 대지 주변 지역의 도시 구조가 좋은 곳
- 시티 호텔의 경우 도심부의 상업, 업무, 문화, 관광 등 배후지의 도시 구조와 유동인구가 좋고, 주변지역의 특성이 호텔의 목적과 부합되는 곳
- 리조트형 호텔의 경우 교통이 편리하고 자연환경이 좋으며, 재해의 위험이 없고 안전하며, 도시 지역으로의 접근성이 양호한 곳
③ 주변 지역과의 교통망, 버스, 지하철 등 대중교통의 이용성, 차량의 접근성 등이 좋은 곳
- 해당 지역만이 아닌 다른 도시에서 유입되는 관광객의 접근성이 좋은 곳
④ 대지의 형상과 가로(街路)의 조건이 좋으며, 인접 대지(건축물)에 의한 영향이 없는 등 대지의 환경적, 물리적 조건이 좋은 곳
- 상·하수도, 전기 등 지원 시설이 완비된 곳
- 리조트형 호텔의 경우 주변에 위험 또는 혐오시설이 없는 곳
⑤ 주변 편익시설과의 접근성이 좋으며 대지 주변의 개발 및 장래 발전성이 있는 곳
⑥ 용도, 규모, 배치 등 대지 사용의 규제가 없는 곳

- 대지에서 200m 이내 학교시설이 없는 곳(학교위생정화구역)
- 역사 관광지의 경우 문화재 보호구역 여부 및 공사 중 문화재 출토 시 진행에 어려움이 있음
- 지구단위계획에 의한 용도 제한, 건폐율, 용적률 등의 제한 등

3.2 배치계획의 방향

① 대지 분석을 통해 대지 내 건축용지, 옥외 주차장, 공개 공지 및 옥외 휴식 공간 등 토지이용계획의 영역을 구분한다.
② 건폐율, 용적률, 건축물의 높이 등 관련 법령을 충분히 활용하여 토지의 이용률을 높인다.
③ 도로 조건을 검토하고 접근성과 정면성 부여를 중요한 요인으로 계획한다.
④ 차량의 동선이 자연스럽게 현관 로비까지 이어지도록 계획하고 보행자의 동선과 겹치지 않도록 계획한다.
⑤ 숙박 이용객과 연회 이용객의 동선을 분리하며, 관리 서비스의 동선은 별도로 계획한다.
⑥ 시티 호텔의 경우 정면성과 남향을 고려하고 리조트형 호텔의 경우 주변의 자연 경관에 순응하여 객실의 향을 배치한다.
⑦ 녹지 공간과 옥외 주차 공간은 공개 공지, 피난 공간 등의 역할을 공유할 수 있도록 계획한다.
⑧ 외부에 스포츠 시설, 놀이시설을 두는 리조트형 호텔의 경우 녹지 공간 등을 계획하여 외부 소음 차단을 충분히 고려한다.
⑨ 리조트형 호텔의 경우 종업원 숙소, 정원용 창고, 옥외 기계실 등의 부속시설이 이용객의 눈에 두드러지지 않는 위치에 계획한다.
⑩ 리조트형 호텔의 경우 장래의 증축과 확장을 고려하여 계획한다.

4 | 동선계획

4.1 동선의 구분

호텔의 동선은 숙박객 및 비숙박객의 '고객 동선'과 관리자 및 종업원의 '관리 동선' 그리고 구매, 린넨(Linen), 쓰레기 처리 등의 '서비스 동선', '피난 동선'을 구분하여 계획한다.
① 고객 동선 : 숙박객, 연회객, 일반 방문객의 동선
② 관리(종업원) 동선 : 종업원(접객, 비접객)
③ 물류 동선 : 식품 및 물품의 구매, 린넨, 쓰레기 처리
④ 피난 동선 : 재난, 재해 시 피난 동선

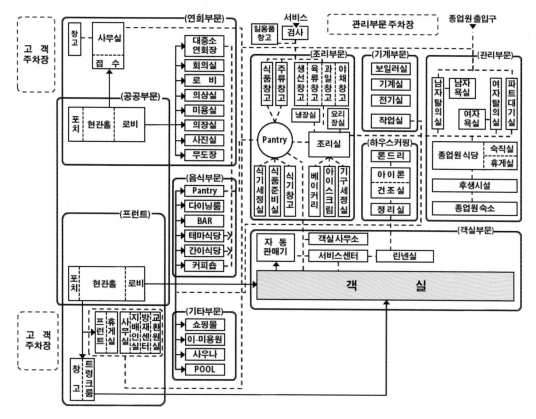

그림 13-5. 호텔의 기능도

4.2 동선계획의 고려사항

- 고객 동선과 관리 동선, 서비스 동선이 교차되지 않도록 분리하여 계획한다.
- 숙박객과 연회객의 동선을 분리한다.
- 고객의 동선은 객실 또는 목적하는 장소로 쉽게 찾아갈 수 있도록 명확하고, 원활하며, 안정감과 여유로움을 줄 수 있도록 계획한다.
- 현관과 프런트(front desk) 로비의 동선은 숙박객, 연회객, 단체객 등이 일시에 집중되는 것을 고려하고 위치와 규모를 효과적으로 연계하여 계획한다.
- 복도, 계단 등 동선의 위치는 긴급 시 피난을 고려하고, 단순하고 명쾌하게 계획한다.
- 현관에서 로비, 연회장에 이르는 고객 동선은 연회장용 주방과 팬트리(pantry), 연회장으로 이어지는 서비스 동선과 분리하여 계획한다.
- 연회장, 전시장 등에는 대규모 전시물, 도구 등의 반출 입구를 계획하고 비상 시 대피 공간과 피

난동선을 고려하여 계획한다.
- 비접객 종업원(기계실, 조리실 등)의 동선은 접객 종업원의 동선 및 고객 동선과도 분리한다.
- 호텔 운영 물품(식품, 음료, 잡화, 비품, 화물 등)의 반출입용 엘리베이터와 고객 수하물용 엘리베이터는 분리하여 계획한다.
- 식품 및 물품의 구매, 린넨, 쓰레기 처리 등의 동선은 분리하여 계획한다.
- 종업원의 출입구, 물품의 출입 및 검수구 등은 각각 1개소로 계획하여 관리를 용이하게 한다.

5 평면계획

호텔의 평면계획은 크게 숙박 부문과 비숙박 부문으로 나누고 각 이용자 수를 가정하여 객실과 그 밖의 소요실의 종류와 수, 크기 등을 결정한다. 호텔은 객실뿐만 아니라 커피숍, 레스토랑, 연회장, 결혼식장, 회의장 등 숙박 부문 이외에 수익을 높이기 위하여 다양한 공간이 요구되며, 도시형 호텔의 경우 상점, 몰(mall), 체육시설 등을 복합화함으로써 고객의 다양한 요구에 대응하면서 호텔의 경영 수익을 높이는 건축적 계획도 필요하다.

주의할 점은 수익의 증가만을 고려하여 비수익 부문의 공간과 설비를 무리하게 절약하는 것은 공간의 효율성과 쾌적성의 저하로 이어지게 되므로 호텔에서 필요한 각 부문별 공간 구성의 효과적인 계획이 필요하다.

5.1 호텔 각 부문별 구성

호텔 건축에서 요구되는 각 공간은 수익적 측면과 기능적 측면에서 부문별로 분류할 수 있다.

(1) 수익(收益)적 측면의 구성

호텔의 공간 구성은 경영의 수익 측면에서 수익이 대상이 되는 부문과 수익의 대상이 아닌 비수익 부문으로 나눌 수 있다. 비즈니스 호텔과 시티 호텔의 가장 큰 차이는 비즈니스 호텔이 객실을 호텔의 주요 구성으로 하는데 대해 시티 호텔은 객실만이 아니라 연회장, 회의장 등 각종 시설의 충실이 구성하고 있다는 점이다.

수익 부분 중에서도 객실 부문이 전체에서 차지하는 비율은 비즈니스 호텔이 크고, 식당, 음료, 로비, 연회 등의 비율은 시티 호텔이 크다. 건축계획 시 수익 부문은 연면적의 50% 정도(주차장, 실내 풀장 등 특별히 넓은 면적을 필요로 하는 부분은 별도)로 계획하는 것이 바람직하다.

① 수익 부문 : 객실, 레스토랑, 커피숍, 바(Bar), 연회장, 회의실, 결혼식장, 미용실, 공중목욕탕 및 각종 점포 등
② 비수익 부문 : 복도, 엘리베이터 홀, 메이드 및 린네실, 냉난방 및 급배수 공간, 현관, 로비, 계단, 주방, Laundry실, 사무실, 종업원실, 창고, 기계실 등

구 분	객실 부문	비객실 부문
수익 부문	객실	레스토랑, 커피숍, 바, 연회장, 회의실, 결혼식장, 미용실, 공중목욕탕, 갤러리, 스포츠시설, 오락실, 비즈니스센터 및 각종 점포 등
비수익 부문	복도, 엘리베이터 홀, 메이드실, 린넨실, 냉난방시설, 급배수 시설 등	현관, 로비, 계단, 주방, Laundry실, 사무실, 종업원실, 창고, 기계실 등

표 13-1. 수익적 측면의 실 구성

(2) 조직적 측면의 구성

호텔의 조직은 크게 호텔 운영 전면에서 고객 서비스를 전담하는 부서(FoH, Front of House)와 후방에서 호텔 운영을 지원하고 경영을 담당하는 부서(BoH, Back of House)로 나눌 수 있다.

가) FoH(Front of House)

호텔 운영 전면에서 고객 서비스를 전담하는 FoH는 객실부과 식음료부으로 나눌 수 있다.

① 객실부(Room Division)
객실부는 호텔의 프론트 오피스(Front Office), 하우스키핑(Housekeeping)을 총괄하는 부서이다. 피트니스 센터(fitness center)와 스파(spa)를 포함하기도 한다.

구 분	실 명	비율(%)	비 고	
수익 부문	객실	65~70	수익 부문 에서의 비율	주차장, 스포츠시설, 전시장, 갤러리 등 미 포함
	식당, 커피숍, Bar	10		
	대·소 연회장	13		
	결혼식장, 점포 등	7		
비수익 부문	복도, 로비, 엘리베이터 홀, 계단	18~23	전체 연면적에 대한 비율	
	하우스키핑, 린넨실	3~5		
	주방, 식품고	4~7		
	사무실, 관리부문	3~5		
	종업원 식당, 라커, 휴게실	3~5		
	기계실, 설비실 등	8~12		

표 13-2. 호텔의 수익 비수익 부분의 면적 구성 비율

② 식음료부(Food & Beverage)
식음료부는 호텔의 투숙객과 방문객 및 호텔에서 취급하는 모든 식음료와 관련한 업무를 담당하는 부서이다. 한식, 일식, 양식 등 다양한 스타일의 레스토랑, 룸 서비스, 연회, 캐터링(Catering, 출장배식) 서비스 등이 포함된다.

나) BoH(Back of House)

BoH는 직접 고객을 상대하지는 않지만 FoH가 고객에게 원활한 서비스를 제공하고 호텔이 효율적으로 운영될 수 있도록 지원하는 지원·관리부문을 말한다.

① 경영부(Executive Office, 임원실)

호텔의 경영과 관련된 모든 활동을 총괄한다. 총지배인, 부총지배인, 스태프(staff)로 구성된다.

② 영업·판촉부(Sales & Marketing)

호텔의 영업과 마케팅을 담당한다. 호텔의 매출에 영향을 미치는 중요 부서이다. 영업부, 판촉부, 예약부(Reservation Center) 등으로 구성된다.

③ 재정부(Finance)

호텔에서 사용되는 수많은 물품의 구입, 종업원 급여, 호텔 수익 등 재정과 관련된 업무를 담당한다.

④ 시설관리부(Engineering)

호텔 내외의 제반 시설물 및 기계·전기·통신설비에 대한 유지·관리 및 보수를 담당하는 부서이다.

⑤ 보안부(Security)

보안부는 호텔의 투숙객, 방문객의 안전과 프라이버시 보호 및 호텔 내외 제반시설의 보안을 담당하는 부서이다.

⑥ 인사관리부(Human Resources)

인사관리부는 호텔 종업원의 채용 및 관리, 서비스 교육, 복리후생의 업무를 담당하는 부서이다.

(3) 기능적 측면의 구성

호텔 공간을 그 기능에 따라 객실 부문, 식음 및 연회(宴會) 부문, 관리 부문, 공용 부문, 부대시설 부문, 기타 서비스 부문으로 나눌 수 있다.

① 객실 부문

호텔에서 가장 중요한 부분이다.

• 객실

• 객실과 관련된 복도, 계단, 엘리베이터 홀, 메이드실, 린넨실, 냉난방 및 급배수 공간 등을 포함한다.

• 객실의 면적은 일반적으로 객실 부문의 65~70% 정도로 산정한다.

예) 각 객실의 면적을 28㎡, 전체 객실 수를 300실로 계획할 경우, 객실 부문의 개략적 소요 총면적

  - 28㎡ × 300 = 8,400㎡ ÷ 0.65~0.7 ≒ 13,000 ~ 12,000㎡

② 식음 및 연회 부문(Outlet & Banquet)

호텔의 본래 기능은 숙박 기능과 식음 기능(Food & Beverage)이 있으면 성립된다.

객실 다음으로 중요한 부문이 식음 및 연회 부문이다. 특히 특급호텔의 경우 상당히 큰 비중을 차지하기도 한다.

• 호텔 내에서 투숙객과 방문객 등 모든 고객을 상대하는 식음료 영업장(레스토랑, 커피숍, bar 등)

을 초칭하여 '아울렛(Outlet)'이라 일컫는다.

- 호텔에서 개최되는 다양한 컨퍼런스(Conference), 대연회, 세미나, 결혼식 등은 온종일 행사가 진행되거나 장소를 이동하지 않고 호텔 내부에서 다과와 식사를 하게 되며 이러한 행사를 기획, 총괄, 서비스하는 부분을 'Banquet'이라 한다.
- 연회 및 문화 부문은 일반적으로 객실 부문(숙박 기능)과는 직접 관련이 없는 부문이지만, 도시를 벗어난 리조트 호텔, 연수나 회의 등의 컨벤션 호텔 등은 숙박과 함께 사용하는 경우가 많다.
- 연회 부문은 각 장소별 수용 규모에 따라 차이가 있으나 1석당 1.6~1.8㎡가 적당하다.
- 연회 부문은 호텔에 복합 기능을 요구하는 시대적 수요에 의하여 더하여졌다고 할 수 있다.
- 레스토랑, 커피숍, 바(Bar) 등의 식음 부문과 대·소 연회장, 대·소 회의실, 결혼식장, 등 연회 부문이 포함된다.
- 식음 부문은 호텔의 규모에 따라 차이가 있으나 1석당 1.5~3.0㎡가 적당하다. (주방 면적 제외)
- 특급호텔이나 대규모 호텔의 경우 호텔의 메인(main) 주방 외에 연회행사에 제공되는 음식을 바로 제공할 수 있도록 호텔의 가장 큰 연회시설(그랜드볼륨)과 연결되어 연회 주방(Banquet Kitchen)을 별도로 계획한다.

③ 관리 부문
- 경영과 서비스의 중심으로 각 부문의 상황 파악과 신속한 대응을 고려하여 계획한다.
- 프런트(Front), 사무실, 클로크 룸(Cloak room), 지배인실, 전화교환실, 종업원 실, 종업원 갱의실, 창고 등이 포함된다.

④ 공용 부문
- 각 부문 및 공간의 매개 공간이다.
- 현관, 홀, 로비, 라운지, 엘리베이터, 복도, 화장실 등이 포함된다.

⑤ 부대시설 부문
  호텔 운영의 원활한 운영과 상승효과를 위해 필요한 서비스 공간이다.
- 각종 강연, 세미나, 전시, 공연 등 다양한 문화행사와 각종 회의, 비즈니스 센터, 프레스룸 (pressroom) 의 기능을 고려하여 계획할 필요가 있다.
- 수영장, 헬스클럽, 피트니스 센터, 사우나, 스파(spa), 에어로빅, 오락실, 카지노 등이 포함된다.
- 미용실, 이용실, 편의점 등이 포함된다.

⑥ 기타 서비스 부문
- 설비 관계 부분 : 각종 기계실, 전기실, 설비실, 공작실, 제어실 등
- 의무실, 세탁실, 쓰레기 처리장 등

구 분	리조트호텔	시티호텔	아파트먼트 호텔	비 고
객실 1에 대한 연면적	40~91m²	28~50m²	70~100m²	
객식 1에 대한 로비 면적	3~6.2m²	1.9~3.2m²	5.3~8.5m²	
숙박부 면적	41~56%	49~73%	32~48%	연면적에 대한 면적비
공용면적비	22~38%	11~30%	35~58%	
관리부 면적비	6.5~9.3%			
설비부 면적비	5.2%			

표 13-3. 각실의 면적 구성 비율

(4) 면적 구성 비율

호텔의 면적 구성은 시티 호텔, 비즈니스 호텔, 리조트 호텔 등 호텔의 유형과 기능, 규모 등에 따라 달라지지만 일반적(normal)인 수익 부문과 비수익 부문의 면적 구성 비율을 정리하면 객실 1에 대한 연면적은 아파트먼트 호텔에서 가장 높으며, 숙박부 면적은 시티 호텔이 가장 높다.

5.2 호텔 유형별 평면계획의 방향

① 시티 호텔
- 도심에 건축되는 호텔은 부지 활용이 제약되므로 복도 면적을 작게 하고, 고층화에 적합한 평면을 계획한다.
- 객실 부문 외에 연회 부문의 효율적 공간계획을 고려한다.

② 비즈니스 호텔
- 도심에 건축되는 호텔은 부지 활용이 제약되므로 복도 면적을 작게 하고, 고층화에 적합한 평면을 계획한다.

③ 리조트 호텔
- 관광지, 휴양지 등에 건축되는 리조트 호텔은 복도 면적이 다소 커지더라도 객실의 조망과 쾌적함을 확보하도록 계획한다.
- 하층에는 레크레이션 시설을 배치하는 것도 효과적이다.
- 장래 증축이 가능한 구조로 계획한다.
- 대지 주변의 환경, 기후 조건에 따라 자유롭게 계획할 수 있다.

④ 아파트먼트 호텔
- 거주의 쾌적성을 우선하여 고려하고 채광, 통풍 등이 효율적인 평면을 계획한다.
- 1객실당 바닥면적이 가장 크다.

5.3 객실(Room) 계획

(1) 객실의 구분

호텔은 다양한 시설을 고객들에게 제공한다. 그중에서도 객실은 호텔의 주요 기능이며 가장 중요한 시설이다. 객실의 구분은 크게 객실의 유형(type), 베드 수 및 객실의 서비스 수준에 따라 분류할 수 있으며, 이외에도 객실의 위치(Outside or Inside), 전망(Ocean, Hill, Mountain View) 등에 따라서도 구분하기도 한다.

그림 13-6. 호텔의 객실

① 객실의 유형별 구분
- Standard Room : 객실 중 가장 많은 수를 차지하는 일반 객실로 침실과 거실이 일체형으로 되어 있다. Superior Room이라고도 한다.
- Studio Bed Room : 낮에는 응접용 소파로 사용하고 밤에는 침대로 사용할 수 있는 다목적 침대가 갖춰져 있다. 주로 비즈니스 사무실 용도로 사용된다.
- Suite Room : 일반 객실의 2배 정도의 크기로 Standard 유형과는 달리 별도의 거실 겸 응접실과 욕실이 딸린 침실 1개를 갖추고 있다.
- Executive Room : 컴퓨터, 초고속 인터넷, 팩스 등 비즈니스 고객의 업무를 위한 각종 시설이 갖춰진 객실, 별도의 회의실을 두기도 한다.
- Non-Smoking Room : 비흡연자를 위한 객실, 최근에는 모든 객실이 비흡연 객실화 추세이다.
- Residential Room : 고급스럽고 화려한 주거형 객실

② 베드(Bed) 수에 따른 구분
- Single Room : 1인 투숙 가능, 싱글침대[195cm(78inch)×100cm(40inch)] 1개 제공
- Double Room : 2인 투숙 가능, 더블침대[195cm(78inch)×138cm(55inch)] 1개 제공
- Twin Room : 2인 투숙 가능, 싱글침대 2개 제공
- Triple Room : 3인 투숙 가능, 싱글침대 3개 또는 더블침대 1개+싱글침대 1개 제공

③ 객실 서비스 수준에 따른 구분
- Standard(STD) : 호텔의 가장 기본적인 객실로 TV, 냉장고, 옷장, 선반, 테이블 등의 기본 가구와 욕실용품, 샤워시설 정도를 제공하고 있다.
- Moderate(MOD) : Standard보다는 조금 고급스럽다.
- Superior(SUP) : Standard나 Moderate와 룸 구성 내역은 큰 차이가 없으나 침구류나 그 밖의 구성품들이 다소 고급스러움을 갖추고 있다.

- Deluxe(DLX) : Superior보다 더 높은 수준을 의미한다. 내부 시설의 구성은 같으나 고급스럽고 룸 사이즈가 크다. Superior와 Deluxe를 바꿔 사용하기도 한다.
- Studio(STU) : Deluxe보다 고급스럽고 넓으며, 리빙룸 등의 룸과 구분된 별도의 휴식공간이 있다. Junior Suite(JRSTE)라고도 한다.
- Suite(STE) : 호텔의 최고급 객실을 뜻하는 룸으로서 거실과 룸을 별도로 둔다. 접객과 대화 공간을 위한 넓은 거실과 고급 뷰(view)를 제공하고 별도의 룸 Bar를 두기도 한다.
- Penthouse(PH) : 호텔의 최상층에 위치하며 3개 이상의 Room을 제공한다. 1동(棟)의 건물에 1~3개 정도로만 제공된다.

(2) 객실 면적

객실의 크기와 면적은 호텔의 성격에 따라 달라진다. 싱글 룸(Single Room)의 경우 비즈니스 호텔이 가장 작고 시티 호텔, 리조트 호텔 순으로 면적이 크다. 일반적으로 비즈니스 호텔은 Single Bed Room이 주체이고, 시티 호텔은 Twin Bed Room이 주체이다. 객실의 개략적 소요면적은 싱글 룸의 경우 10~20㎡(더 넓은 경우도 있다), 트윈 베드룸은 14~22㎡, 스위트 룸은 최소 50㎡ 이상의 면적을 기준하여 계획한다. 객실의 형상은 장방형의 직사각형이 바람직하며, 출입문을 기준으로 전면 폭을 싱글 베드룸은 2.4m 내외, 트윈 베드룸은 3.6m 내외를 기준하여 계획한다.

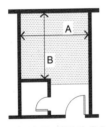

그림 13-7. 객실의 유효 폭 비율

호텔 연면적에 대한 숙박 부문의 면적이 가장 큰 것은 커머셜 호텔이며, 공용 부문의 면적비가 가장 큰 것은 아파트먼트 호텔이다. 객실의 출입구 전면과 깊이의 유효 폭 비율(B/A)은 0.8~1.6을 기준으로 계획한다.

(3) 객실의 구성

객실에는 일반적으로 침실, 거실, 화장실, 욕실 등을 갖추어야 하며 이러한 공간을 쾌적하고 효율적으로 배치하는 것이 계획의 주안점이다.

구분	가 구 (Furniture)	고정 비품 (Fixture)	용품 (Equipment)
침실	침대, Tea Table, 의자, Extra Bed, 화장대, 거울, 장식장, 책상	Night Table, 장식용 액자, 조명 기구, TV, 냉장고	베게 및 이불 침구류, 옷걸이, 커피 포트, 전화, 인터넷 포트
욕실	용품 선반, 샤워커튼	욕조, 세면대, 거울, 샤워부스, 샤워기, 변기, 휴지걸이	비데(Bidet), Hair dryer
출입구	붙박이장, 트렁크 선반	룸사인, 감시경	금고, 구두주걱

표 13-4. 객실의 소요 가구와 비품

객실에 준비되는 가구로는 침대, 침대 옆 탁자, 소파, 테이블, 화장대, 트렁크 테이블, 옷장 등이며 그 밖의 TV, 조명설비, 전화, 플로어 스탠드(Floor Lamps) 등이 있다. 최근 개인용 컴퓨터(Laptop)의 이용이 증가하는 경향이 있으므로 이를 고려한다.

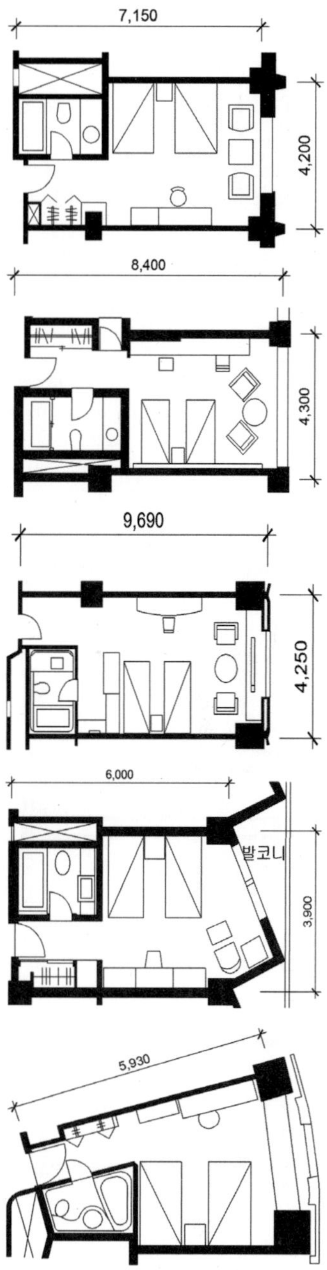

(4) 객실의 요구 성능

객실에서 요구되는 다양한 기능 중 가장 중요한 것은 편안한 휴식과 수면, 프라이버시의 확보이며 이를 위해 필요한 성능이 소음의 차단이다.

소음의 대상은 건물 외부, 인접해 있는 객실과 복도, 설비 시스템 등으로 구분하여 필요한 소음 방지 대책을 계획한다.

(5) 기준층계획

① 기준층계획 시 고려사항

기준층 평면계획의 유형은 편복도식, 중복도식, 병용복도식이 있다. 중복도식은 편복도식에 비하여 기준층의 유효율이 좋으며, 시티 호텔의 경우 주류를 이루고 있다. 유효율은 객실 부문의 수익에 있어서 대단히 중요하며 65~70%가 일반적이다. 기준층의 객실 수는 객실의 청소 및 운영의 경제성을 고려하여 규모에 따라 30~45실 정도가 일반적으로 계획된다. 객실의 크기와 수에 맞는 경제적인 스팬(span)을 산정하고 유효한 설비 샤프트의 크기와 위치 및 2방향의 피난을 고려한 계단의 위치 등을 계획한다. 호텔 기준층계획 시 고려사항을 정리하면 다음과 같다.

- 기준층의 객실 수는 기준층의 면적과 기둥 간격 등 구조적인 문제에 영향을 받는다.
- 기준층의 유효율을 고려하여 복도식을 계획한다. 중복도식이 편복도식보다 유효율이 좋으며, 시티 호텔에 많이 사용된다.
- 객실 부문의 객실과 공용 부분의 면적 비율은 6.5~7.0 : 3.5~3.0을 고려하여 계획한다.
- 객실의 Span은 2개의 객실을 배치할 수 있는 기둥 간격으로 계획한다.
  객실의 Span = [객실의 단위 폭(출입구 폭 + 욕실 폭 + 반침 폭)] × 2
- 기준층의 객실 수는 객실의 청소 및 운영의 경제성과 규모에 따라 30~45실 정도가 바람직하다.

그림 13-8. 트윈베드룸 계획

그림 13-9. 스위트룸 계획

- 리조트 호텔의 경우 고객의 만남의 장소나 잠시 쉴 수 있는 라운지(Lounge)를 엘리베이터 홀과 인접하여 배치하는 계획도 유효하다.
- 기준층의 유효율과 동선을 고려하여 엘리베이터 홀, 계단, 공용 화장실, 설비 샤프트 등은 기준층의 유효율과 동선을 고려하여 위치와 규모를 계획하고, 특히 피난을 고려한 계단의 위치와 동선에 주의하여 계획한다.

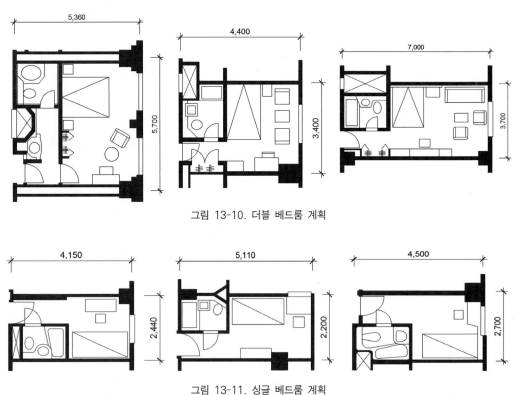

그림 13-10. 더블 베드룸 계획

그림 13-11. 싱글 베드룸 계획

② 기준층의 평면형
- 일자(一)형 : 가장 많이 사용되는 평면형이다. 편복도형, 중복도형, 복합형으로 나뉜다. 객실의 수를 늘리기 위해 평면의 깊이가 커진다.
- H자형 : 복도의 길이를 최소로 할 수 있으며 고층화가 가능하다.
- □자형 : 부지를 최대한 활용할 수 있으나 복도가 길어지고 안뜰이 어두워진다.

- T자, Y자, 십자형 : 고층 건축에는 적합하지 않으며, 객실의 동선은 바람직하나 면적의 효율적 활용이나 저층 계획에 불리하다.
- 삼각, 원형 : 형태의 제약 상 층당 객실 수에 한계가 있고, 증축에 어려움이 있다.

③ 기준층 서비스 코어
- 기준층의 서비스 코어는 보이실(boy room), 린넨실(linen room), 트렁크실(trunk room), 배선실, 종업원 화장실, 화물용 엘리베이터, 리프트시설, 종업원용 계단 등으로 구성한다.

5.4 연회 부문 계획

호텔의 연회장은 각종 피로연, 상품 전시회, 각종 발표회, 국제 회의 등 다양한 목적과 용도로 사용되어지며 동시에 많은 고객 이 사용하고 필요 시 식음(食飮) 서비스와 연계된다는 특징을 가 지고 있다. 연회장은 연회 시 필요한 대도구의 반입, 대량의 음식 나르기, 각종 연출용 설비, 일시에 발생하는 퇴장객 및 차량 처리 등의 계획을 고려하여야 한다. 연회 부문의 계획 시 고려 사항을 정리하면 다음과 같다.

그림 13-12. 기준층 서비스 코어 계획 예

그림 13-13. 호텔의 연회장

- 동적인 연회 부문과 정적인 숙박 부문은 명확히 구분하여 계획한다.
- 동시 사용 인원이 많음으로 고객의 동선과 종업원의 동선 및 서비스 동선을 분리한다.
- 서비스 동선의 분리가 어려운 소규모 연회장은 고객과 서비스 동선이 교차해도 불편함이 없도록 통로의 넓이를 충분히 확보한다.
- 조리실 및 팬트리 등과의 동선계획을 짧게 하고 음식 운반용 왜건(wagon)의 사용을 고려하여 통로의 너비를 계획한다.
- 연회장은 사용 목적과 수용 인원에 따라 공간의 변경이 용이하도록 차음 성능이 충분한 이동식 칸막이로 계획하는 것이 바람직하다.
- 연회장의 칸막이, 객석의 레이아웃이 등이 짧은 시간에 빈번이 변경되는 점을 고려하여 연회장과 가깝고 편리한 위치에 수납공간과 가구 창고를 설치할 필요가 있다.
- 연회장만을 이용하는 고객이 쉽게 접근할 수 있도록 현관 홀, 프론트 로비로부터 알기 쉽게 동선 을 계획하고, 숙박객의 접근성도 편리하도록 계획한다.
- 대연회장의 경우 각종 조명설비와 음향설비 등을 콘트롤할 수 있는 콘트롤 룸을 연회장을 내려 다볼 수 있는 위치에 계획한다.
- 자동차 전시회 등 대규모 하물의 반입 방법을 충분히 검토해야 한다.
- 수용 인원과 가구 배치의 가변성을 고려하고, 테이블의 크기는 원형의 경우 6~10인용, 장방형의 경우 4인용 사용을 고려한다.

- 1인당 공간 규모는 대연회장 1.3~1.5㎡/인, 중소연회장 1.5~2.5㎡/인, 회의장 1.8㎡/인 정도로 계획한다.
- 연회장은 동시에 많은 사람이 이용하는 공간으로서 재난 시 피난 계획은 매우 중한 계획 요소이다. 연회장의 문의 개수, 위치, 크기 등과 더불어 복도, 홀, 계단 등이 적절한 넓이를 가지고 원활한 피난 동선이 되도록 배치를 계획한다.

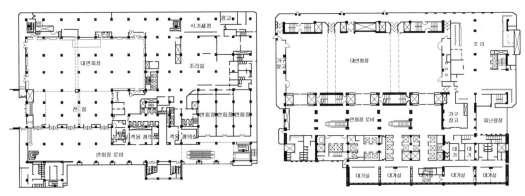

그림 13-14. 연회 부문 공간계획 예

5.5 프런트 오피스(Front Office) 계획

프런트 오피스는 호텔에 있어서 고객을 직접 응대하고 서비스를 제공하는 첫 번째 부분이면서 호텔운영의 중심이라고 할 수 있다.

그림 13-15. 호텔 프런트

- 프런트 데스크(Front Desk)는 메인 로비(Main Lobby)와 인접하고, 현관에서 엘리베이터 홀로 이어지는 동선상에 배치하여 고객이 프런트를 쉽게 찾을 수 있도록 계획한다.
- 프런트는 메인로비와 엘리베이터 홀을 관찰할 수 있는 곳에 배치하여 이용객에게 보호되고 있다는 안정감 주는 동시에 과도한 감시를 받고 있다는 인상을 피하도록 계획하는 것이 바람직하다.
- 프런트 오피스는 현관 입구에서 고객이 알기 쉬운 위치에 배치하고, 프런트에 인접하여 경리, 회계, 서무, 구매, 보안 등의 관리부를 집중 배치하여 접객과 운영관리의 효율성을 고려할 필요가 있다.

■ 프런트의 업무 내용
- 객실업무 ; 접수, 룸의 지정, 열쇠의 보관 등
- 예약업무 : 객실 및 연회장 등
- 안내업무 : 관광, 교통, 호텔 안내 등
- 회계업무 : 계산서, 현금출납, 각종 전표정리 등

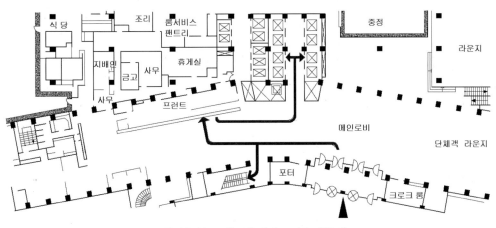

그림 13-16. 프런트와 메인 로비의 계획 예

5.6 지원시설(BoH, Back of House)계획

지원시설의 계획에 있어서 중요한 원칙은 공간의 크기와 양보다는 위치, 동선 및 독립성을 중요시하여 계획하고, 창고 공간에 대한 배려도 필요하다.

① 식당
- 숙박객과 외래객의 접근성이 좋을 것
- 식당의 규모 결정 요소로는 호텔의 종류, 이용자 계층, 외래객의 이용률 등
- 식당의 규모로는 시티 호텔의 경우 $0.8m^2$/수용 인원, 리조트 호텔의 경우 $1.0m^2$/수용 인원 정도를 기준하여 계획한다.
- 식당은 투숙객(1실 2인 기준)이 3회전(정원의 1/3)하여 수용할 수 있도록 계획한다.
- 식당과 주방의 면적은 70 : 30의 비율을 고려하여 계획한다.

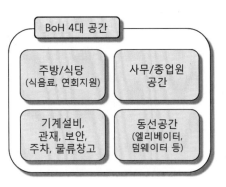

그림 13-17. BoH 4대 공간

② 주방

■ NH Vienna Airport Hotel
그림 13-18. 호텔 식당

- 능률성, 위생 등을 고려하며, 식품 창고, 팬트리 등과 연계하여 집중 배치한다.
- 환기 계획에 주의하며, 바닥에 단을 두지 않는다.
- 준비, 조리, 배선 체계를 동선계획과 일치시킨다.
- 고객이 지정한 장소에 요리와 음료, 테이블, 식기 및 린넨류 들을 운반하여 연회를 지원할 수 있는 캐이터링(Catering)을 고려하여 계획한다.
- 식당 면적의 30% 정도로 계획한다.

5.7 종업원 시설

① 종업원 수 : 객실 수의 2.5배 정도의 인원이 필요하다.
② 종업원의 숙박시설 : 종업원 수의 30~35%가 이용 가능한 규모가 적정하다.
③ 보이실(boy room)
- 린넨(linen)류, 침구 서비스, 청소 등을 수행하는 보이가 상주하는 실이다.
- 객실이 각 층의 코어 부분에 인접하여 배치한다.
- 휴식, 숙직용 침대를 둔다.
- 화물 및 손님의 트렁크 운반을 위하여 별도의 엘리베이터와 트렁크실을 둔다.
- 객실을 관찰할 수 있는 위치에 둔다.
- 객실 150베드(bed)당 리프트 1개를 설치하며, 25~30실당 1대씩 추가한다.

5.8 기타 계획

① 현관, 홀(Vestibule hall)
고객과 호텔이 첫 만남이 이루어지는 공간으로서 프런트 데스크로의 접근이 원활하며, 메인 로비(main lobby)와 인접 배치하고 현관에서 프런트 데스크를 거쳐 엘리베이터 홀로 이어지도록 동선을 계획한다.
② 로비(Lobby)
- 현관에 접하여 있는 넓은 홀(hall)로서 공용 부분(public space)의 중심이 된다.
- 복도와 겸한 경우 대기 공간, 휴게 공간으로서 담화, 독서 등 다목적 공간으로 사용된다.
③ 라운지(Lounge)
- 편안한 의자를 갖추고 고객이 휴식하거나 대화를 할 수 있는 개방된 공간 또는 방(room)으로서

커피, 칵테일 등을 서비스하기도 한다. 칵테일 라운지, 스카이 라운지 등

- 로비에 마련되어 커피, 차, 간단한 주류, 스낵 등을 제공하는 로비 라운지(로비+라운지)는 로비에 위치하게 되는 특성상 다른 영업장에 비해 방문객 및 외부고객에게 오픈되어 있는 공개적인 특성을 지닌다.

④ 클로크 룸(Cloak Room)

- 연회객 및 외래객 등이 행사장 입구에서 위치하며, 고객의 모자, 코트(coat)류, 간단한 휴대품 등을 보관하는 곳
- 주택에서는 현관 홀 한쪽 구석에 우산, 슬리퍼, 모자, 코트 등을 놓아두거나 침실에 부속된 의복을 넣어두는 공간 또는 방을 지칭하기도 한다.

⑤ 트렁크 룸(Trunk Room)

- 장기 체류 고객의 큰 가방이나 짐을 넣어 두는 방
- 화물용 엘리베이터와 인접시킨다.

⑥ 린넨실(Linen room)

- 호텔에서 사용하는 이불, 담요, 베게, 침대 시트, 가운, 타월, 종업원 유니폼 등 직물류의 재고 확인, 보관, 수선 등을 처리하는 실
- 일반적으로 객실 12실당 1인의 종업원이 소요된다.

⑦ 라운드리(Laundry, 세탁실)

객실부의 일부로서 호텔의 모든 세탁물을 담당한다.

- 고객의 세탁물, 종업원 유니폼, 객실 및 레스토랑의 각종 린넨류(침대 시트, 타월, 테이블 시트) 등의 세탁을 담당하는 실
- 물세탁, 드라이 클리닝(Dry Cleaning)

⑧ 화장실

- 공동용 화장실은 남녀를 구분하고 전실을 둔다.
- 공용 부분(public space) 층에는 60m 이내마다 공동용 화장실을 둔다.
- 객실층에는 공동용 화장실을 두지 않으며 기준층 서비스 코어에 전용 화장실을 둔다.
- 공동용 변기 수는 25명당 1개의 비율로 설치하며, 대:소:여의 비는 1:1:2 이상으로 계획한다.

■ Grand Tiara Hotel

■ Swiss Grand Hotel
그림 13-19. 현관과 로비

■ 현관 로비

■ 복도 로비
그림 13-20. 호텔 로비

6 구조계획

호텔 건축의 단면 구조의 계획적 측면에서 객실의 형태 및 배치 유형, 건물 저층부에 대공간의 배치 형태는 호텔 단면 구조에 중요한 영향을 미친다.

6.1 객실동의 구조

표준 객실 타입(폭과 깊이)을 기본으로 기둥 스팬을 계획한다. 스팬 결정 시 표준 객실 타입과 기준층의 복도 타입(편복도, 중복도, 복합형식), 객실의 배열 방식 등을 종합하여 구조계획을 결정한다.

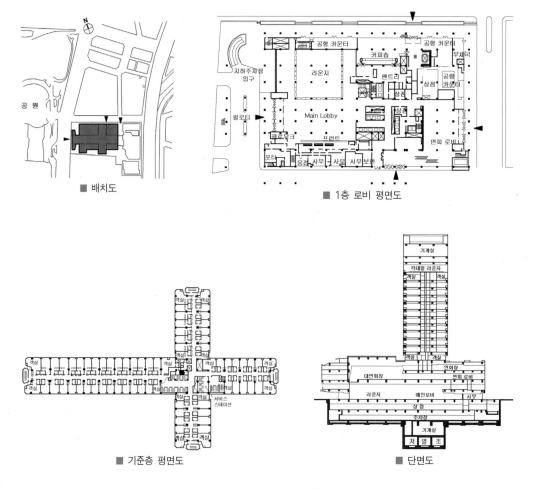

■ 배치도

■ 1층 로비 평면도

■ 기준층 평면도

■ 단면도

그림 13-21. 호텔계획 예 국제호텔 동경 일본

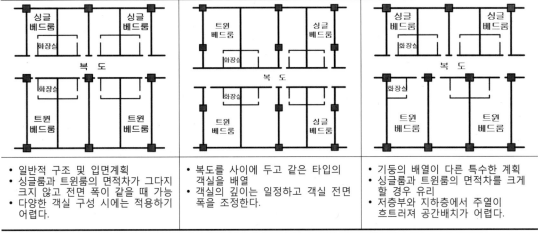

• 일반적 구조 및 입면계획 • 싱글룸과 트윈룸의 면적차가 그다지 크지 않고 전면 폭이 같을 때 가능 • 다양한 객실 구성 시에는 적용하기 어렵다.	• 복도를 사이에 두고 같은 타입의 객실을 배열 • 객실의 깊이는 일정하고 객실 전면 폭을 조정한다.	• 기둥의 배열이 다른 특수한 계획 • 싱글룸과 트윈룸의 면적차를 크게 할 경우 유리 • 저층부와 지하층에서 주열이 흐트러져 공간배치가 어렵다.

그림 13-22. 객실 기둥 배치 예(중복도식)

• 복도의 천정고는 제연설비덕트, 배관 등을 감안하여 최소 2.3m 이상 확보토록 계획한다.
• 설비의 관통, 내벽 구성의 용이성 등을 고려하여 구조시스템을 고려한다. (철골조가 유리)

6.2 대공간의 배치

호텔 건축에서 아트룸 로비, 대연회장, 다목적 홀, 실내풀장, 각종 스포츠 시설 등 대공간의 계획을 고려하는 경우가 발생한다. 객실 부분의 다중 스팬에 비해 대공간은 기둥 수를 줄이고 기둥의 간격을 넓게 하는 장스팬의 구조가 요구된다. 기본계획의 초기 단계에서 상층부의 건물 형상 및 주열(柱列)과 저층부의 대공간의 장스팬 공간이 평면적으로 오버랩(overlap)되지 않도록 블록플랜을 조립하는 일이 중요하다. 오버랩이 불가피한 경우 상층부를 지지하는 기둥의 집약화난 연직하중을 경감하는 구조 시스템의 가능성을 검토한 후 계획을 진행하여야 한다.

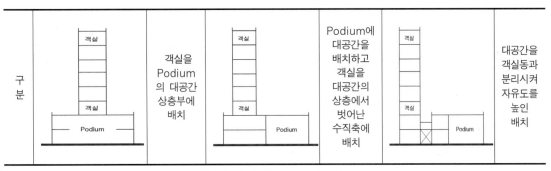

그림 13-23. 호텔 대공간의 배치 유형

7 ┃ 설비공간의 조닝계획

7.1 호텔 설비의 특징

호텔에는 쇼핑, 회의실, 연회장 등 숙박 이외의 각종 기능이 추가되기 때문에 전력부하 공조부하의 변동 폭이 시간적, 계절적으로 크기 때문에 그 변동에 대처할 수 있는 경제적 설계가 필요하다.

리조트 호텔의 경우 이용객 수가 계절에 따라 변화하는 것도 충분히 고려하여 계획할 필요가 있고, 호텔은 연중무휴이며 24시간 운영하기 때문에 열원 및 기기의 신뢰성과 충분한 보수가 요구된다.

7.2 설비공간 조닝의 검토

호텔은 복합화 시설이라고 할 수 있다. 따라서 설비 계통 조닝의 다각적인 검토가 필요하다.

① 운영적인 측면 검토
- 각 부분의 영업 및 운영시간
- 운영 주체
- 사용 에너지 또는 특별한 냄새

② 설비 계통 상호 간 위치관계 검토
- 층별 동일 위치의 연속성
- 형태의 변경, 개조 등의 가능성

③ 설비 계통 부하의 크기 검토
- 각 계통의 담당 구역의 범위(넓이)
- 설비 용량의 최대 범위

7.3 설비 공간의 분산 배치

일반적으로 전기실, 열원기계실 등은 지하에 계획하고 각 거실을 위한 공조기계실도 지하로 집중 배치되는 경우가 많지만, 호텔의 경우 복합화 시설이면서 설비의 운영상 시간이 다르다는 점에서 분산 배치가 효율성이 높다고 할 수 있다. 설비 공간의 효율성을 고려한 분산 배치 가능성을 정리하면 다음과 같다.

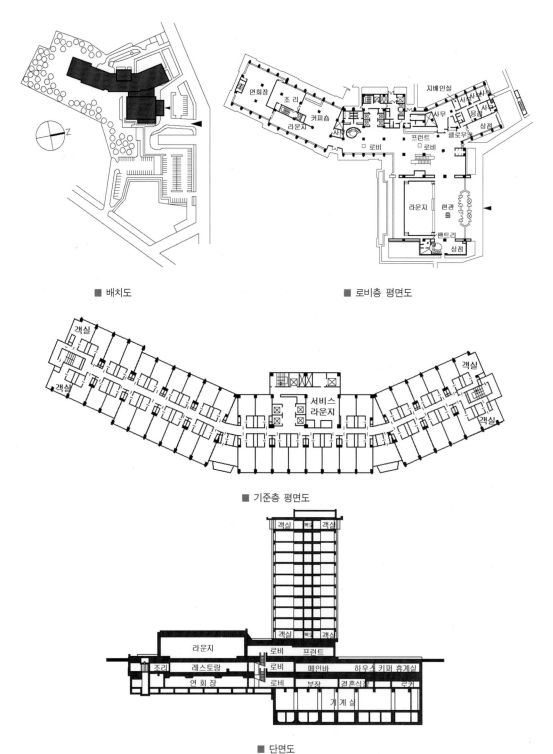

■ 배치도　　　　　　　　　　■ 로비층 평면도

■ 기준층 평면도

■ 단면도

그림 13-24. 호텔계획 예 도(都)호텔 일본

- 호텔의 공용 스페이스는 사용 시간대나 인원 등이 제각기이므로 계통을 상세하게 나눠 개별적인 공조가 필요하다.
- 호텔의 지하층은 다양한 수익 공간을 활용할 수 있으므로 기계실의 집중 배치는 하지 않는 게 좋다.
- 지상 저층의 평면계획에서 무창(無窓) 공간이 많으므로 그 속에 공조기계실의 배치가 가능하다.
- 분산 배치를 통하여 덕트의 바닥 관통을 줄일 수 있고 방재상으로도 유리하다.
- 방음방진 기술의 발달로 기계실이 거실과 인접되어도 무방하다.
- 기술의 발달에 힘입어 중앙 콘트롤 방식으로 고성능화되고 있으므로 분산 배치로 인한 일손의 증가를 우려할 필요는 없다.
- 외기를 유입하기가 쉽다.
- 분산 배치 시 반송능력(conveyance energy)이 적어도 된다.

7.4 냉난방 시스템의 선정

호텔 객실의 환경은 실내의 습도 유지, 청정 공기의 유입, 냄새 및 소음 제거 등이 중요하다.

- 냉난방 시스템
  - 전기형 냉온풍기 : $20{\sim}23\text{m}^2(6{\sim}7\text{py})$
  - Fan coil Unit : $20{\sim}23\text{m}^2(6{\sim}7\text{py})$ 이상
  - AHU(Air Handling Unit) : 특급 객실
- 전기설비로 인한 소음이 발생하지 않도록 계획한다.

제 VII 편 숙박시설

제14장 유스호스텔(Youth Hostel)

1 │ 유스호스텔의 개요

1.1 일반적 개요

1909년 독일의 초등학교 교사 리하르트 쉬르만(Richard Schirrmann, 1874~1961)이 적극적으로 자연과 사귐을 촉진하는 운동의 일환으로써 여행하는 청소년들에게 저렴한 비용의 잠자리를 제공하기 위한 숙박시설을 1912년 독일 아르테나성(城, Altena Burg)에 최초로 만들면서 시작되었다.

유스호스텔은 여행자들에게 매우 저렴한 가격으로 안전하고 편안하게 머물 수 있는 '젊음의 숙소'라고 할 수 있다. 국적이나 환경이 다른 여행자가 공동 침실, 주방시설, 화장실, 샤워장, 체육시설, 야외활동시설, 강당 및 세미나실 등 각종 편의시설과 우호(友好)적인 분위기 속에서 화합할 수 있는 장소라는 시설적 의미를 가지고 있다.

1.2 건축적 개요

유스호스텔은 '건축법 시행령'의 용도별 건축물 중 수련시설에 속한다. 다양한 청소년활동을 적극적으로 진흥하기 위하여 필요한 사항을 정한 '청소년활동 진흥법'에서는 "청소년의 숙박 및 체재에 적합한 시설·설비와 부대·편익시설을 갖추고 숙식 편의 제공, 여행 청소년의 활동지원 등을 주된 기능으로 하는 시설"이라고 정의하고 있다.

시설적 특징으로는 일반적으로 남녀가 구분된 도미토리(dormitory)식 객실과 화장실, 샤워장, 세면장을 공동으로 갖추고 있으며, 일부는 화장실이 포함된 가족실, 1인 또는 2인실을 제공하기도 한다.

유스호스텔 내에는 체육시설, 야외활동시설, 강당, 세미나실, 식당, 자가 취사장 등의 편의시설과 휴식 공간을 두고, 전용시설로서만 가능하며 다른 용도와 복합시설로 설치할 수 없다.

2 │ 유스호스텔의 분류

유스호스텔은 여행자를 위한 여행 호스텔과 레저, 여가 선용(善用)자를 위한 휴가 호스텔로 나눌 수 있다.

① 여행 유스호스텔
- 여행자가 여행활동 중 숙박을 제공받을 수 있는 시설로서 일반적으로 소규모이며 50명 내외를 수용할 수 있다.

② 휴가 유스호스텔
- 여름과 겨울의 해수욕, 하이킹, 스케이트, 스키 등 스포츠 레저 활동을 위한 유스호스텔

③ 주말 유스호스텔
- 개인, 학생들이 주말에 야외활동, 레크레이션, 강습회 등의 활동을 통행 심신을 단련하는 유스 호스텔

④ 도시 유스호스텔
- 대도시, 교통의 중심지 등에 체류하거나 통과하는 여행자를 위한 유스호스텔이다.
- 일반적으로 규모가 크다.

3 입지 및 배치계획

3.1 입지 조건

청소년의 건전한 정서 함양에 적합한 장소로서의 유스호스텔은 다음의 입지 조건을 고려한다.
① 일상생활권, 도심지 근교 및 그 밖의 지역 중 수련활동 실시에 적합한 곳으로서 청소년 및 여행객이 이용하기에 편리한 곳
② 자연경관이 수려한 지역, 국립·도립·군립공원, 그 밖의 지역 중 자연과 더불어 행하는 수련활동 실시에 적합한 곳으로서 청소년 및 여행객이 이용하기에 편리한 곳
③ 명승고적지, 역사 유적지 부근 및 그 밖의 지역 중 청소년 및 여행객이 이용하기에 편리한 곳
④ 건축 예정 대지로부터 반경 50m 이내에 청소년 유해업소가 없는 곳

3.2 배치계획

유스호스텔에 있어서 옥외 공간은 매우 중요하다. 옥외 공간은 야외행사, 레크레이션, 휴식 등 다양한 용도로 사용될 뿐만 아니라 유스호스텔의 이미지를 결정하는 데 중요한 역할을 한다. 배치계획 시 고려할 사항을 정리하면 다음과 같다.

① 동선계획
- 차로와 보행자의 동선을 분리하고, 이용 동선을 최단으로 계획한다.

② 공간 배치
- 옥외 공간으로서 마당, 녹지 공간 등을 두고 주변 경관과 연계되도록 계획한다.
- 산책로와 휴게 지역은 이용자가 걷고 머물며 쉬면서 주변의 경관을 감상할 수 있도록 계획한다.
- 체육시설을 갖춘 체육 활동장을 계획한다.
  - 연면적 1,000㎡ 이상의 실외 체육시설을 고려한다.
- 체육활동장의 일부 또는 별도의 무대, 확성 설비 등을 갖춘 야외 집회장을 계획한다.
  - 숙박 정원의 60%를 수용할 수 있는 규모로 계획한다.
  - 수용 인원 150명 이하 : 200㎡
  - 수용 인원 150명 초과 : 초과하는 1명당 0.7㎡를 더한 면적으로 하되 최대 1,500~2,000㎡ 정도
    가 적당하다.
- 자가 취사장, 화장실, 세면장을 갖춘 야영지를 계획한다.
  - 규모는 야영 정원 1인당 20㎡ 이상이 바람직하다.
  - 홍수의 범람, 해일 등에 안전하고 배수가 잘되는 평지 또는 완경사지를 계획한다.
- 옥외에 비바람을 막을 수 있는 구조의 자가 취사장을 설치하고, 이용에 불편이 없도록 유스호스
  텔과 가까운 장소에 설치한다.

③ 경관계획
- 주변 자연환경과 조화되며 사계절 변화를 감상할 수 있도록 계획한다.
- 야외 탁자, 의자, 그늘집, 조형물, 휴게소 등이 설치된 자연림 또는 인공 조성림을 계획하여 휴식
  및 명상의 공간을 계획한다.

4 소요실 및 계획 기준

① 숙박실
- 숙박실은 정원 1인당 2.4㎡ 이상으로 계획한다.
- 각각의 숙박실은 10명 이하의 규모로 계획한다.
- 채광, 통풍 등이 양호하게 계획하며, 지하실의 설치는 바람직하지 않다.
- 가족실을 계획할 경우에는 2개 이상으로 구획된 침실과 거실, 주방 등을 갖춘 형식으로 계획한다.
- 수용 정원의 10~20% 정도의 숙박실은 침대식으로 계획하는 것도 유효하다.
- 숙박실을 소규모로 분산 배치하는 경우에는 청소년 지도자용 숙박실을 청소년 숙박실 근처에 배
  치하여 관리와 감독이 용이하도록 계획한다.
- 숙박실 내에 화장실을 설치하지 않는 경우 숙박실이 있는 층마다 공동으로 이용할 수 있는 화장

실, 샤워장, 세면장을 설치한다.
- 세탁실을 샤워장, 세면장에 갖추거나 공동 세탁실을 계획한다.
- 난방설비를 갖추도록 하고 냉방설비의 설치를 고려한다.

② 실내 집회장
- 집회장의 수용 인원이 150명 이하인 경우에는 150㎡, 150명을 초과하는 경우에는 초과하는 1명마다 0.8㎡를 더한 면적 이상으로 하고, 800㎡를 초과하는 경우에는 800㎡로 할 수 있다.
- 2개 이상의 강의실 사이의 칸막이를 이동식 구조로 하여 실내 집회장으로 활용할 수 있도록 계획한다.
- 숙박 정원의 50% 이상을 수용할 수 있도록 계획한다.

③ 강의실
- 칠판, 교탁, 책상, 걸상 등과 그 밖에 필요한 기구·설비를 갖춘 강의실을 계획한다.
- 강의실 1실당 면적은 50㎡ 이상으로 계획한다.
- 책상면과 흑판면의 조도가 150lx 이상이 되도록 계획한다.

④ 식당
- 급식 인원에 알맞은 조리기구, 배식설비, 식탁, 의자 등의 기구와 설비를 갖춘 식당을 계획한다.
- 급식 인원 1인당 1.0㎡ 이상의 면적으로 계획한다.

⑤ 자가 취사장
- 취사설비와 식탁, 의자를 갖추고, 개별 취사 용구, 부식 등을 보관할 수 있는 보관대를 계획한다.
- 급수·배수설비, 개수설비, 오물처리설비 등을 갖추고, 배기가 잘 되는 구조로 하여야 하며, 화재 등을 예방할 수 있도록 소화시설을 계획한다.
- 숙박 정원 50인당 1조 이상 최대 5조 이상의 취사설비를 갖추는 것이 바람직하다.

⑥ 지도자실
- 청소년 지도자들이 청소년 수련활동 지도 등을 위한 준비실로 사용하는 실내 공간으로 의자·탁자 등 필요한 기구·설비를 갖추도록 한다.
- 소규모인 경우 상담실과 겸용하여 사용할 수 있도록 응접세트 등을 갖추도록 한다.

⑦ 양호실
- 소규모인 경우 관리실·사무실 등에 병설하여 설치할 수 있다.

- 간단한 구급약품의 비치나 상병자에 대한 응급처치 등을 할 수 있도록 약품보관함·침대·침구 등을 갖추어야 한다.

⑧ 물품 보관실
- 물품 보관함이 비치된 물품 보관실을 계획한다.

⑨ 방송실, 휴게실

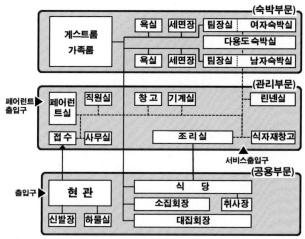

그림 14-1. 유스호스텔 기능 구성도

제 VIII 편 문화 및 집회시설

제15장 박물관(博物館, Museum)

1 박물관 개요

1.1 박물관의 정의

박물관(博物館)은 설립 주체, 수집 및 전시 유물의 분야와 다양성, 사회적 기능 등 그 특성을 고려하면 정의를 내리기가 쉽지 않다. 전시(展示)를 목적으로 하는 전시시설은 박물관(종합, 인문 분야, 자연 분야 등), 미술관, 자료관, 전시관(문화, 산업, 동식물, 박람회 등) 등이 있다.

이들은 일반적으로 독립적 형태로 건축되지만 복합 용도 건축의 일부로서 병설(並設)되어 비독립적 형태로 건축되는 경우도 있고, 실내가 아닌 야외(野外)에서 전시를 하는 경우도 있다.

박물관의 기능과 목적, 수행 역할 등의 측면에서 본다면 박물관이란 역사, 예술, 민속, 산업, 자연과학, 고고학 및 그 밖의 다양한 분야의 자료를 상시적으로 수집, 정리, 보존, 진열하고 대중(大衆)에 전시하며, 이와 관련하여 조사, 연구 및 교육활동 등의 수행을 통해 사회와 문화의 발전에 기여하기 위해 만들어진 시설이라고 할 수 있다.

구 분		정 의
국제박물관회의(ICOM, International Council of Museums) 헌장 제3조 (덴마크 코펜하겐, 1974년)		박물관은 인류와 그 환경에 관한 물적 증거를 학습, 교육 및 오락을 목적으로 수집, 보존, 연구, 의사전달하여 사회와 그 발전을 위해 봉사하고 일반 대중에게 공개하는 학구적인 비영리 기관
박물관 및 미술관 진흥법 제2조(정의)	박물관	문화·예술·학문의 발전과 일반 공중의 문화향유 증진에 이바지하기 위하여 역사·고고(考古)·인류·민속·예술·동물·식물·광물·과학·기술·산업 등에 관한 자료를 수집·관리·보존·조사·연구·전시·교육하는 시설
	미술관	문화·예술의 발전과 일반 공중의 문화향유 증진에 이바지하기 위하여 박물관 중에서 특히 서화·조각·공예·건축·사진 등 미술에 관한 자료를 수집·관리·보존·조사·연구·전시·교육하는 시설

표 15-1. 박물관과 관련된 정의

① 국제박물관회의 헌장(ICOM, International Council of Museums, 코펜하겐, 1974)

박물관은 인류와 그 환경에 관한 물적 증거를 학습, 교육 및 오락을 목적으로 수집, 보존, 연구, 의사(意思) 전달하여 사회와 그 발전을 위해 봉사하고 일반 대중에게 공개하는 학구적인 비영리 기관이다.

■ 국립 경주박물관 신라역사관
그림 15-1. 박물관의 전시

② 박물관 및 미술관 진흥법(제2조 정의)

문화·예술·학문의 발전과 일반 공중의 문화 향유 증진에 이바지하기 위하여 역사·고고(考古)·인류·민속·예술·동물·식물·광물·과학·기술·산업 등에 관한 자료를 수집·관리·보존·조사·연구·전시·교육하는 시설이다.

③ 미술관(美術館)

미술관은 미술박물관의 약칭으로서 주로 미술품만을 주체(主體)로 박물관의 기능을 갖춘 건축물이라고 할 수 있다.

미술이 포함하는 분야는 회화, 조각, 조형, 판화, 사진, 도자기, 디자인, 미디어, 영상 등 그 범위가 넓으며, 건축도 미술의 한 분야로 포함되기도 하는 등 미술관의 전시는 그 내용, 형식, 규모 등이 다양하다.

Museum이란 어원은 그리스 신화의 시, 노래, 음악 등 예술 분야를 관장하는 아홉 여신들을 뮤즈(muse) 또는 무사이(mousai)라 하였고, 그 신전을 뮤세이온(museion)이라 불렀던 것에서 유래하고 있다.

1.2 박물관의 구분

박물관의 유형은 목적, 설립 주체. 소장품의 유형, 기능 등 다양하고 복잡하다. 박물관을 크게 그 설립·운영 주체와 소장·전시품의 분야에 따라 구분하면 다음과 같이 분류할 수 있다.

분 류			특 징	비 고
박물관	종 합		인문, 자연계를 종합하거나 복수(複數)분야에 걸친 자료전시	- 소장 자료의 상설전시를 위주로 하고, 특별기획전 등을 하기도 한다. - 전시를 계통적으로 배열하고 시청각 장치를 활용한다. - 실물, 표본, 모형, 문헌, 도면, 사진, 영상 등
	인문계	역사, 향토, 미술	고고, 역사, 미술 등 인간의 생활과 문화에 관한 자료	
	자연계	자연사, 이공학계, 동물, 식물, 해(수)양	자연계, 이공학계를 구성하는 사물 및 과학기술 전시	
미술관	순수미술		회화, 조형, 조각	- 미술이 포함하는 분야가 넓으며, 개인 소장품의 경우도 많다. - 내용, 형식, 규모가 다양하다.
	응용미술		공예, 장식, 사진, 디자인(산업, 실내, 시각, 미디어, 영상, 건축 등)	
자료관	인문계		역사 및 고고자료, 미술공예자료, 저서 생활유품, 자연과학자료, 산업자료, 향토의 문화재나 역사자료 등의 보존이 목적	- 자료의 보존을 중요시한다. - 학예사를 두지 않는 경우가 많다.
	자연계			
전시관	산업문화	산업, 기업	화랑, 빌딩 내 쇼룸 및 전시관, 기획전시 등	- 상설전시, 기획전시, 순회전시
	박람회	분야별, 종합	해양박람회, 항공우주박람회, 만국박람회, 전자박람회 등	

표 15-2. 전시시설의 분류

(1) 설립·운영 주체별 분류

① 국립박물관 : 국가가 설립·운영하는 박물관
② 공립박물관 : 지방자치단체가 설립·운영하는 박물관
③ 사립박물관 : 법인, 단체 또는 개인이 설립·운영하는 박물관
④ 대학박물관 : 대학 교육과정의 교육기관이 설립·운영하는 박물관

(2) 소장·전시 분야별 분류

가) 종합박물관

인문과학계 및 자연과학계의 다양한 분야의 광범위한 자료와 소장품을 종합적으로 수집, 관리, 보존, 전시하는 박물관으로 대규모인 경우가 많다.

나) 전문박물관

전문 또는 특정 분야의 자료와 소장품을 수립, 관리, 보존, 전시하는 박물관
① 미술(박물)관 : 순수, 현대, 응용 및 특수 미술과 관련된 박물관
② 고고학, 인류학, 민족학, 민속학박물관
③ 역사박물관 : 역사적 사건 및 기념물, 유적
④ 과학박물관 : 과학, 천문
⑤ 수송박물관 : 도로, 철도, 차량, 항공기, 선박 등
⑥ 자연사박물관 : 동·식물학, 천체, 해양 생물, 지질 등

다) 전시관

주로 불특정 분야의 상품(산업 제품)을 전시하는 것으로 목적으로 설립된 시설을 말한다.

(3) 기타

① 자료관 : 농어촌 읍(邑), 면(面)이나 동(洞)에 있어서 지역의 특색을 나타내는 역사 자료, 문화재의 보존을 목적으로 설립된 시설을 말한다.
② 기념관 : 역사적 인물, 사건 등을 기념하기 위하여 그 자료를 보존, 전시하는 시설을 말한다.
③ 야외박물관 : 주로 유구(遺構), 유적(遺跡), 민가(民家) 등의 건조물(建造物) 또는 생활도구, 조각(彫刻), 조형물(造形物) 및 자연사(自然史) 등을 야외(野外)에 전시해 놓은 박물관을 말한다.

1.3 건축물로서의 박물관 의미

박물관은 도시, 장소에서 상징성, 건축물이 갖는 사회적 기억의 역사성, 누구에게나 열려 있는 개방성, 주변 문화시설과의 연계 및 맥락(脈絡)을 통한 도심 문화허브(hub)공간으로서의 중심성이라는 의미를 가진다.

2 입지 유형과 배치계획

2.1 입지 조건과 유형

(1) 입지 조건

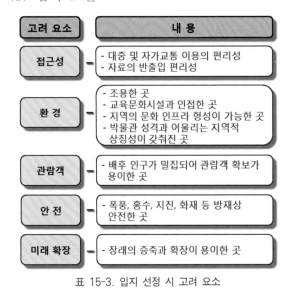

고려 요소	내 용
접근성	- 대중 및 자가교통 이용의 편리성 - 자료의 반출입 편리성
환 경	- 조용한 곳 - 교육문화시설과 인접한 곳 - 지역의 문화 인프라 형성이 가능한 곳 - 박물관 성격과 어울리는 지역적 상징성이 갖춰진 곳
관람객	- 배후 인구가 밀집되어 관람객 확보가 용이한 곳
안 전	- 폭풍, 홍수, 지진, 화재 등 방재상 안전한 곳
미래 확장	- 장래의 증축과 확장이 용이한 곳

표 15-3. 입지 선정 시 고려 요소

박물관 건축의 입지는 접근성 측면에서 대중 및 자가 교통 등 다양한 교통수단의 이용이 편리하고, 자료의 반출입이 용이하며, 방재(防災)상 안전한 곳을 우선하여 조용하며, 교육·문화시설과 인접하여 지역의 문화 인프라 형성이 가능하고, 배후 인구가 밀집되어 관람객 확보가 용이하며, 폭풍, 홍수, 지진, 화재 등 방재(防災)상 안전하고, 박물관의 성격과 어울리는 문화적 잠재력이 우수한 주위 환경과 지역적 상징성이 갖춰진 곳이 좋다. 그 외에도 장래의 증축이 용이한 장소가 좋다.

- 대중 및 자가 교통 등 다양한 교통수단의 이용이 편리한 곳
- 조용한 곳
- 다른 교육·문화시설과 인접되어 상호 연계를 통한 지역의 문화 인프라 형성이 가능한 곳
- 배후 인구가 밀집되어 관람객 확보가 용이한 곳
- 폭풍, 홍수, 지진, 화재 등의 방재상 안전한 곳
- 박물관의 성격과 어울리는 문화적 잠재력이 우수한 주위 환경과 지역적 상징성이 갖춰진 곳

(2) 입지 유형

박물관·미술관의 지리적 입지 유형은 도심(都心)에 위치한 도심형과 교외(郊外) 지역에 위치한 교외형으로 구분할 수 있다.

① 도심형(City areas Type)

도시의 중심부에 위치하는 유형으로 도시의 문화 기능을 높이고 관람객의 접근 편리성이 좋다. 박물관·미술관의 순수 기능과 더불어 도시의 문화공간 기능으로서 전시 공간 외에 도서관, 공연장 등 다양한 기능의 복합 문화 공간으로 구성되기도 한다.

도시에 위치하는 관계로 땅값이 비싸고, 빌딩이 밀집되어 있는 등 적정 규모의 대지 확보에 어려움이 있다. 대지의 협소(狹小)함에 따른 Open space, Service space 등의 확보를 위해 중정(中庭, Courtyard), Roof Terrace, Sunken Garden 등을 계획한다.

② 교외형(Suburban Type)

도시의 시가지가 아닌 도시의 주변에 위치하는 유형으로 박물관·미술관에 어울리는 환경 조건과 충분한 대지면적을 확보하여 건축되는 유형이다.

(3) 대지 조건

대지의 조건은 도로가 대지에 2면 이상 접하고, 자연환경과 경관 환경이 우수하며, 정형(正形)의 평지 또는 완경사지 등 대지의 형상이 좋아 자료의 반출입 및 이용자의 접근성이 좋고, 충분한 주차 공간과 야외 전시 공간 및 휴식 공간 등 적정 옥외 공간의 확보, 장래의 증축 등이 용이한 대지 규모를 가진 곳이 효과적이다.

- 도로에 2면 이상 접한 대지
- 인접한 자연환경과 경관 환경이 우수한 대지
- 정형의 평지 또는 완경사지 등 대지의 형상이 좋아 자료의 반출입 및 관람객의 접근성이 좋은 대지
- 충분한 주차 공간, 야외 전시 공간 및 휴식 공간 등 적정 옥외 공간을 확보할 수 있는 대지
- 장래의 증축이 용이한 규모의 면적을 가지고 있는 대지

2.2 배치계획

(1) 배치계획의 고려사항

배치계획의 요소로는 대지와 도로와의 관계, 보행 관람객, 차량 이용 관람객, 자료와 물품의 반출입 등의 접근성과 동선, 옥외 주차장, 녹지 공간, 휴게 공간, 옥외 전시 공간 등의 옥외 공간, 장래 확장을 고려한 확장 공간, 주변 환경과 대지의 형상을 고려한 축[Axis, 자연축, 주(부)진입축, 건축물 배치축(유형)] 등을 고려하여 계획한다.

■ 피라미드 설계 : I. M. Pei, 1989.
■ 여러 곳에 흩어져 있는 출입구를 피라미드에 출입구를 두어 하나로 통일
■ 주변에 작은 피라미드 3개와 7개의 분수 배치
■ 고색창연한 중세건축과 현대적 유리구조가 기하학적으로 조화를 이룬 것으로 평가
■ 피라미드 한 변 길이 30m, 높이 21.6m

그림 15-2. 루브르(Louvre) 박물관의 옥외 공간(파리, 프랑스)

- 보행 관람객의 전용 접근로를 계획하고 차량의 접근로와 분리하며 자료와 물품의 반출입을 위한 서비스 차량 동선과 분리하여 계획한다.
- 자료와 물품 반출입을 위한 동선은 대형 차량의 접근성과 회전 반경 등을 고려하여 계획한다.
- 전시물의 진열, 휴게시설, 문화시설 등을 배치하여 문화 공간의 역할과 관람객의 편의를 제공할 수 있는 옥외 공간을 계획한다.
- 녹지 공간 및 휴게 공간은 자체의 순기능과 더불어 전시 공간으로의 사용을 고려하여 옥내 전시 공간과의 연계성을 갖도록 계획한다.
- 자연축, 주(부)진입축, 건물 배치축 등 주변환경과 대지의 형상 등을 고려하여 계획한다.
- 화재 진압 시 소방차의 접근성이 좋으며, 소방으로 인한 전시품의 2차적 피해가 없도록 하고 홍수, 폭풍, 지진 등의 방재계획을 고려하여 계획한다.
- 장래 확장성을 고려하여 대지 내 증축 가능 지역을 계획한다.

(2) 박물관 배치 유형

유 형		배치 형식	특 징
집약형	개실형	• 단일 건물 내 대·소 전시관을 집약시킨 유형	• 전체적인 주제를 시대별, 국가별, 유형별, 분야별 등으로 전시공간을 구성할 수 있다.
	개방형		• 전시공간 전체를 구획 없이 개방하거나 가동이 가능한 구조로 계획된 유형 • 효과적인 전시 연출이 가능하다.
분동형		• 여러 개의 전시관들이 분산되어 중심 마당이나 홀 등을 중심으로 분동되어 일련의 건축군을 형성하는 유형	• 관람객의 집합, 분산, 선별관람 등이 용이하다.
중정형		• 중정(Court yard)을 중심으로 'ㅁ'자형, 'ㄷ'자형 배치로 집중형과 분동형을 절충한 유형	• 반개방적 외부공간을 형성하여 옥내전시공간과 유기적인 연계가 가능하다. • 자연채광을 사용할 수 있다. • 전체적인 배치는 폐쇄적이나 동적인 공간 구성이 가능하다.

표 15-4. 박물관 배치 유형

박물관의 배치 유형은 건물의 배치 구성 형식에 따라 집약형, 분동형, 중정형 등으로 유형을 분류할 수 있다. 각각의 특징을 정리하면 다음과 같다.

① 집약형(集約形, Intensive type)

이 유형은 단일 건축 형식이라고도 한다. 단일 건물 내 대·소 전시 공간을 집약시킨 형식의 유형이다. 중·소규모의 박물관·미술관에서 주로 많이 사용된다. 전체적인 주제를 시대별, 국가별, 유형별, 분야별 등으로 분류하여 상세히 보여줄 수 있다.

전시 공간을 각 실로 구획한 개실형과 전시 공간 전체를 구획 없이 개방하거나 가동(可動)이 가능한 구조로 계획된 개방형이 있다.

② 분동형(分棟形, Pavilion type)
여러 개의 전시관들이 분산되어 중심 마당(Plaza)이나 홀 등을 중심으로 분동되어 일련의 건축군을 형성하는 형식이다. 관람객들의 집합, 분산, 선별 관람 등이 용이하다.

③ 중정형(中庭形, Court type)
중정을 중심으로 자연채광을 사용할 수 있으며, 반 개방적(半開放的, semi open) 외부 공간을 형성하여 옥내 전시 공간을 연장하는 유기적인 공간 구성이 가능하다. 전체적인 배치는 폐쇄적이나 동적인 전시 공간을 형성할 수 있다.

3 | 박물관의 기능과 소요 공간

박물관·미술관은 고유 분야의 특성과 활동 내용에 따라 다양한 기능과 공간 구성 체계를 갖는다. 박물관·미술관 등이 갖는 기능과 소요 공간을 수집·관리·보존·전시라는 기본적인 측면을 중심으로 일반적 기능과 소요 공간을 정리하면 다음과 같다.

3.1 박물관의 기능

박물관의 기능은 인류의 문화, 예술, 학문의 발전과 일반 공중의 문화 향휴(文化享有) 증진을 위하여 다양한 분야의 자료를 수집·보존·조사·연구하고 전시하며, 교육·보급하는 데 있다. 박물관의 주요 기능을 정리하면 다음과 같다.

① 수집, 관리, 보존, 기능
실물, 표본, 모사(模寫), 모형, 문헌, 도표, 사진, 필름, 레코드, 테이프 등 자료의 수집, 관리, 보존 기능
② 전시·관람 기능
수집된 자료의 전시, 관람 기능
③ 조사·연구 기능
• 박물관 자료에 관한 전문적, 학술적인 조사·연구

- 박물관 자료의 보존과 전시 등에 관한 기술적인 조사 · 연구
- 국내외 다른 박물관 및 미술관과의 각종 정보 교환 및 유기적인 협력

④ 교육 및 보급 기능

- 박물관 자료에 관한 강연회, 강습회, 연구회, 발표회 등의 교육
- 박물관 자료에 관한 홍보, 상영회(上映會), 설명회, 감상회, 탐사회, 답사 등 보급에 필요한 각종 행사의 개최
- 박물관 자료에 관한 복제와 각종 간행물의 제작과 배포

⑤ 휴게 및 편의 기능

- 휴게, 식 · 음료의 제공 및 기념품 등의 물품 판매
- 체험 행사, 다양한 이벤트 등 오락 기능

⑥ 사무 · 관리 기능

   박물관의 자료 및 물품의 관리, 시설관리, 경비, 운영 및 사무 등의 기능

3.2 박물관의 부문별 소요 공간

박물관의 공간 구성을 크게 내부 공간과 옥외 공간으로 구분하고, 각 공간에 있어서 박물관의 주요 기능을 부문별로 구분하여 박물관의 특성에 따라 요구되는 소요 공간을 계획한다.

(1) 옥내 공간

박물관의 건축 공간의 옥내 부문은 기능 부문별 영역을 구분하고 박물관의 역할 수행에 요구되는 각 부문의 소요 공간을 계획한다.

박물관 건축의 옥내 공간은 수집 및 보존 부문, 전시 부문, 조사 및 연구 부문, 교육 및 보급 부문, 관리 부문, 휴게 및 오락 부문, 공용 부문 등으로 나누어 볼 수 있다.

부 문	주요기능	소요공간
수집, 보존, 부문	수집	하역장, 임시보관실, 보관창고, 분류실 등
	수장, 보존, 관리	수장고, 검사실, 소독실, 자료실, 기록실, 반출입실, 수납관계실, 준비실, 비품실, 약품실, 창고 등
	제작, 수리	제작실, 수리공작실, 준비실, 비품실
전시부문	상설전시	분야별 상설전시장
	특별전시	특별전시장, 임대전시실, 특수전시장 (Planetarium)
	전시지원	전시준비실, 부속실, 안내실
조사, 연구부문	조사, 연구	연구실, 자료실, 서고, 실험실, 준비실, 세미나실, 회의실, 공작실, 전산실, 사진촬영실, 암실, 약품실, 기자재실, 창고 등
교육, 보급 부문	교육	강(공)연실, 강의실, 다목적강당, 시청각실, 회의실, 실습실, 실험실 등
	보급, 홍보	교재 및 홍보 개발실, 편집실, 정보자료실, 자료실, 도서실, 출판실, 인쇄실, 복사실, 창고 등
휴게, 오락부문	휴게, 오락, 레크레이션	식당, 카페테리아, 매점, 커피숍, 상점, 휴게실, 공연실, 영화관, 영사실, 체험장
관리, 사무부문	운영관리	기계설비실, 전기실, 중앙관리실, 경비실, 청소원실, 기자재실, 의무실, 입장권 판매 및 안내실, 경비실, 숙직실, 방송실 등
	행정, 사무	사무실, 전산실, 문서보관실, 관장실, 회의실, 응접실, 갱의실, 직원 휴게실, 탕비실, 화장실
공용부문	진입, 도입	현관, 출입구, 홀, 로비, 안내, 휴게공간
	공용사용	복도, 계단실, 엘리베이터홀, 화장실, 경사로 등

표 15-5. 박물관 부문별 옥내 소요 공간

(2) 옥외 공간

박물관의 옥외 공간은 접근의 용이성, 개방성, 휴게 및 오락, 박물관 내 주요 건물 및 주변 환경과의 연계성 등을 우선하고 옥외 전시, 교육, 행사 운영 등 관람객의 여가활동, 휴식 등 다양한 문화를 경험할 수 있도록 계획하고, 필요한 경우 옥내 공간의 전시 및 행사 등과의 연계가 가능하도록 계획한다.

부 문	소요 공간	공간 기능
접근, 개방	주차장	•승용차주차장(관람객) •버스주차장(단체, 공공교통) •직원전용주차장 •옥내, 옥외주차장
	안내소, 매표소	•안내, 매표 •경비
	물품 반출입장	•물품 반출입을 위한 옥외공간 •대규모 물품의 야외 조립
	광장	•진입, 도입, 박물관내와 연결 •박물관과 연계된 상징성 •각종 행사운영
전시, 교육, 행사	옥외 전시장	•옥외 대형전시물, 기획전시물 •동·식물전시(온실, 사육장)
	옥외 학습장	•관찰, 탐구, 체험
휴게, 오락	광장	•각종 행사
	휴게, 놀이공간	•휴게공원, 수공원, 테마공원 •놀이터
	야외극장	•야외공연, 집회, 이벤트행사

표 15-6. 박물관 옥외 공간 구성

4 박물관의 공간계획

박물관의 건축면적의 구성은 전시, 수장, 연구, 관리, 공용 및 서비스, 기계·설비 부문 등 주요 부문별 구성과 박물관의 운영 특성에 영향을 받으며, 각각의 상호관계에 따라 연면적에 대한 면적 비율이 달라진다.

4.1 박물관의 건축 규모계획

(1) 부문별 면적 구성 비율

면적 구성은 박물관의 규모(대·중·소), 전시 방식(상설, 기획 등), 서비스 면적(공용 공간 및 휴게, 오락 편익시설 등), 업무 조직(수집, 보관, 교육, 연구, 사무), 인원구성 등에 따라 영향을 받으며, 부문별 공간의 범주와 병용 사용 등에 따라 편차가 있다.

일반적인 구성 비율은 전시 부문(30~55%), 공용 및 서비스 부문(25~40%), 수장 부문(7~15%), 기계·설비 부문(6~10%), 관리 부문(3~10%), 연구 부문(2~10%) 순으로 구성된다. 연면적에 대한 전시, 수장, 연구 부문의 비율의 합이 최소 50% 이상을 확보하는 계획이 유효(有效)하다. 연면적에 대한 전시 공간의 면적은 30~50% 이상이 유효하다. 대지의 규모는 주차장, 옥외 전시장, 옥외 휴게 공간, 옥외 행사장, 장래 증축 등을 고려하여 박물관 연면적의 2배 이상을 확보하는 계획이 바람직하다.

구 분	면적 비율	영향요소
전시부문	30~50%	• 박물관 분야, 규모 • 전시방식(상설, 기획)
공용 및 서비스부문	25~40%	• 홀, 복도, 엘리베이터 등 공용 부분 • 강의실, 회의실, 세미나실, 시청각실 등 교육·홍보 기능 • 식당, 매점, 상점, 카페테리아 등 편의시설
수장부문	5~15%	• 수장, 상설전시, 기획전시 등의 중요도 및 방법 • 자료의 크기
기계·설비 부문	5~10%	• 기계, 전기, 설비 시스템 • 공조방식
관리부문	3~10%	• 박물관 규모 • 업무조직(운영, 사무, 시설관리) • 인원구성(원장, 사무, 학예사)
연구부문	2~10%	• 조사·연구의 비중 • 학예사의 구성

표 15-7. 박물관의 면적 구성 및 영향 요소

(2) 법령상 시설 기준

'박물관 및 미술관 진흥법'에서는 박물관 또는 미술관의 소장 자료, 시설규모 등에 따라 제1종 및 제2종 박물관·미술관으로 구분하고 그 요건을 제시하고 있다.

4.2 부문별 공간 구성의 연계

박물관 건축의 전시 부문은 수장 부문, 관리 부문, 연구 부문, 교육 및 보급, 서비스 부분 등 모든 부문과 연관성을 가지므로 박물관 공간계획의 중심에 있다고 할 수 있다.

각 부문별 상호 연관성을 정리하면 다음과 같다.

• 전시 부문은 수장 부문, 관리 부문, 연구 부문, 교육 및 보급, 서비스 부문 등 모든 부문과 연관성을 가지도록 계획한다.
• 수장 공간은 전시부문 및 연구 부문과 연계성을 가지도록 계획하고, 관리 부문, 교육·보급 부문, 서비스 부문과는 구분하여 계획한다.
• 교육 및 보급 공간은 전시 부문, 관리 부문, 연구 부문 등과 연계성을 가지도록 계획하고 수장 부문과는 구분하여 계획한다.
• 연구 부문은 교육 및 보급, 전시, 수장 공간과 연계성을 가지도록 계획한다.
• 관리 부문은 전시 부문, 교육 및 보급 부문, 연구 부문 등과 연계성을 가지도록 계획하고 수장 공간과는 구분하여 계획한다.

구 분	유 형	자료	학예사	시 설
제1종 박물관· 미술관	종합 박물관	각 분야별 100점 이상	각 분야별 1명 이상	• 각 분야별 전문박물관의 해당 전시실 • 수장고(收藏庫) • 작업실 또는 준비실 • 사무실 또는 연구실 • 자료실·도서실·강당 중 1개 시설 • 화재·도난 방지시설, 온습도 조절장치
	전문 박물관	100점(종) 이상	1명 이상	• 100㎡ 이상의 전시실 또는 2,000㎡ 이상의 야외전시장 • 수장고 • 사무실 또는 연구실 • 자료실·도서실·강당 중 1개 시설 • 화재·도난 방지시설, 온습도 조절장치
	미술관			
	동물원			• 300㎡ 이상의 야외전시장 (전시실 포함) • 사무실 또는 연구실 • 동물 사육·수용 시설 • 동물 진료·검역 시설 • 사료창고 • 오물·오수 처리시설
	수족관			• 200㎡ 이상의 전시실 • 사무실 또는 연구실 • 수족치료시설 • 순환장치 • 예비수조
	식물원	•실내 : 100종 이상 • 야외 : 200종 이상		• 200㎡ 이상의 전시실 또는 6,000㎡이상의 야외전시장 • 사무실 또는 연구실 • 육종실 • 묘포장 • 식물병리시설 • 비료저장시설
제2종 박물관· 미술관	자료관·사료관· 유물관·전시관 등	60점 이상	1명 이상	• 82㎡ 이상의 전시실 • 수장고 • 사무실 또는 연구실·자료실·도서실 및 강당 중 1개 시설 • 화재·도난 방지시설, 온습도 조절장치
	문화의 집	도서· 비디오 테이프 및 CD 각 300점 이상		• 363㎡ 이상의 문화공간으로서 다음의 시설을 갖추어야 한다. - 인터넷 부스(PC 4대 이상) - 비디오 부스(VTR 2대 이상) - CD 부스 - 문화관람실(빔 프로젝터 1대) - 문화창작실(공방) - 안내데스크 및 정보자료실 - 문화사랑방(전통문화사랑방) • 화재·도난 방지시설

표 15-8. 박물관 및 미술관 진흥법상의 시설기준

4.3 동선계획

박물관의 동선은 크게 관람객 동선, 직원 동선(관리, 연구 등), 자료 및 전시품 동선으로 구분하고, 공간의 기능과 특성에 따라 개방적 동선, 선택적 동선, 제한적 동선 등 동선의 성격을 구분하여 계획한다.

(1) 동선의 성격

① 개방적 동선
　진입 공간, 외부 공간, 현관, 홀, 중정, 상설 전시 공간 및 휴게 공간, 식당, 매점, 상점 등의 서비스 공간
② 선택적 동선
　개별 전시 공간, 특별(수)전 시 공간, 기획 전시 공간 및 강당, 세미나실, 도서실 등의 교육·보급 부분
③ 제한적 동선
　수장고, 자료 및 전시품 운반, 연구실, 자료실, 자료 출납, 기계·전기실 등

(2) 주체별 동선 계획의 고려사항

① 관람객 동선
- 전시 공간은 단조롭지 않고 변화가 있도록 계획할 필요가 있으나, 관람객의 동선은 명쾌하고 명료하게 계획한다.
- 원칙적으로 한 코스로 계획하여 되돌아오거나 교차되지 않도록 하고, 규모가 큰 전시 공간의 경우 관람객이 동선을 선택하거나 생략할 수 있도록 계획한다.
- 동선의 길이와 전시 면적은 관람객의 피로에 영향을 미치므로 전시물의 순회 동선상의 적당한 위치에 짧은 휴식을 취할 수 있는 휴게 공간을 계획한다. [감상 한도 벽면 길이를 400m 이내로 계획하여 감상 시 피로도(疲勞度)가 높지 않도록 한다.]
- 관람객의 동선은 직원 및 자료 동선과 교차되지 않도록 계획한다.
- 자료 및 전시품의 보존과 관리 동선은 관람객에게 노출되지 않도록 계획한다.
- 기획 전시, 특별 전시는 필요 시 상설 전시실과 분리하여 별도의 동선이 이루어지도록 계획한다.
- 강연회, 강습회, 연구회 등 교육 및 보급 부문은 전시 부문과 동선을 구분하여 계획한다.
- 단체 관람객의 출입 동선을 필요 시 일반 관람객과 구분할 수 있도록 계획한다.
- 관람객의 동선은 주 접근로 → 주 출입구 → 옥외 광장(주차장) → 현관(홀) → 전시 공간, 교육 및 보급 공간, 휴게 및 오락 공간 → 출구 → 옥외 공간(옥외 전시, 광장, 휴게 공간, 주차장) →

주 출입구 등을 효율적으로 연결되도록 계획한다.
- 2개 방향의 피난 동선을 계획한다.

② 직원·학예원 동선
- 관람객 동선과 직원 동선은 분리한다.
- 직원 동선은 일반 관리 동선과 연구(학예원) 동선으로 구분하여 계획한다.
- 소규모의 경우 직원 동선과 자료의 동선을 병용하는 계획도 유효하다.
- 직원의 동선은 관람객의 서비스나 학예원과의 연락이 용이하게 계획한다.
- 관람객의 출입구와 직원 출입구를 구분하여 계획한다.

③ 자료 동선
- 임시 보관고 동선과 수장고에 수납되는 동선을 구분하여 계획한다.
- 반출입구는 전시실과의 연계 효율성을 고려하여 계획한다.
- 자료의 반출입 동선은 관람객에게 노출되지 않도록 계획한다.

4.4 전시실계획

전시실은 박물관·미술관의 가장 중요한 기능이다. 전시실 계획의 기본 구성 4요소로 관람객, 전시물, 장소, 시간으로 분류할 수 있으며, 기본 구성 요소의 효율성과 편리성을 위하여 조명, 전시 방법, 보안, 공조 설비 등의 상관관계를 고려하여 계획할 필요가 있다. 전시 부문은 상설, 기획 및 특별 전시실, 전시홀, 전시 준비실 등 각 기능별 영역(zone)의 효과적 구분, 관람의 효율, 시설의 운용 및 관리의 편리성을 등을 고려하여 전시실의 순회 형식을 결정한다.

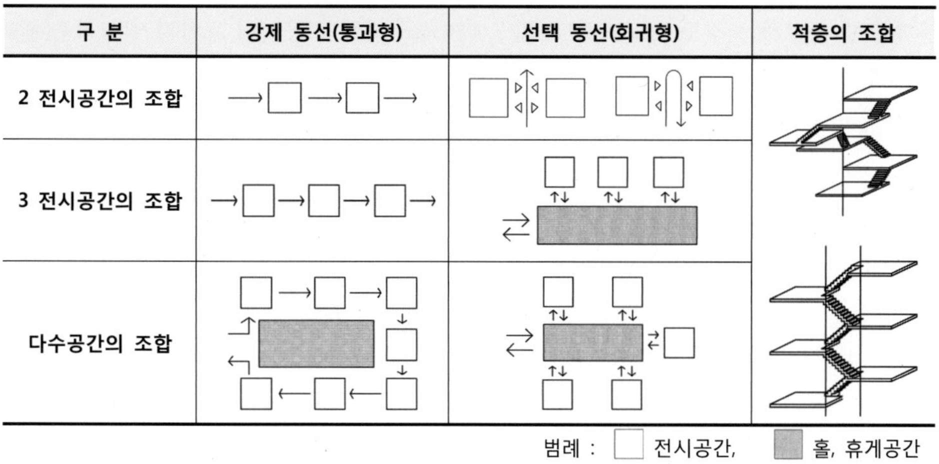

그림 15-3. 전시 공간의 조합과 동선

(1) 전시실 공간계획 시 고려사항

- 진입 공간, 홀(main hall), 관람객의 편의시설의 확충과 원활한 연계를 고려하여 계획한다.
- 전시실의 규모는 모듈러 시스템을 이용하여 전시 공간의 가변성을 고려한다.
- 전시실 내부는 기둥 간의 스팬에 영향을 받으며, 가능한 무주(無柱) 공간으로 내부에 기둥이 노출되지 않도록 하여 전시실 구성상 제약이 없도록 계획한다.
- 설비의 모듈화를 통한 전시장 구성의 효율성을 높이고 환기설비, 공기조화설비 및 필요 시 부분적인 항온, 항습 설비의 설치를 고려하여 계획한다.
- 전시물 반입용 리프트(lift) 등 운송설비와의 연계를 고려하여 계획한다.
- 자외선 차단 조명, 가변적(인공+자연) 채광 방식, Floor duct 등의 전기설비, 배관설비, Fan coil, 전공기조화 방식 등의 공조설비(HAVC) 등 각종 유틸리티(Utility System)를 효율적으로 계획한다.
- 불연성 자재의 사용, 계단, elevator의 화재 차단시설, 스프링클러, 가스를 활용한 특수 소화설비 등 방재설비를 계획한다.
- 적외선이나 레이저에 의한 감시 장치, TV카메라 장치 등 보안설비를 계획한다.
- 회화를 감상하는 일반적인 시(視)거리는 회화 화면 대각선의 1~1.5배 정도가 적당하다.

(2) 전시실의 동선

전시실의 동선은 기본적으로 관람객이 자연스러운 흐름 속에서 연속적으로 전체 전시물을 관람할 수 있도록 유도한다. 관람객이 주의 집중에서 오는 피로를 적정한 구간별로 풀 수 있는 휴식 공간과 편의시설(화장실, 음수대 등)의 계획도 매우 중요하다. 관람 도중 관람객이 다른 관람객의 관람을 방해하지 않고 전시 공간을 이동하거나 필요에 따라 관람객이 출구로 직접 연결될 수 있도록 전시실과 구획된 통로를 확보하는 것도 바람직하다. 입구에서 출구까지의 동선이 교차되거나 역순(逆順)이 발생하지 않도록 계획한다. 수직 전시 동선의 경우 지체장애인을 고려하여 전시 메인 홀에는 경사로를 계획할 필요가 있다.

(3) 전시실의 규모계획

전시실의 규모는 관람자 수 및 전시물의 수, 관람자 간 및 작품 간의 간섭이 발생하지 않도록 최적의 여유 공간을 고려하여 계획한다. 상설, 기획 등 전시실의 성격에 따라 전시물의 크기 및 전시 작품 수가 가변적일 경우를 고려하여 가동식 벽면 계획을 고려한다.

- 전시실 1변(邊)의 최소 단위는 6~7m, 상한은 24m, 바닥면적은 최소 50㎡ 이상이 유효하며, 세장비(細長比)는 1.0~3.5 정도가 적당하다. 바닥면적이 200㎡ 이상인 경우의 세장비는 3.5 이상으로 한다.

- 전시장의 천정고는 인공조명의 경우 3.6~4.5m, 천창을 이용한 자연광인 경우 4.0~5.4m를 기준하고, 대형 전시물의 경우 6m 이상 또는 상층의 바닥을 오프닝(opening) 공간으로 계획을 고려한다.
- 전시실 부문의 면적은 피크타임(peak time) 시의 순간 최대 관람객의 수를 산정하고, 관람객 1인당 4.5~6.5㎡(최소 4.5㎡, 적정 5.5㎡, 최대 6.5㎡ 이상)를 고려하여 계획한다.
- 출입구는 전시물의 반출입을 위해 3m(폭)×3m(높이) 이상, 전시실의 바닥면적은 최소 50㎡ 이상 되도록 계획한다.
- 전시품의 일반적 관람 거리는 미술품의 경우 1.8m(소형)~6.0m(대형) 이상을 기준하여 관람 거리를 정하고 후면 여유 통로를 2.0m 이상 확보하도록 계획한다.
- 전시실의 가시 벽면은 전시벽 하단에서 950mm 이상에서 관람객의 일반적 눈높이 1,650mm를 기점으로 상부로 27°의 사선을 그어 벽면과 만나는 부분이 최대 가시 벽면의 높이가 되어 전시품의 전시 높이가 된다.
- 전시실의 길이는 일반적으로 폭의 1.5~2.0배 이상, 전시실의 바닥면적이 200㎡ 이상인 경우 폭의 3.5배 이상의 계획이 유효하다.

■ 전시실 전시(회화, Lourve 박물관)

■ 갤러리 전시(조각상, 바티칸 박물관)
그림 15-4. 전시실 예

| 세장비 |

- 세장비 （細長比） : 실(室) 정면의 넓이(장변)을 실 깊이(단변)로 나눈 값

(4) 순회(巡廻) 형식

순회 형식이란, 전시 공간의 입구에서 전시실을 순회하여 출구로 나오는 전시 관람 동선의 형식을 말하며 순로 형식이라고도 한다. 순회 형식은 박물관·미술관의 평면계획에 영향을 미치는 중요한 요인이다.

① 연속 순회 형식

구형(矩形) 또는 다각형의 각 전시실을 연속적으로 연결하여 놓은 유형으로 전시실을 차례로 관람하는 형식이다.

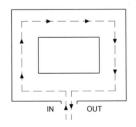

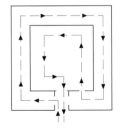

그림 15-5. 연속 순로 형식

• 단순하고 명쾌하여 공간이 절약된다.
• 소규모에 적합하다.
• 전시 벽면을 많이 만들 수 있다.
• 전시실이 연속적 순서별로 이어져 있으므로 선택 관람이 어렵다.
• 1실을 닫으면 전체 동선이 막히게 되어 순로에 불편이 발생한다.

그림 15-6. 구겐하임 미술관, 뉴욕, 미국

■ 단면개념도

■ 홀에서 본 연속순로

■ 중앙 천창

그림 15-7. 연속 순로 형식 건축 예(나선형, 구겐하임 미술관, 뉴욕, 미국)

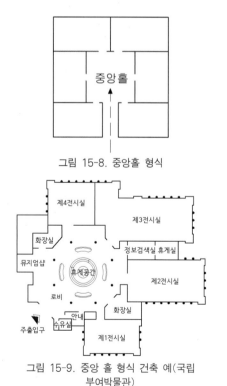

그림 15-8. 중앙홀 형식

그림 15-9. 중앙 홀 형식 건축 예(국립 부여박물관)

② 중앙 홀 형식

중심부에 큰 홀을 두고 그 주위에 전시실을 배치하여 각 전시실로의 자유로운 출입과 관람이 가능한 형식이다.
• 홀을 전시 공간으로도 활용할 수 있다.
• 홀을 중정형으로 계획하여 중앙 홀에 높은 천창(고창, 高窓)을 설치하여 채광한다.
• 1실을 폐쇄하여도 전체 동선은 막히지 않으며, 각 전시실을 독립적으로 폐쇄할 수 있다.
• 전시실을 선택하여 관람할 수 있다.
• 중앙 홀이 크면 동선의 혼란은 없으나 장래의 확장에 어려움이 있다.
• 중규모 시설에 적합하다.
• 대지의 이용률을 높일 수 있다.

③ Gallery 및 Corridor 형식

연속된 복도에 접하여 전시실을 배치하여 관람 동선에 융통성을 부여한다.

- 주로 복도가 중정(中庭)을 감싸며 순로(巡路)를 구성하는 경우가 많다.
- 복도에서 각 전시실에 직접 들어갈 수 있다.
- 복도의 폭이 크고 길 경우 전시 공간으로도 사용할 수 있다.
- 1실을 폐쇄하여도 전체 동선은 막히지 않으며, 각 전시실을 독립적으로 폐쇄할 수 있다.
- 전시실을 선택하여 관람할 수 있다.

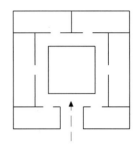

그림 15-10. Gallery 형식 예(Orsay 미술관, 파리, 프랑스)

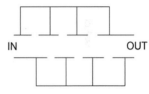

그림 15-11. 갤러리 및 코리더 형식

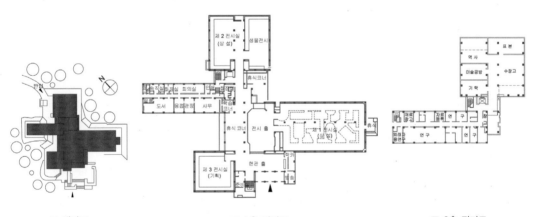

■ 배치도   ■ 1층 평면도   ■ 2층 평면도

■ 단면도

그림 15-12. 박물관 건축 예(아키타현립 박물관_아키타시_일본)

(5) 특수 전시 방법

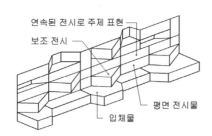

연속된 전시로 주제 표현
보조 전시
평면 전시물
입체물

그림 15-13. 파노라마 형식의 전시 구성 방식

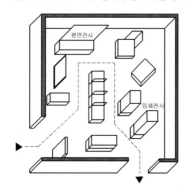

평면전시
입체전시

그림 15-14. 아일랜드 형식의 전시 형식과
예(대영박물관, 런던, 영국)

① 파노라마(Panorama) 전시
- 파노라마(Panorama)란 전경(全景)이라는 의미로서 연속적인 주제를 선적(線的)으로 표현하여 넓은 시야의 실경(實景)이 펼쳐지도록 연출하는 전시 방법이다.
- 벽면 전시(회화, 벽화, 사진, 그래픽, 영상 등)와 입체물을 병행시키는 전시 방법이다.
- 보조 매체로 음향이 필수적이며 관람자의 속도와 표현의 속도를 일치시킬 필요가 있다.

② 디오라마(Diorama) 전시
- 전시물을 부각(浮刻)시켜 관람자가 마치 현장에 있는 듯한 임장감(臨場感, presence)을 느끼게 하는 입체적인 전시 수법이다.
- 3차원의 모형 뒤에 그림이나 사진을 비추어 하나의 주제, 역사적 사실 등을 연출하여 현장에 있는 듯한 느낌을 가질 수 있는 입체적인 전시 기법이다.
- 디오라마는 19세기에는 이동식 극장 장치를 의미했으나, 현재에는 3차원의 실물 복제품 또는 축척 모형의 전시를 의미한다.
- 벽면의 일부를 벽장 형식으로 전시하거나 현물(現物) 또는 모형을 독립시켜 전시하기도 한다.
- 전시 주제에 적합한 원근법적 투시도와 전시 위치, 상황 등을 고려하여 배치한다.
- 전면 균질 조명이 필요하다.

③ 아일랜드(Island) 전시
- 전시 벽면을 이용하지 않고 바닥에 전시 장치를 설치하고 전시물을 배치하는 전시 형식이다.
- 군집으로 배치가 가능하며, 관람자의 시거리를 짧게 할 수 있다.
- 대형 전시물, 소형 전시물 등 전시물의 크기와 관계없이 배치할 수 있다.
- 관람자의 시거리를 짧게 할 수 있다.

④ 하모니카(Harmonica) 전시
- 하모니카 흡입구 형식의 동일한 전시 공간을 연속적으로 배치하는 전시 기법
⑤ 영상 전시
- 현물이나 모형이 없을 때 영상 사진, 동영상 등 영상 매체를 이용하여 전시하는 기법

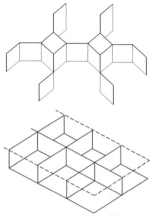

4.5 수장고(收藏庫) 계획

그림 15-15. 하모니카 전시 형식

수장고는 박물관의 자료를 보관하고 관리하는 곳이다. 수장고는 주로 학예연구원에 의해 운영되므로 학예연구실과 근접하여 계획하는 것이 바람직하다.
- 수장고는 지하에 설치하는 경우 습기 조절에 어려움이 있으며, 홍수 시 침수의 우려가 있다.
- 수장고는 가능한 지상의 1, 2층에 배치하고 장래 확장 공간을 확보하여 계획한다.
- 3, 4층에 배치 시 유물의 반입과 출고에 어려움이 있을 수 있다.
- 최상층에 배치 시 일조의 직접적인 영향을 받아 내부의 온도가 상승하여 보관 자료의 관리에 영향을 미칠 수 있다.
- 수장고는 각종 방화시설 및 기능과 공조 설비를 갖추도록 계획한다. 공조 설비는 강제 환기설비와 항온항습설비를 갖추도록 하고, 온도는 18~20℃, 습도 50~60%를 유지할 수 있도록 계획한다.
- 수장고의 조명은 평상시 어둡게 하고 작업 시에도 소프트라이트 조명을 사용할 수 있도록 계획한다.
- 수장고의 천장 높이는 자료의 반출입이 원활하도록 4m 이상이 바람직하며, 출입구와 통로도 넓게 계획한다.

4.6 조명 및 채광계획

(1) 조명, 채광계획

인공조명을 기본으로 자연 광선을 혼합하여 관람 공간의 분위기를 최적화하도록 계획한다. 조명과 채광의 기본 조건은 빛의 강도와 색 분포 조절이 쉬운 인공조명의 빛 특성과 자연스러운 분위기 연출이 가능한 반면 변화가 심한 자연채광의 자연스러운 유입을 통하여 빛 환경을 전시 환경에 적합하도록 계획하는 데 있다.

① 기본 조건

• 광원의 현휘(眩輝)가 없고 실내 조도, 휘도 분포가 적당할 것

• 전시물에 적당한 조도를 균등하게 하고 광색의 변화가 없을 것

• 관람객의 그림자가 없으며, 화면이나 쇼케이스(show case)에 영상이 나타나지 않을 것

• 대상에 따른 집중 조명(Spot light)을 계획할 것

• 조명 목적, 실의 크기, 천장 높이, 자연채광을 위한 창의 크기 및 위치, 점등 시간, 온도, 용도 등을 고려한 검토와 조명계획이 필요하다.

② 인공조명

인공조명의 기술 발달은 자연광에 가까운 조명이 가능하고, 시간의 흐름에 관계없이 안정된 광색 및 휘도의 유지가 가능하며, 전시물의 보존상 유리한 장점을 지니고 있다. 인공조명의 특징을 정리하면 다음과 같다.

종 류		특 징	비 고
자연광	천연광	- 색온도와 조도가 높을 경우 분위기가 좋다. - 시간에 따라 변화하여 광색이 불안정하다.	인공조명의 광색을 자연광에 가깝게 하는 방법 : 40W의 백색 형광등과 100W의 백열등을 2 : 1 로 배치
인공 조명	형광등	발열량이 가장 적다	
	백열등	- 장파장의 빛이 풍부하여 전시물의 색에 따라 분위가 다르다	
	HID	- 빛의 분포가 넓다.	

표 15-9. 빛의 종류와 특징

• 시간의 흐름에 관계없이 안정된 광색과 휘도의 유지가 가능하다.

• 빛의 강도와 색 분포 조절이 쉽고, 일정한 조도의 유지가 가능하다.

• 빛이 부족한 공간에서 적정 조도를 확보할 수 있다.

• 전시물에 따라 필요 시 빛의 악센트(Accent)를 다르게 할 수 있다.

• 조도, 휘도, 분광 분포, 느낌, 기구의 배치에 따른 의장, 보수 및 유지관리 등의 효율성을 고려한다.

• 자연광보다 인체의 민감도가 떨어진다.

• 인공조명계획 시 고려할 3요소로는 충분한 조도, 균등한 조도, 조명 기구에 의한 현휘(眩輝) 방지가 있다.

• 관람객의 눈의 피로를 줄이기 위해 전시물과 배경과의 휘도 대비는 3 : 1 정도로 한다.

• 전시실의 일반 조명과 전시물의 조명은 분리하며, 실내 조도는 100Lux 이하, 전시물의 조도는 200~300Lux가 좋다.

• 광원의 위치는 수직선보다 15~45°의 경사가 좋다.

• 백색 형광등과 백열등의 비율은 2 : 1 정도가 적정하며, 전시물의 변색을 방지하기 위하여 자외선 제거를 위한 필터를 사용하도록 한다.

③ 광원의 위치와 조도
- 광원이 직접 눈에 들어오거나 눈부시지 않도록 광원의 위치를 계획한다.
- 유리면을 경사지게 하는 등 광원이 유리면이나 전시물에 반사되지 않도록 계획한다.
- 실내의 조도 및 휘도의 분포가 균등하도록 계획한다.
- 조도 및 광원의 위치는 배경과의 휘도 대비가 2 : 1이 되도록 하고, 동시에 시야에 들어오는 경우 5 : 1 이하로 계획하는 것이 좋다.
- 관람객의 그림자가 유리면, 전시물 등에 비치지 않도록 관람객 측 조도를 전시물의 조도보다 1/10로 낮게 하여 관람 피로가 덜하도록 계획한다.
- 전시물의 조도는 전시물의 명시성(明視性)과 보호 측면에서 검토한다.
- 전시 공간 실내의 조도는 보행하거나 메모하기에 불편하지 않을 정도인 50~100lx의 범위로 계획한다.
- 대물 조도는 200~300Lx 이하가 좋다.
- 벽면 위의 회화에 비치는 광원의 위치는 수직선보다 15~45°의 경사가 좋다.

빛의 영향	전시물의 종류	조도(lx)
영향 없음 (방사열에 의한 손상 제외)	금속, 돌, 유리, 도자기	필요 조도
민감하게 영향	회화, 가죽, 목재	150
강하게 영향	직물, 수채화, 인쇄물	50

표 15-10. 빛의 영향에 따른 전시물 조도 기준

- 전시 벽면의 감상 위치는 높이 1.5m, 화면 대각선의 1~1.5배가 되도록 계획한다.
- 전시장(展示欌)의 외부 조도가 내부보다 높은 경우 전시장의 유리면에 거울 현상이 발생하므로 전시장 내부와 외부위 조도 비율을 3:1~5:1 정도가 되도록 계획한다.

(2) 자연채광의 특징과 고려사항

자연채광은 전시 공간의 조명계획에 있어서 인공조명과 더불어 조도, 전시실의 분위기 등을 결정하는 중요한 요소이며 전시물의 효과와 관람객의 편안함 등을 고려하여 계획한다.

① 자연채광의 특징
인공적인 조명을 사용하지 않고 태양을 광원으로 하는 채광으로서 주광(晝光, daylight)조명이라고도 한다.
- 자연광이 지닌 자연스러운 분위기 연출이 가능하다.
- 자연채광은 조도, 글레어(glare) 등에서 인공조명에 비해 문제가 많음으로 인공조명의 결점을 보완을 고려하는 측면에서 계획할 필요가 있다.
- 기후와 시간의 변화에 순응하여 변화함으로 일정한 조도와 안정된 광색의 확보에 어려움이 있다.
- 휘도 분포가 일정하지 않다.
- 벽, 천장, 가구 등의 빛깔을 반사율이 큰 색을 사용하는 등 실내 조도를 고르게 하기 위한 계획이 필요하다.

■ 측광창 방식
(Side light)

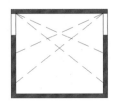

■ 고측광창 방식
(Clerestory)

■ 정광창 방식
(Top light)

■ 정측광창 방식
(Top side light)

■ 특수 채광창 방식
(Special light)

그림 15-16.
채광창의 방식

- 건축물의 창문과 옆 건축물과의 거리 : 높이는 2 : 1의 비율이 적합하다.
- 반사되는 벽은 색과 온도 상승에 영향을 미친다.
- 고층부의 셋백(set back)을 통해 지붕을 통해 아래층으로 자연광을 유입하는 계획을 검토한다.
- 경사 방향의 채광과 반사는 전시실의 중심부를 어둡게 할 수 있으므로 창의 높이와 위치, 크기, 방향 등을 목적에 맞게 능률적으로 계획한다.

② 자연채광 시 고려사항
　　자연채광을 사용할 경우 일반적으로 다음과 같은 조건을 고려하여 계획한다.
- 벽면의 균일한 조도 분포를 위하여 인공조명과의 병용을 고려한다.
- 바닥면과 벽면의 취도 대비를 크게 하지 않는다.
- 광량(光量)을 조절할 수 있도록 계획한다.
- 직사일광은 피하도록 계획한다.
- 패관 시 자연채광을 차단할 수 있도록 계획한다.
- 자외선이 차단되도록 계획한다.
- 열, 공조 등의 단열 구조(Insulation)을 계획한다.
- 빛의 진입 경로 상의 먼지를 제거할 수 있도록 계획한다.
- 유리의 파손, 낙하방지 등에 주의하여 계획한다.

(3) 자연채광을 위한 창호 방식

① 정광창 형식(頂光窓, Top Light)
　　천장의 중앙에 천창을 설치하여 자연광을 유입하는 방식이다.
- 전시실의 중앙부를 밝게 할 수 있으며, 벽면 조도를 균등히 할 수 있다.
- 창을 크게 할 경우 벽면 조도를 높게 할 수 있다.
- 관람객의 그림자가 전시면에 비치지 않도록 바닥면의 조도를 최대한 줄일 필요가 있다.
- 주간(晝間)대에 직접광선이 경사 방향으로 유입되는 경우 반사 장해가 일어나기 쉽다.
- 채광량이 많은 조각 전시실에 적합하며, 유리 쇼케이스 내의 전시물에는 부적합하다.

② 측광창 형식(側光窓, Side Light)
　　측면을 통해 자연광이 유입되는 형식으로 측광 방식이라고도 한다.
- 채광의 확산, 광량의 조절, 열 절연설비(熱絶緣設備) 등의 계획이 필요하다.

- 소규모 전시실에 적합하다.

③ 정측광창 형식(頂側光窓, Top Side Light)

전시실의 천장은 폐쇄하고 측벽 상부 부근에 채광창을 설치하는 형식이다.

- 관람객의 위치와 중앙부는 어둡게 하고 전시 벽면의 조도를 크게 할 수 있다.
- 측창의 높이가 높을 경우 광선의 유입이 약해질 우려가 있다.

④ 고측광창 형식(高側光窓, Clearstory)

솟을지붕 구조 또는 지붕의 높이 차이를 이용해서 지붕 밑 측벽에 창을 내어 채광하는 방식이다.

- 정광창 형식과 측광창 형식의 절충형이라 할 수 있으며, 천장 부근에서 채광한다.
- 전시실의 벽면이 관람객 부근의 조도보다 낮다. 전시 벽면의 조도가 밝다.
- 천장의 높이가 높아져 적정 조도를 확보하기 어렵다.
- 창의 면적을 크게 확보하기 어렵다.

⑤ 특수 채광(특수(特殊探光, Special Light)

천장 상부에서 경사 방향으로 자연광을 유입하는 방식으로 주로 벽면 전시물을 조명하는 데 유리하다.

4.7 단면계획

- 전시 공간의 천장 높이는 최저 3.0m 이상, 인공조명을 이용할 경우 3.6~4.0m, 일반적으로 4.0~5.0m로 계획한다.
- 수장고의 천장 높이는 자료의 원활한 반출입을 위하여 4.0m 이상이 되도록 계획한다.
- 로비 공간의 경우 4.0~5.4m, 사무실 및 연구실 등은 2.4~3.0m 이상을 확보할 수 있도록 계획한다.

4.8 설비계획

박물관·미술관의 설비계획은 그에 앞서 건축의 성능을 어떻게 할 것인지? 실내 환경 조건을 일정하게 유지할 것인지? 기후 조건에 순응하게 할 것인지를 결정하고, 건축의 구조체와 마감을 계획하여 결정에 적합한 설비 시스템, 기계설비의 용량, 능력, 유지관리비의 효율성을 고려하여 계획한다.

(1) 공조 설비

일반적으로 전시실의 공조는 전관 공조(全館空調)를 통하여 이상적인 실내환경을 유지하는 게 좋으며, 설비계획 시 온도는 18~23℃, 상대습도는 40~63%(평균 55%) 정도가 되도록 계획하고, 전시물 재질, 계절의 특성 등을 고려하여 온습도의 조절이 가능하도록 계획하여 전시·진열의 효과와 감상의 효과를 높이도록 계획한다. 수장고의 경우 전시실의 공조와는 별도로 온습도를 조절할 수 있도록 계획한다.

부문 구분	관련실	온습도 조건	계획 방향
수장고 부분	수장고	매우 강하다.	실내를 적정 온습도 조건으로 유지하도록 한다. 24시간 설비가동을 고려한다.
전시실 부문	상설, 일반, 임시, 임대 전시실 등	강하다.	일반적으로 대(大)공간이며, 외부에 의한 부하변동이 적다. 덕트 방식으로써 각 실의 온습도를 조절할 수 있으면 좋다.
사무・연구 부문	관장실, 사무실, 연구실, 작업실, 응접실 등	보통	여러 개의 실로 구성되므로 각 실의 부하변동을 고려하여 각 실마다 온습도를 조절할 수 있도록 계획한다.
공용 부문	현관, 홀, 라운지, 강당 등	보통	각 실의 부하변동과 사용시간의 차이를 고려하여 계통을 분할하여 계획한다.

표 15-11. 부문별 온습도 조건 및 계획 방향

(2) 방화 및 소화설비

수리공작실, 필름창고 등 실별 발화(發火)의 위험성을 고려하여 연기 감지기나 자동 화재경보기 등을 계획한다. 주수소화(注水消火) 시 손상이 있는 미술품에는 액화가스 소화를 계획하고, 수장고 에는 이산화탄산 가스나 하론가스(Halon Gas)의 자동소화 설비가 좋다.

(3) 방범설비

창호 및 개구부의 위치와 수를 감시하기 쉽도록 계획한다. CCTV(Closed circuit television) 또는 특정 장소에 적외선이나 초음파 등이 흐르게 하여 차단되는 경우 이상이 감지되도록 하고 경찰이나 보안 업체 등에 통보될 수 있도록 계획한다.

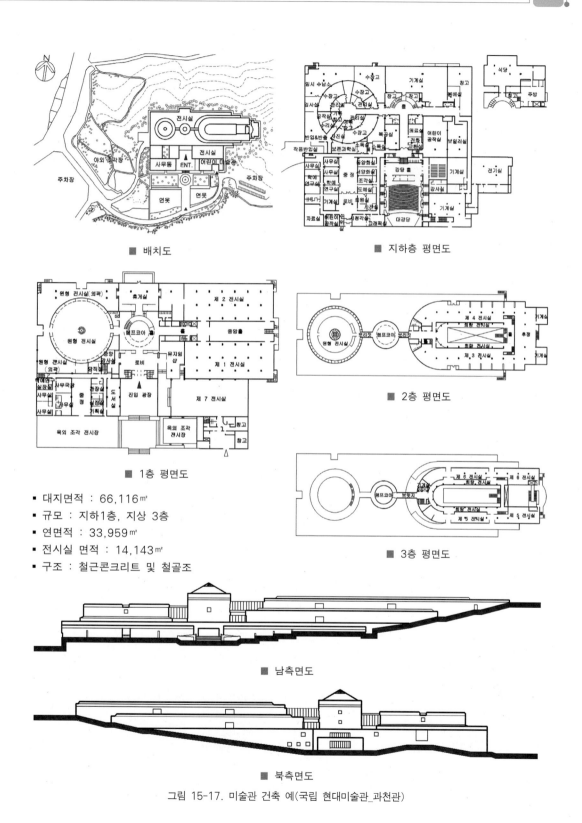

■ 배치도

■ 지하층 평면도

■ 1층 평면도

■ 2층 평면도

■ 3층 평면도

- 대지면적 : 66,116㎡
- 규모 : 지하1층, 지상 3층
- 연면적 : 33,959㎡
- 전시실 면적 : 14,143㎡
- 구조 : 철근콘크리트 및 철골조

■ 남측면도

■ 북측면도

그림 15-17. 미술관 건축 예(국립 현대미술관_과천관)

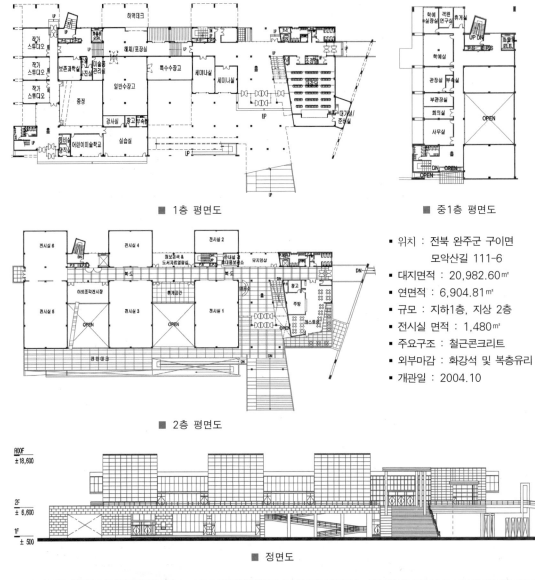

■ 1층 평면도

■ 중1층 평면도

- 위치 : 전북 완주군 구이면 모악산길 111-6
- 대지면적 : 20,982.60㎡
- 연면적 : 6,904.81㎡
- 규모 : 지하1층, 지상 2층
- 전시실 면적 : 1,480㎡
- 주요구조 : 철근콘크리트
- 외부마감 : 화강석 및 복층유리
- 개관일 : 2004.10

■ 2층 평면도

■ 정면도

■ 조감도

■ 전망데크에서 본 외부공간

■ 수변공간에서 본 전경

그림 15-18. 미술관 건축 예(갤러리 및 코리더 타입_전북도립 미술관_설계: 공간건축사사무소)

제 Ⅷ편 문화 및 집회시설

제16장 공연장(公演場, 劇場, Theater)

1 공연장 개요

공연시설이란, 문화예술 활동에 지속적으로 이용되는 시설의 종류 중 하나로서 연극, 음악, 무용, 연주회, 뮤지컬, 곡예 등 다양한 문화예술의 실연(實演) 및 영화의 상영과 그것을 관람하는 것을 목적으로 하여 무대, 객석, 음향시설 및 영사시설 등을 설치한 건물로서 이를 총칭하여 '극장건축'이라 한다.

극장건축은 전통적인 고전 음악, 오페라 등 음악과 극의 상영에 적합한 것으로부터 심포니, 현대 음악, 영사설비와 스크린 등 현대적인 요구에 의한 것까지 다양한 형식이 존재하고 있다.

서양의 극장(劇場)은 그리스시대에 신화(神話) 속 신(神)과의 만남을 위한 의식(儀式)의 축제와 인간이 갖고 있는 상상과 욕망의 본능적 욕구를 대신(代身)하여 해소(解消)시키는 방법의 하나로 나타난 극(劇)과 그것을 행하는 장소로서의 극장이 그 시작이라고 할 수 있으며, 이 시대의 극장은 언덕 위 신전(神殿)들과의 관계와 자연경관을 중시하여 배치되어 졌다.

그리스시대의 극장을 모델로 만들어진 로마의 극장은 로마 시의 인구가 증가되면서 제국(帝國)시대의 시민들을 통치하기 위한 정책과 그 장치로서의 목적으로 건설됨에 따라 그리스시대에 언덕에 세워진 극장과는 달리 시민들이 거주하는 편평한 도시로 내려오게 되면서 도시 건축물의 하나로서 위치하게 된다.

■ 로만극장(Amman, Jordan)

그림 16-1. 로마식 야외 원형극장

우리나라의 경우 1902년 서울 정동에 세워진 500석 규모의 협률사(協律社, 1905년 폐관)가 최초의 옥내 극장이라고 할 수 있다.

최초의 서양 근대식 극장은 1908년 서울 종로에 세워진 원각사(圓覺社, 1916년 화재로 소실)를 들 수 있다.

현대의 극장은 연극, 오페라, 음악홀 등 전용극장 이외에

그림 16-2. 극장의 객석과 무대 예

공회당, 시민회관, 문화센터 등의 명칭에서 볼 수 있듯이 지역사회의 커뮤니케이션 센터로서 여러 가지 목적에도 충분히 이용할 수 있는 다목적인 무대나 설비를 갖는 다목적 홀이 건축되기도 한다.

2 | 공연시설의 분류

공연시설의 분류는 크게 법령상 분류와 공연 종목에 의한 분류로 나눌 수 있다.

2.1 법령상의 분류

법령상 공연시설의 범위는 연간 90일 이상(영화 상영관은 120일 이상) 또는 계속하여 30일 이상 공연에 제공할 목적으로 설치하여 운영하는 시설을 말하며 공연장, 야외 음악당, 영화 상영관으로 나뉜다.

① 공연장
- 종합공연장 : 시, 도 종합문화예술회관 등 1,000석 이상의 대규모 공연장
- 일반공연장 : 시, 군, 구 문화예술회관 등 1,000석 미만 300석 이상의 중규모 공연장
- 소공연장 : 300석 미만의 소규모 공연장

② 야외 음악당
연주, 연극, 무용 등을 할 수 있는 야외 시설로서 공연법에 따른 공연장 외 시설

③ 영화 상영관
영리를 목적으로 영화를 상영하는 장소 또는 시설

2.2 공연 종목상의 분류

공연시설을 공연(公演) 종목에 따라 분류하면 오페라 및 뮤지컬 전용 극장, 음악 및 콘서트 홀, 영화(상영)관, 강당, 공회당(公會堂, public assembly hall) 등으로 분류할 수 있다.

① 오페라, 뮤지컬 극장(Opera House)
무대가 넓고, 깊으며, 프로세니엄 아치(Proscenium arch)가 높고 크다. 무대 전면(前面)에 관현악단석(Ochestra pit)이 있으며, 엘리베이터, 회전무대 등 장면을 전환하기 위한 무대 기구가 필요하다. 일반적으로 객석이 호화롭다.

세계 최초의 오페라 극장은 1637년 이탈리아 베네치아에 건립된 산 카시아노(Teatro San Cassiano)극장으로 알려져 있다. 산 카시아노극장은 이전(以前)의 왕과 왕족 및 귀족 들을 위한 비공개 궁정 오페라극장과 달리 유료 관객을 위한 입장권을 발매한 최초의 상업 오페라극장이었다.

② 음악 및 콘서트홀(Music hall, Concert hall)
음악의 연주와 노래 공연 등 음향 효과를 높인 음악 전용의 극장으로서 음악당, 음악회장, 콘서트

장, 콘서트홀 등으로 불린다. 잔향이 공연의 특성에 적당해야 하고, 음의 확산이 좋고 반향(反響)이 없으며, 악기 등 음원의 분리가 적당하고, 소음의 방해가 없어야 되는 특징이 있다.

③ 강당(講堂, Auditorium)

강연이 주체이고 음악, 연극, 영화 등이 행해지기도 한다. 무대 기구는 거의 필요 없으며 음향계획이 용이하다. 주로 무대, 좌석, 영사실 등으로 구성된다.

구 분			내 용	비 고
공연 시설	법률상 분류	공연장 종합공연장	시, 도 종합문화예술회관 등 1천석 이상의 대규모 공연장	• 공연을 주된 목적으로 설치하여 운영하는 시설 • 공연법 제2조 제4호
		일반공연장	시, 군, 구 문화예술회관 등 1천석 미만 300석 이상의 중규모 공연장	
		소공연장	300석 미만의 소규모 공연장	
		야외음악당	연주, 연극, 무용 등을 할 수 있는 야외시서로서 공연장 외의 시설	
		영화상영관	영리를 목적으로 영화를 상영하는 장소 또는 시설	영화 및 비디오물의 진흥에 관한 법률 제2조
	상연 종목상 분류	오페라 하우스	오페라, 뮤지컬 등을 공연, 무대가 넓고, 깊으며, 무대 전면에 오케스트라 피트가 있다.	
		콘서트 홀	음악의 연주와 노래 공연 등 음향의 효과를 높인 음악 전용 극장	실내악, 심포니, 고전음악, 현대음악
		공연장	연극, 음악, 무용, 연주회, 뮤지컬	공연극장
		강당	강연이 주체이고 음악, 연극, 영화 등이 행해지기도 한다.	
		공회당	공중의 집회, 강연, 오락 등 다목적 홀에 가깝다.	시,도 문예회관, 군민회관
		영화관	영리를 목적으로 영화를 상영하는 장소 또는 시설	일반극장, 영사설비와 스크린

표 16-1. 공연시설의 분류

④ 공회당(公會堂, Municipal hall, Public assembly hall)

공중(公衆)의 집회, 강연, 오락을 목적으로 건축된 공공시설로서 강당과 비슷한 형식이 많으나 오케스트라, 독주, 합창, 연극, 영화, 강연, 집회 등 다목적 홀에 가까운 성격을 가지고 있다.

⑤ 영화관(映畵館, Theater)

영리를 목적으로 스크린(screen)에 움직이는 영상(映像)를 상영하는 장소 또는 시설

3 | 건축계획의 방향

극장·공연장 건축은 공연별 요구 특성 및 공간 기능을 실현할 수 있고, 창의성과 효율성을 발휘할 수 있으며, 이용자에 대한 편의 서비스 등을 제공할 수 있도록 계획한다. 극장은 극을 상영하기 위한 무대와 관람하는 객석, 관리 부문 제실, 그 밖의 공연과 상영을 위한 조명실, 음향 조정실, 영사실 등 연출 관계 제실로 구성되며, 많은 사람이 모이는 시설이므로 재해에 대한 안전성 확보가 필요하다.

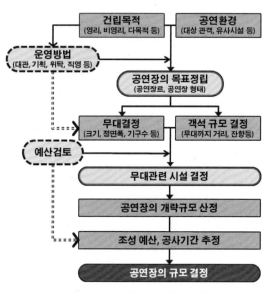

그림 16-3. 공연장 규모결정의 과정

- 공간의 요구 수준에 적합한 성능을 발휘하고, 재료 및 구조의 내구성을 높이며, 기능 유지에 지장이 없도록 계획한다.
- 건축의 심미성(형태, 색채 등), 경관과의 조화, 에너지 절약 등 건축의 요구 수준과 개성을 충족하도록 계획한다.
- 쾌적한 이용 환경을 제공할 수 있도록 계획한다.
- 다양한 장르의 공연 및 체험과 더불어 학습, 여가, 휴식 기능을 고려하여 계획한다.
- 다목적 공연장의 경우 각종 문화행사를 수용할 수 있도록 기능적이고 효율적인 공간을 계획한다.
- 강당, 공회당 등 지역 문화센터의 기능을 중시할 경우 이용자들의 교류 공간으로서 서로 간의 교류가 활발하게 형성될 수 있도록 계획한다.
- 연령과 장애에 관계없이 모든 이용자가 이용에 불편이 없도록 배리어 프리(Barrier Free)계획을 설계에 반영한다.
- 다양한 공연과 상영 등의 수용 및 공간의 대응을 고려하여 가변성(可變性) 있는 공간을 계획한다.
- 공연(상영)의 특성과 목적에 맞는 무대, 음향, 조명 등 현대식 장치를 도입하고, 내구성, 유지관리 효율성, 리모델링 용이성, 가변성 등을 고려하여 계획한다.
- 효율적 유지관리를 위하여 계획 시 LCC(Life Cycle Cost)를 절감할 수 있는 방안 등을 고려한다.
- 공연장과 관련하여 로비, 수매표시설, 물품보관소, 안내실, 휴게실, 화장실 등을 함께 계획한다.
- 친환경적 소재의 사용, 쾌적한 환경의 제공, 오염물질 배출 감소 등 건축, 기계, 전기, 공조 설비 등 건축과 관련된 분야의 에너지 절약 및 친환경적 지속 가능성을 고려하여 계획한다.
- 중앙 집중관리 및 통제가 편리하고, 최소 관리요원으로 운영 및 관리가 될 수 있도록 계획한다.

4 입지 및 배치계획

4.1 입지 조건

입지 조건은 지역적인 측면과 계획의 효율성을 고려한 부지 조건을 고려한다.
- 경영의 효율성을 고려하여 번화가, 도심, 상점가, 터미널 등이 좋으며, 주차장의 확보가 용이한 곳이 좋다.
- 교외에 건립하는 경우 자가, 대중교통 등 교통수단의 접근성과 이용 편리성이 좋아 기능을 극대화할 수 있은 곳
- 지역의 커뮤니티 센터, 도서관 등 문화시설 등이 집중되어 도시의 전체적인 맥락과 연계가 가능한 곳
- 주변에 소음, 진동, 악취 등 환경 영향의 발생이 없는 곳
- 지역사회의 Landmark적 상징성을 지니는 곳
- 부지는 2면 이상이 도로에 접한 곳
- 고저차가 없고 평탄한 부지
- 부정형의 부지는 좋지 않으며 사각형의 형태가 유리하다.

4.2 배치계획

배치계획은 부지의 지형적 특성, 도시·자연환경과의 연계성, 이용자 동선, 차량(이용자, 무대설비 대형 트럭 등)의 접근 및 주차, 장래 확장성 등을 고려하여 계획한다.
- 지형의 높낮이와 인접한 경관을 고려하여 계획한다.
- 지역의 정체성 및 주변의 전체적인 맥락과 연계되도록 계획한다.
- 부지가 지니고 있는 외부 공간의 적절한 활용을 통하여 내·외 공간이 자연스럽게 연계되도록 계획한다.
- 다양한 접근로를 설치하고 노약자, 장애인, 임산부 등의 이용을 위한 배리어 프리(Barrier Free)를 계획하여 이용자의 편리성을 추구한다.
- 부지 주변 환경과의 심미적 예술성 및 기능성의 조화가 주·야간의 환경에 어울리도록 경관계획을 수립한다.
- 이용자가 동선의 구조와 방향성을 쉽게 인지할 수 있도록 계획한다.
- 관객, 출연자, 스텝, 설비 및 자재 등의 동선이 교차되거나 간섭되지 않도록 계획한다.
- 일반 차량 통로와 공연 지원(설비 및 물품) 차량의 출입구와 동선은 분리한다.
- 개장 전·후, 종연 후 등 시간대별 이용자의 집중과 유동, 안전사고 및 재난 시 피난 등을 고려하

여 동선과 공간을 계획한다.

- 보행자 동선과 차량 동선은 분리하며, 지상 공간은 가능한 보행 중심의 동선이 되도록 계획한다.
- 무대 자재 및 설비 등의 반출입구는 무대설비를 위한 대형 트럭의 접근성을 고려하고 무대의 위치에 가깝게 배치하며, 무대설비를 위한 대형 트럭 전용 주차장을 계획한다.
- 옥외 휴식 공간을 적절히 배치하고 휴식 공간이 동선에 의해 방해되지 않도록 계획한다.
- 향후 시설의 확장에 대응할 수 있도록 계획한다.

5 극장 각 부문(部門)의 구성

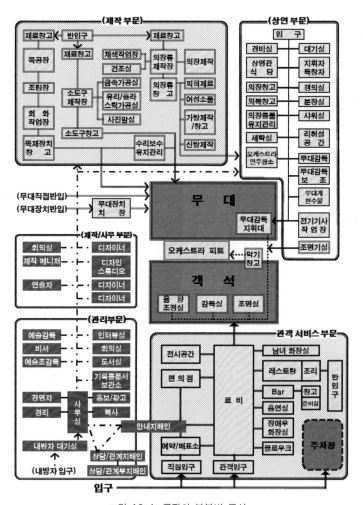

극장은 무대와 객석을 중심으로 하는 공연장, 무대 지원 부문, 기술 지원 부문, 지원 사무 부문, 관리 부문, 관객 서비스 부문으로 구성된다.

① 공연장
  무대와 객석으로 구성된다.
② 무대 지원 부문
  분장실, 의상실, 회의실, 연습실, 무대감독실, 샤워실 및 타워실, 악기보관실 등으로 구성된다.
③ 기술 지원 부문
  음향조정실, 조명조정실, 무대장치실, 무대 세트 및 소도구 제작장, 의류제작실, 창고 등으로 구성된다.
④ 지원 사무 부문
  제작 매니저실, 디자이너실, 디자인 스튜디오, 회의실 등으로 구성된다.

그림 16-4. 극장의 부분별 구성

⑤ 관리 부문

　사무실, 감독실, 원장실, 인터뷰실, 회의실, 도서실, 선전광고실, 종업원실, 문서고, 창고 등으로 구성된다.

⑥ 관객 서비스 부문

　현관 홀, 매표소, 로비, 에스컬레이터 홀, 갤러리, 식당, 매점, 커피숍, 화장실 등으로 구성된다.

공간 구분		세부 공간 구성
관객공간	객석 공간	객석, 발코니석, 장애인석
	편의 공간	휴게실, 식당, 편의점, 카페
	로비 공간	전실, 로비, 홀, 매표소, 안내소, 물품 보관소, 복도
공연공간	무대 방향	뒤쪽, 앞쪽, 안쪽, 바깥쪽, 위쪽, 아래쪽, 무대 좌측, 무대 우측
	무대 공간	무대, 주무대, 무대 깊이, 무대 폭, 무대 높이, 무대, 무대 바닥 포켓, 무대 뒤, 전무대, 측무대, 후무대, 무대 천장, 무대 상부, 무대 하부, 오케스트라 박스, 프로시니엄, 공연자 출입구
	출연 준비 공간	분장실, 개인 분장실, 간이 분장실, 오케스트라 대기실
	연습 공간	개인 연습실, 연습십, 무용 연습실, 음악 연습실
	휴식 공간	공연자 휴게실, 오케스트라 휴게실
작업공간	반출입 공간	장치 반입구, 장치 반입문, 화물 승강기
	장치제작 공간	해체, 조립실, 장치 제작실, 소품 제작실, 의상 제작실, 목공실, 착화실, 천공실, 세탁실
	조정작업 공간	조정실, 무대기계조정실, 무대음향조정실, 무대조명조정실, 개방조정실, 천장 무광실, 측면 무광실, 영사실
	보관 공간	막 보관실, 장치 보관실, 소품실, 의상실, 음향 기자재실, 조명 기자재실, 피아노 보관실, 악기 보관실
	지원 공간	무대 감독실, 기술 감독실, 예술 감독실, 스태프 룸, 공연자 사무실
행정관리공간	사무 공간	사무실, 관장실, 전산실, 직원 휴게실, 회의실, 중앙 제어실
	설비 공간	영선실, 공조실, 수전실, 기계실, 전기실, CO_2실, 유압실
공용공간	회의 공간	국제 회의장, 회의실, 동시 통역실, 리렙션실
	자료실	자료실, 정보실, 갤러리
	교육 공간	교육실, 세미나실
	기타 공간	구내 식당, 보건실, 화장실, 비상구

표 16-2. 공연장의 공간 구분

6 │ 동선계획

극장·공연장의 동선은 이용자가 동선의 구조와 방향성을 쉽게 인지할 수 있으며, 이용객 동선, 관리자 동선, 서비스 동선 등을 명확하게 구분하고 서로의 간섭이 없도록 계획하며, 피난 동선을 원활하게 계획한다.

- 보행자와 차량을 이용하여 현관으로 접근하는 동선을 구분한다.
- 이용객은 극장의 현관에 도착하여 매표소, 로비, 물품보관소, 휴게실, 화장실 등을 거쳐 공연장에 이르므로 각 공간의 적정 규모를 계획한다.
- 공연 시작 전, 종료 후 이용객의 집중을 고려하여 출입구는 폭, 홀 등의 규모를 계획한다.
- 이용객 동선, 관리자 동선, 서비스 동선을 명확히 구분하며, 서로 간섭이 없도록 계획한다.
- 공연장 관리자가 출연자의 출입을 관리할 수 있도록 동선을 계획한다.
- 이용객 동선의 빈도가 높은 로비, 화장실, 휴게실(음료자판기) 등은 이용객의 편리성을 우선하고, 관리자 동선과 교차되지 않도록 계획한다.
- 재난 시 안전하고 원활한 피난 동선을 계획한다. 피난층을 제외한 3층 이상의 층으로서 바닥면적 합계 300㎡ 이상인 공연장 또는 바닥면적 합계가 1,000㎡ 이상인 집회장은 옥외 피난 계단을 계획한다.
- 공연 시작 전, 종료 후 단시간에 관람객이 현관으로 집중되므로 현관 앞에 충분한 공간을 확보하고, 자동차의 동선이 원활하도록 계획한다.
- 현관 앞은 일방통행이 유리하며, 2차선 이상의 도로 폭을 확보하도록 계획한다.
- 로비의 소음이 공연장에 영향을 미치지 않도록 천장과 벽면의 흡음 재료, 바닥에는 융단 등을 계획하고, 로비의 넓이는 공연장의 종류에 따라 차이가 있으나 0.2㎡/인 정도로 계획한다.
- 물품보관소(cloak room)는 정면 중앙이나 로비의 좌우 안쪽, 로비에 접하는 라운지의 일부에 혼잡이 없도록 위치와 개수를 계획한다.
- 화재, 재해 등의 체계적인 방재 시스템, 방화 구조, 피난의 안전과 편의성을 고려하고, 옥외 공간으로 직접 연결되는 동선을 계획한다.

7 │ 무대(舞臺, Stage)계획

공연장의 무대는 공연 장르별 예술 특성을 수용할 수 있도록 계획하며, 다목적 공연장의 경우 음악, 연극 등 다양한 장르의 공연과 상황 및 조건에 융통성 있게 대응할 수 있도록 무대, 조명, 음향 장치, 설비 등을 계획한다.

7.1 무대계획 시 고려사항

무대에서 상연되는 작품에 영향을 미치는 무대의 조건은 크게 무대 형식에 따른 연기 구역과 객석과의 시청각 요건 및 무대 시설기기라 할 수 있다. 무대계획 시 고려할 사항을 정리하면 다음과 같다.

- 무대 Acting Area의 전면이 객석의 모든 위치에서 보이도록 계획한다.
- 무대 위의 말소리, 음악 소리, 효과음 등이 객석에 왜곡되지 않고 전달되도록 한다.
- 대형극장의 경우 공간적 건축 음향계획과 전기적 음향 설비계획이 효과적으로 이루어지도록 계획한다.
- 무대에서 공연되는데 필요한 대도구와 소도구의 하치 장소 및 무대 전환을 신속하게 할 수 있는 장소로서의 무대 뒤의 전환 작업장(Offstage)을 계획한다.
- 무대의 상부에는 Wing Curtain, Main Curtain, Cyclorama 등이 작동할 수 있는 승강설비와 무대 조명기기, 음향반사판, 영사막 등이 객석의 시선으로부터 가려질 수 있도록 무대탑 공간을 계획한다.
- 무대 조명시설, 조명기기의 각도 및 영사 각도 등 무대의 가시성과 연출 효과 등의 영향 요인들을 무대 각도와 함께 고려하여 계획한다.
- 음향, 조명, 무대기기 등을 조정하는 조정실을 무대 운영에 지장(支障) 없는 곳에 계획한다.
- 무대에 반출·입되는 공연 도구, 악기류, 소품 등의 운반 차량의 접근과 출입문의 계획을 고려한다.
- 냉·온방 공조설비 및 기계설비실의 소음과 진동 등을 고려한 방음, 방진설계를 계획한다.
- 의상, 소품, 도구 등의 제작 작업장, 보관 창고 및 관련 사무실을 계획한다.
- 화재에 대비하여 적절한 소방설비 및 무대 안전장치를 계획한다.

7.2 무대와 객석의 평면 형식

① 프로시니엄 타입(Proscenium Type)

- 픽쳐 프레임 스테이지(Picture frame stage)라고도 하며, 사진처럼 프로시니엄 아치(arch, 실제로는 직사각형)로 무대와 객석을 구분하여 공연공간과 관람 공간이 양분되는 무대 형식이다.
- 객석의 관객들이 프로시니엄 아치를 통하여 무대를 보게 되므로 무대 공간의 크기는 프로시니엄의 크기에 따라 결정된다.
- 강연, 콘서트, 독주, 연극 등에 적합하며, 제작자의 의도된 연출만을 관람 할 수 있으며, 전체적인 통일성을 얻는데 유리하다.

■ 중소규모

■ 대규모

그림 16-5. 프로시니엄
타입

그림 16-6.
오픈스테이지 타입

그림 16-7. 아레나 타입

- 연기자가 일정 방향으로만 관객을 대하고, 관객들은 무대의 정면만을 바라볼 수 있다.
- 연기자와 관객의 접촉이 한정되어 상호 교감이 불리하고, 객석 수용 능력에 제한이 있다.
- 예술의 전당 오페라극장, 국립극장 달오름극장, 명도예술극장 등이 이에 속한다.

② 오픈스테이지 타입(Open stage Type)
- 일반적으로 무대가 객석을 향해 돌출된 형태로써 객석(관객)이 무대를 둘러싸고 있다. 돌출 무대(Thrust stage)라고도 한다.
- 관객의 시선이 세 방향(정면, 좌, 우측면)에서 형성될 수 있다.
- 고대 그리스 극장에서 유래되었다.
- 연기자와 관객의 배치가 동일 공간에 있으므로 연기자와 관객 사이의 친밀감을 높일 수 있다.
- 무대의 다양한 방향감으로 공연의 통일된 효과는 어렵다.
- 남산예술센터의 드라마센터가 대표적이다.

③ 아레나 타입(Arena Type)
- 사방(四方, 360°)에 둘러싸인 객석의 중심에 무대가 자리하고 있는 형식이다.
- 관객은 무대의 사면(四面)을 모두 볼 수 있다.
- 연기자와 관객을 분리하는 벽이 없으므로 친밀감을 높일 수 있다.
- 근접 거리에서 많은 관객을 수용할 수 있다.
- 객석과 무대의 일체감이 높아 긴장감이 높은 공연이 가능하다.
- 무대 배경을 만들지 않아 경제적이다.
- 연기자는 360°에 관객이 있으므로 연출을 고심하게 되고, 전체적인 통일 효과를 얻기 위한 극의 구성이 어렵다.
- 스포츠홀, 서울월드컵경기장의 마당놀이 전용극장이 대표적이다.

④ 가변형 타입(Flexible Stage Type)
- 무대와 객석이 고정되어 있지 않다.
- 무대와 객석의 크기, 모양, 배열 등 형태를 작품과 환경에 따라 다양한 변화가 가능하다.

- 상연 종목, 작품 성격, 연출 방법에 따라 가장 적합한 공간 구성이 가능하다.
- 실험적 성격의 공연에 많이 사용된다.
- 소극장에서 많이 사용된다.
- 두산아트센터 Space111, 예술의 전당 오페라 하우스의 자유소극장 등이 대표적이다.

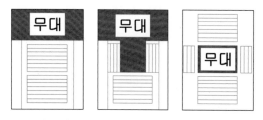

그림 16-8. 가변형 타입의 무대 변형 계획 예

7.3 프로시니엄 아치(Proscenium Arch)의 치수계획

프로시니엄은 무대와 객석의 경계면에 위치하여 관객이 무대를 볼 수 있는 개구부라는 점과 무대 상부의 무대장치나 조물(吊物) 기구, 조명장치 등을 숨겨주는 가림벽 기능을 가진다. 프로시니엄의 치수는 무대 공연의 상연 종별 적합한 크기를 가지도록 계획한다. 무대의 깊이는 일반적으로 "폭 + 1.5M"이다.

상연 종별	폭(m)	높이(m)
뮤지컬, 발레	20 ~ 28	8 ~ 10
무용 및 무용극	18 ~ 24	6
오페라, 발레	16 ~ 18	8 ~ 10
연극 및 아동극	10 ~ 16	5 ~ 7
인형극	11	4

표 16-3. 상영 종별 Proscenium Arch 치수

7.4 무대의 단면

무대는 공연이 행해지는 주 무대(Main Stage)를 중심으로 무대 상부(무대 톱, Fly Tower, Stage Tower)과 무대 하부(Under Stage or Pit)로 나누어진다. 무대 바닥은 가변성 구조가 바람직하며, 필요 시 제거하여 하부 공간(pit)과 함께 융통성 있게 사용할 수 있도록 계획한다. 무대 톱은 주 무대의 상부 공간으로서 무대장치, 조명기구, 배경막, 특수설비 등을 매달거나 달아 올릴 수 있는 기계시설물이 설치된 무대 위 천장 공간으로서 'flies'라고 한다. flies는 프로시니엄 아치 높이의 3~4배가 적당하다.

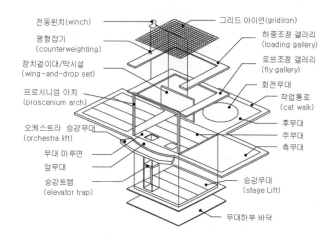

그림 16-9. 프로시니엄 극장 무대 상하부 주요 구조

(1) 무대 하부의 종류

무대 하부의 공간은 회전 무대, 승강 무대, 장치 도구의 치장, 배우와 작업원의 통로, 무대 장치의 전환, 무대 기기의 동력설비 및 장치 공간 등 무대를 준비하는 또 다른 무대 공간으로 활용된다. 무대 하부는 공연 관계자가 자유롭게 활동할 수 있도록 최소 유효 높이 2.4m 이상이 되도록 계획한다.

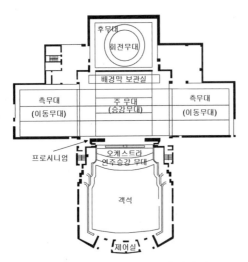

그림 16-10. 프로시니엄 무대 평면 예

그림 16-11. Orchestra Pit

① 승강 무대(Sinking Stage)

무대 하부에서 주 무대로 승강(昇降)하는 무대이다. 주로 대형 공연장에서 사용된다.

② 이동 무대(Sliding Stage)

공연 중 장면 전환을 위하여 측(側) 무대나 뒷무대에서 무대 세트를 설치한 후 주 무대로 이동시켜 사용하는 무대이다. 주 무대와 바닥 높이가 같다.

③ 수레 무대(Wagon Stage)

이동 무대와 같은 방식으로 차이점은 주 무대의 무대 바닥 위로 이동하는 무대이다. 수레 무대는 이동 무대보다 크기가 작아 부분적인 세트를 이동시킬 때 사용된다.

④ 회전 무대(Revolving Stage)

3~4개의 무대를 설치하여 회전시키면서 무대를 전환할 수 있는 무대

⑤ 오케스트라 리프트(Orchestra Lift)

오페라, 뮤지컬 등의 연주 공간(Orchestra Pit)을 공연을 위한 전면 무대(Fore Stage)로 사용하기 위해 승강 장치를 설치하여 사용한다.

(2) 무대 상부(Fly Tower)

무대의 상부는 각종 세트, 배경막, 조명기구, 음향반사판 등이 사용된다. 일반적으로 그리드 아이론(Grid-Iron)과 배튼(Batten, 조명기구 등이 매달려 있는 수평막대) 작동 공간으로 구분된다. 무대 상부의 설계 시 상부의 높이와 배튼의 수, 작동 속도는 가장 중요한 고려사항이다.

객석 맨 앞줄 양 끝의 사이트 라인(sight line)과 상부 배튼의 유효거리를 고려할 때 아이론 공간의 높이는 프로시니엄 높이의 3배 정도로 계획하는 것이 바람직하다. 배튼을 위한 유효 폭은 프로시니엄 유효 폭에서 양측으로 2m 이상의 여유 폭이 있는 게 효과적이다. 또한, 그리드 층의 플라이 갤러

리와 벽부형 장치의 설치 및 점검하는 용도로의 사용을 위하여 양측으로 2m 이상의 추가 여유 폭을 가지는 것이 좋다. 따라서 무대 상부(Fly Tower)의 내부 폭은 프로시니엄 폭(W) + 8m 이상이 되도록 계획한다.

8 | 객석계획

공연장의 객석은 관람자가 불편 없이 최적화된 상황에서 무대나 스크린의 관람과 음향이 잘 들리도록공연장의 공간 규모는 무대의 넓이 및 객석 수에 따른 1인당 체적과 바닥면적에 의해 결정되며 음향설계에도 밀접한 관계가 있다.

8.1 객석의 공간계획 시 고려사항

공연장의 공간 형태 계획은 공연장의 건립 목적에 대하여 최적화된 관람석과 의장적, 시공적, 경제적, 음향적으로도 효율적인 형태와 체적이 되도록 계획한다. 객석의 공간 형태 계획 시 고려사항을 정리하면 다음과 같다.

시설 명	객석 수	무대에서 가장 먼 객석 거리
베를린 필하모닉	2,400	30m
라이프치히 오페라하우스	1,600	32m
롯데 콘서트 홀	2,036	34m

표 16-4. 무대와 객석과의 거리 예

- 공연장의 건립 목적과 음향 효과 등의 특성에 적합한 규모로 계획한다.
- 관객을 중심으로 시각적 한계와 음향적 한계를 고려하여 계획한다.
- 주로 교향악단이 연주하는 콘서트홀은 오페라극장보다 소규모이며 무대와 객석 사이를 가까이 두어 음악 감상을 하기에 적절하게 계획한다.
- 공연장으로부터 밖으로의 출구 및 통로 계획은 수용 관람객 수, 피난 동선 등 피난의 안전을 고려하여 계획한다.
- 공연장의 출구 및 통로계획은 최소 2개 이상 설치하며, 관람석 출구의 유효너비 합계는 관람석 바닥면적 100㎡ 당 0.6m 이상 확보되도록 계획하고, 각 출구의 유효너비는 1.5m 이상으로 계획한다.
- 공연장 출입구는 이중문으로 계획하고 안여닫이 방식은 피한다.
- 피난 경로는 간단하고 명료하며, 상시 2개 방향의 피난로가 확보되도록 계획한다.
- 장애인 관람석을 무대와 객석 사이, 최상단 출입구와 객석 사이에 계획하며, 최소 5m 이상의 여유 공간을 확보하도록 계획한다.
- 공연장 내부의 의장적, 조형적 디자인과 건축적 음향의 영향을 분석하여 계획한다. 전기적 음향은 건축적 공간 음향의 보조적 역할로서 계획한다.

- 공연장의 각 실 간의 소음, 진동, 방음 등에 영향이 없도록 계획한다.
- 객석의 천장 높이는 상연 종목, 객석의 배치, 2층·3층석의 유무, 음향 효과를 위한 단면계획과 음의 적정한 잔향 시간을 고려하여 계획한다.

구 분	기 준	통로 간격	비 고
세로 방향	20석 마다	1M 이상	영화 및 비디오물 의 진흥에 관한 법률
가로 방향	15석 마다		
관람석과 내부 벽	앞·뒤·좌· 우		

표 16-5. 객석 통로 간격

- 객석의 바닥면적은 공연장 음향설계에 있어서 주요한 흡음면의 하나이다. 일반적으로 1석당 실용적이 $5m^3$ 이하에서는 벽면의 흡음 조건과 관계없이 객석의 흡음력에 의하여 결정되므로 음향설계를 고려하여 객석당 용적을 $5m^3$ 이상으로 계획한다.
- 객석의 용적은 1석당 영화관 $4\sim5m^3$, 음악 홀 $5\sim9m^3$, 공회당·다목적 홀 $5\sim7m^3$가 필요하다.

- 1객석당 점유면적은 $42 \times 80cm$ 이상의 면적이 필요하며, 일반적으로 $45\sim50 \times 90cm$ 정도가 많이 사용된다. 종·횡 통로를 포함한 관객 1인당 객석 바닥면적은 최소 $0.5m^2$ 이상, 적정 $0.8m^2$ 이상 필요하다.
- 객석의 연결 수량 및 통로의 간격을 고려한다.
- 객석은 전후 간격이 80cm 이상, 세로 통로의 폭은 객석이 양측에 있는 경우와 객석과 내측 벽과는 1m 이상, 한쪽에만 있는 경우 최소 60cm 이상으로 계획한다.

8.2 객석의 평면 유형

객석의 평면 유형은 배치 형태에 따라 기본적인 장방형, 부채꼴형에서부터 애리너형, 빈야드형, 말발굽형으로 구분할 수 있다.

① 슈박스형(shoe box, 장방형)
- 홀의 기본형으로 장방형이라고도 한다.
- 반사음을 이용하기 쉽고 풍부하고 균일하여 음향적으로 좋다.
- 무대에서 퍼져나간 음이 관객에게 바로 향하는 직접음과 옆 벽면에 반사된 음이 직접음에 더해져 초기 음이 풍성한 느낌을 줄 수 있다.
- 두 벽면이 평행을 이루므로 각 벽에 반사된 음이 중간에서 만나 공진(共振)을 일으켜 음향에 악영향을 미칠 수 있다.
- 공진을 방지하기 위하여 옆 벽면을 계단형 또는 직육면체 구조물을 불규칙하게 배치하거나 곡선 형태로 계획한다.
- 객석이 적다.
- 통영국제음악당이 대표적이다.

■ 슈박스(shoe box)형

그림 16-12. 객석의 평면유형 건축 예

② 부채꼴형

- 객석을 많이 만들 수 있으며, 시각선이 좋다.
- 옆 방향 반사음이 적고 천정 반사음에 의존한다.
- 일반적으로 잔향이 짧다.
- 사석(死席)이 거의 발생하지 않는다.
- 음이 방사형으로 퍼져 연주 집중도가 좋다.
- 예술의 전당 콘서트홀이 대표적 부채꼴형이다.

③ 애리너(arena)형

- 객석이 무대를 둘러싸고 있으므로 공연자와 일체감을 얻을 수 있다.
- 객석의 시선 거리가 짧다.
- 객석의 위치에 따라 음향 특성이 균일하지 않다.

④ 빈야드(vineyard Type, 포도밭)형

- 애리너형의 변형으로 계단식 포도밭처럼 낮은 벽으로 객석을 여러 개의 블록으로 분할하고 무대를 입체적으로 둘러싼 형태이다.
- 무대를 중앙에 두고 객석이 사방으로 펼쳐져 있다.
- 객석을 가능한 무대에 가까워지도록 배치할 수 있다. (무대와 객석 거리가 짧다.)
- 다이나믹한 객석 공간을 구성할 수 있다.
- 외국의 경우 베를린 필하모닉 홀이 대표적이며, 시드니 오페라하우스, 일본 산토리홀, 독일 라이프치히 게반트하우스 등이 있으며, 한국은 롯데콘서트홀이 빈야드형이다.

⑤ 말굽형

- 객석 중앙 부분의 폭이 넓은 말굽의 형상이다.
- 전통적인 오페라하우스의 기본형이다.
- 고유의 장엄한 분위기를 연출할 수 있다.
- 음향적인 친밀감이 좋다.
- 박스석의 시각선이 불리하고, 객석을 늘리기 어렵다.
- 객석 중앙부분에 음향의 반사 효과가 없어 입체 음향이 적다.
- 예술의 전당 오페라하우스의 오페라극장이 대표적이다.

■ 애리너(arena)형

■ 빈야드(vineyard)형

■ 부채꼴형

그림 16-12. 객석의 평면 유형 건축 예

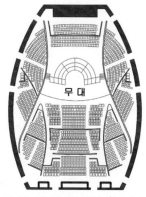
무대

그림 16-13. 빈야드 형식 객석배치 예
_롯데콘서트홀_서울

객석

무대

그림 16-14. 말굽형 객석의 평면유형

8.3 객석의 단면

(1) 단면의 형식

객석의 단면은 1층석만으로 구성된 단상식(Stadium type)과 2층석 이상의 발코니를 둔 복상식 (Gallery type)으로 구분할 수 있다.

① 단상식(Stadium type)

- 1층석만으로 구성된다.
- 음향적 효과는 복상식보다 유리하다.

② 복상식(Gallery type)

- 수용 인원이 같을 경우 단상식에 비해 최후석에서의 시거리를 짧게 할 수 있다.
- 발코니 밑의 음향 성능이 불량할 수 있으므로 발코니의 안 길이를 짧게 할 필요가 있다.

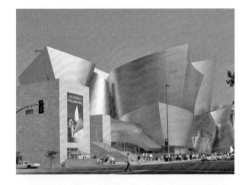
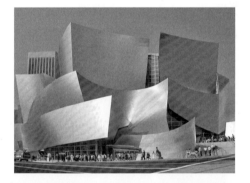

그림 16-15. 빈야드형 객석 예(월트디즈니 콘서트홀, 설계 : Frank O. Gehry, Los Angeles, USA)

(2) 단면계획 시 고려사항

- 객석에서 무대가 잘 보이도록 뒷줄 객석의 가시선이 앞줄 관람객의 머리에 걸리지 않도록 계획한다.
- 바닥의 경사는 앞쪽의 1/3을 수평 바닥으로 하고, 나머지 2/3는 1/12의 구배를 가진 경사 바닥 단면형이 효과적이다.
- 2층 이상의 발코니층의 객석 높이는 단의 폭은 80cm 이상, 단의 높이는 50cm 이하, 단을 종단하는 횡단 통로를 높이 3m 이내마다 계획한다.
- 2층 이상의 발코니를 계획하는 경우 발코니의 경사를 연장한 선이 무대 앞부분의 아래 1.2~3m 되는 지점을 통과하거나, 발코니 뒷부분 객석에서의 부각(俯角, 내려본 각)이 30° 이하가 되도록 계획한다.

8.4 객석의 시각적 한계

객석은 무대로부터 일정 한도를 넘어서면 무대가 보이지 않고 음이 잘 들리지 않아 관객의 몰입도를 떨어뜨릴 수 있다. 객석의 시각적 한계는 공연자과 관객이 공연의 내용에 교감(交感)을 주고받고, 관객이 무대에 집중하는 데 있어서 중요한 요소이다.

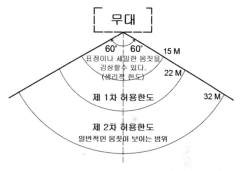

그림 16-16. 무대의 시각적 한계

(1) 극장

① 수평 각도

- 프로시니엄이 있는 무대에서 상연은 정면을 향하므로 프로시니엄의 중심선상 정면이 가장 보기 좋은 객석이 된다.
  중심선을 중심으로 감상할 수 있는 범위는 120° 이하로 계획한다. [120° 이상인 경우 무대 위 공연의 내용이 의도와 다르게 전달되거나 반대 측 객석의 관객이 시야(視野)에 들어오기도 한다.]
- 무대 위에서 연기하는 배우의 몸짓과 표정을 자세히 볼 수 있는 가시거리는 일반적으로 15m 이내이고 최대 20m이므로 인형극, 아동극 등은 이 범위 내에 객석을 두는 게 효과적

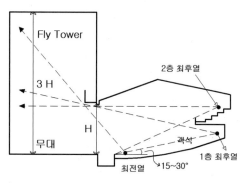

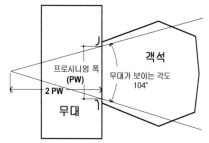

그림 16-17. 무대와 객석의 가시계획

이다. 소규모 오페라, 발레, 현대극, 신극, 고전음악, 고전무용, 실내악 등은 22m(1차 허용한도), 대규모의 오페라, 발레, 뮤지컬, 연극 등은 배우의 몸짓을 어느 정도 감상할 수 있는 35m(2차 허용한도) 범위 내에 객석을 두도록 계획한다.

무대와 객석 거리	가시성(可視)性	비 고
15M	공연자의 동작과 표정을 자세히 감상할 수 있다.	연극, 아동극, 인형극(생리적 한계)
22M	공연자의 동작을 자세히 감상할 수 있다.	뮤지컬, 오페라, 발레, 실내악(가시성의 쾌적성 한계)
32M	공연자의 일반적인 동작을 감상할 수 있다.	대규모 오페라, 뮤지컬, 발레(가시성의 한계)

표 16-6. 무대와 객석의 가시(可視)거리

② 수직각도(무대의 높이와 객석)

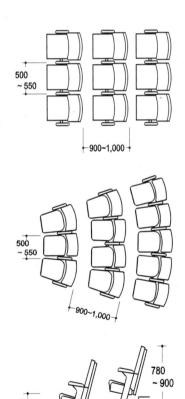

그림 16-18. 극장의 좌석 배치 간격

- 객석의 수직 각도는 무대의 높이와 객석의 길이에 영향을 받는다.
- 최전열(最前列) 객석 바닥에서 무대의 높이가 높을수록 객석의 경사도는 완만해지고, 무대의 높이가 낮을수록 객석의 경사도는 급해진다.
- 중규모 이상의 극장의 경우 일반적으로 객석을 수평으로 배치한 경우 무대 높이는 110cm 정도가 적당하다.
- 객석이 1/10의 구배를 가지는 경우 무대의 높이는 100cm 정도, 무대 높이가 100cm 이하인 경우 계단식으로 계획하는 것이 효과적이다.
- 객석이 2층, 3층인 경우 무대 윗면과 객석의 수평각은 15° 내외로 계획한다.
- 소규모 극장의 경우 무대의 높이가 최전열 객석 바닥에서 60cm 이하인 경우 계단식 객석의 형태가 유리하며, 무대의 높이가 60cm 이상인 경우 바닥을 높이지 않고 객석을 엇갈리게 배치하는 것만으로도 객석 앞부분 5~7열 정도는 수평하게 배치할 수 있다.
- 객석의 전후 간격은 관객이 불편하지 않도록 하되, 전후 간격이 너무 큰 경우 개석 수가 감소하게 된다. 일반적으로 전후 간격은 90~110cm, 좌우 간격은 50~55cm 정도로 계획한다.
- 객석의 좌석 등받이 높이는 78~90cm(바닥 기준)가 되도록 계획한다.

그림 : 롯데콘서트홀 제공

그림 16-19. 객석과 무대 건축 예(빈야드 타입_전경(좌), 무대(우)_롯데콘서트홀_서울)

(2) 영화관

영화관의 가시 범위는 스크린의 폭 및 필름의 크기에 따라 달라진다.

- 영화관에서는 일반적으로 스크린의 중심에서 60° 내의 객석이 스크린이 잘 보인다.
- 맨 앞줄의 객석에서 스크린을 보았을 때, 맨 앞줄 중앙 수평각은 90°, 맨 앞줄 단부의 수평각은 60° 이내가 좋다.
- 맨 앞줄 좌석과 스크린과의 이격 거리는 최소 5m 이상 또는 스크린 폭의 0.5배 이상이 되도록 계획한다.
- 영화관의 가시거리는 스크린 길이의 4 ～ 6배(약 30m)가 적정하며, 최대 45m 이내가 되도록 계획한다.
- 스크린의 위치는 맨 앞줄 객석에서 스크린 폭의 1.5배 이상, 뒤 벽면과의 거리는 1.5m 이상 이격한다.
- 영사실과 스크린과는 영사각이 0°가 최적이나 최대 15° 이하가 되도록 계획한다.

구 분			소요 크기
객석	1석당 점유 폭		500~550mm
	전후 간격		900~1,000
	의자	좌석 높이	350~430mm(바닥에서 의자 앞 끝까지 높이)
		등받이 높이	780~900mm (바닥에서부터)
통로	수평(횡적)		1,000mm 이상
	수직(종적)		- 객석이 양측에 있는 경우 800mm 이상(1층 객석의 면적이 900㎡ 이상인 경우 900mm 이상이 효과적) - 객석이 한쪽에만 있는 경우 600~1,000 이상
관객 1인당 점유 면적			0.7~0.8㎡(통로 포함)

표 16-7. 객석 배치와 소요 크기

8.5 객석의 조명과 조도

객석의 조명이 너무 밝으면 안정감이 결여될 수 있다. 객석의 조명은 관객이 공연에 적응할 수 있도록 서서히 페이드 아웃(Fade-out)되어 암전(暗電)될 수 있도록 계획하고 관련하여 광원(光源)의 종류를 고려한다. 객석의 조도는 관객이 공연 프로그램 등을 읽거나 이동을 고려하여 100~300Lux, 다목적으로 사용되는 객석의 경우 300~500Lux 등으로 조도를 조정할 수 있은 조절장치를 계획한다. 공연의 상영 중에는 3~6Lux 정도로 계획한다.

9 음향(音響, Acoustics)계획

음향은 무대조명, 기계와 함께 무대 3대 장치에 속하고, 무대조명과 기계가 시각적 효과를 위한 것이라면 음향은 청각적 효과를 위한 것이라 할 수 있다. 무대에서 나는 음은 객석 어디에서나 고르고 풍부하며 좋은 음질로 들려져야 한다. 그러나 관객의 수용 능력과 관계되는 객석의 크기와 용적이 무대에서 나오는 음향(音響)의 한계를 넘어 선다면 객석에서는 음압(音壓)이 낮아져 들리지 않거나, 직접 음과 반사음의 거리차(距離差)와 시간차(時間差)로 인하여 명료도(明瞭度)와 잔향(殘響)에 영향을 미칠 수 있다.

9.1 음향계획 시 고려사항

극장의 음향계획은 건축의 기본 계획 단계부터 극장의 목적과 건축 형태 등을 상호 연관하여 음 환경에 맞도록 계획할 필요가 있다.

- 작고 낮은 음의 전달과 충분한 음량을 확보하기 위하여 적막함(고요함, NC15 이하)의 확보할 수 있도록 계획한다.
- 건축을 위한 토지 이용 및 배치계획 시 주변 환경의 소음, 진동 등 음 환경에 영향을 미치는 요소를 고려하여 계획한다.
- 무대 및 객석의 형식과 크기, 공간의 체적(體積)이 공연장의 목적에 적합한 음 환경을 만드는 데 적합하도록 계획한다.
- 무대, 객석과 연관된 지원 부문의 각 실들의 소음, 진동 등이 공연장에 영향을 주지 않도록 계획한다.
- 객석의 반사음이 일정하게 분포되도록 무대와 천정 형태와의 관계, 바닥면 및 벽면의 구배 등의 영향을 검토하여 공간의 단면형을 계획한다.
- 목적에 적합한 공연장 음 환경과 객석의 평면 및 단면의 반사음, 음향 장애 등 음향 성능의 특성에 따른 영향을 검토하여 계획한다.
- 공연장 내부의 바닥, 벽, 천장 등의 조형적 디자인 및 사용 내장재의 특성에 따라 음 반사와 흡음에 영향을 미치므로 공연장의 조형미를 고려한 공간의 형태와 내장재의 선택에 주의하여 계획한다.
- 공연장의 목적에 적합한 최적 잔향 조건을 설정하여 계획한다.

9.2 음향계획의 구분

극장의 음향은 건축 공간의 형태와 조형적 디자인을 고려한 건축 음향과 공연장 내 확성(擴聲)을 위한 전기 음향으로 나누어 볼 수 있다.

(1) 건축 음향

건축 음향을 위하여 고려할 설계 요소는 공간의 형태, 잔향, 방음·방진계획을 들 수 있다.

① 공간의 형태

공간의 형태란 공연장의 특성에 따라 적합한 형태와 크기를 계획하는 것이다. 공연장에서 발생하는 반향(反響, echo), 음의 집점 현상(集點現象, sound focus), 음이 소멸(消滅, sound shadow) 현상 등의 결함(缺陷)은 크기와 형태에서 큰 영향을 받으며, 특히 300석 이상의 대규모 공연장계획 시 주의한다.

② 잔향(殘響)계획

음향계획에서 중요한 요소는 음원(音源, voice source)에서 나온 음이 실내에 남아 울리는 잔향감(殘響感, reverberance)이다.

최적 잔향 시간을 만족하도록 객석의 흡음과 반사를 고려하여 계획한다.

③ 방음·방진(防音·防振)계획

공연장은 외부 소음과 진동이 공연장에 들어와서는 안 된다. 자연적인 울림을 그대로 사용하는 클래식 공연장의 경우 음향계획의 전제(前提) 조건은 적막(寂寞)함, 즉 고요함이다. 작고 낮은 음을 전달하고 충분한 음량을 확보하기 위해서는 우선적으로 소음이 적어야 하기 때문이다.

고요함은 주파수별 소음 정도를 나눠 계산한 NC(Noise Criteria)지수로 나타내는데 유럽의 좋은 공연장의 경우 NC15 이하가 되도록 하고 있다.

(2) 전기 음향(Electric Accoustic)

전기 음향은 건축 공간의 형태에 따른 건축 음향의 부족한 점이나 결함에 대한 보조적 역할(SR, Sound Reinforcement)이라는 점에서 무대 및 객석의 구조 등 건축 음향의 설계 조건과 더불어 충분한 검토와 계획이 중요시된다. 전기 음향 효과를 위한 주요 계획 요소로 음향조정실, 음향기기실, 스피커의 배치를 고려한다.

① 음향조정실(Sound Control Room)

음향조정실은 공연의 종류와 특성에 따라 필요한 기기를 가변적으로 설치할 수 있도록 계획한다. 음향조정실 내의 빛과 소음(실내 소음, 전자기기 소음)이 객석으로 새 나가지 않도록 하고, 정전기를 방지할 수 있는 엑서스 플로어(Access Floor)로 계획한다.

② 음향기기실

음향기기실은 음향기기를 설치한 실로서 음향조정실과 겸하여 사용할 수 있으나, 대규모 공연장의 경우 분리하여 계획하는 것이 효과적이다. 정전을 대비하여 무정전[無停電, UPS(Uninterruptible Power Supply)] 전원장치의 설치를 계획한다.

③ 스피커(speaker) 배치

스피커의 배치는 객석 전체에 고른 음압을 전달할 수 있어야 된다. 스피커 시스템(종류와 개수)은 객석의 평면과 공간의 형태(객석의 배치, 단층, 복층), 용적, 실내마감 등을 고려하여 계획한다.

- 메인 스피커(Main Speaker)는 주로 무대와 객석의 경계인 프로시니엄 상부에 배치한다.
- 프로시니엄 양쪽 측면에 사이드 스피커(Side Column Speaker)를 두어 프로시니엄 상부 메인스피커의 음이 사이드 스피커의 음과 자연스럽게 조화되는 효과를 얻을 수 있다.
- 에이프런 스피커(Apron Fill Speaker)는 객석 내 음향의 취약 지역인 객석 맨 앞줄(1~5열 사이)의 음향을 보완하기 위해 무대 객석 쪽 면(오케스트라 피트 벽)에 스피커를 설치하여 적절한 음향과 음압을 제공하는 역할을 한다.
- 측벽 스피커(Wall Speaker)는 객석의 좌우 측벽에 설치하여 주로 효과음을 내는 데 사용한다.
- 천장 스피커(Ceiling Speaker)는 음압에 취약한 발코니 아래 객석의 음향을 위하여 주로 객석 발코니 천장에 설치한다.

9.3 잔향 시간

(1) 잔향(殘響, Reverberation Phenomenon)

음원으로부터 발생한 음이 실내의 벽, 바닥, 천장에 의하여 반사 및 간섭, 회절현상 등이 발생하면서 음 에너지(세기)가 감쇠되어 공간에 남게 되는 현상을 말한다.

(2) 잔향 시간(殘響時間, Reverberation Time, RT)이란?

음악의 장르	적정 잔향 시간(초)	비 고
종교음악	3	공연장의 크기에 따라 적정 잔향시간에 영향을 준다.
오케스트라 협연	2~2.2	
실내악	1.3~1.6	

표 16-8. 음악 장르와 잔향 시간

발생된 음원으로부터 잔유(殘留)된 음의 울림(세기)이 최초 음원의 백만분의 일(10^{-6}) 또는 음압으로 천분의 일(10^{-3}), 즉 60dB로 감쇠하는 데 걸리는 시간(초)을 잔향 시간이라 한다. 잔향 시간은 실내 음향 효과를 좌우하는 중요한 요소이며, 평가지표의 하나로서 사용된다. 잔향 시간의 길고 짧음은 청감(聽感)에 영향을 미친다. 세계적인 공연장의 잔향 시간은 보통 2초 내외로 설계된다.

잔향 시간이 짧으면 맑고 깨끗하게 들리기는 하지만 음의 풍부함이 없고 메마르며, 너무 길면 명료한 청취가 어렵고 다른 소음원이 없어도 마치 소음이 있는 느낌을 준다. 잔향 시간은 실내의 흡음력, 넓이, 용적, 음원의 종류에 따라 영향을 받는다.

① Sabine의 잔향 시간

　　Sabine(Wallace Sabine, Prof. at Harvard Univ. 1895)은 잔향 시간(RT)을 음원에서 발생된 소리의 레벨이 60dB로 감쇠되는데 소요되는 시간으로 정의하였으며, 500Hz에서의 실험식(Sabine equation)을 통하여 아래와 같이 잔향 시간(초)을 계산했다.

- 잔향 시간을 실의 용적, 실내 마감재의 면적 및 마감재의 흡음률을 이용하여 구하였다.
- 잔향 시간은 음원과 측정의 위치와는 관계가 없다.
- 잔향 시간(RT)는 실내 용적(m^3)이 클수록 커진다.
- 흡음하는 재료와 물체가 많을수록 잔향 시간은 짧아진다.

- $RT = 0.161 \dfrac{V}{A}$ (sec) 　　(V=실의 용적(m^3), A=실내 흡음력)

　* $A = \sum \alpha_i S_i$　(α_i = 표면 마감재의 흡음률, S_i = 마감재 면적(m^2))
- Sabine의 잔향 시간은 잔향 시간이 짧은 실(α>0.1)이나 4000Hz 이상의 고음에서는 약간의 오차가 발생한다. (α=1 이라도 T=0 이 되지 않는 모순이 있다.)

② Eyring-Knudsen의 잔향 시간

　　Eyring-Knudsen의 잔향 시간은 실내의 표면적, 실용적, 마감재의 흡음률에 더하여 공기의 흡음에 의한 감쇠계수를 고려하여 잔향 시간을 보다 정확하게 구할 수 있다.

- $RT = 0.161 \dfrac{V}{S\log(1-\alpha) + 4mV}$ (sec)

　* S = 실내의 표면적(m^2), V = 실용적(m^3), α = 실내의 평균 흡음률,
　　m = 공기 흡수에 의한 음의 감쇠계수
- Eyring은 음원에서 발생한 음이 벽면에 부딪힐 때마다 α로 흡수되고, $(1-\alpha)$가 반사되는 것과, 반사된 음이 다른 벽면에 도착할 때까지 흡음이 일어나지 않는 것을 기준하여 잔향 시간을 산출한다. (α가 큰 경우에 실제와 일치한다.)
- Knudsen은 실용적이 큰 실에서는 공기의 저항에 의한 음의 감쇠가 발생하고 이를 고려하여 잔향 시간을 산출한다. (공기의 흡음을 무시할 수 없는 대용적의 실 또는 흡음력이 작은 실의 계산에 적합)
- 공기 흡수에 의한 음의 감쇠계수 m은 1,000Hz 이하인 경우 4mV는 0에 가까워지므로 무시된다.

9.4 공연장의 단면과 음(音)

　　관람석 뒷부분은 무대에서의 음원의 세기만으로는 음의 풍부함이 부족하므로 벽, 천장 등에 의한 반사음을 이용하여 보충한다. 따라서 객석의 바닥, 벽, 천장 등의 형태와 반사재, 흡음재의 특성을 고려하여 계획한다.

(1) 음의 반사(Sound reflection)

음은 실내 재료 표면의 구조와 흡음 특성에 따라 실내 표면에 흡수, 투과, 반사된다. 음의 효과적인 반사는 실내 음압 분포를 고르게 하고, 음원(音源)에 여운을 주어 음이 풍성하고 자연성이 좋다.

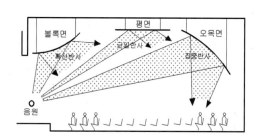

그림 16-20. 면의 형태와 음향 반사

- 평면 반사 : 입사각과 반사각이 같다.
- 볼록한 면의 반사 : 입사된 음을 산란하여 반사시킨다.
- 오목한 면의 반사 : 입사된 음을 집중하게 한다.
- 음의 확산은 음의 풍부함과 자연성을 좋게 한다.
- 반사음은 음압의 균등성(loudness)을 좋게 한다.
- 음파는 음의 파장[λ = C(음속) / f(주파수)]과 반사체 또는 확산체의 크기에 따라 달라진다.

(2) 발코니 계획

- 객석의 평면이 장방형인 경우 객석의 뒷부분은 음원과 멀어져 직접 음이 감쇠하고 천장이나 벽의 반사음도 얻기 어려워 음압이 저하되는 현상이 발생되는데 이를 보완하기 위하여 부채꼴(fan) 형 발코니를 갖는 평면이 유효하다.
- 관람석이 gallery type인 경우 천장 반사음으로 인해 balcony 밑은 음영이 발생하여 음향 상태는 일반적으로 좋지 않다.
- 발코니의 깊이 D를 가능한 높이(H)의 2배 이하, 가능하면 1.5배 이하로 짧게 하고, 발코니가 발코니 밑 객석의 반 이상 돌출되지 않도록 계획한다.
- 발코니 끝의 면은 흡음 또는 바닥이나 천장으로 음을 확산시키고, 발코니 하부는 공명의 발생을 방지하기 위하여 흡음 처리한다.

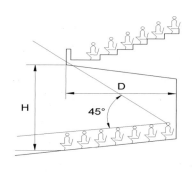

■ 오페라하우스 D ≤ 2H

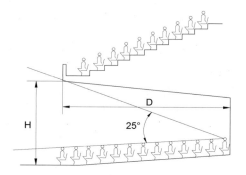

■ 콘서트 홀 D ≤ H

그림 16-21. 발코니의 단면과 깊이

10 지원시설계획

10.1 무대 지원실계획

무대 주위에 분장실, 출연자 대기실, 의상실, 갱의실, 샤워실, 자재 반출입 하역장, 창고 등 무대지원시설을 설치하며 이들과 무대 간의 동선이 공연활동에 적합하도록 계획하고, 상시 사용 공간임을 고려하여 내부로의 채광, 환기 등이 가능하도록 계획한다. 무대 지원실은 분장실, 의상실, 휴게실, 창고 등 관객에게 보이지 않는 극장 안의 공연 준비 공간으로서 배우와 스태프(staff)들이 사용하며 Back Stage라고도 한다.

① 분장실
- 개인실, VIP실, 단체실을 계획한다.
- 무대 진입 동선과 연계하여 무대와 가까운 곳에 배치하고, 분장실 출입문은 해당 공연자 이외의 출입을 통제할 수 있도록 계획한다.
- 분장실별로 화장실과 세면시설을 계획한다.
- 의상실(갱의실)과의 내부 동선이 연결(소통)되도록 계획한다.
- 분장실과 무대 사이의 통로는 무대의상을 입은 다수의 공연자가 이동하는 데 무리가 없도록 폭 1.5m 이상, 높이 2.4m 이상이 되도록 계획한다.

② 의상실
- 분장실과 내부 동선이 연결(소통)되도록 계획한다.
- 남·여 구분하여 계획한다.
- 의상을 계속적으로 보관할 수 있도록 충분한 공간을 확보하거나 물품보관실의 기능과 복합하거나 연계하여 계획한다.

③ 악기 보관실
- 악기의 반·출입이 편리하도록 계획한다.
- 보관용 선반을 설치하고, 피아노는 개별 보관이 가능하도록 계획한다.
- 도난 방지설비를 갖춘다.

④ 연습실
- 실내 흡음, 전면 거울, 음향설비 등 필요한 설비를 계획한다.
- 연습실의 규모는 공연장과 동일한 규모 이상이 효과적이며, 공연 장르별 통합 사용이 가능하도록

시설과 형태를 계획한다.
- 천장고는 3~5m 이상이 좋다.
- 방음(防音)계획과 연습실을 들여다볼 수 있는 창호를 설치한다.

⑤ 회의실
- 공연 관계자 및 출연자의 회의가 가능한 실로 계획한다.
- 분장실과 연계하여 계획한다.

⑥ 샤워실 및 탈의실
- 분장실 가까이에 배치하고 물품보관함을 설치한다.
- 남·여를 구분하여 계획한다.
- 외부에서 샤워실 및 탈의실 내부가 보이지 않도록 계획한다.
- 바닥을 미끄럽지 않도록 계획한다.

10.2 기술 지원시설계획

무대의 공연에 필요한 음향, 조명, 무대장치 등의 지원, 조정, 감독 등이 효과적으로 지원될 수 있도록 계획한다.

① 음향조정실
- 공연장의 음향을 직접 들을 수 있고 공연의 전체적인 흐름을 관망할 수 있는 위치에 배치한다.
- 실내 음향을 조정실에서 모니터할 수 있고, 음향조정의 제어 및 조작반의 설치를 고려하여 크기를 계획한다.

② 조명조정실
- 공연장의 조명을 직접 볼 수 있고 공연의 전체적인 흐름을 관망할 수 있는 위치에 배치한다.
- 조명 제어를 위한 제어 및 조작반의 설치를 고려하여 실의 크기를 계획한다.

③ 무대감독실
- 무대 및 공연장을 전체적으로 관망하면서 조정할 수 있는 위치에 배치한다.

10.3 무대장치계획

① Batten(장치봉) 및 달기 기구

- 커튼, 조명기구, 무대장치, 배경막 등을 다는 데 쓰이는 장치봉으로서 그리드로부터 내려오는 쇠 파이프를 말한다.
- Batten의 수량은 대규모 공연 시 필요한 최소 소요 열(30열 이상) 수와 간격(250mm 이상)을 고려하여 계획한다.

② 그리드 아이언(Gridiron)
- 무대의 가장 상부에 설치되어 무대기계, 매달기 기구, 구동장치 등을 설치하는 부분으로 보통 철골로 촘촘히 깔아 바닥을 이룬 극장 고정물이다.
- 장치봉보다 더 상부인 천장 가까이에 설치되어 무대 기계장치의 하중을 지탱한다.
- 그리드의 높이는 작업의 원활함을 고려하여 프로시니엄 높이의 3배 이상, 공조설비의 높이(최소 1m 이상)를 고려하여 계획한다.
- 그리드 상부의 조명은 평균 조도가 100 lux 이상이 되도록 계획한다.
- 상부의 고온, 먼지 등을 제거하기 위한 환기구 및 배연구 등을 계획한다.

③ 플라이 갤러리(Fly Gallery)
- 무대 위의 조명시설을 비롯한 여러 장소를 연결하고 무대 상부 시설의 작업 공간이나 점검을 위한 좁은 통로를 말한다.
- 관객에게 보이지 않는 공간으로서 공연 중 무대막을 조정할 때 유용하게 사용된다.

④ 사이클로라마(Cyclorama)
- 무대의 양옆, 후면에 막을 설치하여 막의 뒤쪽을 가리면서 배경을 연출한다.

⑤ 오케스트라 리프트(Orchestra Lift)
- 관현악단이 위치하는 곳으로서 적정 면적을 확보하고, 승·하강이 가능하며, 연주 시에는 객석 면에 하강시켜 오케스트라 피트로 사용하고, 필요 시 무대 면까지 상승시켜 무대로 활용할 수 있도록 계획한다.

⑥ 프롬프터 박스(Prompter Box)
- 객석에서 보이지 않는 무대 중앙 앞부분에 무대에 등장한 배우에게 대사를 가르쳐 주거나 동작을 지시하는 사람(prompter)가 들어가는 박스

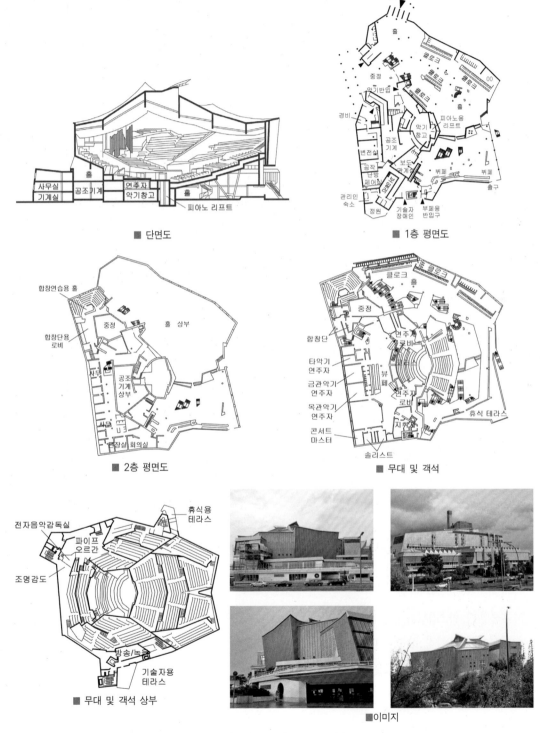

■ 단면도

■ 1층 평면도

■ 2층 평면도

■ 무대 및 객석

■ 무대 및 객석 상부

■ 이미지

그림 16-22. 콘서트홀 건축 예(베를린 필하모닉_독일)

■ 롯데콘서트홀 건축개요
　• 위치 : 서울
　• 규모 : 3층, 2,036석
　　- 1층(8F) : 540석(장애인석 4석)
　　- 2층(9F) : 998석(장애인석 18석)
　　- 3층(10F) : 498석
　• 주 무대크기 : 384㎡(24m X 16m)
　• 객석 형식 : 빈야드(Vineyard) 타입
　• 개관 : 2016년 8월

■ 입면 그림

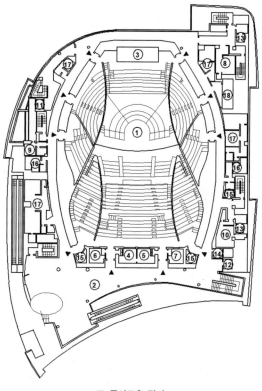

■ 콘서트홀 평면

■ 콘서트홀 전경

주) ① Stage　② Lobby　③ Pipe Organ
　④ Lighting Control Room　⑤ Sound Control Room
　⑥ Machine Control Room　⑦ Interpreter's Room
　⑧ Dressing Room　⑨ Attendant Room(M)
　⑩ Attendant Room(W)　⑪ Artists E/V　⑫ Concert Hall E/V
　⑬ Emergency E/V　⑭ Infirmary　⑮ Storage
　⑯ W/C(M)　⑱W/C(W)　⑲ Freight E/V

주)
① Pin Spot Room
② Ceiling Room
③ Projection Room
④ Control Room
⑤ Box Office
⑥ Stage Lift
⑦ Under Stage
⑧ Ante Room
⑨ Corridor
⑩ Corridor
⑪ Rehearsal Room

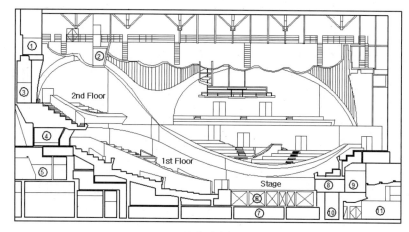

■ 무대 단면도

그림 16-23. 콘서트홀 건축 예(롯데콘서트홀_한국)　　※그림 : 롯데콘서트홀 제공

제IX편 공장 및 창고시설

제17장 공장(工場, Factory)

1 공장건축의 개념

1.1 공장이란

공장(工場)이란 원료나 재료를 가공(加工)하거나 물품을 제조(製造)하는 데 필요한 기계·장치 등의 설비(設備)를 갖춘 사업장의 건축물 또는 공작물을 말하는 것으로서 원료, 반제품, 제품 또는 공장의 유지에 필요한 물건을 보관하기 위한 부대시설 등을 포함한다.

| 공장 | 건축법시행령 제3조의5(용도별건축물의 종류) |

물품의 제조, 가공(염색, 도장, 표백, 재봉, 건조, 인쇄 등을 포함)또는 수리에 계속적으로 이용되는 건축물로서 제1종 근린생활시설, 제2종 근린생활시설, 위험물 저장 및 처리시설, 자동차 관련시설, 자원순환 관련시설 등으로 따로 분류되지 않은 것.

그림 17-1. Vitra Factory
(Weil am Rhein, Germany,
설계 : Alvaro Siza)

1.2 생산방식의 변화와 공장의 발달

물품의 제조와 생산방식은 전통적인 수공업 생산방식에서 가내공업 생산방식, 수공적 공장생산방식, 공장 생산방식, 공장자동 생산방식 등으로 발전하여 왔다. 예전의 톱날지붕과 굴뚝으로 상징되었던 철강, 기계, 자동차, 석유화학 등 전통적 산업의 제조와 생산의 주체로서 건설 후 20년 이상을 사용하여 왔으나, 최근의 공장건축은 소비자 요구의 빠른 변화에 따른 제품의 다양화 및 고품질, 전자공학과 IT기술의 발달, Hightech 기술의 공장 자동화, 제품 수명의 단축 등 수요와 기술이 변화하면서 기계와 설비, 운영, 인간과 환경 등 Hardware적, Software적 모든 측면의 고성능 제조환경을 요구하고 있다.

① 수공업 생산방식(手工業, Handcraft)
   제품을 한 사람 또는 소수의 숙련된 기술자가 단순한 도구를 사용하여 주문 생산 또는 소량 생산 위주의 생산방식
② 가내공업 생산방식(家內工業, Home industry)
   주문 생산 또는 소량 생산 위주의 수공업 생산방식은 늘어나는 제품의 수요 증대를 충족하는데 한계가 있음에 따라 다수의 수공업 생산자들이 각자의 작업장에서 동일 제품을 분산하여 생산하

는 방식으로서 자본이 풍부한 상업 자본가가 다수의 수공업 생산자들을 연결시켜 생산하는 방식

③ 수공적 공장 생산방식(手工的 工場, Handcraft factory)

가내공업 생산방식에서 발전하여 숙련된 기술자(수공업 생산자)를 한 작업장에 모으고 분업과 협업을 통하여 생산을 발전시킨 방식. 노동력의 집약, 분업 및 숙련도의 발전, 생산성의 증대, 생산도구의 특수화 및 다양화에 기여

④ 공장 생산방식(工場生産, Factory production)

산업혁명과 함께 기계의 발명과 발전에 따라 작업의 능률과 생산성(生産性)의 우위(優位)가 인간에서 기계로 옮겨지면서 이전(以前)의 수공적 공장 생산방식과는 다른 동력(증기 동력, 전기 동력의 사용)을 사용하여 근대화되고 규모가 대형화된 방식

⑤ 공장 자동생산방식(自動生産, Automatic production)

제2차 세계대전을 거치며 과학과 기술의 발달과 더불어 공장운영 및 관리방식의 효율성 중시, 비용절감, 생산성 향상 등 사고방식의 변화로 나타난 기계가 인간을 대신하는 자동화(Automation)된 생산방식

1.3 생산 형식에 의한 공장 분류

공업을 제품의 생산 형식에 의해 분류하면 기계장치에 의한 재료의 분해, 합성 등 기계장치형 공업과 재료의 물리적, 외형적 변형 등을 통하여 생산하는 가공조립형 공업으로 분류할 수 있다.

생산 형식		업 종	재료 특징	생산 특징
기계장치 공업	주류형	담배, 유혁, 종이, 도자기, 내화벽돌, 정제, 제철(고도), 압연, 비철금속제 동	• 주원료가 1종류 또는 2종류 • 부산물이 1종류 밖에 없다.	• 물리적, 화학적 변화가 주로 기계장치에 의해서 이루어지고, 일정한 프로세스마다 특정한 장치기기를 중심으로 구성된다. • 생산대상은 기체, 액체 또는 부정형고체로서 일괄 처리하는 경우가 많다. • 가공은 주로 화학적 분해(합성에 의한 변질)를 일으키는 경우가 많은데 처리 후에 물리적, 외형적 변화(변형)을 수반하기로 한다. • 기계장치의 비중이 높고, 가공은 장치 속에서 연속적으로 행해진다. • 프로세스설계의 비중이 매우 높다.
	분해형	석유제품, 유제품	• 몇 가지 물질로 구성된 1종류의 원료를 분해하여 제품을 생산	
	합성형	비누, 의약품, 유기화학공업제품, 도료, 윤활유, 화학섬유, 화장품, 제철(제강), 비철금속합금, 양조, 합성고무	• 2종류 이상의 원료를 합성하여 새로운 제품을 생산	
가공조립 공업	가공형	자동차부품, 레코드, 인쇄, 제재, 전자부품, 은공품, 일반기계부품, 건설·건축용 금속제품, 플라스틱 제품	• 동일계열의 주원료를 단계적으로 변형, 처리 등 가공하여 생산 • 기계적인 결합작업도 병행	• 생산대상은 고체(固體)로 개별처리가 많다. • 가공은 주로 물리적, 외형적 변화를 수반하는 경우가 많다. 화학적 변화를 수반하는 경우도 있다. • 장치공업에 비하여 사람의 손을 요하는 가공, 또는 검사가 많으며, 그 생산방식도 소종 다량생산, 다종소량생산, 개별생산 등 매우 다양하다. • 공정편성, 생산관리 시스템설계의 비중이 높다.
	조립형	기계, 자동차, 시계, 의복, 제반, 철도차량, 조선, 항공기, 광학기계, 전자기기, 가구	• 원료 또는 부품을 기계적인 결합을 통해 생산 • 변형, 처리 등 가공작업도 병행	

표 17-1. 생산 형식에 의한 업종 분류와 특징

2 │ 공장건축의 기본 요건과 설계 결정

2.1 공장건축의 기본 요건(要件)

공장건축은 업종에 따라 제조환경이 제각기 차이가 있으나 공장건축이 생산 활동을 위한 공간을 구축하고 제공하는 건축물이라는 측면에서 요구되는 기본 요건을 정리하면 다음과 같다.

① 제조, 가공, 운반, 보관, 관리 등이 능률적이며, 유리관리가 수월할 것
② 건축 구조적 측면에서 안전하고, 기계의 작동과 작업 등 공장 조업 방식에 적합하며, 생산시설의 변경과 증설이 쉽고 융통성이 있을 것
③ 폭풍, 홍수, 지진, 화재 등의 재해에 대비한 방재설비를 갖출 것
④ 근로자의 육체적, 정신적 작업환경이 쾌적할 것
⑤ 진동, 소음, 배수, 배기, 냄새 등 환경오염을 초래하지 않으며 방지시설을 갖출 것
⑥ 건설비 및 유지관리비가 경제적일 것

2.2 공장설계를 위한 조사와 설계 결정 과정

(1) 공장설계를 위한 조사

제품의 제조 및 생산의 합리화와 효율화, 제품의 다양화, 하이테크 시대에 상응하는 상품의 다기능화 및 고품질화 등의 요구는 공장건축에 있어서 자동화 시스템, 크린룸, 미진동 등 제조환경의 고성능화를 필요하게 된다. 이와 같은 고성능적인 건축 환경을 실현하기 위해서는 건축물이 생산설비의 일부로서 효과적으로 조화된 공장건축 설계가 이루어져야 한다. 공장건축에 있어서 생산설비의 일부로서 효과적인 건축설계를 위하여 선행되어야 할 사항을 정리하면 다음과 같다.

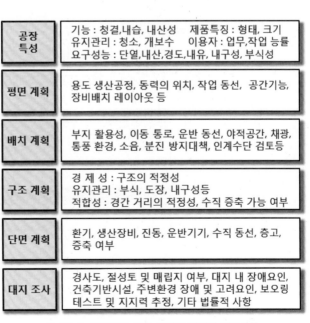

공장 특성	기능 : 청결,내습, 내산성 제품특징 : 형태, 크기 유지관리 : 청소, 개보수 이용자 : 업무,작업 능률 요구성능 : 단열,내산,경도,내유, 내구성, 부식성
평면 계획	용도 생산공정, 동력의 위치, 작업 동선, 공간기능, 장비배치 레이아웃 등
배치 계획	부지 활용성, 이동 통로, 운반 동선, 야적공간, 채광, 통풍 환경, 소음, 분진 방지대책, 인계수단 검토등
구조 계획	경제성 : 구조의 적정성 유지관리 : 부식, 도장, 내구성등 적합성 : 경간 거리의 적정성, 수직 증축 가능 여부
단면 계획	환기, 생산장비, 진동, 운반기기, 수직 동선, 층고, 증축 여부
대지 조사	경사도, 절성토 및 매립지 여부, 대지 내 장애요인, 건축기반시설, 주변환경 장애 및 고려요인, 보오링 테스트 및 지지력 추정, 기타 법률적 사항

표 17-2. 공장건축 설계 과정의 영역별 검토사항

- 생산 업종 및 방식의 검토와 분석
- 요구되는 설비와 기계장치의 특성 파악
- 생산 관계자와의 협의를 통한 생산 기술 영역과 요구 성능 등
  하드웨어 측면의 파악
- 관리 관계자와의 협의를 통한 경영전략, 생산계획, 노무정책 등
  소프트웨어 측면의 파악

(2) 공장건축설계의 결정 과정

공장의 건축설계는 원재료를 가공하여 제품으로 바꾸는 생산 시스템을 중심으로 전개된다. 그 주요 과정으로는 공장 기본 구상, 제품 기획, 생산방식의 결정, 제조공정 및 작업 순서의 설계, 공장 레이아웃(Layout)의 결정 등을 통하여 공장건축설계를 완성하게 된다.

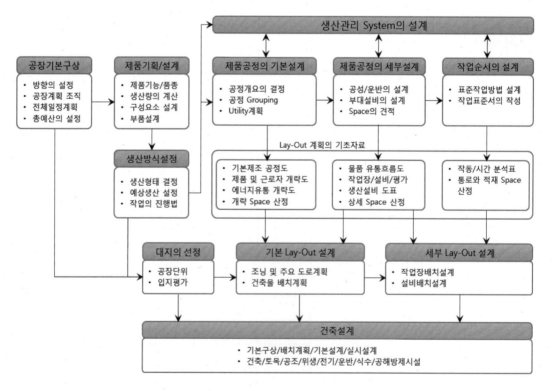

그림 17-2. 공장건축설계의 결정 과정

3 공장의 입지 조건

공장 건축을 위한 입지 조건으로는 토지 이용 및 건축, 환경 등 관련 법률의 저촉 여부, 사회간접 자본 확충, 교통, 재료와 근로자의 수급 등 설립과 운영 측면을 고려하여 선정한다.
공장건축을 위한 대지의 선정 시 고려할 사항을 정리하면 다음과 같다.

① 국토계획 및 이용, 도시계획, 건축법, 환경관련법, 공장 설립에 관련된 법령 등에 적합할 것
② 교통이 편리하고 원료와 노동력의 공급에 어려움이 없을 것
③ 도로, 통신, 전력, 수도, 상하수도, 용수, 가스 등 사회간접자본이 확충된 곳
④ 동일 생산업종 또는 유사한 공장 집단이 있는 곳
⑤ 지형이 평탄하고, 토지가 견고하며 배수가 원활한 곳
⑥ 생산 제품과 기후 및 자연조건이 적합한 곳
⑦ 산업폐기물의 처리가 그 지역에 합당한 곳
⑧ 염해(鹽害, Salt damage)에 의해 건축물, 기계장치, 설비, 배관 등의 피해가 없는 곳 (해안에서 2km를 벗어나는 게 바람직하다.)
⑨ 지가(地價)가 저렴한 곳

구분 / 용도	주거 지역			상업 지역			공업 지역			녹지 지역		
	전용	일반	준	중심	일반	근린	전용	일반	준	보전	생산	자연
공장	×	△	△	△	△	△	○	○	△	×	△	△
창고, 하역장	×	□	□	□	○	□	○	○	○	△	□	○

※ 범례 : ○ 건축 허용, × 건축 금지, △ 선택적 허용, □ 건축조례로 허용

표 17-3. 용도 지역 내 공장건축의 허용(국토의계획 및 이용에관한법률)

4 토지이용 및 배치계획

4.1 토지이용계획 시 고려사항

토지이용계획은 대지의 형상, 대지 주변의 주거지 유무(방재와 환경 영향 최소화), 인접 도로의 관계와 주 출입구 위치, 건물의 볼륨(생산 제품에 필요한 길이와 폭), 원료 및 부품의 공급·가공·생산·포장·출하 흐름의 축 설정, 대지 내 도로의 안전과 기능의 명확성, 기능과 경제적 측면의 유틸

리티(동력, 급수, 배수의 배관 등) 위치 설정, 향후 증축 공간, 녹지 공간(인접 대지와의 소음 완충, 환경 조화 등) 및 후생용지(스포츠시설, 복지시설 등)확보, 동선계획 등을 고려하여 계획한다.

■ 토지이용계획에 영향을 미치는 요소

① 대지의 형상 : 대지의 고저차가 있는 경우 건물 상호 간의 관계, 연락수단, 동선계획

② 대지 주변의 주거지 유무 : 인접 대지와의 화재, 홍수, 악취, 소음 등 방재 및 환경 영향 최소화 계획

③ 건물의 적정 볼륨 : 각 작업장의 규모, 제품의 양, 근로자 수, 장래 증설 등을 고려하여 제품 생산에 필요한 길이, 폭, 높이 등의 볼륨 설정

④ 공정의 흐름과 축선(軸線)의 설정 : 원료 및 부품의 공급·가공·가공·생산·포장·출하 등 공정의 흐름 축과 사무동, 후생동, 유틸리티 등의 축선 설정

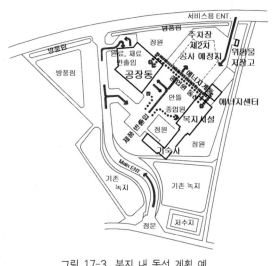

그림 17-3. 부지 내 동선 계획 예

⑤ 대지 내 도로 : 차도, 보도, 주요 도로, 서비스 도로 등의 기능적 위치 설정과 중요도, 빈도, 도로 폭 등 결정

⑥ 유틸리티(utilities, 공급처리시설) 유무 : 간선 동력, 전력공급설비, 상하수도 배관, 가스 공급설비, 지역 냉난방 시설, 오수처리장, 쓰레기처리장 등 에너지 공급과 도시의 순환 기능 등의 유무와 관련 경제성 및 유지관리 효율성을 고려한 위치 설정

⑦ 향후 증축 공간 : 대지 내 생산 지역과 비생산 지역의 구분, 대지의 확장에 따른 장래 시설의 증축 가능성

⑧ 녹지 공간의 확보 : 인접 대지와의 소음완충, 휴게, 친환경 조화를 위한 녹지공간의 확보

⑨ 복지 공간의 확보 : 근로자를 위한 식당, 목욕탕, 기숙사, 오락장, 의료시설, 스포츠시설 등 복지시설의 범위와 위치 설정 등

⑩ 동선계획 : 물류 동선, 사무원, 종업원 및 방문객 동선, 주차장 위치, 생산공장, 관리동, 연수동, 복지시설 등의 인접 관계에 따른 동선계획

4.2 대지 배치계획의 방향

공장 내 시설의 배치는 원료 및 제품의 운반, 공정에 따른 작업의 흐름을 중심으로 각 작업장과 공간을 유기적으로 배치하고, 근로자 및 방문객 동선을 분리하고, 외부 공간과 조화를 이루도록 계획한다.

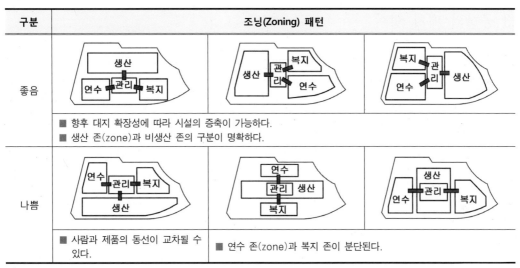

구분	조닝(Zoning) 패턴		
좋음	생산 / 연수 관리 복지	생산 관리 복지 연수	복지 관리 연수 생산
	■ 향후 대지 확장성에 따라 시설의 증축이 가능하다. ■ 생산 존(zone)과 비생산 존의 구분이 명확하다.		
나쁨	연수 관리 복지 / 생산	연수 관리 생산 복지	생산 관리 연수 복지
	■ 사람과 제품의 동선이 교차될 수 있다.	■ 연수 존(zone)과 복지 존이 분단된다.	

그림 17-4. 공장 배치의 조닝9Zoning) 패턴과 특징

일반적으로 공장의 기능은 생산공장, 창고, 사무, 복지시설, 유틸리티 구역(area)으로 크게 나누는데 한 동에 집약하든가 또는 여러 동으로 나누는 경우도 있다. 생산공장 구역은 제품 생산에 필요한 길이와 폭이 주요 조건이므로 배치계획 시 중요한 요소가 된다. 배치계획 시 고려사항을 정리하면 다음과 같다.

① 생산공장 구역을 대지의 중심에 넓게 차지할 수 있도록 하고 직각으로 교차되는 구내 도로를 계획한다.
② 장래의 확장을 고려하여 구내 도로를 따라 주 생산 건물의 스팬(Span)에 맞춰 모듈 구획을 작성하고 건물을 정연하게 배치한다.
③ 물품의 이동, 사람의 이동, 에너지 이동, 정보의 이동은 원활한 흐름 속에 최단으로 계획한다.
④ 대지의 특성과 생산, 관리 및 연구, 복지, 유틸리티 등 주요 시스템의 특성을 유기적으로 결합하여 배치시킨다.
⑤ 구내 도로의 안전 확보와 기능을 명확히 하여 위치를 설정한다.
⑥ 근로자 및 방문자의 동선을 분리한다.
⑦ 소음, 진동, 매연, 유해가스 등의 피해를 주지 않도록 계획한다.
⑧ 외부환경과 조화를 이루도록 계획한다.

■ 단차형

■ 구릉형

■ 식수형

그림 17-5. 주차장의 녹지 이용 계획

4.3 공장의 배치 형식

공장건축은 배치 형식에 따라 분산형(Pavilion Type)과 집중형(Block Type)으로 분류할 수 있으며, 각각의 특징을 정리하면 다음과 같다.

(1) 분산형(Pavilion Type)

분산형은 2동 이상의 독립된 생산공장과 부속된 보조건물로 이루어진 형식으로 독립형, 연결형으로 세분할 수 있다. 분산형의 일반적인 특징을 정리하면 다음과 같다.

① 각 생산공장의 건축 형식, 구조를 다르게 할 수 있다.
② 공장의 신설, 확장이 비교적 용이하다.
③ 각 생산공장 별 배수, 물 홈통의 설치가 용이하다.
④ 통풍과 채광이 좋다.
⑤ 공장 건설을 병행할 수 있으므로 조기 완성이 가능하다.
⑥ 화학공장, 일반 기계조립공장, 중층공장에 적합하다.

가) 독립형

생산 규모가 작거나 생산설비가 비교적 단순한 소규모 공장에 유리하다. 즉석 식품, 약품, 콘크리트 제품, 목재, 섬유 등 제품 생산의 주원료가 1종류이면서 분해, 합성 등의 제조공장 또는 전 생산 공장 속에서 한정된 공정만을 담당하여 생산하는 제조공장에 유리하다.

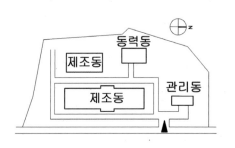

그림 17-6. 독립형 배치 예(약품제조공장)

나) 연결형

단위 생산 공정마다 독립된 건물을 마련하고, 전체 생산 공정 순으로 연결 배치한 형식으로 각 공정에 맞추어 공장의 형식, 구조 등을 다르게 할 수 있다. 펄프 제조, 시멘트 제조, 판유리 제조공장 등에 유리하다.

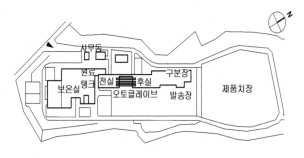

그림 17-7. 연결형 배치 예(ALC 제조공장)

(2) 집중형(Block Type)

집중형은 생산공장을 단일 건물로 배치하거나 대지를 몇 개의 구역(Area) 또는 블록(Block)으로 나누고 각 블록마다 생산설비, 기기장치 및 부대설비 등을 기능에 따라 효과적으로 결합시켜 배치하는 형식이 있다.

블록의 분할 유형으로는 제품 공정별 분할, 원료 처리, 화학 가공 등 제조 종별 분할, 생산 구역과 저장 구역 등으로 블록을 나누는 유형이 있다. 집중형의 일반적인 특징을 정리하면 다음과 같다.

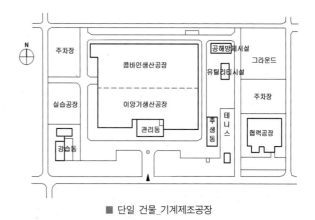

■ 단일 건물_기계제조공장

① 내부 배치의 변경에 융통성이 있다.
② 공간 효율이 좋다.
③ 제품생산 흐름을 단순화할 수 있고 운반이 용이하다.
④ 건축비가 저렴하다.
⑤ 지형의 고저차가 있거나 비정형의 대지는 적용이 어렵다. (단일 건물 배치)
⑥ 단층 구조의 평지붕, 지붕에 창이 없는 무창 공장에 적합하다.

■ 구역(Area)분할_약품제조공장

그림 17-8. 집중형 블록 배치 예

■ 블록 배치의 유형

① 생산공정 블록
② 유틸리티 블록 : 동력설비 블럭(전기, 보일러 등), 용수처리 블록, 냉각수 블록 등
③ 정비 블록 : 기계공작실 블록, 재료 및 부품 저장 블록 등
④ 저장 블록 : 원료, 제품 저장 블록, 하적 블록 등
⑤ 관리운영 블록 : 관리실, 의무실, 실험실, 방재 설비실 등
⑥ 복지시설 블록 : 복지회관, 식당, 기숙사, 체육시설 등

아파트형 공장　산업집적활성화 및 공장설립에 관한 법률

3층 이상의 집합건축물 안에 6개 이상의 공장이 동시에 입주할 수 있는 다층형 집합건축물을 말한다. 법률상의 용어는 "지식산업센터"이다.

5 | 공장 Lay-Out 계획

5.1 공장 Lay-Out이란

공장 레이아웃(Lay-out)이란, 재료를 투입하여 제품을 만드는 공정의 장치, 시설, 자재, 정보, 인적 자원, 에너지에 대한 사용 및 작업과 생산의 효율성을 극대화하기 위하여 공장 내의 모든 물리적인 시설물과 설비 및 동선을 배치하고 조직화하는 일련의 체계적인 활동이다.

5.2 Lay-Out의 목적과 원칙

(1) Lay-Out 계획의 목적

① 생산 공정 흐름의 원활화
② 생산 기간 단축 및 생산 능력 향상
③ Space의 경제적, 효율적 활용과 배치의 융통성
④ 운반관리(Material Handling)의 합리화
⑤ 재공품(在工品, work in process)의 최소화
⑥ 노동력의 효과적 이용
⑦ 관리감독의 효율성 향상 및 관리비용 절감
⑧ 작업환경의 쾌적성

(2) Lay-Out 계획의 원칙

① 목적 명확성의 원칙(공정 개선 활동 ECRS 원칙)
  - Eliminate(배제의 원칙), Combine(결합/분리의 원칙),
    Re-arrange(재편성의 원칙), Simplify(단순화의 원칙)
② 생산 공정의 균형과 조화의 원칙
③ 최단 운반 거리의 원칙
④ 원활한 흐름의 원칙
⑤ 공간 활용 극대화의 원칙
⑥ 작업환경 안전과 만족감의 원칙
⑦ 확장, 공정 변경 등 유연성의 원칙

5.3 공장건축의 Lay-Out 계획

(1) 공장 Lay-Out의 전제 조건

레이아웃의 전제가 되는 조건은 제품과 생산량, 생산방식과 공정 설계, 운반 및 저장 시스템 계획, 유틸리티 등의 서비스시설 계획 등의 파악에 있다.

① 제품과 생산량
② 생산방식과 공정 설계
③ 운반 및 저장 시스템
④ 물, 공기, 열원, 스팀, 가스, 전력 등 Utility설비 시설

(2) 기본 Lay-Out(배치구상) 계획의 과정

① 생산 구역을 대지의 중심에 배치하고 직각으로 교차되는 구내 도로를 결정한다.
② 미래의 확장을 고려하고, 가능한 주 생산 공장의 스팬(span)계획에 맞추어 모듈을 결정하고 구내 도로 계획에 맞추어 대지 내 건물을 정연하게 배치한다.
③ 물품 이동, 사람 이동, 에너지 이동, 정보의 이동을 파악하고 각 동선의 원활한 흐름과 최단(最短)으로 계획한다.
④ 대지의 특성과 주요 시스템의 특성을 연계하여 배치시킨다.
⑤ 소음, 진동, 매연, 유해가스 등에 의한 인근의 피해가 없도록 계획한다.
⑥ 외부환경과 조화되도록 계획한다.

(3) 공장 Lay-Out 세부계획

공장 Lay-Out 세부계획은 공장(작업장) 배치계획과 설비 배치계획으로 나누어 볼 수 있다.

가) 작업장배치 계획
① 작업장의 특성 파악

공장에는 성격(화학적 분해·합성, 가공·조립 등)이 다른 많은 작업장이 있으며, 작업장의 생산 설비와 작업의 내용에 따라 각 작업장의 성격이 정해진다.

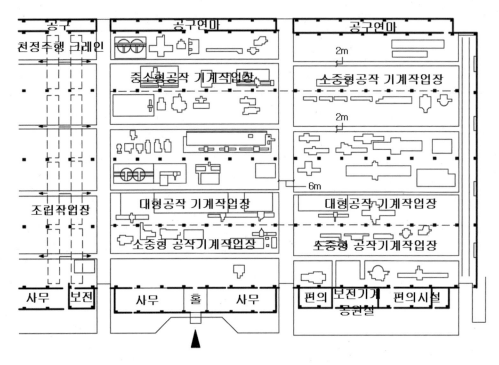

■ 중가공 조립형 공장

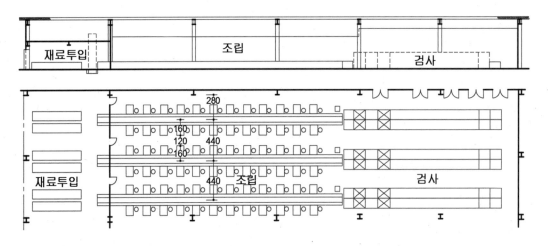

■ 경가공 조립형 공장(상 : 단면, 하 : 평면)

그림 17-9. 생산설비의 Lay-Out 계획 예

　일반적으로 기계장치 작업장은 생산설비를 위한 특수한 환경이 요구되며, 가공·조립 작업장은 비교적 근로자가 많이 필요하다. 각 작업장 생산 설비능력의 효율성, 근로자를 위한 쾌적한 작업환경 등의 충족을 위하여 작업장 배치계획 시 다음의 내용을 확인한다.

- 전(全) 생산 공정 중에서의 역할
- 생산 기계장치, 설비의 개요
- 작업자의 작업내용

② 작업장 Lay-Out(배치) 계획 결정
- 제조 공정을 수행하는 작업장의 특성에 따른 필요한 장비 및 설비의 수, 작업장의 기능적 특성을 그룹핑(grouping)한다.
- 작업장 내 물품, 사람의 이동, 에너지 이동, 정보의 이동 등 작업장의 특성과 제약 조건을 바탕으로 각 작업장의 근접성 평가와 기능 관련도를 작성하여 작업장의 배치와 위치 관계를 결정한다.

나) 생산설비의 배치계획

① 생산설비 배치계획의 결정
　작업장 Lay-Out 시 생산설비의 상대적 위치 관계의 결정을 위하여 작업장의 공정(工程)과 부품 또는 제품을 나열하고 이동 과정과 가공되는 공정순서를 번호로 표시하는 등 제품 흐름의 효율성 측면에서 설비의 근접성 평가를 우선할 필요가 있다. 이를 통하여 평면계획과 동선계획을 결정한다.

　ⓐ 생산설비의 배치 결정 과정을 요약하면 다음과 같다.
　　설비 부문에서의 물품의 이동 분석과 근접성 평가를 통하여 설비의 상대적 위치를 결정한다.
　ⓑ 건물 내의 기둥, 피트, 출입구, 배관 등의 제약(制約), 공정(工程) 전후(前後)의 관계와 균형, 운반의 방법, 작업 형식과 면적, 바닥 조건, 하중 등의 세부 Lay-out의 평가 항목을 만들어 충분히 검토(check on)한다.
　ⓒ 설비 템플릿(template), 형판(型板) 등을 사용하여 각 설비의 배치를 결정한다.

② SLP(Systematic Layout Planning Method, Richard Muther, 1973) 기법
　Richard Muther가 제안한 탐색적 접근 방식의 전개를 통한 기계, 자재, 작업자 등의 생산 요소와 생산시설을 최적화하여 생산 시스템의 효율성을 극대화하기 위한　계통적 설비 배치계획 (Systematic Layout Planning) 방법을 요약하면 다음과 같다.

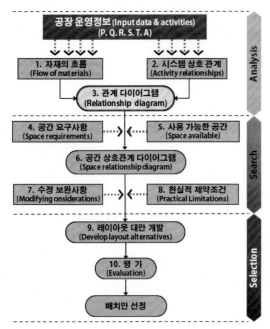

- P(product, 제품) : 생산제품과 이를 생산하는데 소요되는 원료, 부품, 서비스 등
- Q(Quantity, 수량) : 제품 각 항목의 수량
- R(Routing, 경로) : 제조공정, 설비 작업내용, 작업순서
- S(Supporting Services, 지원서비스) : 생산을 간접적으로 지원해주는 기능의 창고, 식당, 화장실, 공구실, 수선실, Utilities 등
- T(Timing, 시간) : 생산량/년
- A(Activities, 활동) : 작업장, 부서, 업무기능, 건물, 기계, 지원시설, 도로, 승강기 등 배치계획에서 취급해야 될 모든 것

그림 17-10. SLP 절차

- 1단계 : Location(위치 선정 단계)
  작업장의 배치를 결정한다.
- 2단계 : Overall Layout(전반적 배치계획)
  작업장 내 장치·설비그룹의 전반적인 배치 결정
- 3단계 : Detailed Layout(세부 배치계획)
  각 부문을 대상으로 장치·설비의 실제 위치 결정
- 4단계 : Installation(설치 단계)
  세부 배치계획에 따라 설비, 공구 등 실물을 설치

공정설계   Process Design이란?

제품을 생산하는 방법을 결정하기 위하여 재료의 투입, 제조 및 가공작업, 작업의 흐름 등을 산출물로 변환시키는 방법의 설계를 말한다.

다) 생산설비 Lay-Out의 유형

생산설비의 Lay-Out 형식은 제품과 기계설비의 종류와 수량, 가공 순서 등에 따라 공정 중심 Lay-Out, 제품 중심 Lay-Out, 고정식 Lay-Out, 혼성식 Lay-Out으로 분류할 수 있다. 생산설비는 실내 환경의 열, 가스, 소음 환경 등에 큰 영향을 미친다. 생산설비의 계획 시 이러한 영향 요소를 검토할 필요가 있다.

① 공정 중심 레이아웃(Process layout, Functional layout)
- 같은 기능을 수행하는 기계설비를 한 작업장에 모아서 배치한 형태로 기능식 레이아웃이라고도 한다.

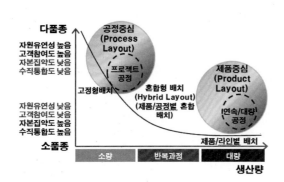

그림 17-11. 공정의 유형과 특징

- 다품종 소량 생산, 주문 생산, 표준화가 어려운 경우에 사용된다.
- 일반적으로 다품종 생산을 위한 범용 기계설비의 배치에 이용되므로 수요의 변동, 제품 설계의 변동, 작업 순서의 변동 등에 쉽게 대응할 수 있다.
- 여러 품목을 생산할 수 있으므로 다른 배치 형태보다 가동률이 높다.
- 생산 제품별로 기계설비가 배치되어 있지 않은 관계로 이동 및 대기시간이 많이 소요되어 생산 소요 시간이 길어질 우려가 있다.
- 다품종 소량 생산에 따른 단위당 생산비용이 상대적으로 높고, 생산계획 및 작업 스케줄을 효율적으로 수립하기 어렵다.
- 생산 품목이 다양하고 기계설비가 기능별로 배치되어 있는 관계로 상대적으로 높은 수준의 기술 인력을 필요로 한다.

② 제품중심 레이아웃(Product layout)
- 생산에 필요한 기계설비를 제품 흐름(생산라인)에 따라 배치한 형태
- 소품종 대량 생산에 적합하다.
- 석유화학, 제지공장 등과 같은 계속 공정이나, 자동차, 전기전자 등의 조립 공정 등 제조 시스템에 주로 이용되는 형태
- 제품을 생산하는 기계설비가 작업 순서로 배치되어 있으므로 표준화된 제품을 반복 생산하는 대량 생산에 유리하고 생산성이 높다.
- 반복 생산하므로 단위당 생산비용이 저렴하다.
- 제품별로 기계설비가 배치되어 있는 관계로 작업장 간 이동 시간과 대기 시간이 길지 않아 생산 소요 시간이 짧다.
- 생산 품목이 적고 반복 작업을 계속하므로 높은 기술 수준을 요구하지 않으므로 작업자의 훈련이 용이하다.
- 생산계획 및 일정계획을 효율적으로 수립할 수 있다.

③ 고정식 레이아웃(Fixed Position Layout)
- 제품이 매우 크고 무겁거나 복잡한 경우 제품은 움직이지 않고 생산에 필요한 원자재, 기계설비, 작업자 등을 제품의 생산 장소로 이동하여 작업하는 배치 형태이다.
- 조선, 항공, 토목 및 건축공사에 적합하다.

④ 그룹형 레이아웃(Group technology layout)
- 공정식 레이아웃과 제품별 레이아웃을 절충한 혼합식 배치 형태의 한 유형이다.
- 생산 제품의 형상, 치수, 가공 공정 등 유사한 생산 흐름을 갖는 제품들로 몇 개의 그룹으로 나누

어 각 그룹별로 기계설비를 배치하고 부품 부류별로 가공하는 형태로 셀(Cell) 단위 레이아웃이라고도 한다.

- 각 그룹별로 기계설비를 배치하여 유사 품목을 묶어서 생산함으로써 생산 준비, 대기 시간, 작업장 간 운반 거리 등 개별 생산 시스템하에서의 생산성을 높이는 배치 방법
- 특정 품목의 그룹 수요가 급증하여 설비 부족이 발생하더라도 다른 그룹의 기계설비를 이용하기 어려워 가동률이 저하될 수 있다.

⑤ U자형 레이아웃

- 다양한 수요 변화에 대응하기 위하여 작업자가 융통성 있게 작업할 수 있도록 생산라인을 U자 형태로 배치한 유형
- 소수의 인원으로 작업 효율 및 공간 효율을 극대화할 수 있다.
- U자 형태로 작업장이 밀집되어 있으므로 작업자의 이동이나 운반 거리가 짧아 공간이 적게 소요되고, 작업자들의 의사소통이 좋다.

6 평면계획의 고려사항

공장의 제조환경에 관한 조건은 업종에 따라 각기 다른 차이가 있다. 따라서 공장건축이 단지 건축물로서 설계되기보다는 각 업종별 생산방식을 분석·검토하고, 요구되는 제조 장치의 특성을 파악하여 효과적으로 일치된 공장 건축계획이 요구된다.

6.1 평면계획 시 고려사항

공장의 평면계획 시 고려사항을 정리하면 다음과 같다.

- 업종별 제조환경에 맞는 길이와 폭을 기본으로 최적의 층고를 갖도록 계획한다.
- 물류 및 제품 동선, 작업자의 동선, 에너지의 동선 등을 검토하고 수요 변화에 적응하기 위한 생산시설의 변경·증설이 용이한 융통성 있는 제조 공간이 되도록 계획한다.
- 건축의 장치화를 통한 생산설비와 건축이 일체화가 되도록 계획한다.
- 운영비용 절감, 에너지 활용 등 방위를 고려하여 계획한다.
- 식품공장, 정밀공장 등 세밀한 관리가 필요한 업종의 경우 관리가 용이한 평면계획이 중요하다.
- 평면의 유형은 요철(凹凸)이 적은 것이 바람직하며 정형(整形)이 되도록 계획한다.

- 생산 또는 가공 구역은 Lay-Out이 변경될 경우를 대비하여 공간을 확보한다.
- 작업자와 물품의 동선은 분리하고, 작업자나 차량이 기계장치, 벽 등에 닿지 않도록 계획한다.
- 원료·재료의 반입과 제품의 반출 명확히 분리하여 계획한다.
- 근로자의 출입구는 별도로 두고 관리가 용이하게 계획한다.
- 방문객과 근로자의 동선을 분리하고, 견학자의 동선이 생산에 방해가 되지 않도록 계획한다.
- 공장내 운반용 차량, 지게차(Fork Lift) 등을 사용하는 경우 회전 반경, 하중 조건 등을 조사하여 통로 폭을 결정한다.
- 탈의실에서 작업장, 작업장에서 화장실, 식당 등 환경이 변하는 경우 Clean Room 또는 전실(Air Shower) 계획을 고려한다.
- 식품공장, 반도체공장 등 작업 중 근로자의 외부 노출이 바람직하지 않은 경우 공장 내 식당, 휴게실, 화장실 등을 계획한다.

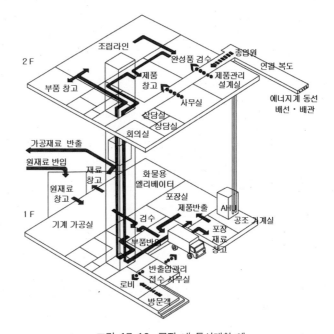

그림 17-12. 공장 내 동선계획 예

- 원료, 자재 등이 외부로부터 반입되는 공간에는 방충 및 방서(防鼠) 설비를 계획한다.
- 특정 용기류로 원료를 공급하는 식품공장의 경우 필요 시 반납 장소에서 증기 세척을 할 수 있는 공간을 계획한다.
- 원료, 자재 등의 운송 기사의 휴게실, 화장실은 공장과 분리하여 계획한다.
- 기계실, 보수실 등은 생산라인과 분리하여 근로자의 혼잡을 최소로 한다.
- 2층 이상의 중층을 계획하는 경우 하중이 무거운 기계, 진동이 발생하는 생산라인 및 세척, 바닥 씻기가 필요한 공간 등은 1층에 계획한다.

6.2 공간 규모계획 시 고려사항

공장건축에서 요구되는 실의 수, 면적이나 규모의 산출은 공장 생산 목표를 기준하여 일반적으로 1일 생산 실적과 시간당 생산 실적을 계획하고 이를 바탕으로 각 공정에서 필요한 장치, 설비의 규모를 산정하여 바닥면적을 산출하게 되며, 층고, 형태 등에 영향을 미치게 된다.
공장 작업장의 공간 규모계획에 있어서 고려할 사항을 정리하면 다음과 같다.

- 장비 인입 및 설치 요구 공간 : 반입 동선, 면적, 높이
- 자재, 원료, 제품의 운반 공간
- 관련 설비를 연결하는 공간 : 배관, 배선, 덕트, 연도 등
- 운전 및 유지보수 공간 : 작업자 통로, 수리, 교체 공간, 점검구 확보
- 천정 속, 바닥 밑 공간의 필요 여부 및 높이
- 버퍼존(Buffer Zone) 설정 : 소음, 진동으로부터 이격
- 확장 및 여유 공간 : 장치, 설비의 확장성 고려
- 공간의 환경 요구 : 채광, 급기, 배기 등

7 | 기타 계획

7.1 운반계획

운반계획을 위해 먼저 알아야 할 것은 운반물의 성분과 형태이며, 다음으로 운반 장소와 시간의 관계를 알고 운반 수단을 선정한다. 운반설비의 종류와 방식은 건물의 구조 보강이나 바닥 피트의 설계 등 공장 건축계획에 영향을 줄 수 있다. 운반 방식은 다음과 같이 분류할 수 있다.

① 끌어올림 주행 방식 : 주행 크레인, 케이블 크레인, 호이스트, 리프트 등
② 차량에 의한 수평 운반 방식 : Fork-Lift, Scraper 등
③ 연속 운반 방식 : 콘베이어류
④ 인력 운반 방식 : Table-Lift, Drum-Lift, 손수레 등

7.2 통로계획

전체 Lay-Out에서 주 통로를 구획하고, 세부 Lay-Out에서 보조 통로를 결정한다. 각 작업 공간을 잇는 주 통로는 벽면과 평행하게 직선으로 구획하는 것이 물품의 운반, 사람의 출입, 관리, 안전, 미관상 유리하다.

- 차량 통로의 폭 : 차폭 + 800mm 이상
- 인력 중심 운반 : 차폭 + 500mm 이상

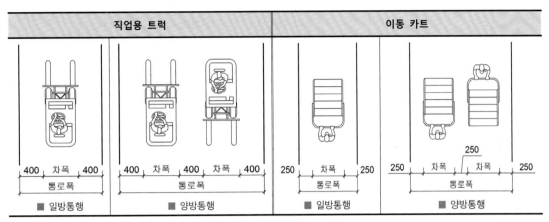

그림 17-13. 작업장 통로 폭

7.3 클린룸(Clean Room) 계획

(1) 클린룸이란

실내공기를 오염시키는 부유분진(浮遊粉塵, airborne dust), 에어로졸(Aerosol), 유독가스, 금속이온 등을 그 방의 사용목적에 맞는 기준량 이하로 억제하여 관리되고 있는 방을 말하며, 먼지가 전혀 없는 방, 청정실이라고도 한다. 미생물도 관리 대상으로 삼을 경우 바이오 클린룸(Bio Clean Room) 또는 무균실이라고 한다.

부유분진, 에어로졸

- 부유분진(浮遊粉塵, airborne dust)
  공기 중에 부유하고 있는 입자상 오염물질의 분진(dust)을 총칭
- 에어로졸(Aerosol)
  대기 중을 떠도는 미세한 고체 입자 또는 액체 방울

---

(2) Clean-Class(청정 수준, 淸淨水準)란

클린룸(청정실)의 등급을 구분하는 기준, 미연방규격(FED-STD-209E)을 표준으로 하며, 가로, 세로, 높이가 각각 30.48cm인 1 feet 3 체적 내의 공기 중에 포함된 일정 크기(0.5μm) 이상의 먼지 수로 나타낸다.

대기의 위치	Class 수준	비 고
성층권 상층 이상	1,000	지구 상공으로 올라갈수록 Class의 수준은 높아짐
한라산 정상 윗부분	10,000	
고원지대	100,000	
대도시	1,000,000	
공장지역	10,000,000	

표 17-4. 대기 위치에 따른 청정 수준

클린룸 등급	미세먼지 직경 및 단위 면적									
	0.1μm		0.2μm		0.3μm		0.5μm		5μm	
	m³	ft³	m³	ft³	m³	ft³	m³	ft³	m³	ft³
1	1,240	35	265	7.5	106	3	11	1		
10	12,400	350	2,650	75	1,060	30	353	10		
100			26,500	750	10,000	300	3,530	100		
1,000							35,300	1,000	618	17.5
10,000							353,000	10,000	6,180	175
100,000							3,530,000	100,000	61,800	1,750

※ 기준 예 : 클래스 1인 경우 0.5μm 먼지가 1m³에 11개 이하(1 ft³ 의 경우 1개 이하)

표 17-5. 클린룸 등급별 미세먼지 농도 기준

(3) 클린룸 설계 과정

① 용도 및 위치 설정 : 클린룸 용도(Bio Clean Room or Industrial Clean Room), 타실과의 관계, 물류의 흐름
② 형식 선정 : 기류 방식(층류형, 난류형 방식), 시스템(HEPA Box, Fan Filter Unit 등) 선정
③ 청정도 설정 : Class, 환기 회수
④ 필터 선정 : 내용연수, 풍량
⑤ 공조 계산 : 냉·난방부하, 송풍
⑥ 경비 계산 : 초기 투자비, 운영비, 경제성 평가
⑦ 공간 설계 : 실용적(천정 높이 3m 이하 : Low Bay Type, 3m 이상 : High Bay Type), 송풍설비 설치 방식(건축 구조체에 송풍설비를 설치하는 Hard Wall식 or Unit식)

(4) 클린룸의 방식

클린룸은 수직, 수평형의 층류형 방식과 난류형 방식 그리고 혼합형 방식으로 분류할 수 있다. 각 형식의 특징을 정리하면 다음과 같다.

가) 층류형 방식(Laminar Flow, 단일 방향 기류)

층류형 방식은 취출구의 면 풍속에 의한 공기의 흐름에 따라 결정된다.

① 수평 층류형(Horizontal Laminar Airflow)
- 실내의 한쪽 벽면을 HAPA Filter 또는 ULPA Filter를 설치하여 청정 공기의 취출구로 하고 반대 측면 전체를 리턴그릴을 설치하는 방법으로 청정 공기가 수평 단일 방향으로 흐르게 한 클린룸이다.
- 설비비가 비싸다.
- 실 확장이 곤란하다.
- 공기 흐름이 수평으로 진행되는 관계로 공간 아랫 부분의 청정도가 저하되어 균일한 청정도 유지가 어렵다.
- 상류부는 Class 100 이하, 하류부는 Class 1,000 정도의 청정도를 얻을 수 있다.
- 병원, 수술실 등에서 사용

② 수직 층류형(Vertical Laminar Airflow)
- 실내 천장 전체에 HAPA Filter 또는 ULPA Filter를 설치하여 청정 공기 취출구로 하고 바닥 전체를 리턴으로 하는 수직 방식의 클린룸이다.
- 실내 모든 수평면에서도 균일한 풍속으로 수직 방향으로 하강되는 기류를 형성하여 고 청정도 유지가 가능하다.
- 설비비가 비싸다.
- 실 확장이 곤란하다.
- 오염 확산이 적다.
- Class 100 이하의 청정도를 얻을 수 있다.
- 취출 풍속은 0.25~0.5m/sec이다.

나) 난류형 방식(Turbulent Airflow, 비단일 방향 기류)
- 기본적으로 일반 공조의 취출구에 HAPA Filter 또는 ULPA Filter를 설치하여 청정한 취출 공기에 의해 실내 오염원을 희석하여 청정도를 상승시키는 방식이다.
- 설비비가 싸고 시공이 간단 용이하다.
- 실 확장이 용이하다.
- 오염된 입자가 순환될 우려가 있다.
- 주로 Class 1,000보다 청정도가 낮은 곳에 적용한다.
- Class 1,000에서는 하부 리턴을, Class 10,000 이상에서는 상부 리턴을 적용한다.
- 환기 회수는 20~80회/hr 정도이며, 환기 회수를 증가(ex. 100회/hr)시켜도 청정도의 효과는 비례로 증가하지 않는 단점이 있다.

방식 항목	수평 층류 방식 (Horizontal laminar Airflow Celan Room)	수직 층류 방식 (Vertical Laminar Airflow Clean Room)	난류 방식 (Turbulent Airflow Clean Room)	혼류 방식 (Mixed Airflow Clean Room)
개념도				
Class 등급	100	1~100	1,000~100,000	1,000~100,000
가동시 청정도	상류부의 분진이 하류부에 영향을 미친다.	작업자로부터의 영향 적다.	작업자 부터의 영향이 많다.	레이아웃에 따라 작업자로부터의 영향이 있을 수 있다.
운전비	중	고	저	중
Lay-Out 변경	×	○	○	○
장치의 보수	클린룸내부 또는 Return Space 부터	클린룸내부 또는 Return Space 부터	클린룸내부 부터	클린룸 내부 또는 Return Space 부터
확장성	×	×	△	×
청정도 유지	공간 아래 부분의 청정 도가 저하되어 균일한 유지 어렵다	균일한 풍속과 수직방 향 하강 기류로 청정도 유지 가능	청정도 낮음	청정도 낮음

주) S.A : Supply Air, R.A : Return Air

표 17-6. 클린룸의 방식과 특징

다) 혼합형 방식(Mixed Airflow Clean Room)

- 높은 청정도가 가능한 층류형 방식과 경제적인 난류형 방식을 혼합한 방식이다.
- 층류형 방식보다 저렴하고 Unit 증설이 효과적이다.
- 규격 및 동선에 제약이 있다.
- Class 1,000~100,000

7.4 채광계획

채광은 자연채광과 인공조명으로 분류할 수 있다.

① 자연채광

일반적으로 벽면의 창과 지붕의 천창을 통하는 형식으로 분류할 수 있다. 자연채광계획 시 고려
할 내용을 정리하면 다음과 같다.

- 가능한 창을 크게 하고 빛을 부드럽게 확산시킬 수 있는 유리를 계획한다.
- 창의 설계는 동일 패턴을 반복하는 것이 바람직하다.
- 소요 창 면적(㎡)

$$= \frac{\text{바닥면적(m}^2) \times \text{채광도(Lux)}}{380}$$

② 인공조명

인공조명은 주로 형광등, 백열등, 수은등 등 조명 광원을 사용하여 이루어진다.

- 형광등이 경제적인 면에서 많이 사용되지만 천장이 높을 경우 백열등이나 수은등이 효과적이다.
- 수은등만을 사용할 경우 연색성이 떨어지므로 백열등과 혼용이 바람직하다.
- 정밀한 작업의 경우 국부 조명을 계획한다.

③ 무창 공장

- 무창 공장은 창이 없는 공장건축으로서 배치계획 시 방위의 영향을 받지 않는다.
- 창을 설치하지 않음으로 건축 공사비가 적게 든다.
- 소요 조도는 인공조명을 통하여 균일하게 할 수 있다.
- 냉난방 공조 시 부하가 적어 온·습도 조정 및 유지비가 다른 유형에 비해 경제적이다.
- 외부 환경의 변화에 영향이 적어 작업의 능률을 향상시킬 수 있다.
- 실내 소음이 큰 단점이 있다.
- 방직공장, 정밀기계공장에 적합하다.

7.5 환기, 소음, 진동 방지계획

환기, 소음 및 진동 방지는 쾌적한 작업 환경을 보존하고 작업자의 건강을 보호하는 데 중요하다. 특히 소음과 진동은 공장 주변 지역주민의 삶에도 영향을 미치므로 환경 기준을 충족하도록 계획한다. 이를 위하여 공장 기획 단계에서부터 쾌적한 환경을 저해(沮害)하는 시설을 정확히 파악하고 관련 전문가와의 협의를 통하여 공장의 기획 단계에서부터 방지계획을 검토하고 환경 기준과 법적 기준에 적합한 설계가 되도록 한다.

(1) 환기계획

공장의 제품 생산 과정에서 발생하는 먼지, 수증기, 가스 등은 인체 건강에 유해한 영향을 줄 수 있으므로 옥외로 환기가 필요하다. 환기는 자연 환기 방법과 와 기계 환기 방법이 있다.

[단위 : dB(A)]

대상지역	시간대별		
	낮 (06:00 ~ 18:00)	저녁 (18:00 ~ 24:00)	밤 (24:00 ~ 06:00)
가. 도시지역 중 전용주거지역 및 녹지지역(취락지구·주거개발진흥지구 및 관광·휴양개발진흥지구만 해당한다), 관리지역 중 취락지구·주거개발진흥지구 및 관광·휴양개발진흥지구, 자연환경보전지역 중 수산자원보호구역 외의 지역	50 이하	45 이하	40 이하
나. 도시지역 중 일반주거지역 및 준주거지역, 도시지역 중 녹지지역(취락지구·주거개발진흥지구 및 관광·휴양개발진흥지구는 제외한다)	55 이하	50 이하	45 이하
다. 농림지역, 자연환경보전지역 중 수산자원보호구역, 관리지역 중 가목과 라목을 제외한 그 밖의 지역	60 이하	55 이하	50 이하
라. 도시지역 중 상업지역·준공업지역, 관리지역 중 산업개발진흥지구	65 이하	60 이하	55 이하
마. 도시지역 중 일반공업지역 및 전용공업지역	70 이하	65 이하	60 이하

표 17-7. 공장 소음 배출 허용기준(소음·진동관리법 제7조)

① 자연 환기 방식

온도 차에 의한 대류현상을 측창 또는 천창을 통해 환기하는 방식과 통풍구(ventilator)를 통해 환기하는 방식이 있다. 기온, 기후 등 환경의 변화에 따라 효율성의 변화가 있으며 한계성을 가지고 있다.

② 기계 환기 방식

기계에 의한 강제 환기 방식이다. 급기와 배기의 방법에 따라 다양한 환기로 분류할 수 있으나 크게 전체(전반) 환기와 국소 환기 방식으로 나눌 수 있다.

- 전체 환기는 유해물질 농도를 희석하여 낮추는 방법으로써 유해물질 발생량이 많으면 필요 환기량이 증가하여 실용성이 낮아진다.
- 전체 환기는 유해물질 발생이 비교적 균일하고 독성이 낮은 곳에 적합하다.
- 국소 환기는 오염물질이 작업장에 확산되기 전에 제거하는 방법이다.
- 국소 환기는 필요 환기량이 적으므로 전체 환기보다 경제적이다.
- 국소 환기는 후드(hood), 덕트(duct), 공기청정기, 팬(fan), 배기구로 구성된다.

(2) 소음 방지계획

공장의 소음은 작업자의 작업 능률을 저하시키고 정신적 측면에서도 유해한 영향을 미치며 공장 인근에도 피해를 준다. 소음 방지를 위하여 고려할 사항을 정리하면 다음과 같다.

- 소음원을 원천적으로 제거할 수 없으면 소음원을 차음재나 흡음재로 마감하여 소음을 차단한다.
- 소음이 발생하는 공정별 부분 방음벽이나 흡음시설 또는 차음벽을 설치한다.
- 공장 건축계획 시 예상되는 소음 레벨을 파악하고 주파수 특성의 분석 등을 통하여 효과적인 차음성능 구조를 계획한다.

(3) 진동 방지계획

진동(振動)이란, 기계·기구·시설 등 물체의 사용으로 인하여 발생하는 강한 흔들림을 말한다. 인체의 감각기관은 전신(全身)에 분포하기 때문에 진동이 전달되면 건강에 악영향을 미칠 수 있다. 건축물의 경우에도 벽, 기둥 등 균열이 발생하고 부착물이 떨어지는 등의 피해를 줄 수 있다.

일반적으로 진동 레벨이 60dB 이상이면 인간이 진동을 느끼며, 65~69dB에서 수면장애를 일으키고, 80dB 이상에서 물적인 피해를 일으킨다. 진동 방지계획을 위해 고려할 사항을 정리하면 다음과 같다.

- 진동원과 구조체 사이에 모래 등 방진(防振材)재를 사용하여 진동원을 절연(絶緣)시킨다.
- 스프링이나 방진고무 등 방진 탄성체를 사용하여 진동원을 지지하여 제진(除振)시킨다.
- 땅속에 차단벽이나 공간을 두어 진동원을 차단한다.

[단위 : dB(V)]

대상 지역	시간대별	
	낮 (06:00 ~ 22:00)	밤 (22:00 ~ 06:00)
가. 도시지역 중 전용주거지역·녹지지역, 관리지역 중 취락지구·주거개발진흥지구 및 관광·휴양개발진흥지구, 자연환경보전지역 중 수산자원보호구역 외의 지역	60 이하	55 이하
나. 도시지역 중 일반주거지역·준주거지역, 농림지역, 자연환경보전지역 중 수산자원보호구역, 관리지역 중 가목과 다목을 제외한 그 밖의 지역	65 이하	60 이하
다. 도시지역 중 상업지역·준공업지역, 관리지역 중 산업개발진흥지구	70 이하	65 이하
라. 도시지역 중 일반공업지역 및 전용공업지역	75 이하	70 이하

표 17-8. 공장 진동 배출 허용기준

7.6 공장의 입면 형태

공장의 입면 형태는 단면 구조에 따라 단층, 중층, 단층 및 중층 병용 및 특수 구조로 나눌 수 있다.
① 단층 : 기계, 조선공장
② 중층 : 제지, 제분, 방직공장
③ 단층 및 중층 병용 : 양조, 방적공장
④ 특수 구조 : 제분, 시멘트

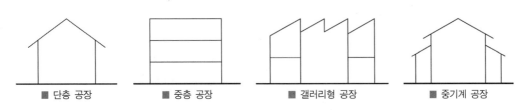

■ 단층 공장　　　■ 중층 공장　　　■ 갤러리형 공장　　　■ 중기계 공장

그림 17-14. 공장의 입면 형태

7.7 공장의 지붕 구조

① 평지붕

지붕 형식 중 가장 단순한 형식으로 중층식 공장건축의 최상층에 쓰인다.

② 뾰족지붕

- 평지붕의 동일면(同一面) 일부에 천창을 내는 형식이다.
- 천장으로 유입되는 직사광선을 어느 정도 허용해야 하는 단점이 있다.

③ 솟을지붕

- 채광, 환기에 적합한 형식이다.
- 채광창의 경사에 따라 채광이 조절되며 창의 개폐에 의해 환기량도 조절된다.
- 건축물 길이의 반 이상의 폭을 가져야 효율적이다.

④ 톱날지붕

- 공장 건축에서 볼 수 있는 특유의 지붕 형태이다.
- 채광창을 북향으로 하는 경우 온종일 일정한 조도를 가진다.
- 북향의 약(弱) 광선이 유입되므로 작업 능률에 지장이 없는 조명계획이 필요하다.
- 기둥이 많이 필요하여 기둥으로 인하여 기계 배치의 융통성 및 작업 능률이 감소하고 바닥면적
  이 증가하는 단점이 있다.

⑤ 샤렌구조 지붕

- 지붕을 곡면으로 하는 특수 구조 유형으로 기둥이 적게 소요되어 바닥면적의 효율성이 높다.
- 채광과 환기계획에 주의한다.

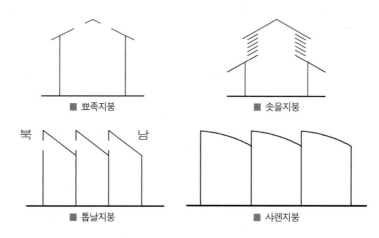

그림 17-15. 공장의 지붕 구조

7.8 저장시설

- 공장 대지 면적에 대해 창고 면적은 2~3% 정도 계획한다.
- 작업장 전체 면적 대비 창고 면적은 10% 정도 계획한다.

7.9 화장실

- 대규모 공장의 경우 화장실까지의 보행 거리는 50m 이내가 바람직하다.
- 남자용 변기는 1대/25~30명, 소변기는 1대/20~25명, 여자용 변기는 1대/10~15명 정도로 계획한다.
- 세면기 수는 15~20개/100명 정도로 계획한다.

■ 참고문헌

- 건축계획론, 김진일 저, 보성문화사
- 건축계획, 김광문 외 역, 세진사
- 건축계획론, 안영배 외 저, 기문당
- 건축계획·설계론, 김창언 외 저, 서우출판사
- 한국건축사, 대한건축학회 편, 기문당
- 서양건축사정론, 박학재 저, 세진사
- 건축조형디자인론, 김홍기 저, 기문당
- 첨단정보빌딩 구축계획, 손주선 저, 성안당
- 알기쉬운 도시계획 용어집, 서울특별시
- 건축계획각론, 최준식 저, 기문당
- 주택분야 건축설계지침, LH 기술기준처, LH
- 건축의 선례, 편집부, 도서출판국제
- 건축의 형태공간, 황연숙 역, 도서출판국제
- 한국의 현대건축 1~20, 산업도서출판공사
- 건축계획설계시리즈 1~14, 박순 역, 도서출판국제
- 건축설계자료집성 2~9, 건축자료연구회 역, 보원
- 건축설계자료실례집 1~56, 건축자료연구회 역, 보원
- 오픈스쿨 : 그 시스템과 건물의 변혁, 김승제 역, 건축문화
- 특수학교 계획·설계 지침서, 서울특별시교육청
- 학교시설 복합화의 현안진단 및 활성화 방향, 조진일 외 저, 한국교육개발원
- 교과교실제 컨설팅 가이드, 한국교육개발원
- 학교 급식시설 개선 자료집, 교육인적자원부
- 학교 급식시설 표준 매뉴얼, 평생체육보건과, 대구광역시교육청
- 학교 보건실 현대화 매뉴얼, 경상북도교육청
- 유치원 계획·설계 지침서, 서울특별시교육청
- 초등학교 계획·설계 지침서, 서울특별시교육청
- 중·고등학교 계획·설계 지침서, 서울특별시교육청
- 택지개발지내 학교 체육장의 적정 규모에 관한 연구, 이화룡 외 저, 대한건축학회논문집 계획계 제26권 제6호
- 교과교실제 컨설팅 가이드, 교육부 외 저, 한국교육개발원
- 교육시설 설계·시공·유지관리 사례집, 대전대학교 산학협력단, 충청남도교육청
- 초등학교 단위학습공간의 건축계획지침에 관한 연구, 오승주, 광운대학교대학원 박사논문
- 전라유치원 신축공사 건축기본계획 연구, 오승주 저, 한국교육시설학회

- 유치원 시설·설비 적정 기준 마련 연구, 육아정책연구소, 교육부
- 유치원 시설안전관리 매뉴얼, 교육부
- 유치원 표준 설계 매뉴얼, 육아정책연구소, 한국교육개발원
- 병원건축의 공간배분계획에 관한 연구, 최광석 저, 한국의료복지시설학회지 13권 3호
- 병원건축의 새로운 동향, 이특구 외 저, 대한병원협회지
- 요양병원 시설기준 세부 안내, 의료기관정책과, 보건복지부
- 국내 종합병원 다인병실의 프라이버시 개선을 위한 건축계획적 연구, 박범철 저, 한양대학교 산업경영대학원 석사학원 논문
- 종합병원의 효율적인 공간분석을 위한 건축계획적 연구, 신승철, 서울대학교대학원 석사학위논문
- 명동 M호텔 타당성 분석보고서, (주)가람감정평가법인
- 비즈니스호텔 건축설계와 인허가, 김철환 저, (주)가온도시산업건축사사무소
- 작은도서관 리모델링 참고자료, 국립중앙도서관
- 경기도 공공도서관 운영 모델 구축, 경기도청
- 한국도서관기준 개정 연구, 국립중앙도서관
- 공공도서관 건립·운영 매뉴얼, 문화체육관광부
- 도서관건축사례집(도서관공간운영 실태조사 및 표준모델 연구 보고서 별책), 국립중앙도서관
- 중앙도서관 건립 타당성조사 및 기본계획수립, (재)한국경제행정연구원, 아산시
- 도서관 공간운영 실태조사 및 표준모델 연구, 한국비블리아학회, 국립중앙도서관
- 국립 서울과학관 입지분석 및 건립규모 추정에 관한 연구, 이범제 저, 과학기술정책관리연구소
- 대한민국역사박물관 건립기본계획 연구, (사)한국문화공간건축학회, 문화체육관광부
- 행정중심복합도시(가칭)건축박물관 건립계획 수립연구, 건축도시공간연구소, 행정중심복합도시건설청
- 문화예술단체를 위한 공연장 조성 매뉴얼, (재)예술경영지원센터
- 국립극장 공연예술박물관 설립 기본계획, 한국예술종합학교 산학협력단, 국립중앙극장
- 오페라극장 공간디자인 계획의 공간마케팅 적용 연구, 이문호 외 저, 한국공간디자인학회 논문집 제3권 1호
- 공연장 건립 시 고려사항 체크리스트, 저자 미상
- 건축설비와 설비스페이스 계획, 정연태 저
- 공장설립절차 안내, 산업자원부
- www.archi.com
- www.naver.com 지식백과
- navercast.naver.com 그림으로 이해하는 건축법
- www.law.go.kr 법제처 국가법령정보센터
- ko.wikipedia.org 위키백과
- neufert Architects' Data 3rd edition, Blackwell Sciences
- Architectural Graphic Standards 10th Edition, AIA

개정3판

건 축 계 획 론

2017년	2월	28일	1판 1쇄	발 행
2018년	2월	28일	2판 1쇄	발 행
2023년	3월	5일	3판 2쇄	발 행

지은이 : 오승주 · 박경준 · 성기용 · 권영민

펴낸이 : 박　　　정　　　태

펴낸곳 : **광　　문　　각**

10881
파주시 파주출판문화도시 광인사길 161
광문각 B/D 4층
등　록 : 1991. 5. 31 제12-484호
전화(代) : 031) 955-8787
팩　스 : 031) 955-3730
E-mail : kwangmk7@hanmail.net
홈페이지 : www.kwangmoonkag.co.kr

• ISBN : 978-89-7093-747-2　　　　93540
값 33,000원

한국과학기술출판협회회원